井控理论与技术

李相方　刘书杰　尹邦堂　任美鹏　著

石油工业出版社

内 容 提 要

本书充分运用油气藏地质学、油气藏工程学、多相渗流力学、多相管流力学与信息控制学，系统阐述与论证了不同类型油气藏地层流体侵入井眼特征及规律、井筒油气水多相管流的流动机制与参数变化规律、地面溢流井喷控制理论及方法，揭示了井控相关参数在空间与时间上的变化特征。内容包括油气藏类型与井控特征、地层流体侵入与监测、溢流期间井筒流体流动规律及相态分布特征、关井过程井筒流体力学分析及关井压力获取、常规与非常规压井方法，是一本系统性的井控理论与技术的专著。

本书适用于钻完井工程技术人员、管理人员阅读，也可作为石油院校相关专业教学的参考用书。

图书在版编目(CIP)数据

井控理论与技术/李相方等著．—北京：石油工业出版社，2021.4

ISBN 978－7－5183－4515－1

Ⅰ．①井… Ⅱ．①李… Ⅲ．①井控—研究 Ⅳ．①TE28

中国版本图书馆 CIP 数据核字(2021)第 017944 号

出版发行：石油工业出版社

（北京安定门外安华里 2 区 1 号楼　100011）

网　址：www. petropub. com

编辑部：(010)64523537　图书营销中心：(010)64523633

经　销：全国新华书店

印　刷：北京中石油彩色印刷有限责任公司

2021 年 4 月第 1 版　2021 年 4 月第 1 次印刷

787×1092 毫米　开本：1/16　印张：23.5

字数：570 千字

定价：90.00 元

前言

PREFACE

众所周知,井控是石油工业安全生产的重要组成部分。在石油工业的发展中多伴有井喷的影子,井喷的发生也促进了井控理论与技术的发展。完全杜绝井喷事故是不可能的,为了减少和杜绝井喷事故,发展和充分利用井控理论与技术是非常必要的。

井控理论与技术具有广泛的含义。通常井控技术就是在油气井钻井、完井与作业等过程能够有效控制地层流体侵入井眼,或者将侵入井眼的地层流体安全排出到地面或压回地层,但是,实质上,井控技术除了具有通常的含义外,还应该充分体现其科学性、系统性与先进性,而且后者更重要。

井控技术直接针对井筒流体流动问题,因此需要面对地层油气水以不同的组合与井筒非牛顿流体的钻井液混合,形成长井筒、变轨迹、变压力、变温度、变组成、变流型、上端接井口、下端接地层的开放的复杂井筒多相流动。而这种流动,在工业界其他研究领域尚无相似性。为此,必须认真研究各种各样可能钻遇到的油气藏地质、储层孔渗能力、储层油气水分布、地层温度压力分布等,井筒与油气藏流体参数耦合规律;影响地层流体侵入井筒的主控因素;地层流体侵入井筒后井筒多组分、多相流体流动规律等。

全书分为8章。第1章介绍井控事故的分类与井喷事故的危害。第2章介绍不同类型油气藏井控风险特征,分析包括孔隙度、渗透率、气油比等油气藏地层物性特征、油气流体特征、地层温压特征及区域环境特征的影响,指出这些参数与井控风险成对应关系。第3章介绍地层流体侵入机理、特征与监测方法,强化不同井型钻遇不同油气藏的井控风险特征,论述直井、定向井或水平井,打开储层厚度不同、储层渗透率不同、井底负压差不同时期溢流量差异。第4章介绍溢流期间井筒流体流动规律及相态分布特征,展示油气藏与井筒流体耦合关系,讨论不同井型,不同储层渗透率、储层厚度、负压差、流体相态等地层流体侵入量化特征,指出降低井控风险的途径。第5章介绍溢流井喷关井过程井筒流体力学分析及关井压力获取方法。第6章介绍司钻法与工程师法常规压井方法原理及特点。第7章介绍几种非常规压井方法,包括压回压井法、钻头不在井底压井法、置换压井法和动力压井法等非恒定井底压力压井方法,深化Y形管井控原理。第8章介绍计算机程序优化控制压井技术。

将油气藏、井筒与地面的流体控制看作一个整体表述井控理论及方法是本书的显著特点,应用油气藏渗流力学、井筒多相流体力学、传热学、计算数学等理论,系统论述与表征油气藏的井控属性、井筒气液两相流动参数变化过程及其规律、非恒定井底压力的参数计算方法及其变化规律、防井喷恶性事故的因素分析及控制方法,可以为复杂井控条件及恶性井喷事故的处理提供技术支持。

本书所陈述的部分进展是作者所在的科研团队自“九五”以来参加的研究项目取得的成果。主要包括：国家自然基金项目“垂直上升井眼气液两相流动规律研究”“环形倾斜非牛顿流体气液两相流动规律研究”“高温高压油气藏井筒多相流动理论研究”；国家高技术研究发展计划（863 计划）专题“高温超压地层钻井技术”“深水钻完井关键技术”；国家科技支撑计划课题“三高气田井口安全设备配套与安全评价技术”；国家科技重大专项“南海北部陆坡（荔湾 3－1 及周边）深水油气田钻采风险评估及采气关键技术研究”；国家重点基础研究发展计划（973 计划）项目“海洋深水油气安全高效钻完井基础研究”以及中国石油、中国石化、中国海油与国家安全生产监督管理总局有关井控技术的项目。

在承担与完成开展的井控相关课题研究过程中，曾得到中国石油大学刘希圣、沈忠厚、胡湘炯、陈庭根、郭学增，清华大学鲁钟琪与西南石油大学罗平亚等教授指导；得到中国石油天然气集团公司李克向、孙振纯、孙宁、苏义脑与胡世杰等领导专家支持；得到中国石油化工集团公司杜成武、孙建成、李春第、孙清德与李占英等领导专家支持；得到中国海洋石油集团公司张钧、王家祥 、姜伟、董星亮、周建良、李中、孙东征、张红生、耿亚楠、夏强与何英明等领导专家支持；得到国家安全生产监督管理总局孙华山、周彬、张兴凯与周伯驹等领导专家支持。同时还得到国内许多同行支撑与帮助，在此一并表示衷心感谢。

在此，也对书中引用文献的作者表示感谢。参与本书编写的还有本研究团队中的一批老师、博士和硕士，他们是隋秀香、李轶明、周云健、刘文远、刚涛、孙晓峰、朱磊、张兴全、史富全、马龙、朱连望、蔡万伟、刘大宝、王立国、庄湘琦、齐明明、苗雅楠、彭泽阳、孙政、冯东等，在此表示感谢！

由于作者的水平有限，书中如有不妥之处，敬请读者指正，不胜感激。

目录

CONTENTS

1　绪　　论

当钻遇油气层时,如果井底压力低于地层压力,地层流体就会进入井眼。大量地层流体进入井眼后,就有可能发生井涌、井喷,甚至着火,酿成重大事故。因此,在钻井过程中,采取有效措施进行油气井压力控制是钻井安全的一个极其重要的环节。

油气井压力控制可简称为井控。井控技术主要涉及井控装备、仪表与工艺等方面。井控工艺主要表现在两个方面:一方面,通过控制钻井液密度使钻井在合适的井底压力与地层压力差下进行;另一方面,在地层流体侵入井眼后,通过调整合理的钻井液密度及控制井口装置将环空内侵入井眼的地层流体安全排出到地面或压回地层,从而建立新的合理井底压力与地层压力差,以达到继续实施安全钻完井的目的。

井控理论与技术是勘探开发技术的一个重要组成部分,是保证石油天然气钻井安全的关键技术。随着天然气勘探开发的日益活跃,勘探领域从陆地到海洋,从浅部地层到深部地层,从老区到新区的迅速延伸,勘探开发技术有了日新月异的发展,同时,为了避免和减少井喷和井喷失控造成的巨大损失,井控理论与技术也相应有了发展。

1.1　井控事故的分类

姜仁将井控事故问题分为井侵与井喷两类,并将井侵和井涌与溢流等同。孙振纯等提出井侵、溢流、井涌、井喷与井喷失控五种井控情况,本书沿用这五种分类。

1.1.1　井侵

当地层压力大于井底压力时,地层孔隙中的流体(油、气、水)将进入井内,通常称为井侵。最常见的井侵为油气侵和水侵。钻完井过程防止井侵是井控的早期工作。如果能杜绝井侵,就不会产生溢流井喷,也就不会形成相关事故,因此需要格外重视防止井侵。地层流体侵入井眼之后,与钻完井液混合形成复杂的多相流动,如何研究、评价与控制进入井眼的地层流体流动与运移对井控具有极其重要的作用。

1.1.2　溢流

当井侵发生后,井口返出的钻井液量比泵入的钻井液量多,停泵后井口钻井液自动外溢,这种现象称为溢流。如果井侵速率低,井侵量少,井口返出钻井液量略有增加,也许并不明显。但是如果井侵速率较高,则在井口将会明显感到溢出量。如何密切监测与评价溢流对于适时开展井控工作非常重要。

1.1.3　井涌

溢流进一步发展,钻井液涌出井口的现象称为井涌。溢流速率低的情况可能没有引起大家重视,而发生井涌后则迫使人们采取对策。发生井涌后需要关井求压,采取压井措施。采取合理的压井方法与压井参数高效地控制井涌是减少井控事故的重要阶段,也是防止井喷发生的关键环节。

1.1.4 井喷

地层流体(油、气、水)无控制地涌入井筒,喷出地面的现象称为井喷。井喷流体自地层经井筒喷出地面称为地上井喷,而井喷流体流入本井其他低压地层则称为地下井喷。如果井涌没有有效控制,地层流体会加速侵入井眼。井喷发生时地面防喷器与节流管汇可能具有控制能力。采用井口防喷器系统与节流管汇可以控制井喷。发生井喷对地层会产生损害,对井口装备也会产生冲击,但是如果通过井口装备及工艺技术能制止井喷,则不会形成恶性事故。

1.1.5 井喷失控

井喷发生后,无法用常规方法控制井口而出现敞喷的现象称为井喷失控。这是钻井过程中最恶性的钻井事故。井喷失控持续时间可以很长,产生的危害更加巨大。防止井侵、溢流、井涌与井喷属于井控的正常工作,但是采取多种措施确保不发生井喷失控,或者即使短时发生井喷失控很快能够制止,是井控工作者必须履行的责任和承诺。

1.2 井控失控的危害

井喷失控危害可概况为以下几个方面:

(1)人员伤亡;

(2)环境污染;

(3)钻井装备损坏;

(4)油气层伤害;

(5)地下油气资源破坏;

(6)钻完井成本增加;

(7)油气井报废;

(8)地层塌陷;

(9)社会影响。

1.3 井控理论与技术的发展

(1)经验阶段。20 世纪 50 年代以前,由于勘探领域一般限于陆地,海洋勘探刚开始,客观环境对井控技术要求还不高,因此,井控没有形成系统的理论,行动上带有很大的盲目性,甚至把井喷作为暴露油气层的重要途径,结果使不少井喷失控。由于没有有效的井控理论、技术与方法,井喷带来的损失非常大。

(2)U 形管理论。现在的井控理论大多使用著名的 U 形管理论,认为在静态情况下,关井后立压加上钻柱内液柱压力与套压加上环空含地层流体液柱压力等于地层压力，据此，可以确定地层压力及作为常规压井方法的控制依据。正因为该理论的诞生，才催生了常规压井方法，属于里程碑式的进展。

（3）井底常压法压井。1960 年，O′Brien 和 Goins 提出了井底常压法压井的原理，认为在循环排出井内溢流时，应始终保持井底压力等于或略大于地层压力，从而保证压井循环出溢流的过程地层流体不再继续侵入，确保易破裂地层不被压裂。例如司钻法、工程师法和边循环边加重法压井都属于井底常压法。这些常规循环压井方法都是以 U 形管模型为基础的，使用条件是：钻具和井筒环空是连通的；钻头在井底或靠近井底；井口设备和套管能承受溢流的压力；关井后不发生井漏。井底常压法压井技术的诞生从根本上由靠经验的压井变为靠科学的压井，属于里程碑式的进展。

（4）连续气柱理论。早期井底常压法压井计算套压时，通常将气侵假设为一段连续的气柱来计算，可以大大降低研究的难题，并极大简化模拟计算过程。基于连续气柱理论，LeBlanc，J L 等人建立了第一个井涌控制数学模型，并对最大套压进行了研究。Records，L R 提出了考虑环空流动摩擦压力损耗的井涌流动模型。该模型有效地推动了井控理论与技术的发展。

（5）气液两相流理论。基于溢流井喷过程地层流体在井筒呈现多相流动实际，国外在 20 世纪 70 年代将气液两相流理论引入井控。随着气液两相理论的发展，诸多学者注意到连续气柱理论与井内真实流动状态和分布规律有较大差异，逐渐将气液两相流理论引入溢流井控过程中，并形成了一些气液两相流动模型。李相方较早较系统地研究了井控中的气液两相流理论与方法，率先在室内小型实验装置及中原油田 1000m 全尺寸模拟实验井上进行了井控过程中气液两相流的实验研究，取得了重要进展。之后他的学生尹邦堂、孙晓峰、任美鹏等对井涌期间气液两相流理论、溢流期间的多相流参数分布特征进行了实验与理论研究，并取得了新的认识。孙宝江、王志远创立了井控中七组分多相流动表征模型及算法，显著地提升了该问题的研究水平，在国内外本领域具有领先水平。

（6）Y 形管理论。随着井控实践，当钻头不在井底情况，经典的 U 形管理论受到限制，1994 年 Robert 在《Advanced Blowout & Well Control》一书中提出了 Y 形管理论。由于溢流井喷发生导致井筒呈现复杂的多相流动，如果钻头不在井底，钻头下部多相流体分布识别具有很大的困难。为此，李相方、任美鹏等开展了较深入的研究，进一步揭示了该情况下井筒相关参数与井筒多相流体分布的关系，建立了部分表征模型，推动了该问题的研究。但是由于其具有的复杂性，尚有问题需要进一步研究。

（7）非常规压井方法。在钻井过程中经常遇到一些特殊工况下的压井，如：由于井口设备、地层承压能力不足或套管抗内压强度不足致使无法施加所需回压、起下钻过程中钻头不在井底、发现溢流后无法完全关井、高压气井井内喷空、钻具刺漏、钻具断落及井内无钻具等，这些工况无法使用常规井控方法进行压井，只能采用非常规压井方法。目前，非常规压井方法主要有：静态置换法、动态置换法、压回法、钻头不在井底的压井方法、顶部压井法、反循环压井法、动力压井法、低节流压力法、附加流速法等。非常规压井方法的形成及发展，大幅度减少了溢流井喷带来的损失，每种方法都具有适应性及其重要性。由于井控过程涉及钻遇不同的油气藏、井筒存在的复杂流体，以及溢流井喷发生时所处的钻完井工作状态，目前的非常规压井技术依然具有一定的局限性,尚存在大量需要继续深化研究的内容。

在我国井控技术发展史上,郝俊芳教授及其研究团队率先系统开展井控研究,创新了井控理论及方法。石油工业界李克向、孙振纯等一代人以及四川油田的井控专家团队创建了我国的井控技术,推动了我国钻完井井控安全。

1.4 井控理论与技术面临的问题

基于目前井控理论的发展现状,在以下方面还存在问题。

(1)井筒流体流动规律研究方面存在的问题。在目的层流体侵入规律研究方面对油气藏地质储层特征影响考虑得较少,如储层渗透率、储层厚度、负压差、油气比等;井筒环空中的气液两相流动规律中没有考虑环空结构的影响,如段塞流情况下,由于环空结构的存在,液膜变成了钻杆膜与套管膜。

(2)气侵早期监测方面存在的问题。常规监测方法适用于非钻井工况,唯一的方法是钻井液池液面溢流检测法,但是起下钻过程能存在多种工作,使得钻井液池液面有时也发生变化,干扰了溢流检测的精度。

(3)关井程序及关井方法存在的问题。对溢流压井期间钻头不在井底的工况方面研究较少,U 形管理论仅适用于钻头在井底的情况,常规压井方法都是基于 U 形管理论得到的,压井参数设计应基于新的理论。关井压力获取方面仅考虑气体滑脱效应或者井筒续流单个因素的影响。

(4)压井过程中存在的问题。在压井过程中,技术人员主要依据压力箱上显示的参数值对节流阀进行开度调节。容易造成操作上出现明显差异,且这种依据人的经验判断进行的节流调节存在一定的主观性和盲目性,处理不当就可能造成欠平衡、压漏等问题。

(5)井控风险评价方面存在的问题。目前多数观点认为只要井控装备承压能力够高就可以防止井喷失控,这是片面的,还需要考虑储层特性、地面装备中节流压井管汇、井眼完整性、压井施工、井型井别及压井施工队伍素质等的影响。

(6)井控设计方面存在的问题。在钻井设计中缺乏井喷失控的因素及其对策。

参考文献

[1] 姜仁. 井控技术[M]. 东营:石油大学出版社,1990.

[2] 哈利伯顿公司 IMCO 培训中心. 孙振纯,鲍有光,译. 井控技术[M]. 北京:石油工业出版社,1986.

[3] 孙振纯. 井控技术[M]. 北京:石油工业出版社,1997.

[4] 刘希圣. 钻井工艺原理(下册). 北京:石油工业出版社,1981.

[5] 陈庭根,管志川. 钻井工程理论与技术[M]. 东营:石油大学出版社,2000.

[6] Grace,Robert D. Advanced Blowout and Well Control[M]. Houston:Gulf Publishing Company,1994.

[7] Grace,Robert D. Blowout and Well Control Handbook[M]. Houston:Gulf Publishing Company,2017.

[8] Howard Crumpton. Well Control for Completions and Interventions[M]. Houston:Gulf Publishing Company,2018.

[9] 郝俊芳. 平衡钻井与井控[M]. 北京:石油工业出版社,1990.

[10] Hasan A R,Kabir C S. A Study of Multiphase Flow Behavior in Vertical Wells[J]. SPE Production Engineering Journal,1988,3(2):263 - 272.

[11] Hagedorn A R, Brown K E. Experimental Study of Pressure Gradients Occurring During Continuous Two – Phase Flow in Small Diameter Vertical Conduits[J]. Journal of Petroleum Technology, 1965, 17(4): 475 – 484.

[12] Orkiszewski J. Predicting Two – Phase Pressure Drops in Vertical Pipe[J]. Journal of Petroleum Technology, 1967, 19(6): 829 – 838.

[13] Duns H Jr, Ros N C J. Vertical Flow of Gas and Liquid Mixtures in Wells[C]. Proceeding of the Sixth World Petroleum Congress, Frankfurt, 1963.

[14] Beggs H D, Brill J P. A Study of Two – Phase Flow in Inclined Pipes, Journal of Petroleum Technology [J]. 1973, 25(5): 607 – 617.

[15] Mukherjee H., Brill J P. Liquid Holdup Correlations for Inclined Two – Phase Flow, Journal of Petroleum Technology[J]. 1983, 35(5): 1003 – 1008.

[16] Petalas N, Aziz K. A Mechanistic Model for Multiphase Flow in Pipes[J]. Journal of Canadian Petroleum Technology, 2000, 39(6): 43 – 55.

[17] Taitel Y, Dukler A E. A Model for Predicting Flow Regime Transitions in Horizontal and Near Horizontal Gas – Liquid Flow[J]. AIChE Journal, 1976, 22(1): 47 – 57.

[18] Taitel Y, Barnea D, Duker A E. Modeling Flow Pattern Transitions for Steady Upward Gas – Liquid Flow in Vertical Tubes[J]. AIChE Journal, 1980, 26(3): 345 – 354.

[19] Ozon P M, Ferschneider G, Chwetzoff A. A New Multiphase Flow Model Predicts Pressure and Temperature Profile[C]. SPE Offshore Europe Conference, 8 – 11 September, Aberdeen, United Kingdom, SPE16535, 1987.

[20] Ansari A M, Sylvester N D, Sarica C. A Comprehensive Mechanistic Model for Upward Two – Phase Flow in Wellbores[J]. SPE Production & Facilities Journal, 1994, 9(2): 143 – 151.

[21] Xiao J J, Shoham O, Brill J P. A Comprehensive Mechanistic Model for Two – Phase Flow in Pipelines[C]. SPE Annual Technical Conference and Exhibition, 23 – 26 September, New Orleans, Louisiana, SPE20631, 1990.

[22] Kaya A S, Sarica C, Brill J P. Mechanistic Modeling of Two – Phase Flow in Deviated Wells[J]. Society of Petroleum Engineering Production and Facilities Journal, 2001, 16(3): 156 – 165.

[23] Gomez L F, Shoham O, Schmidt Z. Unified Mechanistic Model for Steady – State Two – Phase Flow: Horizontal to Vertical Upward Flow[J]. Society of Petroleum Engineering Journal, 2000, 5(3): 339 – 350.

[24] Zhang H Q, Wang Q, Sarica C. Unified Model for Gas – Liquid Pipe Flow via Slug Dynamics – Part 1: Model Development[J]. J. Energy Res. Technology, 2003, 125(4): 266 – 273.

[25] Sadatomi M, Sato Y, Saruwatari S. Two – Phase Flow in Vertical Noncircular Channels[J]. Int. J. Multiphase Flow, 1982, 8(6): 641 – 655.

[26] Caetano E F. Upward Vertical Two – Phase Flow through An Annulus[J]. Tulsa: U. of Tulsa, 1986.

[27] Caetano E F, Shoham O, Brill J P. Upward Vertical Two – Phase Flow through An Annulus Part I: Single Phase Friction Factor, Taylor Bubble Velocity and Flow Pattern Prediction[J]. J. Energy Resources Technology, 1992, 114(2): 1 – 13.

[28] Caetano E F, Shoham O, Brill J P. Upward Vertical Two – Phase Flow through an Annulus Part II: Modeling Bubble, Slug and Annulus Flow[J]. J. Energy Resources Technology, 1992, 114(2): 14 – 30.

[29] Hasan A R, Kabir C S. Two – phase Flow in Vertical and Inclined Annuli[J]. Int. J. Multiphase Flow, 1992, 18(2): 279 – 293.

[30] 李相方. 井涌期间气液两相流动规律研究[D]. 北京:中国石油大学, 1993.

[31] Nickens H V. A Dynamic Computer Model of Kick Well[J]. SPE Drilling Engineering, 1987, 2(2): 158 – 173.

[32] Rommetveit R, Vefring E H. Comparison of Results From an Advanced Gas Kick Simulator With Surface and Downhole Data From Full Scale Gas Kick Experiments in an Inclined Well[C]. SPE Annual Technical Conference and Exhibition, 6 – 9 October, Dallas, Texas, SPE22558, 1991.

[33] Rommetveit R, Bimkevoll K S, Bach G F. Full Scale Kick Experiments Horizontal Wells[C]. SPE Annual Tech-

nical Conference and Exhibition,22 –25 October,Dallas,Texas,SPE30525,1995.

[34] Rommetveit R,Fjelde K K,Aas B. HPHT Well Control; An Integrated Approach[C]. Offshore Technology Conference,5 May,Houston,Texas,OTC15322,2003.

[35] Avelar C S,Ribeiro P R,Sepehrnoori K. Deepwater gas kick simulation[J]. Journal of Petroleum Science and Engineering,2009,67(1):13 –22.

[36] Pan L,Oldenburg C M. T2 Well—An integrated wellbore – reservoir simulator[J]. Computers & Geosciences,2014,65:46 –55.

[37] 李根生,窦亮彬,田守嶒,等. 酸性气体侵入井筒瞬态流动规律研究[J]. 石油钻探技术,2013,41(4):8 –14.

[38] 何淼,柳贡慧,李军,等. 多相流全瞬态温度压力场耦合模型求解及分析[J]. 石油钻探技术,2015,43(2):25 –32.

[39] 徐朝阳,孟英峰,魏纳,等. 气侵过程井筒压力演变规律实验和模型[J]. 石油学报,2015,36(1):121 –125.

[40] Feng J,Fu J,Chen P,et al. Predicting pressure behavior during dynamic kill drilling with a two – phase flow[J]. Journal of Natural Gas Science and Engineering,2015,22:591 –597.

[41] Feng J,Fu J,Chen P,et al. An advanced Driller's Method simulator for deepwater well control[J]. Journal of Loss Prevention in the Process Industries,2016,39:131 –140.

[42] Xu Z,Song X,Li G,et al. Development of a transient non – isothermal two – phase flow model for gas kick simulation in HTHP deep well drilling[J]. Applied Thermal Engineering,2018,141:1055 –1069.

[43] 高永海. 深水油气钻探井筒多相流动与井控的研究[D]. 青岛:中国石油大学,2007.

[44] 王志远. 含天然气水合物相变的环空多相流流型转化机制研究[D]. 青岛:中国石油大学,2009.

[45] 孙宝江,王志远,公培斌. 深水井控的七组分多相流动模型[J]石油学报,2011,32(6):1043 –1049.

[46] Wang Ning,Sun Baojiang,Wang Zhiyuan,et al. Numerical simulation of two phase flow in wellbores by means of drift flux model and pressure based method[J]. Journal of Natural Gas Science & Engineering,2016,36:811 –823.

[47] Gao Yonghai,Sun Baojiang,Xu Boyue,et al. A Wellbore/Formation – Coupled Heat – Transfer Model in Deepwater Drilling and Its Application in the Prediction of Hydrate – Reservoir Dissociation[J]. SPE Journal,2017,22(3):756 –766.

[48] 孙晓峰,李相方,任美鹏. 溢流期间气体沿井眼膨胀规律研究[J]. 工程热物理学报,2009,30(12):2039 –2042.

[49] 孙晓峰,李相方. 直井气侵后气液两相参数分布数值模拟[J]. 科学技术与工程,2010,10(18):4391 –4394.

[50] 任美鹏,李相方,徐大融. 钻井气液两相流体溢流与分布特征研究[J]. 工程热物理学报,2012,33(12):2120 –2125.

[51] 任美鹏,李相方,刘书杰. 深水钻井井筒气液两相溢流特征及其识别方法[J]. 工程热物理学报,2011,32(12):2068 –2072.

[52] 任美鹏,李相方,王岩,等,基于立压套压的气侵速度及气侵高度判断方法[J]. 石油钻采工艺,2012,34(4):16 –19.

2 油气藏相关基础知识

油气钻井的目的是以安全、经济、高效的方式从地面到地下钻出一个井眼,并利用该井眼能够将地下油气安全的产出。然而,在钻遇油气藏过程中,由于各种原因未能有效控制油气水的流动,导致地层中的油气水溢流或喷出地面,形成溢流井喷事故。同样的钻井条件如果地层特征不一样,井喷的强度及其危害性将差异巨大。本章主要介绍地层的油气藏特征,不涉及高压水层。

每一个油气藏都是在一定的地质条件下形成的,都具有各自的储层流体特征、温度与压力特征及渗流产出等特征。对于不同类型的油气藏,在钻遇储层之后,潜在的气侵特征不同,对井控构成的威胁程度也不同。因此,钻井工作者只有清楚地认识不同类型的油气藏,才能更加有意识地对井控做出有效的准备,采取的对策也会更加符合现场实际情况,从而大大减少井喷所造成的危害。本章将从不同类型的圈闭及油气藏特征出发,为井控研究人员提供较全面的地质油气藏知识,由此为合理地设计井控方案提供理论支持。

2.1 圈闭与油气藏的概念

圈闭是指适合于油气聚集、能够形成油气藏的场所。由以下三部分组成:(1)储层,圈闭的储层为油气提供了储存的空间,是圈闭的主体部分;(2)盖层,位于储层之上部,阻止油气向上逸散;(3)遮挡物,在侧向上阻止油气继续运移的封闭条件。这种封闭条件可由盖层本身拱形弯曲形成,如背斜构造,也可以由断层遮挡、地层超覆和岩性变化等遮挡条件所形成。

油气藏是含油气盆地中油气聚集的最小单元,是油气在单一圈闭中的聚集。每个油气藏具有统一的压力系统和油水界面。换言之,油气藏是地下岩层中具有统一流体动力学系统的最小油气聚集单元。可以将油气藏形成的基本条件概括为四个方面,即:(1)充足的油气来源;(2)有利的生储盖组合;(3)有效的圈闭;(4)必要的保存条件。

2.2 油气藏的类型与井控特征

根据圈闭的形成条件,可分成三种类型。(1)构造圈闭。构造运动使地层发生褶皱或断裂,这些褶皱或断裂在一定的条件下就可形成圈闭,如背斜圈闭、断层圈闭等。(2)地层圈闭。地壳升降运动引起海进、海退、沉积间断、剥蚀风化等,形成超覆不整合、侵蚀角度不整合、假整合等,其上部为不渗透地层覆盖即构成地层圈闭。(3)岩性圈闭。在沉积盆地中,由于沉积条件的差异造成储层在横向上发生岩性变化,并为不渗透地层遮挡时,即可形成岩性圈闭,如砂岩尖灭、透镜体等。上述三种圈闭类型还可构成彼此相结合的过渡类型的圈闭,称复合圈闭。

不同的地质条件,形成不同类型的油气藏,为了充分反映油气藏的成因、油气藏的特点和分布规律,必须对油气藏进行分类。因为圈闭是油气藏形成的基础,圈闭的类型和形成条件,决定着油气藏的形成条件和其他特征。

2.2.1 块状油气藏与井控特征

图2.1是一个储层很厚的块状气藏，内部没有不渗透岩层间隔，顶部被不渗透岩层覆盖，下部为底水衬托，不受岩层层面控制。

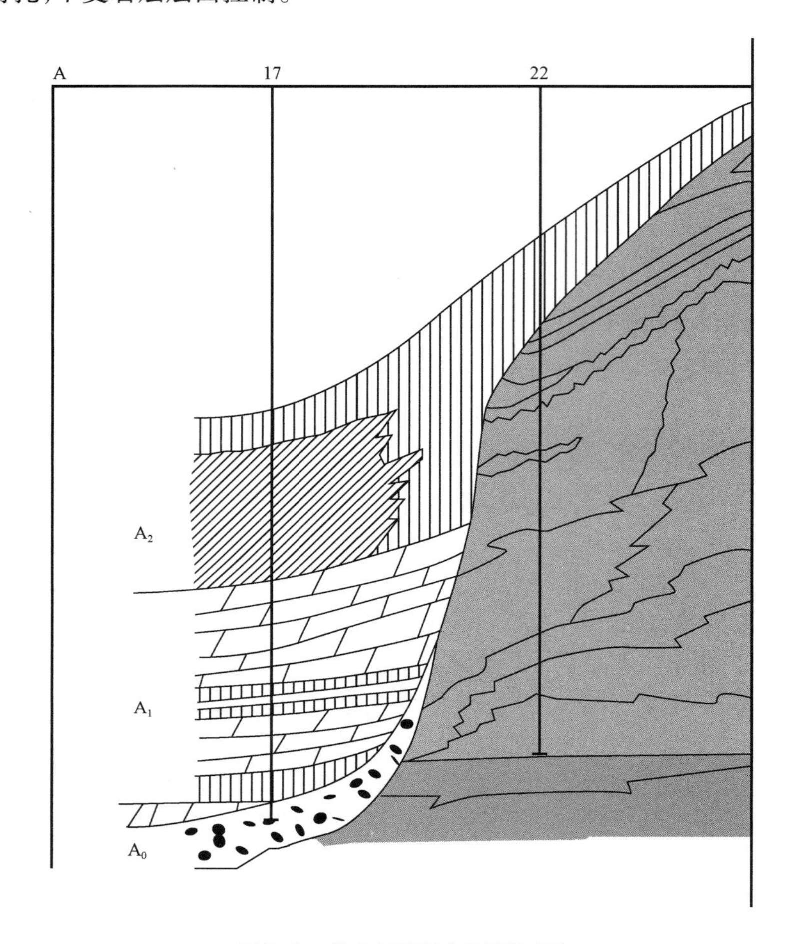

图2.1　美女河磨坊气田剖面图

钻遇该类油气藏，其井控特征有以下几点：(1)此类油气藏能量通常较充足，高强度井喷情况可持续时间长；(2)本井与邻井溢流井喷特征类似，具有可对比性；(3)由于块状油气藏纵向上及横向上连续性较好，储层孔隙度、渗透率与饱和度突变可能性小，溢流强度多与钻遇储层深度关系密切，因此揭开储层时需要降低钻速，在揭开储层厚度较少情况循环观察地层压力情况与地层流体侵入强度等，做好井控安全的评价。

2.2.2 层状油气藏与井控特征

图2.2为纵向上发育多个上下均被不渗透地层所封隔的层状气藏。层状气藏各储层之间有连续性好的隔层，各气层多为独立的水动力系统及独立的温压系统。

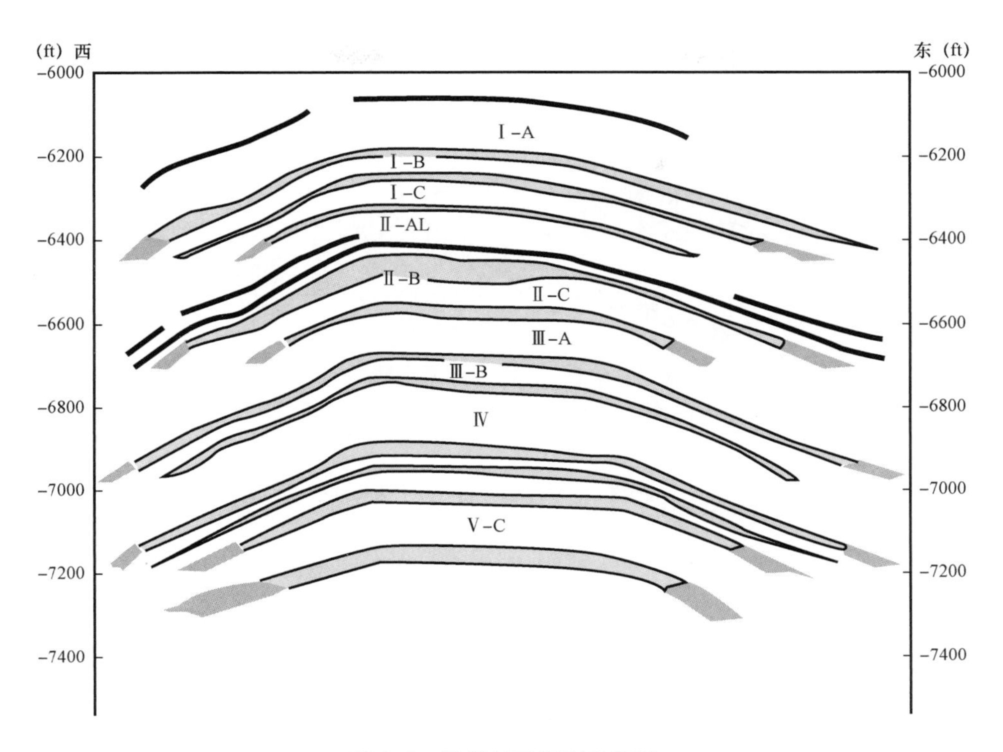

图 2.2 凯蒂气田剖面示意图

钻遇该类油气藏，其井控特征有以下几点：(1) 不同油气层温度、压力、流体类型、孔渗饱等都可能具有很大差异，井控对策需要充分考虑这种差异；(2) 由于该类储层横向上厚度、孔渗饱可能具有较大差异，本井与邻井溢流井喷特征也可能发生较大差异；(3) 同一油气层不同位置由于地层倾角不同，或者孔渗物性也具有差异性，溢流井喷强度可能具有差异性；(4) 由于背斜油气层地层倾角可能差异大，不同钻井位置储层深度具有差异性，对应溢流监测与控制也应对应考虑。因此，钻井工作者应清楚认识此类型油气藏，掌握钻遇储层潜在的气侵特征，才能更加有意识地对井控做出准备，采取的对策也会更加符合现场实际情况，从而大大减少井喷所造成的危害。

2.2.3 断层油气藏与井控特征

断层是岩层或岩体顺破裂面发生明显位移的构造。断层的发育使得油气藏更加复杂化，即在构造复杂的断裂带，断层油气藏形式、个数较多，油气水关系复杂，各断块含油层位、含油高度和含油面积都很可能不一致。

断层附近储层渗透性变好。沿断裂带的岩石，常被挤压破裂形成裂隙，增大了储层的渗透性，使油气富集于断层附近。如断层发育在鼻状构造翘起部分，或发生在闭合度小的沿构造区域倾斜翘起的方向，则将增加其含油面积和含油高度。油气富集带常在断层靠近油源的一侧，如图 2.3 所示。

复杂性和多样性是断层油气藏固有的特点。与背斜圈闭比较，断层圈闭的情况要复杂得多，断层不仅可以成为油气聚集的遮挡，而且也可充当油气运移的通道。

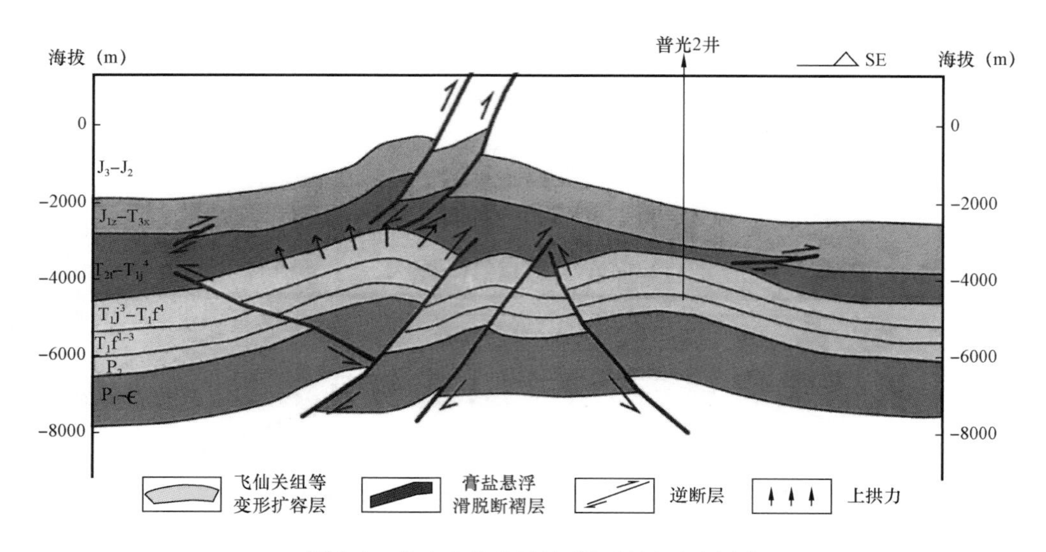

图 2.3　普光 2 井地震地质解释剖面示意图

钻遇该类油气藏,其井控特征有以下几点:(1)钻遇裂缝发育区域,溢流强度大,而在不发育区,则溢流强度小,不能简单参照邻井资料;(2)钻遇断层处,地层流体窜入速度可能快,需要密切注重地层流体侵入识别评价;(3)如果井穿过不同断层,不同断层控制的储层油气压力与渗流能力可能存在差异,需要注意其差异性;(4)如果相邻井钻遇不同断层,每口井对应的储层油气压力及渗流能力可以发生很大差异,不能简单参照邻井资料。

对于断层发育的油气藏,钻井技术人员需要了解地质特征,掌握该类油气藏温压及流体孔渗分布特征,有意识地准备好相应的防治溢流井喷的措施。

2.2.4　边底水油气藏与井控特征

常规油气藏中通常存在边底水。油气藏的地质条件不同,其烃类与水的关系也不相同。塔里木油田克拉 2 气田共有 3 套含气层系,各产气层具有统一的气水界面,属常温异常高压的边底水干气气藏,如图 2.4 所示。

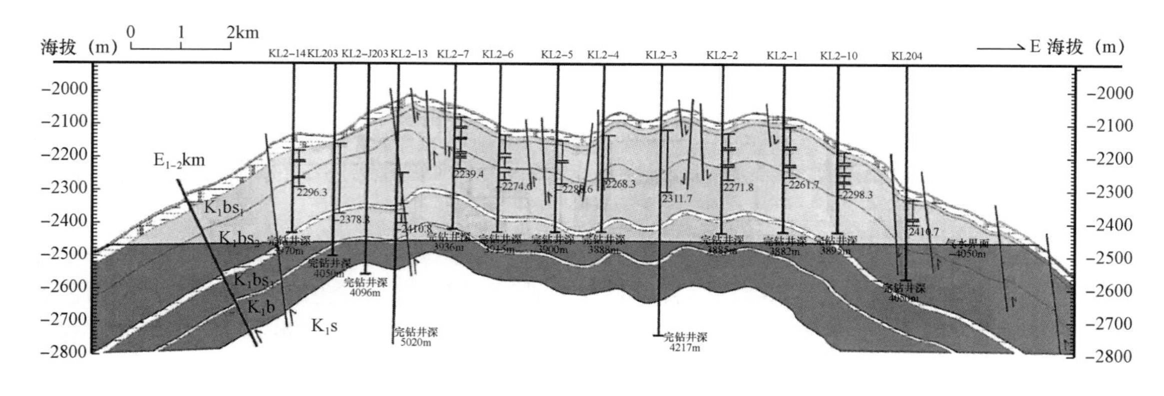

图 2.4　克拉 2 气田东西向气藏剖面图

四川盆地普光气田为一大型长轴断背斜型构造，为三叠系飞仙关组和二叠系长兴组的一套巨厚鲕粒白云岩，溶蚀孔发育，储集空间以孔隙型为主，飞三段发育少量裂缝，飞一—二段裂缝不发育，长兴组裂缝较之飞仙关组发育。总体上飞仙关组—长兴组储层物性均较好，飞仙关组以中孔中渗透、高孔高渗透储层为主，长兴组以高中孔高渗储层为主。普光 2 区块和普光 3 区块分别为两个气水系统，气水界面海拔分别为 -5064m、-4990m。普光 2 区块飞仙关组—长兴组气藏为构造—岩性控制的、似块状的孔隙型高含硫碳酸盐岩边水气藏。图 2.5 为过普光 7—普光 12 井分类储层评价剖面。

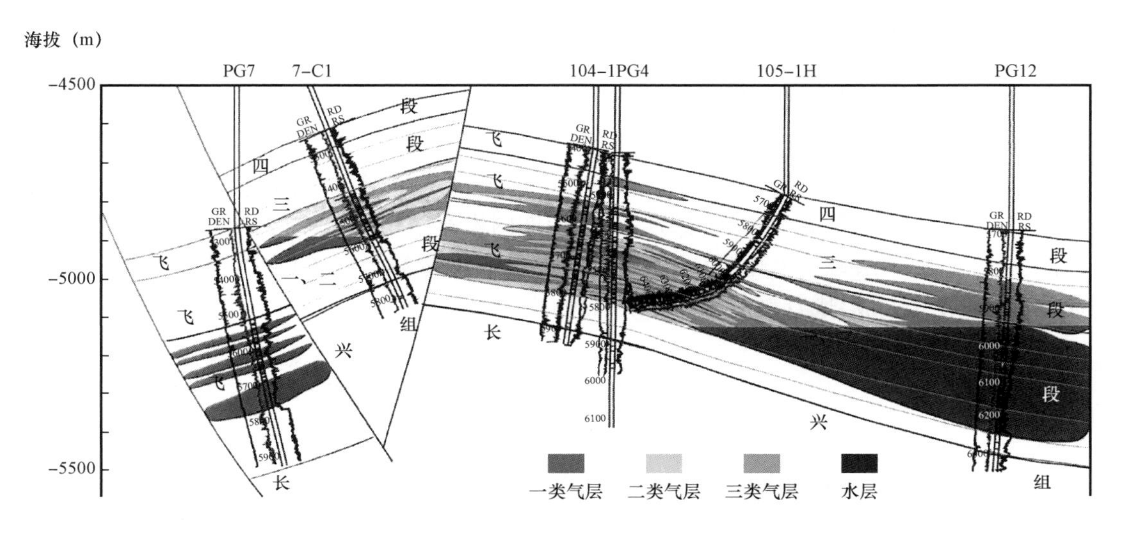

图 2.5　过普光 7—普光 12 井分类储层评价剖面

钻遇该类油气藏，其井控特征有以下几点：(1)像钻遇如图 2.4 克拉 2 底水气田，对于早期钻井发生的溢流井喷，其底水产生的作用不大，但是如果在开发中后期打调整井，则有可能发生底水侵入储层，地层水也可能产出，构成气水同出的溢流特征；(2)像钻遇如图 2.5 普光边水气田，边部井与中心部位井溢流流体具有差异性。前者气水会同出，而后者溢流流体主要为气体。

因此，钻遇底水与边水油气藏溢流井喷特征具有差异性，需要熟悉了解储层油气水分布规律及其溢流井喷特征。

2.2.5　岩性油气藏与井控特征

在沉积作用或成岩及其后生作用下，储层岩性发生横向变化或纵向连续性中断而形成圈闭，在其中聚集的油气就称为岩性油气藏。岩性油气藏有几种不同分类方法：(1)按成因分类，一般分为原生和次生两种；(2)按成因与遮挡条件的差异分类，可以划分为六个亚类，即储层上倾尖灭、古河道砂岩、透镜状岩性封闭、裂隙或层间缝、物性封闭、生物礁圈闭等油气藏；(3)按几何成因，分为透镜体型和上倾尖灭型及不规则型；(4)按储集体类型又可分为砂岩型、石灰岩型(包括生物礁型)。整体而言，目前常见的岩性油气藏是岩性上倾尖灭型油气藏和透镜体型油气藏。

岩性上倾尖灭型油气藏主要形成于古隆起构造的两翼、凹陷的斜坡带，当生产的油气进入储层后，则沿着储层向上倾的方向运移充注，油气运移到储层尖端时，便形成了油气的聚集。整体而言，此类油气藏连续性较好，富集程度较好。由于该类油气藏具有岩性尖灭和地层倾斜的地质特征，流体渗流将受储层厚度渐变和重力驱动的双重影响，井型井网设计也需重点考虑这两个因素。

透镜体型油气藏主要发育于河道、海岸沙洲、三角洲地区，成群成带分布。砂体不规则，彼此之间不连通，每一个砂体均可看成一个单独的油气藏，关于其成因，主要有几下几种观点：(1)毛细管力输导油气作用和烃源岩中烃浓度扩散作用导致砂体成藏；(2)差异突破作用使砂岩透镜体成藏，油藏主要形成于超压体系，最好在封存箱内；(3)在超压的作用下，沿着微裂缝进入透镜体，透镜体型油气藏由于其储量有限，最显著的渗流特征就是边界反应、地层压力衰竭迅速。

在鄂尔多斯盆地分布有大量的这几种类型的油气藏。姬黄 37 井区长 2 油层组位于陕西省定边县境内，如图 2.6 所示，油层厚度达 116.7～138.7m，主要发育构造—岩性油气藏、透镜体油气藏、上倾尖灭油气藏共 3 种类型。在沉积期内发育三角洲平原，微相发育分支河道和分支河间洼地，易形成透镜体岩性圈闭；不整合面的上倾部位易形成上倾尖灭圈闭；与上倾方向的泥质岩类相互配置形成较好的构造—岩性圈闭。

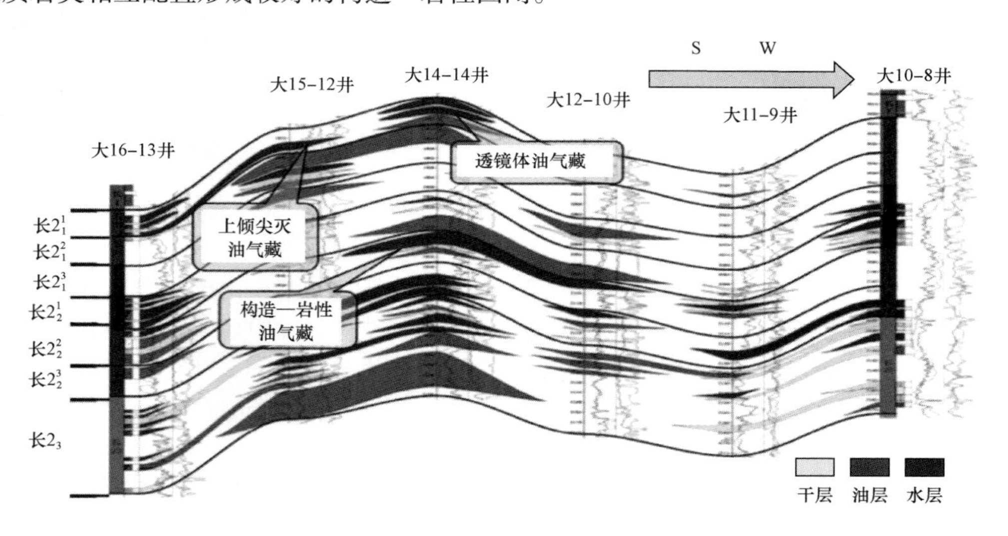

图 2.6　姬黄 37 井区长 2 油层组油藏剖面图

苏里格气田东三区属于典型的致密砂岩储层，如图 2.7 所示，主力含气层盒 8 段孔隙度主要分布在 4%～10%，平均为 8.9%；渗透率主要分布在 0.1～1.0mD，平均为 0.48mD。沉积相带控制储集体的展布，在平面上广泛分布，由北向南延伸，厚度逐渐变薄，部分最终尖灭，形成岩性上倾尖灭型油气藏。南北向砂体连续性较好，呈条带状分布；东西向砂体连续性较差，呈透镜状叠加，形成透镜体气藏。

钻遇该类油气藏，其井控特征有以下几点：(1)由于储层与非储层岩心类似性，不像其他类型油气藏钻遇目的层时有许多征兆，如钻时加快、憋跳钻、岩屑性质发生变化等。因此，此类油气藏钻井需要加强录井及气侵早期检测；(2)岩性油气藏孔渗条件通常较差，渗流能力较弱，其储层非均质性非常严重，相邻井差异可能很大，不具规律性，需要格外注意。

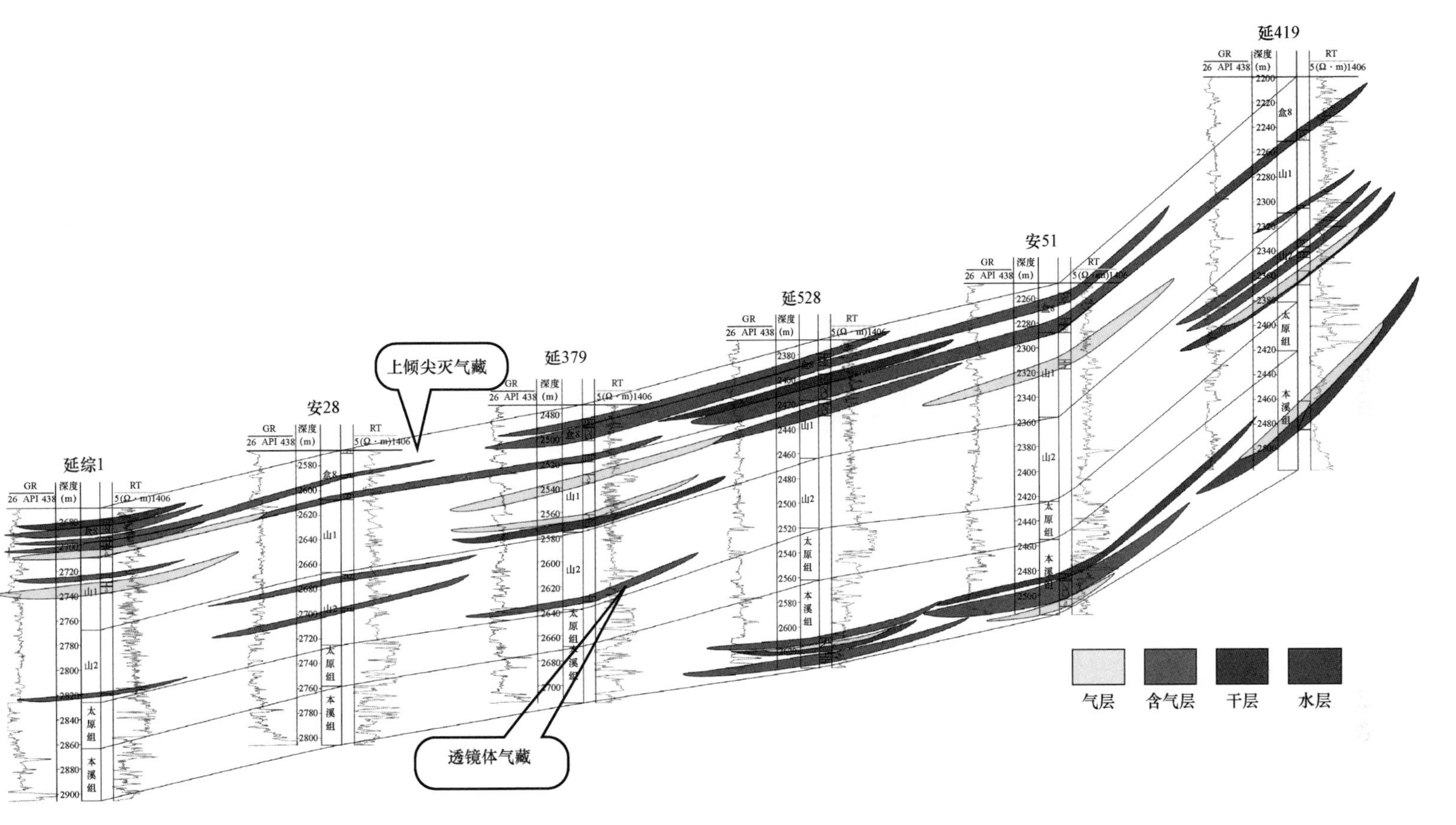

图 2.7 召 87—陕 246 井上古生界气藏剖面图

2.2.6 孔隙型油气藏与井控特征

孔隙型油气藏是指以孔隙作为油气主要储集空间和渗流通道的储层。该类储层以砂岩为主，是最为常见的一类储层。储集岩的孔隙空间主要是粒间孔和溶蚀孔，基本不发育裂缝或者虽然发育裂缝，但大部分裂缝被充填而成为无效裂缝，又或者是裂缝的渗流能力与孔隙的渗流能力差异不大，储层整体呈孔隙型。该类储层整体孔隙度与渗透率具有一定的相关性，孔隙发育，孔隙度高，渗透率一般也较高。图 2.8 为四川盆地元坝地区某区块储层结构模式图，尽管都有裂缝，但台缘滩相中裂缝对渗透率的影响并不明显，因此，仍将其划分为孔隙型储层。

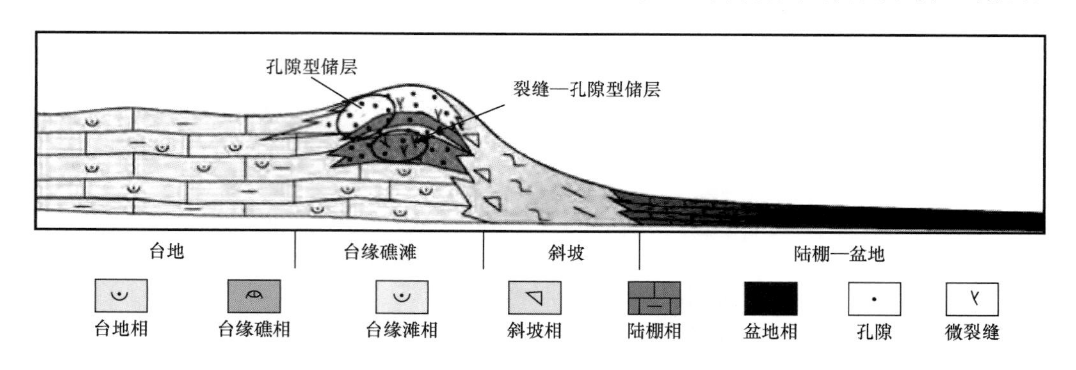

图 2.8　元坝地区生物礁“孔缝双元结构”储集层模式图

孔隙型油气藏的渗流特征主要受渗透率等参数的影响。对于中高渗透储层而言，渗流速度快，产量高，关井后压力恢复快。对于低渗透储层而言，试井曲线呈现压力恢复速度慢，续流时间长等特点。钻遇中高渗透孔隙型储层，在揭开储层厚度较少情况时循环观察地层压力与地层流体侵入强度等，做好井控安全的评价，另外，这类储层物性好，渗流能力强，高强度井喷情况可持续时间长。钻遇低渗透孔隙型储层，需防范部分浅层井喷，另外，由于低渗透油气藏具有低地层孔隙压力、超低渗透率和毛细管压力高、有效应力高的特点，钻井过程中极易伤害地层，应采取保护措施以减轻钻井液对地层的伤害。

2.2.7 裂缝型油气藏与井控特征

以裂缝作为主要渗流通道的油气藏，称为裂缝型油气藏，按其储层的岩石类型及重要性，它可分为碳酸盐岩和其他沉积岩裂缝性油气藏两大类。与常规孔隙型油气藏相比，此类油气藏发育大量互相交错的裂缝，裂缝形成网络，在储层中起着连通孔隙和流体渗流通道的作用。因此，储层中存在两种明显不同的介质系统，即高孔低渗透的基质系统和低孔高渗透的裂缝系统，整个油气藏呈现出严重的非均质性和各向异性。

针对裂缝型油藏渗流特征的描述，常用双孔单渗模型，即基质岩块为主要储集空间，可以向裂缝供油气，但是导流能力可以忽略；裂缝为主要的渗流通道，储集可以认为较少；裂缝系统的孔隙度远小于基质孔隙度，而裂缝渗透率比基质渗透率高得多，同时裂缝压缩系数比孔隙的压缩系数大得多。因此，当裂缝中流体的压力降低时，裂缝孔隙度和渗透率显著降低。相对而言，基质的孔隙度和渗透率变化相对要小，该特性在裂缝型油藏开发过程中表现为：裂缝是流体主要渗流通道，初期产量主要受裂缝控制，裂缝中流体动用程度比较大；而基质是流体主要储存空间，产量递减速度主要受基质控制，基质中流体动用程度比较小（图2.9）。

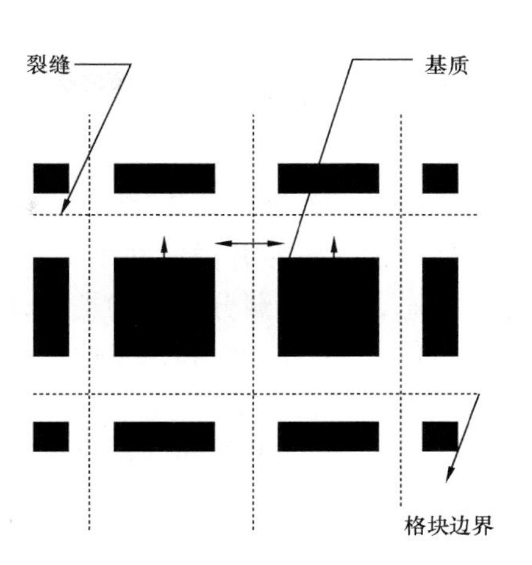

图2.9 标准双孔单渗模型中流体流动示意图

针对裂缝型储层，井控具有如下特点：(1)该类储层裂缝发育，地层压力系统复杂，预测难度大；由于裂缝的高导流能力，导致部分地层流体渗流阻力小，压力平衡难以把握，溢、漏问题严重，甚至出现溢、漏并存；(2)在钻井过程中，经常出现钻具放空、钻井液漏失和井喷现象，并且放空和漏失的井段和层位往往是产层所在的井段和层位。

2.2.8 孔洞型油气藏

以溶孔洞为主要油气储集空间的储层为孔洞型储层，它是国内碳酸盐岩油气藏中最常见的一类重要储层。在孔隙结构上，孔洞型储层储集空间以次生溶蚀孔洞为主，另外还包括一些粒内孔、粒间孔、晶间孔和少量微孔隙，该类储层一般是由原生孔隙溶蚀改造而成，孔隙为主要储集空间，喉道为主要渗滤通道。图2.10所示为塔里木盆地塔中地区奥陶系碳酸盐岩地层某孔洞型油气藏，该地层内发育了大量的走滑断层，走滑断层不仅是储层发育的重要控制因素，也是油气运移的重要通道，油气沿着走滑断层从下往上运移对断溶体进行充注，每一个断溶体都是一个独立的油气藏，所有的断溶体油气藏组合起来，形成了规模巨大的碳酸盐岩孔洞型油气藏。

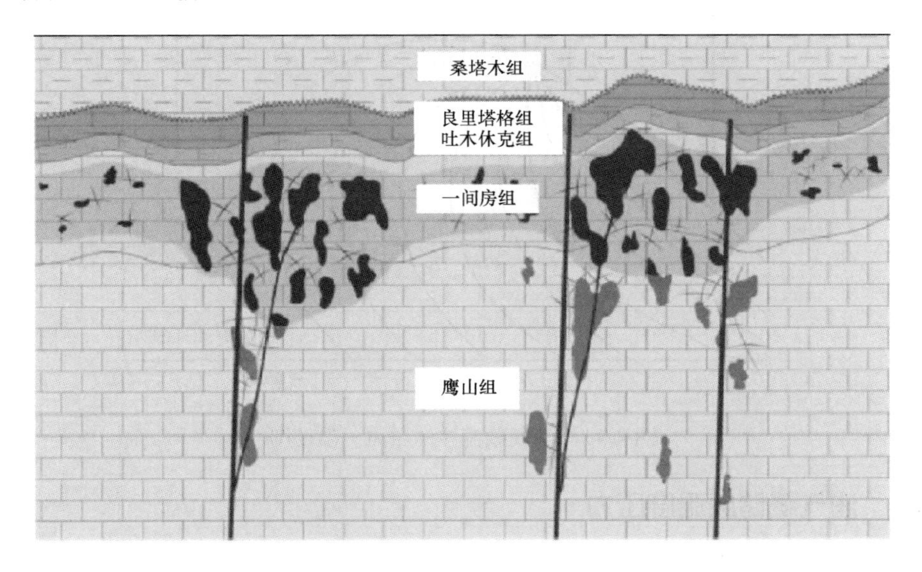

图2.10 孔洞型油气藏示意图

针对孔洞型储层，井控有如下特征：(1)钻遇洞穴时易放空、漏失，井控风险高；(2)在储层打开后，容易存在溢流和漏失同时存在的情况，维持井筒压力平衡难度大；(3)还需防范储层中有毒气体，如硫化氢等。

2.3 油气藏储层流体及其影响溢流井喷的渗流特征

不同组成的油气藏流体，在不同油气藏条件(温度和压力)下呈现不同的相态。而不同相态流体的油气藏钻井溢流井喷特征差异很大。人们根据油气藏流体的性质以及在油气藏中的存在状态，把油气藏分为四种类型，即黑油油藏、挥发性油藏、凝析气藏和干气气藏。在原始油气藏条件下，黑油油藏和挥发性油藏的油藏流体以液态存在于地下，而凝析气藏和气藏流体则以气态形式存在于地下。

图2.11是典型的油气藏流体的压力—温度图。根据该图可以区分油气藏类型。例如，当油藏的条件处于 p—T 图的 AA' 线上，该油藏流体在储层以液态存在，采到地面后除部分变为气态外，绝大部分仍为液态，为黑油油藏；如果某油藏的条件处于 p—T 图的 BB' 线上，该油藏的流体在储层虽仍为液态，但采到地面后除一部分仍为液态外，有相当部分变为气态，为挥发性油藏；如果某气藏的条件处于 p—T 图的 DD' 线上，该气藏流体在储层中为气态，采到地面后除大部分仍为气态外，要产生一定量的凝析油，为凝析气藏；如果某气藏的条件处于 p—T 图的 EE' 线上，该气藏流体不但在储层中为气态，而且采到地面后仍为气态，或只析出极少量的凝析油，这种油气藏称之为干气气藏。

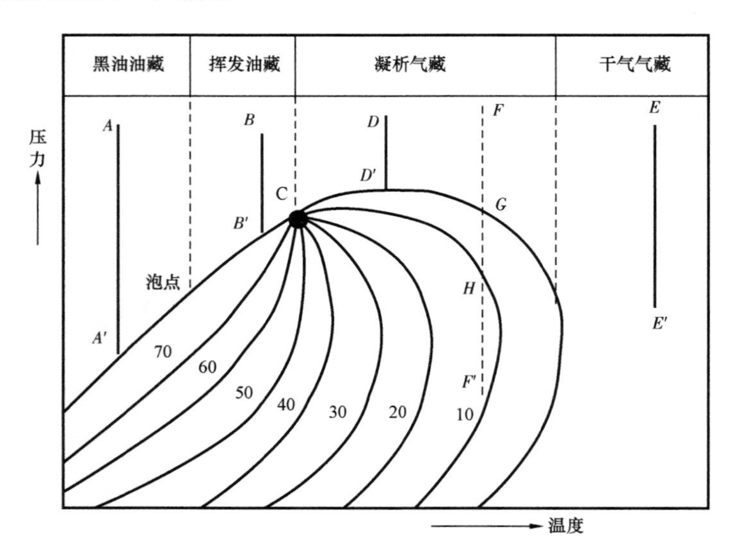

图2.11 油气藏流体的压力—温度图

2.3.1 油气藏储层温度压力

油气藏深埋在地下承受着多种压力，而同时又处在地球的温度场中，因此一般油藏中的温度比平常的室温要高很多。油气藏中的岩石和流体的一些物理和化学性质与储层温度压力密切相关，温度和压力的初始值与其埋深有关。由于油气藏的形成经历了一些地质年代，因此常常认为初始情况是处于热力学平衡的状态。

2.3.1.1　油气藏的温度系统

油气藏的温度来自地球的温度场。油气藏的温度与其埋深和地温梯度有关。地温梯度是一个比较复杂的因素，它受岩石性质（主要是其导热率）和局部地区的地质条件的影响，在地球上各处不是一个常数。在大多数的沉积岩层中常常以每100m埋深增加3℃作为正常的地温梯度。然而，很多地区油藏的地温梯度常常超过这一数值。例如，我国大庆油田某些区块的地温梯度就高达4.5℃/100m，有些油气田的地温梯度更高。当然，也有油藏地温梯度在2.0℃/100m以下。为了获取油气藏真实温度需要测井等技术。图2.12为测量的油藏温度与深度关系曲线。

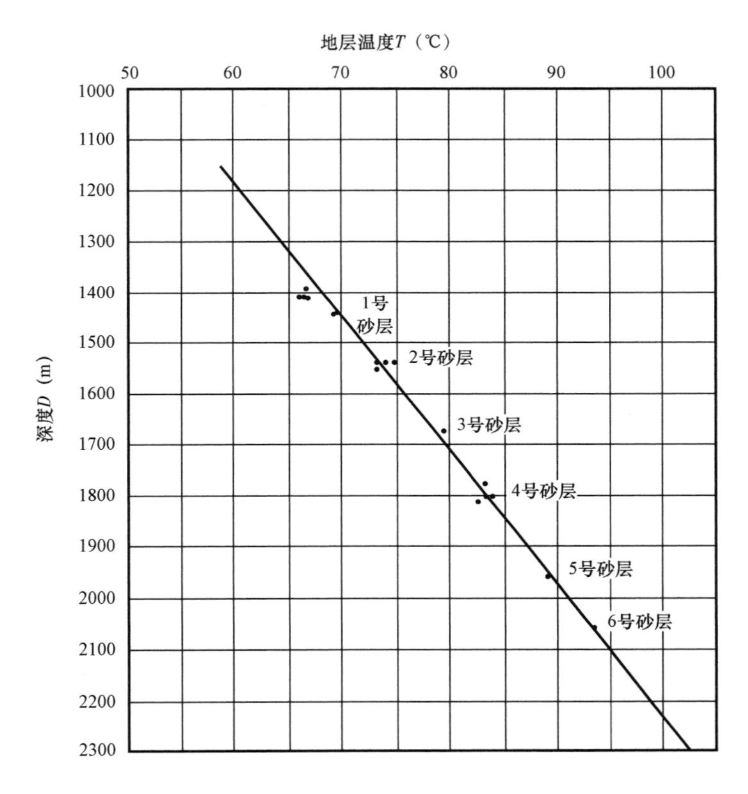

图2.12　油藏温度与深度关系曲线

2.3.1.2　油气藏的压力系统

不同的油气藏中流体压力梯度分布是不同的，图2.13为地层压力与深度关系曲线示意图。严格意义上的正常的地层压力梯度为1.0。实际上的地层压力梯度可以小于、等于或大于正常压力梯度。

2.3.2　气藏渗流特征

天然气藏是地壳中富集了一定数量天然气的地质体，是天然气聚集的基本单元，具有一定的面积和容积，有统一的流体分界面的单一压力系统。其中，“单一”的含义主要指受单一要

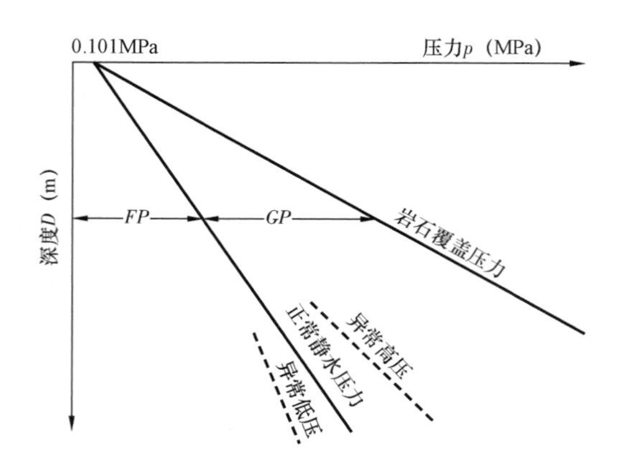

图 2.13　岩石覆盖压力、孔隙流体压力与深度关系示意图

素控制,即在统一面积内具有统一的压力系统、统一的气水界面。而气田可由几个相同类型或不同类型圈闭的气藏组成,也可由单个气藏组成。

将自然界众多的气藏按其地质特征以及勘探开发的需要可以划分为不同的类型。例如,按气藏储集类型分类,可以划分为孔隙型气藏、裂缝型气藏和多重介质气藏。

2.3.2.1　孔隙型气藏渗流特征

孔隙型气藏主要是砂岩气藏,广泛分布在我国鄂尔多斯盆地、四川盆地等地区。这类气藏的渗流特征及生产能力主要受孔隙度和渗透率的影响。对于中高渗透孔隙型气藏而言,储层相对均质,平均相对渗透率大于 10mD,典型代表是青海的涩北气田。该气田埋藏浅,压实作用弱,岩石疏松易碎,储集空间类型简单,总体以原生孔隙为主。孔隙度主要分布在 30% ~ 35%,渗透率主要分布在 10 ~ 100mD。开发这类气藏最关键的问题要防止气井出砂出水,因此,在开发过程中,需要合理控制生产压差。另一方面,有效渗透率在 0.1 ~ 10mD(绝对渗透率在 1 ~ 20mD),孔隙度在 10% ~ 15% 的为低渗透气藏;有效渗透率 <0.1mD(绝对渗透率 <1mD),孔隙度 <10% 的为致密气藏,这两类气藏在我国的鄂尔多斯盆地较为常见。低渗透致密气藏地质条件复杂,储层物性差,非均质性强,具有明显的低孔、低渗、低产、低丰度等特点,其渗流机理、渗流特征以及递减规律与常规气藏有很大差异。启动压力梯度、应力敏感效应、工作制度以及裂缝导流能力等因素对气井产能都有很大的影响。具体而言,单井控制储量和可采储量小供气范围小产量低,递减快,气井稳产条件差。图 2.14 为苏里格气田 X 区块盒 8 段砂体连井对比剖面图。

2.3.2.2　裂缝型气藏渗流特征

裂缝型气藏呈现强非均质性,在模型处理上,一般简化为双重介质,主要由基质和裂缝构成,中低孔高渗透气藏的裂缝系统是主要渗流通道,而高孔低渗透气藏的基质系统是气体的主要储集场所,渗流规律较为复杂。在气井生产初期,裂缝中的流体快速流入井筒产出,但由于裂缝总体积较小,储集能力差,且具有很强的应力敏感性,随着裂缝中流体的产出,裂缝系统压力下降,裂缝导流能力大幅下降,气井生产能力下降;生产中后期,随着裂缝系统压力的降低,在基质与裂缝间建立起压差,基质中的流体开始向裂缝流动,此后基质孔隙发挥主要渗流作

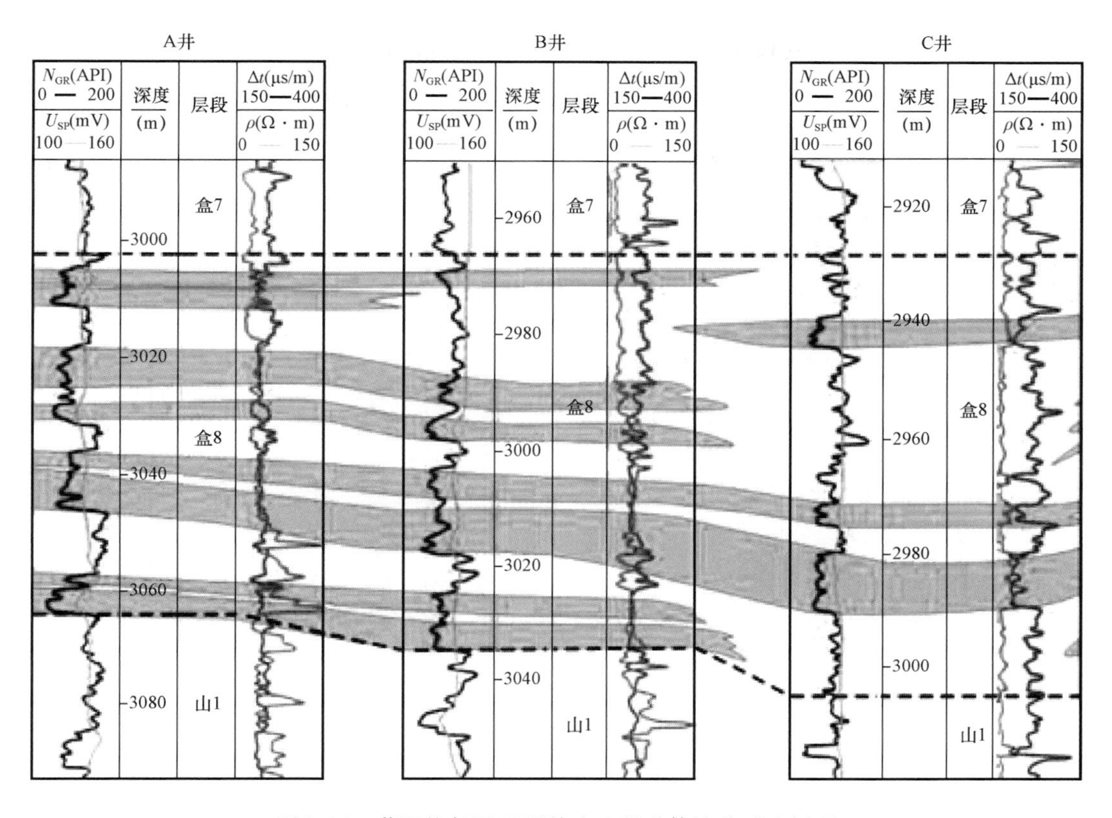

图 2.14　苏里格气田 X 区块盒 8 段砂体连井对比剖面

用,向裂缝不断供液。表现在渗流特征上为双重介质渗流,在产能上,气井生产动态则表现为初期产量高,递减速度快;中后期产量低,递减速度缓慢,可稳产较长时间。图 2.15 为双重介质模型示意图。在这类气藏的开发上,要着重研究裂缝类型、分布规律、裂缝的连通关系和裂缝性储层的储集空间等特征。同时要研究气藏压力与流体性质、气水分布及动态特征。重点要优选布井,并选择合适的井型。同时,针对裂缝系统的连通性,还可决定各裂缝系统区独立开采还是统一开采。

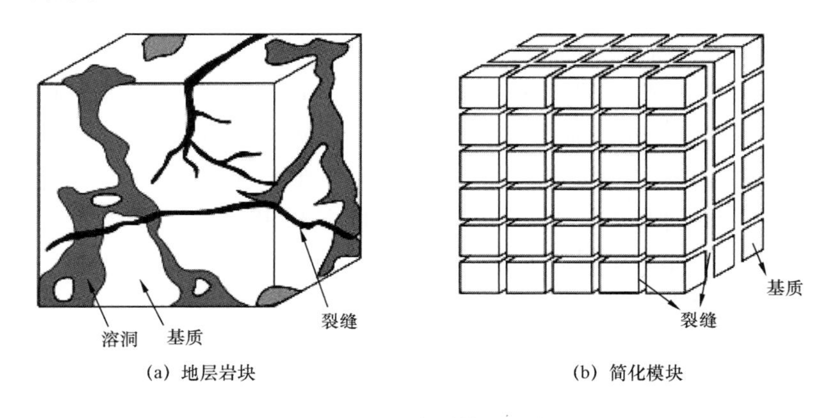

图 2.15　双重介质模型示意图

2.3.2.3 孔洞型气藏渗流特征

孔洞型储层中溶孔洞是油气的主要储存空间，裂缝欠发育，是国内碳酸盐岩油气藏中最常见的一类重要储层。图2.16为安岳气田某孔洞型碳酸盐岩孔喉网络分布图。岩心整体孔隙度约为6%，渗透率为0.1～0.4mD，孔喉半径为1.0～6.1μm，孔喉体积多在$7\times10^6\mu m^3$以下，大尺度孔洞发育，储集空间较好，但喉道细小且连通性差，配位数较低，无法形成有效沟通。整体而言，这类气藏渗透率较低。在生产方面，这类气藏在早期产能为中低产，且递减明显，持续时间长，后期产能低但能稳产。

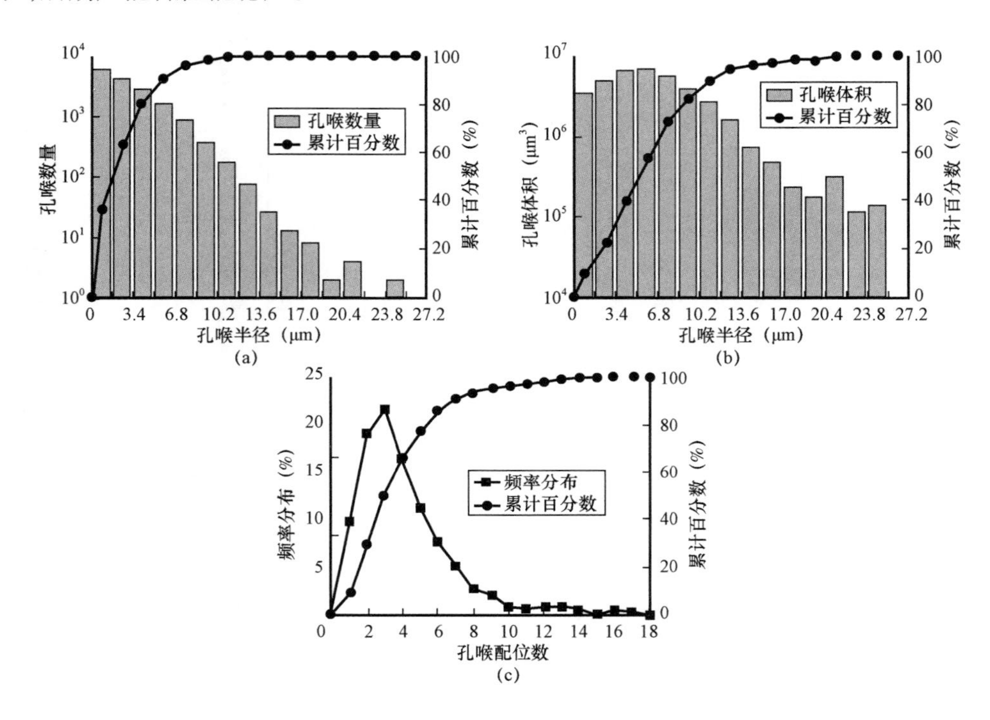

图2.16 孔洞型碳酸盐岩孔喉分布

2.3.2.4 典型气藏井喷溢流影响因素分析

(1)干气气藏。

按气藏烃类相态分类，气藏可以分为干气气藏(常规气藏)、凝析气藏和带油环的气藏三类。通常所称的天然气藏是指凝析油含量低于$50g/cm^3$的天然气藏，天然气藏又可按照烃类组分细分为干气气藏和湿气气藏两大类，其中干气是指甲烷含量大于95%，且不含凝析油的天然气；而湿气是指甲烷含量大于90%且凝析油含量小于$50g/cm^3$的天然气。

对于常规干气气藏，影响气侵的主要因素为储层的性质。

① 气侵与渗透率的关系。渗透率是影响储层气侵的重要因素，渗透率越大，井底压力降低越快，流体产出压差越大，导致地层流体流量加大，形成恶性循环，当井筒中地层流体总量足够大、流速足够高时就会导致井喷的发生，如图2.17至图2.19所示。同时，渗透率越大，地层流体侵入井筒潜在能力越大，既导致井控措施容易失败，又使井控难度增大，风险增高。

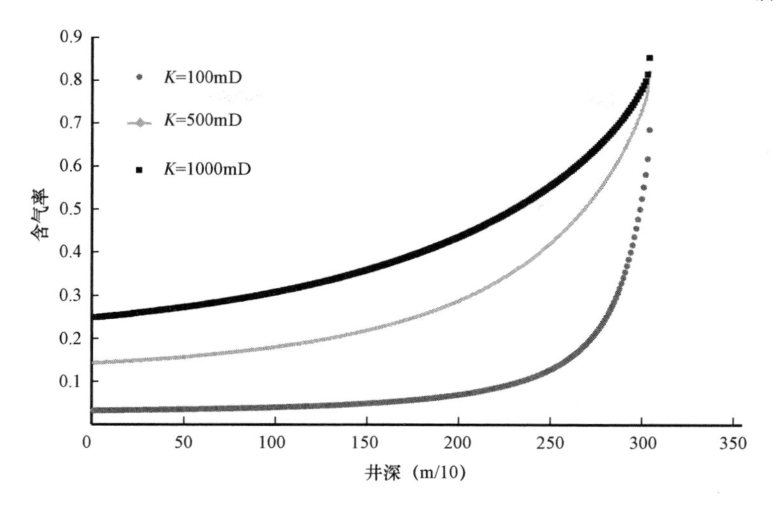

图 2.17　不同渗透率下井筒含气率分布

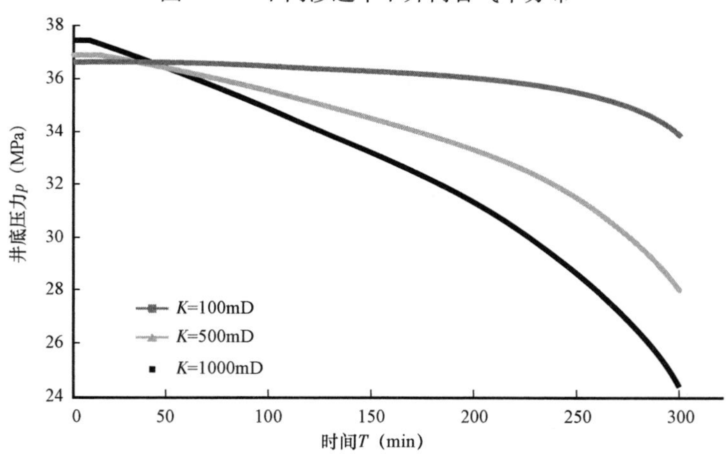

图 2.18　不同渗透率下井底压力随时间变化

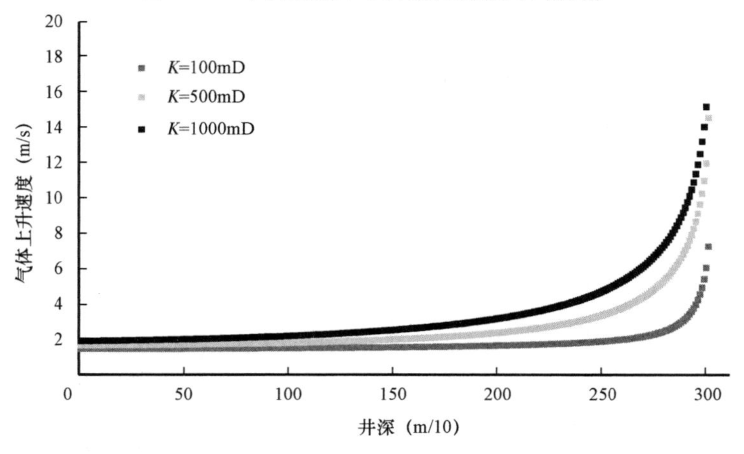

图 2.19　不同渗透率下井筒气体速度分布

② 气侵与储层厚度的关系。由图2.20可以看出，储层厚度对气侵过程影响非常明显，且数值越大气侵量越大。

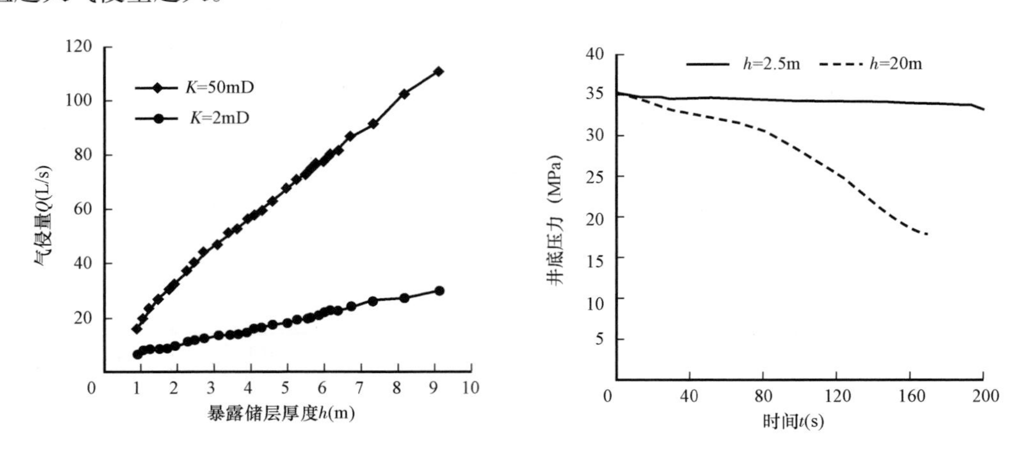

图2.20　储层厚度对气侵量和井底压力的影响

③ 气侵与孔隙度的关系。孔隙度影响因素与储层厚度类似，均是通过影响储层含气量来影响气侵能力，如图2.21所示，因此在其他条件不变的情况下，气侵量随孔隙度的增大而增大。

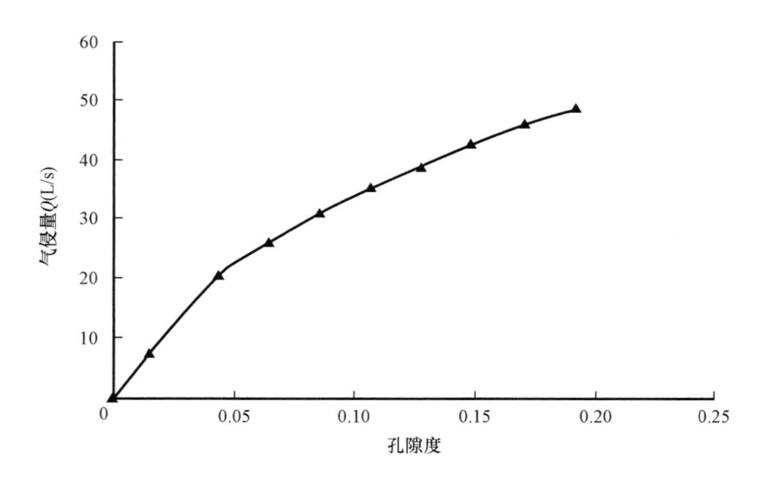

图2.21　孔隙度对气侵量的影响

综上所述，在储层压力和流体性质一定的前提下，储层性质越好，储层厚度越高，井控难度越高，气侵量越大。

(2)凝析气藏。

当天然气中凝析油含量大于等于50g/cm³时，就被称为是凝析气藏。根据我国《天然气储量规范》，凝析气藏又可按照凝析油含量的高低分为低含凝析油(50～200g/m³)、中含凝析油(200～400g/m³)和高含凝析油(>400g/m³)气藏三个亚类。

在实际工程中，也通常采用地面生产气油比来判断气藏是否为凝析气藏，一般认为地面生

产气油比为 $8.905\times10^2 \sim 1.781\times10^4 m^3/m^3$ 时，可初步确定为凝析气藏，但最终确定需要进一步的实验。

对凝析气藏而言，除了常规气藏对钻井风险的影响，还必须考虑反凝析的影响。

① 地层反凝析引起溢油。当钻井打开储层后，储层孔隙压力不断变化，这就会引起储层反凝析行为的动态变化。在产气过程中，气体由供给边界向井筒内流动，地层压力由原始地层压力向井底压力变化。地层压力在相图中的变化过程如图 2.11 中虚线所示。若井口未加回压，则井底压力极低，压力从原始地层压力降到井底压力的跨度很大，因此地层中会发生反凝析和蒸发两个过程。地层压力降到露点压力 G 之前，地层中气体不会发生相态变化。当压力低于露点压力而高于最大反凝析压力 H 时，随着距井筒距离的减小和揭开储层厚度的增加，地层各点压力逐渐下降，当压力低于露点压力时，地层中开始有反凝析液析出，且反凝析程度随距离的减小而增加，随打开储层厚度的增加而增加。当地层中某处压力达到最大反凝析压力 H 时，反凝析程度达到最大值，此处地层中的反凝析液含量最大。若井底压力低于最大反凝析压力，当某点地层压力低于最大反凝析压力后，则随地层压力下降会发生常规蒸发现象，反凝析液含量有减少的趋势。

凝析油气体系相态变化析出的反凝析液随着气体同时溢出，增大了溢出量，大大增加了溢出流体造成的伤害和控制难度。

② 地层反凝析引起储层伤害。凝析油气体系相态变化析出的反凝析液往往会滞留在地层，这也会对地层造成损害。当凝析油气体系发生相态变化，析出反凝析液，不管生成的液相是否具有流动能力，其存在一方面占据甚至堵塞了地层中气相的流动通道，允许气体流动的有效孔道空间减小；另一方面，由于渗透率效应，两相存在时气相有效渗透率较单相渗透率小很多。即使压力降至低于最大反凝析压力后，反凝析液发生蒸发现象，但是蒸发效果有限，且液相为润湿相，其能够以液膜的形式吸附在多孔介质表面。液相的析出将导致气井产能降低，损害实质为液锁损害。

在实际生产过程中，可以采用气体钻井消除外来工作液对油气层的损害，同时通过恢复地层压力来消除反凝析损害，由此可以达到保护气藏的目的。

③ 井筒反凝析引起井筒积液。气体钻井打开储层后，地层产出气在上返过程中，由于井筒温度、压力的变化，在井筒中析出凝析液。若井口放喷，则井筒中气相流速足以将全部凝析液带出井筒。然而，若气体钻进结束后测试过程中，由于井口施加回压，则气体在井筒中的流速会明显降低，则其携带凝析液的能力将减弱，气体流速不足以将所有凝析液带出井筒，造成凝析液滴回落，在井底形成凝析积液。井筒积液的原因是液滴的重力。

井筒积液会对凝析气藏产能造成重大影响。由于井筒积液的存在，储层气体流入通道会逐渐减小。同时，井筒积液将增大井底流压，减弱气井生产能力。此外，井筒积液还会造成气层损害，这是因为井筒积液会因为毛细管力而进入储层，降低气相有效渗透率，气井产能降低。

(3) 酸性气藏。

在实际储层中，天然气除了甲烷外往往含有一定量的非烃气体，天然气中所含有的重要非烃气体主要是 H_2S、CO_2 等。当天然气中含有 H_2S、CO_2 后，称之为酸性气藏。

H_2S 是一种有毒的无色气体，沸点为 -59.6℃，气味恶臭。含少量 H_2S 的天然气就会有异常臭气。由于其活泼的化学性质，它的存在会对采气管网和设备产生很大的腐蚀性，同时会使炼制工艺中的金属催化剂变质。因此，对于含有 H_2S 的天然气通常利用乙醇胺的吸收作用将其从天然气中消除。

CO_2也会对采气管网和设备产生轻微的腐蚀作用，当天然气中同时含有 CO_2 和 N_2时，会改变天然气的组分结构，导致燃烧发热量下降等经济价值的下降。

除了由于自身的腐蚀性增大了钻井难度之外，当天然气中非烃含量较高时，对天然气整体的物理性质影响很大，酸性气体在井筒环境下存在超临界态，在临界点附近其物态形式变化剧烈，图 2.22 至图 2.24 为含酸性气体情况下，随着气体向上运移井底压力的变化。酸性气体含量越高，井底压力降低得越快。井控风险会进一步增加。

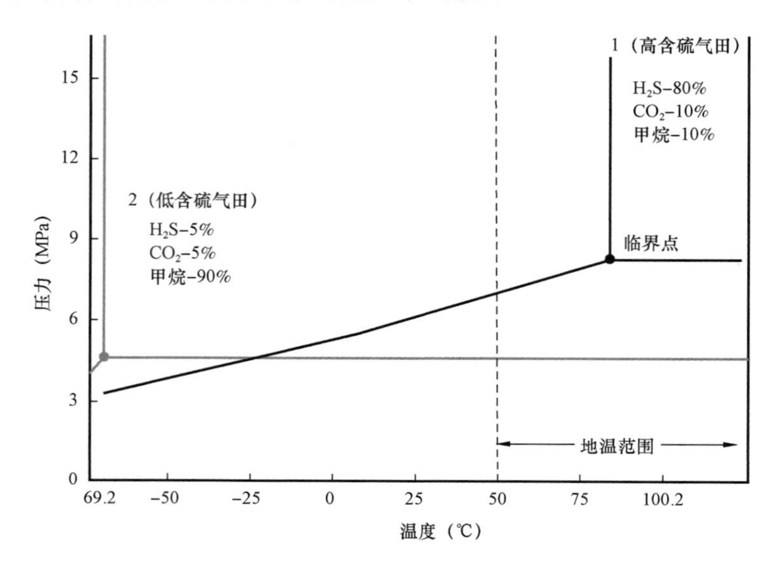

图 2.22　不同含硫量的混合流体临界相态图

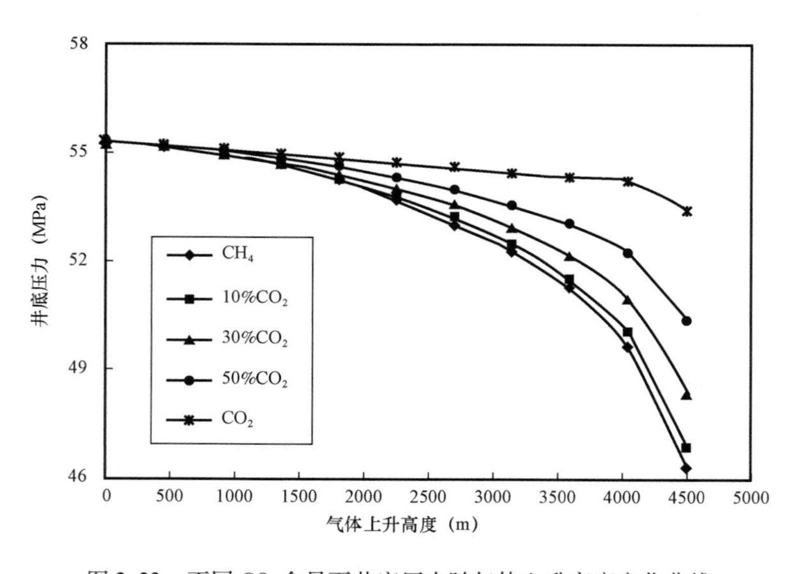

图 2.23　不同 CO_2 含量下井底压力随气体上升高度变化曲线

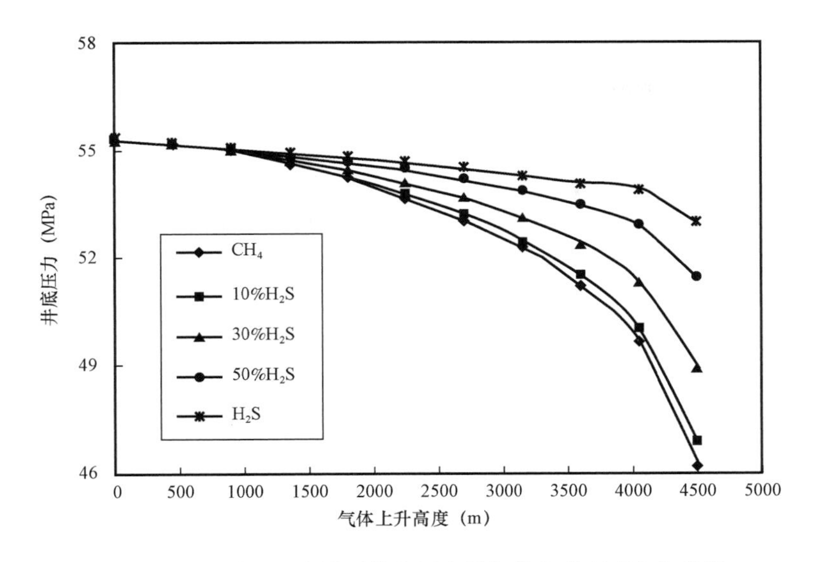

图 2.24　不同 H_2S 含量下井底压力随气体上升高度变化曲线

当产出气中混入 CO_2 或 H_2S 后，井底压力发生明显降低，纯 CH_4 气体气侵井底压力降幅较大，混有 H_2S 和 CO_2 时气侵后井底压力降幅减小，即在相同的压差下，混有 H_2S 和 CO_2 时气侵量会增加。

2.3.3　油藏渗流特征

油藏是指那些主要产出相当稳定的液态碳氢化合物的储层。各类原油均含有多种组分，当原油降至大气温度与压力时，这些组分就会以自由气的形式逸出。即任何一种原油均含有某些溶解自由气，一般用溶解气油比表示，指在原始地层条件下，单位体积或重量原油所溶解的天然气量。当油藏压力降低到油藏饱和压力以下时，溶解在地层原油中的天然气会逐渐游离出来，在油藏流体中呈气态。根据原油中的溶解气油比可将油藏划分为高气油比油藏、中气油比油藏和低气油比油藏。图 2.25 为油藏钻井过程中溶解气进入井筒示意图。

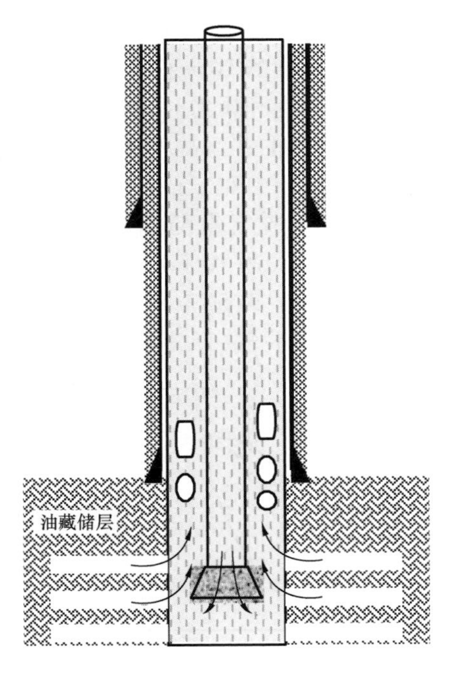

图 2.25　油藏钻井过程中溶解气进入井筒示意图

原始溶解气油比的高低与溶解气成分，以及油层压力和温度都有一定关系。油藏原始溶解气油比高的油藏，其原始溶解气数量大，所蕴含的溶解气能量就大，以挥发性油藏为例；反之则小。溶解气中重烃含量高者，弹性能量相对较小，以稠油油藏为例。此外，油层压力越高，其可能的降压幅度就越大，因此释放出的溶解气能量就越大。油层温度越高，其溶解气能量也越大。

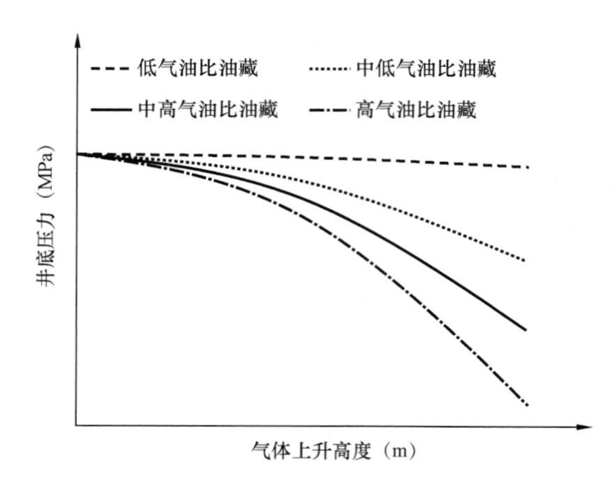

图 2.26　不同类型油藏钻井过程中井底流压随气体上升高度变化示意图

由于溶解气变成游离气导致出现很大的体积增加，根据气体的压缩和膨胀的特性可知游离气的体积膨胀系数很大（一般比液体高出 6～10 倍），在井筒的上升过程中随着压力下降，将出现很大的体积增加，故如果钻井过程中储层内部有大量溶解气析出，并通过储层流入井筒，会造成极大的“气侵”风险。因此，对于高气油比、高渗透油藏，钻井过程中应特别注意储层内部气相饱和度的空间分布情况，防止出现溢流或井喷的危险。

如图 2.26 所示，在钻井过程中，不同溶解气油比特征的油藏的“气侵”风险存在很大差异。不同的溶解气油比表征着油藏随压力降低析出气体的能力大小。对于低气油比油藏，析出气体较少，钻井过程中进入井筒的气体极少，故在井筒的上升过程中对井底压力的影响很小，可以忽略。从图中还可看出，随着油藏气油比的增加，在相同的气体上升高度情况下，井底流压的降幅增加。这是因为对于高气油比油藏，更多的气体随着压力的降低进入井筒。

2.3.3.1　高气油比油藏

高气油比油藏在原始条件下地层流体以液态形式存在于地下，但由于这种流体中轻质组分烃的含量较高，当地层压力降到略低于饱和压力时其体积就有很大的收缩。一般说来，当压力低于饱和压力的 10% 左右时，其液体体积就收缩 20% ～40% 。因此，在高气油比油藏中，当地层压力低于饱和压力时，地下会形成很高的气体饱和度。由于气相的相对渗透率较油相的大，这时所产生的井流物就不再是以液态烃为主而是以气态烃为主。

不同储层压力对“气侵”风险影响较大。储层压力与饱和压力的差值越大，储层脱气越严重。图 2.27 为脱气量随储层压力变化关系图。图 2.27(a) 中储层压力略低于泡点压力（1MPa），脱气轻微（10%），“气侵”风险略有上升；图 2.27(b) 中储层压力较多低于泡点压力（5MPa），脱气较多（50%），“气侵”风险会显著上升；图 2.27(c) 中储层压力远低于泡点压力（10MPa），大量脱气（75%），“气侵”风险会大幅度上升。

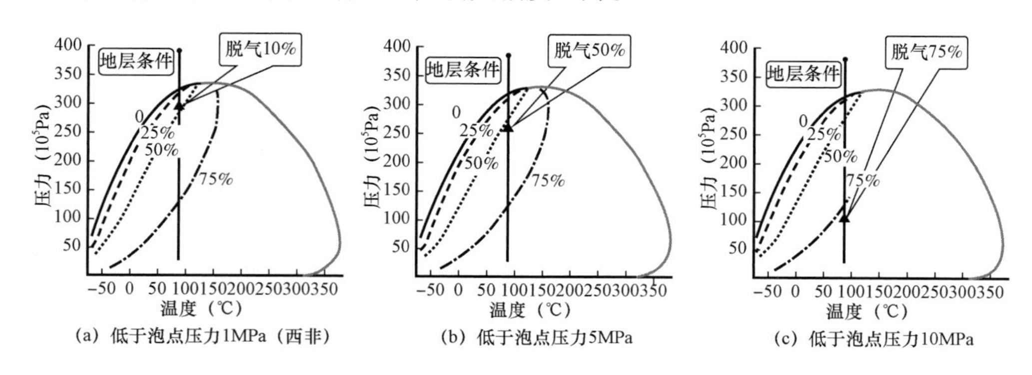

图 2.27　脱气量随储层压力变化

如图2.28 所示，对于相同气油比的油藏，“气侵”风险会随着渗透率的升高而升高。钻井过程中，当储层压力降低到饱和压力，油藏条件下的油开始脱气。由于此处认为油藏的溶解气油比一致，故油藏条件下的脱气量可认为相同。油藏的渗流能力决定着油藏向井筒的供液能力，随着油藏渗透率的上升，油藏向井筒的供液能力增强，意味着更多的气体进入井筒，导致“气侵”风险加大。

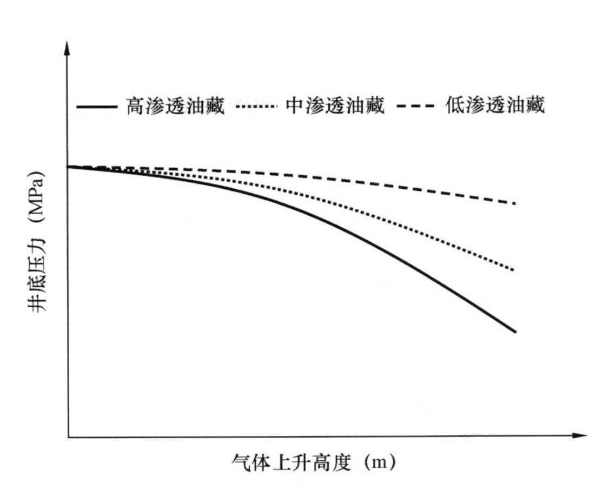

图2.28　不同渗透率油藏钻井过程中井底流压随气体上升高度变化示意图

2.3.3.2　中气油比油藏

中气油比油藏的油层原始压力与饱和压力的差值小于油藏压力的10% ~20%时，地层压力下降将很容易导致原油在油层中脱气。油质较重的原油，由于溶解气的能力小，一般体积系数较小，随着压力的降低脱气较少，故“气侵”风险较小；油质较轻的原油，由于溶解气的能力大，大多数体积系数也大，随着储层压力的降低会大量脱气。鉴于气体由溶解态转变为游离态将会出现很大的体积增加，而且气体进入井筒后的上升过程中压力下降尤为明显，气体体积将会进一步增大，极易导致“气侵”，在钻井过程中，若不采取有效的除气措施，就会反复将气侵钻井液泵入井内，使钻井液气侵的程度更加严重，造成井底压力不断降低，就有出现溢流或井喷的危险。

2.3.3.3　低气油比油藏

稠油油藏也称重质原油，是指在地层条件下原油黏度大于50mPa・s，或者在油层温度条件下溶气原油黏度大于100mPa・s的油藏。稠油油藏属于典型的低气油比油藏。液相的等温膨胀会导致在泡点处产生气体，并且随着压力的进一步下降，气体体积将单调增加。当条件改变时(不包括地面储罐条件)气体的组分仅有轻微的变化。气体相对较贫，而且在一定程度上只对分离器液相起作用。当油层压力低于饱和压力时，溶解在原油中的天然气开始分离，使原油黏度上升。值得注意的是，在大多数稠油油藏中，所溶解的气量都比较低。故在稠油油藏的钻井过程中“气侵”风险很小。

参考文献

[1] 胡见义，徐树宝，刘淑兰，等．非构造油气藏[M]．北京：石油工业出版社，1986.

[2] 李丕龙，陈冬霞，庞雄奇．岩性油气藏成因机理研究现状及展望[J]．油气地质与采收率，2002，9(5)：1 -3.

[3] Mcaulife C D. Oil and gas migration：chemical and physical constraints. AAPG Bulletin，1979，63(5)：767 -781

[4] 刘杨，张东阁，李彦兵，等．姬黄37区长2油层组油气富集规律[J]石油天然气学报，2019，41(4)，21 -24.

[5] 赵靖舟，王永东，孟祥振，等．鄂尔多斯盆地陕北斜坡东部三叠系长2油藏分布规律[J]．石油勘探与开发，2005，34(1)：23 -27

[6] 郭旭升，胡东风，李宇平．四川盆地元坝气田发现与理论技术[J]．石油勘探与开发，2018(1)：14 -26.

[7] 杨洋,冯许魁,刘永雷．塔中中古 8 井区走滑断裂特征及其对孔洞型油气藏的控制作用[J]．物探化探计算技术,2018,040(004):425 - 430.
[8] 庞崇友,张亚东,章辉若,等. 地质统计反演在苏里格气田致密薄砂体预测中的应用[J]物探与化探,2017,41(1) :16 - 21.
[9] 刘建军,吴明洋,宋睿,等．低渗透油藏储层多尺度裂缝的建模方法研究[J]．西南石油大学学报(自然科学版),2017,39(4):90 - 103.
[10] Kazemi H,Merril J R,Porterfield K L,et al. Numerical simulation of water - oil flow in naturally fractured reservoirs[J]. SPE J. 1976,16 (6),317 - 326.
[11] Warren J E,Root P J. The behavior of naturally fractured reservoirs[J]. SPE J. 1963 245 - 255.
[12] 王璐,杨胜来,刘义成,等．缝洞型碳酸盐岩气藏多层合采供气能力实验[J]．石油勘探与开发,2017,44(5):779 - 787.
[13] 李阳．塔河油田碳酸盐岩缝洞型油藏开发理论及方法[J]．石油学报,2013,34(1):115 - 121.
[14] 王允诚．裂缝性致密油气储集层[M]．北京:地质出版社,1992.
[15] 袁士义．裂缝性油藏开发技术[M]．北京:石油工业出版社,2004.
[16] 姜汉桥．油藏工程原理与方法[M]．北京:中国石油大学出版社,2006.
[17] 孔祥岩．高等渗流力学[M]．合肥:中国科技大学出版社,1999
[18] T. D. VAN GOLF - RACHT. 裂缝性油藏工程基础[M]．谭国雄,梁人初,祁庆祥,译．新疆克拉玛依:新疆石油地质,1985.
[19] 曾联波．低渗透砂岩储层裂缝的形成与分布[M]．北京:科学出版社,2008.
[20] li Danesh,沈平平．油藏流体的 PVT 与相态[M]．韩冬译．北京:石油工业出版社,2000.
[21] 党勇杰,刘进东,衣军,等．带状高含硫气藏分支水平井拟三维产能预测研究[J]．钻采工艺,2013,36(6):57 - 59,62,5.
[22] 徐兵祥,李相方,HAGHIGHI Manouchehr,等．裂缝性页岩气藏水平井产能预测模型[J]．中国石油大学学报(自然科学版),2013,37(6):92 - 99,105.
[23] 李骞,李相方,李艳静,等．凝析气藏不同开发阶段的合理生产压差探讨[J]．西南石油大学学报(自然科学版),2012,34(1):121 - 126.
[24] 吴克柳,李相方,石军太,等．水驱凝析气藏地层压力计算方法[J]．石油学报,2012,33(2):278 - 283.
[25] 李乐忠,李相方,王钒潦．气井真实产能方程及无阻流量确定方法探讨[J]．天然气技术与经济,2014,8(2):27 - 29,78.
[26] 尹邦堂,李相方,李佳,等．巨厚高产强非均质气藏产能评价方法——以普光、大北气田为例[J]．天然气工业,2014,34(9):70 - 75.
[27] 李骞,李相方,石军太,等．凝析气藏临界流动饱和度研究综述[J]．石油钻采工艺,2010,32(S1):36 - 41.
[28] 张卫国,李云波,李相方．气藏开发过程中渗流可逆性研究[J]．天然气工业,2007,27(6):85 - 87,155 - 156.
[29] 齐明明,李相方,鄢捷年．气藏水平井钻井液密度附加值研究[J]．钻井液与完井液,2007,24(3):10 - 11,19,87 - 88.
[30] 李相方,庄湘琦．气藏开采中地层温度及井口压力对井筒流动参数的影响[J]．石油大学学报(自然科学版),2003,27(4):53 - 57,149.
[31] 李相方,程时清,覃斌,等．凝析气藏开采中的几个问题[J]．石油钻采工艺,2003,25(5):47 - 50,95.
[32] 李相方．提高深探井勘探效果与减少事故的井控方式[J]．石油钻探技术,2003,31(4):1 - 3.
[33] 刘一江,李相方,康晓东．凝析气藏合理生产压差的确定[J]．石油学报,2006,27(2):85 - 88.
[34] 程时清,谢林峰,杨秀祥,等．气井供气范围近似估算方法[J]．石油钻探技术,2006,34(6):55 - 56.
[35] 许寒冰,李相方,刘广天．气藏钻井井控难易程度确定方法与装置研究[J]．石油机械,2009,37

(5):87-89.
[36] 许寒冰,李相方.压井前井控难易程度的确定方法[J].天然气工业,2009,29(5):89-91,142-143.
[37] 韩易龙,李相方,李乐忠.低渗气藏产能分析新方法[J].油气田地面工程,2009,28(10):42-44.
[38] 石志良,李相方,朱维耀,等.凝析气液复杂渗流数学模型[J].石油勘探与开发,2005,32(3):109-112.
[39] 唐恩高,李相方,童敏,等.基于凝析气相变的凝析油聚集规律研究[J].石油勘探与开发,2005,32(5):105-107.
[40] 王志伟,李相方,童敏.凝析气藏气液相变三区扩展模型研究[J].西安石油大学学报(自然科学版),2005,20(5):37-39,8.
[41] 康晓东,李相方,覃斌,等.考虑高速流动效应的凝析液饱和度变化规律[J].水动力学研究与进展(A辑),2005,20(1):38-43.
[42] 康晓东,李相方,刘一江,等.凝析气藏高速多相渗流机理与数值模拟研究[J].工程热物理学报,2005,26(2):261-263.
[43] 覃斌,李相方,程时清.凝析气藏考虑高速流动效应的油气渗流动态研究[J].天然气工业,2005,25(2):136-139,217.
[44] 康晓东,覃斌,李相方,等.凝析气藏考虑毛管数和非达西效应的渗流特征[J].石油钻采工艺,2004,26(4):41-45,84.
[45] 康晓东,李相方,程时清,等.裂缝性有水凝析气藏开发开采中的若干问题:以千米桥潜山凝析气藏为例[J].天然气地球科学,2004,15(5):536-539.
[46] 隋秀香,李相方,齐明明,等.高产气藏水平井钻井井喷潜力分析[J].石油钻探技术,2004,32(3):34-35.
[47] 李保振,李相方,杨胜来,等.异常高压凝析气藏的压降特征[J].天然气工业,2008,28(6):108-110,155.
[48] 曹宝军,李相方.压裂火山岩气井多裂缝产能模型[J].天然气工业,2008,28(8):86-88,145.
[49] 李相方,隋秀香,谢林峰,等.论天然气藏测试生产压差确定原则[J].石油钻探技术,2002,30(5):1-3.
[50] 李相方,隋秀香,刘大宝,等.深层高压气藏测试水合物生成趋势监测与控制技术[J].石油钻探技术,2002,30(6):4-5.
[51] 尹邦堂,李相方,杜辉,等.油气完井测试工艺优化设计方法[J].石油学报,2011,32(6):1072-1077.
[52] 吴克柳,李相方,陈掌星,等.页岩气和致密砂岩气藏微裂缝气体传输特性[J].力学学报,2015,47(6):955-964.

3 地层流体侵入与监测

3.1 井眼与地层压力系统关系

3.1.1 平衡压力钻井

平衡压力钻井也称近平衡压力钻井，是20世纪70年代发展起来的钻开油层的一种先进钻井工艺。平衡压力钻井时井筒液柱压力稍大于地层孔隙压力，两者接近平衡，也就是两者的压力差比较小。平衡压力钻井可提高钻速，保护油气层，并能安全钻进，减少井漏、井塌、卡钻等井下复杂事故。

3.1.2 欠平衡压力钻井

所谓欠平衡压力钻井，是钻井过程中井底有效压力低于地层压力的钻井工艺。这种钻井工艺允许地层流体进入井内，循环出井，并在地面得到控制。由此可见，采用密度低于$1.0g/cm^3$的钻井液钻井称为低压钻井，但未必是欠平衡钻井；而在压力系数低于1.0的油气藏进行欠平衡钻井则必须采用低密度钻井液。实际上，欠平衡压力钻井既可以在低压油气藏进行，也可以在较高压力且井眼稳定的裂缝性油藏及易漏地层进行。

3.1.2.1 欠平衡压力钻井方式

(1)空气钻井。应用空气作为循环介质进行钻井。由于其可压缩性，为了携带岩屑必须有足够大的空气排量。空气钻井地面设备由大功率的压风机、井口防喷器、旋转控制头及有关测量仪表组成。环空出口排放管线应长于60m，旋转控制头用于控制环空流体进入钻台。

空气钻井适宜于干燥、低渗透地层，硬质胶结长页岩井段；水敏性低压地层；硬石灰岩层；硬石膏层；易漏失层；严重缺水地区等。一般情况下地层流体不进入井眼。

空气钻井优点是：显著提高钻速，减少对敏感性产层的损害；有利于保护油气层，解决井漏问题。

空气钻井缺点是：当地层产生碳氢化合物时，井下容易着火、爆炸；地层进水后岩屑难携带，易产生事故。在水平井钻井中，螺杆钻具寿命短，且难以预测；井斜角大于50°时，携岩困难；钻柱与井壁之间摩擦阻力较大，缩短了水平段长度；有些随钻测量(MWD)工具不能用等。

(2)雾化钻井。在空气钻井过程中，如果地层内有少量水进入井眼，这种情况下，岩屑难以携带，故不宜继续使用空气钻井，可改用雾状流体钻井，即雾化钻井。仍采用空气钻井设备，用泵将水或轻质钻井液加一定的发泡剂直接注入空气流体内，并泵入井眼，在环形空间形成雾。雾化钻井需要的空气量比空气钻井多。

(3)泡沫钻井。泡沫钻井对地层出水严重或在裂缝及渗漏地层是有效的。

泡沫流体是气体型钻井流体的一种，它密度低，黏度和切力高，携带岩屑、清洗井筒能力强，高温状态性能稳定。泡沫流体分为硬胶泡沫和稳定泡沫。硬胶泡沫是由气体、黏土、稳定剂和发泡剂配成的稳定性比较高的分散体系。稳定泡沫是指空气、液体、发泡剂和稳定剂配成的分散体系。硬胶泡沫用于需要泡沫寿命长、携屑能力强的场所，能解决大直径井眼携带岩屑问题，但对电解质、油品的洗涤敏感，一般不宜在油气层作业用。而稳定泡沫则与各类电解质、原油等物配用，对钻低压易渗漏的地层有效，应用较广。

泡沫流体所用气为空气、天然气、氮气与二氧化碳。为避免与地层碳氢化合物混合后燃烧，多采用氮气与二氧化碳。其液相为水基、醇基、烃基及酸基。

(4)充气钻井。利用特殊设备，在给井眼泵入钻井液同时，对钻井液进行充气，使充气后的钻井液当量密度小于 $1.0g/cm^3$，并根据需要使井底压力等于或小于地层压力。

采用充气钻井时，钻井液液相必须具有较低的切力，易充气，易脱气，使气泡均匀稳定，气液不分层；地面有脱气设备。充气钻井适宜于易出水地层。

(5)边喷边钻。上述气体型钻井液及相应钻井技术多用于地层压力较低的油气藏，在钻进过程中，井口回压一般较低。而对于地层压力较高的油气藏，如地层压力系数大于1.0，为了实行欠平衡压力钻井，则可以采用非气体型钻井液，只要采用较低钻井液密度，控制井底有效压力低于地层压力即可。这种情况下钻井允许地层流体进入井眼，并在井口有控制地排出，故称其为边喷边钻。当钻遇油气层时，由于其地层压力较高，如果井底压力与地层压力差设计或控制不当，气体将会较多进入井眼，可能造成井口回压较高。

能够承受较高压力的旋转控制头的研制与应用使边喷边钻技术得到发展。在美国，这项技术常用于钻像奥斯汀白垩岩与巴肯页岩的水平井含裂缝井段。裂缝性油气藏在欠平衡情况下，地层流体很容易进入井眼。当含气地层流体循环到地面时，气体加速膨胀，井口套压（防喷器关闭后井口套管承受的液压，也称井口压力）升高。通常要逐渐调节节流阀使节流阀开度减小，以尽可能使循环立管压力（立压）保持稳定，防止环空钻井液流出过多导致地层流体进入井眼过快，避免大量气体上升膨胀后造成套管压力过高。在钻井过程中，当地层流体进入环空后，通过调节节流阀开度，使立压保持基本稳定，目的是维持井底压力与地层压力之差在设计范围。其压力平衡原理与井控中“U”形管原理相同。对于裂缝性油气藏，如果不采用边喷边钻技术，则稍加重钻井液密度就会出现井漏。这样就必须先进行堵漏再钻，有时漏难堵，井难钻，特别是油气层也受伤害。此外边喷边钻也可用于非裂缝性的直井钻井，以保护油气层，同时还可以提高钻速，防止井漏等。

在起下钻过程中，很难始终保证欠平衡状态，因此，如有可能，尽量选择好的钻头，使所钻的目的层段尽可能用一个钻头打完。运用旋转控制头进行带压钻井与起下钻等操作。地面油气水分离装置应具有足够的承压能力及处理能力，能处理最大气流峰值到达地面。

3.1.2.2　欠平衡钻井优点

欠平衡钻井可以减少地层损害；避免漏失；提高钻井速度；避免压差卡钻；减少完井及油层改造费用；对油气藏数据进行实时评价。

3.1.2.3　欠平衡钻井缺点

欠平衡钻井理论技术尚不完善，也存在着许多缺点，如：在所感兴趣井段的钻井与完井进程中，并不能始终保证为欠平衡压力状态；接单根、起下钻过程易出现过平衡；机械设备出现故障也可以出现过平衡；由于井眼缺少滤饼，过平衡下则会对油层伤害。

3.2 侵入流体性质判断

发生井侵关井后，应判断侵入流体的性质。侵入流体可能是油、气、水或其混合物。可以通过计算流体密度来判断。计算时，先按钻井液池增量、环空面积计算出侵入流体在环空中的高度 h_i，算出钻柱与环空的压力值，由于此两者相等，所以，得到式(3.1)。

$$\rho_i = \rho_m - (p_c - p_s)/(9.8h_i) \tag{3.1}$$

式中 ρ_m——井内钻井液密度，g/cm^3；

p_c——套压，MPa；

p_s——关井立压，MPa；

h_i——侵入流体在环空中的高度，m；

ρ_i——侵入流体的密度，g/cm^3。

通常，计算流体密度为0.12～0.36g/cm^{3}时为气体；0.36～0.6g/cm^{3}时为油与气或水与气混合物；0.6～0.84g/cm^{3}时为油、水或者油水混合物。

3.3 过平衡条件下井眼后效气来源及影响因素

过平衡条件下，气体也有可能进入井眼，统一称为后效气，有四类：目的层岩屑破碎气、目的层起钻抽吸气、储层气体溶解到井眼钻井液引起的浓度差扩散气和储层气体与钻井液密度差引起的置换气。

3.3.1 储层岩屑破碎气

钻头钻穿目的层后，一部分气体由于储层破碎会进入井筒，称为岩屑破碎气，如图3.1所示。

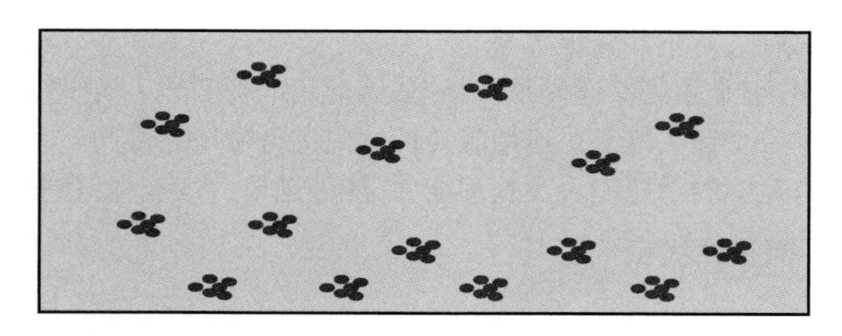

图3.1 岩屑破碎气形成示意图

岩屑破碎气的气量大小取决于所钻地层孔隙度等。如果在起钻前循环时间足够长，岩屑破碎气会随钻井液循环被带出井筒，气量小，控制容易，溢流风险小。

3.3.2 起钻抽吸气

3.3.2.1 进气原理

随着起钻过程的进行，如果钻头水眼被堵，就会引发抽吸现象。抽吸容易造成某一时刻井筒压力低于地层压力，地层气体在此压力差的作用下侵入井筒，如图3.2所示。

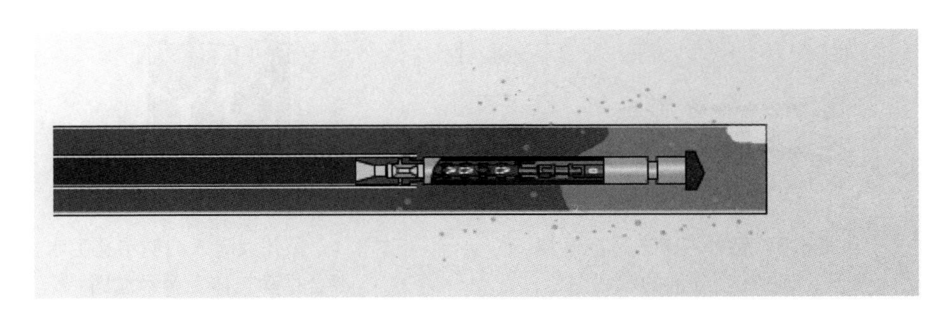

图3.2 抽吸气形成示意图

起钻过程中，如果钻头水眼被堵90%，当钻具向上运动时(例如起钻)，钻井液在环形空间下落，但其下落速度常常不如钻具起出的速度快，其结果使钻具下方的压力减小，并由地层流体来充填，以补充这种压力的减小，出现拔抽吸现象，地层气体进入井筒，直到压力不再减小为止。抽吸现象在井底处最显著，随起钻的进行逐渐减弱。

3.3.2.2 影响进气因素

过平衡条件下抽吸气量会大幅度提高后效气强度，其大小与钻头水眼堵塞程度有直接关系。通常情况下，抽吸现象也即拔活塞现象，不易发生。但是对于水平井，在上提钻具的过程中，钻井液滤饼堵塞钻头水眼这种情况发生的频率要远高于直井。如果存在抽吸现象，那么每上提一组钻柱，就会有一定量的气体涌入井筒。初始气量相对较大，随着井筒中气量增多，上提钻柱所产生的抽吸作用会因为井筒中气体的可压缩性而减弱。因此，抽吸气量会变小。

3.3.3 钻井液与储层气体密度差重力置换气

3.3.3.1 进气模式

钻开气层后，井眼与储层相接触，井眼内为钻井液，储层赋存气体。由于钻井液与储层气体存在密度差有可能发生重力置换，造成钻井液流向储层，储层气体进入井眼，但是也未必能发生重力置换。井眼钻井液与储层气体发生重力置换的条件：(1)置换发生在井眼与储层接触的面积；(2)置换的前提是钻井液与储层气体的密度差，其驱动力是接触面的气体受到来自气体下部与井眼钻井液相连通的液体的垂向浮力作用。该条件的形成过程为，井眼的钻井液漏失到储层，与储层原始水相混合，当漏失钻井液量较大时，其接触的气体将感受周边液相的垂向浮力，然后滑脱上升到井筒。也即，气液两相流体相接触时存在密度差，但是气体未必一定感受到液体的浮力，因此气体未必一定能发生重力置换。

图3.3为井眼钻井液渗入储层造成储层孔隙的气体卡断生成气泡的示意图，该气泡可以

获得周边液相的浮力并在浮力垂直分量作用下进入井眼。但是这种方式产出的气量短时间通常较少,对于溢流贡献不大。

由图3.4可以看出,当井眼钻井液渗入或者漏失到储层较多时,可以导致部分气体产生浮力进而发生重力置换,此时气体侵入速率可以较大。如果钻井液漏失量大也可以给储层补充能量在压能作用下推动气体上升。这种情况通常是在漏失钻井液很多的情况下才发生。

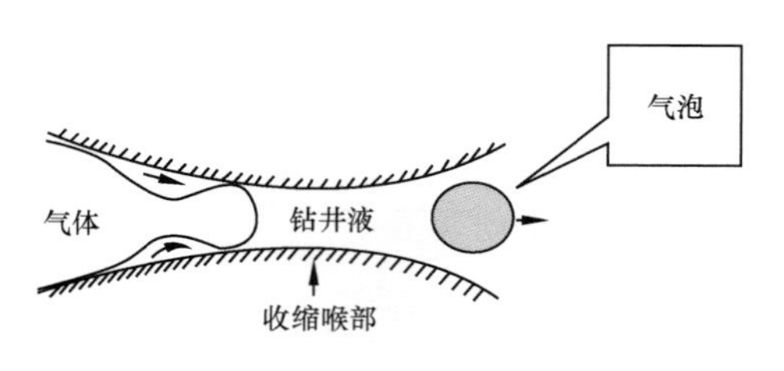

图3.3　钻井液渗入造成气体卡断产生气泡的示意图

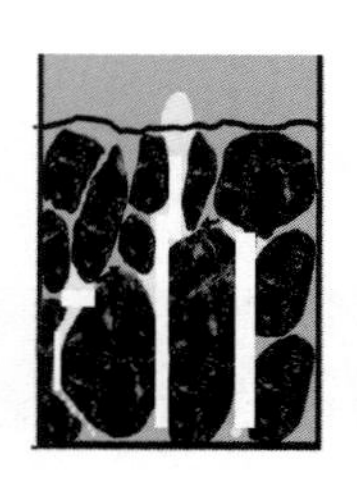

图3.4　钻井液渗入与储层孔隙水混合推动气体上升示意图

由图3.5可以看出,对于直井,仅是井眼底部与储层接触,因此钻井液与储层气体置换的通道很窄,通常置换速率并不太高。而对于水平井尽管井眼与储层接触面积很大,但是由于是水平井眼,气体置换到水平段上部,由于气体没有从指端到根端的推动力因此气体不能进入井眼。如果水平段并不是严格的水平,而是具有倾角,则将产生向垂直井眼运移的浮力的分力,这种情况气体能够进入井眼。影响井眼钻井液与储层气体重力置换的因素:井眼与储层气体接触面积的垂向分量;储层原始含水饱和度;储层连通的空间与形态;储层导流能力;钻井液漏失速率;钻井液漏失量;钻井液与气体密度差。

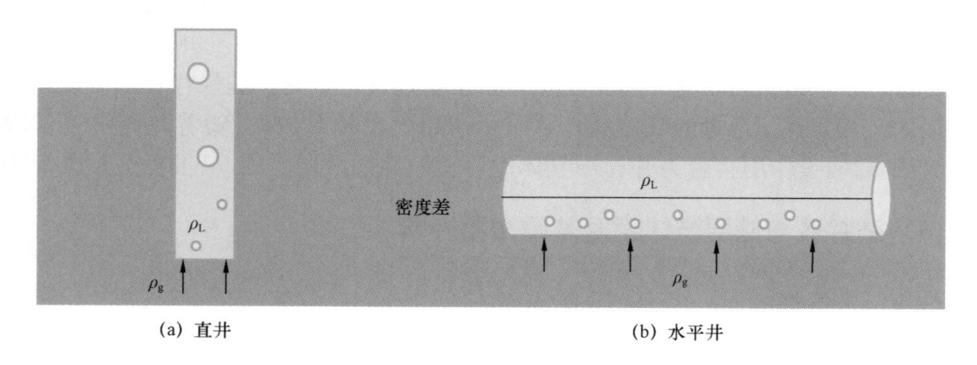

图3.5　直井与水平井钻井液与储层气体置换示意图

综上所述,过平衡钻井情况下可以发生重力置换。如果仅是井眼钻井液渗入卡断下部储层的气体使气泡获得浮力滑脱上升,其产气量较少,可以产生后效气,但是对溢流强度影响不大。对于钻井液漏失量很大而导致较多储层气体受到浮力作用,则气侵量要显著增加。但是如果该阶段井底压力严格大于地层压力,通常置换速率依然较低,溢流井喷强度不会太高。而现实中钻井液漏失后引起溢流井喷开始阶段表现为重力置换,而中后期重要的是发生了环空液面降低导致井底压力低于地层压力所致,该阶段是负压差驱动地层油气侵入井眼,这种情况溢流井喷强度一切皆有可能。

3.3.4 储层气体溶解到井筒钻井液引起的浓度差扩散气

3.3.4.1 进气模式

在刚钻穿地层时，井筒中是液相，地层中为气相。两相界面处由于相间浓度差异，会发生扩散，液相分子进入气相，气相分子进入液相。两相质量交换在整个上提钻柱过程都是存在的，也就是说扩散气会不断进入井筒，如图 3.6 所示。

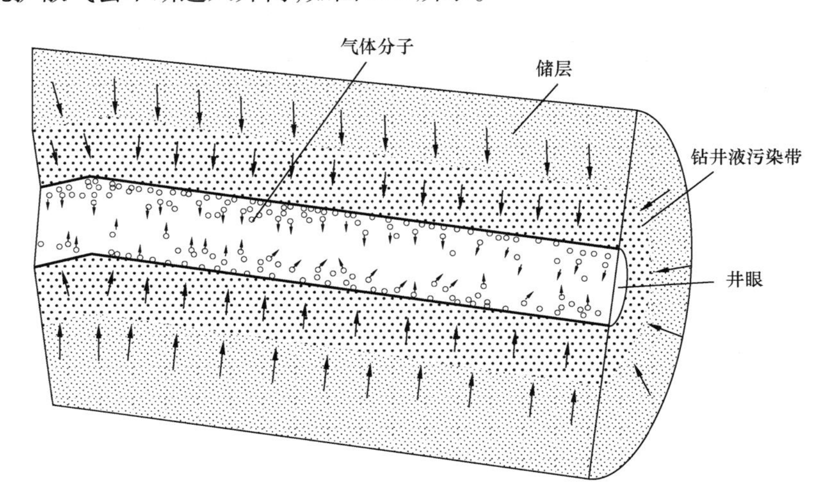

图 3.6 扩散气形成示意图

扩散是指单一相内没有混合时物质的净传递。扩散可由压力梯度（压力扩散）、温度梯度（热扩散）、外部力场（强制扩散）和浓度梯度引起。

储层内天然气的浓度很大，天然气主要成分为甲烷，由于储层内井眼段钻井液的初始甲烷浓度为零，在浓度差的作用下，甲烷就扩散到井眼里。这种方式的扩散，即使在过平衡条件下，依然存在。在过平衡条件下，钻井液在压差作用下滤失，最后形成滤饼，形成滤饼以后，钻井液漏失量就很小，钻井液在滤饼及近井周围基本不再流动，此时气体扩散进入井眼的速度大于钻井液从井眼流出速度，天然气就可以通过扩散穿过滤饼进入井眼。

3.3.4.2 进气规律

天然气藏原始条件下气体以游离气和溶解气状态赋存。钻井过程中，原始地层水含溶解气，井眼钻井液中开始不含气，溶解气存在浓度差，发生扩散，如图 3.7 所示。扩散的结果使井眼钻井液中溶解气浓度趋于均匀。

（1）扩散基本方程。浓度梯度引起的扩散是分子的随机热运动（布朗运动）导致的传质过程，这种运动使流体内的分子重新分布，在固体内这种热运动速率小很多。液体中由于浓度差造成的扩散传质，可由 fick 定理描述：

$$J = -D_e \mathbf{grad} C \tag{3.2}$$

D_e 为扩散系数，C 为体积浓度，J 为扩散通量，该定理适用于低浓度和较小浓度梯度下的扩散。扩散过程的物质守恒方程为 fick 第二定理：

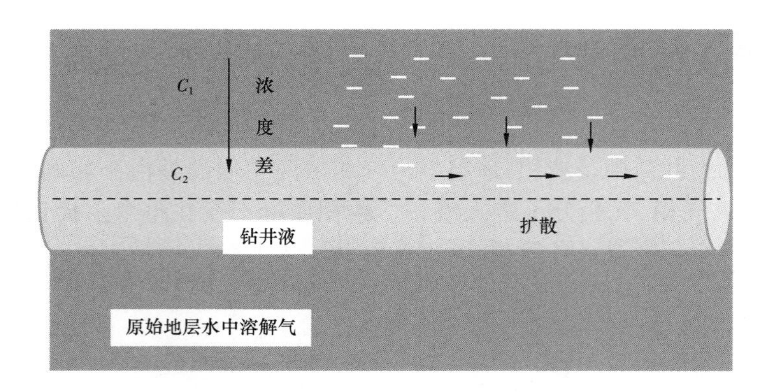

图 3.7　钻井过程中储层中溶解气扩散进入井眼

$$\frac{\partial C}{\partial t} = D_e \frac{\partial^2 C}{\partial x^2} \tag{3.3}$$

$$D_e = D_0 \frac{\phi}{\tau} \tag{3.4}$$

这是一维扩散方程，D_0为分子扩散系数，D_e为有效扩散系数，ϕ 为孔隙度，τ 为曲折度，当液体不流动时的二维扩散数学模型可写为：

$$\frac{\partial C}{\partial t} = D_{ex} \frac{\partial^2 C}{\partial x^2} + D_{ey} \frac{\partial^2 C}{\partial y^2} \tag{3.5}$$

式(3.5)中 D_{ex}、D_{ey}分别为 x 和 y 方向的有效扩散系数，根据钻井液侵入储层的过程和特点，为简化计算，本书做如下假设：① 计算气体扩散时进入储层的钻井液滤液已经达到准静态；② 钻井液与气体的交界面处，忽略钻井液与气体的扩散；③ 钻井液与气体的交界面处，钻井液边界处的浓度等于天然气的溶解度；④ 井眼内钻井液的初始气体浓度为零；⑤ 地层为单一孔隙型均质介质；⑥ 不考虑岩屑床的影响；⑦ 气体从井眼外围扩散到井眼内，气体被钻井液瞬时吸收。

(2)数学模型。

滤液滞留区：

$$\frac{\partial C}{\partial t} = D_{ex1} \frac{\partial^2 C}{\partial x^2} + D_{ey1} \frac{\partial^2 C}{\partial y^2} \tag{3.6}$$

$$D_{ex1} = \frac{\phi_1 D_x}{\tau}$$

$$D_{ey1} = \frac{\phi_1 D_y}{\tau} \tag{3.7}$$

当 $\sqrt{x^2 + y^2} = r_3$，$C_w = 148.9\text{kg/m}^3$

$r_2 < \sqrt{x^2 + y^2} < r_3$，当 $t = 0$，$C = 0$

C_w为天然气质量浓度，区域内初始浓度为零。

内滤饼区：

$$\frac{\partial C}{\partial t} = D_{ex2}\frac{\partial^2 C}{\partial x^2} + D_{ey2}\frac{\partial^2 C}{\partial y^2} \tag{3.8}$$

$$D_{ex2} = \frac{\phi_2 D_x}{\tau}$$

$$D_{ey2} = \frac{\phi_2 D_y}{\tau} \tag{3.9}$$

$r_1 < \sqrt{x^2 + y^2} < r_2$，当 $t = 0, C = 0$

外滤饼区：

$$\frac{\partial C}{\partial t} = D_{ex3}\frac{\partial^2 C}{\partial x^2} + D_{ey3}\frac{\partial^2 C}{\partial y^2} \tag{3.10}$$

$$D_{ex3} = \frac{\phi_3 \cdot D_x}{\tau}$$

$$D_{ey3} = \frac{\phi_3 \cdot D_y}{\tau} \tag{3.11}$$

$r_0 < \sqrt{x^2 + y^2} < r_1$，当 $t = 0, C = 0$

环空区：

$$\frac{\partial C}{\partial t} = D_{ex4}\frac{\partial^2 C}{\partial x^2} + D_{ey4}\frac{\partial^2 C}{\partial y^2} \tag{3.12}$$

$$D_{ex4} = \frac{\phi_4 D_x}{\tau}$$

$$D_{ey4} = \frac{\phi_4 D_y}{\tau} \tag{3.13}$$

$R_0 < \sqrt{x^2 + y^2} < r_0$，当 $t = 0, C = 0$

$r = R_0$处为无质量交换边界，R_0为钻具外半径也是环空内边界。

（3）计算实例。

假设地层压力为51MPa，预计井底温度为142～150℃，若按照甲烷的溶解度计算，根据付晓泰等溶解度结果，甲烷溶解度约为6～7m^3/m^3。运用表3.1数据计算扩散气量，计算结果如图3.8所示。

表3.1 模拟气体扩散基本数据

气体溶解度（m^3/m^3）	2.6
扩散系数（cm^2/s）	10^{-8}～10^{-6}
井眼直径（mm）	152
井眼长度（m）	50～1000

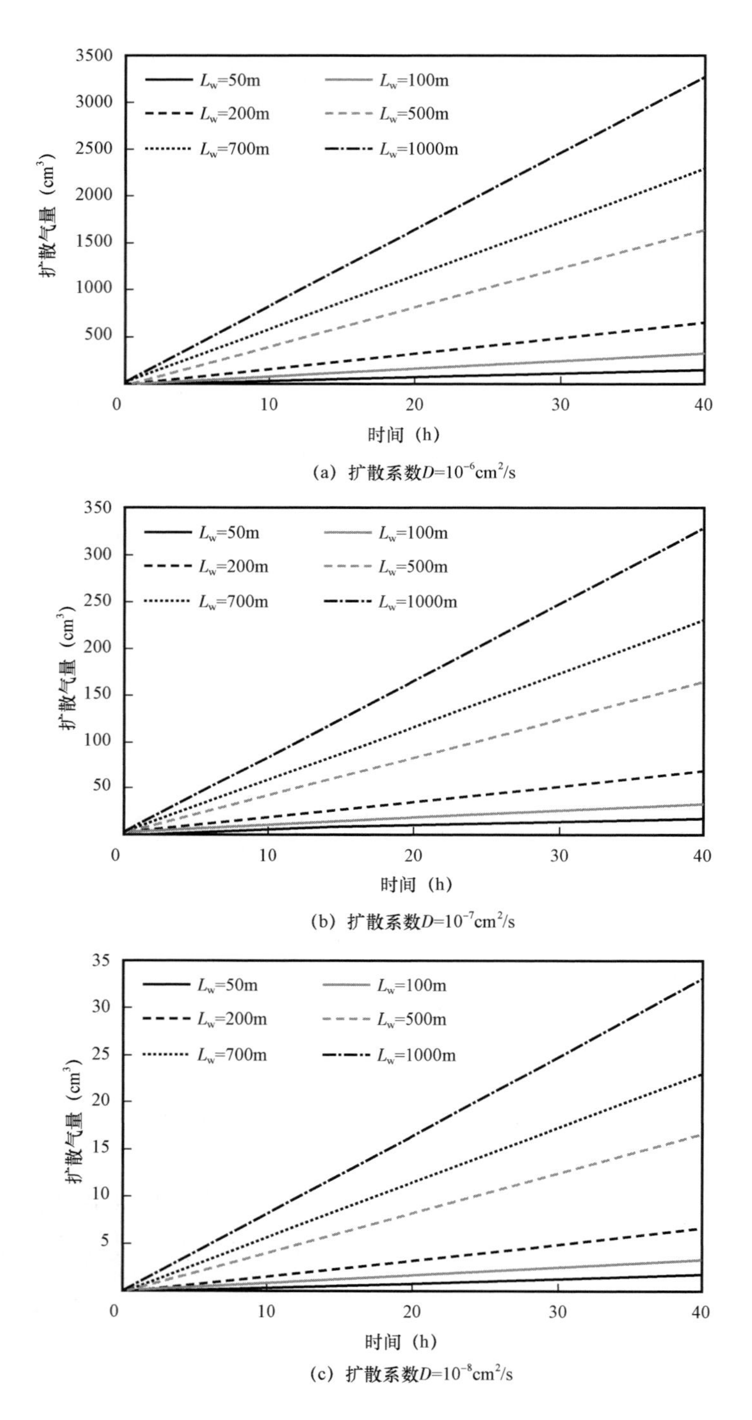

(a) 扩散系数$D=10^{-6}cm^2/s$

(b) 扩散系数$D=10^{-7}cm^2/s$

(c) 扩散系数$D=10^{-8}cm^2/s$

图 3.8　不同水平井长度下地层到井筒的扩散气量

从图3.8可以看出，随着水平段长度的增加，扩散气明显增加，如图3.8a所示，水平段长度为1000m时的扩散气量是水平段长度为50m的35倍左右。同一水平段长度下，随着扩散系数的增加，扩散气量也明显增加。但整体扩散气量很小（$10^{-3} \sim 10^{-5} m^3$）。对于钻井过程，扩散气量很小，控制容易，溢流风险小。

钻井液接触储层气后，气体会溶解在钻井液中，并在浓度差驱动下向井眼远处扩散，直至达到溶解饱和。过平衡不能阻挡扩散。开始循环后，井眼下部含溶解气的钻井液因上部压力降低而脱溶成为游离气，也即后效气。静止时间越长，扩散量越大，后效气越严重。

3.4 欠平衡条件下地层流体侵入原因

当地层压力大于静液压力（井底压力）时，地层流体就可能进入井内，产生溢流。溢流发生的地层具有必要的渗透率，允许流体流入井内。而地层压力和地层渗透率是无法控制的。为了维持初级井控状态必须保持井内有适当的钻井液静液压力。

造成钻井液静液压力不够的一种或多种原因都有可能导致地层流体侵入井内。最普遍的原因有以下几种情况。

（1）井眼未能完全充满钻井液。无论什么情况下，只要井内的钻井液液面下降，钻井液的静液压力就减小，当钻井液静液压力下降到低于地层压力时，就会发生溢流。例如在起钻过程中，由于钻柱起出，钻柱在井内的体积减小，井内的钻井液液面下降，从而造成钻井液静液压力的减小，地层流体进入井内。

（2）起钻产生抽吸压力过大，造成诱喷。① 起钻速度越大，随同钻柱上行的压井液或钻井液越多，抽吸压力越大。② 压井液或钻井液黏度、切力越大，压井液或钻井液向下流动阻力越大，抽吸压力越大。③ 井径越不规则，摩擦系数越大，压井液或钻井液向下流动阻力越大，抽吸压力越大。④ 井眼环形空间尺寸越小，胶皮护箍尺寸越大，钻头泥包程度越大，抽吸压力越大。⑤ 井越深，钻柱越长，随同钻柱一同上行的压井液或钻井液就越多，钻具中间和环形中间的压井液或钻井液就不能及时充填空出的井眼空间，因此，抽吸压力就越大。

（3）循环漏失。循环漏失是指井内的钻井液漏入地层。这就引起井内液柱高度下降，静液压力减小。当下降到一定程度时，溢流就可能发生。① 当地层裂缝足够大，并且井内环形空间的钻井液密度超过裂缝地层流体当量密度时，就要发生循环漏失。② 由于钻井液密度过高和下钻时的激动压力，使得作用于地层上的压力过大。

（4）钻井液或固井液的密度低。钻井液的密度低是溢流发生最常见的一个原因，而钻井液密度低的原因有以下几种。① 当井钻到异常高压地层或断层多的地层，其特点是地层内充满地层流体。② 钻井液发生气侵有时严重地影响钻井液密度，降低静液压力。③ 地面错误处理钻井液。钻井过程中，在对钻井液的固相处理时，使钻井液的密度降低。例如：用清水或其他低密度的流体来稀释钻井液时；用清水或低密度的新钻井液替换出一定的高固相含量的钻井液时；在使用离心机清除细小固相及胶体时；清除钻屑或对旋流器的底流排出物进行二次分离，回收液相，排除钻屑，都会使钻井液密度下降，导致井内静液压力降低。④ 雨水进入循环系统对钻井液密度造成很大影响并使钻井液性能发生很大转变。⑤ 处理事故时，向井内打入原油或柴油，会造成钻井液的密度减小，静液压力也随之减小。

(5)钻遇异常高压层。地层压力梯度大于地层流体的静液压力梯度时,称为是异常高压。

(6)其他原因。在多数情况下,地层流体侵入可能由于上述某种原因,但还是有其他一些情况,造成井内静液压力不足以平衡或超过地层压力,如:中途测试,控制不好;钻到邻近井里去;以过快的速度钻穿含气砂层;射孔时控制不好;固井时差压式灌注设备损坏。

3.5 欠平衡条件下的气体渗流理论

欠平衡条件下,储层中的流体侵入井眼与油气藏生产过程中的渗流机理是类似的,都是由于压差导致的流体流动,服从达西定律。溢流过程中最为危险的就是气侵,因此,本书中涉及的溢流量均由相应井型的气井产能公式计算得到。

3.5.1 气井直井渗流理论

(1)达西流动产能公式。

为了建立气体从外边界流到井底时流入气量与生产压差的关系式,首先讨论服从达西定律的平面径向流。

如图3.9所示,设想一水平、等厚和均质的气层,气体径向流入井底。服从达西定律的气体平面径向流,如仍用原来的混合单位制,则基本微分表达式为:

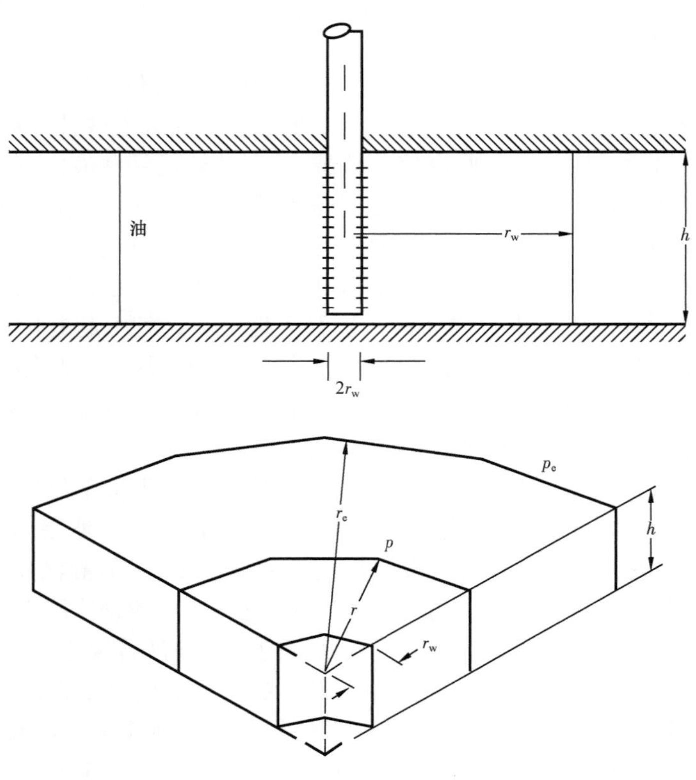

图3.9 平面径向流模型

$$q_r = \frac{K(2\pi h)}{\mu}\frac{dp}{dr} \tag{3.14}$$

式中 q_r——在半径 r 处的气体体积流量，cm^3/s；

K——气层有效渗透率，D；

h——气层有效厚度，cm；

μ——气体黏度，mPa · s；

p——压力，0.1MPa；

r——距井轴的任意半径，cm。

$$\rho q = \rho_1 q_1 = \rho_2 q_2 = 常数$$

和偏差系数气体状态方程：

$$\rho = \frac{pM}{ZRT} \tag{3.15}$$

可将半径 r 处的流量 q_r，折算为标准状态下的流量 q_{sc}：

$$q_r = q_{sc}B_g = q_{sc}\frac{p_{sc}}{Z_{sc}T_{sc}}\frac{ZT}{p} \tag{3.16}$$

将式(3.14)代入式(3.16)，分离变量得：

$$\frac{2\pi KhT_{sc}Z_{sc}}{q_{sc}p_{sc}T\mu Z}p\,dp = \frac{dr}{r} \tag{3.17}$$

对于稳定状态流动，外边界压力恒定，各过水断面的质量流量不变，因此，式(3.16)中的 q_r 可以用标准状态下的气井产气量 q_{sc} 置换，并对式(3.17)积分：

$$\frac{\pi KhT_{sc}Z_{sc}}{q_{sc}p_{sc}T}2\int_{p_{wf}}^{p}\frac{p}{\mu Z}dp = \int_{r_w}^{r}\frac{dr}{r} \tag{3.18}$$

式(3.16)可代入任何一种单位制和标准状态。本章采用法定计量单位，标准状态取为 $T_{sc}=293k$，$p_{sc}=0.101325MPa$，同时采用工程单位，式(3.17)可写为：

$$\frac{774.6Kh}{q_{sc}T}2\int_{p_{wf}}^{p}\frac{p}{\mu Z}dp = \ln\frac{dr}{r_w} \tag{3.19}$$

式中 h——气层有效厚度，m；

K——渗透率，mD；

q_{sc}——标准状态下的产气量，m^3/d；

μ——气体黏度，mPa · s；

Z——气体偏差系数；

T——气层温度，K；

r_w——井底半径，m；

r——距井轴的任意半径，m；

p——r 处的压力,MPa;

p_{wf}——井底流压,MPa。

式(3.18)中,$\frac{p}{\mu Z}=f(p)$,积分的方法之一是引用拟压力概念。

Alhussaing 和 Ramey 提出的拟压力定义式:

$$\psi = 2\int_{p_0}^{p} \frac{p}{\mu Z}\mathrm{d}p \tag{3.20}$$

所以

$$2\int_{p_{wf}}^{p} \frac{p}{\mu Z}\mathrm{d}p = 2\int_{p_0}^{p} \frac{p}{\mu Z}\mathrm{d}p - 2\int_{p_0}^{p_{wf}} \frac{p}{\mu Z}\mathrm{d}p = \psi - \psi_{wf} \tag{3.21}$$

实际工作中,ψ 可根据天然气的物性资料,用数值积法和其他方法求得,或者直接查 $\psi = f(p_{pr}, T_{pr})$ 函数表。

使用拟压力这一概念,式(3.19)可写为:

$$\frac{774.6Kh}{Tq_{sc}}(\psi - \psi_{wf}) = \ln\frac{r}{r_{wf}} \tag{3.22}$$

式(3.19)还可以写为下面诸式

$$q_{sc} = \frac{774.6Kh(\psi - \psi_{wf})}{T\ln\frac{r}{r_w}} \tag{3.23}$$

$$\psi - \psi_{wf} = \frac{1.291\times10^{-3}q_{sc}T}{Kh}\ln\frac{r}{r_w} \tag{3.24}$$

在 $r=r_e$ 时,$\psi=\psi_e$

$$q_{sc} = \frac{774.6Kh(\psi - \psi_e)}{T\ln\frac{r_e}{r_w}} \tag{3.25}$$

$$\psi_e - \psi_w = \frac{1.291\times10^{-3}q_{sc}T}{Kh}\ln\frac{r_e}{r_w} \tag{3.26}$$

目前,现场仍习惯于用压力。如取平均压力 $\bar{p}=(p_e+p_{wf})/2$,用 $\bar{p}$ 去求 s' 和 $\bar{Z}$,并认为在积分范围内是常数,可移出积分号,则式(3.21)简化为:

$$\frac{774.6Kh}{q_{sc}T\bar{\mu}\bar{Z}}2\int_{p_{wf}}^{p} p\mathrm{d}p = \ln\frac{r}{r_w} \tag{3.27}$$

同理可得:

$$q_{sc} = \frac{774.6Kh(p_e^2 - p_{wf}^2)}{T\bar{\mu}\bar{Z}\ln\frac{r_e}{r_w}} \tag{3.28}$$

$$p_e^2 - p_{wf}^2 = \frac{1.291 \times 10^{-3} q_{sc} T\overline{\mu}\overline{Z}}{Kh} \ln \frac{r_e}{r_w} \tag{3.29}$$

式(3.29)可以认为是式(3.26)的近似式,两者都是气体稳定流动的达西产能公式,简称气体平面径向流方程。

以上公式都把整个气层视为均质,从外边界到井底的渗透率没有任何变化。实际上,钻井过程的钻井液污染,会使井底附近气层的渗透性变坏,当气体流入井底时,经过该地段就要多消耗一些压力;反之,一次成功的解堵酸化,有可能使井底附近气层的渗透性变好,当气体流入井底时,经过该地段就可少消耗一些压力。如果以井底附近渗透率没有任何改变时的压力分布曲线作基线,那么井底受污染相当于引起一个正的附加压降,井底渗透性变好相当于引起一个负的附加压降,如图3.10所示。

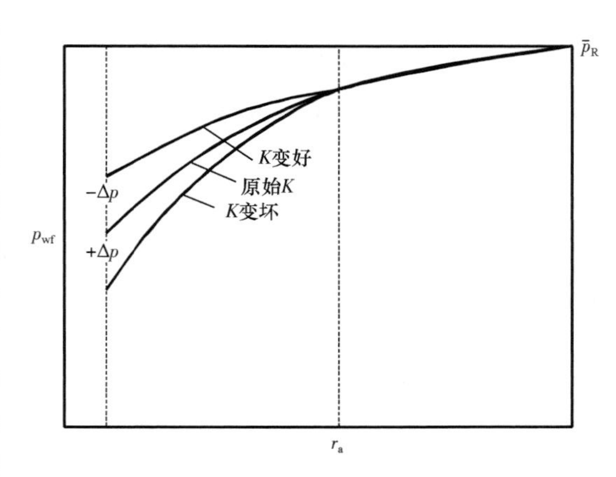

图3.10　井底正负压降

从图3.10中可以看出,无论是钻井液污染对井底附近岩层渗透性造成的伤害,或是酸化对它的改善,都仅限于井壁附近很小范围。形象地描述这种影响,称之为表皮效应,并用表皮系数 S 度量其值。

将表皮效应产生的压降合并到总压降中,则稳定流动达西产能公式为

$$q_{sc} = \frac{774.6Kh(p_e^2 - p_{wf}^2)}{T\overline{\mu}\overline{Z}\left(\ln \frac{r_e}{r_w} + S\right)} \tag{3.30}$$

$$p_e^2 - p_{wf}^2 = \frac{1.291 \times 10^{-3} q_{sc} T\overline{\mu}\overline{Z}}{Kh}\left(\ln \frac{r_e}{r_w} + S\right) \tag{3.31}$$

由以上诸式可见,当气量一定时,正的表皮系数可使生产压差增大,负的可使其减小;当压差一定时,正的表皮系数可使气量减少,负的可使其增大。通过气井试井,了解表皮系数的变化,及时采取措施,这对气体稳产和增产极为重要。

(2)非达西流动产能公式。

达西定律是用黏滞性流体进行实验得出的,相当于管流中的层流流动。气流入井,垂直于流动方向的过水断面越近井轴越小,渗流速度急剧增加。井轴周围的高速流动相当于紊流流动,称为非达西流动。这种情况下达西流动公式已不再适用,必须寻求其特有的流动规律。

Forchheimer 通过实验,提出下面的二次方程描述非达西流动:

$$-\frac{dp}{dl} = \frac{\mu u}{K} + \beta \rho u^2$$

$$u = q/2\pi rh \tag{3.32}$$

式中　p——压力，Pa；

μ——流体黏度，Pa·s；

u——渗流速度，m/s；

ρ——流体密度，kg/m^3

l——线性渗流距离，m；

K——渗透率，mD；

β——描述孔隙介质紊流影响的系数，称为速度系数，m^{-1}。

对于平面径向流

$$\frac{\mathrm{d}p}{\mathrm{d}r}=\frac{\mu u}{K}+\beta\rho u^2 \tag{3.33}$$

式中　r——径向渗流半径，m。

β 的通式为：$\beta=常数/K^a$。

其中常用计算公式为

$$\beta=7.644\times10^{10}/K^{1.5} \tag{3.34}$$

式中，K 的单位用 mD。

在式(3.33)中，总的压力梯度$\left(\frac{\mathrm{d}p}{\mathrm{d}r}\right)$由两部分组成。方程右端第一项代表达西流动部分，第二项代表非达西流动部分。由于气体和液体(油和水)相比，二者的黏度、密度差异较大，在同样的总压力梯度下，气体流速要比液体流速至少大一个数量级，第二项大于第一项并非罕见之事。因此，讨论气流入井，井底周围出现非达西流动是气体突出的渗流特性，必须在此讨论，并作出定量估计。

如前所述，气流入井越近井轴流速越高，所以非达西流动产生的附加压降也主要发生在井壁附近。类似前面处理表皮效应的思路，引用一个与流量相关的表皮系数描述它，故称之为流量相关表皮系数，并用符号 Dq_{sc} 表示。下面介绍如何定量估算它的大小。

将式(3.33)中的第二项即非达西流动部分的压降，用符号表示：

$$\mathrm{d}p_{nD}=\beta\rho u^2\mathrm{d}r \tag{3.35}$$

在式(3.35)中，如将压力单位由 Pa 换为 MPa；将

$$\rho=\frac{M_{air}\gamma_g p}{ZRT}$$

$$q=B_g q_{sc}=\frac{p_{sc}}{T_{sc}}\frac{ZT}{p}q_{sc}$$

代入，并对其积分($r_w\to r_e$，$p_{wf}\to p_e$)；取标准状态：$p_{sc}=0.101325$MPa、$T_{sc}=293$K；$1/r_w$ 与 $1/r_e$ 相比，可忽略 $1/r_e$，按所述推导，最后可得：

$$\Delta p_{nD}^2=2.828\times10^{-21}\frac{\beta\gamma_g\overline{Z}T}{r_w h^2}q_{sc}^2=Fq_{sc}^2 \tag{3.36}$$

或

$$\Delta p_{nD}^2 = \frac{1.291 \times 10^{-3} q_{sc} T\overline{\mu}\overline{Z}}{Kh} D q_{sc} \tag{3.37}$$

其中

$$F = 2.828 \times 10^{-21} \frac{\beta \gamma_g \overline{Z} T}{r_w h^2}$$

$$D = \frac{Kh}{1.291 \times 10^{-3} \overline{\mu}\overline{Z} T} \times 2.828 \times 10^{-21} \frac{\beta \gamma_g \overline{Z} T}{r_w h^2}$$

$$= 2.191 \times 10^{-18} \frac{\beta \gamma_g K}{\overline{\mu} h r_w}$$

式中 F——非达西流动系数，$MPa^2/(m^3/d)^2$；

D——惯性或紊流系数，$(m^3/d)^2$。

式(3.36)和式(3.37)均表示非达西流动产生的能耗，即非达西流动部分产生压降的定量表达式。

Δp_{nD}^2可视为一种压力扰动，流量一旦变化，Δp_{nD}^2立即变化。这一附加压差也可以合并到式(3.30)或式(3.31)中：

$$q_{sc} = \frac{774.6 Kh (p_e^2 - p_{wf}^2)}{T\overline{\mu}\overline{Z}\left(\ln \frac{r_e}{r_w} + S + D q_{sc}\right)} \tag{3.38}$$

$$p_e^2 - p_{wf}^2 = \frac{1.291 \times 10^{-3} q_{sc} T\overline{\mu}\overline{Z}}{Kh}\left(\ln \frac{r_e}{r_w} + S + D q_{sc}\right) \tag{3.39}$$

如前所述，式中 S 和 Dq_{sc} 都表示表皮系数，前者反映井底附近渗透性变化的影响，后者反映井底流量变化的影响。两者物理意义虽然不同，但都发生在井底附近。在同一条井底附近的压力分布曲线上，实际上也难以区分。因此，常将 S 与 Dq_{sc} 合并在一起，写成

$$S' = S + D q_{sc} \tag{3.40}$$

式中 S'——比表皮系数。

引入视表皮系数的概念，式(3.38)和式(3.39)可以写成

$$q_{sc} = \frac{774.6 Kh (p_e^2 - p_{wf}^2)}{T\overline{\mu}\overline{Z}\left(\ln \frac{r_e}{r_w} + S'\right)} \tag{3.41}$$

$$p_e^2 - p_{wf}^2 = \frac{1.291 \times 10^{-3} q_{sc} T\overline{\mu}\overline{Z}}{Kh}\left(\ln \frac{r_e}{r_w} + S'\right) \tag{3.42}$$

在稳定试井时，测关井压力恢复曲线或开井测压降曲线可用来确定 S'。

(3)拟稳定流动的气井渗流理论。

在一定范围的排气面积内,气井定产量生产一段较长时间,层内各点压力随时间的变化相同,不同时间的压力分布曲线依时间变化互成一组平行的曲线族。此时这种情况称为拟稳定状态。压力衰竭方式开发、多井采气的气田,在正常生产期内呈拟稳定状态。气井采气全靠排气范围内气体本身的弹性膨胀,没有外部气源补给。对此情况,由气体等温压缩的定义式可以推得:

$$C_g V \frac{dp}{dt} = -\frac{dV}{dt} = -q_{sc} \tag{3.43}$$

式中 V——气体控制的烃孔隙体积;

C_g——气体等温压缩系数;

q_{sc}——恒定的采气量。

类似于图3.9所示的模型和导出达西产能公式做法,是设想圆形气层中心一口井定产量采气,在任一半径 r,流过的流量 q_r' 与 r 到边界半径之间的气层体积成正比

$$q_r' = (r_e^2 - r^2)\pi h\phi C_g \frac{dp}{dt} \tag{3.44}$$

式中 h——地层有效厚度;

ϕ——孔隙度;

q_r'——换算到标准状态 r 处的流量。

当 $r = r_w$ 时

$$q_{sc} = (r_e^2 - r_w^2)\pi h\phi C_g \frac{dp}{dt} \tag{3.45}$$

当 $r_w \ll r_e$,可忽略 r_w

$$\frac{q_r'}{q_{sc}} = \left(1 - \frac{r^2}{r_e^2}\right) \tag{3.46}$$

将式(3.46)代入式(3.17),可得

$$\frac{774.6Kh}{q_{sc}T} 2\int_{p_{wf}}^{p} \frac{p}{\mu Z} dp = \int_{r_w}^{r} \left(\frac{1}{r} - \frac{r}{r_e^2}\right) dr \tag{3.47}$$

或

$$\frac{774.6Kh}{q_{sc}T}(\psi - \psi_{wf}) = \ln\frac{r}{r_w} - \frac{1}{r_e^2}\left(\frac{r^2}{2} - \frac{r_w^2}{2}\right) \tag{3.48}$$

因为 $r_w^2/r_e^2 \ll r^2/r_e^2$,忽略 r_w^2/r_e^2,则

$$\frac{774.6Kh}{q_{sc}T}(\psi - \psi_w) = \ln\frac{r}{r_w} - \frac{1}{2}\left(\frac{r}{r_e}\right)^2 \tag{3.49}$$

或

$$\psi - \psi_{\mathrm{wf}} = \frac{1.291 \times 10^{-3} q_{\mathrm{sc}} T}{Kh}\left[\ln \frac{r}{r_{\mathrm{w}}} - \frac{1}{2}\left(\frac{r}{r_{\mathrm{e}}}\right)^{2}\right] \tag{3.50}$$

当 $r = r_{\mathrm{e}}$ 时

$$\psi - \psi_{\mathrm{wf}} = \frac{1.291 \times 10^{-3} q_{\mathrm{sc}} T}{Kh}\left(\ln \frac{r_{\mathrm{e}}}{r_{\mathrm{w}}} - \frac{1}{2}\right) \tag{3.51}$$

对于拟稳定状态，一般不用不断变化难以确定的量，而用气井控制体积内的实际气体体积平均拟压力，用符号 $\bar{\psi}$ 表示；或用平均地层压力，用符号 $\bar{p}_{\mathrm{R}}$ 表示。则定义为

$$\bar{\psi} = \frac{\int_{r_{\mathrm{w}}}^{r_{\mathrm{e}}} \psi \mathrm{d}V}{\int_{r_{\mathrm{w}}}^{r_{\mathrm{e}}} \mathrm{d}V} \approx \frac{2}{r_{\mathrm{e}}^{2}} \int_{r_{\mathrm{w}}}^{r_{\mathrm{e}}} \psi r \mathrm{d}r \tag{3.52}$$

将式(3.50)代入式(3.52)，得

$$\bar{\psi} - \psi_{\mathrm{wf}} = \frac{2}{r_{\mathrm{e}}^{2}} \frac{1.291 \times 10^{3} q_{\mathrm{sc}} T}{Kh} \int_{r_{\mathrm{w}}}^{r_{\mathrm{e}}} \left(\ln \frac{r}{r_{\mathrm{w}}} - \frac{r^{2}}{2r_{\mathrm{e}}^{2}}\right) r \mathrm{d}r \tag{3.53}$$

由于

$$\begin{aligned} \int_{r_{\mathrm{w}}}^{r_{\mathrm{e}}} r \ln \frac{r}{r_{\mathrm{w}}} \mathrm{d}r &= \frac{r_{\mathrm{e}}^{2}}{2} \ln \frac{r_{\mathrm{e}}}{r_{\mathrm{w}}} - \frac{r_{\mathrm{e}}^{2} - r_{\mathrm{w}}^{2}}{4} \\ &\approx \frac{r_{\mathrm{e}}^{2}}{2} \ln \frac{r_{\mathrm{e}}}{r_{\mathrm{w}}} - \frac{r_{\mathrm{e}}^{2}}{4} \\ \int_{r_{\mathrm{w}}}^{r_{\mathrm{e}}} \frac{r^{3}}{2r_{\mathrm{e}}^{2}} \mathrm{d}r &= \frac{r_{\mathrm{e}}^{4} - r_{\mathrm{w}}^{4}}{8r_{\mathrm{e}}^{2}} \approx \frac{r_{\mathrm{e}}^{2}}{8} \end{aligned} \tag{3.54}$$

所以

$$\bar{\psi} - \psi_{\mathrm{wf}} = \frac{1.291 \times 10^{-3} q_{\mathrm{sc}} T}{Kh}\left(\ln \frac{r_{\mathrm{e}}}{r_{\mathrm{w}}} - \frac{3}{4}\right) = \frac{1.291 \times 10^{-3} q_{\mathrm{sc}} T}{Kh} \ln \frac{0.472 r_{\mathrm{e}}}{r_{\mathrm{w}}} \tag{3.55}$$

拟稳定状态虽属不稳定状态，但被视为一种半稳态，仍可按稳定状态处理。因此，前节所介绍的表皮系数 S 和流量相关表皮系数可代入式(3.55)中。

$$\bar{\psi} - \psi_{\mathrm{wf}} = \frac{1.291 \times 10^{-3} q_{\mathrm{sc}} T}{Kh}\left(\ln \frac{0.472 r_{\mathrm{e}}}{r_{\mathrm{w}}} + S + D q_{\mathrm{sc}}\right) \tag{3.56}$$

或

$$q_{\mathrm{sc}} = \frac{774.6 Kh (\bar{\psi} - \psi_{\mathrm{wf}})}{T\left(\ln \frac{0.472 r_{\mathrm{e}}}{r_{\mathrm{w}}} + S + D q_{\mathrm{sc}}\right)} \tag{3.57}$$

如用压力表示，则：

$$\bar{p}_R^2 - p_{wf}^2 = \frac{1.291 \times 10^{-3} q_{sc} \bar{\mu} \bar{Z} T}{Kh} \left(\ln \frac{0.472 r_e}{r_w} + S + D q_{sc} \right) \quad (3.58)$$

$$q_{sc} = \frac{774.6 Kh (\bar{p}_R^2 - p_{wf}^2)}{T \bar{\mu} \bar{Z} \left(\ln \frac{0.472 r_e}{r_w} + S + D q_{sc} \right)} \quad (3.59)$$

式(3.58)和式(3.59)就是拟稳定状态流动气井产能公式的两种常见的表达式,常用于处理产能试井资料,可利用此公式来分析储层参数对气侵速度的影响。

3.5.2 气井定向井渗流理论

(1)建模方法。

由于大斜度井渗流过程复杂,如果采用常规方法建立产能方程较困难,采用拟表皮系数方法来评价大斜度井的产能。

(2)假设条件。

① 无限大、水平、等厚、均质各向异性地层;② 单相气体流动;③ 考虑污染造成的表皮;

(3)产能方程。

大斜度井总表皮系数一般可分解为三类:机械井筒表皮 S_w,由于垂向和水平渗透率各向异性产生的负表皮系数 S_{ani},井斜等造成的几何表皮系数 S_θ。

① 几何表皮系数 S_θ。考虑到 Cinco – Ley 经验公式只能处理井斜角 $0° \leqslant \theta_w \leqslant 75°$ 范围内的斜井,J. Besson(1990)提出了适用于井斜角 $0° \leqslant \theta_w \leqslant 90°$ 的斜井的拟表皮系数:

$$S_{gs} = \ln\left(\frac{4r_w}{L_s}\right) + \frac{h}{L_s} \ln\left(\frac{\sqrt{L_s h}}{4r_w}\right) \quad (3.60)$$

将其转化为井斜角表示的形式,可以得到井斜角与井斜表皮的关系:

当 $0° \leqslant \theta_w < 90°$ 时,

$$S_\theta = \ln\left(\frac{4r_w \cos\theta_w}{h}\right) + \cos\theta_w \ln\left(\frac{h}{4r_w \sqrt{\cos\theta_w}}\right) \quad (3.61)$$

式中 θ_w——井斜角,(°)。

当 $\theta_w = 90°$ 时,

$$S_{\theta=90°} = \ln\left(\frac{4r_w}{L_s}\right) + \frac{h}{L_s} \ln\left(\frac{h}{2\pi r_w}\right) \quad (3.62)$$

式中 L_s——斜井生产段长度;

h——气层厚度。

② 各向异性产生的负表皮系数 S_{ani}。在进行各向异性到各向同性的转化后,圆形井眼变为椭圆形,导致流线的变形引起的表皮系数称为各向异性负表皮系数 S_{ani}。

Abbaszadeh 和 Hegeman(1998)提出了各向异性负表皮系数计算公式:

$$S_{\text{ani}} = -\ln \frac{1 + 1/\sqrt{\cos^2\theta_{\text{w}} + (K_{\text{v}}/K_{\text{h}})\sin^2\theta_{\text{w}}}}{2} \tag{3.63}$$

③ 总表皮系数。

Pucknell 和 Clifford(1991)将总表皮系数定义为：

$$S_T = \frac{\cos\theta_{\text{w}}}{\sqrt{\cos^2\theta_{\text{w}} + (K_{\text{v}}/K_{\text{h}})\sin^2\theta_{\text{w}}}}(S_{\text{w}} + S_{\text{ani}}) + S_\theta \tag{3.64}$$

采用拟表皮系数法，将斜井造成的井斜、地层各向异性和近井地带的污染都看作表皮影响，得到各向异性地层中大斜度气井的产能模型如式(3.65)：

$$Q_{\text{gs}} = \frac{0.2714K_{\text{h}}h(p_{\text{e}}^2 - p_{\text{w}}^2)}{\left(\ln\frac{r_{\text{e}}}{r_{\text{w}}} + S_{\text{T}}\right)}\frac{T_{\text{sc}}}{\mu_{\text{g}}ZTp_{\text{sc}}} \tag{3.65}$$

其中

$$S_{\text{T}} = \frac{\cos\theta_{\text{w}}}{\sqrt{\cos^2\theta_{\text{w}} + (K_{\text{v}}/K_{\text{h}})\sin^2\theta_{\text{w}}}}(S_{\text{w}} + S_{\text{ani}}) + S_\theta$$

$$S_{\text{ani}} = -\ln \frac{1 + 1/\sqrt{\cos^2\theta_{\text{w}} + (K_{\text{v}}/K_{\text{h}})\sin^2\theta_{\text{w}}}}{2}$$

$$S_{0^\circ \leqslant \theta < 90^\circ} = \ln\left(\frac{4r_{\text{w}}\cos\theta_{\text{w}}}{h}\right) + \cos\theta_{\text{w}}\ln\left(\frac{h}{4r_{\text{w}}\sqrt{\cos\theta_{\text{w}}}}\right)$$

$$S_{\theta=90^\circ} = \ln\left(\frac{4r_{\text{w}}}{L_{\text{s}}}\right) + \frac{h}{L_{\text{s}}}\ln\left(\frac{h}{2\pi r_{\text{w}}}\right)$$

(4)适应性评价。

① 当井斜角为 0°时，$S_\theta = 0$，$S_{\text{ani}} = 0$。此时大斜度井转化为直井，首先井斜造成的表皮系数不存在；其次流体流动为向井筒的平面径向流，垂向渗透率对产能几乎没有影响，自然也就不会有各向异性造成的表皮系数。② 当井斜角为 90°时，由总表皮系数的表达式可知，井斜角表达式中的对数函数没有意义，此时应为水平井的拟表皮系数，即：

$$S_{\theta=90^\circ} = \ln\left(\frac{4r_{\text{w}}}{L_{\text{s}}}\right) + \frac{h}{L_{\text{s}}}\ln\left(\frac{h}{2\pi r_{\text{w}}}\right)$$

3.5.3 气井水平井渗流理论

3.5.3.1 水平井的渗流场分布

图 3.11 绘出了一口钻入油层中央的水平井横向剖面图，油层的厚度为 h，水平井段长度为 L。同时，在图 3.11 上还标注了沿水平井井段的 AA' 水平面位置和垂直于水平井 BB' 垂直剖面位置。

在水平井稳定生产的条件下，图 3.12 描述了水平井在图 3.11 的 AA' 水平剖面(x,y)的渗流场分布；图 3.13 描述了水平井在图 3.13 的 BB' 垂直剖面(x,z)的渗流场分布。由图 3.12 和图 3.13 可以看出，在稳定流的条件下，在水平井的椭圆形驱动面积内，流体在地层内的渗流场由平面与垂向两部分连续的渗流场组成。

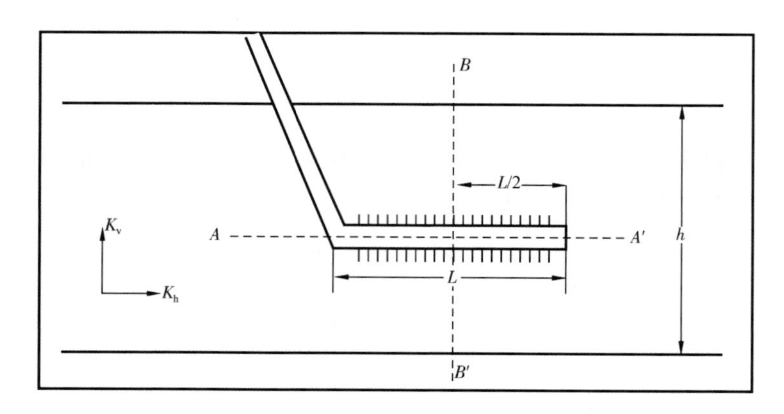

图 3.11　钻入油层中间的水平井横剖面

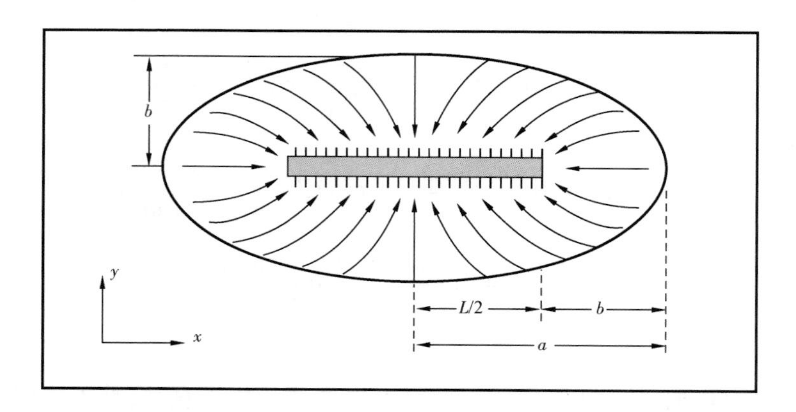

图 3.12　在椭圆形驱动边界内流向水平井的渗流场

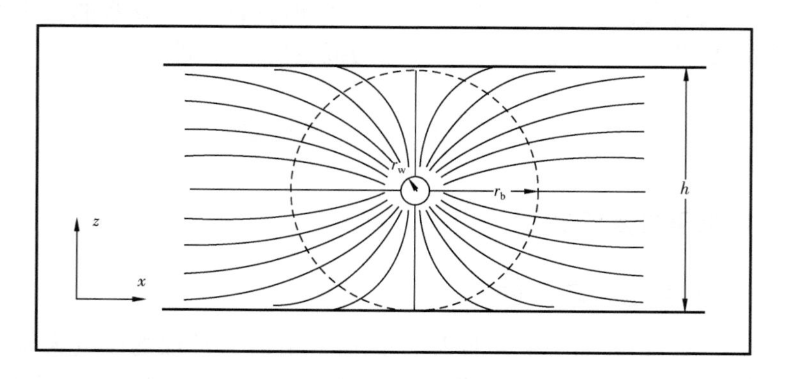

图 3.13　在水平井井段周围流向井底的渗流场

在图3.12表示的椭圆形驱动边界,驱动面积 A 与长轴半长 a 和短轴半长 b 之间的关系,根据平面解析几何表示为:

$$A = \pi ab \tag{3.66}$$

当在椭圆形驱动面积内存在水平井段时,a、b 和 L 的关系为:

$$a = L/2 + b \tag{3.67}$$

将式(3.67)代入式(3.66)中,得到

$$b^2 + (L/2)b - A/\pi = 0 \tag{3.68}$$

对其求解,得:

$$b = -(L/4) + \sqrt{(L/4)^2 + A/\pi} \tag{3.69}$$

将式(3.69)代入式(3.67):

$$a = L/4 + \sqrt{(L/4)^2 + A/\pi} \tag{3.70}$$

3.5.3.2 水平井渗流阻力区的划分及渗流阻力表达式

根据上述对水平井渗流场的分布特征的描述,可相应地划分出两个既不相同而又连续的渗流阻力区,即 xy 平面上的外部阻力区和 xz 垂面上的内部阻力区。为便于理论上的表达和推导,做如下等值简化处理。

(1)将椭圆形驱动边界,按面积等值的原则,简化为拟圆形驱动边界(图3.14),并表示为:

$$r_{eh} = \sqrt{A/\pi} \tag{3.71}$$

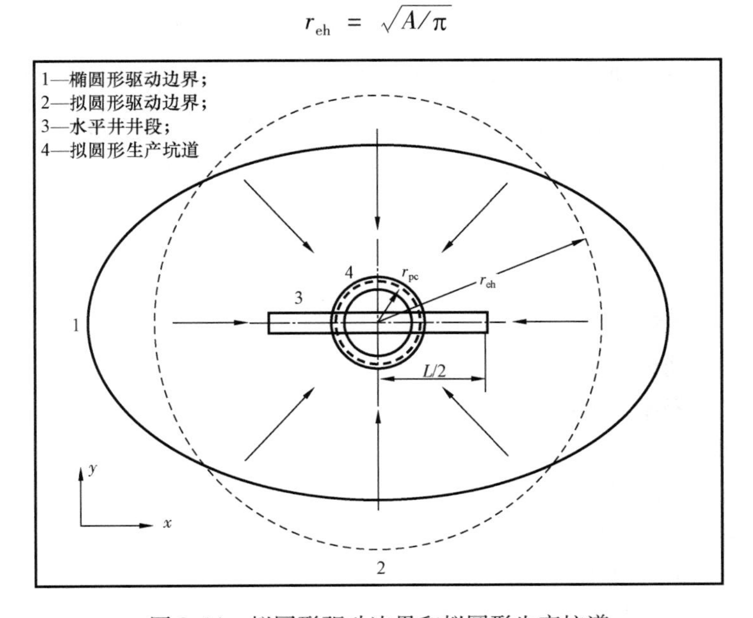

图3.14 拟圆形驱动边界和拟圆形生产坑道

(2)利用产量等值的原则,将线性的水平井段简化为拟圆形生产坑道(图3.14),其坑道中心的圆形半径为:

$$r_{pc} = L/C \tag{3.72}$$

式(3.72)中的 C 为将水平井的线性井段转变为拟圆形生产坑道的转换常数。参考 Borisov 和 Joshi 的研究成果,C 值可取 4,即 $L/4$ 的长度作为拟圆形生产坑道中心的半径。由于生产坑道空间自身的圆形半径为 $h/2$(图3.15),因此,圆形生产坑道的外缘半径应为:

$$r_{pce} = L/4 + h/2 \tag{3.73}$$

(3)从拟圆形生产坑道外缘半径(r_{pce})流向生产井底(r_w)的流动,为在油层厚度 h 的空间高度上,垂直并围绕水平井段的平面径向流(图3.15),其半径为:

$$r_b = h/2 \tag{3.74}$$

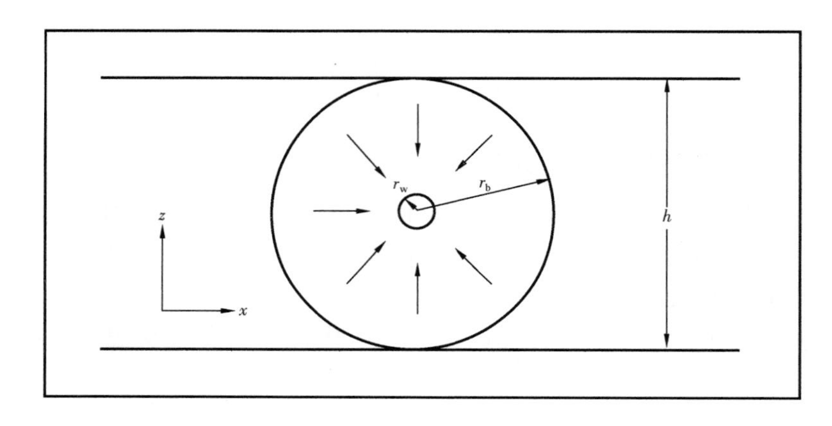

图3.15 围绕水平井井段的垂向平面径向流

基于上述的简化处理研究,利用水电相似原理的达西定律和欧姆定律,以及等值渗流阻力和生产坑道的基本概念,在稳定流条件下,由拟圆形驱动边界(r_{eh})到拟生产坑道外缘半径(r_{pce})之间(图3.14),受厚度 h 控制的平面径向流的渗流阻力可写为:

$$R_1 = \frac{\mu_o B_o}{2\pi K_h h}\ln\left(\frac{r_{eh}}{r_{pce}}\right) \tag{3.75}$$

式中 R_1——外部渗流区的渗流阻力;

B_o——地层原油体积系数,m^3/m^3;

K_h——水平渗透率,mD;

h——油层厚度,m;

r_{eh}——拟圆形驱动半径,m;

r_{pce}——拟生产坑道的外缘半径,m。

从拟圆形生产坑道外缘半径(r_{pce}),到水平井生产井底半径(r_w)之间(图3.15),围绕水平井段受 L 控制的垂向平面径向流的渗流阻力:

$$R_2 = \frac{\mu_o B_o}{2\pi K_h h}\ln\left(\frac{h}{2r_w}\right) \tag{3.76}$$

式中 R_2——内部渗流区的渗流阻力；

r_w——水平井的井底半径，m。

因此，从拟圆形驱动边界（r_{eh}），到水平井生产井底（r_w）之间的总渗流阻力为：

$$R_t = R_1 + R_2 \tag{3.77}$$

$$R_t = \frac{\mu_o B_o}{2\pi K_h h}\left[\ln\left(\frac{r_{eh}}{r_{pce}}\right) + \frac{h}{L}\ln\left(\frac{h}{2r_w}\right)\right] \tag{3.78}$$

式中 R_t——总渗流阻力。

3.5.3.3 水平井产量公式的建立

在稳定流条件下，由达西定律和欧姆定律可以写出水平井的产量与生产压差和渗流阻力的关系式：

$$q_{oh} = \Delta p / R_t \tag{3.79}$$

式中 q_{oh}——油井水平井产量，m^3/d。

将式(3.78)代入式(3.79)，得：

$$q_{oh} = \frac{2\pi K_h h \Delta p}{\mu_o B_o\left[\ln\left(\frac{r_{eh}}{r_{pce}}\right) + \frac{h}{L}\ln\left(\frac{h}{2r_w}\right)\right]} \tag{3.80}$$

将式(3.71)代入式(3.70)，得：

$$a = L/4 + \sqrt{(L/4)^2 + r_{eh}^2} \tag{3.81}$$

$$r_{eh} = \sqrt{(a - L/4)^2 - (L/4)^2} \tag{3.82}$$

将式(3.73)、式(3.82)代入式(3.80)，得：

$$q_{oh} = \frac{2\pi K_h h \Delta p}{\mu_o B_o\left(\ln\left\{\sqrt{[(4a/L - 1)^2 - 1](1 + 2h/L)}\right\} + \frac{h}{L}\ln\left(\frac{h}{2r_w}\right)\right)} \tag{3.83}$$

由于 $h \ll L$，故 $(1 + 2h/L) \approx 1$，式(3.83)简化为：

$$q_{oh} = \frac{2\pi K_h h \Delta p}{\mu_o B_o\left\{\ln\left[\sqrt{(4a/L - 1)^2 - 1}\right] + \frac{h}{L}\ln\left(\frac{h}{2r_w}\right)\right\}} \tag{3.84}$$

同时考虑各向异性和偏心距的影响后，式(3.84)变为：

$$q_{oh} = \frac{0.543 K_h \eta h \Delta p}{\mu_o B_o\left\{\ln\left[\sqrt{(4a/L - 1)^2 - 1}\right] + \frac{h}{\eta^2 L}\ln\frac{(h/2)^2 + \delta^2}{h r_w/2}\right\}} \tag{3.85}$$

再考虑气体的影响,将气体状态方程、拟压力函数引入,得到气体水平井产量公式:

$$q_{gh} = \frac{0.2714 \times K_h \eta h(p_e^2 - p_w^2)}{\ln\left[\sqrt{(4a/L-1)^2-1}\right] + \frac{h}{\eta^2 L}\ln\frac{(h/2)^2+\delta^2}{hr_w/2}} \frac{T_{sc}}{\mu_g \overline{ZT}p_{sc}} \tag{3.86}$$

式中 p_e——地层压力,MPa;

p_w——井底流动压力,MPa;

μ_g——地层气体黏度,mPa·s;

q_{gh}——气井水平井产量,m^3/d。

3.6 欠平衡条件下直井地层流体侵入规律

对于直井而言,地层压力、储层渗透率、储层厚度、井底流压(负压差)、井的控制半径、井深等参数是影响流体侵入的关键因素。基于此,对以上单因素及多因素组合对井喷溢流的影响做量化分析和深入研究。

3.6.1 双因素对气侵速度的影响研究

利用气井直井产能公式(3.29)处理产能试井资料,分析储层参数对气侵速度的影响,例如某口直井基础数据见表3.2。

表3.2 模拟直井的相关参数

垂深(m)	2674	标况温度(℃)	273
井眼尺寸(m)	0.15	标况压力(MPa)	0.1
各向异性系数	3.3	天然气密度(g/cm^3)	0.64
气层压力(MPa)	47.8	偏差系数	1.21
气层温度(K)	350	体积系数($10^{-3}m^3/m^3$)	3.06
渗透率(mD)	0.1,1,10,100,500	储层厚度(m)	1,3,5,10,20
单井控制半径(m)	30,50,150,300,400	负压差(MPa)	1,3,5,10,15,30

3.6.1.1 不同储层厚度下负压差对气侵速度的影响

在直井的相关参数的基础上,假设储层渗透率为3mD,控制半径 R_e =30m,储层厚度分别为1m、3m、5m、10m、20m,负压差分别为1MPa、2MPa、4MPa、6MPa、8MPa、10MPa,计算的不同储层厚度下气侵速度与负压差关系如图3.16所示。

如图3.16所示,气侵速度随着储层厚度和负压差的增加而增加。本例中,在低负压差下(<6MPa),即使储层厚度达到20m,气侵速度小于0.4m^3/min,而在高负压差下,气侵速度的增加趋势有所减缓。而从厚度上看,如果储层钻穿1.0m,即使储层压差达到10MPa,停钻循环观察,此时气侵速度是很低的(<0.05m^3/min)。在这种情况下判断是欠平衡钻井还是过平衡钻井、钻井液密度是否合理,有利于井控安全。

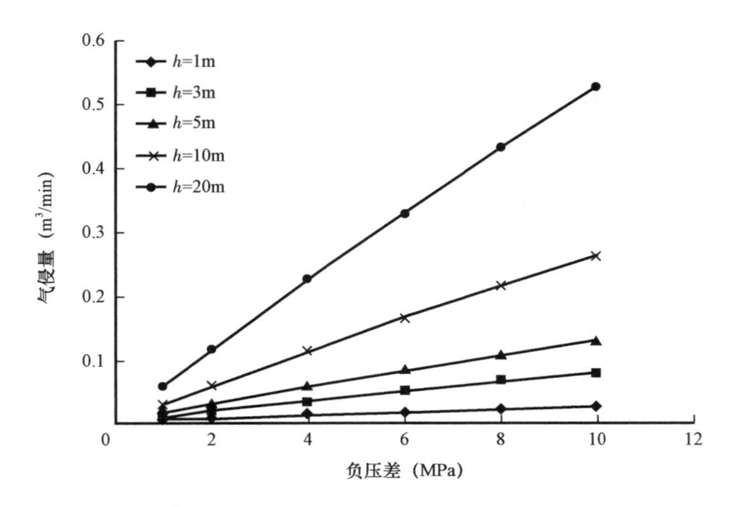

图 3.16 不同储层厚度下气侵速度与负压差关系曲线(低压 0 ~ 10MPa)

3.6.1.2 不同控制半径下负压差对气侵速度的影响

当储层渗透率为 3mD,储层厚度为 2m 时,控制半径 R_e 分别为 30m、50m、150m、300m、400m 时,负压差分别为 1MPa、3MPa、5MPa、10MPa、15MPa、30MPa,计算的地下气侵速度变化规律如图 3.17 所示。

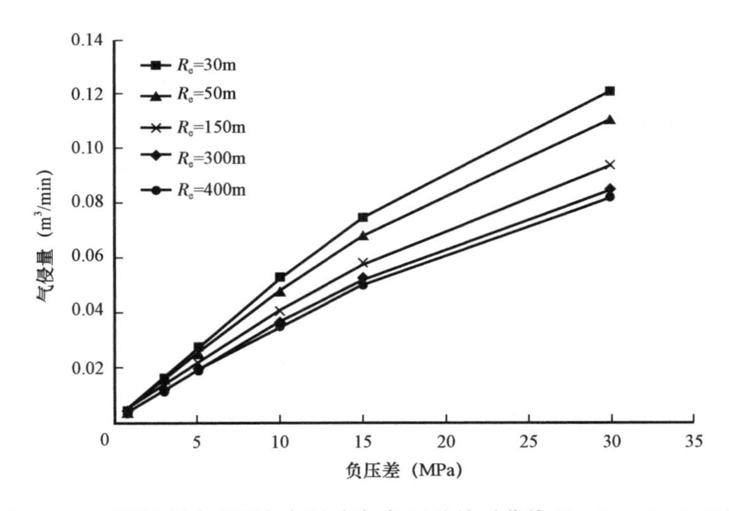

图 3.17 不同控制半径下气侵速度与负压差关系曲线($h = 2m, K = 3mD$)

如图 3.17 所示,气侵速度随着负压差的增加而增加,随着控制半径的增加而减小。随着控制半径的增大,油气流动的阻力增大,因此,气侵速度有所减小。在本例中,控制半径对气侵速度的影响变化并不明显。对于一个气田开发或者试井解释,利用该公式其中 R_e 一般采用 300 ~ 400m。但是对于钻井过程早期溢流,如果出现欠平衡,在这种情况下气体侵入井筒,显然气体的泄压半径很短,一般情况 R_e 为 10 ~ 50m,且多数 R_e 为 10 ~ 30m。鉴此,在评价或者模拟气侵早期量化特征时泄压半径应考虑本认识。

3.6.1.3 不同厚度下渗透率对气侵速度的影响

厚度和渗透率是油气储层重要的特征，假设负压差为10MPa，渗透率分别为3mD、10mD、50mD、100mD、150mD，储层厚度分别为1m、3m、5m、10m、20m，不同厚度下气侵速度随渗透率的变化如图3.18所示。

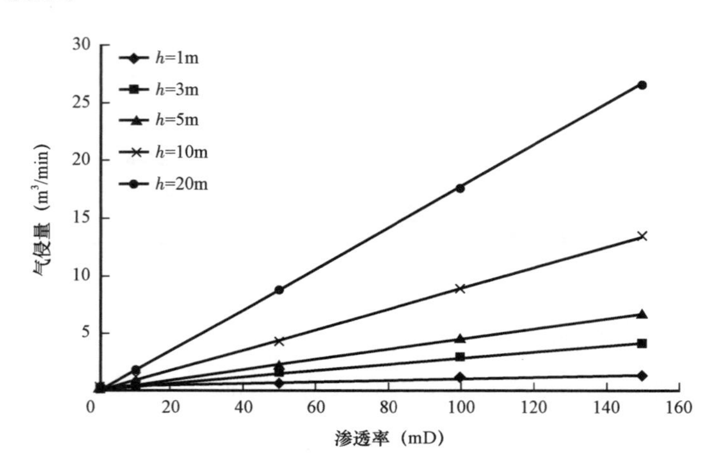

图3.18 不同储层厚度下气侵速度与渗透率关系曲线

如图3.18所示，随着储层厚度的增大，气侵速度有所增加，渗透率的增大则加快了油气的流动，使气侵速度继续增大。在本例中，在低渗透率情况下，气侵速度较小，储层厚度对气侵速度的影响并不明显，在渗透率小于10mD的范围内，即使储层厚度较厚，其气侵速度也较小（$<1m^3/min$），对于钻遇低渗透储层而言，很难构成井喷的风险。随着渗透率的增加，相比与控制半径以及负压差而言，其增加的幅度较大，以厚度为10m为例，当渗透率增加到150mD时，气侵速度已经接近$15m^3/min$，该因素对气侵速度的影响较为显著。但如果渗透率较高，即使钻遇的储层厚度较小，其气侵速度也会很高，在钻进过程中则有井喷的风险。在低渗透情况下，即使负压差较高，气侵速度小，风险性较低；而在高渗透条件下，气侵速度较大，风险性较高。因此，对于不同渗透率储层而言，在相同的条件下，其气侵速度有很大的不同，在这种情况下判断是欠平衡钻井还是过平衡钻井、钻井液密度是否合理，有利于井控安全。

3.6.1.4 钻进过程中不同时期欠平衡压差和渗透率敏感性分析

钻进初期，假设临界井喷气侵速度为$0.05m^3/min$（地下），不同钻井阶段，不同渗透率情况下施工所限制的负压差，如图3.19所示。

如图3.19所示，负压差在渗透率小于10mD的范围内，变化最为剧烈。因此，负压差对于渗透率低的储层更为敏感。对应于钻进初期（$h=1m$），低渗透（1mD），其负压差可达10MPa。当渗透率达到10mD时，其允许的负压差已降至3MPa。而在高渗透情况下，负压差的要求极为苛刻，需控制在极小的范围内。

3.6.2 多因素同时作用对气侵速度的影响

在双因素对气侵速度的影响研究的基础上，进一步研究多种因素（三因素）同时作用时气

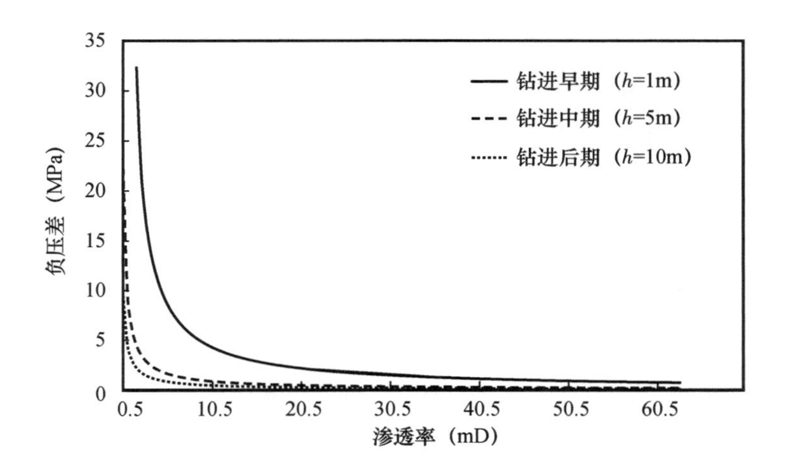

图 3.19 负压差的敏感性分析

侵速度的变化，也可得到不同条件下，气侵速度关于某一储层参数的剖面。

3.6.2.1 不同负压差下渗透率和厚度对气侵速度的影响

本小节中基础数据如下：R_e = 30m，地层压力为 47.8MPa；h 为 1～30m；渗透率的变化范围为 0.1～1000mD；负压差为 1MPa、3MPa、5MPa、10MPa、15MPa、20MPa。气侵速度随渗透率、厚度、负压差的变化如图 3.20 所示。

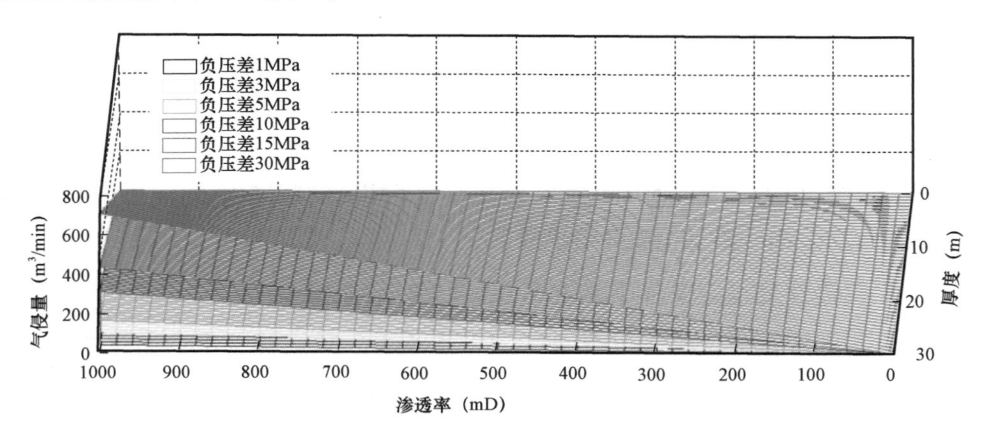

图 3.20 不同负压差下储层厚度和渗透率对气侵速度的影响

图 3.20 反映了不同渗透率、不同厚度、不同负压差下气侵速度的变化情况，在渗透率较低（小于 10mD）的区域，井喷风险不易发生，这也与前面的结论相印证。而相比与前面的单因素和双因素而言，该图能反应不同参数之间的协调关系。如对应于某一确定的储层，在已知厚度和渗透率的条件下，对应某一安全气侵速度则有相应的极限负压。如对应于厚度为 10m，渗透率为 100mD 的储层而言，如果安全气侵速度为 2m^3/min，则极限负压不应超过 2MPa，这对于判断钻井液密度是否合理很有帮助。

3.6.2.2 不同厚度下负压差和控制半径对气侵速度的影响

基础数据如下：R_e 为 10～300m；地层压力为 47.8MPa；h = 1m、3m、5m、10m、20m、30m；渗透率为 10mD；负压差范围为 0～30MPa。不同负压差及控制半径下气侵速度与储层厚度的关系如图 3.21 所示。

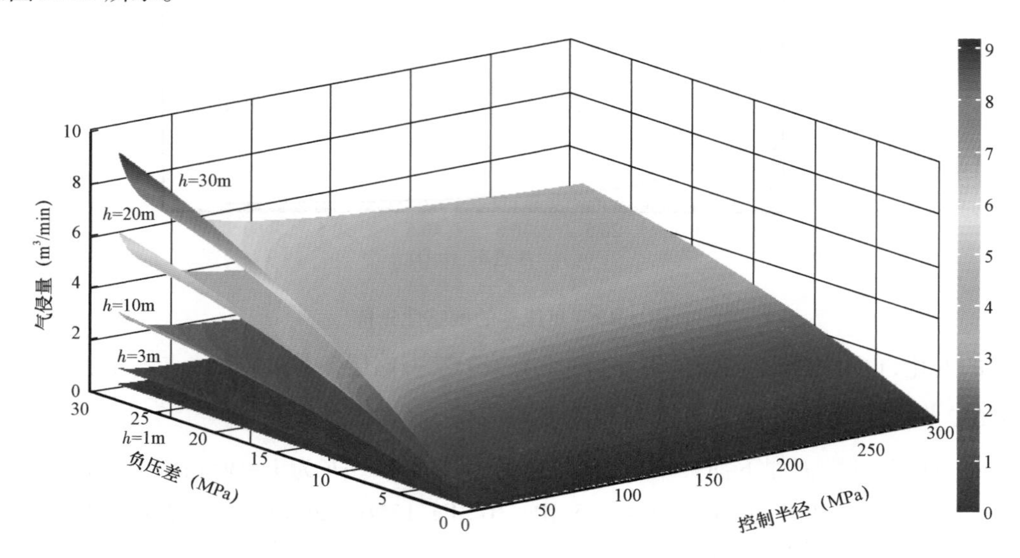

图 3.21 同负压差及控制半径下气侵速度与储层厚度的关系

图 3.21 为不同储层厚度下所对应的气侵速度关于控制半径和负压差的剖面，在控制半径较小的区域，气侵速度的变化较为显著，因此相比于负压差而言，气侵速度对控制半径更敏感。对于一个已开发的井而言，要判断其是否溢流，通常 R_e 一般采用 300～400m，但对于钻进早期过程中，泄压半径很短（R_e = 10～50m），而在负压小于 5MPa 的范围内，对应于 10mD 的地层，其气侵速度小于 $2m^3/min$，不易构成井喷事故。

3.6.2.3 气侵速度恒定条件下渗透率、厚度、负压差的对应关系

假设 R_e 的取值为 30m，地层压力为 47.8MPa；h 为 0～30m；渗透率的变化范围为 0.1～1000mD；气侵速度为 $0.1m^3/min$；对应关系如图 3.22 所示。

如图 3.22 所示，对应于某一安全的气侵速度（如 $0.1m^3/min$），负压差、渗透率、厚度有相应的对应关系，负压差对渗透率和厚度较小的区域较为敏感。在渗透率大于 200mD、厚度大于 10m 的条件下，负压差保持在较低水平，接近于 0；而在渗透率小于 200mD、厚度小于 10m 的范围内，负压差则急剧变化，即在钻井过程中，需要及时调整钻压，以及对钻井液的密度变化有更高的要求。

3.7 欠平衡条件下定向井地层流体侵入规律

对于定向井而言，影响其井喷溢流的因素除了地层压力、储层渗透率、储层厚度、井底流压

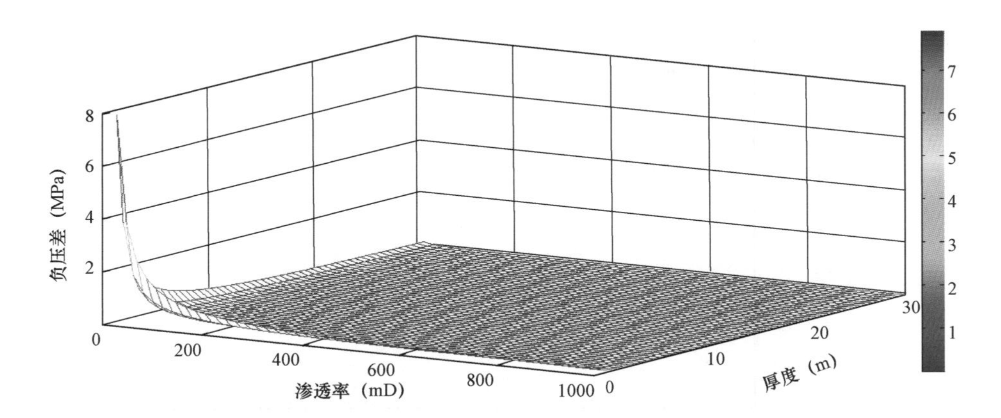

图 3.22 气侵速度恒定条件下，渗透率、厚度、负压差的对应关系

(负压差)、井的控制半径、井深等参数之外，还包括斜井的井斜角，基于此，对以上单因素及多因素组合对井喷溢流的影响做量化分析和深入研究。

利用气井定向井产能公式(3.65)分析储层参数对气侵速度的影响，某口大斜度井基础数据见表3.3。

表 3.3 斜井的相关参数

垂深(m)	2674	标况温度(℃)	273
井眼尺寸(m)	0.15	标况压力(MPa)	0.1
体积系数($10^{-3}m^3/m^3$)	3.06	天然气密度(g/cm^3)	0.64
气层压力(MPa)	47.8	偏差系数	1.21
气层温度(K)	350	井斜角(°)	35,45,55,65,75
渗透率(mD)	0.1,1,10,100,500	储层厚度(m)	1,3,5,10,20
单井控制半径(m)	30,50,150,300,400	负压差(MPa)	1,3,5,10,15,30

采用表3.3中参数，利用上述产能公式计算不同井底压力、储层厚度、渗透率、控制半径情况下的溢流量变化规律。

3.7.1 双因素对气侵速度的影响研究

3.7.1.1 不同储层厚度下气侵速度与负压的关系

储层渗透率为3mD，井斜角为75°，控制半径 R_e 为30m，储层厚度为1m、3m、5m、10m、20m，负压差分别为1MPa、3MPa、5MPa、10MPa、15MPa、30MPa，计算的地下气侵速度变化规律如图3.23所示。

如图3.23所示，在负压差、渗透率、井斜角等条件相同的条件下，储层厚度越大则气侵速度越大；在渗透率、储层厚度、井斜角等条件相同的条件下，井底流压越小，即地层与井底负压差越大，则气侵速度越大。当储层厚度较小时(5m以下)负压差对气侵速度的影响较小，气侵速度随着储层厚度增加急剧变大。

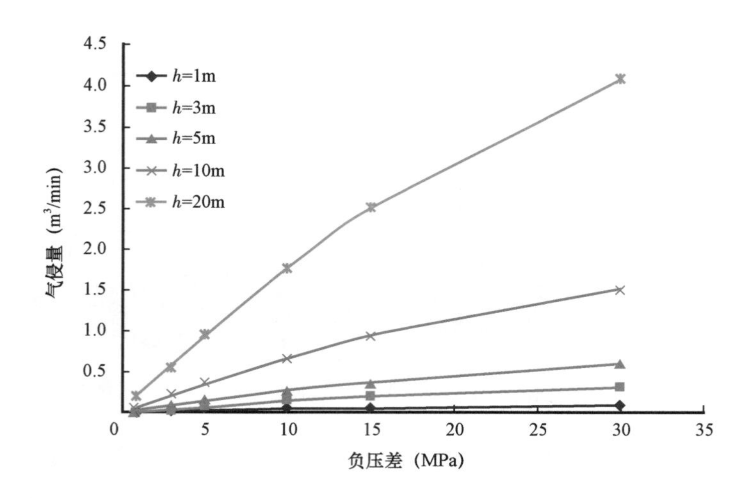

图 3.23　不同储层厚度下气侵速度与负压差关系曲线

3.7.1.2　不同控制半径下气侵速度与负压差的关系

当储层渗透率为 3mD,储层厚度为 2m,井斜角为 75°,控制半径 R_e 分别为 30m、50m、15m、300m、400m 时,负压差分别为 1MPa、3MPa、5MPa、10MPa、15MPa、30MPa,计算的地下气侵速度变化规律如图 3.24 所示。

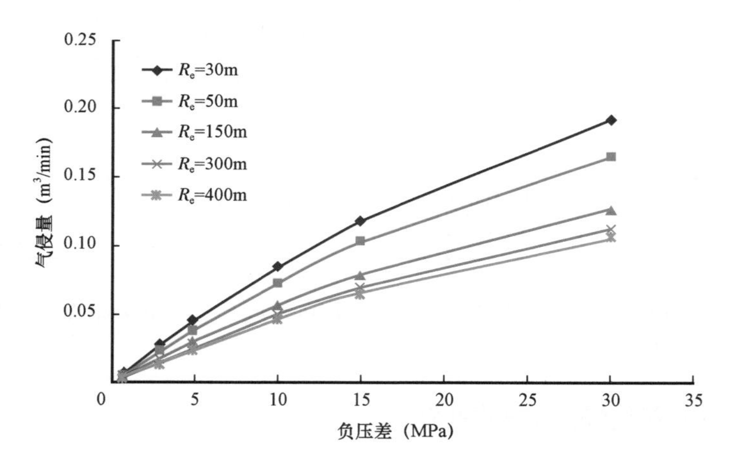

图 3.24　不同控制半径下气侵速度与负压差关系曲线

如图 3.24 所示,气侵速度随着负压差的增加而增加,随着控制半径的增加而减小。随着控制半径的增大,油气流动的阻力增大,因此,气侵速度有所减小。在本例中,控制半径对气侵速度的影响并不明显。当井底负压差小于 5MPa 时,气侵速度小于 0.05m³/min,溢流井喷风险小。

3.7.1.3　不同渗透率下气侵速度与负压差的关系

当储层厚度为 2m,井斜角为 75°,控制半径 R_e 为 30m,渗透率分别为 0.1mD、3mD、10mD、50mD、100mD、150mD,负压差分别为 1MPa、3MPa、5MPa、10MPa、15MPa、30MPa,计算的地下气

侵速度变化规律如图 3.25 所示。

如图 3.25 所示，在负压差、控制半径、井斜角、储层厚度等条件相同的条件下，渗透率越大则气侵速度越大。当渗透率低于 10mD 时，渗透率对气侵速度的影响不大。在低渗透情况下无论是钻进早期过程，或者是已开发的井，气侵速度的变化均小于 $1m^3/min$，此时不易发生井喷。但在高渗透地层的早期钻进过程中，井喷的风险较大，需要对钻井液的密度等进行调整，以改变其钻井负压差，才能保证钻井的安全。

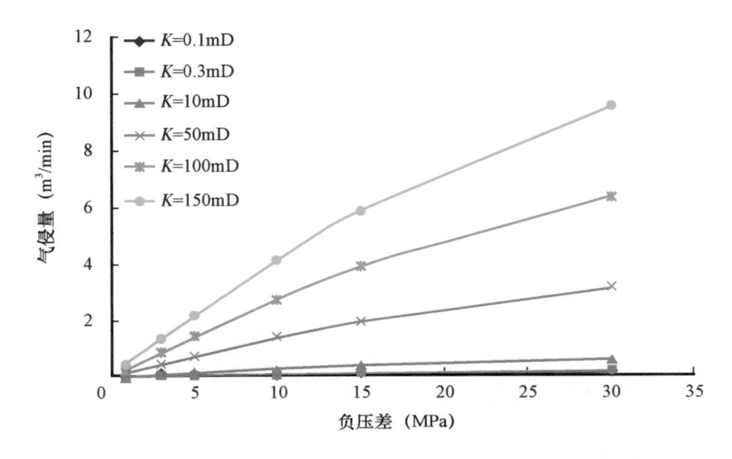

图 3.25 不同渗透率下气侵速度与负压差关系曲线

3.7.1.4 不同井斜角下气侵速度与负压差的关系

当储层厚度为 2m，控制半径 R_e 为 30m，渗透率为 3mD，井斜角分别为 35°、45°、55°、65°、75°、85°，负压差分别为 1MPa、3MPa、5MPa、10MPa、15MPa、30MPa，计算的地下气侵速度变化规律如图 3.26 所示。

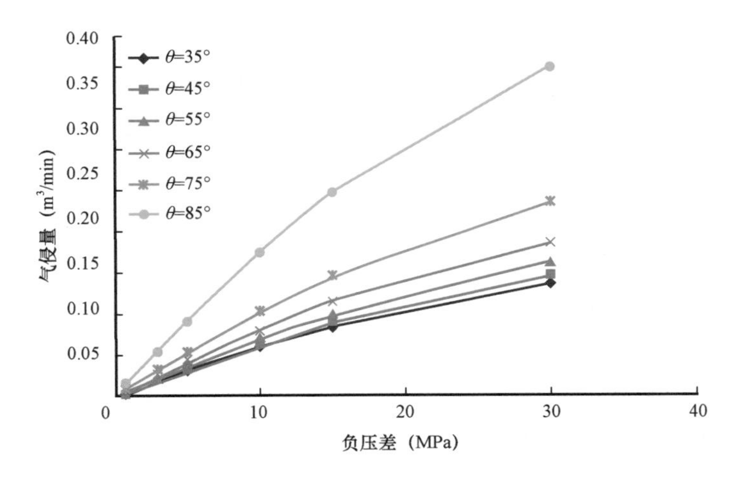

图 3.26 不同井斜角下气侵速度与负压差关系曲线

如图 3.26 所示，在井底流压、控制半径、渗透率、储层厚度等条件相同的条件下，井斜角越大则气侵速度越大，而且增幅也逐渐变大。且当井斜角低于 75°时，井斜角对气侵速度影响不大。对于斜井来说，在所给参数条件下，在负压差小于10MPa的条件下，其气侵速度小于0.15m^3/min。对于井斜角来说，气侵速度随井斜角的增大而增大，而且增幅也逐渐变大。当井斜角低于75°时，井斜角对气侵速度影响不大。井涌风险不大，井喷也较易控制。

3.7.2 多因素对气侵速度的影响研究

3.7.2.1 不同负压差下渗透率和厚度对气侵速度的影响

假设地层压力为47.8MPa；R_e 为30m；h 为1～30m；渗透率的变化范围为0.1～1000mD；负压差为1MPa、3MPa、5MPa、10MPa、15MPa、30MPa；井斜角为75°。气侵速度随渗透率、厚度、负压差的变化规律如图3.27所示。

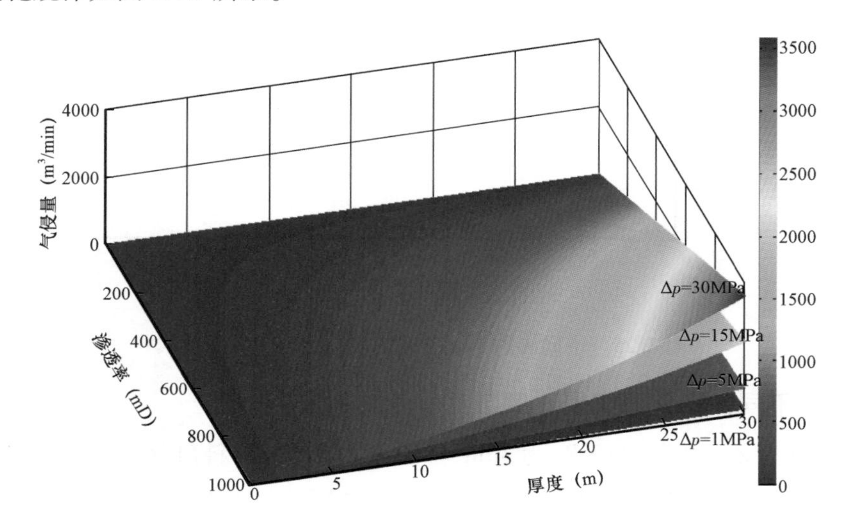

图3.27 渗透率、厚度、负压差与气侵速度的关系

如图3.27所示，气侵速度与渗透率、储层厚度、负压差呈正相关，当渗透率、储层厚度、负压差较小时，对气侵速度的影响不大。从图中可以看出，对于斜井而言，由于其与地层的接触面积较直井大，在相同条件下，其气侵速度也较直井大。在 $K=1000$mD，$h=30$m 时直井气侵速度为750m^3/min，而斜井则大约为3500m^3/min，因此井涌现象更容易发生。因此在钻井过程中，需要更加严密的控制负压差，即对钻井液的要求更高。

3.7.2.2 不同储层厚度下控制半径及井斜角对气侵速度的影响

假设地层压力为47.8MPa；R_e 为10～400m；h 为1m、3m、5m、10m、20m、30m；渗透率为10mD；负压差为10MPa；井斜角的变化范围45°～85°。气侵速度随控制半径、井斜角、储层厚度的变化规律如图3.28所示。

如图3.28所示，气侵速度随着储层厚度、井斜角的增加而增加，随着控制半径的增加而减小。当储层厚度小于5m时，井斜角、控制半径、储层厚度对气侵速度的影响不大。当控制半径大于300m时，气侵速度变化较小。而当储层厚度大于5m、控制半径又较小、井斜角由55°～65°时，气侵速度明显增加，这时溢流风险较大。

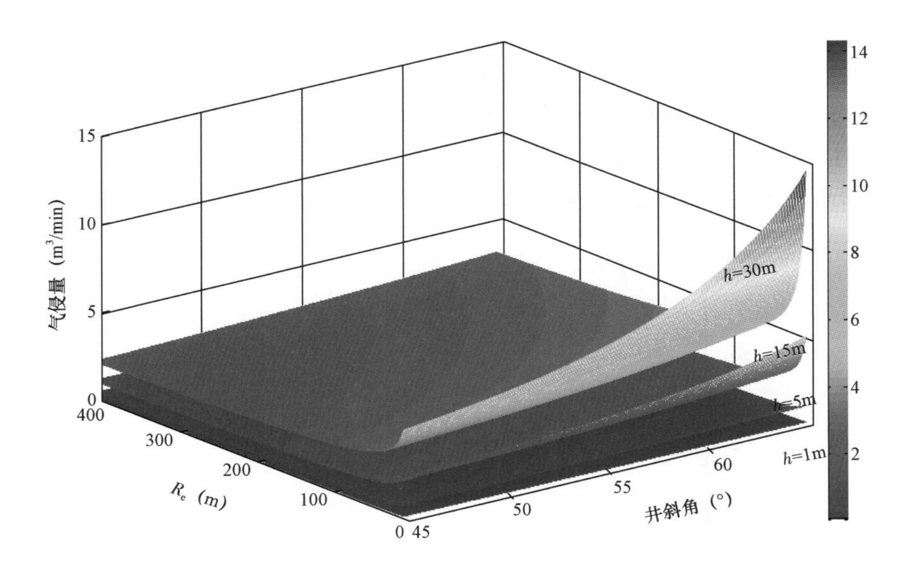

图 3.28 控制半径、井斜角、井斜角与气侵速度的关系

3.8 欠平衡条件下水平井地层流体侵入规律

储层参数主要包括地层压力、储层渗透率、储层厚度、井底流压(负压差)、井的控制半径、井深等参数,除此之外,水平井中的水平段长度将会对气侵速度产生影响。基于此,对以上单因素及多因素组合对气侵速度的影响大小和变化趋势进行研究。

利用气井水平井产能公式(3.86),分析储层参数对气侵速度的影响,某口水平井基础数据见表 3.4。

表 3.4 模型基本参数表

垂深(m)	2674	标况温度(℃)	273
井眼尺寸(m)	0.15	标况压力(MPa)	0.1
体积系数($10^{-3}m^3/m^3$)	3.06	天然气密度(g/cm^3)	0.64
气层压力(MPa)	47.8	偏差系数	1.21
气层温度(K)	350	井斜角(°)	35,45,55,65,75
渗透率(mD)	0.1,1,10,100,500	储层厚度(m)	1,5,10,20,30
单井控制半径(m)	30,50,150,300,400	负压差(MPa)	1,3,5,10,15,30

3.8.1 双因素对气侵速度的影响研究

3.8.1.1 不同水平段长度下渗透率对气体侵入规律的影响

水平段长度为 10m,100m,300m,600m,1000m,负压差为 10MPa,渗透率为 0.1mD,1mD,10mD,50mD,100mD,200mD,300mD,400mD,500mD,渗透率及水平段长度与气侵速度的变化

规律如图 3.29 所示。

由图 3.29 所示，在渗透率很低时（<10mD），其他三个参数的变化对气侵速度的影响不大，气侵速度均在 50m^3/min 内。而随着渗透率的增大，对于水平井长度小或者气藏厚度小以及负压差低的情况下，气侵速度依旧很小，不易发生井喷。而在长水平段、厚度大、负压差大的情况，则判断是欠平衡钻井还是过平衡钻井、钻井液密度是否合理，有利于井控安全。

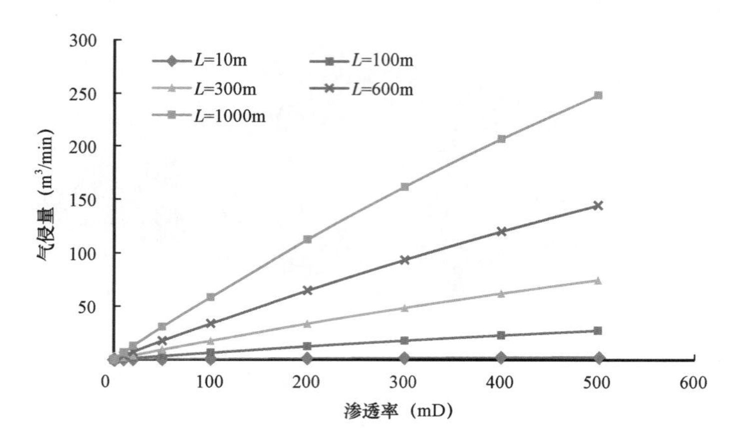

图3.29　渗透率及水平段长度与气侵速度的关系（$h=20$m，$\Delta p=10$MPa）

3.8.1.2　不同储层厚度下负压差对气体侵入规律的影响

水平段长度为 600m，负压差为 1MPa，3MPa，5MPa，10MPa，20MPa，渗透率为 10mD，储层厚度为 1m，5m，10m，20m，30m，负压差及储层厚度与气侵速度的变化规律如图 3.30 所示。

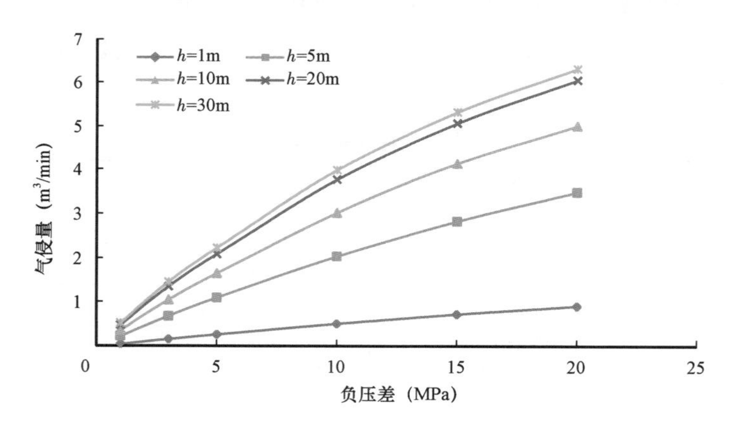

图 3.30　负压差及储层厚度与气侵速度的关系（$L=600$m，$K=10$mD）

从图 3.30 中可以看出，在负压差较低时（<2MPa），其他三个参数的变化对气侵速度的影响不大，气侵速度均在 5m^3/min 内。而随着负压差的增大，对于水平井长度小或者气藏厚度小以及渗透率低的情况下，气侵速度依旧很小。而在长水平段、厚度大、渗透率大的情况，则需优化配置钻井液密度及时刻监测钻井状态，才能够有利于井控安全。

3.8.1.3 不同负压差下水平段长度对气体侵入规律的影响

水平段长度为 10m，50m，100m，200m，400m，600m，800m，1000m，负压差为 1MPa，3MPa，5MPa，10MPa，20MPa，渗透率为 10mD，储层厚度为 20m，水平段长度及负压差与气侵速度的变化规律如图 3.31 所示。

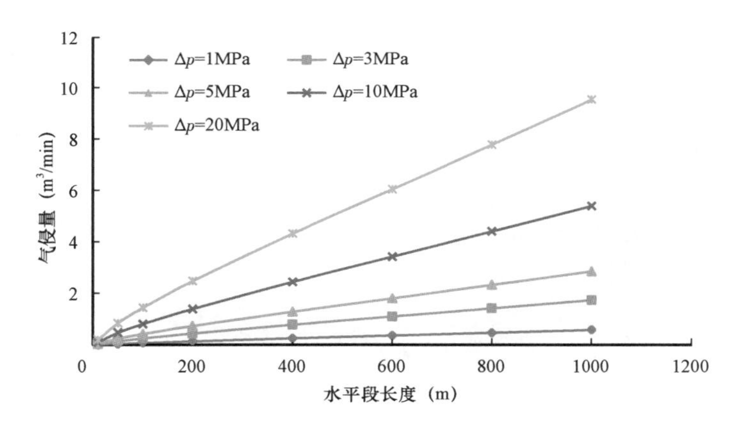

图 3.31 水平段长度及负压差与气侵速度的关系（$h=20m$，$K=10mD$）

从图 3.31 中可以看出，在水平段长度较小时（$<10m$），即刚钻井时，其他三个参数的变化对气侵速度的影响不大，不同负压差以及不同储层厚度下气侵速度均小于 $2m^3/min$，高渗透层则在 $30m^3/min$ 内。而随着水平段长度的增大，对于低负压差或者小厚度以及渗透率低的情况下，气侵速度依旧很小，不易发生井喷。而在长水平段、厚度大、渗透率大的情况，则需优化配置钻井液密度及时刻监测钻井状态，才能够有利于井控安全。

在井底流压、储层厚度等条件相同的条件下，裸眼段越长则气侵速度越大；在渗透率、储层厚度等条件相同的条件下，井底流压越小，即地层与井底压差越大，则气侵速度越大。在低渗透条件下，在研究的负压差以及水平段长度范围内，气侵速度均小于 $0.5m^3/min$，此时可以加快钻井进度，较为安全，但随着渗透率的增高，气侵速度增大，安全系数降低。

3.8.2 多因素对气侵速度的影响研究

3.8.2.1 不同水平段长度下多因素分析

假设地层压力为 47.8MPa；h 的取值范围为 1～30m；渗透率的变化范围为 0.1～1000mD；水平段长度为 10m，100m，300m，600m，1000m。不同水平段长度下水平井气侵速度变化规律如图 3.32 所示。

如图 3.32 所示，负压差不变的情况下，气侵速度随着储层渗透率、储层厚度、水平段长度的增加而变快。在初期钻进过程中（$L<100m$），气侵速度较小，此时不易发生井喷。但随着水平段长度的变化，气侵速度的变化明显，当 $L=600m$，储层厚度大于 5m，渗透率大于 50mD 时，进气速度就超过 $100m^3/min$，井喷易发生。

3.8.2.2 不同负压差下多因素分析

假设地层压力为 47.8MPa；h 的取值范围为 1～30m；渗透率的变化范围为 0.1～1000mD；

负压差为1,10,20MPa。不同负压差下水平井气侵速度变化规律如图3.33所示。

如图3.33所示,水平段长度不变的情况下,气侵速度随着负压差、储层渗透率、储层厚度的增加而变快。从A点来看,在低厚度地层(<3m),即使是高渗透地层,其气侵速度也较小,井喷不易发生。从B点来看,负压差的变化对气侵速度影响并不大,因此对于高渗透储层需要更加严密的控制负压差。

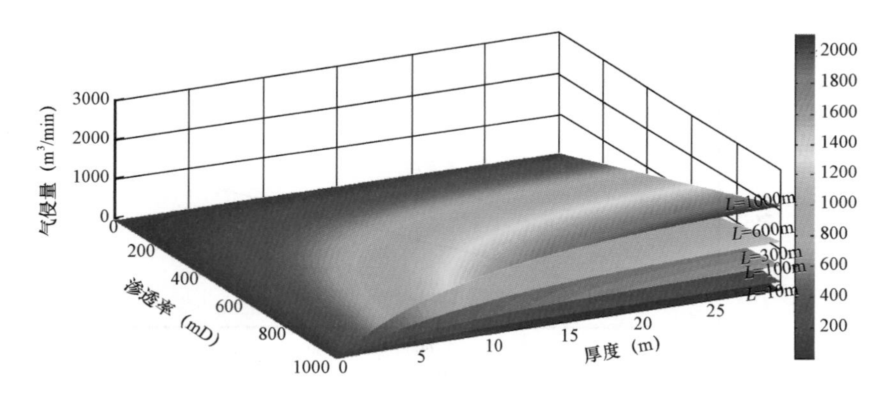

图3.32　不同水平段长度下水平井气侵速度变化规律($\Delta p=10$MPa)

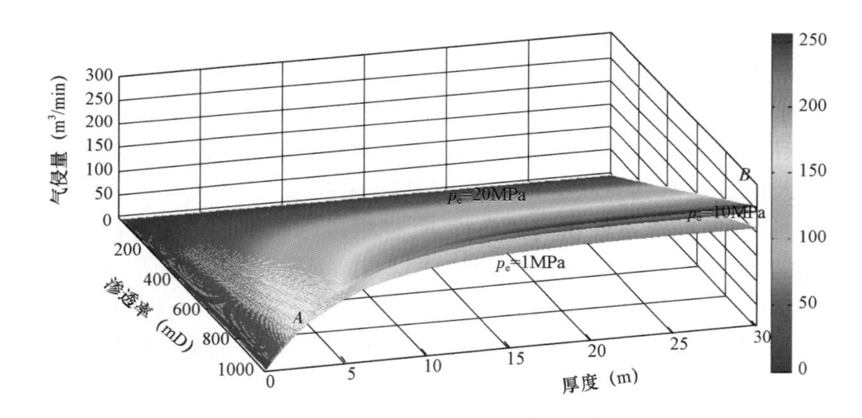

图3.33　不同负压差下水平井气侵速度变化规律($L=100$m)

3.8.2.3　不同渗透率下多因素分析

假设地层压力为47.8MPa;水平段长度的取值范围为0~1000m;负压差的变化范围为0~20MPa;渗透率为10mD,100mD,500mD。不同渗透率下水平井气侵速度变化规律如图3.34所示。

如图3.34所示,在储层厚度不变的情况下,气侵速度随着负压差、储层渗透率、水平段长度的增加而变快。从A点来看,在较小的水平段长度(<50m),即钻进初期,水平段暴露面积还较小,此时气侵速度较小,不易发生井喷风险事故。从三种渗透率条件下的进气速度来看,低渗透层(<10mD)在高负压差和水平段较长时,气侵速度较小(<5m^3/min),较为安全。

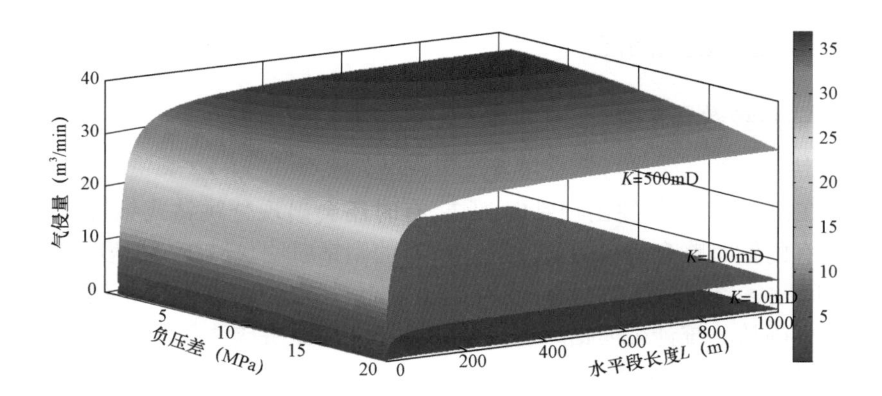

图 3.34 不同渗透率下水平井气侵速度变化规律($h=5m$)

3.8.2.4 不同厚度下多因素分析

假设地层压力为47.8MPa;水平段长度的取值范围为0~1000m;负压差的变化范围为0~20MPa;h 为1m,10m,30m。不同厚度下水平井气侵速度变化规律如图3.35所示。

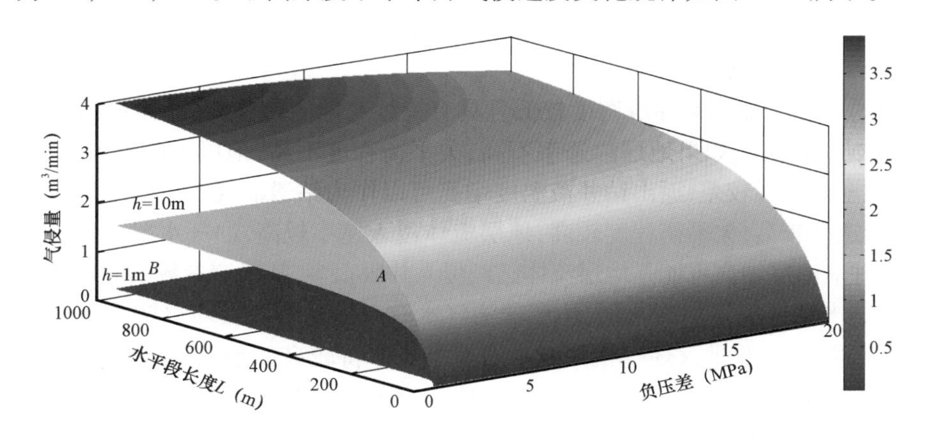

图 3.35 不同厚度下水平井气侵速度变化规律($K=10mD$)

如图3.35所示,储层渗透率不变的情况下,气侵速度随着负压差、储层厚度、水平段长度的增加而变快。从 A 点来看,在较小的水平段长度(<50m),即钻进初期,此时气侵速度较小,不易发生井喷风险事故,这与前面的结论相吻合。而在 B 处,对于低厚度层($h=1m$),气侵速度始终较小,此时风险较低。

3.9 地层流体侵入监测方法

由上述几节可以看出,一旦流体侵入井筒控制不当,则会形成井涌或井喷,有时会酿成重大事故,造成重大人、财、物损失。对地层流体侵入井筒进行早期监测,可有效减少或避免损失。

3.9.1 常规溢流监测方法

3.9.1.1 钻井参数异常变化

(1)钻时加快。

① 现象。在钻井过程,往往出现钻时加快,有时还会出现蹩跳钻或钻进放空现象。加快程度差异较大:有的钻时略有减少,且持续减少;有的则钻时明显减少,钻速明显加快。

② 反映的问题。当钻时逐渐变小,或者迅速变小,往往预示钻遇异常高压层或者油气水层,需要密切观察确认。统计表明钻时加快是钻遇异常高压层或油气水层非常直接的信号,是非常有用的异常压力识别的参数。

③ 原理。钻遇异常高压层钻时减少的原因是地层压力高于上部地层压力,导致井底钻井液液柱压力对钻头破碎的压持效应降低,有利于钻头破岩,因此有利于钻速提高,钻时减少。

如果钻遇非异常高压的油气水层,相对钻穿盖层,岩石可钻性要变好,因此也有利于提高钻速,缩短钻时。

(2)返出钻井液温度增高。

① 现象。在钻井过程有时发现返出钻井液温度增高,且具有持续增高的趋势。不同地层温度增加程度具有较大差异。

② 反映的问题。如果钻井液密度较低且具有持续变低的趋势,往往预示钻遇异常油气水层,需要密切观察确认。如果地层渗透率不高,欠平衡程度不高,地层流体侵入速率不高,油气水层与盖层接触段物性较差,返出钻井液温度增高可以作为钻遇油气水层的早期识别参数。但是如果地层渗透率较高,欠平衡程度较高,地层流体侵入速率较高,油气水层与盖层接触段物性较好,返出钻井液温度增高可能是地层流体已经侵入井眼很多,基于该参数不能早期识别溢流。

③ 原理。当钻遇地下油气水层,地层的油气水有产出时将混入环空钻井液。由于地层越深地层温度就越高,因此进入环空钻井液中的地层流体将较高的地层流体的温度也传给了环空的钻井液。相对无地层流体混入情况,混入地层流体的钻井液的温度高于原来循环的钻井液温度。当然,有的地层局部出现异常高温,其效应更加明显。

(3)返出钻井液密度变低。

① 现象。在钻井过程有时发现返出钻井液密度变低,且具有持续变低的趋势。

② 反映的问题。如果钻井液密度较低且具有持续变低的趋势,往往预示钻遇异油气水层,需要密切观察确认。如果返出钻井液密度较缓慢地变低,可以作为溢流早期识别参数。但是如果返出钻井液密度较快地变低,表明地层流体已经较多混入井眼,不能作为溢流早期识别参数。

③ 原理。当钻遇地下油气水层,地层的油气水有产出时将混入环空钻井液。通常钻井液密度大于油气水的密度,因此进入环空钻井液中的地层流体混合后流体密度较低,导致返出钻井液密度变低。

(4)返出钻井液电导率变化。

① 现象。在钻井过程有时发现返出钻井液电导率变化,且具有持续变低或变高的趋势。

② 反映的问题。如果钻井液电导率变低或者变高且具有持续变化的趋势,往往预示钻遇油气水层。当电导率增加,表明可能地层水侵入;当电导率减少,表明可能地层油气侵入,需要

密切观察确认。如果返出钻井液电导率变化较缓慢,可以作为溢流早期识别参数。但是如果返出钻井电导率变化较快,表明地层流体已经较多混入井眼,不能作为溢流早期识别参数。

③ 原理。当钻遇地下油气水层,地层的油气水有产出时将混入环空钻井液,导致返出钻井液电导率变化。如果地层的油气进入环空钻井液,将降低环空混合流体的电导率;由于地层水往往矿化度高,如果地层的水进入环空钻井液,将增加环空混合流体的电导率。

(5)返出钻井液黏度变化。

① 现象。在钻井过程有时发现返出钻井液黏度变化,且具有持续变低或变高的趋势。

② 反映的问题。如果钻井液黏度变低或者变高且具有持续变化的趋势,往往预示钻遇油气水层,需要密切观察确认。如果返出钻井液黏度变化较缓慢,可以作为溢流早期识别参数。但是如果返出钻井黏度变化较快,表明地层流体已经较多混入井眼,不能作为溢流早期识别参数。

③ 原理。当钻遇地下油气水层,地层的油气水有产出时将混入环空钻井液,导致返出钻井液黏度变化。原钻井液黏度、流动及其组成不同,混入地下油气水后混合流体的黏度变化差异很大,有可能增加,也有可能降低。无论增大与降低,都可能预示地下油气水的混入。

(6)循环压力下降。

① 现象。在钻井过程有时发现循环压力下降,且具有持续变低或变高的趋势。

② 反映的问题。如果循环压力下降且具有持续变化的趋势,往往预示钻遇油气水层,需要密切观察确认。如果循环压力持续缓慢降低,说明地层流体进入环空较少,地层侵入能力不太高。但是如果循环压力下降较快,说明地层流体进入环空较多,地层侵入能力较强。对应溢流监测来讲,利用循环压力下降通常不能早期识别溢流。

③ 原理。通常认为钻井液密度高于地层油气水密度。当地层油气水侵入井眼后,使得井眼下部环空混合流体密度低于钻井液密度,导致钻柱内净液柱压力高于环空内净液柱压力,如果不考虑循环摩阻差异,则使得循环压力下降。环空地层流体侵入越多,压力下降越大。不同地层流体组成也直接影响循环压力变化。

(7)大钩负荷增大。

① 现象。在钻井过程有时发现大钩负荷增大,且具有持续增大的趋势。

② 反映的问题。如果大钩负荷增大且具有持续变化的趋势,往往预示钻遇油气水层,需要密切观察确认。如果大钩负荷持续缓慢增大,说明地层流体进入环空较少,地层侵入能力不太高。但是如果大钩负荷持续增大较快,说明地层流体进入环空较多,地层侵入能力较强。对应溢流监测来讲,与循环压力下降一样,利用大钩负荷增大通常不能早期识别溢流。

③ 原理。与循环压力下降一样,通常认为钻井液密度高于地层油气水密度。当地层油气水侵入井眼后,使得井眼下部环空混合流体密度低于钻井液密度,根据阿基米德原理可知钻柱在井眼流体中的浮力减少,从而使得大钩负荷增加。环空地层流体侵入越多,大钩负荷增加越多。不同地层流体组成也直接影响大钩负荷变化。

(8)地面油气显示。

① 现象。在钻井过程有时钻井液返出管线或者钻井液池出现油气,如油花或者气泡。具有持续增大或者不断变化的特征。

② 反映的问题。已经钻遇油气水,同时侵入井眼的地层油气已经循环到地面。根据综合录井仪显示数据,可以计算该油气迟到时间,据此计算油气层的位置。统计表明:有时在钻井

液返出管线或者钻井液池持续几天出现油花或者气泡，但是无明显的溢流与井涌；而有时在钻井液返出管线或者钻井液池出现油花或者气泡只有几分钟就发生了强烈的井喷。通过气测仪，也可以测出气体组分。

③ 原理。如果钻遇的油气层渗透率低，欠平衡程度低，地层流体侵入速率低，油气水层与盖层接触段物性较差，地层的油气侵入井眼速率较低，导致在地面钻井液返出管线或者钻井液池出现较少的油花或者气泡。但是如果地层渗透率较高，欠平衡程度较高，地层流体侵入速率较高，油气水层与盖层接触段物性较好，或者钻遇裂缝—孔洞型油气层，油气侵入早期由于井底压力较高、负压差较低，地层流体侵入速率处于较低阶段，而当侵入的地层流体循环到井眼中上部，环空混合流体密度较低，导致负压差增大，地层流体侵入速度迅速增加，从而诱发强烈的溢流井喷。

3.9.1.2　溢流监测方法

(1)测量原理。

① 正常钻进出入口流量特征。对于一定深度的井眼，不考虑地层漏失，出口流量应该与入口流量相等。

② 钻遇油气水层出入口流量特征。当钻遇油气水层，在负压差下将有地层流体侵入井眼，从而导致出口流量大于入口流量。

③ 基于出入口流量差判别溢流特征。基于出口流量大于入口流量数据特征，可以判别是否属于溢流。

(2)测量方法。

① 挡板流量计测量方法。挡板流量计在油气钻井应用历史最长，应用也最广泛，同时也基本可靠，如图3.36所示。其基本原理是当返出钻井液流量大时流量计的挡板向上浮动，同时带动一个电位计移动。电位计数值大小体现了挡板在钻井液架空管线中的高度，同时对应一定的流量。

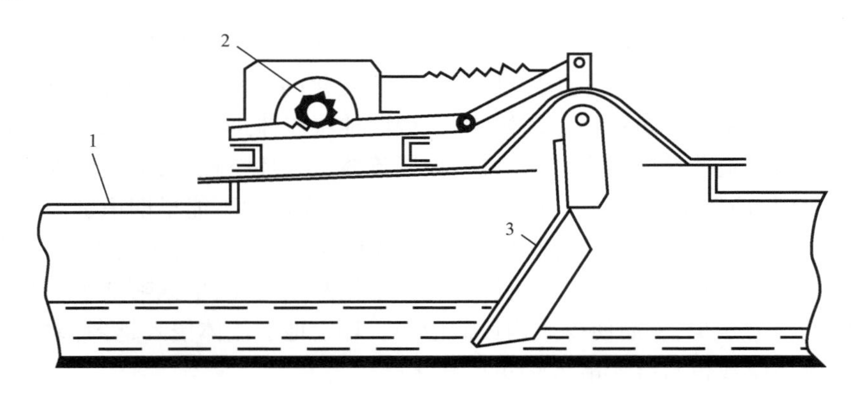

图3.36　流量传感器

1—钻井液槽；2—电位器；3—挡板

该流量计测量的是挡板在钻井液架空管线中的高度，还需要换算成流量。该方法相对其他测量手段，具有环境适应性强，趋势可靠的优点。但是钻井液流变性较差时容易使得钻井液黏附在挡板上，影响测量精度，需要经常清洗挡板。同时测量的精度相对偏低。

② 超声波时差流量计测量方法。超声波时差法流量计工作原理如图3.37所示。它是利用一对超声波换能器相向交替（或同时）收发超声波，通过观测超声波在介质中的顺流和逆流传播时间差来间接测量流体的流速，再通过流速来计算流量的一种间接测量方法。

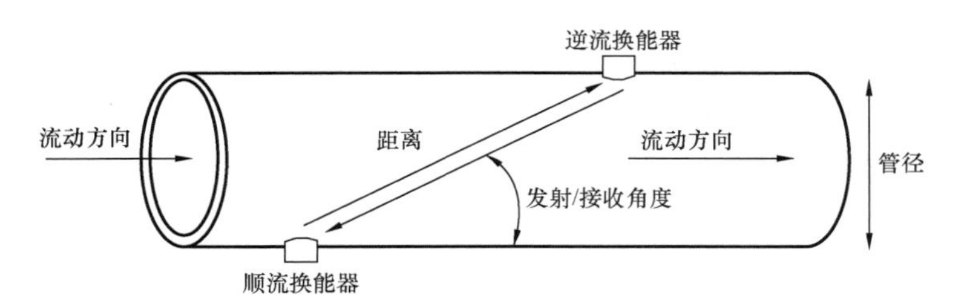

图3.37 超声波时差流量计测量原理示意图

该流量计适用于不含固相透明流体介质如水的流量测量。尽管有用该流量计测量钻井液返出流量，但是由于钻井液通常含有固相且属于非透明流体，因此测量存在误差。其优点是超声波探头与钻井液非接触，不存在钻井液黏附探头影响测量精度问题。

③ 超声波多普勒流量计测量方法。超声波多普勒流量计的测量原理是以多普勒效应为基础的。当声源和观察者之间有相对运动时，观察者所感受到的声频率将不同于声源所发出的频率。这个因相对运动而产生的频率变化与两物体的相对速度成正比。超声波发射器为一固定声源，随流体一起运动的固体颗粒把入射到固体颗粒上的超声波反射回接收器。发射声波与接收声波之间的频率差，就是由于流体中固体颗粒运动而产生的声波多普勒频移。由于这个频率差正比于流体流速，所以测量频差可以求得流速，进而可以得到流体的流量。

为有效地接收多普勒频移信号，超声波多普勒流量计的换能器通常采用收发一体结构，如图3.38所示。由图中可见，换能器接收到的反射信号只能是发射晶片和接收晶片的两个指向性波束重叠区域内的粒子的反射波，这个重叠区域称为多普勒信号的信息窗。

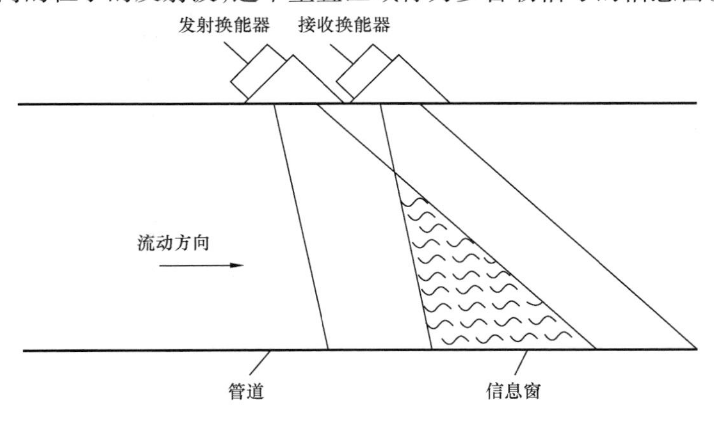

图3.38 多普勒流量计

因此，超声波多普勒流量测量的一个必要的条件是：被测流体介质应是含有一定数量能反射声波的固体粒子的两相介质。这个工作条件实际上也是它的一大优点，即这种流量测量方法适宜于对两相流的测量，这是其他流量计难以解决的问题。该流量计可以测量市政污水、工业污水、循环水、洗煤水、原油、纸浆、糖浆、钻井液、润滑油、奶液、果汁、药液、酸碱液等。

④ 质量流量计测量方法。科里奥利质量流量计（简称科氏力流量计）是一种利用流体在振动管中流动而产生与质量流量成正比的科里奥利力的原理来直接测量质量流量的仪表。

科氏力流量计结构有多种形式，一般由振动管与转换器组成。振动管（测量管道）是敏感器件，有U形、π形、环形、直管形及螺旋形等几种形状，也有用双管等方式，但基本原理相同。下面以U形管式的质量流量计为例介绍。

图3.39所示为U形管式科氏力流量计的测量原理示意图。U形管的两个开口端固定，流体由此流入和流出。U形管顶端装有电磁激振装置，用于驱动U形管，使其铅垂直于U形管所在平面的方向以$O—O$为轴按固有频率振动。U形管的振动迫使管中流体在沿管道流动的同时又随管道作垂直运动，此时流体将受到科氏力的作用，同时流体以反作用力作用于U形管。由于流体在U形管两侧的流动方向相反，所以作用于U形管两侧的科氏力大小相等方向相反，从而使U形管受到一个力矩的作用，管端绕$R—R$轴扭转而产生扭转变形，该变形量的大小与通过流量计的质量流量具有确定的关系。因此，测得这个变形量，即可测得管内流体的质量流量。

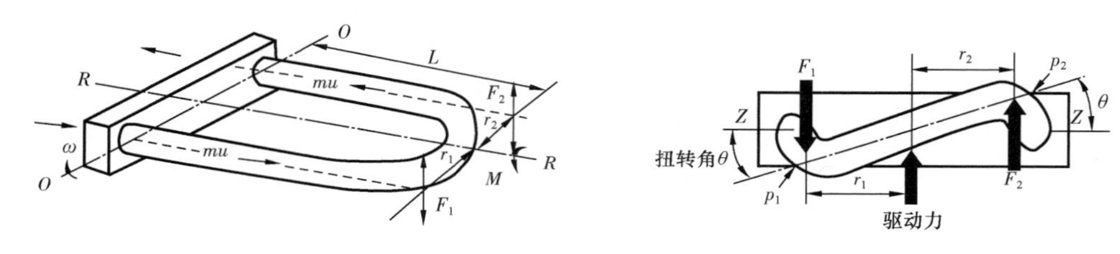

图3.39　科氏力流量计示意图

3.9.1.3　钻井液池液面监测方法

地层流体侵入井眼后，钻井液池液面自然会升高。地层流体如果侵入缓慢，钻井液池液面也会缓慢增加。当地层流体侵入量大时，则不仅钻井液池液面增加迅速，同时，在井口返出钻井液槽上也可观察到液面上升。

如图3.40所示，为典型钻井液池液面检测仪。钻井液池液面升高时，浮子1上移，绳子5张力减少，则平衡锤6将下移，并保持绳子5恢复原来张力，而绳子5运动，则带动电位器4旋转。经标定，只要测得电位器4的电阻值，即可求出钻井液池液面高度。

本仪器测量精度偏低。但由于其简单结实，现场应用较广。本方法主要是测量地层流体侵入的累计量，因此即使地层流体侵入速度较低时，也可以测得其变化，并可推荐采取相应控制措施。但对于地层流体侵入速度高的情况，则必须达到一定累计量才能报警，这样，报警时间相对于下面介绍的返出钻井液流量测量偏迟。

3.9.2　基于LWD的地层流体侵入监测方法

目前，几乎所有的随钻测量工具都有随钻电阻率工具。利用直接测量钻井液的电阻率变化情况，可以及早地监测地层流体的侵入，做到真正的早期检测。

和随钻电阻率工具一样，自然伽马测井工具也是目前最基本的随钻测量工具之一。使用自然伽马测井工具能有效地分辨泥岩层和砂岩层。由于泥岩层的孔隙度和渗透率相对较低，发生井涌和井喷的概率也比砂岩层低，因而对于砂岩层要进行重点的监测。

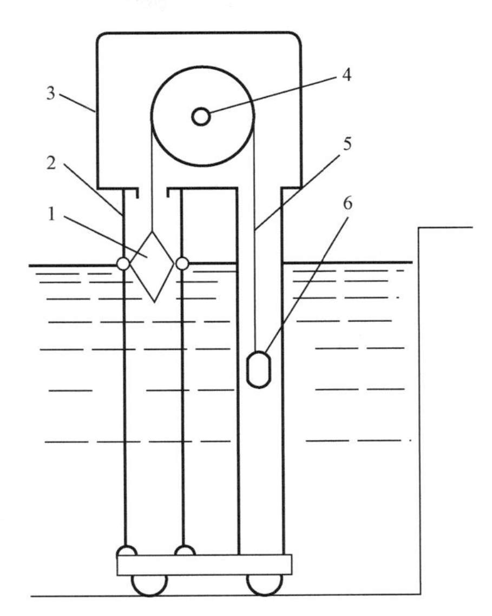

图 3.40 浮子式液面检测仪
1—浮标；2—导向绳索；3—防爆护壳；4—电位器轴；5—钢铁绳；6—平衡锤

地层中气体侵入引起的井涌危害较大，声波在气层中常常表现出周波跳跃的特征。使用随钻声波测井可以有效地分辨出气层。随钻声波测井技术还可以预测地层压力和孔隙度等信息，在钻井过程中测得的声波测井数据结合地震资料、邻近资料、电阻率成像数据可以实时地更新井下的地层压力模型，以更好地指导钻井作业。由于那些异常高压层和渗透率、孔隙度较高的地层发生井涌的可能和危害性较其他的地层高，所以应该对这些地层重点关注。和电阻率测井一样，也可以通过调节声波发生器和声波接收器之间的距离，使随钻声波测井直接测量井下钻井液的性能，及早地监测地层流体的侵入，做到真正的早期检测。

综上所述，基于 LWD 的井涌早期监测技术的技术路线是：首先，通过自然伽马辨别泥岩层、砂岩层，对砂岩层进行重点监测，然后通过电阻率、声波和中子密度等工具测得的孔隙度、渗透率和地层压力数据，分辨出压力异常和高渗透地层。最后通过电阻率和声波测井工具直接测量钻井液的性能变化，监测地层流体的侵入。考虑到成本和脉冲发射器的工作情况，通常将电阻率、自然伽马和声波组合使用。

3.9.3 基于 APWD 的地层流体侵入监测方法

随钻井底环空压力测量仪（APWD）能实时测量井底环空压力、环空流体温度、当量循环钻井液密度（ECD）及当量静态钻井液密度（ESD）。当油气侵入环空时，流体温度升高、压力降低，实测数据可以用来及早发现井涌，从而提高钻进安全性，避免一些严重的井控事故。通过对比入口钻井液密度和井底当量循环钻井液密度，能够分析钻井时井下清洁状况。目前 APWD 常与准确控制井筒压力的钻井手段联合使用。

环空压力随钻测量系统包含井下工具及地面系统 2 大部分，如图 3.41 所示。

环空压力随钻测量系统可通过电磁波传输（MWD）将井底环空和管内压力数据直接传送到地面，它将实时监测到的井底环空压力信号存储在仪器中，在起钻后将储存的数据全部回放至地面计算机，并由数据分析软件进行处理，以获得更全面、更精确的可应用于钻井施工、钻井设计和钻井研究的信息。

3.9.4 声波（压力波、流速波）地层流体侵入监测方法

3.9.4.1 基本概念

在常温常压下，声波在水中的传播速度约为 1500m/s，在空气中传播速度约为 340m/s。

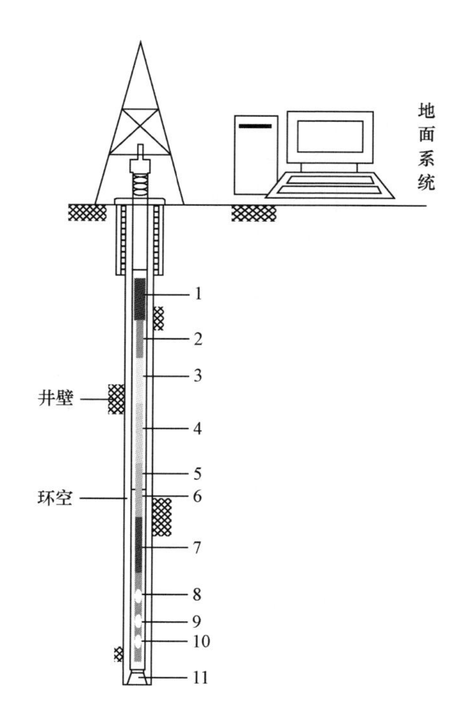

图 3.41　环空压力随钻测量系统结构示意图

1—正脉冲发生器；2—驱动器短节；3—电池筒短节；4—定向仪短节；5—下数据连接器；6—上数据连接器；7—电路模块及电池；8—数据回放接口；9—环空压力传感器；10—水眼压力传感器；11—钻头

而在空气—水气液两相流一定的含气率范围内传播速度可以低达每秒几十米。气侵早期环空含气率大部分在此范围，据此可以早期检测气侵。

在单相流体中，声波与压力波传播机理与传播速度是一样的，但是在气液两相流体中二者作用机理具有差异性，传播速度也有不同。精度要求不高的条件下二者具有一致性。对于单相流与多相流，伴随压力变化实际上流速也相应变化，其变化速度，或者传播速度与声速或压力波速度是一致的。引入流速波及其传播速度，在于测量压力与测量流速传感器差异很大。

原理举例：设井深 3000m。(1)未气侵情况，声波从地面立压处发出，经钻柱、钻头、环空，到井口接收到声波，需 4s。(2)气侵情况，设在井底发生气侵，环空气侵高度为 100m。假设在井眼压力温度条件下声波在含气钻井液中的传播速度约为 100m/s，则声波在井底环空 100m 含气钻井液段传播需 1s。因此，声波从地面立压处发出，经钻柱、钻头、环空，到井口接收到声波，需 5s。(3)气侵检测方法，根据声波发射到接收传播时间变化，即知发生气侵。显然，该方法要比传统的方法快得多。

早在 20 世纪 70 年代末，苏联已研究声波气侵检测技术，并在实际中得到验证。20 世纪 90 年代，美国、英国、挪威等国家相继研究与应用声波气侵检测技术。借鉴国外研究进展，中国石油大学(北京)等单位也陆续开展了研究及现场试验，取得一些进展。但是由于钻井环境恶劣，机械振动产生的复杂频率与幅度的波谱对有用信号干扰严重，影响了识别效果，进而影响其工业化应用。

需要指出的是，该方法主要是监测气侵情况，对于油水侵入本方法缺乏可靠性。

3.9.4.2　声波(压力波、流速波)在井眼钻柱与环空多相流体传播特征

声波在气液两相流中传播速度 a 计算模型如式(3.87)。

$$a^2 = \left\{\left[a^2 + \alpha(1-\alpha)\frac{\rho_1}{\rho_g}\right]\frac{d\rho_g}{dp} - \left[(1-\alpha)^2 + \alpha(1-\alpha)\frac{\rho_g}{\rho_1}\right]\frac{d\rho_1}{dp} + (\rho_g - \rho_1)\frac{\alpha(1-\alpha)}{x(1-x)}\frac{dx}{dp} - \alpha(1-\alpha)(\rho_g - \rho_1)\frac{dS}{dp}\right\}^{-1} \tag{3.87}$$

式中　ρ_1——液体密度；

ρ_g——气体的密度；

α——两相混合物的截面空隙率；

S——滑速比，为气相速度与液相速度比值；

x——气体质量气流率，为气相质量流量与液相质量流量比值。

式(3.87)是一个基本公式，实际上气液两相流型不同声波传播速度差异很大，表征的数学模型也具有差异性。Henry 等人用实验和计算证明了声波传播速度与流型有关，结果如图 3.42 所示。图中横坐标为截面含气率，而纵坐标是声波在气液两相流中传播速度与空气中传播速度之比。由图可以看出，声波在层状流型传播速度与在气体中一致，而在段塞流中传播速度介于在纯气体与纯液体之间，但在泡状流中传播速度在截面含气率小于 0.2 时，远低于单相气体。

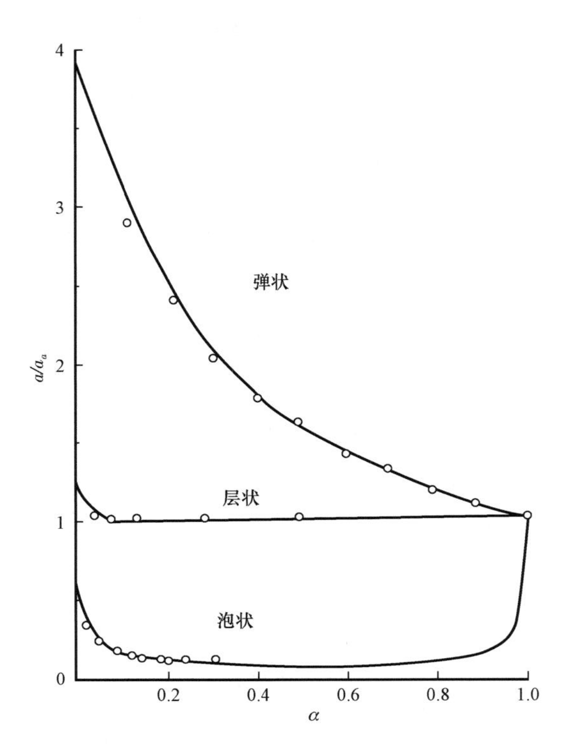

图 3.42　空气—水混合流体与单相气体压力传播速度比曲线(0.172MPa)

a_a—声波在空气中的传播速度

显然，钻井过程发生气侵，早期井眼环空截面含气率往往很低，属于典型的泡状流型，这种状态下声波传播速度非常低，因此可以利用该现象早期监测气侵。

3.9.4.3　声波(压力波、流速波)监测气侵的系统组成与功能

声波监测气侵的系统如图 3.43 所示。

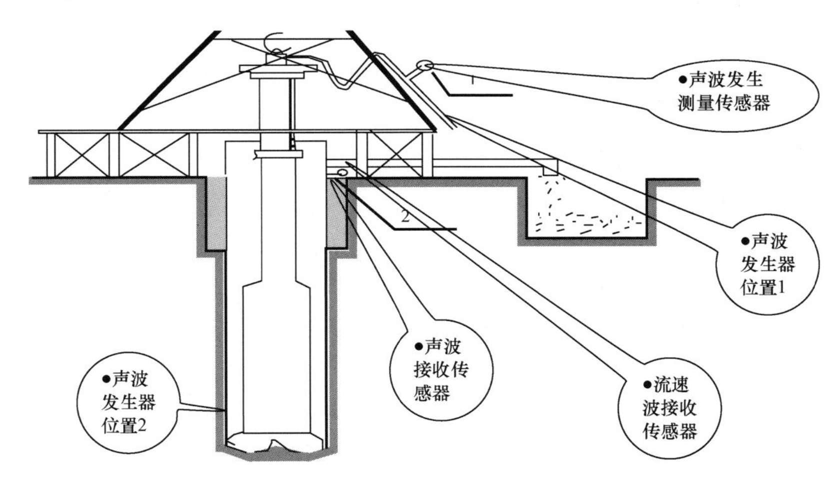

图 3.43　声波监测气侵的系统组成示意图

(1)声波发生器(压力波、流速波)位置 1。

该位置主要围绕如何利用或者调节钻井液泵从而产生声波。

① 采用自然泵压波动作为声波源。钻井泵多为三缸单作用泵。三缸在空间上按照120°排列。在工作过程,三缸单作用泵产生的泵压呈现120°相移的压力波动曲线,现场测试表明立压压力波动幅度多为0.5MPa左右。该压力波动通过钻柱、钻头与环空钻井液传到井口,在防溢管某位置可以通过传感器测量到。采用相关数据处理方法在环境较好的情况下可以识别有效的压力传播信号。

② 配置高压小排量钻井液泵产生压力脉冲。专门配置一个高压小排量钻井液泵,与现有钻井液泵并联。在需要的时候按照一定时间间隔泵注钻井液,使注入钻柱的钻井液产生压力波动,在井口测量压力传播时间,据此识别环空气侵情况。该方法的优点是钻井液泵入管线流体压力波动时间、持续的时间、波动的幅度均可调,但缺点是需要额外动力,并且泵入管线频繁压力波动对管线寿命产生影响。同时,如果井下有随钻测量装置,将影响其信号传递,需要调控随钻测量装置与本系统交错工作。

③ 调节钻井液泵泵速产生压力脉冲之一。同样原理,如果在钻井液泵入管线,也即包括泵出口管线与立管,安装一个电或气控制阀,可以调节阀门,或者间隔堵塞管线部分通道使立压产生压力波动,也可以泄漏部分钻井液到钻井液池,使得泵入管线产生负压波动。该方法优缺点与②类似。

④ 调节钻井液泵泵速产生压力脉冲之二。通过调节柴油机或电动机泵速也可以产生泵入管线流体压力波动。对应柴油机驱动,可以利用步进电动机控制柴油机油门从而改变其转速。对于电动机驱动则要方便得多,可以采用改变调试电位计实现驱动泵速发生变化。其优点是调控方便,改造容易,投入成本低。缺点是难以确定调节的时机与相关参数。

(2)声波(压力波)发生器位置2。

如图3.43所示,类似常用随钻测量系统,采用井下负压发生器产生压力脉冲也可以达到循环系统产生压力波动。该方法优点是方法成熟,甚至可以借用目前随钻测量装置。缺点是该装置需要具有精确调控功能,研制成本较高,可靠性要求也高。

(3)声波(压力波、流速波)发生测量传感器。

如图3.43所示,在该处安装压力传感器,对监测到的压力信号进行处理后,就能得到声波或压力脉冲产生的波动谱,也即频率、幅度等。该技术简单,成熟。

(4)声波(压力波)接收传感器。

在该处安装微压传感器,测量来自井下环空传过来的压力信号。需要注意的是:① 由于测量点测量的压力距井口液面非常近,加之钻进过程钻柱旋转与钻头跳动对液面产生较大扰动,使得液面波动且不具规律,明显影响该微压传感器的测量;② 该处受地面转盘旋转、钻柱振动、钻井过程钻头与地层作用等引起的跳动及振动等影响,机械噪声与干扰对微压传感器测量影响很大;③ 来自井下传播的压力信号本来就很弱,给微压传感器测量量程与精度提出了很高的要求。

现场实验时,噪声远远大于信号,属于目前测量技术中最困难的部分。

(5)流速波接收传感器。

流速波接收传感器就是流量计,可以安装在防溢管或者架空管线上。以挡板流量计为例,如果采用改变电动机转速从而改变泵速产生一个流速波(压力波),该波持续时间1~3min,相应流量变化1%~3%,则该流速波通过钻柱、钻头水眼、环空钻井液传播到井口架空管线流量计,流量计则产生一个流量变化。发生波与接收波波形延迟时间就是流速波(压力波)传播时间,其与环空是否含气密切相关,据此可以识别气侵。

利用流速波监测气侵,其优点是出口流量计对钻台机械振动、钻柱跳动等影响相对压力波不太敏感,波形识别容易,但是与压力波传播原理是一样的;其缺点,相对压力波而言,调节流速波流速的时间要长,两次流速波产生的间隔相对要长。但是在一些场合,仍然可以有效应用。

3.9.4.4 利用井下产生的压力波的气侵监测技术

苏联全苏钻井技术研究所用了十余年的时间研究成功一项随钻检测气侵技术。采用这项技术能在气侵的初期阶段,即气侵钻井液柱还处于井底阶段时发现气侵,从而为预防井喷赢得了宝贵时间。现场试验表明,一口 4000m 深的井,可在气侵钻井液返出井口前 1h 发现气侵。

(1)监测装置。图 3.44 是监测装置示意图。由井底压力脉冲发生器发出的钻井液压力脉冲沿环空钻井液和管内钻井液返出地面后,分别被环空压力传感器及立管压力传感器接收,经放大器放大后在记录仪上记录压力脉冲从两条路线返出地面的时间差。

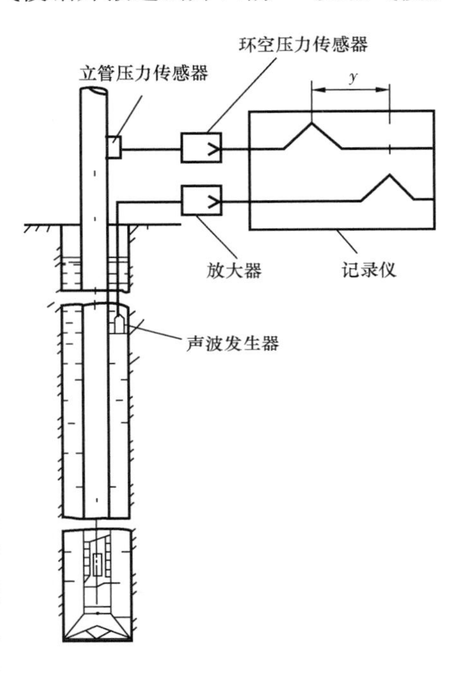

图 3.44 监测装置示意图

(2)全尺寸试验井试验结果。首先在试验井进行了室内实验。实验时,用压风机将空气随同钻井液一起打到环形空间,人为地在环空制造气侵钻井液柱。压风机风量与钻井液泵排量之比称为气值。测量了不同气值下的混气钻井液柱 h 的变化,研究了 h 与井深、井身结构、混气钻井液柱的高度、混气钻井液柱离开井底的距离及钻井液性能等因素的关系。

在上述试验基础上,人为地在井底制造能在一定条件下造成井喷的气侵钻井液柱,测量其处在井底时及沿环空上升过程中 Δt 的值。根据计算,某井井深 1500m,钻井液密度为 1830kg/m,钻井液柱压力比地层压力高 10%,在这种条件下,气值为 10 的气侵钻井液柱在井底至少要高 104m 才能造成井喷。气侵钻井液柱在从井底上升的过程中,t 逐渐增大,如图 3.45 中的下部曲线所示。另有一口井,井深 1500m,钻井液密度为 1500kg/m^3,钻井液柱压力比地层压力高 15%。根据计算,气值为 15 的气侵钻井液柱在井底至少要高 240m 才能造成井喷。气侵钻井液柱位于井底时 Δt 为 1.7s,在上升过程中 Δt 不断增大,测量结果如图 3.45 中的上部曲线所示。

现在要问,当测得 Δt 为 0.6s 和 1.7s 时,能否肯定井底有一个气侵钻井液柱呢?为此,实际选择了几口井,这些井的井身结构各异,钻井液密度为 134 ~ 2150kg/m^3,黏度为 30 ~ 90s(用 CB5 黏度计测量)。测量这些井未发生气侵时 Δt 的值。尽管这些井钻井条件各异,Δt 均在 0.1 ~ 0.4s 之间,因此证明,当上面两个气侵钻井液柱还处在井底时就可以发现。

该方法在阿塞拜疆石油联合公司的 8 口井上进行了现场试验。试验方法如下:开始钻进

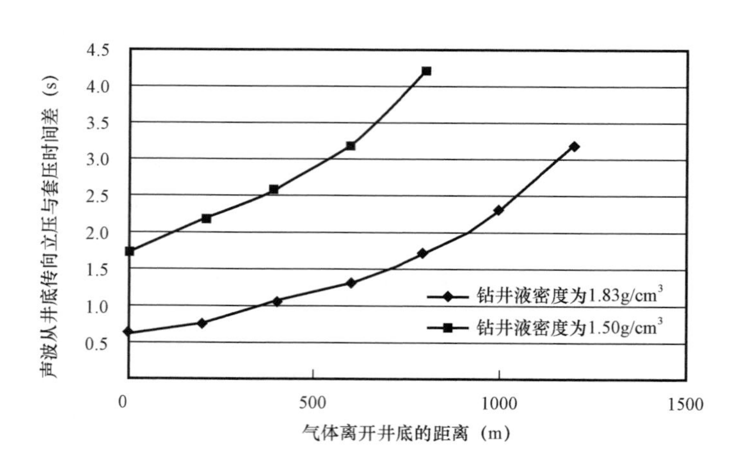

图 3.45　气侵后声波传播时间与钻井液密度关系(井深 1500m)

时,先测量钻井液未发生气侵时的 Δt,钻进中如果 Δt 变大,可以认为发生气侵,应停止钻进,用除气器除气或加重钻井液,随着钻井液密度的增加,Δt 逐渐减小,当 Δt 恢复到未气侵时的 Δt 时,应立即停止加重钻井液,恢复正常钻进,以防钻井液加重过量,从而在钻井过程中保持允许的最低钻井液密度。试验结果见表 3.5。

表 3.5　阿塞拜疆石油联合公司现场试验结果

井号	986		1023	930		1028	194
气侵处井深(m)	950	1460	2012	1760	1912	1600	3977
发现气侵到气侵钻井液返出井口时间(h)	0.5	0.5	0.45	0.45	0.5	0.4	1.0

注:其余 3 口井未发生气侵。

由表 3.5 可以看出,这些井都是在气侵钻井液返出井口前 0.4 ~ 1h 就发现了气侵,并且井越深,从发现气侵到气侵钻井液返出井口的时间越长。

3.9.4.5　利用钻井液泵自然波动的声波气侵监测技术

美国(SPE 23936,1992)采用该泵压的波动作为发射声源,在井口连接防喷器的防溢管上安装声波接收传感器,开展声波气侵监测技术研究。图 3.46 展示了利用声波气侵监测与应用钻井液池液面监测及出入口流量计监测对比曲线。由图可以看出:如果溢流体积增加 1.59m^3 报警,采用钻井液池液面监测技术报警时间自地层流体侵入需要 9min;如果溢流流速增加 1.57L/s,采用出入口流量计监测技术报警时间自地层流体侵入需要 3min;如果接收声波与发生声波时差达到 12ms/min,采用声波气侵监测技术报警时间自地层流体侵入需要 1.5min。

3.9.4.6　利用地面产生的流速波的气侵监测技术

中国石油大学(北京)借鉴国外声波(压力波)气侵监测技术,开展了相关研究,如调节采油机或电动机驱动钻井液泵转速改变泵速,从而产生压力波与流速波。开展了相关理论、室内实验、全尺寸试验井试验以及现场试验,均取得了一定的进展。

图 3.47 为在中原油田全尺寸井控试验井上测得的流速波气侵监测曲线。下部曲线为立压测得的压力,上部曲线则为注气后从架空管线上测量的钻井液返出流速。由立压与返出流

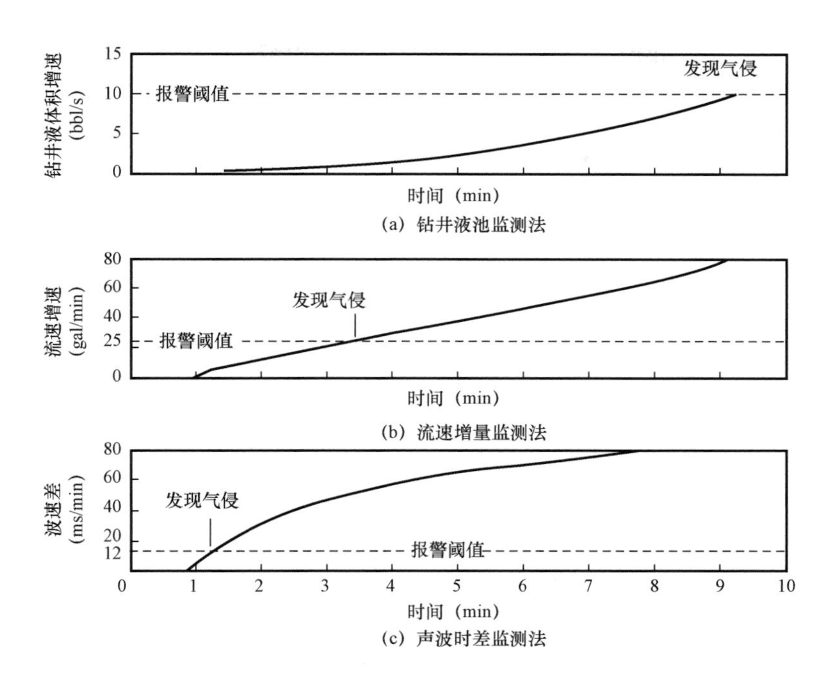

图 3.46 理论上的气侵监测响应时间

速曲线看出,流速曲线的上升、下降及峰值与立压相应数值延迟一个时间。在同样井眼尺寸及环境下,该时间差与环空进入的气体及其在井筒分布相关,据此可以早期识别气侵。

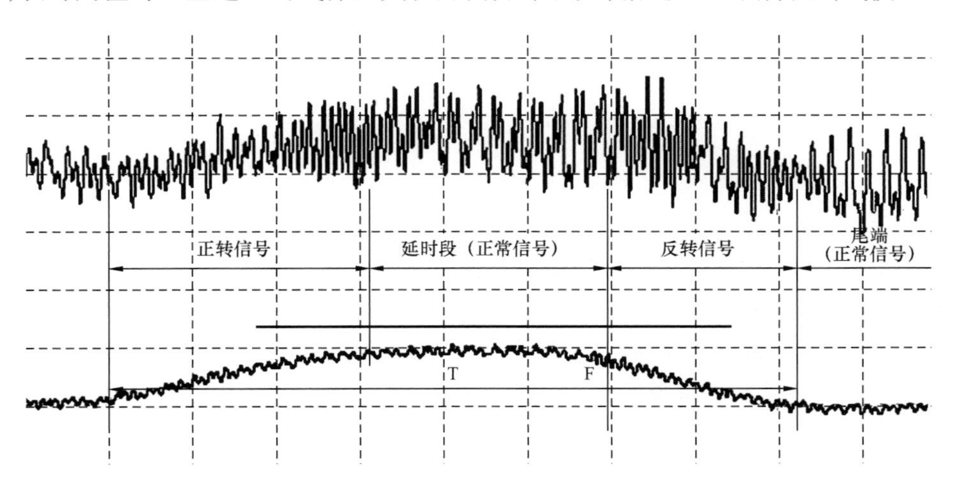

图 3.47 流速波气侵监测曲线

在该试验井先后做了大量试验,图 3.48 为注气后立压与出口流速相移随时间的变化曲线,表明在井眼其他条件不变情况下,二者相移数值与气体在环空位置密切相关,据此可以识别环空气侵情况。

图 3.49 为同注气量下立压与出口流速相移变化与井口溢出量变化对比图。由图可以看出小注气量情况下声波传播相移与井口溢出量变化相应延后,而较大注气量情况下声波传播

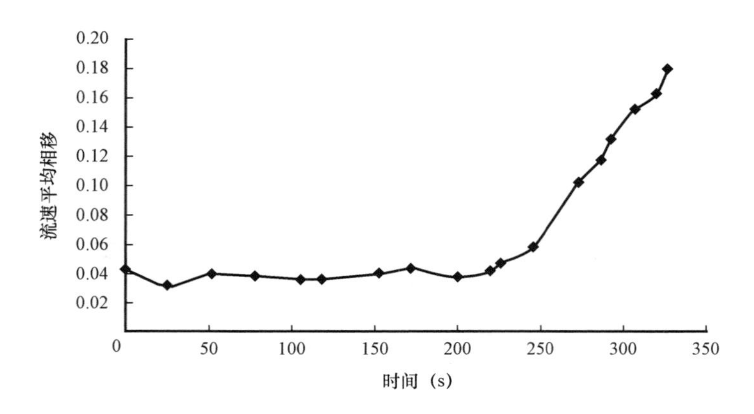

图 3.48　注气后立压与出口流速相移随时间的变化曲线

相移与井口溢出量变化时间要短,也即发现时间更早。但是发现注气后,10 ~ 40s 声波传播相移明显变化,而 13min 后地面才发现溢流。由此可以提前 10 多分钟检测到气体。因此表明利用声波气侵监测可以及早发现气侵。

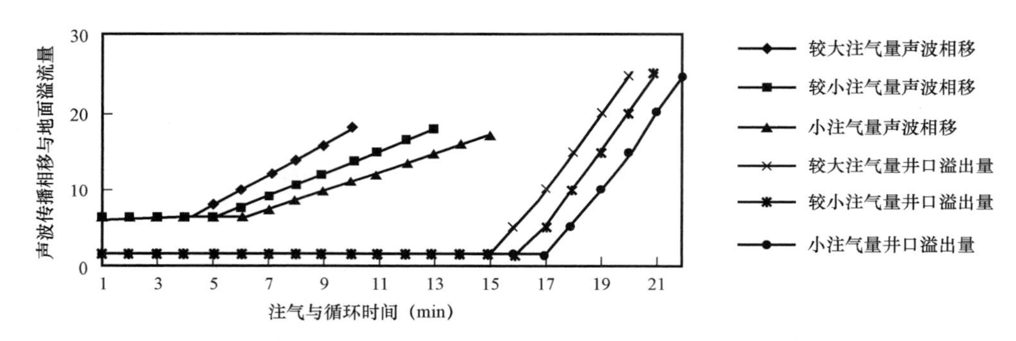

图 3.49　声波传播相移与井口溢出量变化对比图

归纳起来,本方法特点是:

(1)采用通常的立压传感器可以较快地测量流速波变化特征;

(2)当调节采油机或电动机驱动钻井液泵速上升或下降 2% ~5% ,持续 0.5 ~1min 即恢复原泵速,如果采用电磁流量计、时差法超声波流量计,可以获得清晰的流速波变化特征,而采用挡板流量计则需要精密的电路系统及合理的数字滤波软件才可以获得清晰的流速波变化特征;

(3)对于电动机驱动钻机,利用该方法是非常方便的。可以在可逆的钻井工况下,如起钻之前、对于地层压力预测不太准、气测值偏高、地面有溢流现象需要进一步确认等情况应用该方法,与目前常用的钻井液池液面法与出口流量计法结合起来用可以更方便地确定溢流流体特征;

(4)利用该方法对于有井下随钻测量装置时影响不大,可以通过设置标志回避干扰;

(5)不足之处是本方法需要设计流速波的开始应用时间、两次流速波发生的时间间隔。

总之,声波(压力波、流速波)气侵监测技术具有独特的优点及特点,同时也具有一定的局限性,目前尚未进入工业化应用,其中声波(压力波、流速波)接收与信号处理技术尚需进一步提升。

3.9.5 海上隔水管超声波多普勒地层流体侵入监测方法

(1)海上隔水管沿程布设非接触式气侵监测装置具有可行性与重要性。

就世界范围而言,深水油气田开发技术发展很快,目前钻探与开发的水深达到3000m以上。我国深水油气田开发尽管起步较晚,但是发展也非常快,目前依靠我们自己的技术已经可以钻探开发水深1500m以深的井。事实上石油工业生产安全是第一要务,对于陆地油气田开发是这样,对于海上,尤其是深水油气田开发更是这样,2010年美国墨西哥湾井喷事件就是一个很好的例证。

中国海油研究总院与有关院校开展了超声波多普勒流量计监测隔水管气侵的研究。图3.50为海上浮式钻井船钻井装备、隔水管、水下防喷器组合示意图。对于水深从几十米到3000m的隔水管系统,如果沿隔水管100~300m布设一个气侵监测装置,当井筒含气钻井液从海底循环到隔水管与钻柱环空内,继续循环过程,隔水管沿程探头可以依次监测到,并很方便地计算气体上升速度与含气份额。这样就可以及早地采取井控措施,有效控制井控风险。

需要提出的是,钻井溢流监测可以有地面的钻井液池液面、井口的返出流量,还有井下的随钻测量,但是每种测量方法都有适应性与局限性,在有些情况下,并不能相互代替,而应该相互补充,这样才能更好地防治井控事故。例如,在非钻进与非循环状态起下钻过程等,溢流监测的手段就很少,而本方法对各种工况都适合,只要地层气体经过隔水管就可以识别出来。

充分利用海上隔水管垂向上距离长、横向上空间大的优势,相对陆地钻井,可以沿隔水管安装多点气侵监测装置,这是非常值得开发的领域,而陆地钻井不可能。非接触气侵监测装置安装位置如图3.50所示。

(2)超声波多普勒流速仪可以用于海上隔水管监测气侵。

① 超声波多普勒流速仪可以用于计量非透明、带固相颗粒流体,在许多工业领域得到广泛应用。如污水处理、废料计量、水泥石传送计量等。这种特征为应用于钻井过程获得奠定了基础。

② 超声波多普勒流速仪在钻井液入口流速计量中已经有应用。我国的SK-8L04超声波钻井液入口流量计就是基于多普勒原理。本流量计主要是为了计量泵入的钻井液流量。

③ 超声波多普勒流速仪在遇到含气泡钻井液时测量信号产生变化。正常钻井液中固相颗粒的尺度较小,其直径多为微米级。钻头破碎的岩屑尺寸大小差异较大,但是通常具有一定的分布特征,与钻速、地层的岩性等有关。如果发生气侵,气体以气泡或者短气柱形态出现,当发射的超声波遇到气泡时则产生多普勒效应,由于气体的压缩性、尺寸效应等,多普勒接收探头接收到的信号将产生偏移,与无气泡情况具有差异性。按照气侵规律,可以方便识别破碎的岩屑对多普勒效应的影响。

④ 相比于计量流速,利用超声波多普勒流速仪监测钻井液气泡含量具有可行性。由于不同油气藏气侵量、气侵速度不一样,导致气体在钻井液中分布等具有很大的差异,如果采用超声波多普勒流量计计量含气钻井液流量则会出现问题,即计量精度将会显著降低。但是值得提出的是从不含气钻井液到含气钻井液,流过超声波多普勒流量计时流量计输出有明显变化,

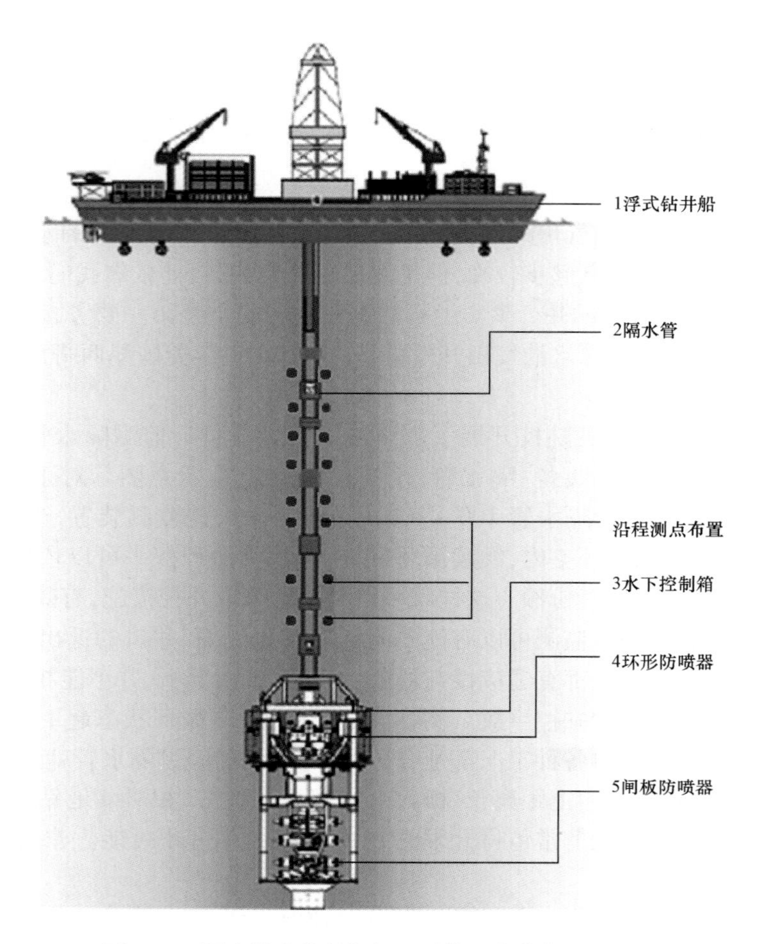

图 3.50　隔水管非接触气侵监测装置安装位置示意图

因此不作为计量,而是作为监测气泡出现,该流量计具有可行性与可行性。

⑤ 超声波多普勒流速仪监测钻井液气泡含量在室内与试验井得到验证。基于超声波多普勒流量计遇到含气钻井液输出信号变异现象,中国海油研究总院与相关院校开展了大量的室内实验,证明本方法具有可行性。实验表明采用目前研制的超声波多普勒流量计可以辨识较大范围流变性的钻井液。通过全尺寸试验井测量,也表明该方法具有可行性与非常好的发展前景。

目前尚需攻关的是增大超声波多普勒流量计的功率,降低超声波多普勒流量计的超声波频率,使得探测距离更远,测量精度更高。

参 考 文 献

[1] 陈元千. 水平井产量公式的推导与对比[J]. 新疆石油地质,2008,29(1):68-71.

[2] Chen Yuanqian. Derivation and correlation of production rate formula for horizontal well[J]. Xinjiang Petroleum Geology,2008,29(1):68-71.

[3] Avelar C S,Ribeiro P R,Sepehrnoori K. Deepwater gas kick simulation[J]. Journal of Petroleum Science and En-

gineering,2009,67(1 - 2):13 - 22.

[4] Liu W,Liu Y,Huang G,et al. A dynamic simulation of annular multiphase flow during deep - water horizontal well rilling and the analysis of influential factors[J]. Journal of Petroleum Science and Technology,2016,6(1):98 - 108.

[5] 高永海,孙宝江,赵欣欣,等. 深水钻井井涌动态模拟[J]. 中国石油大学学报(自然科学版),2010,34(6):66 - 70.

[6] Gao Yonghai,Sun Baojiang,Zhao Xinxin,et al. Dynamic simulation of kicks in deepwater drilling[J]. Journal of China University of Petroleum,2010,34(6):66 - 70.

[7] 任美鹏,李相方,刘书杰,等. 钻井井喷关井期间井筒压力变化特征[J]. 中国石油大学学报(自然科学版),2015,39(3):113 - 119.

[8] Ren Meipeng,Li Xiangfang,Liu Shujie,et al. Characteristics of wellbore pressure change during shut - in after blowout[J]. Journal of China University of Petroleum,2015,39(3):113 - 119.

[9] Sun B,Gong P,Wang Z. Simulation of gas kick with high H_2S content in deep well[J]. Journal of Hydrodynamics,2013,25(2):264 - 273.

[10] Lee W J,Wattenbarger R A. Gas reservoir engineering[M]. Richardson:Society of Petroleum Engineers,1996.

[11] Shoham O. Mechanistic modeling of gas - liquid two - phase flow in pipes[M]. Richardson:Society of Petroleum Engineers,2006.

[12] 高永海,孙宝江,赵欣欣,等. 深水钻井井涌动态模拟[J]. 中国石油大学学报(自然科学版),2010,34(6):66 - 70.

[13] Gao Yonghai,Sun Baojiang,Zhao Xinxin,et al. Dynamic simulation of kicks in deepwater drilling[J]. Journal of China University of Petroleum,2010,34(6):66 - 70.

[14] Yin Bangtang,Li Xiangfang,Sun Baojiang,et al. Hydraulic model of steady state multiphase flow in wellbore annuli[J]. Petroleum Exploration and Development,2014,41(3):399 - 407.

[15] 李相方,任美鹏,胥珍珍,等. 高精度全压力全温度范围天然气偏差系数解析计算模型[J]. 石油钻采工艺,2010,32(6):57 - 62.

[16] Li Xiangfang,Ren Meipeng,Xu Zhenzhen,et al. A high - precision and whole pressure temperature range analytical calculation model of natural gas Z - factor. Oil Drilling & Production Technology,2010,32(6):57 - 62.

[17] 李相方,王慧珍. 海洋钻井中的气侵识别研究[C]. 中国石油学会青年学术年会,1995.

[18] 隋秀香,梁羽丰,李轶明,等. 基于多普勒测量技术的深水隔水管气侵早期监测研究[J]. 石油钻探技术,2014,42(5):90 - 94.

[19] 隋秀香,李相方,齐明明,等. 高产气藏水平井钻井井喷潜力分析[J]. 石油钻探技术,2004(3):34 - 35.

[20] 尹邦堂,张旭鑫,孙宝江,等. 深水水合物藏钻井溢流早期监测实验装置设计[J]. 实验室研究与探索,2019,38(4):33 - 37.

[21] 尹邦堂,张旭鑫,王志远,等. 考虑储层与井筒特征的高温高压水平井溢流风险评价[J]. 中国石油大学学报(自然科学版),2019,43(4):82 - 90.

[22] 李相方,管丛笑,隋秀香,等. 压力波气侵检测理论及应用[J]. 石油学报,1997,18(3):130 - 135.

[23] 任美鹏,李相方,马庆涛,等. 起下钻过程中井喷压井液密度设计新方法[J]. 石油钻探技术,2013,41(1):25 - 30.

[24] 隋秀香,许寒冰,李相方,等. 声波随钻气侵检测实验研究与应用评价[J]. 天然气工业,2007,27(9):37 - 39,130.

[25] 李相方,管丛笑,隋秀香,等. 气侵检测技术的研究[J]. 天然气工业,1995,15(4):19 - 22,109.

[26] 李相方,郑权方."硬关井"水击压力计算及其应用[J]. 石油钻探技术,1995,23(3):1 - 3,60.

[27] 隋秀香,周明高,候洪为,等. 早期气侵监测声波发生技术[J]. 天然气工业,2003,23(2):62 - 63,6.

[28] 隋秀香,李相方,周明高,等. 气侵检测仪的研制与应用[J]. 石油仪器,2003,17(1):7 - 9,60.

[29] 隋秀香,李相方. 声波气侵检测中弱信号强干扰下布线技术[J]. 石油钻探技术,2003,31(1):10-12.
[30] 刘举涛,李相方,隋秀香,等. 声波早期检测气侵数据处理与程序设计[J]. 石油大学学报(自然科学版),2002,26(6):50-52,6-5.

4　溢流期间井筒流体流动规律及相态分布特征

钻进过程中发生溢流后,气体从地层中进入环空,气体与环空中的钻井液混合,在环空中产生气液两相流动。流动规律与井眼尺寸、气体侵入量、钻井液流变性、流体温度及压力等有关。与采油过程中稳态的井筒多相流动不同,溢流过程中的井筒多相流动参数是随溢流时间、空间的变化而变化的,即非稳态的井筒多相流动。

4.1　圆管与环空气液两相流动及流型分类

非稳态的多相流动模型在流型的过渡、含气率的预测、摩阻及压降的计算等方面均以稳态的多相流动模型为基础。在这里简单介绍一下圆管与环空中的气液两相流动理论。

4.1.1　圆管气液两相流

在石油工程领域,气液两相流现象非常普遍,例如油气混输管道、油气井生产等。

4.1.1.1　流型划分

流动管路或者井型不同,出现的气液两相流动流型也不一样。如直井生产,会出现垂直管流;水平井生产,会出现水平管流;斜井或定向井生产,会出现倾斜管流。

(1)垂直管流。

垂直管中的流型示意如图 4.1 所示。

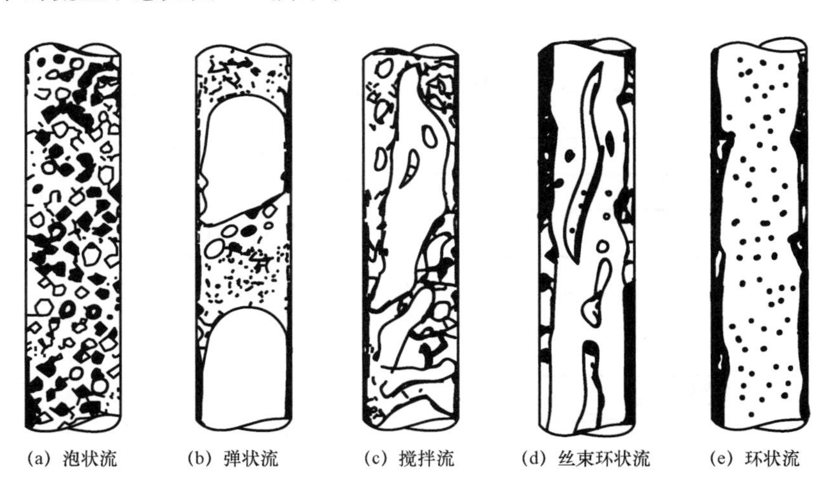

图 4.1　垂直管流流型示意图

① 泡状流:液相呈连续状态,气相以大小不同、形状各异的气泡形式弥散在连续的液相内,并与液相一起流动。

② 弹状流:大块弹状气泡与含有弥散小气泡的液块间隔地出现,在弹状气泡的外围,液相又常以降落膜状态向下流动。尽管如此,气液两相总流量仍向上流动。当泡状流中的气相流量增大到一定值时可能发生气泡聚合,甚至会聚合成接近管径大小的大块弹状气泡,这时便发生由泡状流向弹状流的过渡。

③ 搅拌流:在孔径较大的流道中,会出现液相呈不定型的形状作向上和向下的振荡运动,呈搅拌状态。但是在小孔径流道中,不一定会发生这类搅拌流动。在弹状流动下,若流速进一步增大,气泡发生破裂,伴随发生这类振荡运动。但在小孔径流道中,可能会发生弹状流向环状流直接平稳过渡。

④ 环状流:液相沿管壁呈膜状流动,气相在管道芯部流动。实际上,呈现纯环状流工况的参数范围很窄,通常呈环状弥散流状态,亦即部分液相以液滴状态夹杂在连续气芯中一起流动,有时液膜内也夹杂少量气泡。

⑤ 液束环状流:当液相流量进一步增大时,气液交界面呈波状流动,气芯中卷入的液量增加,从而使气芯内的夹带液滴浓度增大,导致聚合成束状液块。

目前在钻井过程中,发生气侵后,将液束环状流、搅拌流合并为搅拌流,即以泡状流、弹状流、搅拌流、环状流四种流型为主进行研究。

(2)水平管流。

水平管中的流型如图 4.2 所示。

① 泡状流。气相是离散相,液相是连续相,在重力分异的作用下气泡趋于沿管道上半部流动,此种流型在含气率低时出现。

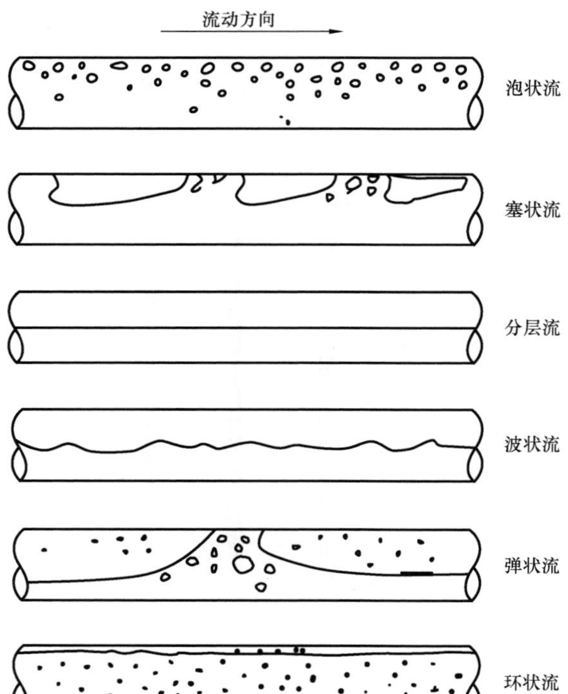

图 4.2　水平管管流流型示意图

② 塞状流。小气泡结合成大气泡成栓塞状分布在连续的液相内,同样由于重力差的作用大气泡也趋于沿管道上半部流动,大气泡之间还有一些小气泡。

③ 分层流。气液两相的流动被一层较光滑的分界面分隔开,气相在上部,液相在下部,两者分开流动,一般只有在气相和液相的流动速度都很低时才出现。

④ 波状流。气相流速增大时,此时在气液分界面上掀起了扰动的波浪。分界面由于沿流动方向的波浪作用而变得波动不止。

⑤ 弹状流。气相流速更高的情况下,分界面处的波浪被激起并与管道上部管壁接触形成以高速沿管道向前推进的弹状块。弹状流与塞状流的差别在于气弹上部没有水膜,只有气弹前后被涌起的波浪使上部管壁周期性地受到润湿。

⑥ 环状流。气相流速继续增高,这时

管道内形成气核和环绕管周的一层液膜，液膜不一定连续环绕整个管周，管子下部的液膜较厚，在气芯中也夹带着液滴。

此外，在有的文章中也提出当气相的流速很大时可形成雾状流，管中的液体被气流吹散，以液滴或雾的形式随着高速气流向前运动。

气液两相流体在水平管中流动时的流型种类比垂直管中的多。这主要是由于重力的影响使气液两相有分开流动的倾向造成的。气液两相流体在水平管中流动时流型大致可分为六种，即：细胞状流型、气塞状流型、分层流型、波状分层流型、气弹状流型及环状流型。

(3)倾斜管流。

Shoham 通过实现发现，倾斜管中气液两相流体流动的流型有泡状流、分散泡状流、段塞流、搅拌流、环状流(图 4.3)。

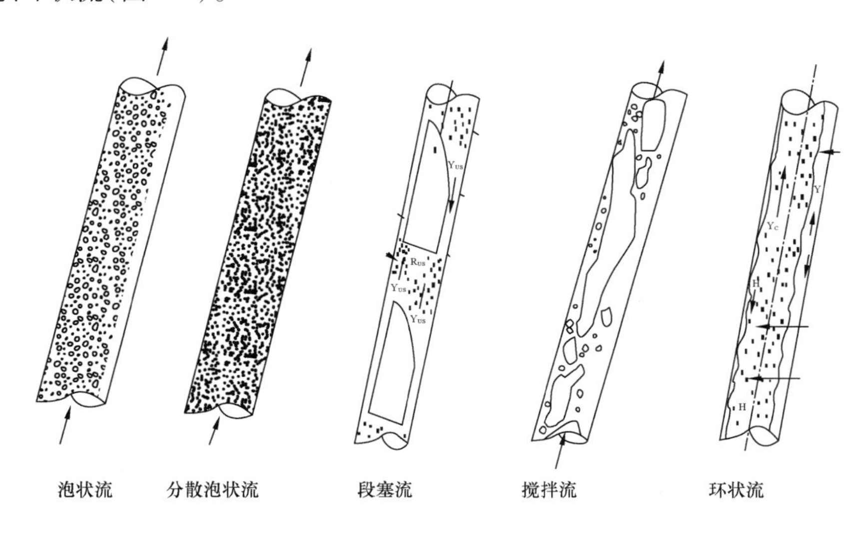

图 4.3 倾斜管中流型示意图

4.1.1.2 流型转换判别模型

(1)垂直气液两相流流型的判断。

1980 年，Taitel 等人依据流型的过渡机理建立了垂直管气液两相流流型的判别方法，其研究思路被后续研究人员广为引用。他们将流型划分为泡状流、段塞流、搅动流和环状流。

① 泡状流向段塞流转变的判别准则。

Taitel 认为，泡状流转化为段塞流的这一变化一般发生在空隙率为 0.20 ~ 0.25。若将产生流型的空隙率取为 0.25，那么泡状流向段塞流过渡的判据为：

$$u_{sl} < 3.0u_{sg} - 1.15\left[\frac{g\sigma(\rho_l - \rho_g)}{\rho_l^2}\right]^{0.25} \tag{4.1}$$

式中 u_{sl}，u_{sg}——液相和气相的表观流速，m/s；

g——重力加速度，9.8m/s^2；

σ——表面张力，N/m；

ρ_l，ρ_g——液相和气相的密度，kg/m^3。

② 段塞流向搅动流转变的判别准则。

段塞流向搅动流的转变可由产生搅动流所需的入口管道长度 L_e 来确定，L_e 可表示为：

$$L_e = \frac{L_s u_g}{0.35b\sqrt{gD}} = \sum_{2}^{\infty} e^{\frac{b}{2n}-1} \tag{4.2}$$

式中 L_s——能够稳定地间隔两个大弹状气泡的搅动流液段的长度，为常数 m；

b——液弹裂变率，为常数；

D——管道内径，m；

u_g——弹状气泡的速度，m/s。

其中

$$u_g = 1.143(u_{sg} + u_{sl}) + 0.25\sqrt{gD} \tag{4.3}$$

通过分析，可取 $L_s = 16D$，$b = 4.6$，则式(4.2)可以改写为：

$$L_e = 40.6D\left(\frac{u_{sg} + u_{sl}}{\sqrt{gD}} + 0.22\right) \tag{4.4}$$

③ 搅动流向环状流转变的判别准则。

Taitel 认为这种转变的判别准则是基于防止气流中的液滴回落所需的气体流速，该转变条件表示为：

$$u_{sg} \geqslant 3.1\left[\frac{\sigma g(\rho_l - \rho_g)}{\rho_g^2}\right]^{0.25} \tag{4.5}$$

(2)水平气液两相流流型的判断。

1976 年泰特尔和杜克勒对水平和接近水平的气液两相管流中的层状流进行了力学分析，给出了无量纲力学平衡方程式，并就各个流型的转变机理进行了较为全面的研究，给出了流型的判别准则。图 4.4 为泰特尔和杜克勒推导出的流型图，用不同纵坐标与相同横坐标区分各种流型转变。

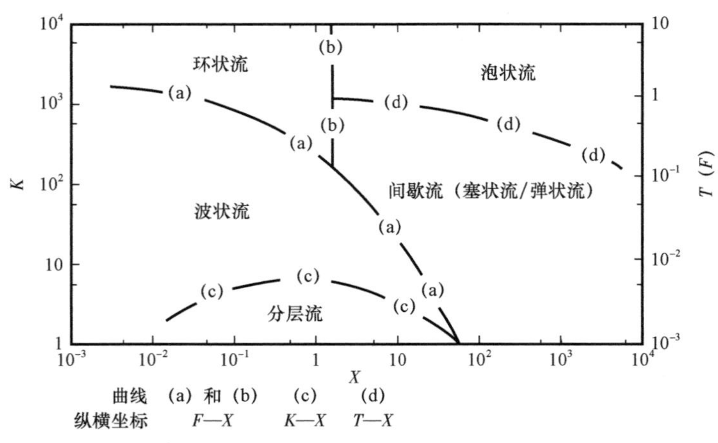

图 4.4 泰特尔和杜克勒水平两相管路流型图

波状流(或分层流)对环状流和间歇流的转变:F—X,(a);
泡状流和间歇流对环状流的转变:$X=1.6$,(b);
分层流对波状流的转变:K—X,(c);
泡状流对间歇流的转变:T—X,(d)。
其中

$$F = \left(\frac{\rho_g}{\rho_l - \rho_g}\right)^{0.5} \frac{J_g}{(gD\cos\theta)^{0.5}} \tag{4.6}$$

$$K = \left[\frac{\rho_g J_g^2 J_l}{(\rho_l - \rho_g) g v_l \cos\theta}\right]^{0.5} \tag{4.7}$$

$$T = \left[\frac{\left(\frac{dp}{dz}F\right)_l}{(\rho_l - \rho_g) g\cos\theta}\right]^{0.5} \tag{4.8}$$

此处,θ 为流道与水平线的夹角;$\left(\frac{dp}{dz}F\right)_l$ 为分液相摩擦阻力;

$$X = \left(\frac{dp}{dz}F\right)_l \Big/ \left(\frac{dp}{dz}F\right)_g$$

(3)倾斜气液两相流流型的判断。

1987 年巴尼(Bnrnea)根据前人和他自己的研究成果,提出了判别倾斜管中气液两相流动型态的通用统一模型。当已知气液相流量、管路的尺寸和倾角以及流体性质时,用该模型可以判别其流动型态。巴尼所给出的统一模型,能够判别倾斜角度为 $-90° \sim +90°$范围内的全部流动型态,这是目前在气液两相倾斜管流流动型态方面较全面的研究成果。

4.1.2 垂直环空气液两相流

根据对透明环空管段内气液两相流的直接观察、高速摄影、射线测量、压力波动等特征的分析,很多学者对环空两相流的流型进行了划分。

实验表明在垂直环空向上的流动条件下经常出现下述五种类型流型:泡状流、分散泡状流、段塞流、搅拌流及环状流。Caetano 进行了大量的实验,并对这五种流型进行了定义,如图 4.5所示。

(1)泡状流。环空中的泡状流与管道中的两相流类似,气相以离散气泡的形式分散在连续的液相中。有两种气泡形式:球形泡与帽形泡。根据 Caetano(1986)观察,球形泡直径非常小,通常有 3 ~ 5mm,运动路线呈 Z 形。帽形泡比较大,但是小于水力学直径,直线运动。

(2)分散泡状流。当液相相对速度较大时,就会出现这种流型。与在管道中的流型类似,离散的气泡分散在连续的液相中,仅存在球形泡,并且直线运动。

(3)段塞流。环空两相流中的段塞流与管道中的段塞流不同。根据 Caetano(1986)实验观察,Taylor 泡并不占据整个横截面积,由于在背部方向存在一个通道,连接着内膜与外膜。

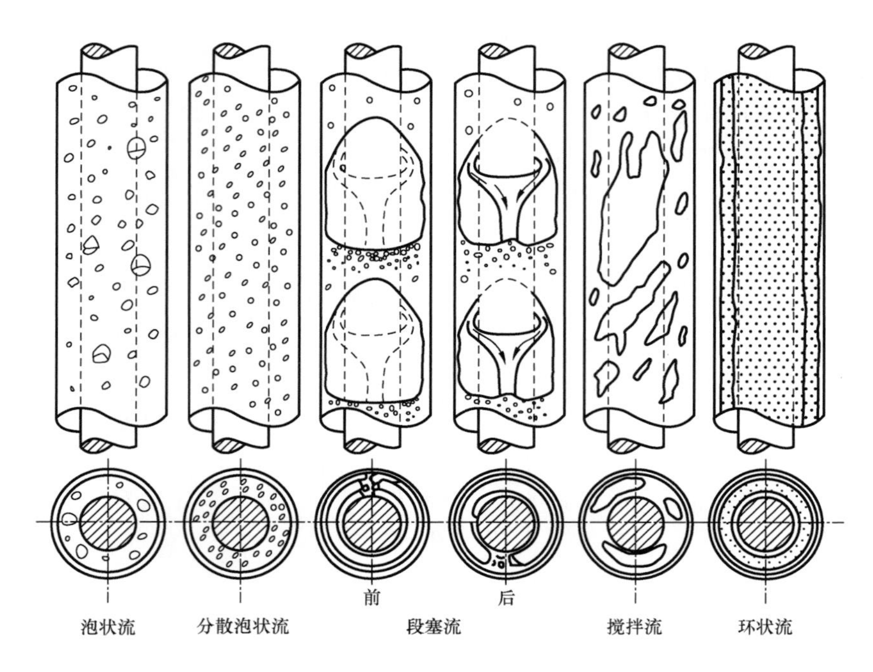

图 4.5　环空中的两相流流型分布

由于这个通道的存在,使得 Taylor 泡不再对称,在 Taylor 泡后会存在高紊流区域。

(4)搅拌流。与管道中的搅拌流类似,但是更加的无序,气液之间没有规律的边界。这种流型发生在更高的气体流速下,同时与管壁接触的液塞也越来越短。液塞的连续性被局部的高浓度气体所扰乱,液塞破裂,向下流动,融入下一个液塞中。

(5)环状流。环空中的环状流与管道中的不同,它发生在很高的气体流速下,气芯中的气相速度非常高,可能含有液滴。在气芯周围,是很薄的液膜。由于环空的结构,存在两种液膜,一种是与内管壁接触的内膜,一种是与外管壁接触的外膜。根据 Caetano 实验观察,外膜的厚度要比内膜的厚度厚。

图 4.6 为钻井过程中井筒环空中的流型分布示意图,大概分为 4 种情况。

在微小气侵量下,整个环空为泡状流(Bubble Pattern)。在井眼下部,气泡体积小。在地面可以看到钻井液槽内有气泡,但无明显溢流现象。如果油气层薄,环空中可能只有在某一段钻井液中有气泡。

在小气侵量下,在环空中的中下部均为泡状流,但在上部为段塞流(Slug Pattern)。在井口可以看到一股股的干气,并呈喷状。

在中气侵量下,在井底为泡状流,在井眼中上部为段塞流,而在井口为搅拌流(又称过渡流)(Churn Pattern)。在井口可出现连续的喷势,成为较强烈的井喷。这种情况井底压力与地层压力的负压差较大,并且地层的渗透率较高。

在大气侵量下,对于高压裂缝性或溶洞气藏,如果负压差较大,进入井眼的气体流量可能很大,在井的底部可能会出现段塞流,但这并不等于连续气柱而且也不可能形成连续气柱。在井的中上部出现搅拌流,井的上部可出现环状流(Annular Pattern)。在地面可以看到强烈的井喷。

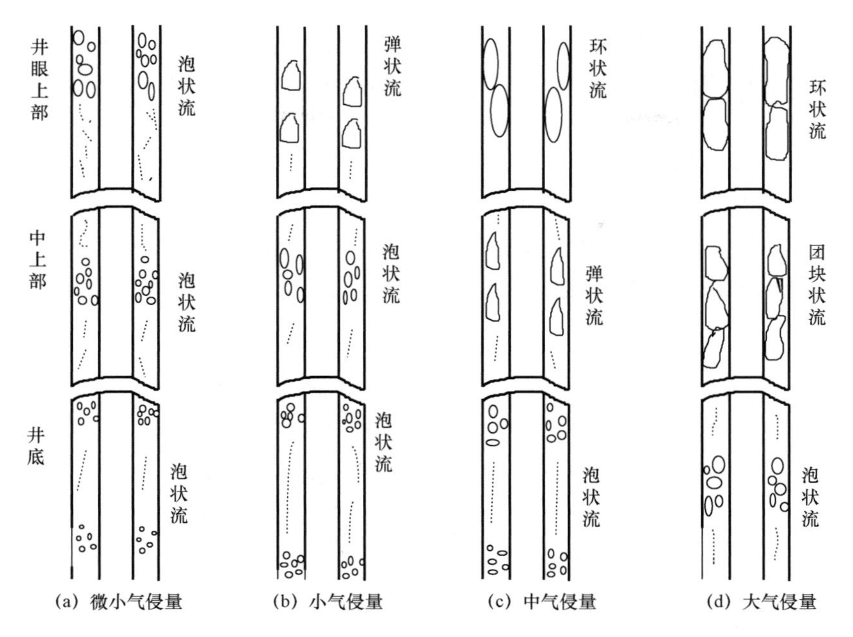

图 4.6 垂直同心环空管两相流流型

4.1.2.1 考虑双膜影响的环空段塞流水动力学模型

(1)段塞流体力学分析。

2003 年,Zhang 基于"段塞流体力学"的理论建立了适用于各个流型的统一的水动力学模型,他认为各个流型下的模型都可以由段塞流过渡而来。段塞流是一个非常复杂的模型,具有一些不稳定的特征,与其他流型都具有联系,每一个流型都可以在段塞流中体现出来,比如,液膜区域可以表示为环状流,液塞区域可以表示为泡状流或者分散泡状流。当液塞区域不存在时,段塞流演变为环状流;当液膜区域不存在时,段塞流演变为泡状流或分散泡状流。从流型图 4.7 中也可以看出,段塞流被其他流型所包围。

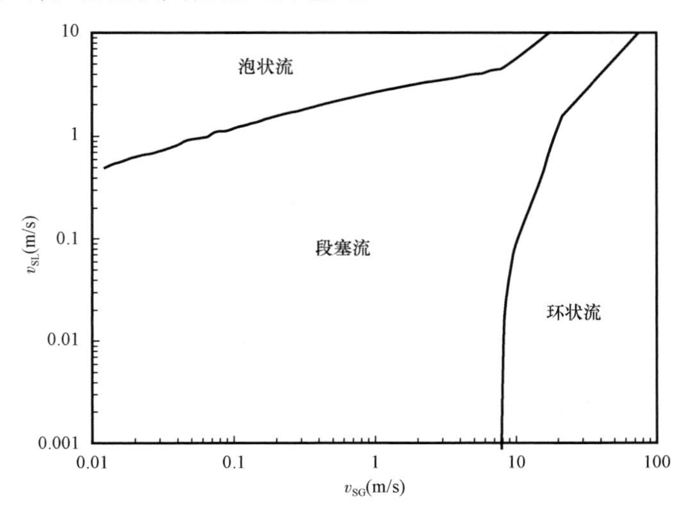

图 4.7 Zhang 模型预测的流型图

在段塞流体力学理论基础上，考虑包括与套管壁接触的套管膜及与钻杆壁接触的钻杆膜两层膜的影响，考虑气液之间的传质作用，考虑气芯区域的液滴作用，以液膜区域为控制单元进行研究。

(2)液膜区域的质量守恒方程。

如图4.8所示，与管道中的段塞流不同，环空中的段塞流包含两部分液膜，一个是与套管(或井壁)接触的液膜，一个是与钻杆外壁接触的液膜，将这两个液膜区域作为控制单元，考虑Taylor泡区域也存在液滴，假设其与液塞运移速度 v_T 相等，并且在每个控制单元中的流体不可压缩。

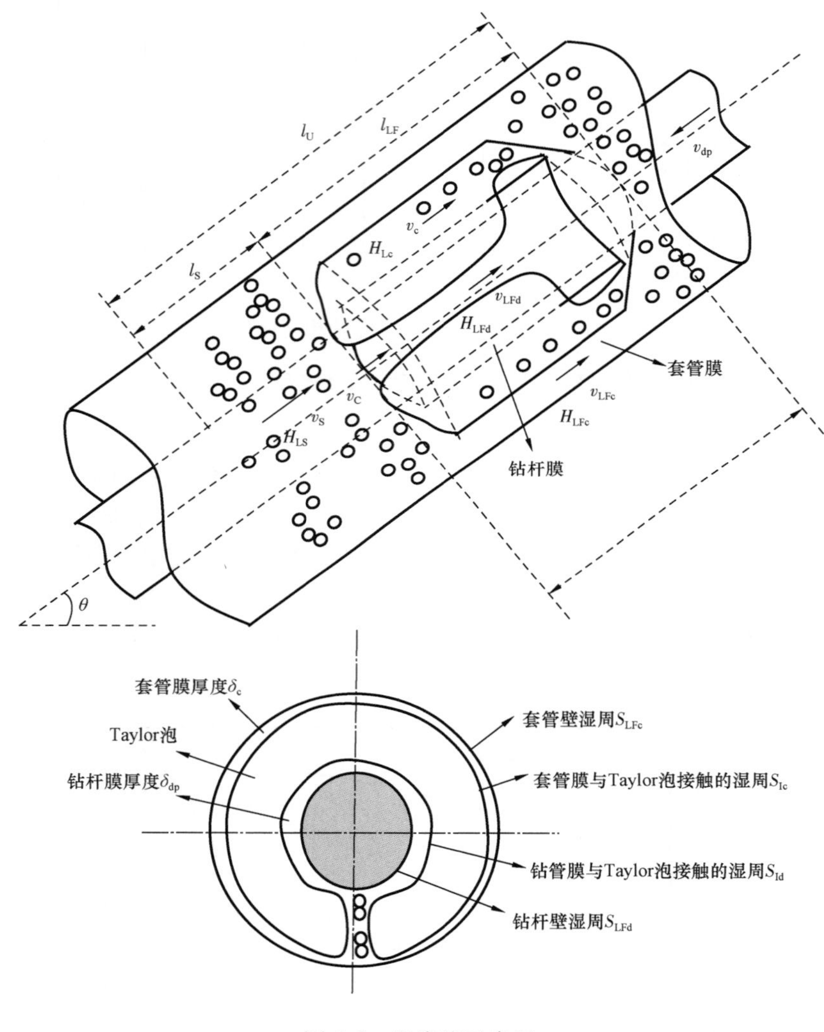

图4.8 段塞流示意图

① 对于稳定的段塞流动来说，进入液膜的液体质量等于离开液膜的液体质量，即

$$H_{LS}(v_T - v_S) = H_{LFc}(v_T - v_{LFc}) + H_{LFd}(v_T - v_{LFd}) + H_{Lc}(v_T - v_c) \tag{4.9}$$

式中 H_{LS}——液塞持液率；

v_T——液塞运移速度,m/s;

v_S——液塞流动速度,m/s;

H_{LFc}——套管膜持液率;

v_{LFc}——套管膜流动速度,m/s;

H_{LFd}——钻杆膜持液率;

v_{LFd}——钻杆膜流动速度,m/s;

H_{Lc}——液膜 Taylor 泡区域的持液率;

v_c——Taylor 泡的速度,m/s。

② 对于稳定的段塞流动来说,进入液膜的气体质量等于离开液膜的气体质量,即

$$(1 - H_{LS})(v_T - v_S) = (1 - H_{LFc} - H_{LFd} - H_{Lc})(v_T - v_c) \tag{4.10}$$

式(4.9)与式(4.10)相加,得到

$$v_S = H_{LFc}v_{LFc} + H_{LFd}v_{LFd} + (1 - H_{LFc} - H_{LFd})v_c \tag{4.11}$$

③ 段塞单元中液相的总的体积相等:

$$l_U v_{SL} = l_S H_{LS} v_S + l_F(H_{LFc}v_{LFc} + H_{LFd}v_{LFd} + H_{Lc}v_c) \tag{4.12}$$

式中 l_U——段塞单元长度,$l_U = l_F + l_S$,m;

l_F——液膜单元长度,m;

l_S——段塞单元长度,m;

v_{SL}——液相表观速度,m/s。

同理,液塞单元中气相的总的质量守恒方程为:

$$l_U v_{SG} = l_S(1 - H_{LS})v_S + l_F(1 - H_{LFc} - H_{LFd} - H_{Lc})v_c \tag{4.13}$$

式中 v_{SG}——气相表观速度,m/s。

另外,Taylor 泡区域中的液滴夹带分数 F_E可以表示为:

$$F_E = \frac{H_{Lc}v_c}{H_{LFc}v_{LFc} + H_{LFd}v_{LFd} + H_{Lc}v_c} \tag{4.14}$$

(3)动量方程建立。

作用在液膜上的力包括液塞单元与液膜之间的动量交换,管壁的摩擦力,上、下边界的静压力,气液界面的摩擦力及重力。液塞中流出的液相进入了 Taylor 泡区域,形成了套管膜与钻杆膜,如图 4.9 所示。

套管膜上的受力应当平衡,所以套管膜的动量方程为:

$$H_{LFc}A_c p_1 - H_{LFc}A_c p_2 + \rho_{LF}A_c H_{LFc}(v_{LFc} - v_T)(v_{LFc} - v_S) + \tau_{Ic}S_{Ic}l_F -$$

$$\tau_{LFc}S_{LFc}l_F - \rho_{LF}H_{LFc}l_F A_c g\sin\theta = 0$$

式中 A_c——井筒环空截面积,m^2;

p_1,p_2——段塞单元入口端、出口段压力,Pa;

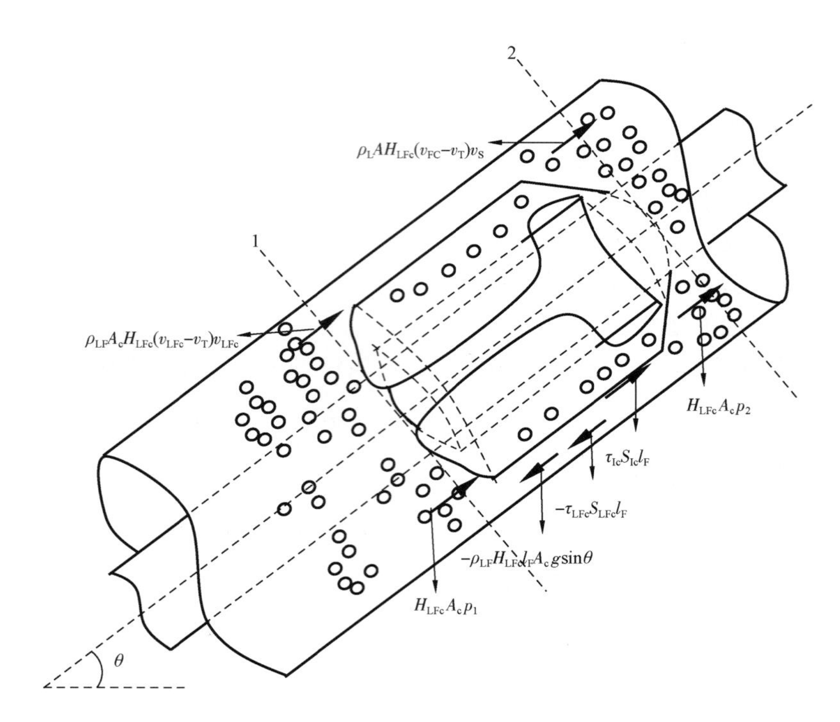

图 4.9　段塞流中套管膜受力示意图

v_S——液塞流动速度，m/s；

τ_{Ic}——套管膜与 Taylor 泡接触界面的剪切力，Pa；

S_{Ic}——套管膜与 Taylor 泡接触界面的湿周，m；

τ_{LFc}——套管膜与套管壁接触界面的剪切力，Pa；

S_{LFc}——套管膜与套管壁接触界面的湿周，m；

ρ_{LF}——液膜密度，kg/m³；

θ——井斜角，(°)。

同样，钻杆膜上的动量方程为：

$$H_{LFd}A_cp_1 - H_{LFd}A_cp_2 + \rho_{LF}A_cH_{LFd}(v_{LFd} - v_T)(v_{LFd} - v_S) + \tau_{Id}S_{Id}l_F - \tau_{LFd}S_{LFd}l_F - \rho_{LF}H_{LFd}l_FA_cg\sin\theta = 0$$

式中　τ_{Id}——钻杆膜与 Taylor 泡接触界面的剪切力，Pa；

S_{Id}——钻杆膜与 Taylor 泡接触界面的湿周，m；

τ_{LFd}——钻杆膜与钻杆壁接触界面的剪切力，Pa；

S_{LFd}——钻杆膜与钻杆壁接触界面的湿周，m。

简化为：

$$\frac{p_2 - p_1}{l_F} = \frac{\rho_{LF}(v_{LFc} - v_T)(v_{LFc} - v_S)}{l_F} + \frac{\tau_{Ic}S_{Ic}}{H_{LFc}A_c} - \frac{\tau_{LFc}S_{LFc}}{H_{LFc}A} - \rho_{LF}g\sin\theta \tag{4.15}$$

$$\frac{p_2 - p_1}{l_F} = \frac{\rho_{LF}(v_{LFd} - v_T)(v_{LFd} - v_S)}{l_F} + \frac{\tau_{Id}S_{Id}}{H_{LFd}A_c} - \frac{\tau_{LFd}S_{LFd}}{H_{LFd}A_c} - \rho_{LF}g\sin\theta \tag{4.16}$$

同理,Taylor 泡中的动量方程为:

$$\frac{p_2 - p_1}{l_F} = \frac{\rho_c(v_T - v_c)(v_S - v_c)}{l_F} - \frac{\tau_{Id}S_{Id} + \tau_{Ic}S_{Ic}}{(1 - H_{LFd} - H_{LFc})A_c} - \rho_c g\sin\theta \tag{4.17}$$

式中 ρ_c——气芯密度,kg/m^3。

其中,Taylor 泡区域的相对密度可以表示:

$$\rho_c = \frac{\rho_G(1 - H_{LFc} - H_{LFd} - H_{Lc}) + \rho_{LF}H_{Lc}}{1 - H_{LFc} - H_{LFd}}$$

将套管膜方程(4.15)、钻杆膜方程(4.16)分别与 Taylor 泡方程(4.17)联立,得到:

$$\frac{\rho_{LF}(v_{LFc} - v_T)(v_{LFc} - v_S) - \rho_c(v_c - v_T)(v_c - v_S)}{l_F} - \frac{\tau_{LFc}S_{LFc}}{H_{LFc}A_c} + \frac{\tau_{Id}S_{Id}}{(1 - H_{LFc} - H_{LFd})A_c} + \tau_{Ic}S_{Ic}\left(\frac{1}{H_{LFc}A_c} + \frac{1}{(1 - H_{LFc} - H_{LFd})A_c}\right) + (\rho_C - \rho_{LF})g\sin\theta = 0 \tag{4.18}$$

$$\frac{\rho_{LF}(v_{LFd} - v_T)(v_{LFd} - v_S) - \rho_c(v_c - v_T)(v_c - v_S)}{l_F} - \frac{\tau_{LFd}S_{LFd}}{H_{LFd}A_c} + \frac{\tau_{Ic}S_{Ic}}{(1 - H_{LFc} - H_{LFc})A_c} + \tau_{Id}S_{Id}\left(\frac{1}{H_{LFd}A_c} + \frac{1}{(1 - H_{LFc} - H_{LFd})A_c}\right) + (\rho_c - \rho_{LF})g\sin\theta = 0 \tag{4.19}$$

(4)辅助参数计算方法。

① 液塞运移速度。

Nicklin 提出液塞的运移速度可以表示为混合速度的函数:

$$v_T = C_S v_S + v_{TB} \tag{4.20}$$

式中 C_S为稳定段塞的最大速度与平均速度之比,随着流动条件的变化而变化。Zhang 等认为层流时,该值等于 2.0;紊流时,该值等于 1.3。在过渡区域($2000 < Re < 4000$),

$$C_S = 2.0 - 0.7(Re - 2000)/2000 \tag{4.21}$$

在钻井液情况下,Otto L. A. Santos 和 J. J. Azar 建立了 Taylor 泡的上升速度的模型为:

$$v_{TB} = C_1C_2\sqrt{\frac{gd_c(\rho_L - \rho_G)}{\rho_L}} \tag{4.22}$$

$$C_1 = 0.3143K + 0.2551$$

$$C_2 = 0.0532\lg(RN_b) + 0.7708$$

$$d_c > \left(\frac{1.53}{C_1C_2}\right)^2\sqrt{\frac{\sigma}{(\rho_L - \rho_G)g}}$$

$$RN_b = \frac{9.782 v_{TB}^{(2-n)} \rho_L}{K} \left[\frac{(d_{co} - d_{ci})}{4(2 + 1/n)} \right]^n$$

式中 v_{TB}——Taylor 泡的上升速度，m/s；

C_1——环空结构的影响系数，；

C_2——考虑钻井液非牛顿性质的影响系数；

d_c——气泡直径，m；

K——钻井液稠度系数；

RN_b——气泡雷诺数；

n——钻井液流动系数；

d_{co}——环空外径，m；

d_{ci}——环空内径，m；

d_c——紊流力作用的临界尺寸。

$$d_c = 2 \left[\frac{0.4\sigma}{(\rho_L - \rho_G) g} \right]^{1/2}$$

② 段塞长度。

段塞的长度与管径有关系，但是它们之间的关系在不同的模型中都不一样。根据 Barnea 和 Brauner 的分析，段塞的长度为 16 倍的管径，因此，可以采用“代表直径”来计算垂直环空中的段塞的长度。

$$l_S = (32.0\cos^2\theta + 16.0\sin^2\theta) d$$

③ 液塞中的持液率。

基于液相中紊流动能项与分散球形泡中的表面自由能相等的原理，Zhang 推导了液塞中的持液率模型，通过与实验结果比较，吻合得较好。本书考虑套管膜及钻杆膜的影响来计算液塞中的持液率。

$$H_{LS} = \frac{1}{1 + \dfrac{T_{sm}}{3.16 [(\rho_L - \rho_G) g\sigma]^{1/2}}} \tag{4.23}$$

其中

$$T_{sm} = \frac{1}{C_e} \left[\frac{f_S}{2} \rho_S v_S^2 + \frac{d_R}{4} \frac{\rho_{LF} H_{LFc} (v_T - v_{LFc})(v_S - v_{LFc}) + \rho_{LF} H_{LFd} (v_T - v_{LFd})(v_S - v_{LFd})}{l_S} + \frac{d_R}{4} \frac{\rho_c (1 - H_{LFc} - H_{LFd})(v_T - v_c)(v_S - v_c)}{l_S} \right] \tag{4.24}$$

通过考虑液膜与液塞间的动量传递，增加了液塞持液率计算的精度。在进行动量方程求解时，需要估算不同条件下的持液率，在这里采用 Gregory 建立的模型。

$$H_{LS}=\frac{1}{1+\left(\frac{v_S}{8.66}\right)^{1.39}} \tag{4.25}$$

④ 段塞流中的界面摩阻因子。

段塞流中,液膜与 Taylor 泡相接触的界面也会产生摩擦力,Andritsos 和 Hanratty 建立了计算界面摩擦因子的模型,本书采用该模型计算套管膜、钻杆膜与 Taylor 泡的摩擦因子。

⑤ 压力梯度。

整个段塞单元的平均压力梯度可以表示为:

$$\left(\frac{dp}{dz}\right)_T=\frac{\left(\frac{dp}{dz}\right)_{LF}l_F+\left(\frac{dp}{dz}\right)_{LS}l_{LS}}{l_{SU}} \tag{4.26}$$

液膜区及液塞区的压力梯度均包含重力项、加速度项及摩擦阻力项。同时,摩擦阻力项包括三部分:套管膜阻力、钻杆膜阻力及 Taylor 泡阻力。

$$\begin{aligned}\left(\frac{dp}{dz}\right)_{LF}=&(\rho_{LF}g+\rho_c g)\sin\theta+\rho_{LF}H_{LFc}(v_{LFc}-v_T)(v_S-v_T)+\\&\rho_{LF}H_{LFd}(v_{LFd}-v_T)(v_S-v_T)+S_{LFc}\frac{f_{LFc}\rho_{LF}v_{LFc}^2}{2A_c}+S_{LFd}\frac{f_{LFd}\rho_{LF}v_{LFd}^2}{2A_c}+S_c\frac{f_c\rho_c v_c^2}{2A_c}\end{aligned} \tag{4.27}$$

$$\begin{aligned}\left(\frac{dp}{dz}\right)_{LS}=&\rho_S g\sin\theta+\rho_{LF}H_{LFc}(v_{LFc}-v_T)(v_{LFc}-v_S)+\\&\rho_{LF}H_{LFd}(v_{LFd}-v_T)(v_{LFd}-v_S)+\frac{2f_S}{d_R}\rho_S(v_{SG}+v_{SL})^2\end{aligned} \tag{4.28}$$

4.1.2.2 基于段塞流体力学理论的环状流水动力学模型

如图 4.10 所示,环空中的环状流可以等效认为高速流动的气芯被套管膜、钻杆膜所包围,同时气芯中含有一些小液滴。套管膜往往要比钻杆膜要厚。

方程(4.9)与方程(4.10)左边的第一项表示了液塞区域与液膜区域的动量交换,当段塞流过渡到环状流时,不再存在液塞区域,即液塞区域与液膜区域的动量交换变为零,也就是方程(4.9)与方程(4.10)左边的第一项为零,即变为环状流情况下的动量守恒方程。

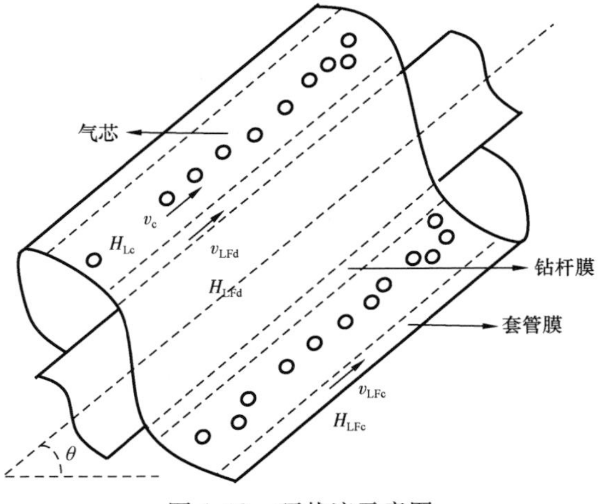

图 4.10 环状流示意图

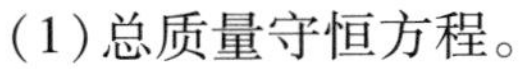
(1)总质量守恒方程。

① 对于液相来说,包含套管膜、钻杆膜及气芯中的液滴三部分,因此

$$v_{SL}=H_{LFc}v_{LFc}+H_{LFd}v_{LFd}+v_{SL}F_E \tag{4.29}$$

② 对于气相来说，仅包含在气芯中，则

$$v_{SG} = (1 - H_{LFc} - H_{LFd} - H_{Lc})v_c \tag{4.30}$$

其中，H_{Lc}为气芯中的含气率，假设气芯中的气液均匀分布，则

$$H_{Lc} = \frac{v_{SL}F_E}{v_{SL}F_E + v_{SG}}$$

（2）总动量守恒方程。

① 套管膜与气芯间的动量方程。

$$-\frac{\tau_{LFc}S_{LFc}}{H_{LFc}A_c} + \frac{\tau_{Id}S_{Id}}{(1 - H_{LFc} - H_{LFd})A_c} + \tau_{Ic}S_{Ic}\left[\frac{1}{H_{LFc}A_c} + \frac{1}{(1 - H_{LFc} - H_{LFd})A_c}\right] + (\rho_c - \rho_{LF})g\sin\theta = 0 \tag{4.31}$$

② 钻杆膜与气芯间的动量方程。

$$-\frac{\tau_{LFd}S_{LFd}}{H_{LFd}A_c} + \frac{\tau_{Ic}S_{Ic}}{(1 - H_{LFc} - H_{LFc})A_c} + \tau_{Id}S_{Id}\left[\frac{1}{H_{LFd}A_c} + \frac{1}{(1 - H_{LFc} - H_{LFd})A_c}\right] + (\rho_c - \rho_{LF})g\sin\theta = 0 \tag{4.32}$$

（3）环状流情况下的界面摩阻因子。

在求解动量方程的过程中，界面处的摩阻因子是一个非常重要的参数。Asali、Adritsos 和 Hanratty、Ambrosini、Chen、Fan 等人均进行了相关的研究。本书认为 Ambrosini 修正的 Asali 模型较为符合实际情况，在此采用该模型。

在计算过程中，所需要的周长、水力学直径、横截面积、套管膜与钻杆膜中的含气率之比等的计算方法可参照段塞流计算方法。

4.1.2.3 泡状流及分散泡状流水动力学模型

泡状流是不连续的气相以离散的气泡形式分布在连续的液相中，并以 Z 形路线移动。当液相流速较低时，就会发生泡状流，这时由于气液之间的滑脱，使得持液率变得较高。气泡的上升速度与物理性质有关，与表面速度和管径无关。

气液之间的滑脱速度为：

$$v_{Slip} = v_G - v_L = \frac{v_{SG}}{1 - H_L} - \frac{v_{SL}}{H_L}$$

式中 v_G，v_L——气、液相的真实速度。

一个单独气泡的上升速度可以采用 Wallis 模型表示：

$$v_{0,\infty} = 1.53\left[\frac{g(\rho_L - \rho_G)\sigma}{\rho_L^2}\right]^{0.25}$$

同时需要注意的是，一个单独气泡的上升速度受到周围气泡的影响，气泡群会降低整个流体的密度，因此就会降低使得气泡上升的浮力。Wallis 对此进行了研究，得出气泡群中一个气

泡的上升速度为：

$$v_0 = v_{0,\infty} H_L{}^n$$

对于泡状流来说，气泡上升速度就是气液之间的滑脱速度，因此：

$$v_{0,\infty} H_L^n = \frac{v_{SG}}{1 - H_L} - \frac{v_{SL}}{H_L}$$

所以，持液率就可以表示为：

$$H_L^{n+2} - H_L^{n+1} + \frac{(v_{SL} + v_{SG}) H_L}{1.53\left[\frac{g(\rho_L - \rho_G)\sigma}{\rho_L{}^2}\right]^{0.25}} - \frac{v_{SL}}{1.53\left[\frac{g(\rho_L - \rho_G)\sigma}{\rho_L{}^2}\right]^{0.25}} = 0 \tag{4.33}$$

其中，n 是一个常数，$n = 0.5$。

分散泡状流是在连续的液相中，不连续的液相以离散的球形泡分布。由于液相速度较高，这些气泡与液相之间的滑脱速度可以忽略不计，因此，分散泡状流可以认为是一种均相的混合流体流动。由于气液相速度相等，所以真实持液率与无滑脱持液率相等，即

$$H_L = \lambda_L = \frac{v_{SL}}{v_{SL} + v_{SG}} \tag{4.34}$$

4.1.2.4　基于段塞流体力学理论的流型过渡条件

基于不同流型的形成机理，在前人研究成果的基础上，建立相应的流型过渡标准。

(1)段塞流向分散泡状流的过渡。

在紊流过程中，气相在连续的液相中以球形泡的状态存在，由于受到紊流的影响，这些气泡开始碰撞，发生合并，呈直线向上运动，气泡的速度与局部液相速度相比很小，因此可以采用无滑脱的均相混合流动来描述分散泡状流。Barnea 和 Brauner 首次提出了液塞持液率就是在液塞单元中能够容纳的最大的气体量。在过渡区域，分散泡状流中的含气率等于液塞中能够容纳的最大气体量。基于此，Zhang Hongquan 建立了段塞流向分散泡状流的过渡模型。

① 当 $v_{SG} > 0.1\text{m/s}$ 时，

$$H_{LS} = \frac{1}{1 + \frac{T_{sm}}{3.16[(\rho_L - \rho_G) g\sigma]^{1/2}}} \tag{4.35}$$

式中　H_{LS}——液塞单元的持液率；

T_{sm}——管壁剪切力与液塞与液膜之间动量变化量的和，段塞流向分散泡状流过渡时，液塞与液膜之间的动量变化量变为零。

$$T_{sm} = \frac{4}{3}\left(\frac{f_S}{2}\rho_S v_S^2\right)$$

$$v_S = v_{SG} + v_{SL}$$

式中　f_S——液塞与管壁的摩擦因子；

ρ_S——液塞的密度；

v_S——液塞速度。

② 当 $v_{SG}<0.1\text{m/s}$ 时，采用 Barnea 模型。

$$d_c \geqslant \left[0.725 + 4.15\left(\frac{v_{SG}}{v_S}\right)^{1/2}\right]\left(\frac{\sigma}{\rho_L}\right)^{3/5}\left(\frac{2f_s}{d_R}v_S^3\right)^{-\frac{2}{5}} \tag{4.36}$$

（2）段塞流向泡状流的过渡。

当气体流速较低时，离散的气泡不会发生碰撞及合并，直线上升。当气体流速较高时，气泡开始变大，当达到临界尺寸时，气泡开始变形，并以 Z 形路线运动。然后开始碰撞、合并，形成球形泡，与段塞流中的 Taylor 泡类似。这时，就会发生向段塞流的过渡。

在纯水中，Taitel 认为当含气率达到 0.25 时，泡状流就会向段塞流发生过渡。这时，当气泡间的距离是它们半径的一半时，就会发生急剧地合并。Caetano 通过实验研究，认为当环空中含气率为 0.2 时，就会发生泡状流向段塞流的过渡。

初始气、液相之间的速度关系为：

$$v_G = v_L + v_{0,\infty}$$

式中 v_G——气相真实流动速度；

v_L——液相真实流动速度。

$$\frac{v_{SG}}{\alpha} = \frac{v_{SL}}{1-\alpha} + v_{0,\infty}$$

式中 v_{SG}——气相表观流动速度；

v_{SL}——液相表观流动速度；

α——含气率。

$$v_{SG} = \frac{\alpha}{1-\alpha}v_{SL} + \alpha v_{0,\infty}$$

所以，段塞流向泡状流的过渡条件为：

$$v_{SG} = 0.25v_{SL} + 0.306\left[\frac{(\rho_L - \rho_G)g\sigma}{\rho_L^2}\right]^{1/4} \tag{4.37}$$

（3）段塞流向环状流的过渡。

当环空中的气体流速很高时，就会发生向环状流的过渡。液相以液膜的形式沿着管壁向上运动，同时在气芯中还有可能以小液滴的形式存在。当段塞流中的液膜变得无限长时，就会发生段塞流向环状流的过渡，这时就会使得液塞与液膜间的动量交换项变为零，基于 Zhang 的环状流过渡模型，得到：

$$H_{LFc} + H_{LFd} = \frac{[H_{LS}(v_T - v_S) + v_{SL}](v_{SG} + v_{SL}F_E) - v_T v_{SL} F_E}{v_T v_{SG}} \tag{4.38}$$

其中，v_{LFc}，v_{LFd}，H_{Lc}，v_c 可以表示为：

$$v_{LFc}H_{LFc} + v_{LFd}H_{LFd} = v_{SL}(1 - F_E)$$

$$H_{Lc} = \frac{v_{SL}F_E(1 - H_{LFc} - H_{LFd})}{v_S - v_{SL}(1 - F_E)}$$

$$v_c = \frac{v_S - v_{SL}(1 - F_E)}{1 - H_{LFc} - H_{LFd}}$$

4.2 地层侵入流体在井筒分布模型研究进展

溢流期间的井筒环空多相流动规律是进行井控问题研究和贯彻实施井控技术的基本依据和核心。长期以来，前人在井控问题的研究方面做了大量的工作，取得了许多重要成果，形成了一套完整的理论、技术和方法。在研究的过程中，存在两种差别较大的理论，即连续气柱理论和两相流理论。

4.2.1 连续气柱理论

连续气柱理论是假设侵入井眼的气体在井底是以连续气柱的形式存在。气柱底部的上升速度等于下面钻井液的速度。气柱上升过程中，由于环空静液柱压力的降低其体积膨胀、体积增大受 PVT 状态方程的支配。但气体相对于钻井液无滑脱。在气柱上部和下部未受气体污染。这种假设简化了运算。

O′Brien 等首先提出的司钻压井法，就是基于连续气柱理论计算的。该方法在现场的应用推广大大改进了井控技术，丰富了井控理论。Shurmun 等对 O′Brien 的司钻法进行了高度评价，并在此基础上建立了压井曲线，把钻柱与环空看作 U 形管结构，从而可以计算地层压力。

Le Blanele 基于以上假设建立了第一个计算机数学模型，模型的建立还基于以下假设：地层气体不再侵入井眼；在墨西哥湾两种天然气的相对密度分别为 0.6 和 0.7，流体循环温度梯度为 0.625/30.48m；利用 PVT 方程求取绝对压力和温度时，以气柱为基础并取气柱中点位置，初始气体体积等于溢流体积；循环摩阻忽略。通过和实际井对比，吻合比较好，验证其可行性。

目前，很多文献都用式(4.39)计算井底溢流高度：

$$h_w = \frac{\Delta V}{V_a} \tag{4.39}$$

式中 h_w——井底溢流高度，m；

ΔV——溢流体积，m^3；

V_a——环空容积系数，m^3/m。

该公式处理中，井眼中的气体便被看作气柱，并以此为基础，取计算各参数。

基于连续气柱理论，分析少量气体侵入井筒后的影响，如图 4.11 所示。

3000m 处在 33.316MPa 压力下，0.2m^3的气体上升至 2250m 处时体积变为 0.266m^3；上升至 1500m 时，膨胀了一倍，成为 0.4m^3。当上升至距井口 375m 时，体积膨胀到 1.6m^3，这时气

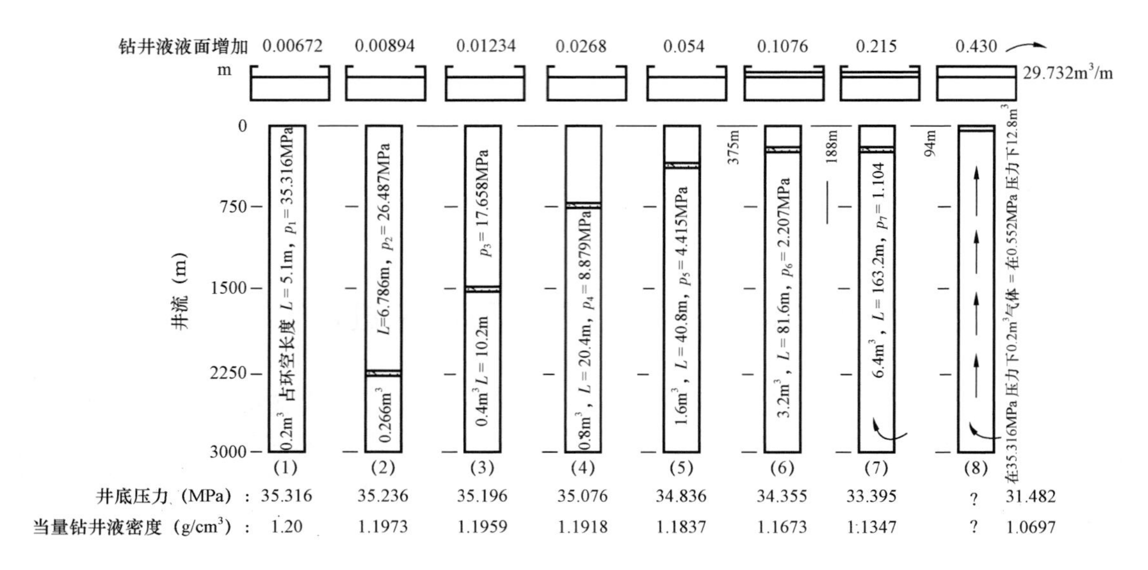

图 4.11　0.2m³气体上升同时膨胀

（在 251mm 井眼，114mm 钻杆环空，地层压力 1.08g/cm³，静液压力 1.15g/cm³，开始循环压力 1.20g/cm³）

体在环空占据的长度为 82m，气体顶部离井口 147m，井底压力降至 34.355MPa。当气体上升至距井口 94m 时，气体长度已增加至 163.2m，气体顶部距井口还有 12m，井底压力降为 33.359MPa。当距离井口 47m 时，气体在环空中的长度为 326.4m，即已有 280m 的环空长度气体喷出井口。

国内在有关井控立压、套压及地层压力的理论计算时常采用这种理论：溢流在环空中以纯气柱形式存在，在上升过程中随所受静液压力的减少体积不断增大。这种单相流动虽然比较容易计算，但是受到其基本假设条件、理论模型体系以及研究方法和条件的限制，算出的数值与事实不符，出现偏大数值，难以对复杂情况下井内溢流的形成和发展过程以及控制规律进行系统描述和预测分析，以往的水平井井控理论一般沿用直井井控的方法，也会给实际井控带来一定问题。

4.2.2　气液两相流理论

从 20 世纪 60 年代开始，国外开始将两相流理论引入溢流井控过程中，并形成了一些气液两相流动模型。Nickens（1987）考虑了泵速、地层气侵、防喷器、节流阀关闭及节流阀调整等的影响，建立了非稳态的气侵模型，用以模拟气侵。Rolv Rommetveit（1991，1995，2003）在这方面的研究较多，取得的成就较大。他建立的模型忽略了速度及质量在截面上的分布不均匀效应，假设温度已知，通过去掉动量方程中的质量导数项，推导出了一个拟稳态方程，但并没有考虑压力波及效应。接着进行了全尺寸模拟实验，并对模型进行了验证。后来又对水平井的气侵模型进行了理论及实验研究，建立了新的气体滑脱及上升速度模型，考虑了不同的气体移动机理，包括气体以大气泡的形式运移以及运移的形式。新模型考虑了暴露在储层中的水平段、储层中的流体流动的影响。进入 21 世纪后，Rolv Rommetveit 等（2003）对高温高压井的井控问题进行了研究，提出了一种考虑多种因素的在窄压力密度窗口下的井控方法，包含理论计算，计算机模拟及实验研究。Fairuzov 等(2002)提出了一种井筒内非稳态气液两相流流动参数模型。Avelar(2009)应用非稳态漂移流动模型对多组分二氧化碳混合物的两相流动过程进行模拟。Shirdel 等(2011)建立了考虑能量方程的全隐式非稳态二流体两相流模拟器来模拟井筒内的多相流动问题。Malekzadeh 等(2012)应用非稳态漂移流动两相流模型模拟海底混输管线内出现的严重段塞流。Nemoto(2012)考虑油气间质量交换,应用非稳态无压力波模型对海底混输管线内段塞流进行模拟。Choi 等(2013)建立了一个简化的非稳态漂移流动气液两相流模型。Pan等(2014)建立了非等温、多相多组分流动模型 T2Well,将在井筒和地层孔隙或裂缝介质内多相流动问题放到一起进行模拟。

在我国,从 20 世纪 80 年代以来,随着井控、欠平衡钻井技术的发展,井筒多相流技术越来越受到重视。李相方是最早将气液两相流理论引入到溢流井控过程进行模拟的学者之一,他在小型实验装置及 1000m 全尺寸模拟实验井上进行了井控过程中气液两相流的实验研究。后来,他的学生孙晓峰、尹邦堂、任美鹏等对井涌期间气液两相流理论、溢流期间的多相流参数分布特征进行了实验与理论研究。近些年,孙宝江、高永海、王志远等人基于水基钻井液,对深水钻井井控过程中井筒多相流规律进行了理论及实验研究,提出了“七组分井筒多相流动理论模式”,从溢流和井喷过程模拟、压井过程模拟及天然气水合物相变对井控参数影响等几个方面对深水井筒多相流动规律进行了分析。

4.3 非稳态环空气液两相流动模型建立

4.3.1 物理模型

目前的非稳态多相流动模型多是基于以下模型进行改进,基本假设:

(1)在本文的研究中,假设井眼直径为圆形且与钻柱同心。

(2)忽略气体在钻井液中的溶解,且两相间无化学反应,并且井内流体气液相间无相态转化。

(3)本文因井内流道横截面尺寸大大小于纵向尺寸,故井内流体可按沿井轴方向的一维流动问题考虑,用截面的平均特性和分布系数修正方法来表征过流截面的流动参数分布。

(4)环空内两相流动在同一位置处气液两相温度相同,无热量交换,流体温度近似按地温梯度考虑。

两相流动力学研究提供了描述一元两相流动的基本方程,既保证能够计算求解,又保证了两相流的重要特点。

(1)气相连续性方程。

$$\frac{\partial(\rho_g\alpha)}{\partial t}+\frac{\partial(\rho_g\alpha v_g)}{\partial z}=q_{gp} \tag{4.40}$$

式中 ρ_g——气相密度,kg/m^3;

α——含气率;

v_g——气相速度,m/s;

q_{gp}——气体进入速率,m^3/s。

(2)液相连续性方程。

$$\frac{\partial[\rho_{\mathrm{m}}(1-\alpha)]}{\partial t}+\frac{\partial[\rho_{\mathrm{m}}(1-\alpha)v_{\mathrm{m}}]}{\partial z}=0 \tag{4.41}$$

式中 ρ_{m}——液相密度,kg/m³;

v_{m}——液相速度,m/s。

(3)混相连续性方程。

$$\frac{\partial}{\partial t}[\alpha_{\mathrm{g}}\rho_{\mathrm{g}}+(1-\alpha_{\mathrm{g}})\rho_{\mathrm{m}}]+\frac{\partial}{\partial x}[\alpha_{\mathrm{g}}\rho_{\mathrm{g}}v_{\mathrm{g}}+(1-\alpha_{\mathrm{g}})\rho_{\mathrm{m}}v_{\mathrm{m}}]=q_{\mathrm{gp}} \tag{4.42}$$

(4)混相动量方程。

$$\frac{\partial}{\partial t}[\rho_{\mathrm{g}}\alpha v_{\mathrm{g}}+\rho_{\mathrm{m}}(1-\alpha)v_{\mathrm{m}}]+\frac{\partial}{\partial z}[\rho_{\mathrm{g}}v_{\mathrm{g}}^{2}\alpha+\rho_{\mathrm{m}}v_{\mathrm{m}}^{2}(1-\alpha)]+\frac{\partial p}{\partial z}+\left(\frac{\partial p}{\partial z}\right)_{\mathrm{fr}}+[\rho_{\mathrm{m}}(1-\alpha)+\rho_{\mathrm{g}}\alpha]g=0 \tag{4.43}$$

式中 g——重力加速度,kg/m²。

4.3.2 离散方程组

显然上述方程组是不可能直接求得解析解的。为此,需借助于数值求解方法,将上述方程按空间和时间进行离散化,形成对应的非线性差分方程组。根据守恒型偏微分方程的特点,同时综合考虑数值计算中对收敛性和稳定性的要求,采用全隐式差分格式以及预测—校正求解技术循环迭代求解各时步的各参数值,直至收敛于相应的边界条件。为此即可求得任一时段井内任一节点的气液速度、相分布、密度和压力等参数值。差分网格如图4.12所示。

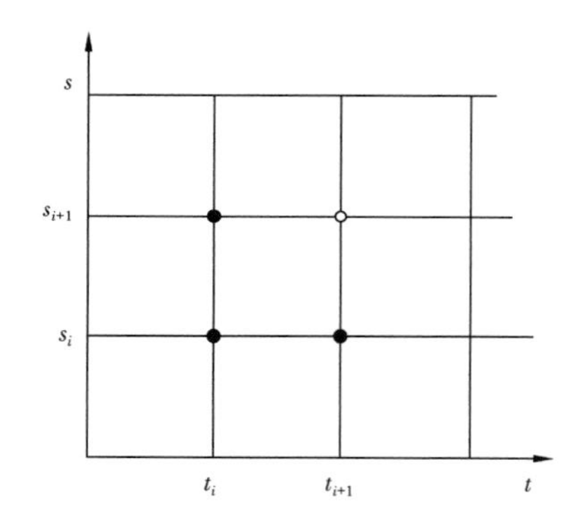

图4.12 差分网格的建立

将理论模型离散,可得到以下差分方程:

$$p_{j+1}^{n+1}-p_{j}^{n+1}=T_{A}+T_{B}+T_{C}+T_{D} \tag{4.44}$$

其中

$$T_{A}=\frac{\Delta z}{2\Delta t}\{[\rho_{\mathrm{g}}\alpha v_{\mathrm{g}}+\rho_{\mathrm{m}}(1-\alpha)v_{\mathrm{m}}]_{j}^{n}+[\rho_{\mathrm{g}}\alpha v_{\mathrm{g}}+\rho_{\mathrm{m}}(1-\alpha)v_{\mathrm{m}}]_{j+1}^{n}-[\rho_{\mathrm{g}}\alpha v_{\mathrm{g}}+\rho_{\mathrm{m}}(1-\alpha)v_{\mathrm{m}}]_{j}^{n+1}-[\rho_{\mathrm{g}}\alpha v_{\mathrm{g}}+\rho_{\mathrm{m}}(1-\alpha)v_{\mathrm{m}}]_{j+1}^{n+1}\} \tag{4.45}$$

$$T_{B}=[\rho_{\mathrm{g}}\alpha v_{\mathrm{g}}^{2}+\rho_{\mathrm{m}}(1-\alpha)v_{\mathrm{m}}^{2}]_{j}^{n+1}-[\rho_{\mathrm{g}}\alpha v_{\mathrm{g}}^{2}+\rho_{\mathrm{m}}(1-\alpha)v_{\mathrm{m}}^{2}]_{j+1}^{n+1} \tag{4.46}$$

$$T_{C}=(p_{\mathrm{fr}})_{j}^{n+1}+(p_{\mathrm{fr}})_{j+1}^{n+1}=\frac{\Delta z}{2}\left[\left(\frac{\Delta p_{\mathrm{fr}}}{\Delta z}\right)_{j}^{n+1}+\left(\frac{\Delta p_{\mathrm{fr}}}{\Delta z}\right)_{j+1}^{n+1}\right] \tag{4.47}$$

$$T_{D}=G_{j}^{n+1}+G_{j+1}^{n+1}=\frac{\Delta z}{2}\{[\rho_{\mathrm{g}}\alpha+\rho_{\mathrm{m}}(1-\alpha)]_{j}^{n+1}+[\rho_{\mathrm{g}}\alpha+\rho_{\mathrm{m}}(1-\alpha)]_{j+1}^{n+1}\}g \tag{4.48}$$

4.3.3　方程组的求解

已知井口压力求井底液柱压力的计算方法：

(1)给出在井底的开始时刻的压力值 p_0^0；

(2)用 p_0^0 结合渗流模型计算 Q_{sc}^0；

(3)初步估计 $j+1$ 处 $n+1$ 时刻的压力值 $p_{j+1}^{n+1(0)}$；

(4)估算 $n+1$ 时刻节点 $j+1$ 处的空隙率 $(\alpha)_{j+1}^{n+1(0)}$；

(5)用物理方程结合 α 的定义确定 $(\alpha)_{j+1}^{n+1(N)}$；

(6)若 $|(\alpha)_{j+1}^{n+1(N)}-(\alpha)_{j+1}^{n+1(0)}|\leqslant\varepsilon$，则说明前面第(4)步估算的正确，并作为 $(\alpha)_{j+1}^{n+1}$ 继续下一步的计算，否则返回(4)重新估算 $(\alpha)_{j+1}^{n+1(0)}$；

(7)将已确定的 $(v_m)_{j+1}^{n+1}$，$(v_g)_{j+1}^{n+1}$，$(\alpha)_{j+1}^{n+1}$ 代入方程求解新的 $(p)_{j+1}^{n+1(N)}$；

(8)若 $|p_{j+1}^{n+1(N)}-p_{j+1}^{n+1(0)}|\leqslant\delta$，说明 $p_{j+1}^{n+1(0)}$ 估设得正确，并将 $p_{j+1}^{n+1(N)}$ 作为 p_{j+1}^{n+1}，停止对节点 $j+1$ 的计算，并把 $j+1$ 处所得参数作为计算下一个节点的已知条件，否则返回(3)重新估算确定 $p_{j+1}^{n+1(0)}$，并通过(3)～(7)计算确定 $p_{j+1}^{n+1(N)}$ 直到(8)中条件成立；

(9)当计算到井口时，若 $|p_{top}-p'_{top}|\leqslant\delta$，说明计算①估算合适，否则重新(1)～(8)直到(9)中条件合适。

在求解差分方程时采用了逐网格迭代的方法，因此可以通过编制程序，利用计算机对数学模型进行处理求解，如图4.13所示。这样便于对井眼中的各个参数进行计算并求出井底压力。

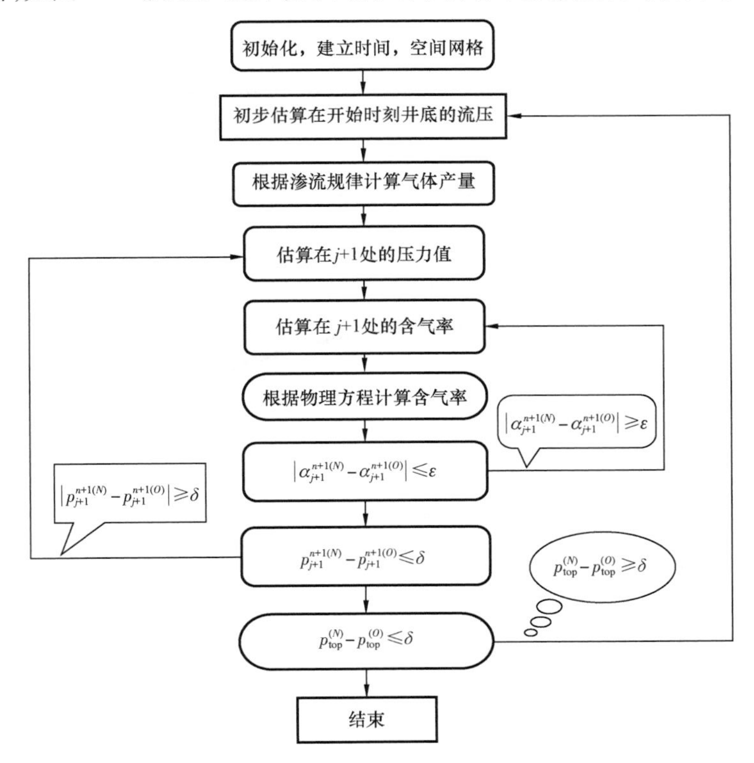

图4.13　程序设计框图

4.4 高低渗透油气藏溢流期间井底压力变化规律

4.4.1 高渗透油气藏

4.4.1.1 无井口回压工况下井底压力变化及控制

对于高渗透的油气层，根据达西定律，气体侵入量大，井控难度大，为了展示该情况下井涌期间环空气液两相流动参数变化特点，以便于控制，根据4.3节中偏微分方程组与相关状态方程，模拟参数如下，结果如图4.14和图4.15所示。

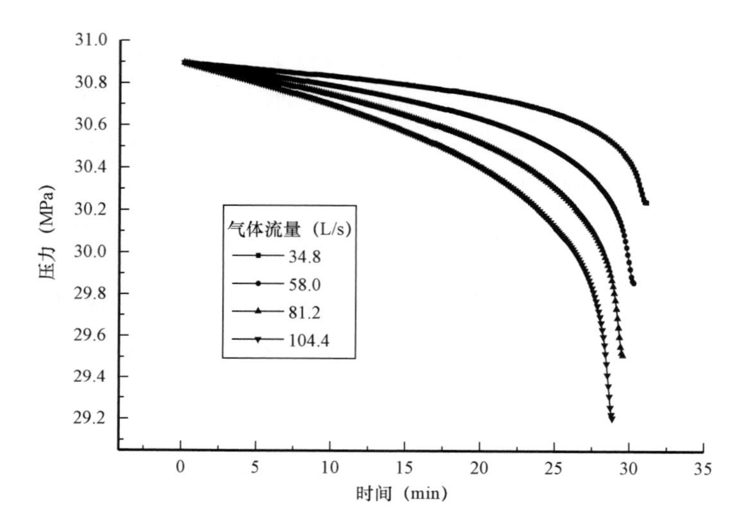

图4.14 稳态条件下不同气体流量下井底流压随时间的变化曲线

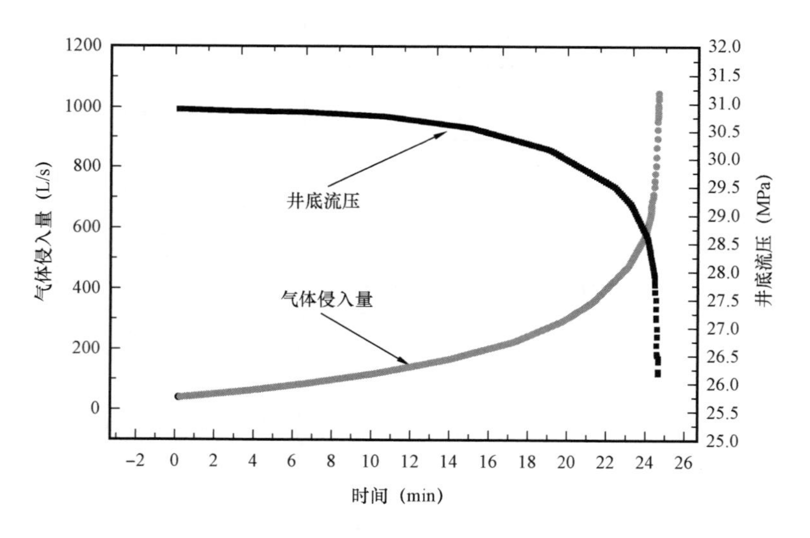

图4.15 瞬态条件下井底流压和气体侵入量随时间的变化曲线

井深:2000m;井口压力:0.1MPa;钻井液流量:1382.4m^3/d;气体黏度:0.0002Pa·s;钻井液黏度:0.03Pa·s;钻井液密度:1500kg/m^3;井径:0.2m;套管外径:0.1m;井口温度:25℃;井底温度:85℃;地层压力:32MPa;钻速:10m/h;渗透率:50mD。

图4.14是在稳态条件下不同进气量情况下井底流压随时间的变化规律。从图4.14可以看出,在前10min内,不同进气量情况下,井底流压都变化不大。但到15min时:当气体侵入量为34.8L/s时,井底流压降低了0.2MPa;当气体侵入量为58.0L/s时,井底流压降低了0.4MPa;当气体侵入量为81.2L/s时,井底流压降低了0.6MPa;当气体侵入量为104.4L/s时,井底流压降低了0.9MPa,也即井底流压已有明显降低。当超过15min后,井底流压变化的速率既随时间变化较快,又随不同进气量变化较大。这主要是因为此时气体已经运移到了距离井口很近地方,由于截面含气率已经超过了使流型发生转变的数值,因此流型发生转变,流型发生转变以后,气体的运移速度变大。

从图4.14上还可以看出,随着气体侵入量的减小,在相同的时间内,井底流压降低的幅度减小,气体到达井口的时间增加。

图4.15是在瞬态条件下模拟的井底流压和气体侵入量随时间的变化规律。从图4.15上可以看出,在气体进入井筒的初期,即小于15min,井底流压变化了0.5MPa。此时气体侵入量的变化主要是由于随着时间的增加,相对10m/h的钻速,井深在不断增加,气层厚度在增加,气藏的泄漏面积在增加。根据达西定律,气体的产出量将增加。在15~22min期间,一方面井深不断增加,另一方面气体侵入井眼后井底压力降低使得井底负压差增大,气体侵入量将明显加大。22min后,气体侵入量剧烈增大,这是由于环空上部气液两相流从段塞流转变到搅拌流,使得气体上升的速度大幅度增加所至。气体速度增加,因此在相同的时间内,气体在井筒中上升高度增加,从而导致井底流压发生的变化增大,根据达西定律,气体的产气量和井底流压的平方是线性的关系,所以此时,气体的侵入量将发生很大的变化,在几分钟内,气体的侵入量将成倍增加。这时井深增加对于气体侵入量的影响将变为次要因素。气体侵入量的增加,反过来导致井底流压的降低,从而继续使气体侵入量增加,这是一个恶性循环的过程。因此可以看出,在模拟的参数条件下,必须在溢流量不高的情况下就开始采取控制措施。否则,当时间超过20min后再控制将会大大增大控制的难度。

从图4.15可以明显看出,在前15min,井底流压只降低了0.5MPa,而在15~25min时,井底流压降低了3.5MPa。在前15min,气体侵入量只增加到140L/s,而在15~25min时,气体侵入量增加到1000L/s。因此及早采取措施控制井涌是非常重要的。

对于高渗透油气层,由于其渗透率比较高,气体在很短的时间内将大量进入井筒中,并且运移到井口的所需的时间随着进气量的增大而减小,在所模拟的条件下,气体在25min左右就可以运移到井口,如果在气体侵入井眼后的15min以内采取措施,就可以提高井控成功的概率;若在20min以后,井控的难度将大大增加。

4.4.1.2 施加井口回压工况下井底压力变化及控制

在欠平衡钻井过程中,由于要实现井底的负压差,因此地层流体不断地进入井筒之中,在井筒中形成两相流动。在井筒的底部是泡状流、在井筒的中上部可能形成弹状流。为了在井筒下部形成稳定的泡状流,必须对气体的侵入量进行有效控制。

欠平衡钻井过程中环空多相流的特点。

(1)在欠平衡钻井的过程中,钻遇气层时,随着井深和进入气层深度的增加,气体的侵入量增加,但仍需要保持井底的应定范围内负压差,而井控则需要使暂时出现的负压差变为正压差,以保证井的稳定性和安全性。

(2)在欠平衡钻井中,要保持井口的气体排出量的恒定,就考虑井底的气体侵入量的变化,而气体进气量的变化又和井底的压差、地层渗透率、气层深度随时间的变化,以及井口回压的大小有关。

(3)如果保持井口节流阀的压力不变,随着欠平衡钻井继续钻进,进入气层深度的增加,导致井底流压降低,井底流压的降低导致气体侵入量的增加,形成了一个恶性循环。从而导致了欠平衡钻井的失败。

(4)调节井口节流阀的压力,可以有效地控制井底气体的侵入量,此时井底的负压差可能发生了变化,这是由于此时随着钻进井底的进入气层的深度发生了变化。

因此,在欠平衡钻井的过程中,需要施加一定的井口压力,才能有效地控制井底的气侵量。本小节中模拟了欠平衡钻井过程中的井底压力变化规律,如图 4.16、图 4.17 所示。模拟的基本参数如下:

井深:2000m;井口压力:1MPa;钻井液流量:1382.4m^3/d;气体黏度:0.0002Pa·s;钻井液黏度:0.03Pa·s;钻井液密度:1500kg/m^3;井径:0.2m;套管外径:0.1m;井口温度:25℃;井底温度:95℃;地层压力:34MPa;钻速:10m/h;渗透率:50mD。

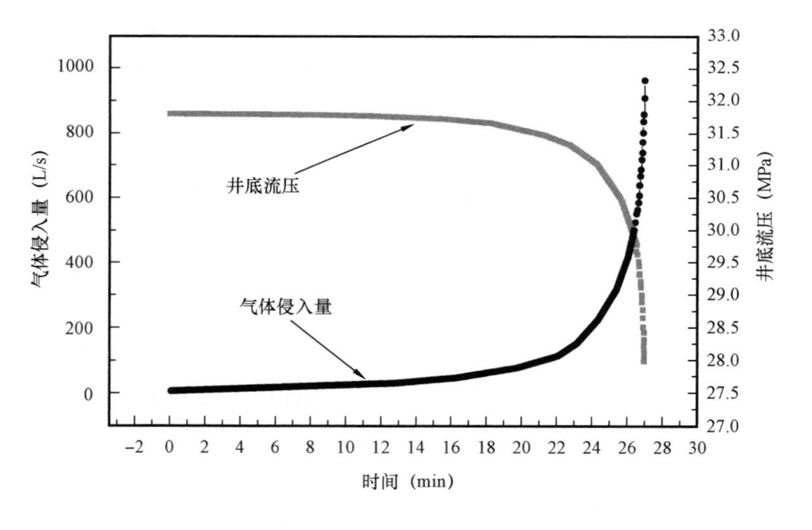

图 4.16　井底流压和气体侵入量随时间的变化曲线
(井口回压 1.0MPa,钻速 10m/h)

为了比较在其他条件相同的情况下,钻速对于井底流压和气体侵入量的影响,保持其他参数不变,使钻速由 10m/h 变为 20m/h。比较一下井底流压随时间的变化。

从图 4.17 可以看出,在气体进入井筒的初期,小于 10min,由于井底流压变化不大,因此气体侵入量的变化主要是由于随着时间的增加,井深增加,进入气层的深度增加,根据达西定律,随着气层深度的增加,气体的产出量增加。在大于 18min 后,气体侵入量急剧增大。从图 4.16和图 4.17 的比较可以看出,钻速由 10m/h 增加到 20m/h,气体的侵入量发生急剧变化的时间缩短。当气体侵入的时间超过 18min 后,同样由于两相流的流型发生改变,气体上升的速度将发生很大的变化。气体速度增加,因此在相同的时间内,气体在井筒中上升高度增加,从而导致井底流压发生的变化增大,根据达西定律,气体的产气量和井底流压的平方是线性的关系,所以此时,气体的侵入量将发生很大的变化,在几分钟内,气体的侵入量将成倍增加。这时井深增加对于气体侵入量的影响将变为次要因素。气体侵入量的增加,反过来导致井底流压的降低,从而继续使气体侵入量增加,这是一个恶性循环的过程。因此可以看出,在所给的参数条件下,必须在 18min 以内对井口的节流阀进行控制,以弥补由于气体的侵入造成的井底流压降低,控制井的流压使气体的侵入量保持在一个相对恒定的范围内。从而保证欠平衡钻井的安全进行。

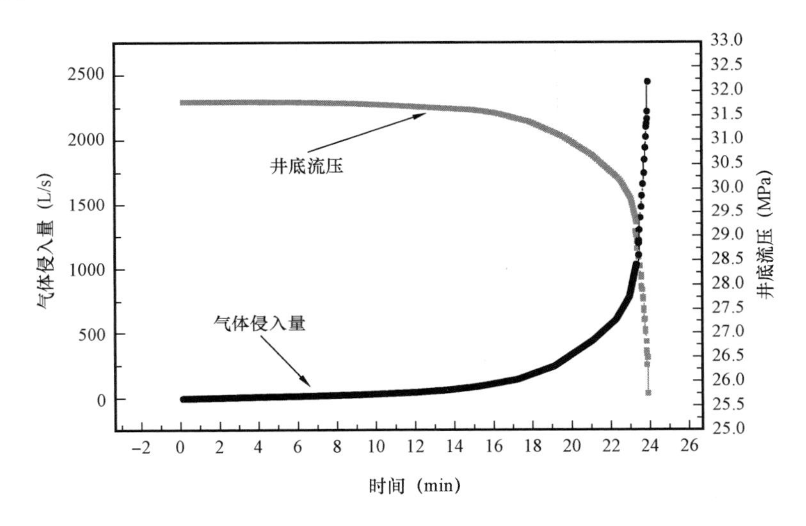

图 4.17　井底流压和气体侵入量随时间的变化曲线

(井口回压 1.0MPa,钻速 20m/h)

从图 4.18 可以看出,井底流压和气体侵入量随时间的变化规律类似于图 4.16,但是图 4.18和图 4.16 有所不同。从图 4.18 可以看出,在前 15min,气体的侵入量和井底流压变化的幅度较之于图 4.16 的情况要大,这主要是由于井口回压不同,导致了在相同的情况下井下气体的侵入量的不同。气体的侵入量和井底流压在相同的时间下,变化幅度都比图 4.16 得要大。在 18min 左右,气体侵入量发生急剧的变化,此时由于截面含气率的增大导致流型的转变,气体的速度急剧增大,使得气体在较短的时间内,沿井筒中运移的距离很大,从而导致了井底流压在较短的时间内降低了许多。井底流压和气体侵入量是一个动态的相互响应过程,因此,在 18min 后,气体的侵入量在几分钟内变得很难控制。比较图 4.18 和图 4.16 可以看出:在井口回压不同的情况下,在相同的时间内,气体的侵入量和井底流压变化的幅值不同,井口回压越大,幅值变化越小。但是,对于不同的井口回压,虽然变化的幅值不同,但都存在着一个时间的范围,超过了这个时间范围,井口回压对气体侵入量和井底流压的影响变得不大。回压越小,这个时间范围越小。

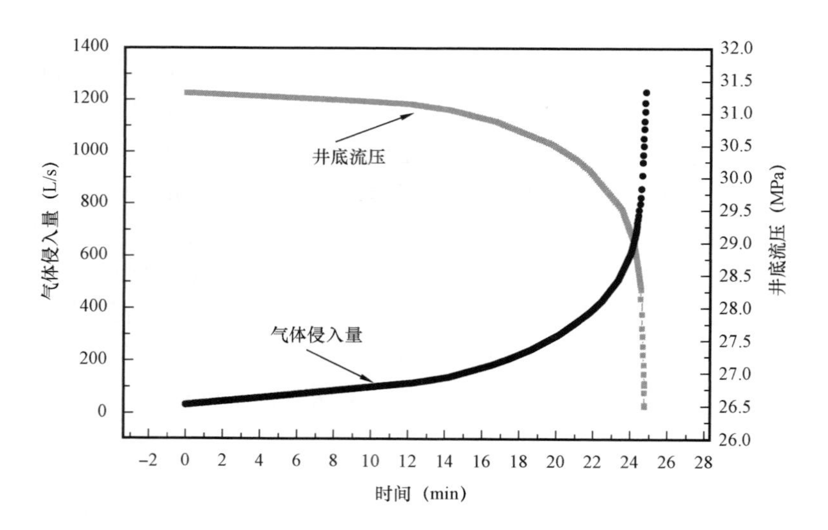

图 4.18 井底流压和气体侵入量随时间的变化曲线

（井口回压 0.5MPa，钻速 10m/h）

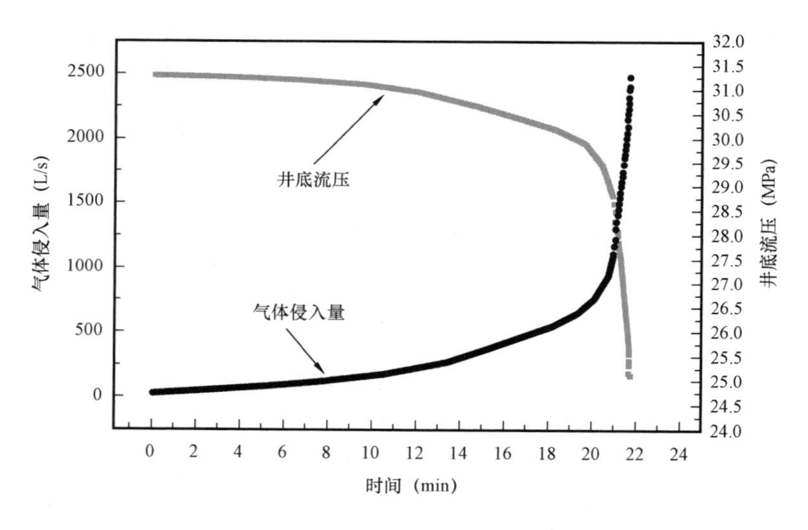

图 4.19 井底流压和气体侵入量随时间的变化曲线

（井口回压 0.5MPa，钻速 20m/h）

为了比较在其他条件相同的情况下，钻速对于井底流压和气体侵入量的影响，作了图 4.19。比较图 4.18 和图 4.19，可以看出，在其他条件相同的情况下，由于钻速不同，井底流压和气体侵入量在相同的时间内有所不同。为了更好地比较，在一张图上做出不同钻速下的气体侵入量和井底流压随时间的变化曲线，如图 4.20 所示。

从图 4.20 可以清楚地看出，在钻速不同的情况下，在前 10min，钻速对于井底流压及气体侵入量的影响不大，这是因为虽然钻速不同，但由于气体的侵入量很小，还不足以使两相流的流型发生改变，气体的上升速度变化不大。10min 以后，由于钻速不同，在相同的时间内，进入气层的深度不同，当然，钻速高的进入气层的深度较多。因此，在相同的时间内，钻速较高的钻井条件下进入井筒的累计气体量多。因此两相流在井筒中流型发生转变的时间短。钻速为10m/h的需要23min,钻速为20m/h需要19min。从图4.20可以看出,尽管钻速不同,但当超过了一定的时间,对于本模拟条件来说(26min),钻速对于气体的侵入量和井底流压的降低量影响已经很小了。这主要是由于气体在井筒中已经具有了很高的高度,井底流压降低了许多,从而导致了气体侵入量的增大。这两者之间相互影响的因素已经超过了其层深度的影响。

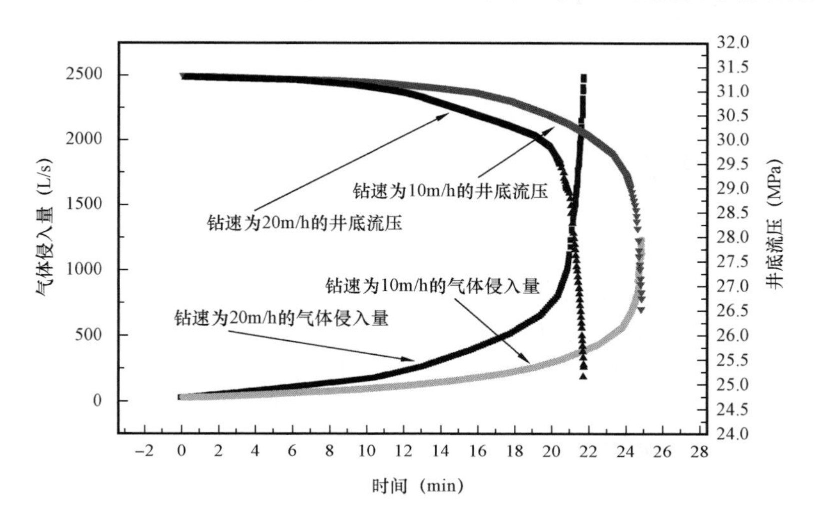

图4.20　不同钻速条件下井底流压和气体侵入量随时间的变化曲线

为了比较不同井口回压对气体侵入量和井底流压的影响,作了图4.21。

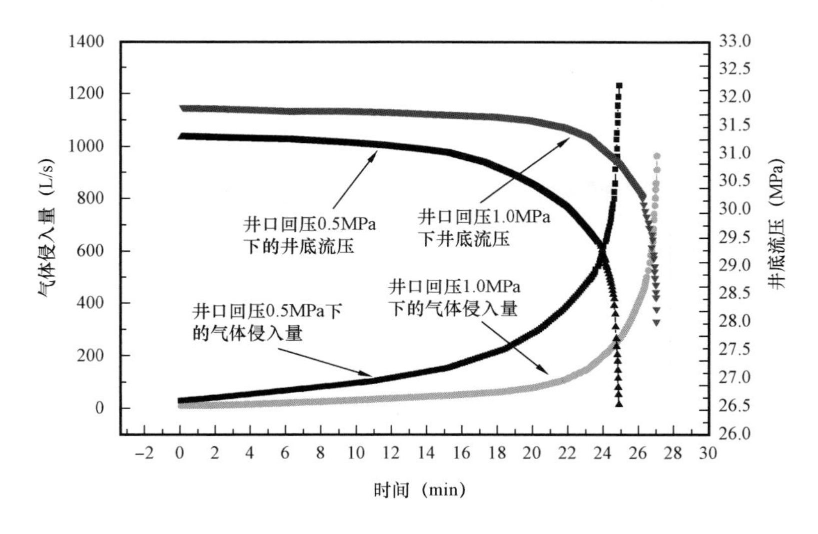

图4.21　不同井口回压条件下井底流压和气体侵入量随时间的变化曲线
(钻速10m/h)

从图4.21可以看出,在不同的井口回压下,在相同的时间内,井底流压和气体侵入量是不相同的。井口回压越大,气体的侵入量就越小。井口回压越小,气体侵入量发生突变的时间就越小,这是因为在相同的时间内,井口回压越小,进入井筒的累计气体量就多,气体发生流型转变的时间就越短。因为流型的转变对于气体的速度影响很大。流型转变后，在相同的时间内，气体运移的距离大。从而气体在井筒中的高度变化就大。当气体在井筒的高度到达一定的距离后，井底流压降发生很大的变化。井底流压对于气体侵入量的变化有很大的影响。这时井底流压的转变对于气体量的影响大大超过了井口回压的影响。此时井底流压和气体的侵入量都发生剧烈变化。从图 4.21 可以看出，在超过一定的时间后，在本模拟条件下 25min 后，不同的井口回压对井底流压和气体侵入量的影响不大了，这是因为井筒中已有了大量的气体，井底流压已经降低了很多，大大超过了井口回压不同带来的影响。认识到这一点对于欠平衡钻井有重要的指导意义。

4.4.2 低渗透油气藏

4.4.2.1 无井口回压工况下井底压力变化及控制

众所周知，低渗透储层一般具有泥质胶结物多，孔喉细小，结构复杂，原生水饱和度高，非均质性严重等特点。在钻井和开发的过程中，容易受到污染。但由于钻井工作者害怕井喷事故而不得不采取较保险的措施，即不敢使用较低密度的钻井液。而实际上，根据达西定律，低渗透油气藏相对高渗透油气藏，在同样条件下，进气量较小，因此井控难度也较小。展示低渗透油气藏溢流期间环空气液两相流动参数分布特点，对实施平衡压力钻井与近平衡压力钻井具有重要意义。

根据 4.3 节中的偏微分方程(4.40)至方程(4.43)与相关状态方程，模拟参数如下：

井深:2000m;井口压力:0.1MPa;钻井液流量:1382.4m^3/d;气体黏度:0.0002Pa·s;钻井液黏度:0.03Pa·s;钻井液密度:1500kg/m^3;井径:0.2m;套管外径:0.1m;井口温度:25℃;井底温度:85℃;井底压力:32MPa;渗透率:0.5mD;钻速:10m/h。结果如图 4.22 和图 4.23 所示。

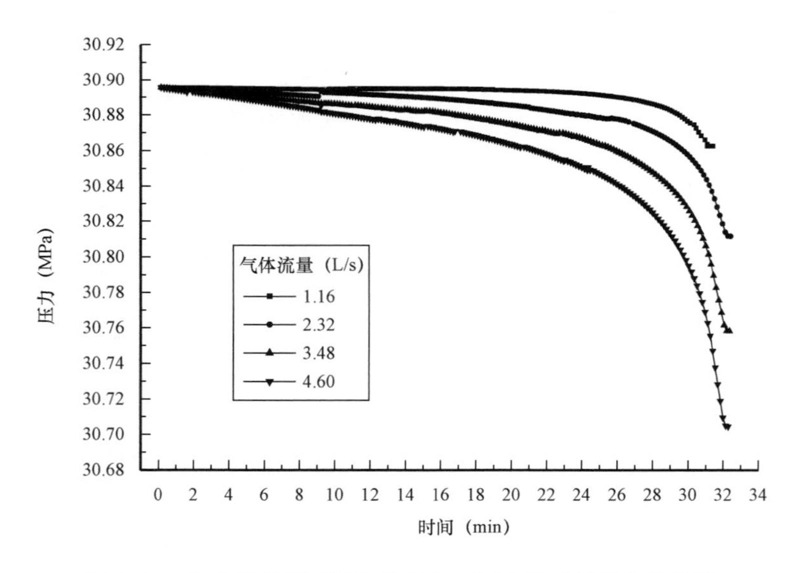

图 4.22　稳态条件下不同气体流量下压力随时间的变化曲线

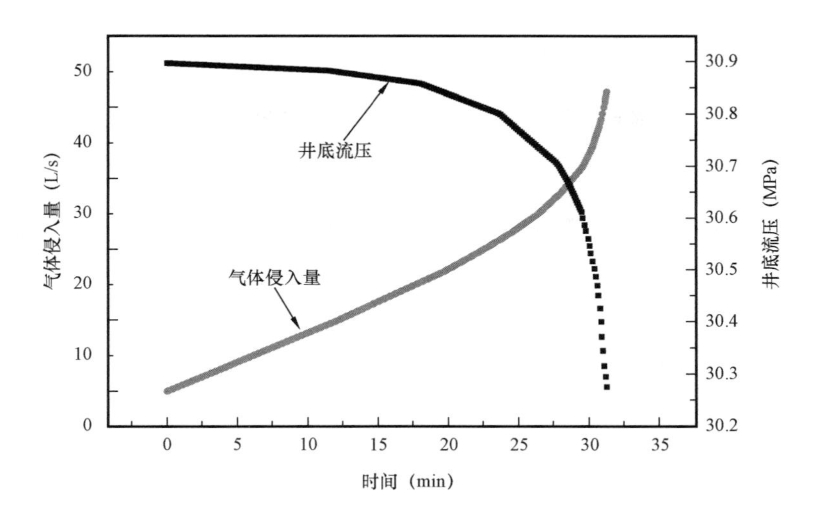

图 4.23　瞬态条件下井底流压和气体侵入量随时间的变化曲线

图 4.22 是在稳态条件下不同进气量情况下井底流压随时间的变化规律,因为是为了展示低渗透条件下的井底流压变化规律,因此进气量将大大小于高渗透的情况,模拟进气量分别为 1.16L/s、2.32L/s、3.48L/s、和 4.6L/s。从图 4.22 可以看出,在前 15min,当气体侵入量为 1.16L/s 时,井底流压降低了 0.01Ma;当气体侵入量为 2.32L/s 时,井底流压降低了 0.02MPa;当气体侵入量为 3.48L/s 时,井底流压降低了 0.03MPa,当气体侵入量为 4.6L/s 时,井底流压降低了 0.05MPa。当气侵超过一定的时间后,井底流压变化的速率将会增大,不同的气体侵入量,井底流压变化速率开始增大时的时间不同。气体的侵入量越大,这个时间越短。从图 4.23可以清楚看出,在本模拟条件下,这四个气体侵入量的时间分别是:26min,28min,30min,32min。这主要是因为此时气体已经运移到了距离井口很短地方,由于截面含气率已经超过了使流型发生转变的数值,因此流型发生转变,气体的运移速度变大。随着气体侵入量的减小,在相同的时间内,井底流压降低的幅度减小,气体到达井口的时间增加。

图 4.23 是在瞬态条件下井底流压和气体侵入量随时间的变化规律。从图中可以清楚地看出,在气体进入井筒的初期,即气体侵入井筒的 25min 内,由于渗透率比较小,所以气体进入井筒的速率很低,在前 25min 内,由于进入气层的深度随着时间增加而线性的增加,所以气体的侵入量基本是线性的增加。当时间大于 25min 后,由于气体在井筒中已经运移到接近井口的位置,截面含气率大于 0.08,所以两相流的流型发生转变,流型发生转变后气体的速度增大,但是由于渗透率很低,所以气体侵入量的值仍然不是很大。从图 4.23 可以看出,在 25min 的时间内,井底流压降低了 0.1MPa,气体侵入量从 5L/s 上升到了 30L/s。可以看出,气体侵入量虽然一直在变化,但变化的幅度与高渗透地层比较起来很小。井底流压同样如此。在超过一定的时间后,气体的侵入量和井底流压的变化将会增大,这主要是由于井底流压和气体侵入量相互作用的结果。但这个时间点与高渗透地层相比来得较晚,所以有比较充分的时间控制。

对于低渗透油气层,由于其渗透率比较低,气体在很短的时间内的进入井筒之中的气体较少,并且运移到井口的所需的时间比高渗透地层所需的时间多。从图上可以看出,由于地层的低渗透,从而使井底流压发生较大变化的时间增加,给采取措施提供了大量的时间,因此对于低渗透地层,采用近平衡钻井不但可以保护油气层,而且若出现气侵后有比较充分的时间,可以采取各种措施进行井控,提高钻井的安全性。

4.4.2.2　施加井口回压工况下井底压力变化及控制

模拟低渗透油气藏欠平衡钻井过程中的井底压力变化规律,如图 4.24 至图 4.29 所示。模拟的基本参数如下。

井深:2000m;井口压力:0.1MPa;钻井液流量:1382.4m^3/d;气体黏度:0.0002Pa·s;钻井液黏度:0.03Pa·s;钻井液密度:1500kg/m^3;井径:0.2m;套管外径:0.1m;井口温度:25℃;井底温度:85℃;井底压力:32MPa;渗透率:0.5mD;钻速:10m/h。

为了比较不同钻速对于井底流压的影响,模拟了其他条件相同的情况下,钻速分别为 10m/h、20m/h 的情况,如图 4.24 和图 4.25 所示。

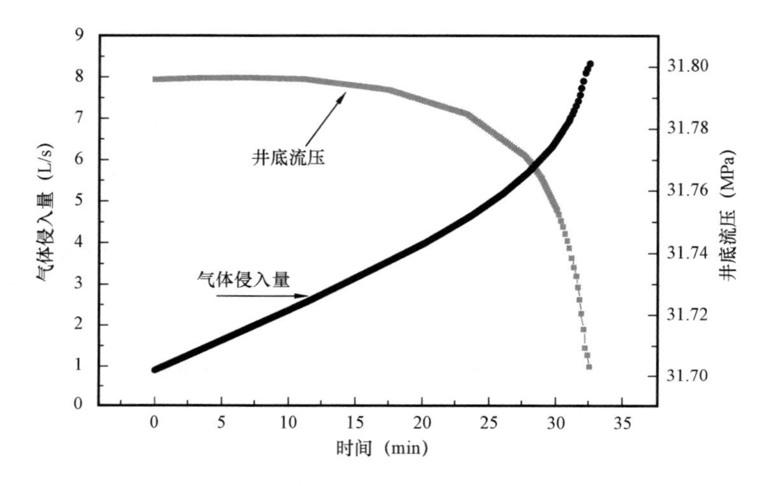

图 4.24　井底流压和气体侵入量随时间的变化
(井口回压 1.0MPa、钻速 10m/h)

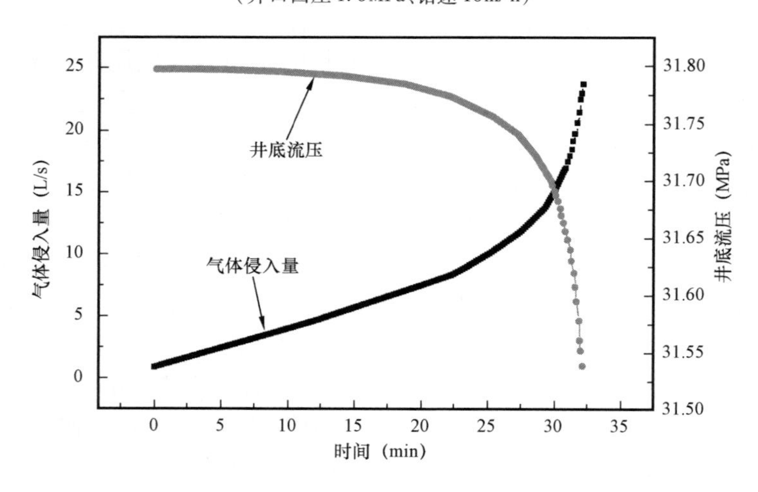

图 4.25　井底流压和气体侵入量随时间的变化
(井口回压 1.0MPa、钻速 20m/h)

从图 4. 25 可以看出,井底流压和气体侵入量变化的规律和图 4. 24 基本相同。不同之处在于,当钻速为 20m/h 时,在相同的时间内,井底流压和气体侵入量的变化幅度大。这是因为在相同的时间内,钻速越高,进入气层的深度越大,根据达西定律,气体的产量越大。由于渗透率很低,因此产量虽然一直在增加,但数值很小。气体的侵入量和井底流压在溢流一段时间后变化比较大,主要是因为截面含气率到达了使两相流的流型改变的数值,从而导致了气体速度的增大。钻速为 20m/h 时流型转变的时间比钻速为 10m/h 的情况短。这是因为钻速越大,相同的时间内,进入井筒的累计气量多。从而截面含气率发生转变的时间较短。为此绘制了不同钻速下的井底流压和气体侵入量随时间的变化曲线,如图 4. 26 所示。

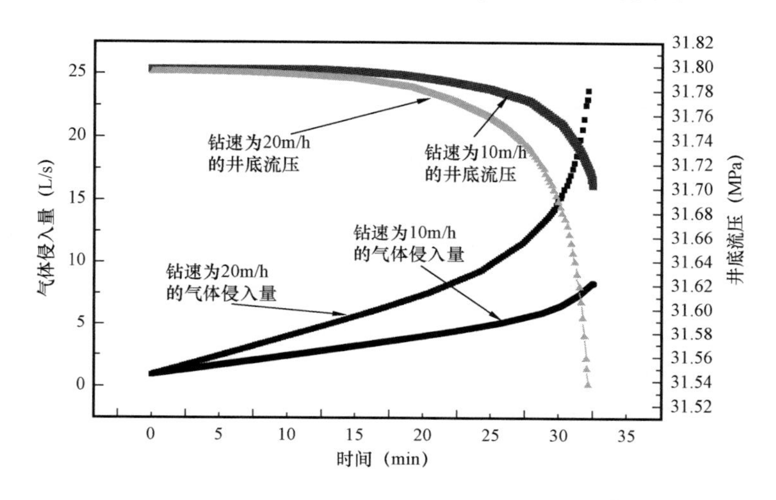

图 4. 26　不同钻速情况下井底流压和气体侵入量随时间的变化曲线
(井口回压 1. 0MPa)

从图 4. 26 可以看出,在前 25min,在相同的时间内,钻速越大,气体的侵入量就越大,井底流压就越小。但是气体侵入量的值很小,这是因为渗透率很低的原因,同时井底流压降低幅度也很小,只有 0. 1MPa 左右。在 25min 以后,由于气体上升到了井筒的中上部,虽然气体的进气量很小,但是截面含气率已经达到了 0. 08,因此气液两相流的流型将发生转变,从而使气体的上升速度加快。所以在较短的时间内气体在井筒中的运移距离加大,井底流压降低的幅度增大。流压降低的幅度增大,根据达西定律,气体侵入量将增大,两者之间相互影响。从图 4. 26可以看出,钻速越小,井底流压发生剧烈变化的时间就越长,但是这个剧烈变化是相对的。因为井底流压降低的幅度只有 0. 3MPa 左右,当然随着时间的推移,井底流压降低的速度会越来越大。气体侵入量会越来越多。但是和高渗透气藏相比,相同的时间内,低渗透油气藏的井底流压和气体侵入量的幅度要小。因为渗透率的不同,在其他同等条件下,高渗透气藏的进气量肯定大于低渗透气藏的进气量。

同样为了比较井口回压对气体进气量和井底流压的影响,在其他参数不变条件下,使井口回压变为 0. 5MPa,如图 4. 27 所示。

从图 4. 27 可以清楚地看出,在气体侵入井筒的前 28min 内,气体侵入的速率较低,在前 28min 内,由于进入气层的深度随着时间增加呈线性增加,井底流压基本不变,所以气体的侵

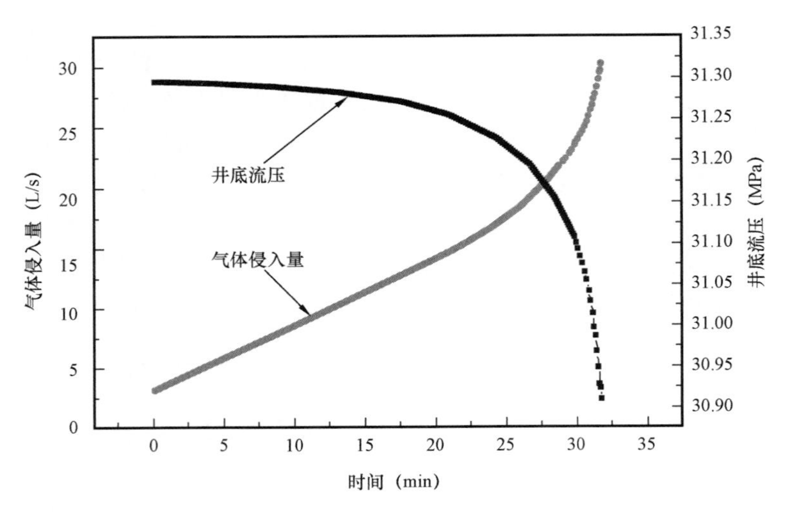

图 4.27　井底流压和气体侵入量随时间的变化曲线

（井口回压 0.5MPa、钻速 10m/h）

入量基本是线性的增加。由 0 上升到 25L/s。当时间大于 30min 后，由于气体在井筒中已经运移到接近井口的位置，截面含气率大于 0.08，所以两相流的流型也将发生转变，因此气体的速度升高，但是由于渗透率很低，所以气体侵入量的值仍然不是很大。根据达西定律，井底流压变化很小，从图上可以看出，井底流压降低了 0.05MPa。可以看出，气体侵入量虽然一直在变化，但变化的幅度和高渗透地层相比很小。井底流压同样如此。在超过一定的时间后，气体侵入量和井底流压的变化将会增大，这主要是由于井底流压和气体侵入量相互作用的结果。但这个时间点对于渗透率较大的地层来说会较晚，所以有比较充分的时间控制。

同样，为了比较在井口回压为 0.5MPa 下钻速对于井底流压的影响，模拟了其他条件相同的情况下，钻速变为 20m/h 后的情况，如图 4.28 所示。

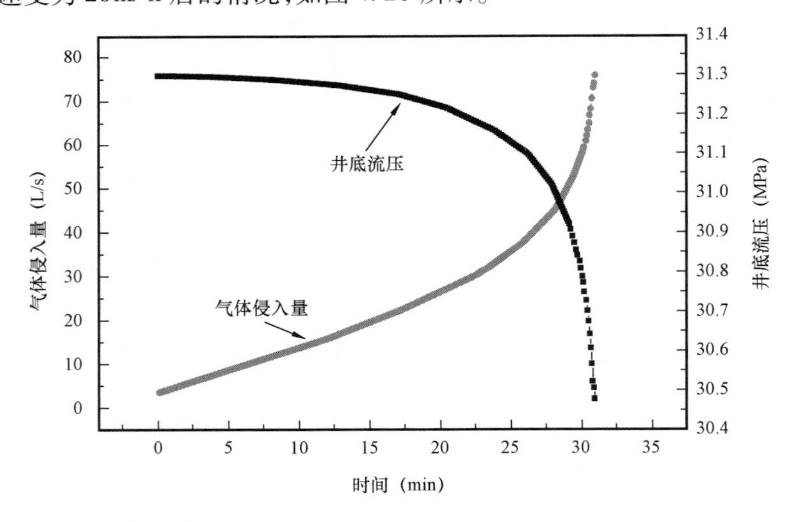

图 4.28　井底流压和气体侵入量随时间的变化曲线

（井口回压 0.5MPa、钻速 20m/h）

从图 4.28 可以看出,井底流压和气体侵入量变化的规律和图 4.27 基本相同。不同之处在于,当钻速为 20m/h 时,在相同的时间内,井底流压和气体侵入量的变化幅度大,因为在相同的时间内,钻速越高,进入气层的深度越大,根据达西定律,气体的产量越大,但由于渗透率很低,因此产量虽然一直在增加,但数值很小。在前 20min,气体的侵入量由 0 变为 40L/s。气体的侵入量和井底流压在溢流一段时间后变化会较大,在本模拟条件下为 25min,主要是因为截面含气率到达了使流型改变的数值,从而导致了气体速度的增大。钻速为 20m/h 的情况转变的时间比钻速为 10m/h 的情况短。因为钻速越大,相同的时间内,进入井筒的累计气量多。从而截面含气率发生转变的时间较短。

同样为了比较在不同井口回压条件下的气体侵入量和井底流压随时间的变化规律,做出了在不同井口回压的曲线,如图 4.29 所示。

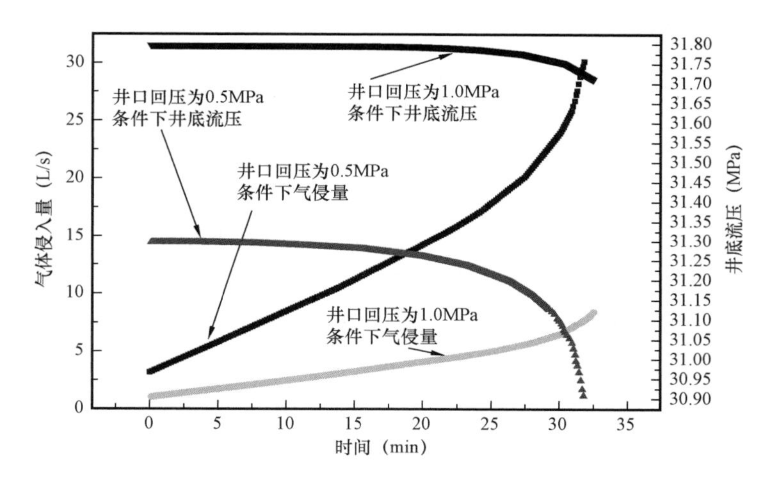

图 4.29 不同井口回压条件下井底流压和气体侵入量随时间的变化曲线
(钻速 20m/h)

从图 4.29 可清楚地看出,在不同的井口回压下,在相同的时间内,井底流压和气体侵入量是不相同的。井口回压越大,气体的侵入量就越小。同时井口回压越小,气体侵入量发生突变的时间就越早,因为在相同的时间内,井口回压越小,井底流压就越小,从而进入井筒的累计气体量就多,流型发生转变的时间就越短。由于渗透率比较低,因此井底流压和气体侵入量变化的幅度不大。井口回压为 1.0MPa 时,井底流压在 30min 内变化了 0.2MPa,井口回压为 0.5MPa 时,井底流压在 30min 变化了 0.4MPa。井口回压为 1.0MPa 时,气体的侵入量在 30min 内变化了 10L/s,井口回压为 0.5MPa 时,气体侵入量在 30min 变化了 25L/s,变化的幅度和渗透率比较高的情况相比很小。这是因为渗透率越高,相同时间内进入井筒的气体就越多,累计气体量就越大,从而使流型发生转变的时间就越短。

因为流型的转变对于气体的速度影响很大。流型转变后,在相同的时间内,气体运移的距离大。从而气体在井筒中的高度变化就大。当气体在井筒的高度到达一定的距离后,井底流压降发生很大的变化。井底流压对于气体侵入量的变化有很大的影响,两者之间是平方关系。此时井底流压和气体的侵入量都发生剧烈的变化。从图 4.29 可以看出,在超过一定的时间后，在本模拟条件下为30min后，井底流压和气体侵入量的变化率将会变得比较大，也就增加了井控的难度。认识到这一点对于欠平衡钻井有重要的指导意义。

4.5 气藏地层流体侵入井筒流体流动规律及相态分布

4.5.1 气体偏差系数的计算

气体侵入井筒后，其体积膨胀变化规律直接影响着溢流后井筒的压力分布，并影响溢流能否早期发现。目前，对不同井深内的气体膨胀规律认识并不十分清楚，其影响因素较多，有钻井液密度、温度梯度、气体组分、偏差系数等，计算井筒内侵入气体膨胀速度对早期发现气侵及溢流控制有着实际的指导意义。

现有的偏差系数计算模型均是根据Standing和Katz在1941年发表的偏差系数图拟合而来的，只是所采用的方法不同，导致适用条件与计算精度也各不相同，但上述模型仅适用于常温常压情况。李相方等人研究了Standing和Katz发表的偏差系数图（图4.30、图4.31）。图4.30为常用的天然气偏差系数图，图4.31为高压下的天然气偏差系数图，对常用偏差系数图版利用读点再插值的方法，得到偏差系数的插值多项式。研究发现偏差系数曲线在高压段呈直线趋势，根据高压段的数据，采用拟合方法建立了高压高精度天然气偏差系数解析模型（简称LXF模型）。具体步骤如下：先拟合出某一相对压力下关于相对温度和偏差系数的高阶曲线；再从适当的高阶曲线上取某一相对温度下关于相对压力和偏差系数的坐标值，最后得到高压天然气偏差系数模型。

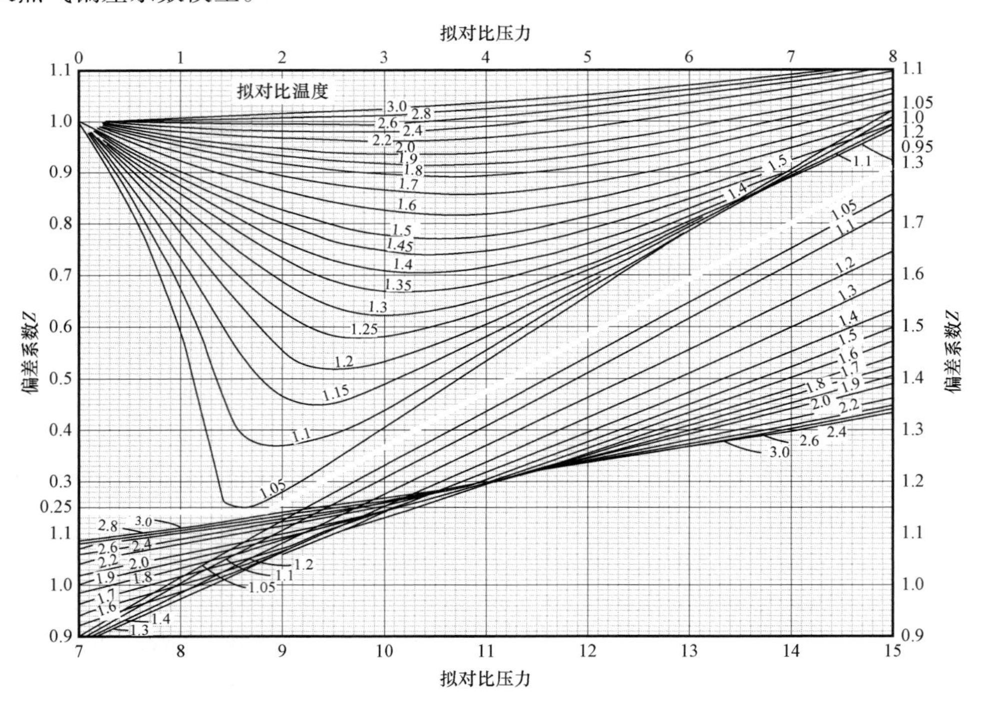

图4.30 常用的天然气气体偏差系数图

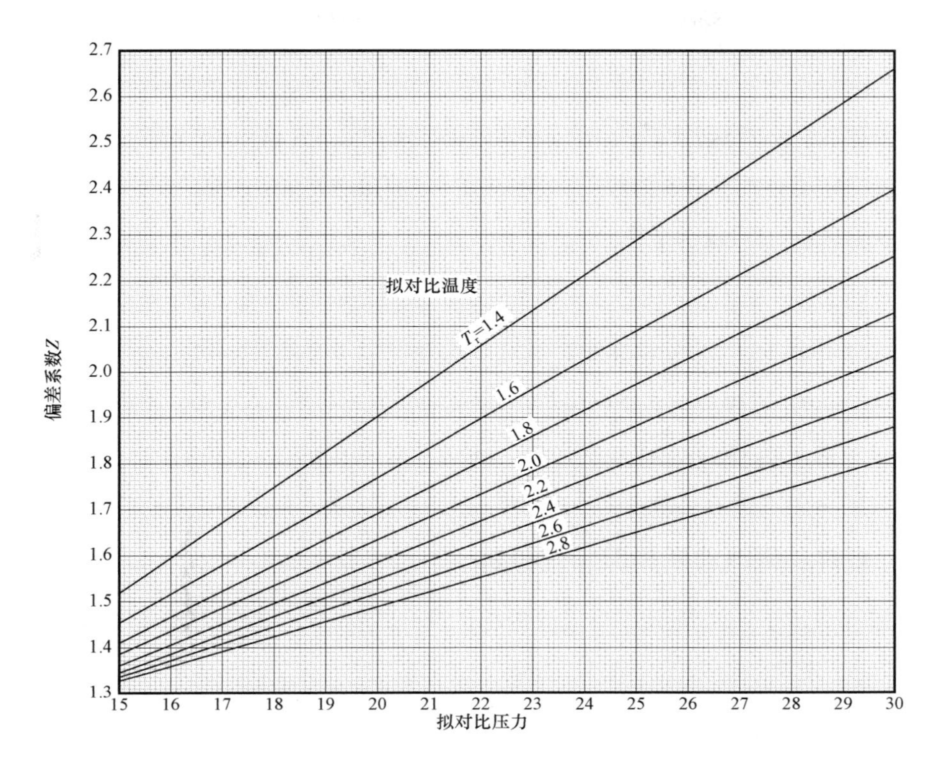

图 4.31 高压下的天然气气体偏差系数图

拟合后的高压天然气偏差系数模型为

当 $0 \leqslant p_r \leqslant 1.2, 1.05 \leqslant T_r \leqslant 3$ 时

$$Z = x_1 p_r + x_2 \tag{4.49}$$

$$x_1 = -0.30542 T_r^4 + 2.67858 T_r^3 - 8.6491 T_r^2 + 12.2533 T_r - 6.49458$$

$$x_2 = 1$$

当 $1.2 \leqslant p_r \leqslant 5, 1.05 \leqslant T_r \leqslant 3$ 时

$$Z = x_1 p_r^2 + x_2 p_r + x_3 \tag{4.50}$$

$$x_1 = -0.317 T_r^6 + 4.0186 T_r^5 - 20.80045 T_r^4 + 56.1373 T_r^3 - 83.0744 T_r^2 + 63.656 T_r - 19.6137$$

$$x_2 = 1.9849 T_r^6 - 25.252 T_r^5 + 131.2918 T_r^4 - 356.3825 T_r^3 + 531.365 T_r^2 - 411.2065 T_r + 128.3723$$

$$x_3 = -2.981 T_r^6 + 38.01375 T_r^5 - 198.34868 T_r^4 + 541.334825 T_r^3 - 813.8801 T_r^2 + 638.09375 T_r - 202.468625$$

当 $5 \leqslant p_r \leqslant 9, 1.05 \leqslant T_r \leqslant 3$ 时

$$Z = x_1 p_r + x_2 \tag{4.51}$$

$$x_1 = -0.0313 T_r^6 + 0.3624 T_r^5 - 1.70775 T_r^4 + 4.1805 T_r^3 - 5.5444 T_r^2 + 3.63655 T_r - 0.77345$$

$$x_2 = 0.1878 T_r^6 - 2.1744 T_r^5 + 10.3581 T_r^4 - 26.0386 T_r^3 + 36.1491 T_r^2 - 25.2473 T_r + 6.8141$$

当 $9 \leqslant p_r \leqslant 15, 1.05 \leqslant T_r \leqslant 3$ 时

$$Z = x_1 p_r + x_2 \tag{4.52}$$

$$x_1 = -0.002225T_r^4 + 0.0108T_r^3 + 0.015225T_r^2 - 0.153225T_r + 0.241575$$

$$x_2 = 0.1045T_r^4 - 0.8602T_r^3 + 2.3695T_r^2 - 2.1065T_r + 0.6299$$

当 $15 \leqslant p_r \leqslant 30, 1.05 \leqslant T_r \leqslant 3$ 时

$$Z = x_1 p_r + x_2 \tag{4.53}$$

$$x_1 = 0.0155T_r^4 - 0.145836T_r^3 + 0.5153091T_r^2 - 0.8322091T_r + 0.5711$$

$$x_1 = -0.1416T_r^4 + 1.34712T_r^3 - 4.77535T_r^2 - 7.72285T_r - 4.2068$$

本模型属于解析模型，不需要迭代求解。本方法比常用的迭代方法求解速度快得多，据此可以计算不同温度压力下的气体偏差系数，进而计算气体体积沿井筒变化规律。

4.5.2 直井井筒气液两相流特性分析

为了更加直观地了解溢流后井筒气液两相的变化规律，对一口井进行计算模拟，该井的具体参数见表4.1。

表4.1 直井模拟参数

参数	数值
直井测深(m)	2500
钻井液密度(kg/m^3)	视地层负压差决定
钻井液排量(L/s)	30
幂律流体300转读数	106
幂律流体600转读数	160
钻杆直径(m)	0.127
钻头直径(m)	0.216
地层压力(MPa)	47.8
地层温度(K)	415

通过直井气井的产能公式，得到不同储层厚度和不同负压差下进气速度，见表4.2。

表4.2 直井气侵量

储层厚度 (m)	压差 Δp(MPa)	气侵速度 Q(m^3/min)	气侵量 Q(m^3/d)
5	0.5	0.000912229	1.313609062
	1	0.002709375	3.901500712
	3	0.005336821	7.685022006
	5	0.008712634	12.54619353
	7	0.011942794	17.19762386
	9	0.015027301	21.639313

续表

储层厚度 (m)	压差 Δp(MPa)	气侵速度 Q(m^3/min)	气侵量 Q(m^3/d)
10	0.5	0.001824457	2.627218123
	1	0.005418751	7.803001425
	3	0.010673642	15.37004401
	5	0.017425269	25.09238705
	7	0.023885589	34.39524771
	9	0.030054601	43.278626
15	0.5	0.002736686	3.940827185
	1	0.008128126	11.70450214
	3	0.016010463	23.05506602
	5	0.026137903	37.63858058
	7	0.035828383	51.59287157
	9	0.045081902	64.917939
20	0.5	0.003648914	5.254436247
	1	0.010837502	15.60600285
	3	0.021347283	30.74008802
	5	0.034850538	50.1847741
	7	0.047771177	68.79049542
	9	0.060109203	86.55725199
30	0.5	0.004561143	6.568045308
	1	0.013546877	19.50750356
	3	0.026684104	38.42511003
	5	0.043563172	62.73096763
	7	0.059713972	85.98811928
	9	0.075136503	108.196565
50	0.5	0.005473371	7.88165437
	1	0.016256253	23.40900427
	3	0.032020925	46.11013204
	5	0.052275806	75.27716115
	7	0.071656766	103.1857431
	9	0.090163804	129.835878

4.5.2.1 不同钻遇储层厚度直井溢流期间井筒特性

为评价钻井期间发生溢流的特性，在直井相关参数的基础上，假设负压差为5MPa，储层渗透率为3mD，储层厚度为5m、10m、15m、20m、25m、30m，模拟不同储层厚度的截面含气率、地面溢出体积和井底压力随溢流时间的变化规律,如图 4.32 至图 4.34 所示。

从图 4.32 可得出,当气泡运移到井口时,截面含气率沿井筒不断增加,并且储层厚度越厚,截面含气率越大。井底负压差为 5MPa 时,储层厚度为 5m 的截面含气率从井底到距井口 500m 的井段中,截面含气率都处于 0.05 以下;而储层厚度为 30m 时在井底的截面含气率已经达到了 0.05,并且沿井筒膨胀的速率比储层厚度为 5m 得快,气泡运移到距井口 500m 时,截面含量已经达到 0.10 左右。截面含气率与容积含气率之间只与滑脱速度有关,容积含气率比截面含气率略大,因此储层厚度越大,井控风险越大。

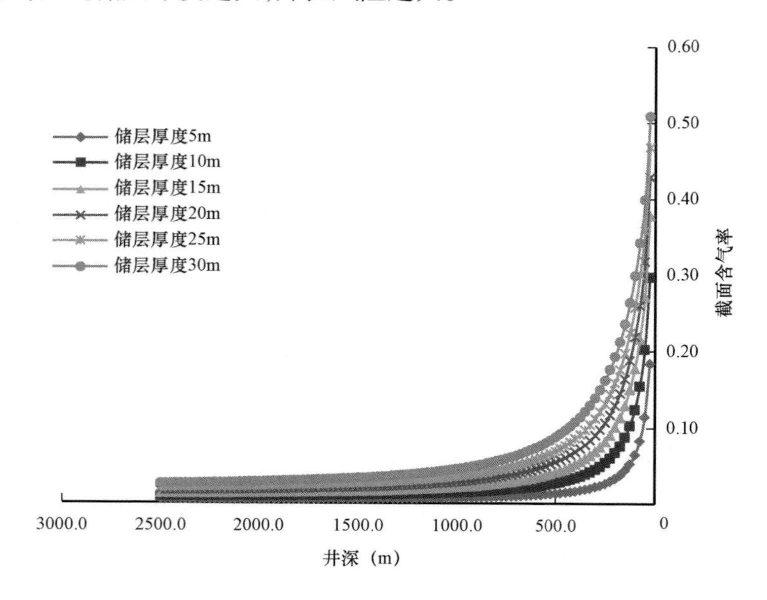

图 4.32 储层厚度不同时截面含气率变化规律
(井底负压差为 5MPa)

从图 4.33 可知,溢流体积随溢流时间不断增加,并且储层厚度越大,溢流体积增加越快。井底负压差为 5MPa 时,储层厚度 5m 的溢流体积随时间变化比较缓慢,当溢流时间为 30min 时,溢流体积大约 0.5m^3;而储层厚度 30m 溢流体积较之以上变化更快,当溢流 20min 时地面溢出体积已经达到 0.5m^3。从溢流体积变化规律看,储层厚度越厚,井控风险越大。

从图 4.34 可知,井底压力随溢流时间不断降低,储层厚度越大,井底压力降低得越快。在储层厚度为 5m 时,溢流 25min 的井底压力变化不是很大,只变化 0.1MPa,储层厚度为 30m,溢流 20min 的井底压力已经降低了 1MPa。因此从溢流期间井底压力的变化可得出储层厚度越大,井控风险越大。

总之,从截面含气率、地面溢出体积和井底压力在溢流期间的变化规律可以得出,在井底负压差一定的条件下,储层厚度越大,井控风险越大。

4.5.2.2 不同负压差直井溢流期间井筒特性

为评价钻井期间发生溢流的特性,在直井相关参数的基础上,假设储层厚度为 20m,储层渗透率为 3mD,负压差为 0.5MPa、1.0MPa、3.0MPa、5.0MPa、7.0MPa、9.0MPa,模拟不同负压差下的截面含气率、地面溢出体积和井底压力随溢流时间的变化规律,如图 4.35 至图 4.37 所示。

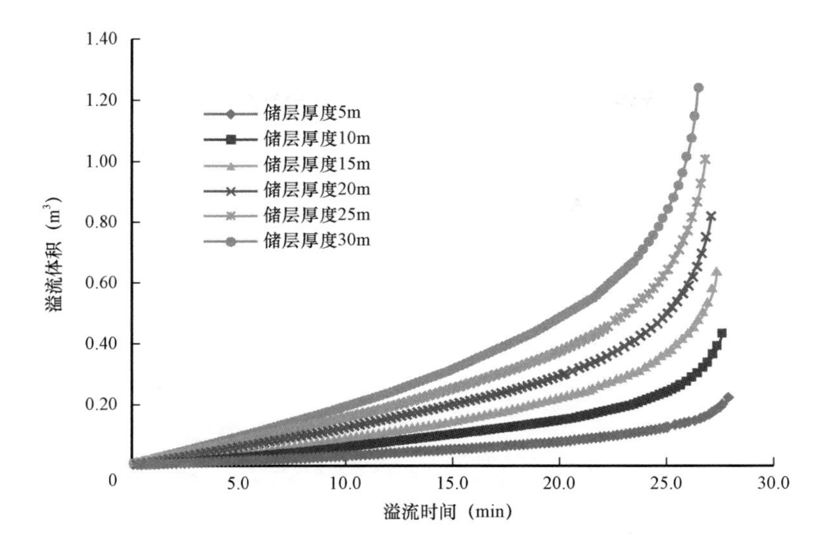

图 4.33　储层厚度不同时溢流体积随溢流时间变化规律

（井底负压差为 5MPa）

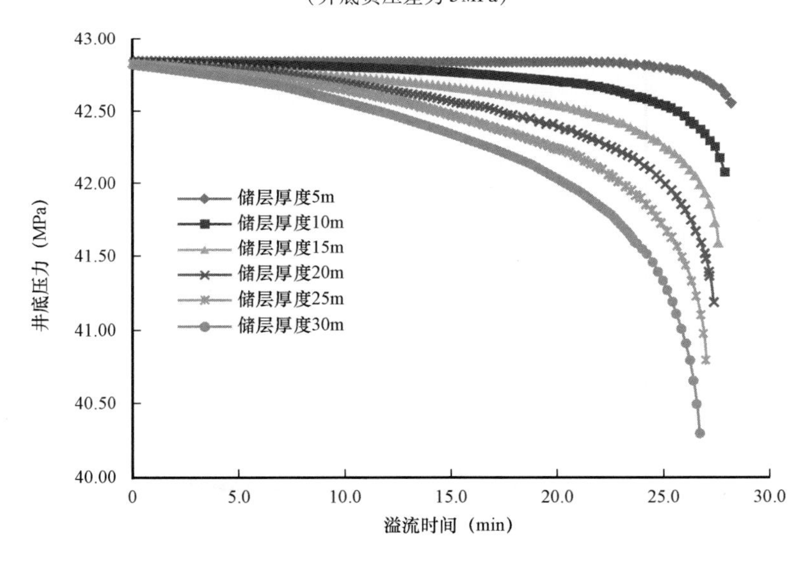

图 4.34　储层厚度不同时井底压力随时间变化规律

（井底负压差为 5MPa）

从图 4.35 可知，截面含气率沿井筒不断增加，负压差越大，截面含气率增加越快。负压差为 0.5MPa 时，当气泡运移到距井口 300m 时，界面含气率还未达到 0.05；而负压差为 9MPa 时，初始的截面含气率都达到 0.08，而气泡运移到距井口 300m 时，截面含气率已经达到 0.3。因此负压差越大，井控风险越大。

从图 4.36 可知，溢流体积随溢流时间不断增加，负压差越大，溢流体积增加越快。负压差为 1.0MPa，溢流 30min 时，地面溢出体积刚达到 0.2m^3；而负压差为 9MPa，溢流 20min 时，地面溢出体积已经达到了 1m^3。因此，从地面溢流体积角度来看，负压差越大，井控风险越大。

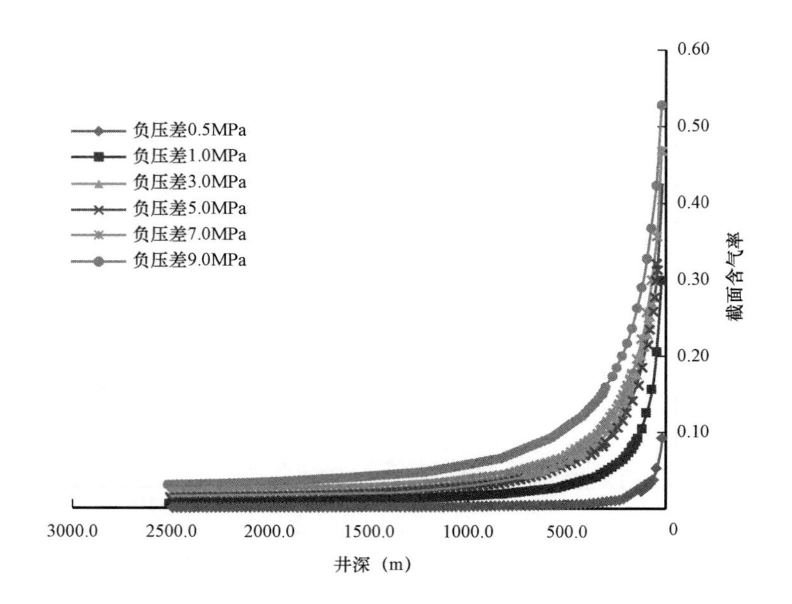

图 4.35　负压差不同时截面含气率沿井筒变化规律
（储层厚度为 20m）

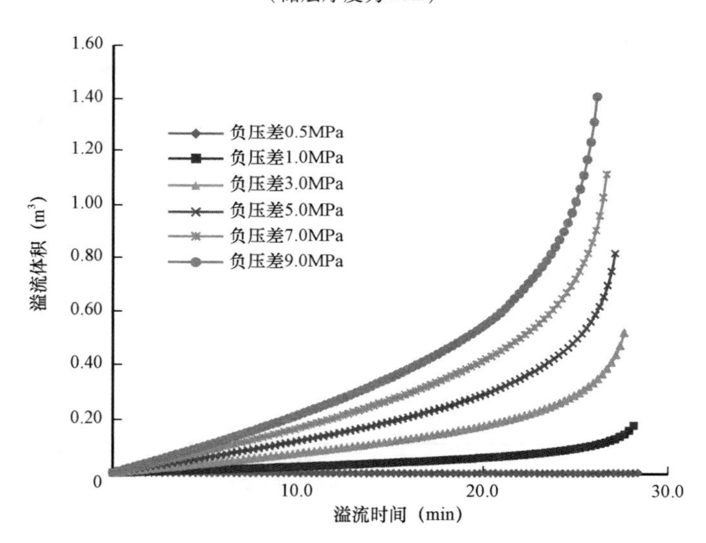

图 4.36　负压差不同时溢流体积随时间变化规律
（储层厚度为 20m）

从图 4.37 可知，不同负压差下井底压力随溢流时间不断降低，负压差越大，井底压力降低得越快。初始井底压力不同是由于负压差不同引起的，负压差决定钻井液的密度，负压差越大，钻井液密度越小，井底压力就越小。负压差为 0.5MPa，溢流 25min 时，井底压力降低不到 0.1MPa，而负压差为 9MPa，溢流 20min 时的井底压力已经降低了 1.5MPa。

总之，从截面含气率、地面溢出体积和井底压力在溢流期间的变化规律可以得出，在储层厚度一定的条件下，负压差越大，井控风险越大。

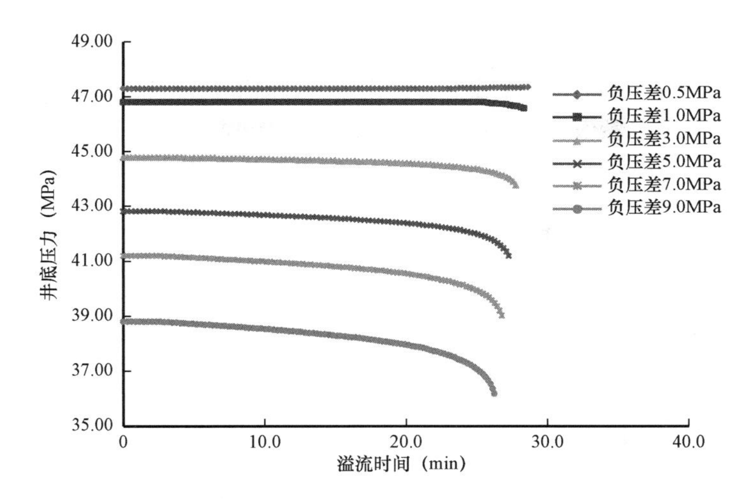

图 4.37　井底压力随溢流时间的变化规律

（储层厚度为 20m）

4.5.2.3　不同钻遇储层渗透率直井溢流期间井筒特性

为评价钻井期间发生溢流的特性，在直井相关参数的基础上，假设控制半径 $R_e=30$m，储层厚度为2m，负压差为10MPa，储层渗透率分别为0.1mD、3mD、10mD、30mD、50mD，模拟不同渗透率储层的截面含气率、地面溢出体积和井底压力随溢流时间的变化规律，如图 4.38 至图 4.40 所示。

从图 4.38 可得出，当气泡运移到井口时，截面含气率沿井筒不断增加，并且储层渗透率越大，截面含气率越大。井底负压差为 10MPa 时，渗透率为 0.1mD 的截面含气率从井底到井口的井段中，截面含气率都处于 0.1 以下；而渗透率为 10mD 时在井底的截面含气率已经达到了 0.1，并且沿井筒膨胀的速率比渗透率为 0.1mD 时得快，气泡运移到距井口 500m 时，截面含气率已经达到 0.30 左右。截面含气率与容积含气率之间只与滑脱速度有关，容积含气率比截面含气率略大，因此储层渗透率越大，井控风险是越大的。

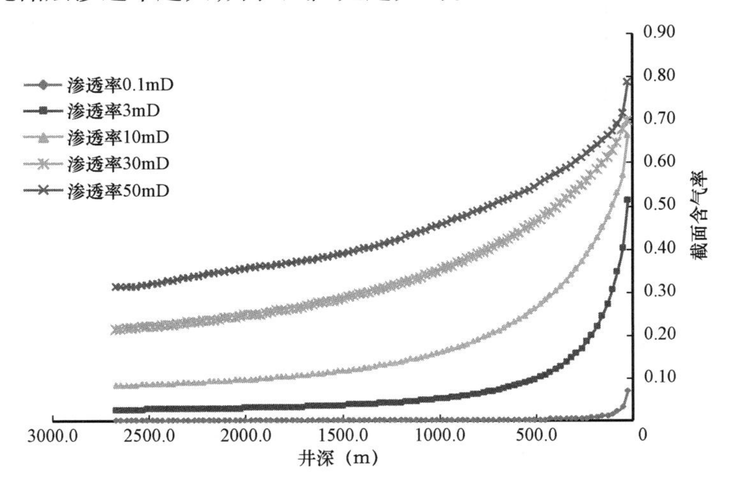

图 4.38　储层渗透率不同时截面含气率变化规律

（井底负压差为 10MPa）

从图4.39可知，溢流体积随溢流时间不断增加，并且储层渗透率越大，溢流体积增加得越快。井底负压差为10MPa时，储层渗透率为0.1mD的溢流体积随时间变化比较缓慢，当溢流时间为30min时溢流体积大约0.5m^3；而储层渗透率为10mD溢流体积较之以上变化更快，当溢流20min时的地面溢出体积已经达到5m^3。从溢流体积变化规律看，储层渗透率越大，井控风险越大。

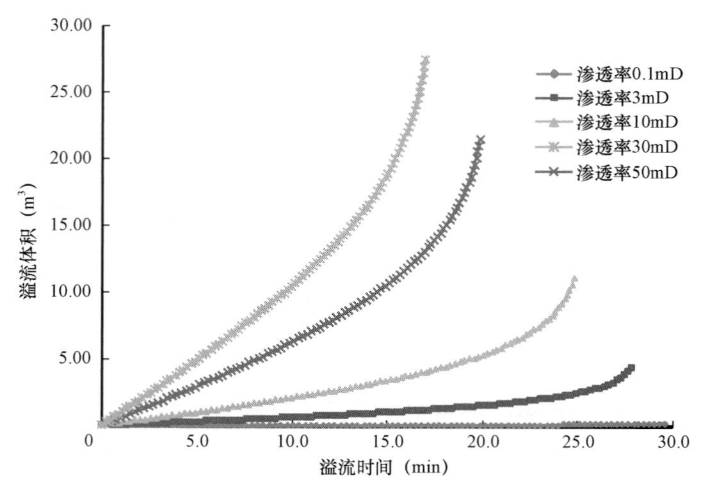

图4.39　储层渗透率不同时溢流体积随溢流时间变化规律

（井底负压差为10MPa）

从图4.40可知，井底压力随溢流时间不断降低，储层渗透率越大，井底压力降低得越快。在储层渗透率为0.1mD时，溢流30min时井底压力变化不是很大，只变化0.1MPa，储层渗透率为10mD，溢流20min时的井底压力已经降低了2MPa。因此从溢流期间井底压力的变化可得出储层渗透率越大，井控风险越大。

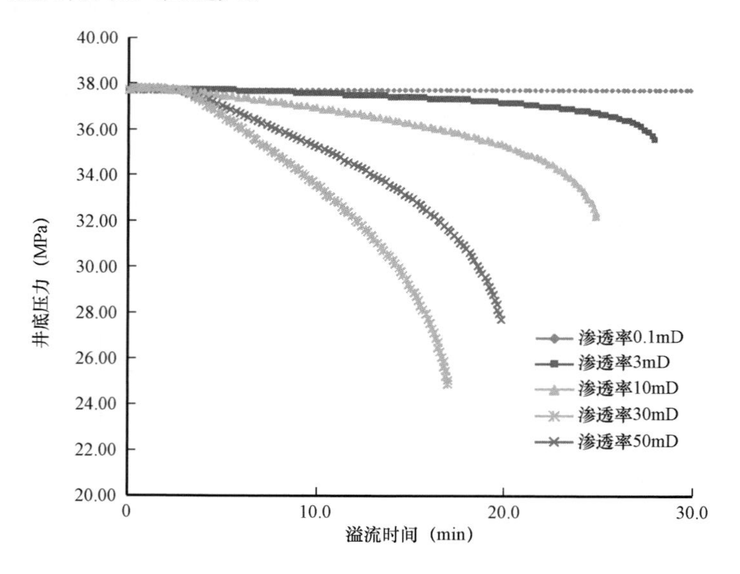

图4.40　储层渗透率不同时井底压力随时间变化规律

（井底负压差为10MPa）

总之，从截面含气率、地面溢出体积和井底压力在溢流期间的变化规律可以得出，在井底负压差一定的条件下，储层渗透率越大，井控风险越大。

4.5.3　水平井井筒气液两相流特性分析

为了更加直观地了解溢流后井筒气液两相的变化规律，对一口井进行计算模拟，该井的具体参数见表4.3。

表4.3　水平井模拟参数

参数	数值
水平井测深(m)	3010,3030,3100,3300,3600
钻井液排量(kg/m^3)	视地层负压差决定
钻井液排量(L/s)	30
幂律流体300转读数	106
幂律流体600转读数	160
钻杆直径(m)	0.127
钻头直径(m)	0.216
地层压力(MPa)	47.8
地层温度(K)	415

通过水平井气井的产能公式，得到不同储层厚度和不同负压差下进气速度，见表4.4。

表4.4　水平井进气量

水平段长度 (m)	负压差 Δp(MPa)	进气速度 Q(m^3/min)	进气量 Q(m^3/d)
10	2	0.028597303	1.715838199
	4	0.056035742	3.362144518
	10	0.13139787	7.883872196
30	2	0.080660779	4.839646734
	4	0.158052896	9.483173731
	10	0.370617272	22.23703631
100	2	0.235545368	14.1327221
	4	0.461545599	27.69273593
	10	1.082275463	64.93652777
300	2	0.587600454	35.25602721
	4	1.151389242	69.08335453
	10	2.699885619	161.9931371
600	2	1.038689218	62.3213531
	4	2.035287047	122.1172228
	10	4.772532197	286.3519318

4.5.3.1 不同水平段长度水平井溢流期间井筒特性

为对比不同水平段长度对井控的影响，在水平井的相关参数的基础上，定负压差为2MPa，水平段长度分别为10m、30m、100m、300m、600m，模拟不同水平段长度水平井的截面含气率、地面溢出体积和井底压力随溢流时间的变化规律，如图4.41至图4.43所示。

从图4.41可知，水平段物性参数及井身结构一定的情况下，水平段长度越长，气体溢流速度越快，截面含气率沿井筒变化越快，并且同一深度的截面含气率越大。当负压差一定，水平段长度只有10m时，气泡运移到井口500m时，截面含气率基本处于0.1以下；而水平段长度为600m时，初始的截面含气率就已经超过0.07。因此，水平段越长，井控风险越大。

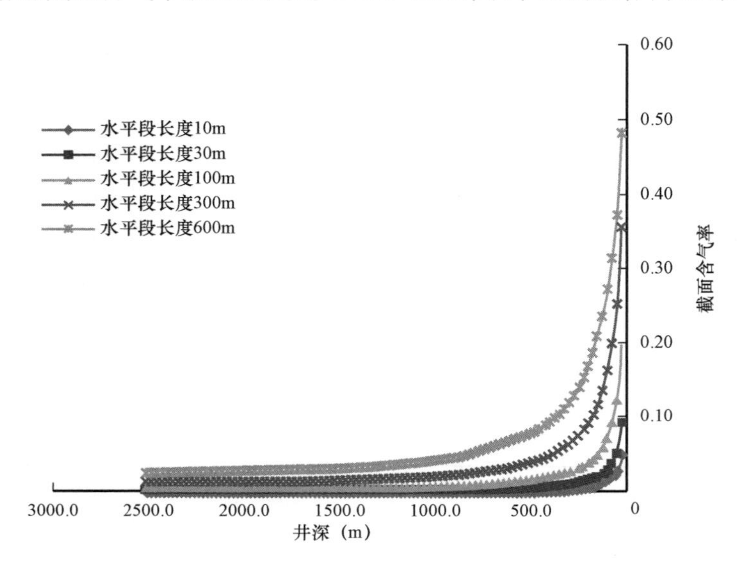

图4.41 水平段长度不同时截面含气率沿井筒的分布规律
（井底负压差为2MPa）

从图4.42可知，水平段越长，溢流体积变化越快，溢流体积达到1m³的时间也越短。在负压差为2MPa的情况下，水平段长度为10m时，溢流体积达到1m³需要大约80min，而水平段长度为600m时，溢流体积达到1m³只需要27min，由此可见，水平段长度越长，井控风险越大。

从图4.43可知，水平段长度越大，井底压力变化越快，这与水平段长度越大，进气速度越快有关。当负压差为2MPa时，水平段长度为10m，溢流时间为30min，其井底压力只变化了0.05MPa。而水平段长度为600m时，溢流30min后井底压力下降了大约2.2MPa。由此可见，水平段长度越大，井控风险越大。

4.5.3.2 不同负压差水平井溢流期间井筒特性

负压差不同，进气速度不同，井控风险不同，为分析其敏感性，对其进行了模拟。刚打开储层时，由于地质条件的不确定性，井控风险较大，如果地层压力等地质概况探测清楚了，井控风险相对减小，为此只对水平井钻井刚打开储层的井控风险进行分析，假设水平段长度为30m，如图4.44至图4.46所示。

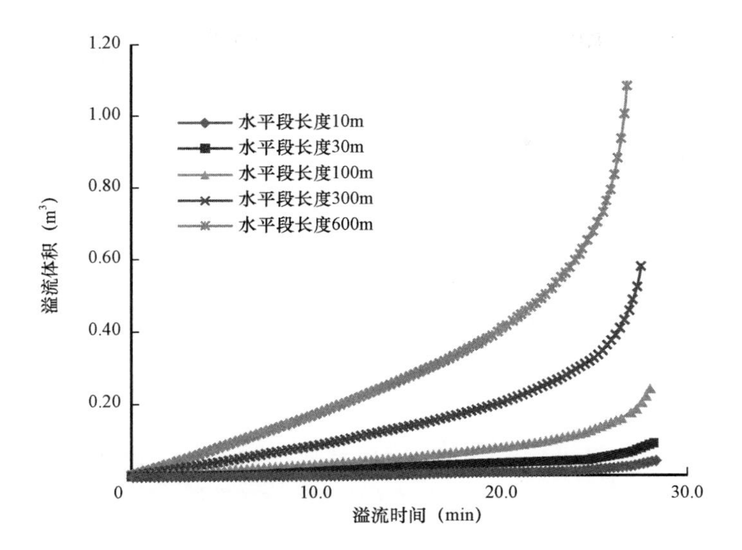

图 4.42　水平段长度不同时溢流体积随溢流时间的变化规律
（井底负压差为 2MPa）

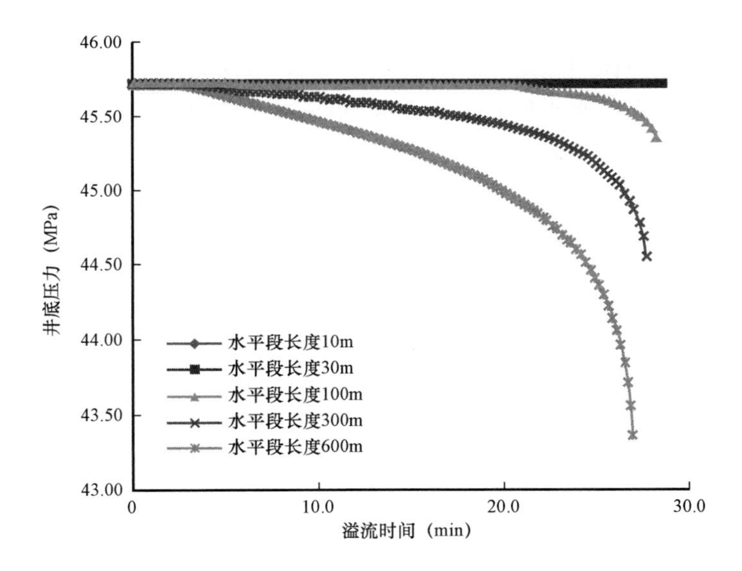

图 4.43　水平段长度不同时井底压力随溢流时间的变化规律
（井底负压差为 2MPa）

从图 4.44 可知，截面含气率沿井筒不断增加，初始时间截面含气率有一段直线段，这是由于气体还处于水平段，之后不断增加，并且负压差越大，截面含气率越大。当水平段长度为 30m，负压差为 2MPa 时，从井底到距井口 500m 井段中，其截面含气率都处于 0.02 以下，之后才慢慢增加。而负压差为 10MPa 时，初始的截面含气率就达到了 0.02，并且整个井筒一直保持比较大的截面含气率，并不断增加。由此可见，水平段长度一定，负压差越大，井控风险越大。

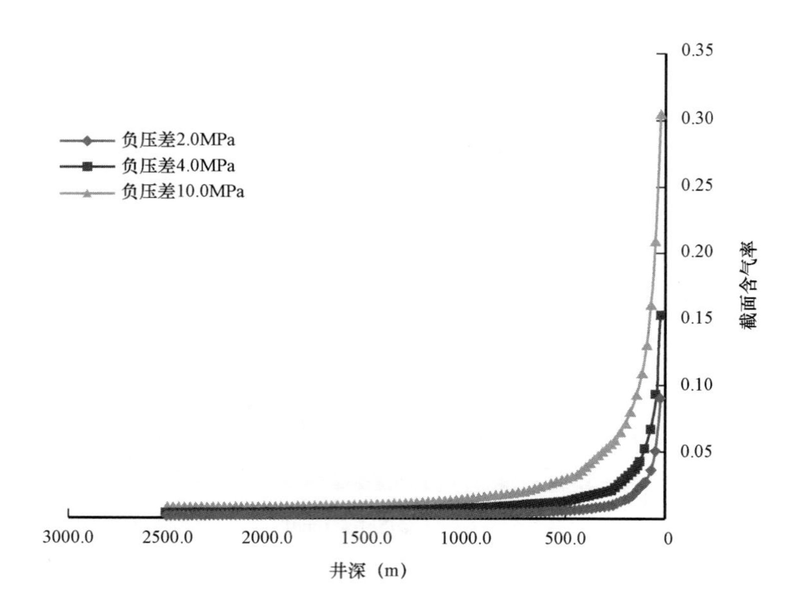

图 4.44　不同负压差条件下截面含气率变化规律
（水平段长度 30m）

从图 4.45 可知，溢流体积随溢流时间的不断增加，负压差越大，溢流体积变化越快，到达同一溢流体积的时间越短。水平段长度为 30m，负压差为 2MPa，溢流体积达到 1m^3大约需要 60min，而负压差为 10MPa 时，溢流体积达到 1m^3需要 40min，由此可见，负压差越大，井控风险越大。

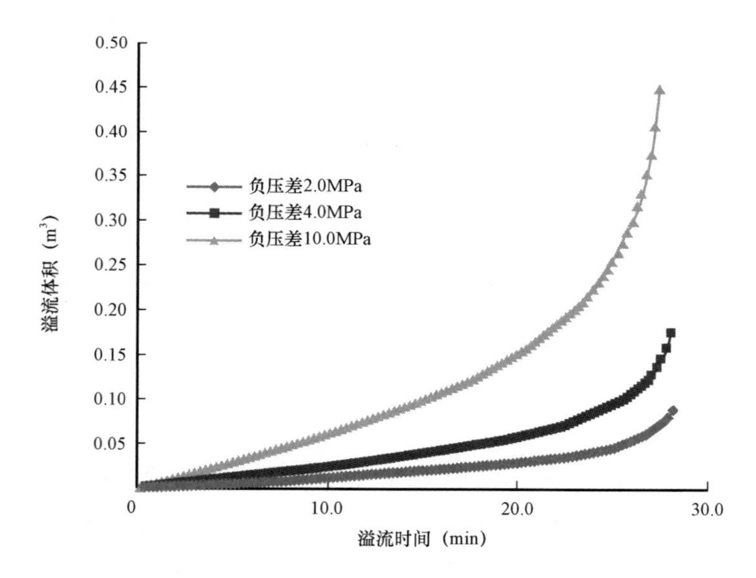

图 4.45　不同负压差条件下溢流体积变化规律
（水平段长度 30m）

从图4.46可知，水平井溢流期间，井底压力随溢流时间不断降低，初始时期有一段井底压力保持不变。并且负压差越大，井底压力变化越快。水平段长度为30m时，溢流30min，负压差为2MPa的井底压力只降低了0.1MPa左右，而负压差为10MPa时，井底压力大约降低了1MPa，由此得出，负压差越大，井控风险越大。

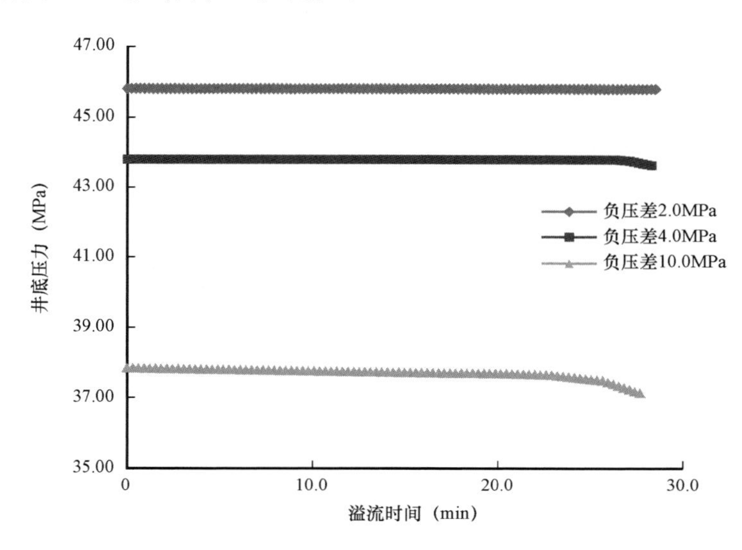

图4.46　不同负压差条件下溢流体积变化规律
（水平段长度30m）

4.5.3.3　不同钻遇储层渗透率水平井溢流期间井筒特性

为评价钻井期间发生溢流的特性，在直井相关参数的基础上，假设控制半径 $R_e=400m$，储层厚度为20m，负压差为5MPa，储层渗透率分别为0.1mD、3mD、10mD、30mD、50mD，模拟不同渗透率储层的截面含气率、地面溢出体积和井底压力随溢流时间的变化规律，如图4.47至图4.49所示。

从图4.47可得出，当气泡运移到井口时，截面含气率沿井筒不断增加，并且储层渗透率越大，截面含气率越大。井底负压差为5MPa时，渗透率为0.1mD的截面含气率从井底到距井口的井段中，截面含气率都处于0.1以下；而渗透率为10mD时在井底的截面含气率已经达到了0.1，并且沿井筒膨胀的速率比渗透率为0.1mD的快，气泡运移到距井口500m时，截面含量已经达到0.25左右。截面含气率与容积含气率之间只与滑脱速度有关，容积含气率比截面含气率略大，因此储层渗透率越大，井控风险越大。

从图4.48可知，溢流体积随溢流时间不断增加，并且储层渗透率越大，溢流体积增加得越快。井底负压差为5MPa时，储层渗透率为0.1mD的溢流体积随时间变化比较缓慢，当溢流时间为30min时溢流体积大约0.5m^3；而储层渗透率为10mD的溢流体积较之以上变化更快，当溢流20min时的地面溢出体积已经达到4m^3。从溢流体积变化规律看，储层渗透率越大，井控风险越大。

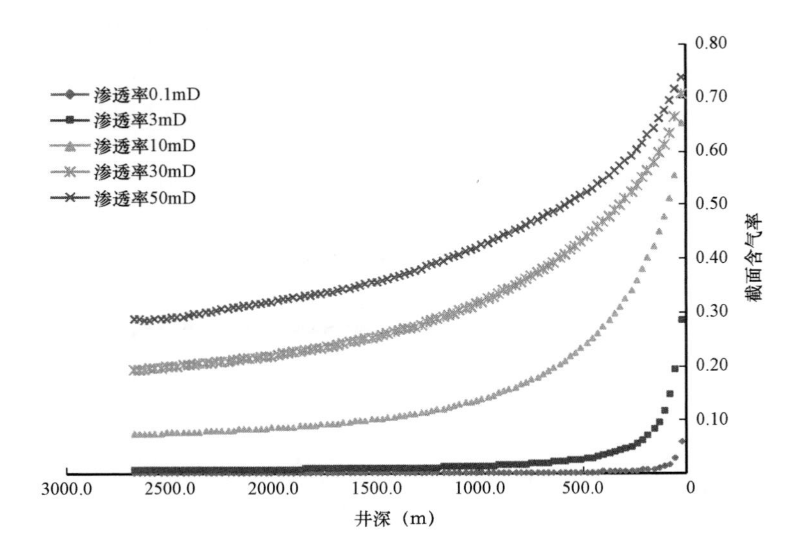

图 4.47　储层渗透率不同时截面含气率变化规律
（井底负压差为 5MPa）

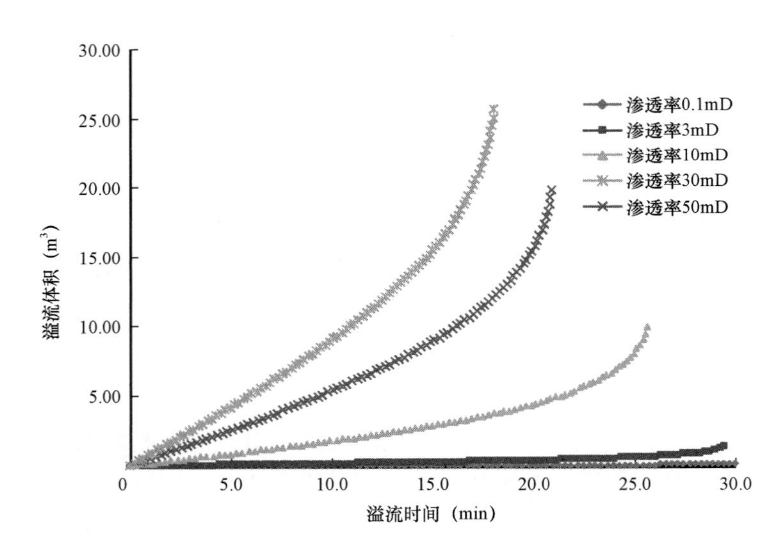

图 4.48　储层渗透率不同时溢流体积随溢流时间变化规律
（井底负压差为 5MPa）

从图 4.49 可知，井底压力随溢流时间不断降低，储层渗透率越大，井底压力降低得越快。在储层渗透率为 0.1mD 时，溢流 30min 的井底压力变化不是很大，只变化 0.1MPa，而储层渗透率为 10mD 时，溢流 20min 的井底压力已经降低了 2MPa。因此从溢流期间井底压力的变化可得出储层渗透率越大，井控风险越大。

总之，从截面含气率、地面溢出体积和井底压力在溢流期间的变化规律可以得出，在井底负压差一定的条件下，储层渗透率越大，井控风险越大。

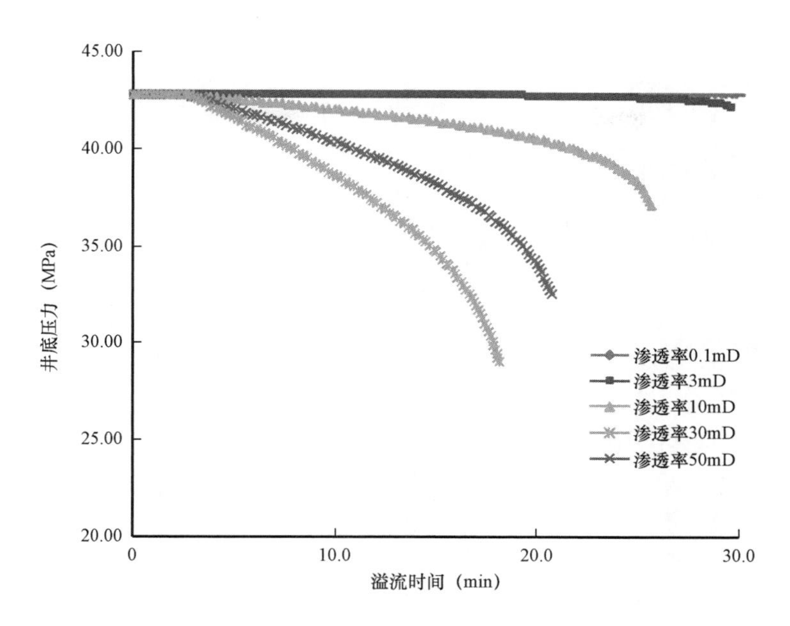

图4.49　储层渗透率不同时井底压力随时间变化规律
（井底负压差为5MPa）

4.6　油藏地层流体侵入井筒流体流动规律及相态分布

与气藏地层流体发生溢流不同，油藏地层流体发生溢流后，井筒环空内的流体存在着相态的变化。在井底压力、温度条件下，中低气油比情况下气体会溶解于油相中，而随着温度、压力的变化，溶解气又会从油中析出，侵入气与油之间不断发生着传质及传热作用，使得整个井筒环空内的相态特征变化非常复杂，从而导致井筒流动压力、温度等参数的计算误差较大，使得井场工作人员无法正确了解井下的真实情况，不能对溢流做出正确的判断及设计出合理的压井参数。

根据泡点压力和井筒压力的对比关系，油藏地层钻井过程发生溢流后井筒环空内的相态会发生以下三种变化。

（1）如图4.50(a)所示，低气油比情况下，环空压力始终高于泡点线，气相全部溶解于油相中，环空中始终不存在脱气现象，为液相形式。

（2）如图4.50(b)所示，中气油比情况下，混合流体的泡点压力刚开始小于井底压力，即井筒某一深度以下环空的压力均大于对应深度的泡点压力，而以上的压力均小于对应深度的泡点压力，井筒环空下部仅存在溶解气，表现为液相形式；井筒环空上部流体发生脱气，有自由气存在，以气液两相的形式存在。

（3）如图4.50(c)所示，高气油比情况下，混合流体的泡点压力较高，井筒环空压力均小于对应深度的泡点压力，井筒环空中始终存在脱气。整个溢流过程中，井筒内始终为气液混合物，从井底到井口始终为气液两相流动。

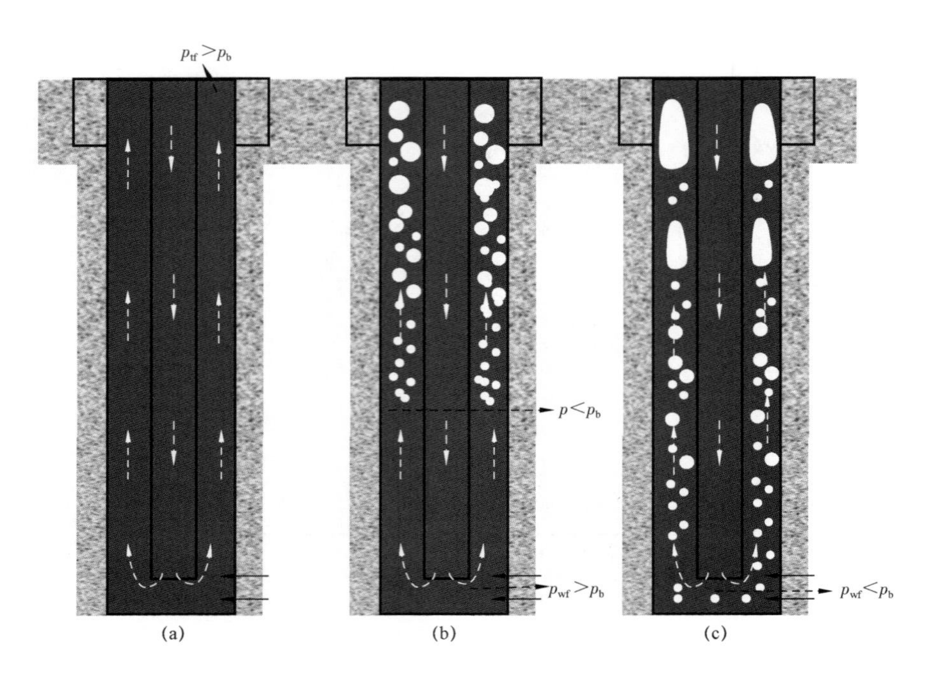

图 4.50　溢流发生后相态变化示意图

4.6.1　高气油比油藏

高气油比油藏发生溢流，井筒环空中的流体所处的压力及温度条件在泡点线与露点线之间，环空中始终存在脱气现象，流体始终以气液两相形式存在。如图 4.51 所示，数字"①"表示井底压力及温度条件，"②"表示井口压力及温度条件，"①"与"②"的连线在泡点线与露点线之间，说明整个井筒环空中存在相态变化。

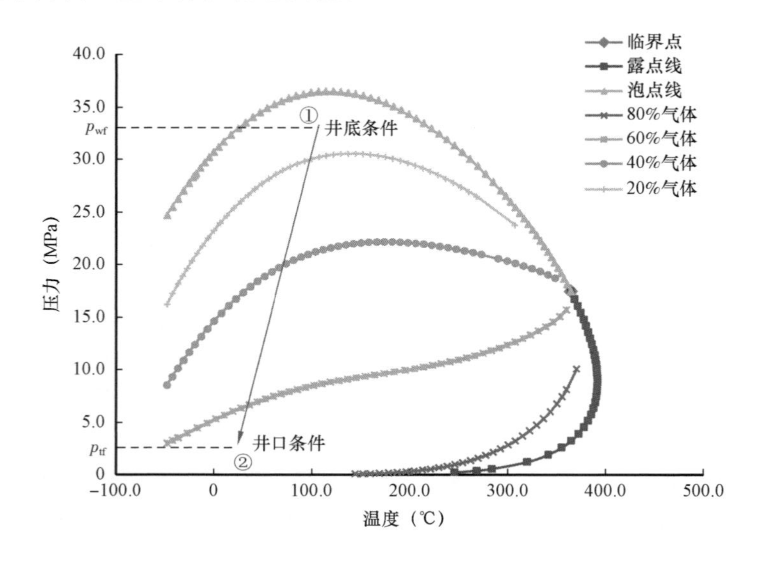

图 4.51　整个井筒环空始终存在气液两相

环空中自由气量的多少受到压力及温度的双重影响，当井筒环空中不同深度的压力及温度点在相图中泡点线与露点线之间的位置不同时，环空中的自由气量的分布也会不同。

(1)压力变化的影响。

如图4.52所示，假设井筒环空中流体的温度保持不变，当压力从状态“②”降至状态“③”时，即当相同井筒深度处的压力变小时，自由气量是逐渐增加的。

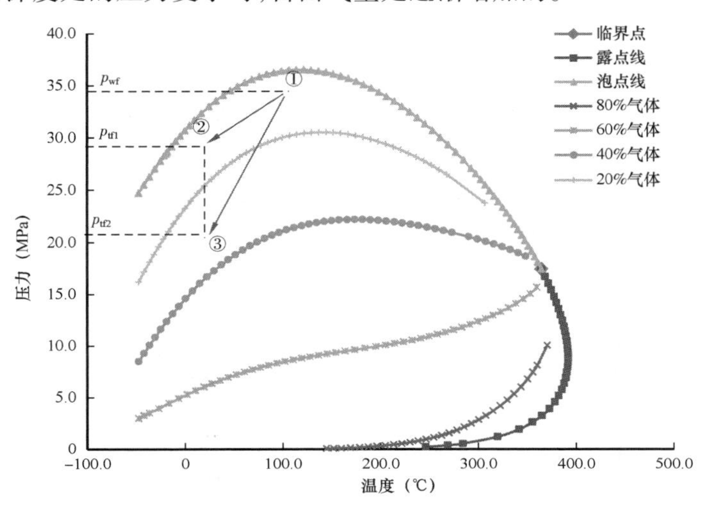

图4.52 压力变化的影响

如果环空中的压力温度按照图4.52中状态“①”—“③”所示发生变化时，井筒环空中的自由气量从井底到井口是逐渐增加的；如果按照状态“①”—“②”所示发生变化时，环空中的自由气量从井底到井口是一个先增加后减小的过程。

(2)温度变化的影响。

如图4.53所示，假设井筒环空中流体的压力保持不变，当温度从状态“②”增加至状态“③”时，即当相同井筒深度处的温度增大时，自由气量是逐渐增加的。

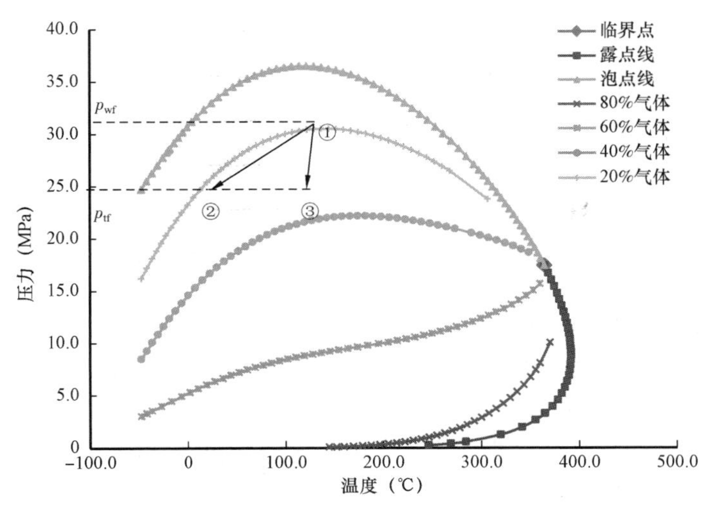

图4.53 温度变化的影响

如果环空中的压力温度按照图 4.53 中状态“①”—“③”所示发生变化时，井筒环空中的自由气量从井底到井口是逐渐增加的；如果按照状态“①”—“②”所示发生变化时，环空中的自由气量从井底到井口是一个先增加后减小的过程。

高气油比情况下发生溢流，两相流特性与气藏地层流体发生气侵类似。

4.6.2 中气油比油藏

中气油比油藏发生气侵，井筒环空中的流体所处的压力及温度部分在泡点线以上，部分在泡点线与露点线之间，环空下部仅存在溶解气，以液相形式存在；上部存在自由气，以气液两相形式存在。如图 4.54 所示，数字“①”表示井底压力及温度条件，“②”表示井口压力及温度条件，“③”表示泡点，“①”与“③”的连线在泡点线以上，说明这部分的井筒环空中仅存在液相；“②”与“③”的连线在泡点线与露点线之间，说明这部分的井筒环空中存在脱气现象，流体以气液两相的形式存在。

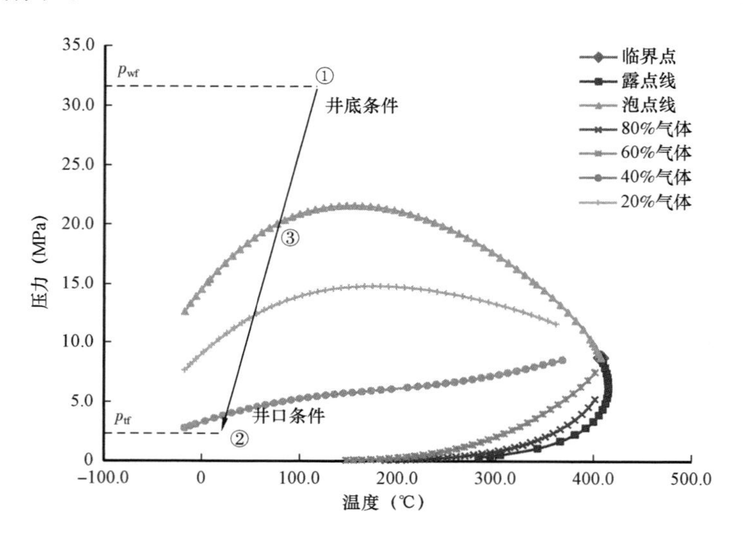

图 4.54 部分井筒环空存在气液两相

（1）压力变化的影响。

如图 4.55 所示，假设井筒环空中流体的温度保持不变，当压力从状态“②”降至状态“③”时，即当相同井筒深度处的压力变小时，自由气量是逐渐增加的。

如果环空中的压力温度按照图 4.55 中从状态“①”—“②”及“①”—“③”所示发生变化时，井筒环空中的自由气量从井底到井口是一个从无到有，然后再逐渐增加的过程。

（2）温度变化的影响。

如图 4.56 所示，假设井筒环空中流体的压力保持不变，当温度从状态“②”增加至状态“③”时，即当相同井筒深度处的温度增大时，自由气量是逐渐增加的。

如果环空中的压力温度按照图 4.56 中从状态“①”—“②”及“①”—“③”所示发生变化时，井筒环空中的自由气量从井底到井口是一个从无到有，然后再逐渐增加的过程。

中气油比情况下，从井筒环空中的某一深度开始脱气，该深度以下为液相，地面钻井液池增量变化不大;该深度以上为气液两相,钻井液池增量开始发生变化,临近井口时,地面钻井液池增量发生剧烈变化。

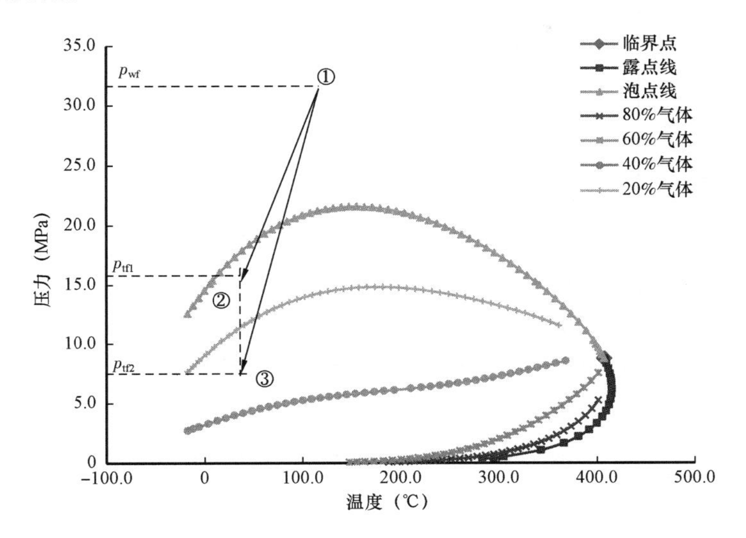

图 4.55 压力变化的影响

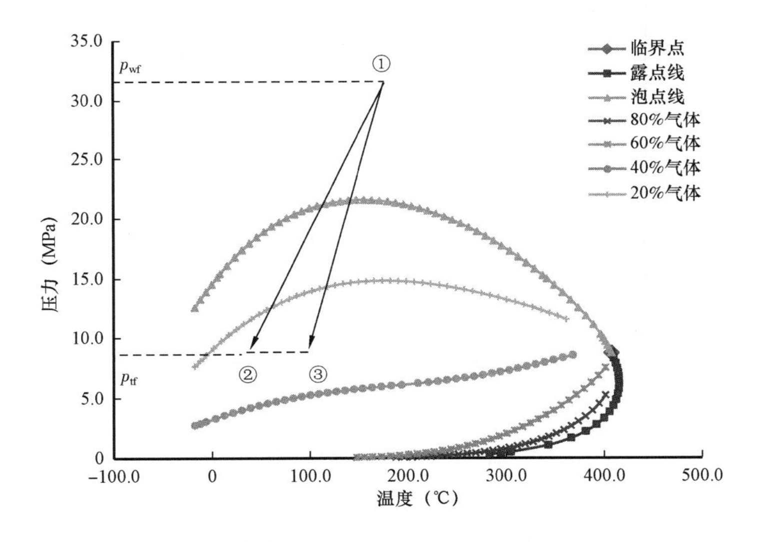

图 4.56 温度变化的影响

4.6.3 低气油比油藏

低气油比情况下,井筒环空中的流体所处的压力及温度条件在泡点线以外,环空中不存在脱气现象,混合流体始终以液相形式存在。如图 4.57 和图 4.58 所示,数字"①"表示井底压力及温度条件,"②"表示井口压力及温度条件,由于气量很少,全部溶解于油相中,整个井筒的压力温度条件均处于泡点线以上,因此,这种情况下,整个井筒环空中始终不存在脱气现象,始终为液相。

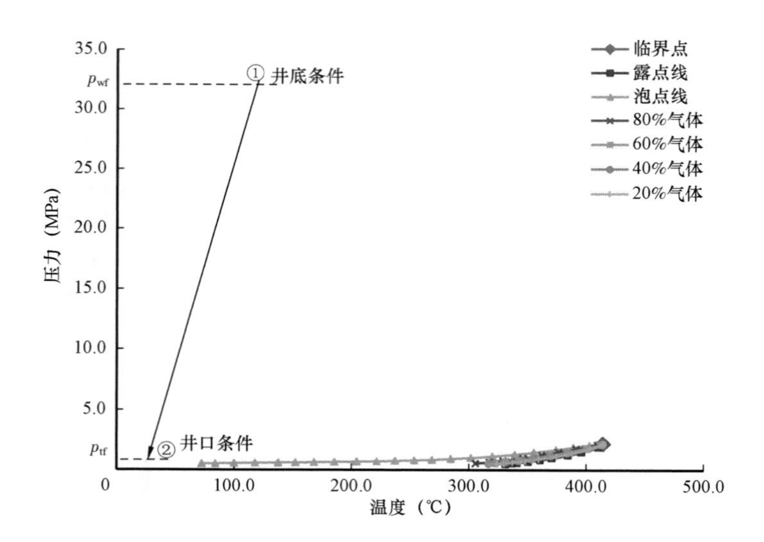

图 4.57　整个井筒环空始终存在液相

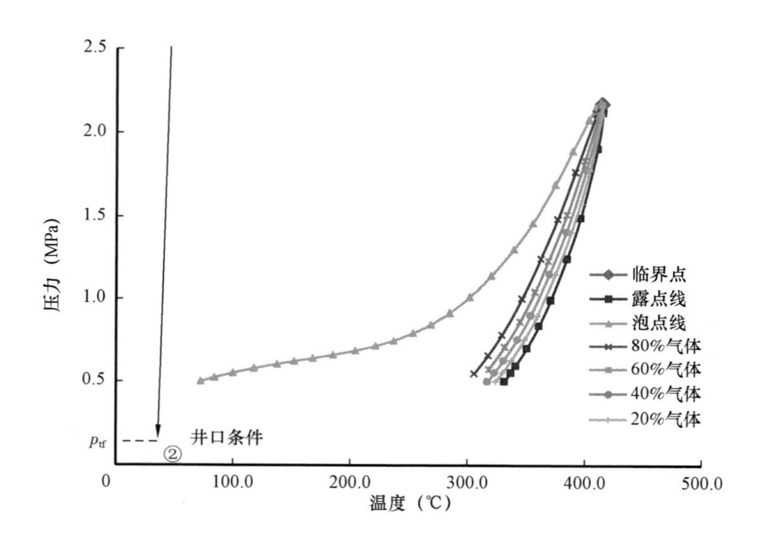

图 4.58　临近井口部分放大后环空中相态图

（1）压力变化的影响。

如图 4.57 和图 4.58 所示，无论压力如何变化，井筒环空中的压力始终处于泡点线以外，整个井筒环空中始终为液相。

（2）温度变化的影响。

如图 4.57 和图 4.58 所示，无论温度如何变化，井筒环空中温度始终处于泡点线以外，整个井筒环空中始终为液相。

低气油比情况下发生溢流，井筒始终不脱气，表现为液相，地面钻井液池增量变化不大。

参 考 文 献

[1] Butterworth D, Hewitt G F.《两相流与传热》[M]. 陈学俊，等译. 北京：原子能出版社，1985，17－20.

[2] 陈家琅，陈涛平.《石油气液两相管流》[M]. 北京：石油工业出版社，2010，193－203.
[3] 孙宝江.《石油天然气工程多相流动》[M]. 青岛：中国石油大学出版社，2013，112－121.
[4] 鲁钟琪. 两相流与沸腾传热[M]. 北京：清华大学出版社，2002.
[5] 尹邦堂. 深水油基钻井液溢流期间井筒环空多相流动规律研究[D]. 北京：中国石油大学，2013.
[6] 孙晓峰,李相方,齐明明,等. 溢流期间气体沿井眼膨胀规律研究[J]. 工程热物理学报,2009,30(12):2039－2042.
[7] 路继臣,任美鹏,李相方,等. 深水钻井气体沿井筒上升的膨胀规律[J]. 石油钻探技术,2011,39(2):35－39.
[8] 张兴全,李相方,任美鹏,等. 恒进气量欠平衡钻井方式气侵特征及井口压力控制研究[J]. 石油钻采工艺,2013,35(3):19－21.
[9] 孙晓峰,李相方. 直井气侵后气液两相参数分布数值模拟[J]. 科学技术与工程,2010,10(18):4391－4394,4405.
[10] 李轶明,何敏侠,夏威,等. 水平井油基钻井液气侵溶解气膨胀运移规律研究[J]. 中国安全生产科学技术,2016,12(10):44－49.
[11] 李相方,庄湘琦,隋秀香,等. 气侵期间环空气液两相流动研究[J]. 工程热物理学报,2004(1):73－76.
[12] Hagedorn A R, Brown K E. Experimental study of pressure gradients occurring during continuous two－phase flow in small diameter vertical conduits [J]. Journal of Petroleum Technology,1965,17(4): 475－484.
[13] Beggs H D, Brill J P. A study of two－phase flow in inclined pipes [J]. Journal of Petroleum Technology, 1973,25(5):607－617.
[14] Hasan A R., Kabir C S. A study of multiphase flow behavior in vertical wells [J]. SPE Production Engineering Journal, 1988, 3(2): 263－272.
[15] Petalas N, Aziz K. A mechanistic model for multiphase flow in pipes [J]. Journal of Canadian Petroleum Technology, 2000, 39(6): 43－55.
[16] Kaya A S, Sarica C, Brill J P. Mechanistic modeling of two－phase flow in deviated wells [J]. Society of Petroleum Engineering Production and Facilities Journal,2001,16(3):156－165.
[17] Zhang H Q, Wang Q, Sarica C et al. Unified model for gas－liquid pipe flow via slug dynamics－part 1: model development [J]. J. Energy Res. Technol,2003,125(4):266－273.
[18] Nickens H V. A dynamic computer model of kick well [J]. SPE Drilling Engineering, 1987,2(2):158－173.
[19] Rommetveit R, Fjelde K K, Aas B. HPHT well control: an integrated approach [R]. Offshore Technology Conference, Houston, OTC15322, 2003.
[20] 李相方. 井涌期间气液两相流动规律研究 [D]. 北京:中国石油大学,1993.
[21] Gao Y H, Sun B J, Xiang C S, et al. Gas hydrate problems during deep water gas well test [C]. SUTTC, Shenzhen, 2012. 09.
[22] 王志远. 含天然气水合物相变的环空多相流流型转化机制研究 [D]. 山东:中国石油大学,2009.
[23] 王志远,孙宝江,程海清,等. 深水钻井井筒中天然气水合物生成区域预测 [J]. 石油勘探与开发,2008,35(6):731－735.
[24] Sun B J, Gong P B, Wang Z Y. Simulation of gas kick with high H_2S content in deep well [J]. Journal of Hydrodynamics, 2013, 25(2): 264－273.
[25] Sadatomi M, Sato Y, Saruwatari S. Two－phase flow in vertical noncircular channels [J]. Int. J. Multiphase Flow, 1982, 8(6): 641－655.
[26] Caetano E F. Upward vertical two－phase flow through an annulus [D]. Tulsa: U. of Tulsa,1986.
[27] Caetano E F, Shoham O, Brill J P. Upward vertical two－phase flow through an annulus part I: single phase friction factor, taylor bubble velocity and flow pattern prediction [J]. J. Energy Resources Technology,1992, 114:1－13.

[28] Caetano E F, Shoham O, Brill J P. Upward vertical two - phase flow through an annulus part Ⅱ: modeling bubble, slug and annulus flow [J]. J. Energy Resources Technology,1992,114:14 - 30.
[29] Zhang H Q, Wang Q, Sarica C. Unified model for gas - liquid pipe flow via slug dynamics—part 1: model development [J]. J. Energy Res. Technol,2003,125(4):266 - 273.
[30] Zhang H Q, Wang Q, Sarica C. Unified model for gas - liquid pipe flow via slug dynamics—part 2: model validation [J]. J. Energy Res. Technology,2003,125(4):274 - 283.
[31] Nicklin D J. Two - phase bubble flow [J]. Chemical Engineering Science,1962,17(9):693 - 702.
[32] Santos O L A, Azar J J. A study on gas migration in stagnant non - newtonian fluids [R]. The Fifth Latin American and Caribbean Petroleum Engineering Conference and Exhibition, Rio de Janeiro,SPE39109,1997.
[33] Andritsos N, Hanratty T J. Influence of interfacial waves in stratified gas - liquid flows [J]. AIChE Journal, 1987,33(3): 444 - 454.
[34] Grolman E. Gas - liquid flow with low liquid loading in slightly inclined pipes [D]. The Netherlands: U. of Amsterdam, 1994.
[35] 任美鹏,李相方,刘书杰,等. 新型深水钻井井喷失控海底抢险装置概念设计及方案研究[J]. 中国海上油气,2014,26(2):66 - 71,81.
[36] 尹邦堂,李相方,孙宝江,等. 井筒环空稳态多相流水动力学模型[J]. 石油勘探与开发,2014,41(3):359 - 366.
[37] 尹邦堂,李相方,李佳,等. 巨厚高产强非均质气藏产能评价方法:以普光、大北气田为例[J]. 天然气工业,2014,34(9):70 - 75.
[38] 隋秀香,梁羽丰,李轶明,等. 基于多普勒测量技术的深水隔水管气侵早期监测研究[J]. 石油钻探技术,2014,42(5):90 - 94.
[39] 尹邦堂,李相方,隋秀香,等. 计算机优化压井开环控制软件系统研究及应用[J]. 石油钻探技术,2011,39(1):110 - 114.
[40] 隋秀香,李相方,尹邦堂,等. 井场硫化氢检测系统的研制[J]. 天然气工业,2011,31(9):82 - 84,92,140.
[41] 隋秀香,尹邦堂,张兴全,等. 含硫油气井井控技术及管理方法[J]. 中国安全生产科学技术,2011,7(10):80 - 83.
[42] 尹邦堂,李相方,任美鹏,等. 深水井喷顶部压井成功最小泵排量计算方法[J]. 中国安全生产科学技术,2011,7(11):14 - 19.
[43] 尹邦堂,李相方,杜辉,等. 油气完井测试工艺优化设计方法[J]. 石油学报,2011,32(6):1072 - 1077.
[44] 任美鹏,李相方,刘书杰,等. 深水钻井井筒气液两相溢流特征及其识别方法[J]. 工程热物理学报,2011,32(12):2068 - 2072.
[45] 任美鹏,李相方,尹邦堂,等. 基于模糊数学钻井井喷概率计算模型研究[J]. 中国安全生产科学技术,2012,8(1):81 - 86.
[46] 任美鹏,李相方,王岩,等. 基于立压套压的气侵速度及气侵高度判断方法[J]. 石油钻采工艺,2012,34(4):16 - 19.
[47] 尹邦堂,李相方,李骞,等. 高温高压气井关井期间井底压力计算方法[J]. 石油钻探技术,2012,40(3):87 - 91.
[48] 任美鹏,李相方,徐大融,等. 钻井气液两相流体溢流与分布特征研究[J]. 工程热物理学报,2012,33(12):2120 - 2125.
[49] 尹邦堂,刘瑞文,刘刚,等. 钻井及井控模拟仿真平台构建[J]. 实验室研究与探索,2015,34(8):85 - 89.
[50] 尹邦堂,张旭鑫,孙宝江,等. 深水水合物藏钻井溢流早期监测实验装置设计[J]. 实验室研究与探索,2019,38(4):33 - 37.

[51] 尹邦堂,张旭鑫,王志远,等. 考虑储层与井筒特征的高温高压水平井溢流风险评价[J]. 中国石油大学学报(自然科学版),2019,43(4):82 - 90.
[52] 高云丛,李相方,孙晓峰,等. 普光气田高含硫气井溢流压井期间井筒超临界相态特征[J]. 天然气工业,2010,30(3):63 - 66,132 - 133.
[53] 孟悦新,李相方,尹邦堂,等. 凝析气井井筒流动压力分布计算方法[J]. 工程热物理学报,2010,31(9):1508 - 1512.

5 关井过程井筒流体力学分析及关井压力获取

在钻井过程中，当发现溢流时，应该尽快关井。关井越早越快，地层流体侵入就越少，井控也就越容易。有的井可能存在井眼不稳定情况，应该遵循安全第一，损失最小的原理确定关井时机。关井方式通常分为三类。

（1）硬关井是发现溢流井喷后，在节流阀关闭情况下关闭防喷器。优点是关井最早，地面溢出流体最少，井底压力恢复时间最短，引起地层续流量最少。缺点是当溢流井喷流体压力高、流速高，在节流阀关闭情况下迅速关闭防喷器有可能损坏井口装备，或者压漏套管鞋处或裸眼薄弱地层，诱发进一步的安全事故。

（2）软关井是发现溢流井喷后，先全部打开节流阀，然后再关闭防喷器，之后再关闭节流阀。优点是在关闭防喷器时，溢流井喷流体可以部分在放喷管线喷出，从而减少了溢流井喷流体对井口装备的水击作用，同时也减少了对套管鞋处或裸眼薄弱地层的压力，从而可以减少压漏现象出现。缺点是由于存在开关节流阀的操作，相对硬关井关闭井筒流体产出的时间晚了，地层流体续流到井筒多了，对压井操作增加了一定的难度。

（3）半软关井是发现溢流井喷后，先部分打开节流阀，然后再关闭防喷器，之后再关闭节流阀。优缺点介于软硬关井之间。

显然，有必要对影响三类关井方式的因素开展研究，给出三种关井方式的适应性。

关井之后需要准确读取关井压力，求取地层压力，进而计算压井液密度。然而关井期间井筒压力的变化和关井时机及方式有关，关井之后井筒压力变化与气体的滑脱上升以及地层续流有关。为此需要研究与评价影响关井压力准确获取的因素及判别依据。

5.1 关井水击现象

硬关井优缺点是明确的。分析其缺点及其带来的影响，就需要研究硬关井过程发生的水击现象。

溢流井喷关井期间防喷器需经受关井产生的水击压力作用，而水击压力首先作用于井口装置，接着向井眼传播，依次作用于套管鞋处地层及裸眼地层。关井的两个主要环节为停泵和关井。停泵后，地层流体还在继续侵入。如果侵入量大，在井筒中上部的流速可能较高，此时实施关井可能会产生较大的水击压力。影响关井水击压力的因素较多，需要进行定性定量评价。

5.1.1 关井水击波传播物理特征分析

5.1.1.1 关井水击现象分析

溢流井喷关井产生水击波与声波等其他弹性波一样，具有传播、反射和叠加等现象。为分析关井水击波，假设发生溢流井喷后，井口防喷器是骤然关闭的，并假设井喷关井前井口流速为 v_0，压力为 p_0，如图 5.1 所示。关井产生的水击压力波波速为 a，其传播可分为以下四个阶段。

(1)水击压力波传播的第一阶段。

防喷器关闭后,靠近防喷器的一层厚度为 Δs 的井筒流体在 Δt 时间内首先停止流动,这段流体被压缩,压力增高了 Δp,即为水击压力。与此同时,井筒也发生了膨胀。当第一层的流体在 Δt 时间内停止流动后,紧挨着的第二层流体也停了下来,并受到了压缩,压力增加 Δp,相应井筒同样发生膨胀。这就形成了高低压分界面,即增压面,并以速度 a 向井底传播。假设套管鞋处井深为 L,那么当水击波经过 $t_1 = L/a$ 后,套管内流体全部处于静止状态,压力增加 Δp,整个套管处于膨胀状态。

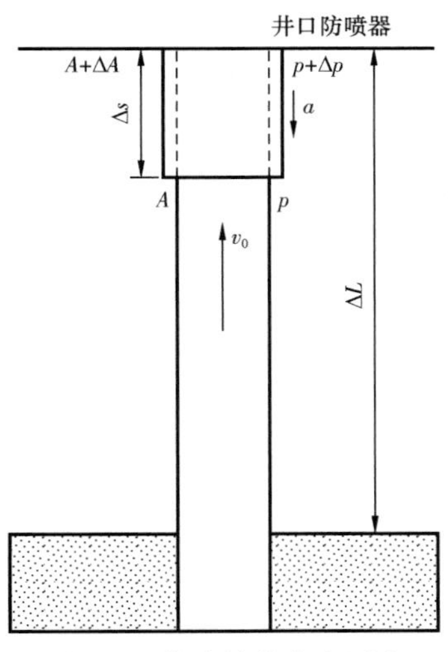

图 5.1　井喷关井水击压力波传播示意图

(2)水击压力波传播的第二阶段。

在 $t_1 = L/a$ 时刻,套管内的压力高于套管鞋外的压力。由于压力的不平衡,套管内靠近套管鞋的一层液体又以速度 v_0 冲向井底方向,产生的水击减压波以速度 a 向防喷器传播,使得水击压力消失,井筒压力恢复正常,套管也恢复正常状态。

(3)水击压力波传播的第三阶段。

在 $t_2 = 2L/a$ 时刻时,井筒内的压力都已恢复到了关井前的压力,但靠近防喷器的一层流体因为惯性作用,仍企图以速度 v_0 向井底方向流动,但这个时候不再有流体补充,此时流体发生了双倍膨胀,压力双倍降低,即产生了负的水击压力 Δp,该水击减压波以速度 a 向井底传播,套管壁收缩,压力降低 Δp。

(4)水击压力波传播的第四阶段。

在 $t_3 = 3L/a$ 时刻时,水击减压波传到了套管鞋处,导致该处压力低于套管鞋外井筒压力。由于压力差,流体又以速度 v_0 冲向防喷器方向,使得靠近套管鞋内的一层流体恢复到正常压力。这个水击增压波又以速度 a 向防喷器传播,直到 $t_4 = 4L/a$ 时刻又传到了防喷器处。这个时候,整个井筒又恢复到了防喷器关闭前的流动状态。接着,又开始了下一个压力传递的循环。

关井水击压力波传播的四个阶段,其物理特性可见表 5.1。

表 5.1　关井水击压力波传播过程物理特性

阶段	时段	流速	流速方向	压力	传播方向	井筒流体状态
1	$0 < t < L/a$	$v_0 \to 0$	井底→防喷器	增加 Δp	防喷器→井底	被压缩
2	$L/a < t < 2L/a$	$0 \to v_0$	防喷器→井底	恢复为原压力	井底→防喷器	恢复为原状
3	$2L/a < t < 3L/a$	$-v_0 \to 0$	防喷器→井底	降低 Δp	防喷器→井底	膨胀
4	$3L/a < t < 4L/a$	$0 \to v_0$	井底→防喷器	恢复为原压力	井底→防喷器	恢复为原状

分析关井水击压力波传播的四个阶段,对比防喷器处、井筒中某截面、套管鞋处的水击压强随时间的变化,可以知道防喷器处总是在相末发生变化,水击作用持续时间最长,变化的幅度也是最大。

如上所述,井筒流体的流速、压强随着水击波的传播而发生变化。为了分析井喷关井的可靠性,既要了解关井后防喷器处压力的变化,也要了解井筒上任一点,尤其是套管鞋处薄弱地层的压力变化。

5.1.1.2　关井水击波的分类

前面讨论的是防喷器在瞬间关闭产生的水击压力传播特征，但实际上，防喷器是不可能在瞬间关闭的，对于每一个微小的关闭过程都会产生一个相应的水击波，并按照上述传播规律传播。因此，整个井筒的水击压力都是由一系列不同发展阶段水击压力波复杂叠加的结果。

当第二个水击波产生以后，第一个水击波已经传播一定距离，同样，当第三个水击波产生以后，第二个水击波也传播了一定距离。经过时间 L/a 后，第一个水击波到达套管鞋处，随即向防喷器反射减压波。如果防喷器的关闭时间小于一个相位长度 $2L/a$，第一个减压波还没到达防喷器处，这时防喷器已经完全关闭，此时防喷器处的水击压力达到最大值，这种情况下的水击现象即为直接水击。如果防喷器关闭时间大于一个相位长度 $2L/a$，那么在第一个减压波到达防喷器时，防喷器还没完全关闭，这样一来，减压波就会抵消掉一部分关闭防喷器产生的增压波，使得水击压力不会达到直接水击压力值，这种情况下的水击现象即为间接水击。

由于受到水击反射波（减压波）的影响，距离地层越近，得到减压波的机会就会越多，压强增量就越小，所以井筒其他截面的最大水击压强要比防喷器处要小。

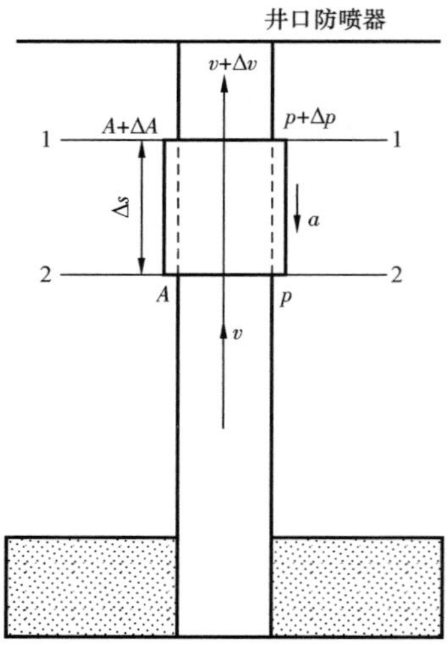

由上述分析可知，间接水击与直接水击在本质上没有差别，都是由流体的惯性力、弹性力和管壁的弹性力起主要作用，但间接水击压力传播涉及水击的干涉、反射和复杂的边界条件，其计算要比直接水击压力的计算复杂得多。

图5.2　关井水击压力计算示意图

5.1.2　直接水击压力计算

发生井喷后，突然关闭防喷器，在无限小的 Δt 时间内，靠近防喷器厚度为 Δs 的一层钻井液首先停止了流动，对于该层钻井液，用动量定理分析如下。

如图5.2所示，选取一长为 Δs 的控制体1—2，水击波从1—1断面流入，从2—2断面流出，水击波速为 a。取断面2—2处的面积为 A，压力为 p，流速为 v，流体的密度为 ρ。断面1—1处上述各项分别变为 $A+\Delta A, p+\Delta p, v+\Delta v, \rho+\Delta\rho$。

在 Δt 时段内，Δs 段流体的动量增量为：

$$(\rho+\Delta\rho)(A+\Delta A)(v+\Delta v)\Delta s-\rho Av\Delta s\approx\Delta(\rho Av)\Delta s \tag{5.1}$$

Δs 段流体所受外力为：

$$pA-(p+\Delta p)(A+\Delta A)-\rho gA\mathrm{d}s\cos\theta-\tau_0X_0\Delta s\approx-\Delta(pA)-\rho gA\mathrm{d}s\cos\theta-\tau_0X_0\Delta s \tag{5.2}$$

根据动量定理得：

$$-[\Delta(pA)+\rho gA\Delta s\cos\theta+\tau_0X_0\Delta s]\Delta t=\Delta(\rho Av)\Delta s$$

$$-[(p\Delta A+A\Delta p)+\rho gA\Delta s\cos\theta+\tau_0X_0\Delta s]=a(\rho A\Delta v+\rho v\Delta A+Av\Delta\rho) \tag{5.3}$$

因为 $\Delta\rho$、ΔA 相对于 Δp 比较小，故可以忽略不计，得到：

$$-[A\Delta p + \rho gA\Delta s\cos\theta + \tau_0 X_0 \Delta s] = a\rho A\Delta v$$

$$\Delta p = -\frac{a\rho A\Delta v + \rho gA\Delta s\cos\theta + \tau_0 X_0 \Delta s}{A}$$

$$= -a\rho\Delta v - \rho g\Delta s\cos\theta - \frac{\tau_0 X_0 \Delta s}{A}$$

$$= a\rho(v - v') - \rho g\Delta s\cos\theta - \frac{\tau_0 X_0 \Delta s}{A} \tag{5.4}$$

式(5.4)为动量定理中考虑重力项和摩擦项推导出的水击压力表达式，其中，v 为断面2—2 处流体速度，v'为断面 1—1 处流体速度。由此可见，水击压力 Δp 主要与水击波速 a、流体密度 ρ、流体速度差$(v-v')$有关，受重力项和摩擦项影响很小。

当发生直接水击压力时，即阀门(防喷器)在瞬间关闭时，断面 1—1 处流体速度 v'为 0，此时得到直接水击压力计算公式为 $\Delta p = a\rho v$。由此可见，水击压力主要与水击波速、流体密度和流体流速有关。

5.1.3 关井水击波速计算

5.1.3.1 水击波在纯液中传播

对图 5.2 选取的微元段进行水击波速计算公式推导。由质量守恒原理知，流入、流出微元段的流体质量差等于微元段的流体质量增量。

在 Δt 时间内，流入微元段的流体质量为 $\rho Av\Delta t$，流出微元段的流体质量为：

$$(\rho + \Delta\rho)(A + \Delta A)(v + \Delta v)\Delta t \tag{5.5}$$

流入、流出微元段的流体质量差为：

$$\rho Av\Delta t - (\rho + \Delta\rho)(A + \Delta A)(v + \Delta v)\Delta t \approx -\Delta(\rho Av)\Delta t \tag{5.6}$$

微元段的流体质量增量为：

$$(\rho + \Delta\rho)(A + \Delta A)\Delta s - \rho A\Delta s \approx \Delta(\rho A)\Delta s \tag{5.7}$$

根据质量守恒原理知：

$$-\Delta(\rho Av)\Delta t = \Delta(\rho A)\Delta s \tag{5.8}$$

$$-\Delta(\rho Av) = \Delta(\rho A)a \tag{5.9}$$

$$a = \frac{-\Delta(\rho Av)}{\Delta(\rho A)} = -\frac{\rho A\Delta v + v\Delta(\rho A)}{\Delta(\rho A)} \tag{5.10}$$

即得：

$$a + v = -\frac{\rho A\Delta v}{\Delta(\rho A)} \tag{5.11}$$

因 $a \gg v$,式(5.11)可简化成:

$$a = -\frac{\rho A \Delta v}{\Delta(\rho A)} \tag{5.12}$$

因 $\Delta v = -\frac{\Delta p}{\rho a}$,代入式(5.12)得:

$$a = \frac{\rho A \Delta p}{\rho a \Delta(\rho A)} \tag{5.13}$$

$$a^2 = \frac{1}{\frac{\Delta(\rho A)}{A \Delta p}} = \frac{1}{\frac{A\Delta\rho + \rho \Delta A}{A \Delta p}} \tag{5.14}$$

式(5.14)取极限即得水击波速计算公式:

$$a = \frac{1}{\sqrt{\rho\left(\frac{1}{\rho}\frac{\mathrm{d}\rho}{\mathrm{d}p} + \frac{1}{A}\frac{\mathrm{d}A}{\mathrm{d}p}\right)}} \tag{5.15}$$

液体的弹性系数为 E_1,根据弹性系数定义可得:

$$E_1 = \rho \frac{\mathrm{d}p}{\mathrm{d}\rho} \tag{5.16}$$

管子弹性系数为 E_p,厚度为 e,直径为 D,应变为 σ 时,根据薄壁圆管拉力公式可得:

$$e = \frac{pD}{2\sigma} \tag{5.17}$$

根据管材弹性系数定义可得:

$$E_p = \frac{\mathrm{d}\sigma}{\mathrm{d}D} D \tag{5.18}$$

管子截面:

$$A = \frac{1}{4}\pi D^2 \tag{5.19}$$

则有:

$$\frac{1}{A}\frac{\mathrm{d}A}{\mathrm{d}p} = 2\frac{\mathrm{d}D}{D}\frac{1}{\mathrm{d}p} = 2\frac{\mathrm{d}\sigma}{E_p}\frac{1}{\mathrm{d}p} = \frac{D}{eE_p} \tag{5.20}$$

$$a_m = \sqrt{\frac{E_1/\rho_m}{1 + \frac{E_1 D}{E_p e}}} \tag{5.21}$$

经过计算,常温常压状态下,水击波在钻井液中传播速度为1500m/s 左右。

5.1.3.2 水击波在纯气中传播

温度 T_g 条件下，水击波在空气中的传播速度 C_g 可通过以下公式计算。

$$C_g = C_0 \left(T_g / T_0 \right)^{\frac{1}{2}} \tag{5.22}$$

式中 C_0——温度为 T_0 时，水击波在理想气体中的传播速度，m/s；

T_0——温度，K。

在常温常压条件下，水击波在空气中传播速度约为 340m/s。

5.1.3.3 水击波在多相流中传播

在气、液、固多相流中，由于气体具有很大的压缩性，造成水击波传播速度对含气率变化非常敏感，少量的含气率就会使其传播速度远小于在纯液或纯气中的传播速度。当水击波从气相往液相传播时，因为液相的惯性降低了传播速度；当水击波从液相往气相传播时，又因为气相的压缩性降低了传播速度。

已经有不少学者对水击波在多相流中的传播进行了实验和理论研究，并建立了相关模型。

(1)气液两相压力波传播速度实验研究。

西安交通大学多相流国家重点实验室对压力波在含气率为 0 ~0.7 范围内的气液两相泡状流和弹状流传播进行了室内实验，试验结果如图 5.3、图 5.4 所示。

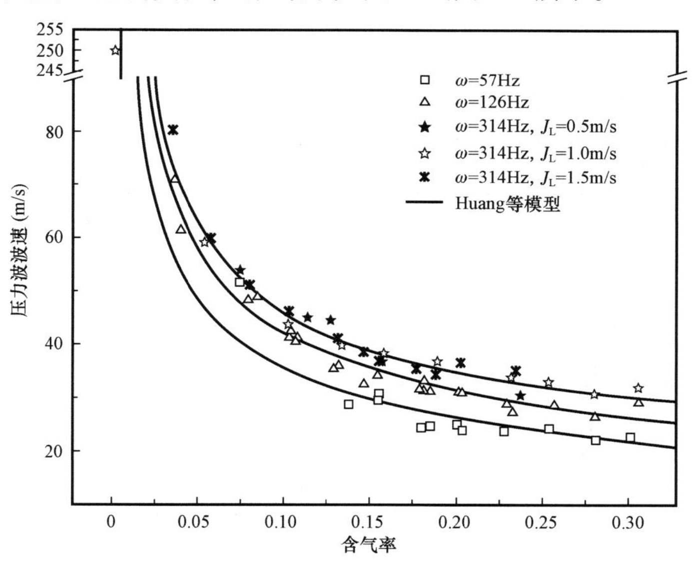

图 5.3 泡状流下压力波波速随含气率的变化曲线

实验结果表明：对于泡状流，在含气率接近 0 的时候，波速几乎是发生了突变；在含气率小于 0.05 时，随着含气率变大，压力波的波速陡然下降，当含气率大于 0.05 以后，压力波波速变化变得缓慢。对于弹状流，当含气率在 0.25 ~0.5 时，压力波波速基本上变化不大，当含气率大于 0.5 以后，压力波波速随着含气率的增大而逐渐缓慢增大。

(2)压力波波速计算模型——武德模型。

武德模型为计算水击波在气液两相流中传播的常用模型，其形式如下。

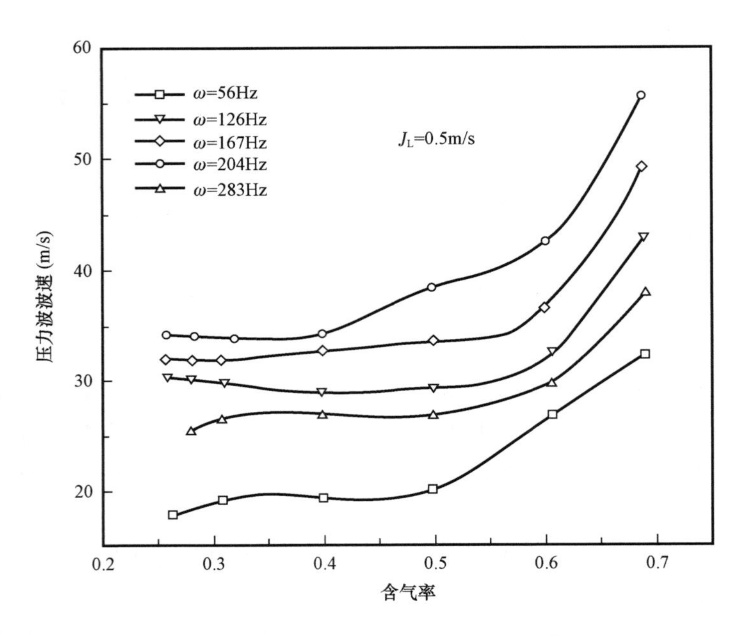

图 5.4　弹状流下压力波波速随含气率的变化曲线

$$a = \frac{p}{\alpha(1-\alpha)\rho_m} \tag{5.23}$$

式中　p——气液混合物的压力，Pa。

利用武德模型作水击波速随含气量变化的曲线如图 5.5 所示。

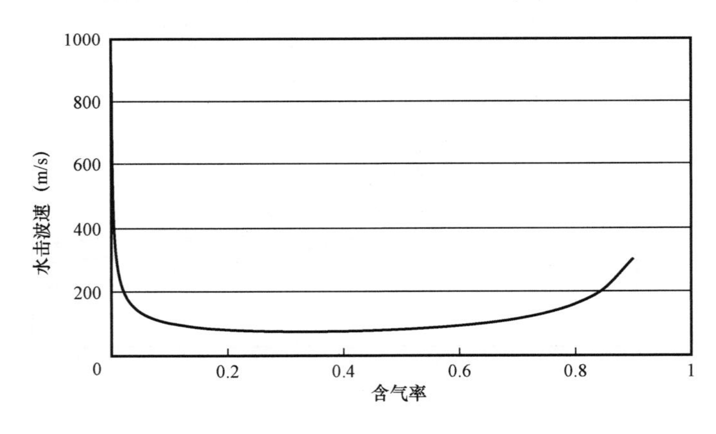

图 5.5　武德模型计算水击波速

(3)水击波速计算公式推导。

井喷期间，井筒内的流动为气、液、固三相流动，气体对水击波速影响很大，常规的水击波速计算公式已不再适用。以下根据质量守恒方程和动量守恒方程，推导井筒环空为多相流情况下的水击波速。

防喷器突然关闭，井口混合流体的流速可以统一考虑，这与单向流相似。不同的是流体的压缩性，因为气、液、固的弹性模量均不相同，井口混合流体的压缩体积是由固相压缩量、液相体积压缩量和气体的压缩量三者共同组成。

如图5.6所示，假设井口初始流速为v_{m0}，m/s；防喷器关闭后终了流速为v_{m1}，m/s；压力增加量为Δp，MPa；环空横截面积为A，m^2；环空横截面积膨胀量为ΔA，m^2；那么在防喷器关闭Δt时间后，进入Δs段的流体体积为：

$$\Delta V_m = (v_{m0} - v_{m1})A\Delta t = \Delta v_m A\Delta t \tag{5.24}$$

假设ΔL段含气率为α，气泡体积模量为E_g，则气相体积压缩变形量ΔV_g为：

$$\Delta V_g = \frac{\Delta p}{E_g}\alpha A\Delta s \tag{5.25}$$

假设ΔL段固相含量为β，固相颗粒体积模量为E_s，则固相体积压缩变形量ΔV_s为：

$$\Delta V_s = \frac{\Delta p}{E_s}\beta A\Delta s \tag{5.26}$$

假设钻井液体积模量为E_l，则ΔL段钻井液体积压缩变形量ΔV_l为：

$$\Delta V_l = \frac{\Delta p}{E_l}(1 - \alpha - \beta)A\Delta s \tag{5.27}$$

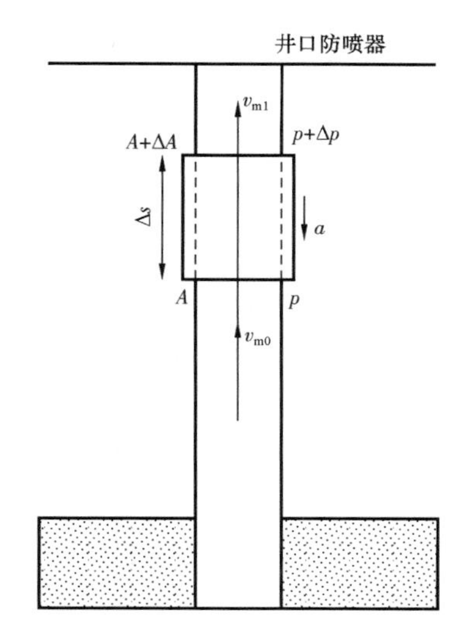

图5.6　关井水击波速计算示意图

假设套管厚度为e，直径为D，套管体积模量为E_p，则套管膨胀变形量为ΔV_p为：

$$\Delta V_p = \frac{\Delta pD}{E_p e}A\Delta s \tag{5.28}$$

由连续性原理知流入Δs段的流体量等于气、液、固三相体积压缩量和管道膨胀的体积：

$$\Delta V_m = \Delta V_g + \Delta V_s + \Delta V_l + \Delta V_p \tag{5.29}$$

由式(5.24)至式(5.29)可得：

$$\Delta v_m A\Delta t = \frac{\Delta p}{E_g}\alpha A\Delta s + \frac{\Delta p}{E_s}\beta A\Delta s + \frac{\Delta p}{E_l}(1 - \alpha - \beta)A\Delta s + \frac{\Delta pD}{E_p e}A\Delta s \tag{5.30}$$

由动量定理知：

$$\Delta p = \rho_m a_m \Delta v_m \tag{5.31}$$

式中　ρ_m——混合流体密度，kg/m^3；

a_m——井喷关井水击波速，m/s。

根据一般水击波速定义知：

$$a_m = \frac{\Delta s}{\Delta t} \tag{5.32}$$

由式(5. 30)、式(5. 31)、式(5. 32)可得:

$$a_m = \sqrt{\frac{E_l/\rho_m}{1-\alpha-\beta+\alpha\frac{E_l}{E_g}+\beta\frac{E_l}{E_s}+\frac{E_lD}{E_pe}}} \tag{5.33}$$

其中

$$\rho_m = \alpha\rho_g + \beta\rho_s + (1-\alpha-\beta)\rho_l \tag{5.34}$$

式中 ρ_g,ρ_s,ρ_l——井筒中气泡、固相颗粒、钻井液的密度,g/cm^3。

为分析含气率和固相含量对水击波速的影响,应用公式(5. 33),选取如下实例,进行实例分析。

某井套管内径 $D=215.9$mm,套管体积模量 $E_p=2.1\times10^{11}$Pa,气相体积模量 $E_g=2.0\times10^5$Pa,钻井液体积模量 $E_l=2.04\times10^9$Pa,固相体积模量 $E_s=1.62\times10^{10}$Pa,气相密度 $\rho_g=0.9$kg/m^3(标况),钻井液密度 $\rho_l=1200$kg/m^3,固相密度 $\rho_s=2660$kg/m^3,套管壁厚 $e=0.008$m。通过计算得到水击波速随含气量和固相含量变化的曲线如图 5. 7 至图 5. 10 所示。

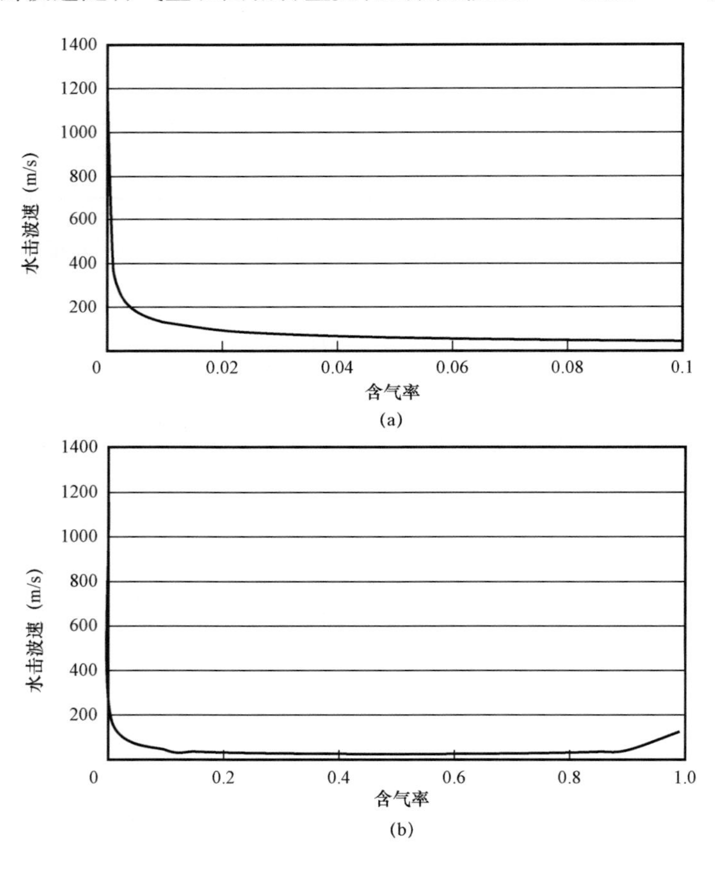

图 5. 7 钻井液含气率对水击波速的影响

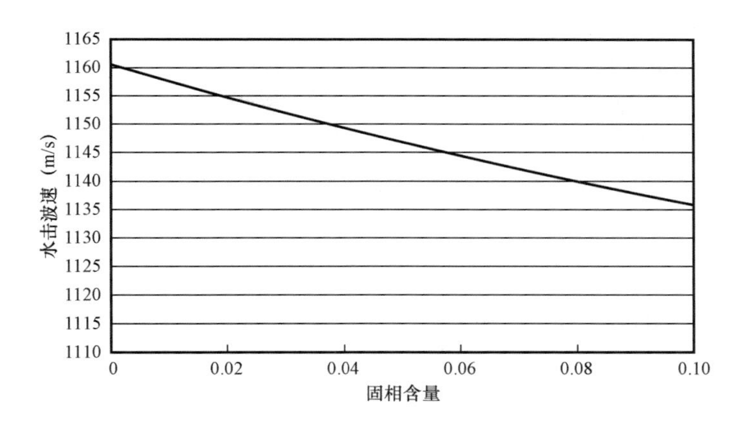

图 5.8 钻井液固相含量对水击波速的影响

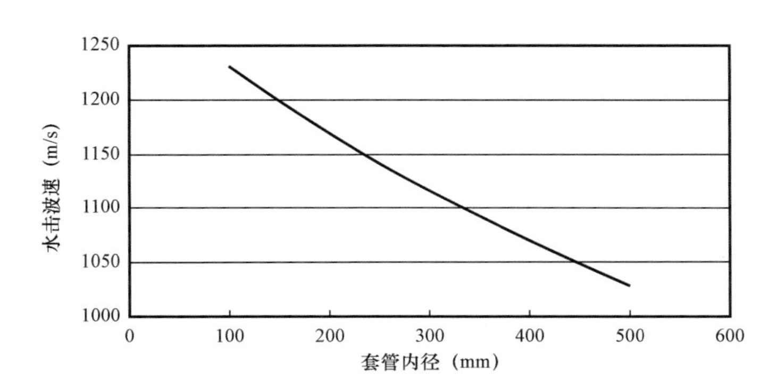

图 5.9 套管内径对水击波速的影响

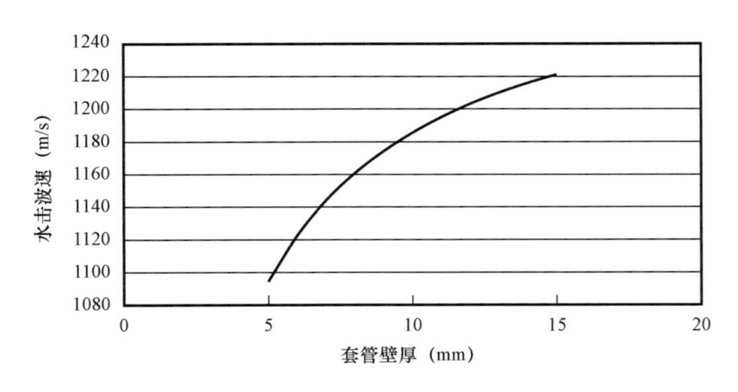

图 5.10 套管壁厚对水击波速的影响

由计算实例得出以下结论。

(1)应用公式(5.33)得到的水击波速曲线与室内实验结果吻合度较高，可以使用该公式估算气液两相流中的水击压力波速。

(2)钻井液含气率对混合流体的压缩性影响很大，随着含气量的增加，水击波速迅速下降。如图 5.7 所示，当钻井液不含气时，水击波速为 1500m/s；当含气率为 0.001 时，水击波速为385m/s,下降了67%;当含气量为0.005时,水击波速为181m/s,下降了84%。当含气量大于0.005后,随着含气量的增加,水击波速下降速度变得缓慢。

(3)钻井液固相含量对混合流体的压缩性影响较小,随着固相含量的增加,水击波速逐渐下降,但降幅很小,可忽略固相含量对水击波速的影响。

(4)套管的内径和壁厚对水击压力传播速度影响较小。水击波速随着套管内径的增大而减小,随着套管壁厚的增大而增大。

5.2 关井水击压力计算及可靠性分析

5.2.1 关井水击压力计算模型建立及求解

5.2.1.1 关井水击压力模型的建立

直接水击压力是根据动量定理得到的,计算的是防喷器闸板处的最大水击压力,计算结果与时间无关,不能得到关井后的瞬时水击压力。因此,需要建立关井水击压力计算模型来求解瞬时水击压力。

(1)关井水击运动方程的建立。

在管路中围绕着管轴选取微元柱体,如图5.11所示。

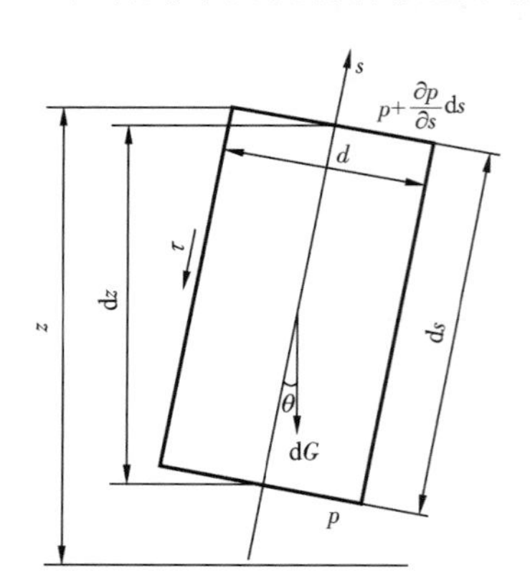

图5.11 运动方程分析

选取的微元段长为 ds,断面的面积为 dA,流向为 s,管轴与重力线的夹角为 θ。现对微元段在 s 方向的受力分析如下。

微元段两端的压力差为:

$$p\mathrm{d}A-\left(p+\frac{\partial p}{\partial s}\mathrm{d}s\right)\mathrm{d}A=-\frac{\partial p}{\partial s}\mathrm{d}s\mathrm{d}A \tag{5.35}$$

重力分量为:

$$\mathrm{d}G_{\mathrm{s}}=\rho g\mathrm{d}A\mathrm{d}s\cos\theta=-\rho g\mathrm{d}A\mathrm{d}s\frac{\partial z}{\partial s} \tag{5.36}$$

ds 段上摩擦阻力为:

$$-\tau\pi d\cdot\mathrm{d}s \tag{5.37}$$

其中,d 为微元体的直径。

假设 s 方向流速为 v,对微元段应用牛顿第二定律:

$$-\frac{\partial p}{\partial s}\mathrm{d}s\mathrm{d}A-\rho g\mathrm{d}A\mathrm{d}s\frac{\partial z}{\partial s}-\tau\pi\mathrm{d}\cdot\mathrm{d}s=\rho\mathrm{d}s\mathrm{d}A\frac{\mathrm{d}v}{\mathrm{d}t} \tag{5.38}$$

其中

$$\frac{\mathrm{d}v}{\mathrm{d}t}=\frac{\partial v}{\partial t}+v\frac{\partial v}{\partial s} \tag{5.39}$$

将式(5.39)两边都除以$\rho g\mathrm{d}A\mathrm{d}s$,得到不稳定运动微分方程式:

$$\frac{1}{\rho g}\frac{\partial p}{\partial s}+\frac{\partial z}{\partial s}+\frac{1}{g}\left(\frac{\partial v}{\partial t}+v\frac{\partial v}{\partial s}\right)+\frac{4\tau}{\rho g d}=0 \tag{5.40}$$

对于总流,当流速缓慢时,忽略断面上的流速不均性,得到一元不稳定流总流的运动方程,并考虑到管壁切应力 $\tau_0=\frac{1}{8}\lambda\rho v|v|$,$\cos\theta=-\frac{\partial z}{\partial s}$,代入式(5.40),得到:

$$\frac{1}{\rho g}\frac{\partial p}{\partial s}-\cos\theta+\frac{1}{g}\left(\frac{\partial v}{\partial t}+v\frac{\partial v}{\partial s}\right)+\frac{\lambda v|v|}{2gD}=0 \tag{5.41}$$

变形即得到以压强表示的水击运动方程:

$$\frac{1}{\rho}\frac{\partial p}{\partial s}+\frac{\partial v}{\partial t}+v\frac{\partial v}{\partial s}-g\cos\theta+\frac{\lambda v|v|}{2D}=0 \tag{5.42}$$

如果考虑 $H=z+\frac{p}{\rho g}$,可得到以水头表示的水击运动方程:

$$\frac{\partial}{\partial s}\left(z+\frac{p}{\rho g}\right)+\frac{1}{g}\left(\frac{\partial v}{\partial t}+v\frac{\partial v}{\partial s}\right)+\frac{\lambda v|v|}{2gD}=0 \tag{5.43}$$

即

$$\frac{\partial H}{\partial s}+\frac{1}{g}\left(\frac{\partial v}{\partial t}+v\frac{\partial v}{\partial s}\right)+\frac{\lambda v|v|}{2gD}=0 \tag{5.44}$$

式中 H——总流断面的平均高程;

D——总流断面直径。

(2)关井水击连续性方程的建立。

选取一控制体如图5.12所示。流体从断面1—1流入,从断面2—2流出。

根据质量守恒原理,流入、流出控制体的流体质量等于该体积内流体质量变化。

$$\rho vA\mathrm{d}t-\left[\rho vA\mathrm{d}t+\frac{\partial}{\partial s}(\rho vA\mathrm{d}t)\right]\mathrm{d}s=\left[\rho A\mathrm{d}s+\frac{\partial}{\partial t}(\rho A\mathrm{d}s)\mathrm{d}t\right]-\rho A\mathrm{d}s \tag{5.45}$$

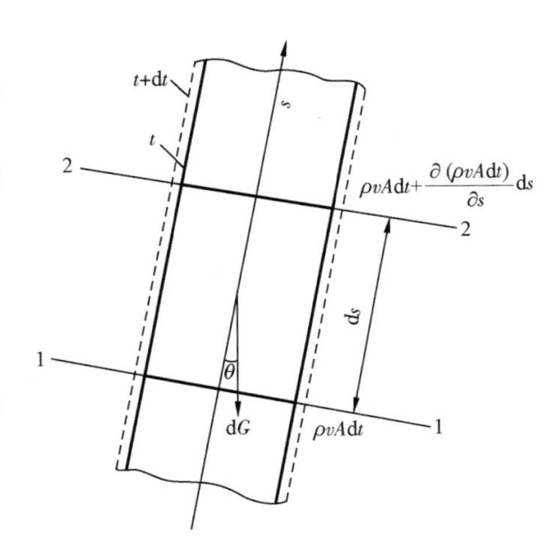

图5.12 水击连续性方程分析

简化为:

$$-\frac{\partial}{\partial s}(\rho vA\mathrm{d}t)\mathrm{d}s=\frac{\partial}{\partial t}(\rho A\mathrm{d}s)\mathrm{d}t \tag{5.46}$$

变形即得:

$$\frac{\partial}{\partial t}(\rho A)+\frac{\partial}{\partial s}(\rho vA)=0 \tag{5.47}$$

展开后得到：

$$\rho\frac{\partial A}{\partial t}+A\frac{\partial \rho}{\partial t}+vA\frac{\partial \rho}{\partial s}+\rho A\frac{\partial v}{\partial s}+\rho v\frac{\partial A}{\partial s}=0 \tag{5.48}$$

因 $A=A(s,t)$，$\rho=\rho(s,t)$，式(5.48)两端同除以 ρA 得到：

$$\frac{1}{A}\frac{\partial A}{\partial t}+\frac{1}{\rho}\frac{\partial \rho}{\partial t}+\frac{v}{\rho}\frac{\partial \rho}{\partial s}+\frac{\partial v}{\partial s}+\frac{v}{A}\frac{\partial A}{\partial s}=0$$

即：

$$\frac{1}{A}\left(\frac{\partial A}{\partial t}+v\frac{\partial A}{\partial s}\right)+\frac{1}{\rho}\left(\frac{\partial \rho}{\partial t}+v\frac{\partial \rho}{\partial s}\right)+\frac{\partial v}{\partial s}=0 \tag{5.49}$$

其中

$$\frac{\partial A}{\partial t}+v\frac{\partial A}{\partial s}=\frac{\mathrm{d}A}{\mathrm{d}t} \tag{5.50}$$

$$\frac{\partial \rho}{\partial t}+v\frac{\partial \rho}{\partial s}=\frac{\mathrm{d}\rho}{\mathrm{d}t} \tag{5.51}$$

将式(5.50)、式(5.51)代入式(5.49)中得到：

$$\frac{1}{A}\frac{\mathrm{d}A}{\mathrm{d}t}+\frac{1}{\rho}\frac{\mathrm{d}\rho}{\mathrm{d}t}+\frac{\partial v}{\partial s}=0 \tag{5.52}$$

变形得到：

$$\left(\frac{1}{A}\frac{\mathrm{d}A}{\mathrm{d}p}+\frac{1}{\rho}\frac{\mathrm{d}\rho}{\mathrm{d}p}\right)\frac{\mathrm{d}p}{\mathrm{d}t}+\frac{\partial v}{\partial s}=0 \tag{5.53}$$

将式(5.15)代入式(5.53)，得到：

$$\frac{1}{a^2\rho}\frac{\mathrm{d}p}{\mathrm{d}t}+\frac{\partial v}{\partial s}=0 \tag{5.54}$$

因$\frac{\mathrm{d}p}{\mathrm{d}t}=\frac{\partial p}{\partial t}+v\frac{\partial p}{\partial s}$，得到以压强表示的水击连续方程：

$$\frac{\partial p}{\partial t}+v\frac{\partial p}{\partial s}+a^2\rho\frac{\partial v}{\partial s}=0 \tag{5.55}$$

由于 $p=\rho g(H-z)$，所以：

$$\frac{\mathrm{d}p}{\mathrm{d}t}=\frac{\partial p}{\partial t}+v\frac{\partial p}{\partial x}=\rho g\left(\frac{\mathrm{d}H}{\mathrm{d}t}-\frac{\mathrm{d}z}{\mathrm{d}t}\right)=\rho g\left(\frac{\partial H}{\partial t}+v\frac{\partial H}{\partial s}-\frac{\partial z}{\partial t}-v\frac{\partial z}{\partial s}\right) \tag{5.56}$$

因$\frac{\partial z}{\partial t}=0$，$\frac{\partial z}{\partial s}=-\cos\theta$，代入式(5.56)得：

$$\frac{\mathrm{d}p}{\mathrm{d}t}=\frac{\partial p}{\partial t}+v\frac{\partial p}{\partial x}=\rho \mathrm{g}\frac{\partial H}{\partial t}+vg\frac{\partial H}{\partial s}+\rho gv\cos\theta \tag{5.57}$$

即得到考虑管轴倾斜的以水头表示的连续性方程：

$$\frac{\partial H}{\partial t}+v\frac{\partial H}{\partial s}+v\cos\theta+\frac{a^2}{g}\frac{\partial v}{\partial s}=0 \tag{5.58}$$

5.2.1.2 关井水击方程求解

由式(5.42)和式(5.55)组成的水击基本方程组如下：

$$\left.\begin{aligned}&\frac{1}{\rho}\frac{\partial p}{\partial s}+\frac{\partial v}{\partial t}+v\frac{\partial v}{\partial s}-g\cos\theta+\frac{\lambda v|v|}{2D}=0\\&\frac{\partial p}{\partial t}+v\frac{\partial p}{\partial s}+a^2\rho\frac{\partial v}{\partial s}=0\end{aligned}\right\} \tag{5.59}$$

为方便计算，以水头表示该水击基本方程组如下：

$$\left.\begin{aligned}&\frac{\partial H}{\partial s}+\frac{1}{g}\left(\frac{\partial v}{\partial t}+v\frac{\partial v}{\partial s}\right)+\frac{\lambda v|v|}{2gD}=0\\&\frac{\partial H}{\partial t}+v\frac{\partial H}{\partial s}+v\cos\theta+\frac{a^2}{g}\frac{\partial v}{\partial s}=0\end{aligned}\right\} \tag{5.60}$$

方程组(5.59)是一阶拟线性双曲型偏微分方程组，该方程组包含了两个因变量(H,v)以及两个自变量(s,t)。采用特征线法求解水击方程，是将水击方程先转化为全微分方程，再进行积分得到差分方程，从而进行数值计算求其近似解。

应用特征线法求解关井水击基本方程时，首先要确定关井水击问题的初始条件和边界条件。初始条件为井喷关井前，在井筒各个截面上流体的水头和流速。边界条件是指对水击的发生和发展起着控制作用的某些截面的水流条件。

应用特征线法编程求解步骤如图5.13所示。

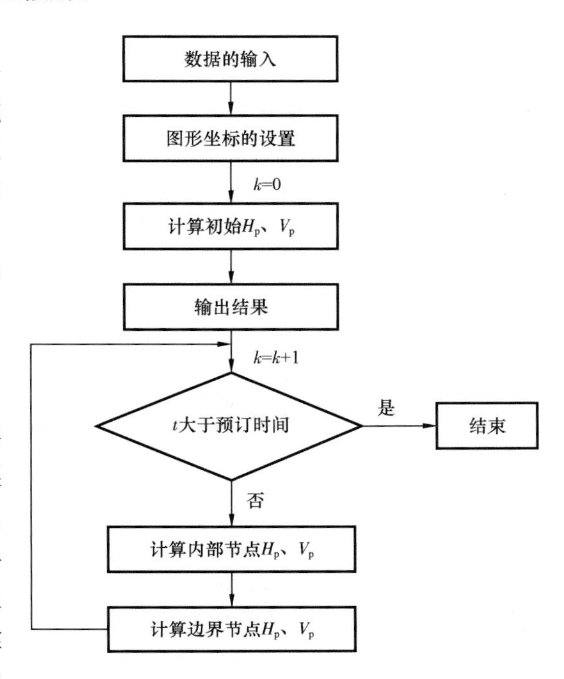

图5.13 编程求解步骤

5.2.2 井喷关井可靠性研究

在钻井过程中，当井底压力不能平衡地层压力时，地层流体会侵入井筒形成溢流。如果控制措施不得当，溢流易发展成为井涌、井喷。如遇溢流或井喷，应立即执行关井操作。关井前井筒流动特征参数分布以及关井产生的水击压力、关井后井筒压力恢复是进行关井可靠性分析的依据。需要说明的是以下关井压力计算均假设硬关井，且瞬间关闭。这种情况下关井水击压力最大,而实际上关井不是瞬间关闭,水击压力要小一些。

5.2.2.1　井喷喷流为钻井液的关井水击压力计算

钻井过程中如钻遇高压裂缝性或溶洞气藏,在负压差很大的情况下,短时间内进入井筒的气体流量可能很大,在井的底部可能会出现段塞流,在井口形成不含气的钻井液喷流。

为分析井喷喷流为钻井液的关井水击情况,假设某井井深 $H = 3000\mathrm{m}$,套管内径 $D = 215.9\mathrm{mm}$,套管体积模量 $E_p = 2.1 \times 10^{11}\mathrm{Pa}$,钻井液体积模量 $E_1 = 2.04 \times 10^9\mathrm{Pa}$,钻井液密度$\rho_1 = 1500\mathrm{kg/m^3}$,套管壁厚 $e = 0.008\mathrm{m}$。通过公式(5.33)计算得到水击波速 $a = 1038\mathrm{m/s}$。

当井口钻井液速度不同时,采用直接水击压力计算公式估算关井水击压力(表5.2),井口钻井液流速与水击压力变化如图5.14所示。

表5.2　不同井口钻井液流速下水击压力

井口钻井液速度(m/s)	关井水击压力(MPa)	井口钻井液速度(m/s)	关井水击压力(MPa)
0.5	0.78	5.5	8.56
1	1.56	6	9.34
1.5	2.34	6.5	10.12
2	3.11	7	10.90
2.5	3.89	7.5	11.68
3	4.67	8	12.46
3.5	5.45	8.5	13.23
4	6.23	9	14.01
4.5	7.01	9.5	14.79
5	7.79	10	15.57

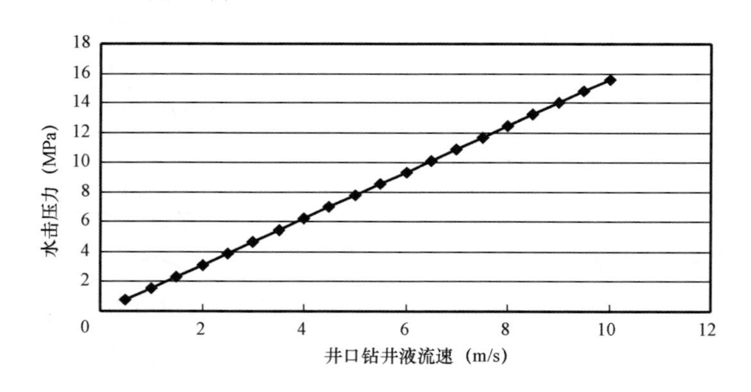

图5.14　水击压力随井口钻井液流速的变化

计算表明,井喷喷流为钻井液的情况下,井口水击压力受钻井液流速影响很大,随钻井液流速增加而迅速增大。当井喷喷流流速较小,为0.5m/s时,关井水击压力约0.78MPa,这种情况下对关井可靠性影响较小,井口装置和套管鞋处薄弱地层一般都能承受。但当井口钻井液流速达到10m/s的时候,关井水击压力可达到15MPa,这对套管鞋处薄弱地层危害较大,也可能造成井口装置损坏而导致关井失效。因此,对于井喷喷流为钻井液的情况,应根据喷流流速选择合理关井方式，当喷流速度较小时，应选择“硬关井”减少地层流体侵入，当喷流速度较大时，应选择“软关井”或“半软关井”降低关井水击压力。

5.2.2.2 井喷喷流为气液两相的关井水击压力计算

井喷喷流为气液两相的关井水击压力分析分为三种状态，如图 5.15 所示。

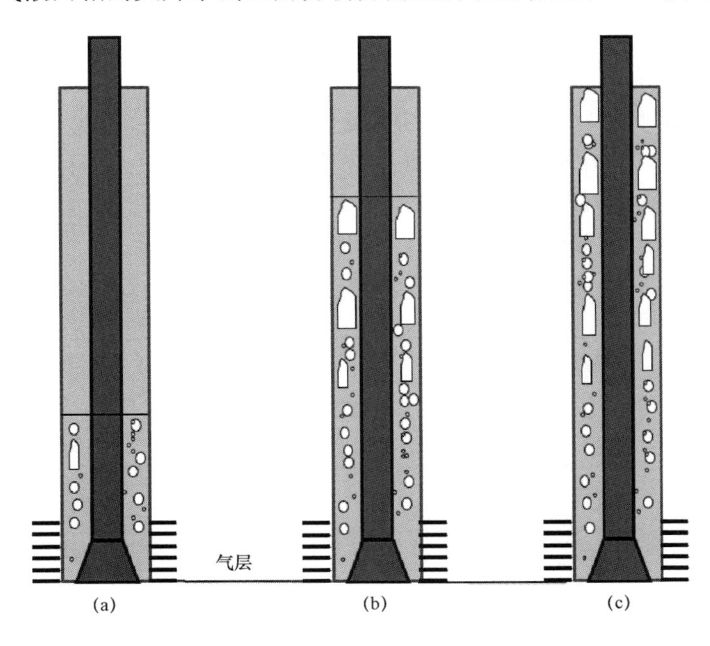

图 5.15 井喷喷流水击压力分析的三种状态

(1)在溢流发生初期，气体侵入井筒并存在于井筒下部，井筒中上部仍为液相，由于钻井液为非牛顿流体，根据实验在井筒下部的气体部分即使含气率比较低，也可能出现大气泡，或者段塞流的小泰勒泡。

(2)在溢流发生中期，气体侵入井筒并沿井筒上升，并存在于井筒中下部，纯液相只存在于井筒上部。

(3)发生井喷时，气体进入井筒并上升至环空井口时，井筒内部整体分布为气液两相流。

选取一口井喷气井，其基本参数见表 5.3。气侵速度分别为 0.01m^3/s、0.05m^3/s、0.1m^3/s，并以此计算得到井筒沿程水击波速分布和水击压力分布。其中井筒内多相流物性及流动参数的计算采用第 4 章中介绍的非稳态环空气液两相流动计算方法。

表 5.3 某井喷气井基本参数表

序号	参数	数值
1	井深(m)	3000
2	套管鞋深度(m)	2800
3	套管外径(mm)	215.9
4	套管壁厚(mm)	8

续表

序号	参数	数值
5	钻杆外径(mm)	127
6	钻杆内径(mm)	108.6
7	钻井液密度(g/cm^3)	1.5
8	钻井液黏度(Pa·s)	0.01

(1)状态一:井筒下部为气液两相流,中上部为液流。

在溢流发生初期,气体侵入井筒并存在于井筒下部,井筒中上部仍为液相,分析此时的井喷关井水击压力,参数分布规律如图5.16至图5.18所示。

① 井筒气相速度分布如图5.16所示。

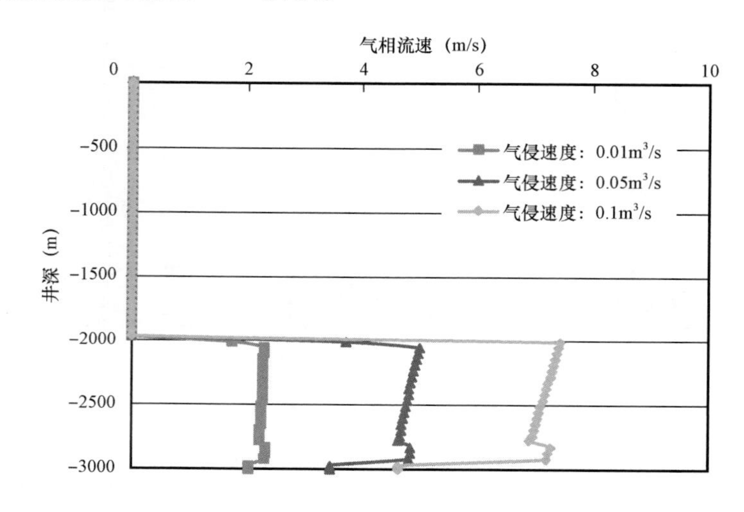

图5.16 井筒气相流速随井深的变化曲线

② 井筒混合物速度分布如图5.17所示。

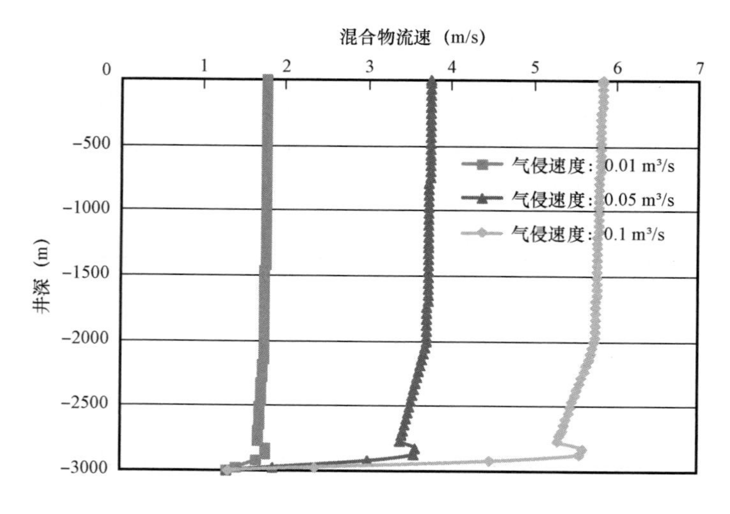

图5.17 井筒混合物流速随井深的变化曲线

③ 井筒截面含气率分布如图 5.18 所示。

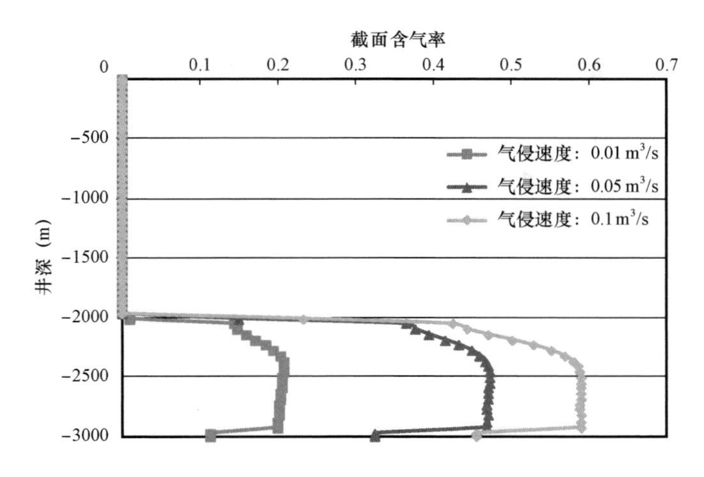

图 5.18　井筒截面含气率随井深的变化曲线

从图 5.16 至图 5.18 可以看出：

① 溢流初期，气相存在于井筒下部，井筒气相流速随气侵速度的增大而逐渐增大，并随井深的增大有所减小；

② 高气侵速率下的混合物流速明显快于低气侵速度条件；

③ 在井筒下部，截面含气率随着气侵速度的增大而增加。

(2)状态二：井筒中下部为气液两相流，上部为液流。

在溢流发生初期，气体侵入井筒并沿井筒上升，并存在于井筒中下部，纯液相只存在于井筒上部，同样采用状态一中的算例及环空气液两相流动计算方法分析关井井喷压力，参数变化规律如图 5.19 至图 5.21 所示。

① 井筒气相流速分布如图 5.19 所示。

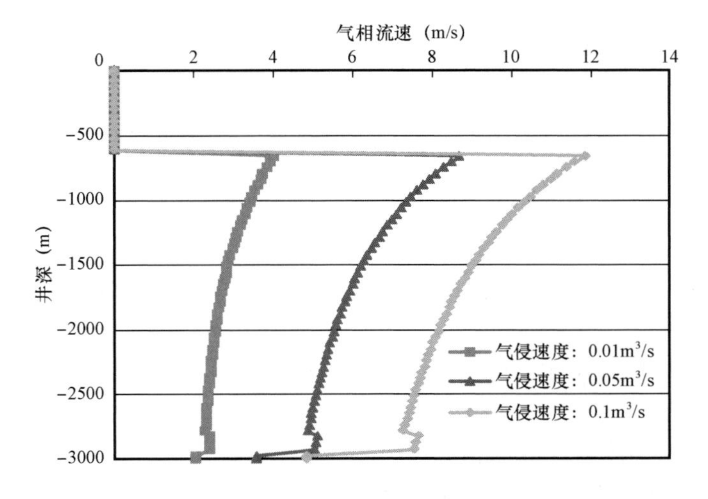

图 5.19　井筒气相流速随井深的变化曲线

② 井筒混合物速度分布如图5.20所示。

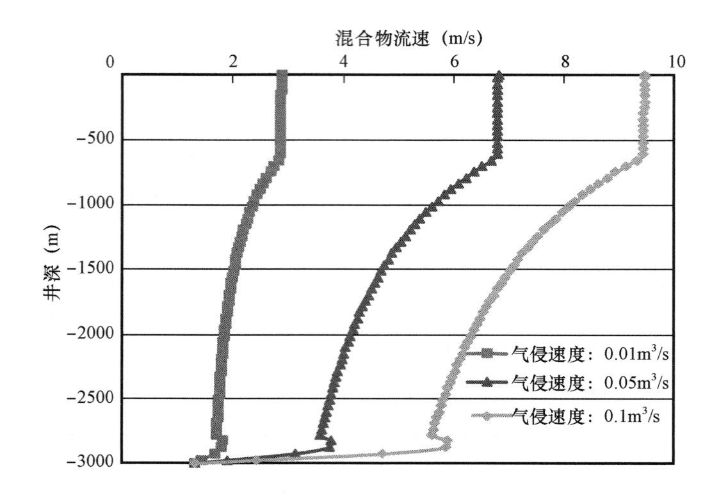

图5.20 井筒混合物流速随井深的变化曲线

③ 井筒截面含气率分布如图5.21所示。

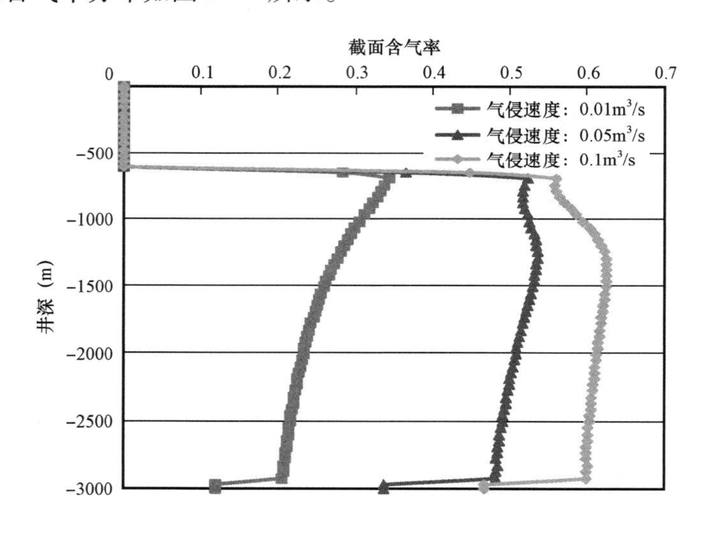

图5.21 井筒截面含气率随井深的变化曲线

从图5.19至图5.21可以看出：

① 气相存在于井筒中下部，类似地，井筒气相流速随气侵速度的增大而增大，并随井深的增大而减小；

② 井筒内的混合物流速随气侵速度的增大而增大；

③ 在井筒中下部，较大的气侵速度条件下有较大的截面含气率。

(3)状态三：井筒整体为气液两相流。

当气体进入井筒并上升至环空井口时，井筒内的气液两相流动状态可以通过稳态气液两相管流计算方法得到，参数变化规律如图5.22至图5.24所示。

① 井筒混合物密度分布如图 5.22 所示。

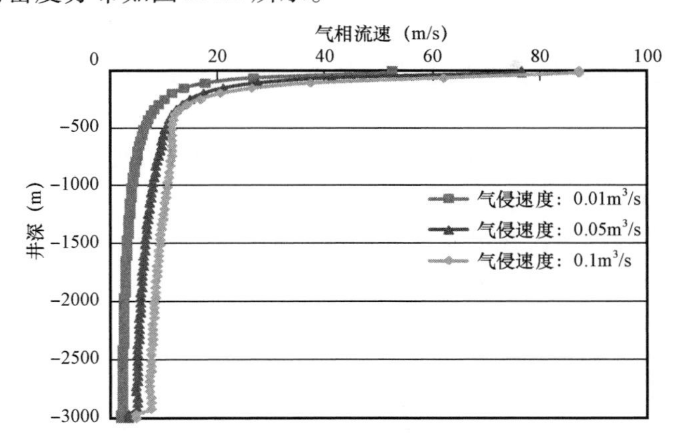

图 5.22　井筒气相流速随井深的变化曲线

② 井筒混合物速度分布如图 5.23 所示。

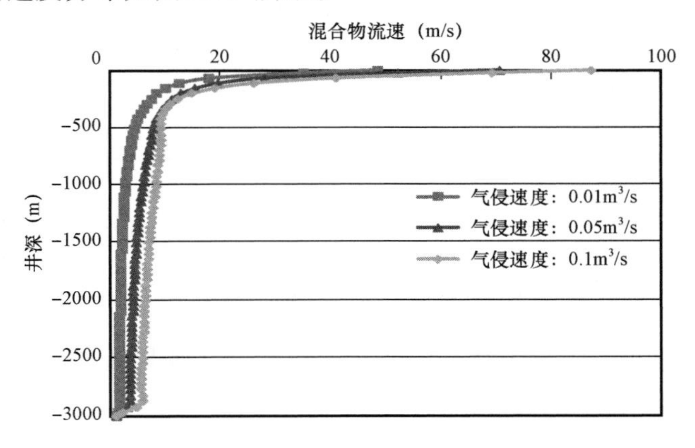

图 5.23　井筒混合物速度分布随井深的变化曲线

③ 井筒截面含气率分布如图 5.24 所示。

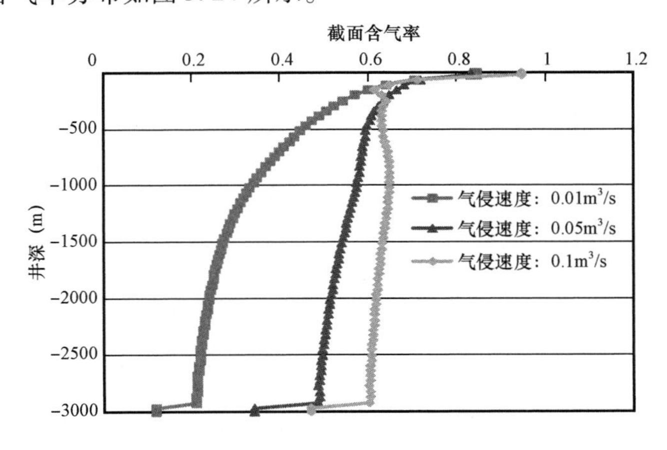

图 5.24　井筒截面含气率分布随井深的变化曲线

从图 5.22 至图 5.24 可以看出：

① 井筒气相流速随井深的增大逐渐减小，随气侵速度的增大而逐渐增大；

② 井筒混合物的速度同样受气侵速度的影响，随着气侵速度的增大而增大，随着井深的增加而减小；

③ 井筒截面含气率受气侵速度的影响非常明显，随着气侵速度的增大逐渐增大，并随着井深的增加而逐渐减小。

(4) 井筒水击压力计算及关井可靠性分析。

① 状态一：井筒下部为气液两相流，中上部为液流。

井筒水击波速分布如图 5.25 所示。

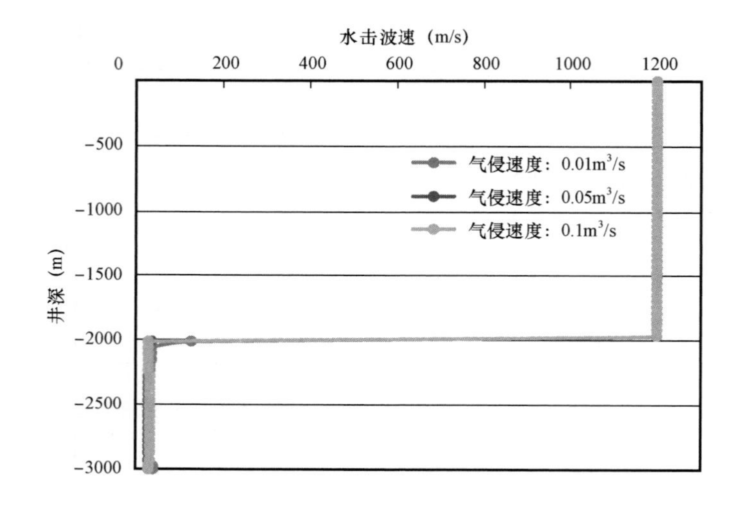

图 5.25　水击波速沿井筒的变化曲线

井筒水击压力分布如图 5.26 所示。

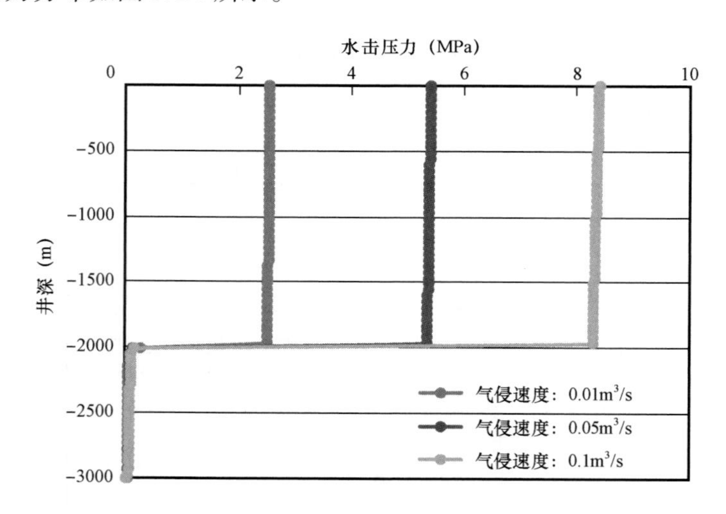

图 5.26　水击压力沿井筒的变化曲线

② 状态二:井筒中下部为气液两相流,上部为液流。

井筒水击波速分布如图 5.27 所示。

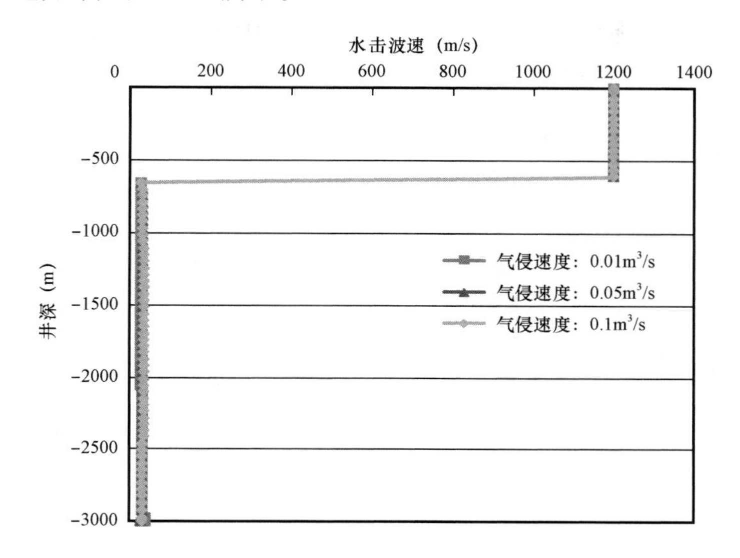

图 5.27 水击波速沿井筒的变化曲线

井筒水击压力分布如图 5.28 所示。

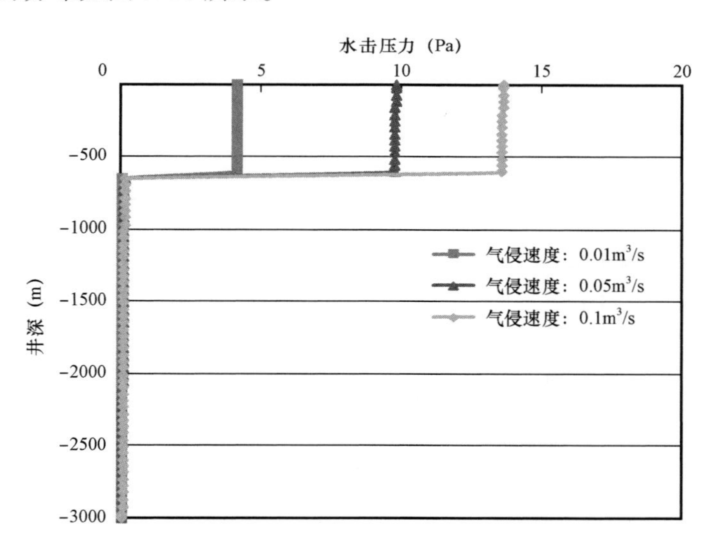

图 5.28 水击压力沿井筒的变化曲线

③ 状态三:井筒整体为气液两相流。

井筒水击波速分布如图 5.29 所示。

井筒水击压力分布如图 5.30 所示。

对比以上三种状态下的水击波速及水击压力计算结果可知:

(1)水击波速在气液两相流条件中的传播速度明显低于在钻井液单相流中的传播速度;

(2)相同气侵速度下,随气相上升,气液两相流区域内的水击压力下降,单相液流区内的水击压力有所升高;

(3)但侵入气体到达井口时,井筒内的水击波速及水击压力保持在较低水平,此时水击压力对井口装备及井底地层的影响较小。

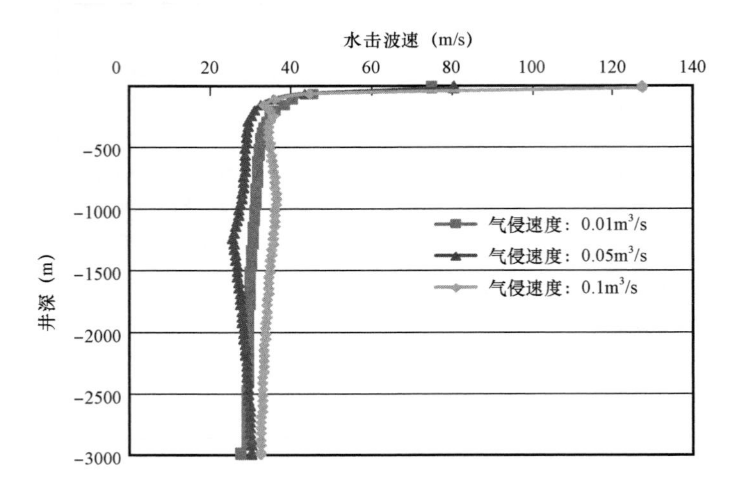

图 5.29 水击波速沿井筒的变化曲线

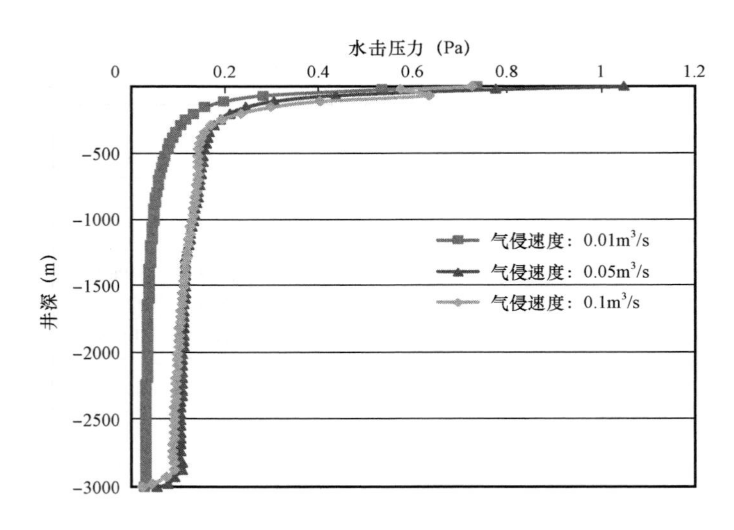

图 5.30 水击压力沿井筒的变化曲线

5.2.2.3 井喷喷流为天然气的关井水击压力计算

5.2.2.3.1 井筒流动参数计算方法

井喷喷流为天然气时,井筒管流为单相气体管流。本节将井筒气体视为纯干气来分析井筒的气体流动,并以此为基础分析喷流为天然气时的关井水击压力。

(1)基本方程。

为计算井喷气井井底流压,可以井口为计算的起点,以井身向下方向为 z 的正向,这与气

体流动方向相反,这时压力梯度取为正号,表达式为:

$$\frac{\mathrm{d}p}{\mathrm{d}z} = \rho g\cos\theta + f\frac{\rho v^2}{2D} + \rho v\frac{\mathrm{d}v}{\mathrm{d}z} \tag{5.61}$$

式中 p——压力,MPa;

z——流动方向;

ρ——气体密度, g/cm³;

θ——井斜角;

D——管子内径,m;

v——气体流速,m/s;

g——重力加速度;

f——摩阻系数。

式(5.61)右端的三项分别表示管流的压降消耗于重力、摩擦和加速度。

气体流动产生的摩阻项除了层流可以由理论计算确定,紊流情况下是采用实验方法确定的。贾因(Jain)在1976年提出了可用于所有紊流计算摩阻系数的显式公式:

$$\frac{1}{\sqrt{f}} = 1.14 - 2\lg\left(\frac{e}{D} + \frac{21.25}{Re^{0.9}}\right) \tag{5.62}$$

式中 e——绝对粗糙度。

(2)计算方法。

先根据井口参数计算井筒流压分布,再计算井筒气体密度、流速分布。计算流压时,可忽略动能压力梯度,对于垂直的气井,压力梯度方程可表示为:

$$\frac{\mathrm{d}p}{\mathrm{d}z} = \rho g + f\frac{\rho v^2}{2D} \tag{5.63}$$

在任意状态(p,T)下,气体流速可以表示为:

$$v = v_{sc}B_g = \frac{q_{sc}B_g}{A} = \left(\frac{q_{sc}}{86400}\right)\left(\frac{T}{293}\right)\left(\frac{0.101}{p}\right)\left(\frac{4Z}{\pi D^2}\right) \tag{5.64}$$

式中 v——气体流速,m/s;

v_{sc}——标准状态下气体流速,m/s;

q_{sc}——井喷气井产气量(标准状态),m³/d。

气体密度公式为:

$$\rho = 3484.4 \times \frac{\gamma_g\bar{p}}{\bar{Z}\bar{T}} \tag{5.65}$$

式中 $\bar{Z}$——井筒或井段平均偏差系数;

$\bar{T}$——井筒或井段平均温度,K;

$\bar{p}$——井段平均压力,MPa;

γ_g——气体相对密度。

将式(5.64)、式(5.65)代入式(5.63),分离变量积分整理得井底流压计算公式:

$$p_{wf} = \sqrt{p_{wh}^2 e^{2s} + 1.32 \times 10^{-18} f(q_{sc}\overline{T}\overline{Z})^2(e^{2s} - 1)/D^5} \tag{5.66}$$

式中 p_{wf}——井底流压,MPa;

p_{wh}——井底流压,MPa。

(3)计算步骤。

流压计算采用迭代法,为提高精度,可将井深分为多个节点逐段迭代计算,其计算步骤如下。

① 试算。取 p_{wf} 的迭代初值,建议取:

$$p_{wf}^0 = p_{wh}(1 + 0.00008H) \tag{5.67}$$

② 计算平均参数 $\overline{T}$、$\overline{p} = \frac{(p_{wf}^0 + p_{wh})}{2}$、$\overline{Z}(\overline{T},\overline{p})$。

③ 按照公式(5.66)计算 p_{wf}。

④ 如果 $|p_{wf} - p_{wf}^0|/p_{wf} \leqslant \varepsilon$(给定的相对误差),那么 p_{wf} 即为所求值,计算结束;否则,取 $p_{wf}^0 = p_{wf}$,重复②~④,直到满足精度要求为止。

5.2.2.3.2 水击压力技术相关数据

为分析井喷喷流为天然气的关井水击压力,选取一口井喷气井,其基本参数见表5.4。假设一定的气井井喷产量,假设喷流为天然气,井口流压为20MPa,井喷产气量分别为 $2\times10^5 m^3$、$5\times10^5 m^3$、$10^6 m^3$、$2\times10^6 m^3$,计算井筒流压、气体流速、气体密度沿井筒分布,以此计算井筒的水击波速、水击压力,进行关井可靠性分析。

表5.4 某井喷气井基本参数表

序号	参数	数值
1	井深(m)	3000
2	套管外径(mm)	215.9
3	套管壁厚(mm)	8
4	钻杆外径(mm)	127
5	钻杆内径(mm)	108.6
6	井口温度(℃)	20
7	井筒温度梯度(℃)	2.9
8	气体相对密度	0.64
9	拟临界压力(MPa)	4.6
10	拟临界温度(℃)	205
11	套管内壁粗糙度	0.5

(1)井筒流压分布。

如图5.31所示,井喷产气量越大,井筒压降就越大。当井喷产气量为 $20\times10^4 m^3$ 时,井筒压降为 5.5MPa；当井喷产气量为 $100\times10^4m^3$ 时，井筒压降为 11.4MPa；当井喷产气量为 $200\times10^4m^3$ 时，井筒压降为 26MPa。

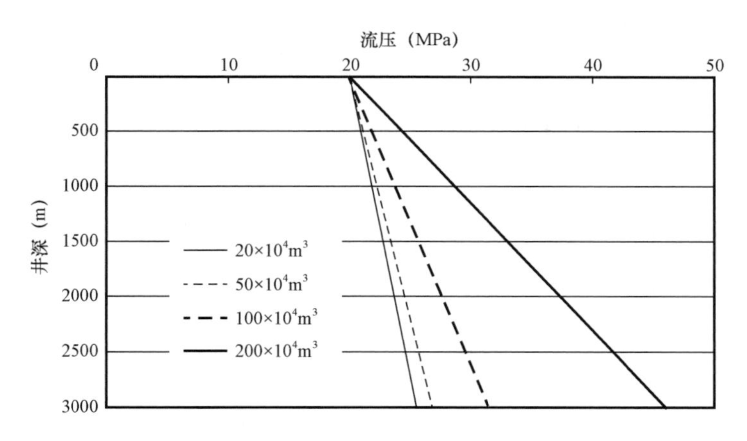

图 5.31 气井井筒流压随井深变化曲线

（2）井筒气体流速分布。

如图 5.32 所示，井喷产气量越大，井筒气体平均速度越高。当井喷产气量为 $20\times10^4m^3$ 和 $50\times10^4m^3$ 时，井筒内气体速度变化很小；当井喷产气量为 $200\times10^4m^3$ 时，井筒气体速度随着井深的增加而减小，井口气体速度为 19m/s，井底为 11.6m/s。

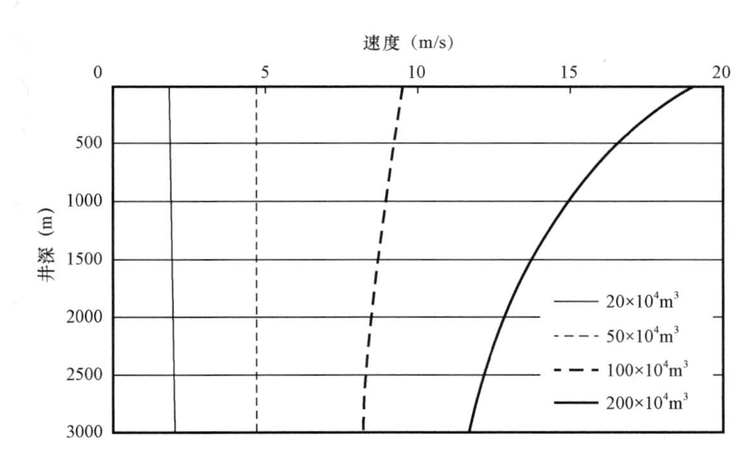

图 5.32 气体速度随井深变化曲线

（3）井筒气体密度分布。

井筒气体密度与压力成正比，与温度成反比。如图 5.33 所示，当井喷产气量为 $20\times10^4m^3$ 时，井筒气体密度变化不大，且随着井深的增加而减小，在井口为 $152kg/m^3$，在井底为 $146kg/m^3$；当井喷产气量为 $200\times10^4m^3$ 时，井筒气体密度变化较大，且随着井深的增加而增大，在井口为 $152kg/m^3$，在井底为 $248kg/m^3$。

5.2.2.3.3 不同井口溢流井喷速度下井口水击压力

水击波速在天然气中的传播速度主要与温度有关，温度反映了气体分子运动的剧烈情况

(平均平动动能),这直接影响了水击波速的传播速度,可用式(5.33)计算水击波速。对于本节实例,计算结果如图5.34所示。井筒随着井深的增加而增大,水击波速也相应增加,水击波速在井口为343m/s,在井底为390m/s。

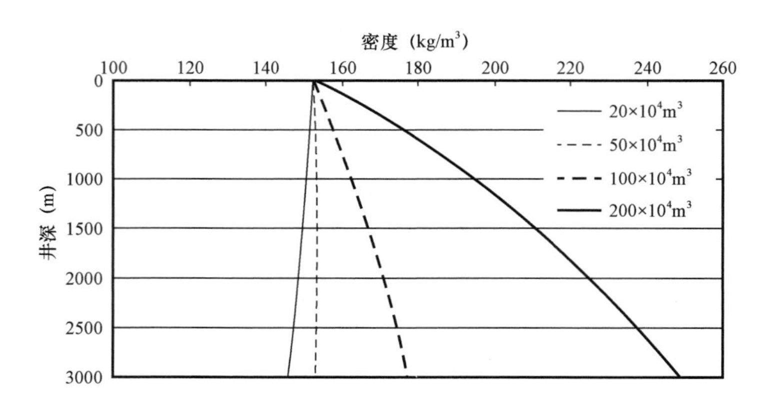

图5.33　气体密度随井深变化曲线

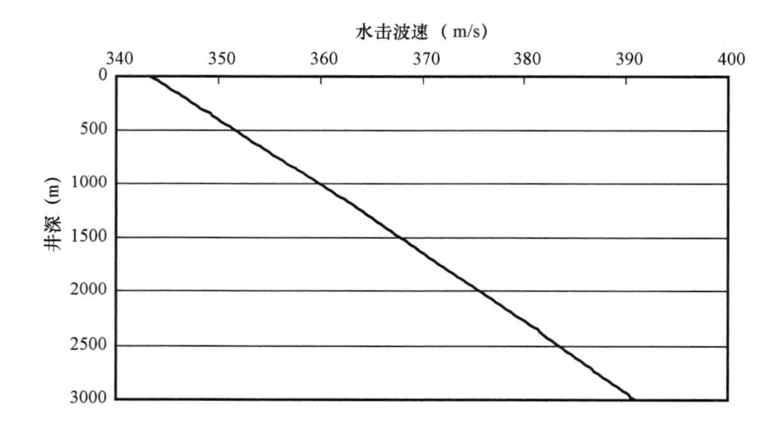

图5.34　水击波速沿井筒分布

5.2.2.3.4　不同井口溢流井喷速度下井眼水击压力剖面

依据以上计算,采用直接水击压力计算公式可得井筒水击压力分布如图5.35所示。

计算表明,井喷喷流为天然气的关井水击压力很小,即使在井喷产气量达到$200\times10^4m^3$的情况下,井口的关井水击压力也只有1MPa,当井喷产气量为$20\times10^4m^3$时,关井水击压力仅有0.1MPa。因此,对井喷喷流为天然气的井,分析其关井可靠性时可忽略水击压力的影响,应主要考虑关井后井筒压力恢复。

对于井喷喷流为天然气的井,井筒气体与常规钻井液相比,密度要小很多,产生的井底压力很小,井喷时井口压力较大。关井后,随着井筒压力恢复,井口压力和井眼中压力会逐渐接近地层压力,这对井筒薄弱地层威胁很大,也要求井口装置压力等级要按照井筒内已无钻井液,即井筒完全掏空的条件来选择。

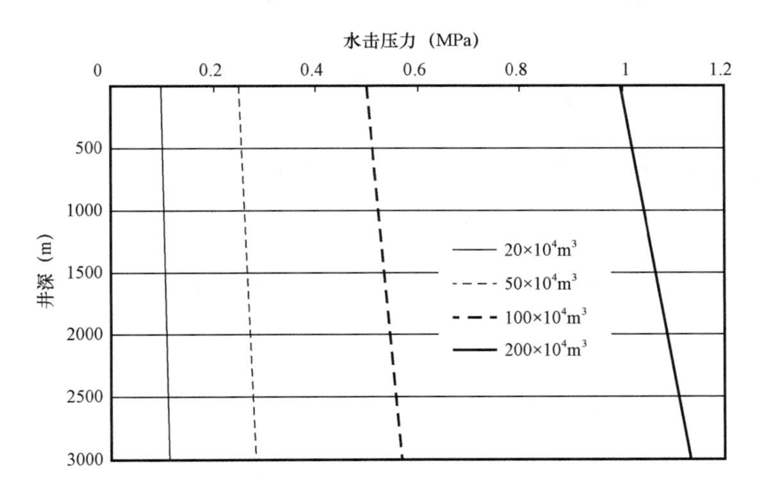

图 5.35　水击压力沿井筒分布

5.2.2.4　关井方式选择原则

根据上述关井水击压力特征研究，建议选择关井方式可以考虑如下因素：

（1）对于井口发生溢流，流速通常小于 5m/s，不管溢出流体性质都可以优先考虑选择硬关井；

（2）对于井口发生井喷，如果是单相液体，不易采用硬关井；

（3）对于井口发生井喷，如果是油气水混合流体，或者单相气体，且井喷高度距钻盘面小于 15m，可以优先考虑选择硬关井。

硬关井实施安全关井，可以减少溢流井喷在地面产生的损害，同时也增加了井控成功率。但是硬关井不能安全关井，也将会带来一定的损失，需要科学对待，综合考虑。

5.3　关井期间 U 形管模型

5.3.1　典型的 U 形管模型

钻头在井底关井期间，关井井筒压力可利用 U 形管原理予以描述。

（1）钻柱、环空和地层之间的流体是互相连通的，三者之内的液体压强是可以传递的。关井立管压力、关井套管压力和地层压力存在以下关系：

$$p_d + p_{hi} = p_w = p_a + p_{ha} \tag{5.68}$$

式中　p_d——关井立管压力，MPa；

p_a——关井套管压力，MPa；

p_{hi}——钻柱内静液柱压力，MPa；

p_{ha}——环空内静液柱压力，MPa。

（2）地层流体侵入环空，且在井眼下部聚集，流体密度为 ρ_f。

（3）环空中上部为原始钻井液。

(4)钻柱内为原始钻井液。

溢流关井后,当井底压力等于地层压力,由式(5.68)可以根据立压及钻柱钻井液静压计算出地层压力。

5.3.2 气侵后基于连续气柱理论的U形管模型

如果发生气侵,图5.36所示地层流体则为气体。

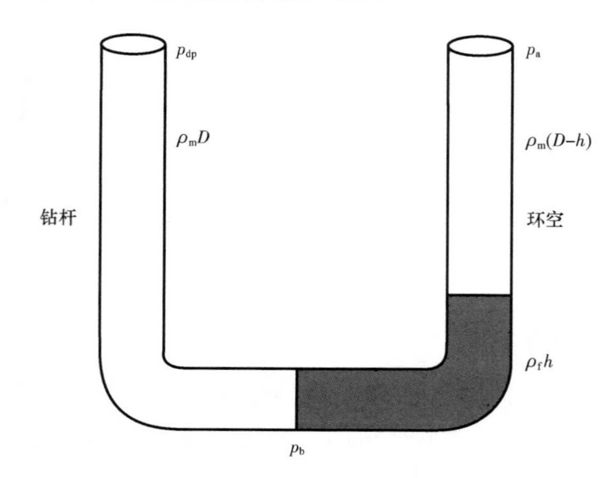

图5.36 气侵后基于连续气柱理论的U形管模型

p_b—井底压力;p_{dp}—钻柱立管压力;p_a—环空压力;ρ_m—钻井液密度;ρ_f—溢流流体密度;h—溢流流体高度;D—井深

(1)地层气体侵入井筒,在井底积聚成气柱;

(2)气柱前沿相对上部钻井液无滑脱运动;

(3)地面溢出量除去井底环空截面积几位气柱高度。

5.3.3 气侵后基于气液两相流理论的U形管模型

在20世纪70年代提出了气侵后溢流关井在环空存在气液两相流型分布模型,如图5.37所示。

(1)地层气体侵入井筒,地层气体与井筒钻井液混合形成气液两相流动;

(2)钻井液循环过程出现气侵,相对静止情况环空含气率较低;

(3)环空气体相对液相存在滑脱现象,气体上升速度满足多相流流动规律;

(4)地面溢出量与溢出的速率对应井筒环空气液两相流型及其流体组成,不存在井底连续气柱特征;

(5)关井前与关井期间井筒环空气液两相流体分布直接影响关井压力恢复及井筒压力分布,同时也直接影响压井期间井口与环空压力分布等。

通常钻头在井底关井期间,井底压力随关井时间不断增加,其井口压力也不断增加。由于钻头水眼比较小,气体进入钻杆很少,可忽略,钻柱内的静液柱压力容易求得,在已知关井立管压力时,通过式(5.37)可以求得地层压力。因此,可以通过反演关井立管压力变化规律,确定关井立管压力读取时机,然后确定地层压力,进而求取压井参数。但是如果井下未安装回压阀、关井时间足够长,且钻头水眼尺寸较大,也不排除井底气体与钻柱内钻井液发生置换,钻柱内也存在气液两相流体,将直接影响地层压力计算的精度。

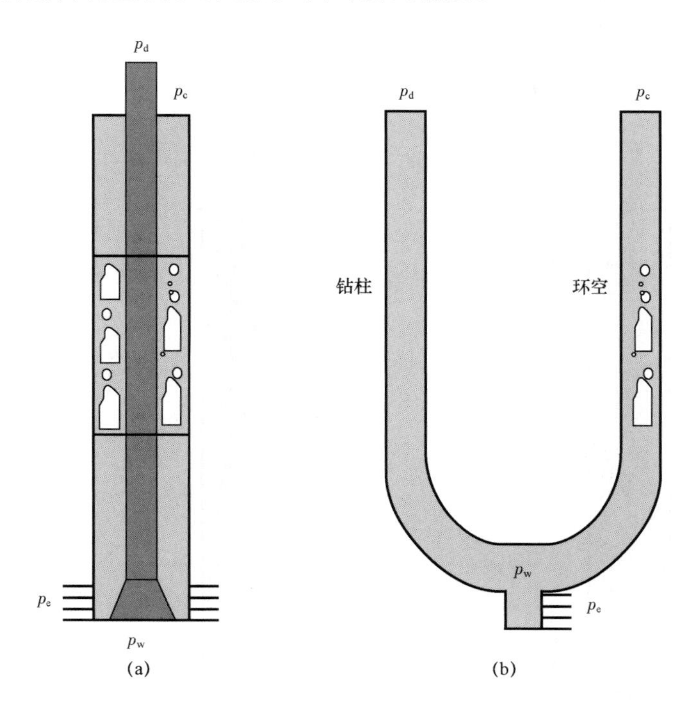

图 5.37 气侵后基于气液两相流理论的 U 形管模型

5.4 关井期间 Y 形管模型

当钻头不在井底,或者钻杆刺漏,钻杆和环空无法建立 U 形管,此时则变为了 Y 形管,利用 Y 形管模型可分析此时的关井状态。

5.4.1 钻头不在井底井筒流体分布特性

钻井溢流主要包括水侵、油侵和气侵,其中气侵是危害性最大的溢流类型。鉴于此,本文只对气侵情况进行分析。目前,气侵井控理论主要有连续气柱理论和气液两相流理论。经过有关学者研究,气液两相流理论更符合实际情况。按照井控操作规程,发现气侵溢流后,首先关井求压,确定压井液密度,然后进行压井操作,下面分别对三个阶段的井筒流体分布进行分析。

5.4.1.1 溢流期间井筒流体分布特性

钻头不在井底发生气侵时,气侵速度及气侵量不同,钻井井筒流体特性存在较大差别。气侵速度较小(图 5.38a),假设侵入井筒的地层气最终分布于整个井筒,其分布情况为:钻头以下井段主要为泡状流，随着气泡向上运移所受压力减小，气体不断膨胀，在钻头以上逐渐出现段塞流和环雾流。如果气侵速度比较大（图 5.38b），气泡未到钻头处就已经是段塞流，并且段塞流和环雾流的长度相对增大。在钻头未装回压阀情况下，气侵速度越大，气体运移到钻头时，气泡体积和气泡量越大，通过钻头水眼进入钻柱的可能性越大，给关井求压确定压井液密度带来更大困难。

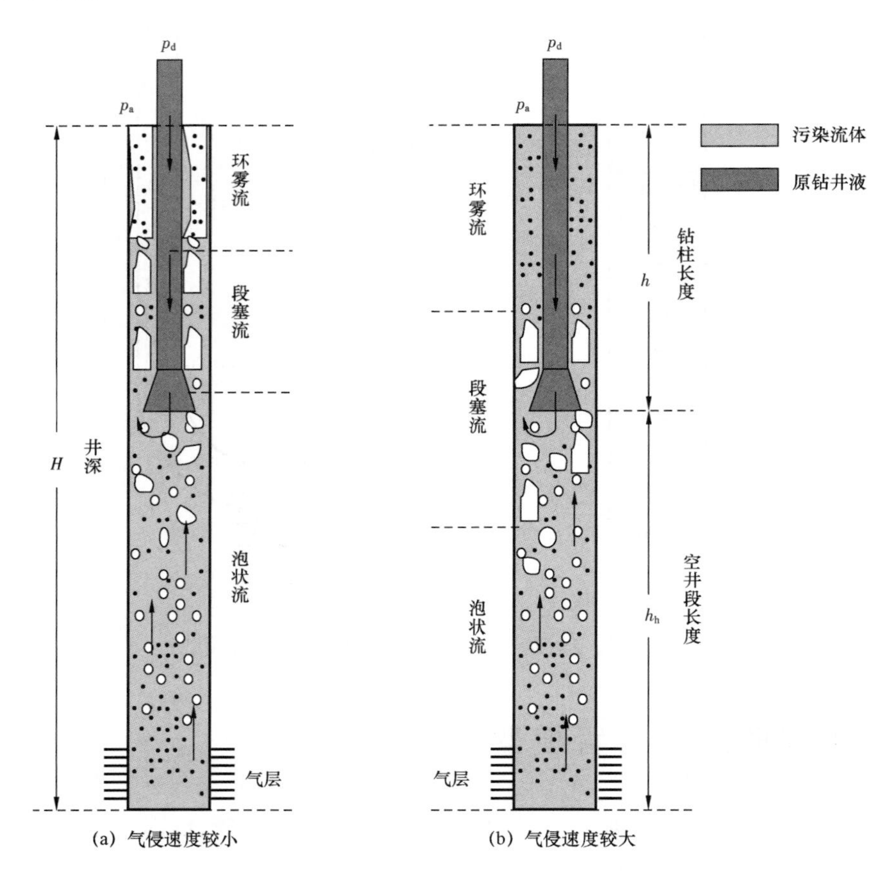

图 5.38　气侵速度不同时井筒流型分布示意

5.4.1.2　关井期间井筒流体分布特性

气侵关井初期，钻头以下井段为含气钻井液，环空段可能为纯钻井液（依据发现气侵早晚和钻柱长度确定）。此时，由于地层压力大于井底流压，地层气体不断侵入井筒，根据重力分离原理，气体将进入上部环空段和通过钻头水眼进入钻柱内，并滑脱上升，关井压力不断升高，井底压力相应增加，负压差不断减小，地层流体侵入速度不断减小。当立管压力与套管压力达到一定值时，井底压力等于地层压力，此时地层流体不再进入井眼。但对于气侵溢流，由于井眼内均含有气体，气体继续滑脱上升，从而使立管压力与套管压力继续升高。

当关井压力基本稳定之后，井筒下部流体为泡状流，上部存在一段气柱。井筒流体分布可出现两种情况（图 5.39）。如果气侵量较小，井筒中钻柱较长，最终气液界面处于钻头之上（图 5.39a）。如果气侵量较大，井筒中钻柱较短，最终气液界面处于钻头之下（图 5.39b）。

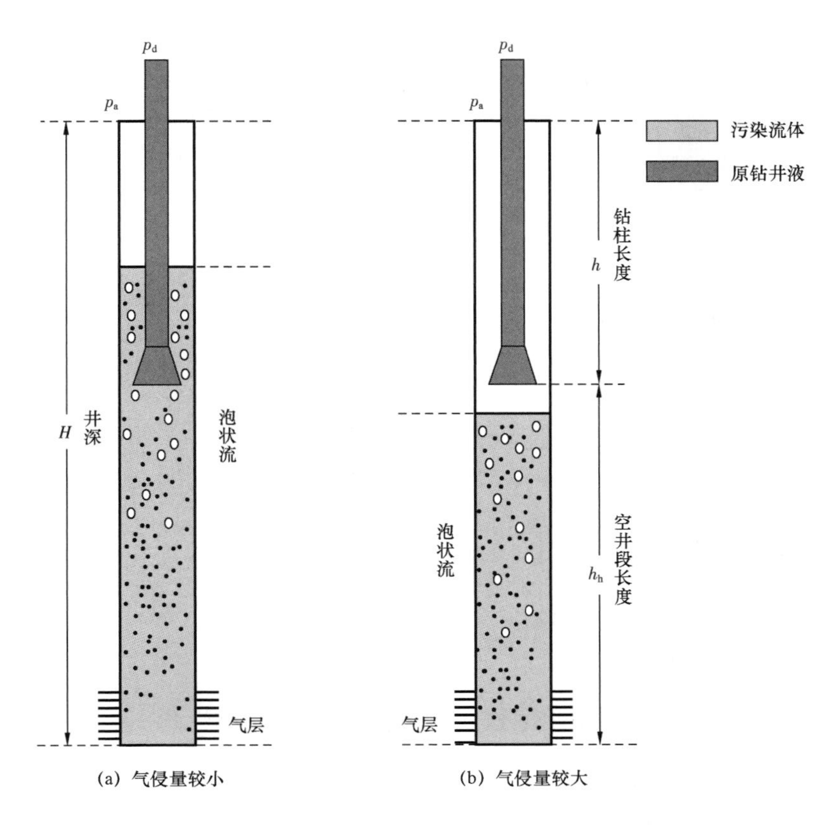

图 5.39 气侵量不同时关井稳定后井筒流体分布情况

5.4.1.3 压井期间井筒流体分布特性

压井是控制井喷的根本方法。当钻头不在井底发生井喷时,根据井底是否进气将压井分为两种工况(图 5.40)。压井过程继续进气时,井筒含气量较多,并且整个井筒都含气,钻头以上井段为压井液和气体的混合物,钻头以下井段为原钻井液和气体的混合物,但是只有气体滑脱上升,钻井液静止不动,并且钻井液当量密度较小,需要加大回压才能平衡地层压力(图 5.40a)。压井过程不进气时,井筒含气量较少,近井底井段含气很少,或者不含气,钻头以上部分含气率比钻头以下井段的含气率小(图 5.40b)。

5.4.2 钻头不在井底 Y 形管模型

钻头不在井底发生井涌时,可将此时的井筒空间划分为三大部分(图 5.41a)。第一部分,钻头至井底的井段部分;第二部分,发生井涌时留在井眼内的钻柱;第三部分,井眼内钻柱与井眼之间的环空部分。为了更好地分析此种工况特性,建立如图 5.41b 所示的模型,下部分支代表钻头至井底的井段部分,上部左右分支分别代表环空部分和钻柱部分。因其形状像英文字母“Y”,因此简称 Y 形管原理。为更好地利用 Y 形管原理解释钻头不在井底时钻井井涌情况,下面分别就 Y 形管内流体静止和流动时井筒内各个压力之间的关系进行分析。

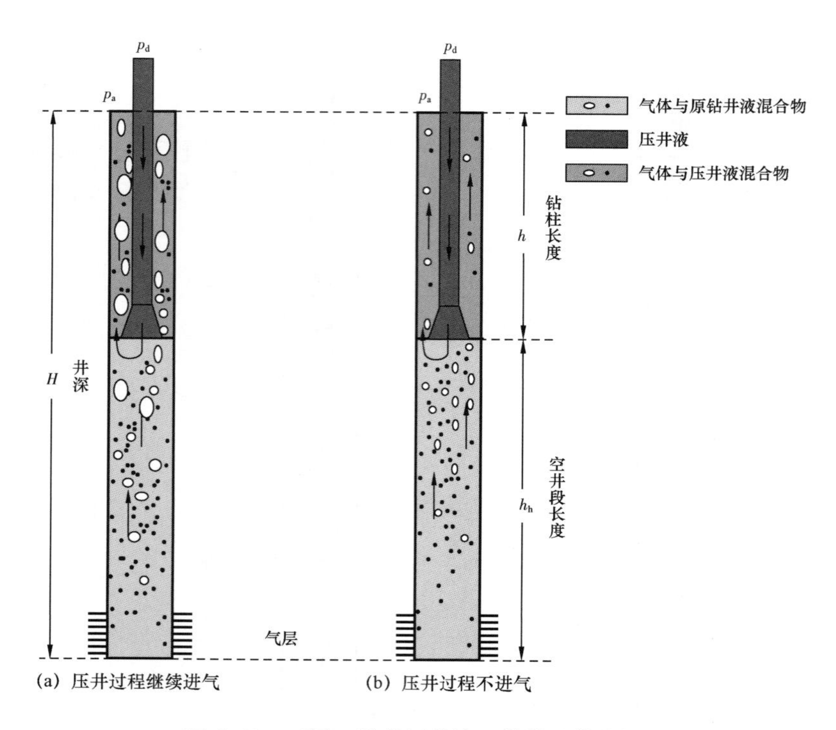

图 5.40　不同工况的压井施工井筒流体特性

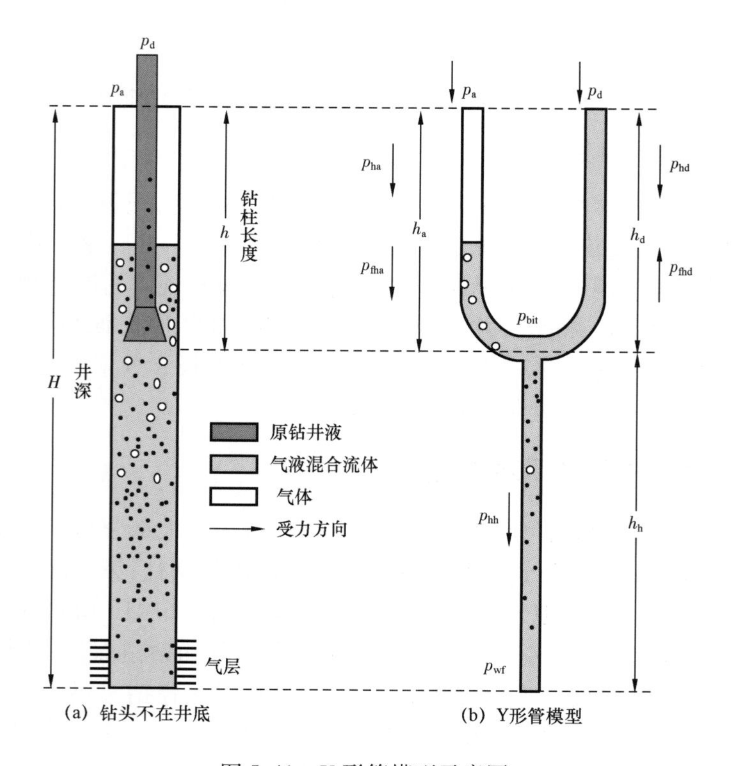

图 5.41　Y 形管模型示意图

5.4.2.1 关井期间Y形管原理

发现气侵关井，待井口压力稳定后才能获取关井立压、关井套压等井涌溢流数据，进而计算和设计压井参数。Y形管内流体静止时，类似于气侵井涌关井压力稳定之后情况，因此有必要对其分析。基于Y形管原理，井筒流体静止时，管内各压力之间的关系为：

$$p_{a}+p_{ha}=p_{bit}=p_{d}+p_{hd} \tag{5.69}$$

$$p_{bit}+p_{hh}=p_{wf}=p_{p} \tag{5.70}$$

$$p_{ha}=\rho_{a}gh_{a},\ p_{hd}=\rho_{d}gh_{d},\ p_{hh}=\rho_{m}gh_{h} \tag{5.71}$$

式中 h_a——钻柱与井眼之间的环空部分，m；
h_d——留在井眼内的钻柱，m；
h_h——钻头至井底的井段部分，m；
p_a——套管压力，MPa；
p_d——立管压力，MPa；
p_{ha}——环空混合流体静液压力，MPa；
p_{hd}——钻柱内静液柱压力，MPa；
p_{hh}——钻头至井底井段内混合流体静液柱压力，MPa；
p_{bit}——钻头处压力，MPa；
p_{wf}——井底压力，MPa；
p_p——地层压力，MPa；
ρ_a——环空段流体密度，g/cm^3；
ρ_d——原钻井液密度，g/cm^3；
ρ_m——钻头至井底井段内流体密度，g/cm^3。

5.4.2.2 压井期间Y形管原理

压井液密度、压井排量等压井参数设计之后，需要进行压井操作，而Y形管内流体流动类似于压井过程，因此也有必要对Y形管内流体流动特性进行分析。基于Y形管原理，井筒流体流动时，管内各压力之间的关系为：

$$p_{a}+p_{ha}+p_{fha}=p'_{bit}=p_{d}+p_{hd}-p_{fhd} \tag{5.72}$$

$$p'_{bit}+p_{fhh}=p_{wf}+p_{C} \tag{5.73}$$

式中 p_{fha}——环空循环摩阻压力，MPa；
p_{fhd}——钻柱内循环摩阻压力，MPa；
p_{fhh}——钻头至井底循环摩阻压力，MPa；
p'_{bit}——钻头处压力，MPa；
p_C——储层回流阻力，MPa。

结合图5.42，根据Y形管分析得，钻头不在井底的流动可分为三部分，钻柱内的压井液单相流动，钻柱与井眼之间的环空气液两相流动和钻头以下井段的气液两相流动。其中前两部分的流动可以根据井涌压井多相流计算模型进行求解，钻头以下井段的流体流动特性可根据零液量两相流动理论进行分析。

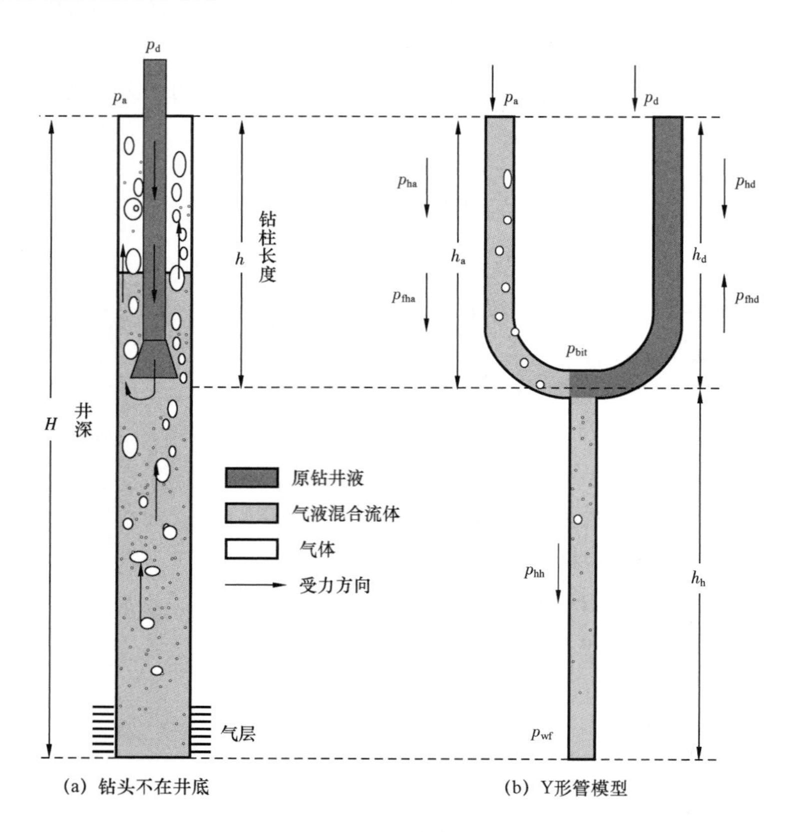

图 5.42　Y 形管模型示意

5.5　地层流体续流对关井井口压力影响

关井初期，井底压力低于地层压力，地层流体继续侵入井筒，根据物质守恒，井底压力和井筒内压力都不断增加，地层流体侵入速度减小，直到井底压力等于地层压力，此过程称之为地层续流。

5.5.1　关井期间井筒续流模型建立

发现溢流关井时，井筒流体分布情况如图 5.43 所示，h_g表示发现气侵溢流关井时井筒内的气体高度，其值大小可根据气侵量和气侵强度确定。由气侵溢流模拟得，h_g段的气体分布一般为上端的截面含气率略大，但当 h_g段比较短时，其整体截面含气率差别不大，假设 h_g段的截面含气率为定值，误差不大，可满足工程需要。

关井初期，由于井筒中的气体和钻井液都有压缩性，以及井筒本身的压缩性，地层气体继续侵入井筒，以补充被压缩部分的体积。则由质量守恒定律可得，单位时间内地层流体进入井

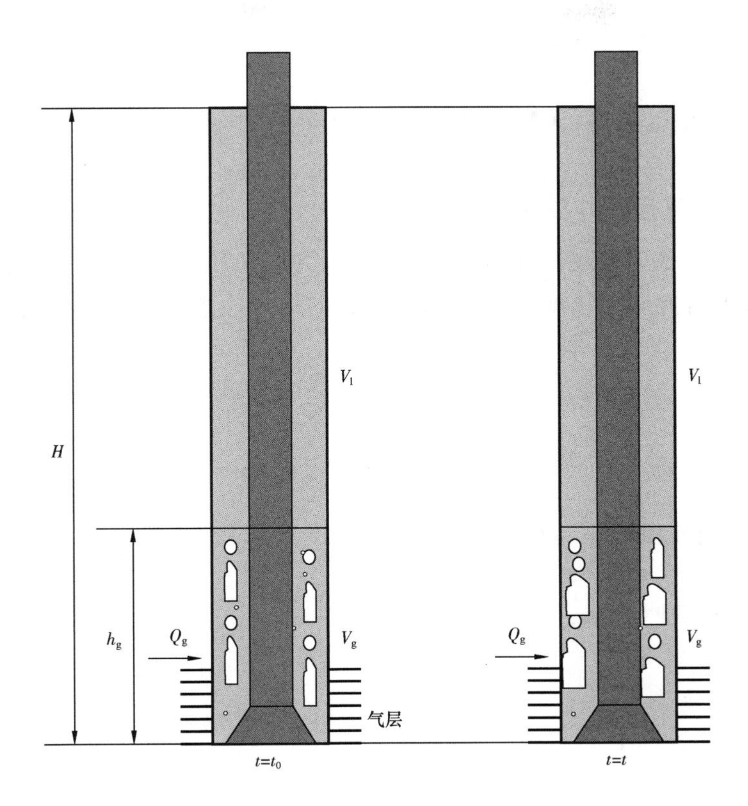

图 5.43 关井初期井筒流体分布示意图

筒与井筒内流体流出井筒的差等于增加单位压力压缩井筒内流体减小的体积与井筒膨胀的体积之和,即

$$(Q_g - Q_{gout})B_g = 24V_gC_g\frac{dp_w}{dt} + 24V_lC_l\frac{dp_w}{dt} + 24V_wC_w\frac{dp_w}{dt} \tag{5.74}$$

式中 Q_g——侵入井筒的地面气体流量,m^3/d;

Q_{gout}——流出井筒的地面气体流量,m^3/d;

V_g——气体体积,m^3;

C_g——气体的压缩系数,MPa^{-1};

V_l——液体体积,m^3;

C_l——液体压缩系数,MPa^{-1};

V_w——井筒容积,m^3;

C_w——井筒弹性系数,MPa^{-1};

B_g——气体的体积系数,$m^3/(标)m^3$;

t——关井时间,h。

气侵溢流关井初期,地面气体流量为零,并且关井初期的井底压力小于地层压力,井筒内流体不会渗透到地层中,因此式中的 $Q_{gout}=0$。由于岩石的压缩性相比钻井液和气体压缩性

小,可忽略,因此式(5.74)变为:

$$Q_g B_g = 24V_g C_g \frac{dp_w}{dt} + 24V_l C_l \frac{dp_w}{dt} = 24(V_g C_g + V_l C_l)\frac{dp_w}{dt} \tag{5.75}$$

5.5.1.1 天然气侵入井筒速度

由渗流力学和气藏工程知,当钻遇含气储层时,井底负压差还没有传到地层边界,可以看作无限大均质等厚各向同性气藏的平面径向流,此时可以用渗流数学模型得出天然气侵入井筒速度为:

$$Q_g = \frac{774.6Kh(p_e^2 - p_w^2)}{T\mu z\ln\frac{r_e}{r_w}} \tag{5.76}$$

式中 K——气层有效渗透率,mD;

μ——气体黏度,mPa·s;

h——气层有效厚度,m;

T——地层温度,K;

z——地层压缩因子;

r_e——供给边界,m;

r_w——井眼半径,m;

p_e——供给压力,MPa;

p_w——井底压力,MPa。

5.5.1.2 井筒内流体的综合压缩性

井筒内钻井液的压缩系数是恒定的,而天然气的压缩系数随压力和温度不断变化,为了方便求解天然气的压缩系数,将式(5.75)右边进行如下处理:

$$24(V_g C_g + V_l C_l)\frac{dp_w}{dt} = 24[V_h(\alpha C_g + (1-\alpha)C_l) + V_H C_l]\frac{dp_w}{dt} \tag{5.77}$$

令

$$\Delta V = V_h(\alpha C_g + (1-\alpha)C_l) + V_H C_l$$

式(5.77)变为:

$$24(V_g C_g + V_l C_l)\frac{dp_w}{dt} = 24\Delta V\frac{dp_w}{dt} \tag{5.78}$$

式中 ΔV——井筒流体每变化单位压力的体积变化量。

5.5.1.3 关井期间井筒续流模型求解

分别将式(5.76)和式(5.78)代入式(5.75)中得:

$$\frac{774.6KhB_g}{T\mu z\ln\frac{r_e}{r_w}}(p_e^2 - p_w^2) = 24\Delta V\frac{dp_w}{dt} \tag{5.79}$$

天然气的压缩系数在续流阶段变化较小，为方便求解以上方程，假设天然气的压缩系数在续流阶段保持不变，

令

$$A_x = \frac{774.6KhB_g}{T\mu z\ln\frac{r_e}{r_w}}$$

代入式(5.79)，得

$$A_x(p_e^2 - p_w^2) = 24\Delta V\frac{dp_w}{dt} \tag{5.80}$$

分离变量得

$$\frac{A_x}{24\Delta V}dt = \frac{dp_w}{(p_e^2 - p_w^2)} \tag{5.81}$$

两边积分得

$$\int\frac{A_x}{24\Delta V}dt = \int\frac{1}{(p_e^2 - p_w^2)}dp_w \tag{5.82}$$

$$\frac{A_x}{24\Delta V}t = -\frac{1}{2p_e}\ln\left|\frac{p_e - p_w}{p_e + p_w}\right| + \text{const} \tag{5.83}$$

初始条件，$t=0$，$p_w=p_{w0}$，其中 p_{w0} 为刚关井时的井底压力，代入式(5.83)得出积分常数：

$$\text{const} = \frac{1}{2p_e}\ln\left|\frac{p_e - p_{w0}}{p_e + p_{w0}}\right| \tag{5.84}$$

所以

$$\frac{A_x}{24\Delta V}t = \frac{1}{2p_e}\ln\left|\frac{p_e - p_{w0}}{p_e + p_{w0}}\right| - \frac{1}{2p_e}\ln\left|\frac{p_e - p_w}{p_e + p_w}\right| \tag{5.85}$$

移项得

$$2p_e\frac{A_x}{24\Delta V}t = \ln\left|\frac{p_e - p_{w0}}{p_e + p_{w0}}\right| - \ln\left|\frac{p_e - p_w}{p_e + p_w}\right| \tag{5.86}$$

两边分别取指数

$$e^{2p_e\frac{A_x}{24\Delta V}t} = e^{\ln\frac{p_e - p_{w0}}{p_e + p_{w0}} - \ln\frac{p_e - p_w}{p_e + p_w}} \tag{5.87}$$

$$e^{2p_e\frac{A_x}{24\Delta V}t} = \frac{\left|\frac{p_e - p_{w0}}{p_e + p_{w0}}\right|}{\left|\frac{p_e - p_w}{p_e + p_w}\right|} = \frac{\frac{p_e - p_{w0}}{p_e + p_{w0}}}{\frac{p_e - p_w}{p_e + p_w}} \tag{5.88}$$

$$\frac{\frac{p_e - p_{w0}}{p_e + p_{w0}}}{e^{2p_e\frac{A_x}{24\Delta V}t}} = \frac{p_e - p_w}{p_e + p_w} \tag{5.89}$$

令

$$X = \frac{\frac{p_e - p_{w0}}{p_e + p_{w0}}}{e^{2p_e\frac{A_x}{24\Delta V}t}} \tag{5.90}$$

则

$$p_w = \frac{1 - X}{1 + X}p_e \tag{5.91}$$

式(5.91)即为关井期间井筒续流计算模型。

由于钻头水眼较小，钻柱内进气很少，可忽略不计，故关井期间关井立管压力可根据井底压力减去钻柱内的静液柱压力得出。

$$p_d = p_w - 0.00981\rho_1 H \tag{5.92}$$

式中　ρ_1——钻井液密度，g/cm^3。

5.5.2　关井期间井筒续流效应对井筒压力影响

为分析井筒续流效应对井筒压力变化特征，采用表5.5模拟参数，本章其他小节模拟基本参数与表5.5相同，只是还需要其他参数时，在表5.5的基础上再列出。

表5.5　模拟计算基本参数

参数名称	参数值	参数名称	参数值
井深(m)	3000	套管内径(m)	0.2445
气层厚度(m)	2	供给边界(m)	150
气层渗透率(mD)	10,30,60,100	井口温度(℃)	40
钻井液密度(g/cm^3)	1.5	井底温度(℃)	85
地层压力(MPa)	48	溢流体积(m^3)	1,3,5,10
气体黏度(mPa·s)	0.027	钻井液排量(L/s)	20
钻杆内径(m)	0.112		
钻杆外径(m)	0.127		

5.5.2.1 关井期间井筒续流效应对井筒压力影响

关井期间井筒续流效应对井筒压力的影响如图5.44所示。关井期间，由于井筒续流效应的影响，关井井底压力先呈指数上升，上升到地层压力(48MPa)时，井底压力不再增加。

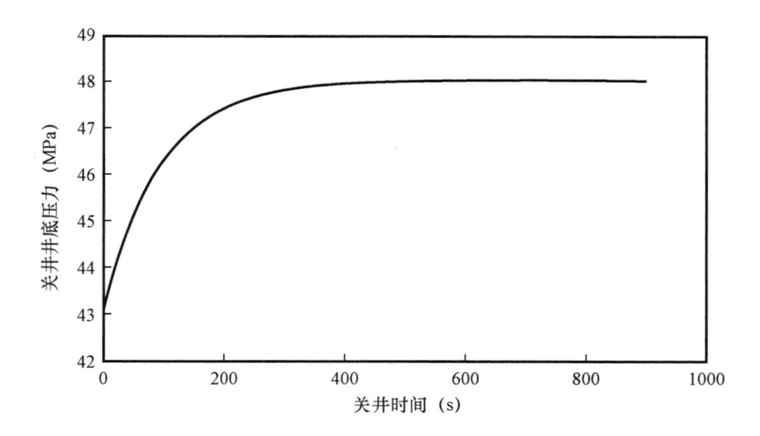

图5.44 关井期间井筒续流效应对井底压力影响

5.5.2.2 气侵溢流体积对井筒压力影响

气侵溢流体积对井筒压力的影响如图5.45和图5.46所示。关井期间，溢流体积不同时，由于井筒续流效应的影响，关井井底压力表现为先呈指数上升，上升到地层压力(48MPa)时，井底压力不再增加。并且溢流体积越大，井底压力达到地层压力的时间越长。溢流体积为$3m^3$时，井底压力达到地层压力需要大约400s，而溢流体积为$10m^3$时，则需要大约800s。这主要是因为溢流体积越大，井筒流体可压缩的空间越大，同样的进气速度下，井底压力达到地层压力的时间就越长。关井立管压力变化趋势跟井底压力变化一致，只是溢流体积越大，关井压力开始上升的时间越靠后。这是因为溢流体积越大，由于U形管原理导致的钻柱内真空越大，需要更多的时间来恢复真空的缘故。

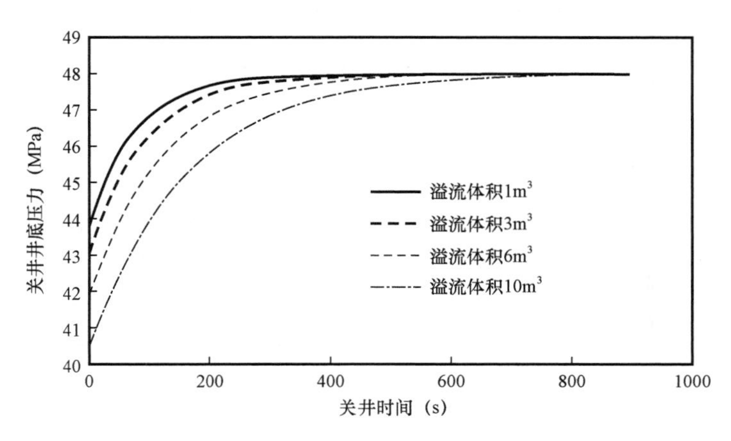

图5.45 关井期间井筒续流效应对井底压力影响

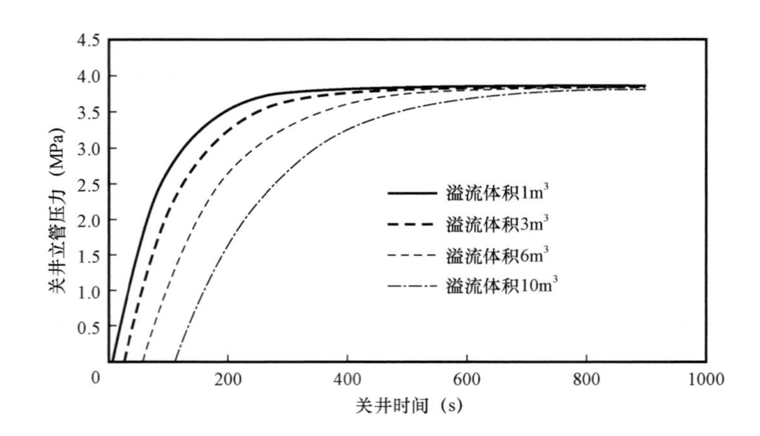

图 5.46　关井期间井筒续流效应对关井立管压力影响

5.5.2.3　气侵溢流速度对井筒压力影响

由天然气侵入井筒速度公式得,气侵溢流速度与储层的渗透率、储层有效厚度和井底负压差呈正比,与气体的黏度呈反比。为更好地比较气侵溢流速度对井筒压力的影响,气体的黏度变化范围与温度压力有关,储层厚度和井底负压差的变化能影响井筒内其他参数,为此选用改变储层渗透率的方法改变气侵溢流速度。

假设溢流体积 $3m^3$。气侵溢流速度对井筒压力的影响如图 5.47 和图 5.48 所示。关井期间,地层渗透率不同时,由于井筒续流效应的影响,关井井底压力表现为先呈指数上升,上升到地层压力(48MPa)时,井底压力不再增加。地层渗透率越大,井底压力恢复到地层压力的时间越短。地层渗透率为 100mD,井底压力达到地层压力需要大约 50s,而地层渗透率为 30mD 时,则需要近 200s。这主要是因为地层渗透率越大,进气速度越快,井筒受压缩越快,井底压力上升越快。关井立管压力与井底压力变化一致,地层渗透率越大,关井立管压力开始上升的时间越早。

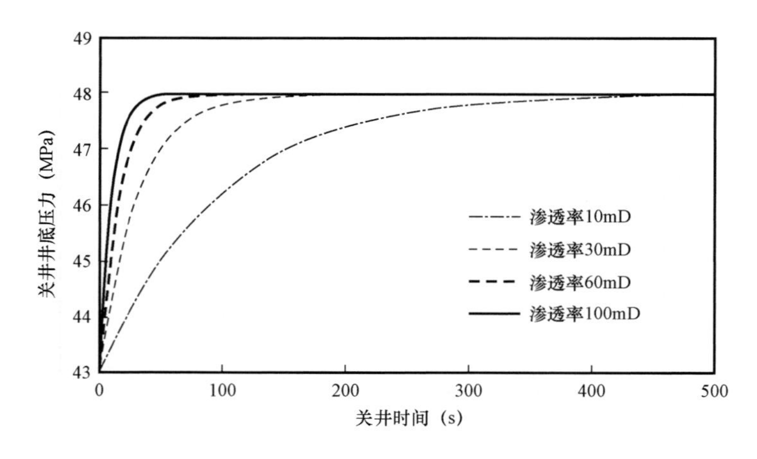

图 5.47　关井期间渗透率对井底压力影响

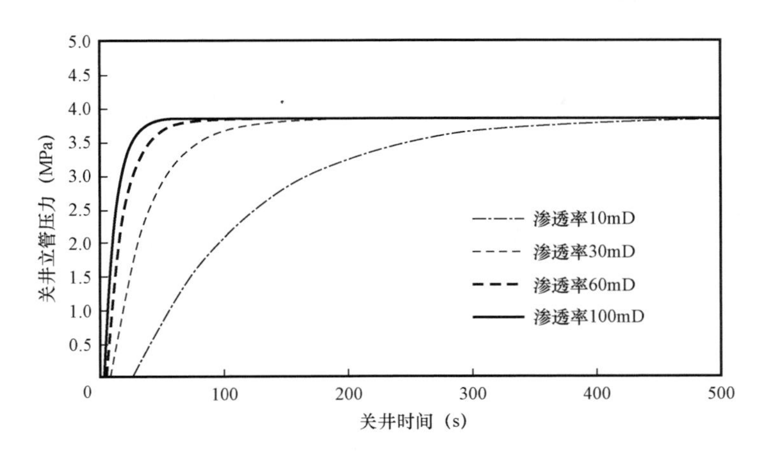

图 5.48　关井期间渗透率对关井立管压力影响

5.6　气体在井筒滑脱上升对关井井口压力影响

关井期间，钻井液停止循环流动，但是由于地层气体密度低于钻井液的密度，在密度差的驱动下，气体将滑脱上升，并且气体体积不断膨胀，导致井底压力和井口压力增加，由于气泡顶部和底部所受压力温度不同，其物理性质不同，气泡段两端的上升速度不同。

5.6.1　关井期间井筒内气体滑脱上升模型建立

关井一段时间后井筒流体分布如图 5.49 所示。关井 t 时间后，假设井底压力 p_w，井口套压 p_c，气液混合段上下端压力 p_{h1}、p_{h2}，气液混合段的长度 h_{gx}，通过分析对气体滑脱上升的物理过程描述可得到如下关系式：

(1)气体膨胀增加的体积等于钻井液受压缩减小的体积与钻井液滤失到地层体积之和，根据质量守恒原理有：

$$A\overline{\alpha}_x h_{gx} - A\overline{\alpha}_0 h_{g0} = C_1 \Delta p V_1 + \Delta V_f \tag{5.93}$$

$$\Delta p = (p_c + p_w)/2 - (p_{c0} + p_{wf0})/2$$

式中　A——钻柱与井筒的环空横截面积，m^2；

$\overline{\alpha}_x$——气体上升 t 时间后气液两相段的平均截面含气率；

$\overline{\alpha}_0$——刚关井时气液两相段的平均截面含气率；

ΔV_f——t 时间内滤失到地层的体积，m^3；

Δp——钻井液所受压力的变化量，MPa。

(2)气液混合段的长度 h_{gx}。利用气泡顶端和气泡底端的速度可以得到：

$$\begin{cases} h_{gx} + h - h_{g0} = v_{g2} t \\ h = v_{g1} t \end{cases} \tag{5.94}$$

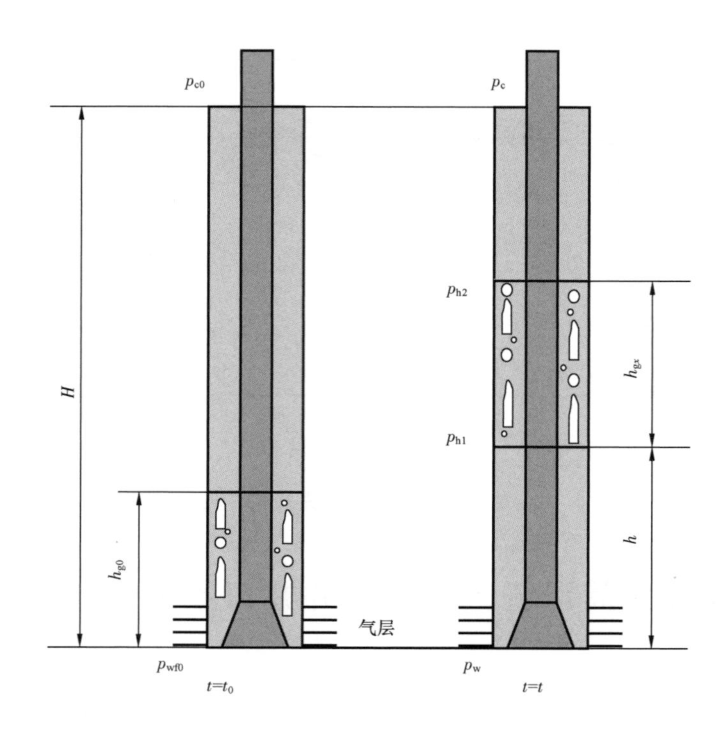

图 5.49　关井期间气体滑脱模型示意图

所以气液混合段长度

$$h_{gx} = v_{g2}t - v_{g1}t + h_{g0} \tag{5.95}$$

式中　v_{g2}，v_{g1}——气液混合段上端和下端的上升速度，m/s。

（3）根据流体力学知识，建立如下公式。

$$p_{h1} = p_{h2} + (\bar{\rho}_{gx}\bar{\alpha}_x + (1 - \alpha_x)\rho_l)gh_{gx} \tag{5.96}$$

$$p_c = p_{h2} - \rho_l g(H - h - h_{gx}) \tag{5.97}$$

$$p_w = p_{h1} + \rho_l gh \tag{5.98}$$

（4）h_{gx}和 h_{gx}段的平均截面含气率的求取。关井期间气液两相流主要为泡状流和段塞流，李相方等认为对于钻井液非牛顿流体当截面含气率大于 0.07 时，泡状流就转化为段塞流。

泡状流气体滑脱速度：

$$v_{gr} = 1.53\left[\frac{g(\rho_l - \rho_g)\sigma}{\rho_l^2}\right]^{\frac{1}{4}} \tag{5.99}$$

式中　σ——气液表面张力，mN/s；

v_{gr}——气液之间的滑脱速度，m/s。

段塞流气体滑脱速度 v_{gr}：

$$v_{gr} = 0.35\left[\frac{gd(\rho_l - \rho_g)}{\rho_l}\right]^{\frac{1}{2}} \tag{5.100}$$

则 h_{gx}段的平均截面含气率：

$$\bar{\alpha}_x = \frac{M_g}{\bar{\rho}_{gx}(Ah_{gx})} \tag{5.101}$$

式中 M_g——侵入井筒的气体质量，kg。

（5）井筒流体滤失到地层的体积。气侵关井之后，当井底压力大于地层压力时，钻井液可滤失到地层，此时钻井液处于静止状态，因此为静滤失，其滤失量可用式（5.102）表示：

$$\Delta V_f = A' \sqrt{\frac{K\left(\frac{f_{sc}}{f_{sm}} - 1\right)\Delta pt \times 10}{\mu_l}} \times 10^{-2} \tag{5.102}$$

式中 ΔV_f——钻井液的滤失量，m^3；

A'——过滤面积，m^2；

K——滤饼的渗透率，mD；

f_{sc}——滤饼中固相的含量，%；

f_{sm}——钻井液中固相含量，%；

Δp——压差，MPa；

t——滤失时间，min；

μ_l——钻井液黏度，mPa·s。

一般钻井液中的固相含量为4%～6%（质量分数）时，滤饼中的固相含量为10%～20%（质量分数）。实验结果表明，一般聚结性钻井液的滤饼渗透率为10^{-2}mD；未处理的淡水钻井液的滤饼渗透率为10^{-3}mD；用分散性处理剂处理的钻井液滤饼渗透率为10^{-4}mD。

5.6.2 关井期间井筒内气体滑脱上升效应对井筒压力影响

为分析关井期间井筒内气体滑脱上升效应对井筒压力的影响，在表5.5基础上，还需增加如表5.6所示数据。

表5.6 模拟计算基本参数

参数名称	参数值
钻井液固相含量	0.05
滤饼的固相含量	0.15
滤饼的渗透率（mD）	10^{-5}
地层压力（MPa）	48，50，55
钻井液黏度（mPa·s）	20

5.6.2.1 地层压力对井筒压力影响

地层压力对井筒压力的影响如图5.50和图5.51所示。钻井液密度一定，井底负压差通过改变地层压力实现。当滤饼渗透率为10^{-5}mD，溢流体积为$3m^3$，气体滑脱上升效应对井底压力的影响呈直线增加，地层压力对井底压力的影响很小，几乎没影响。但从数据上看，地层压力越小，井底压力增加减慢，这主要是因为地层压力越小，钻井液滤失到地层的滤失速度越快，减弱了气体滑脱对井底压力的影响。当滤饼渗透率为 10^{-2}mD 时，井底压力达到地层压力之后不再增加，这主要是因为滤饼的渗透率比较大，钻井液的滤失速度大于气体滑脱上升导致井底压力增加的速度。

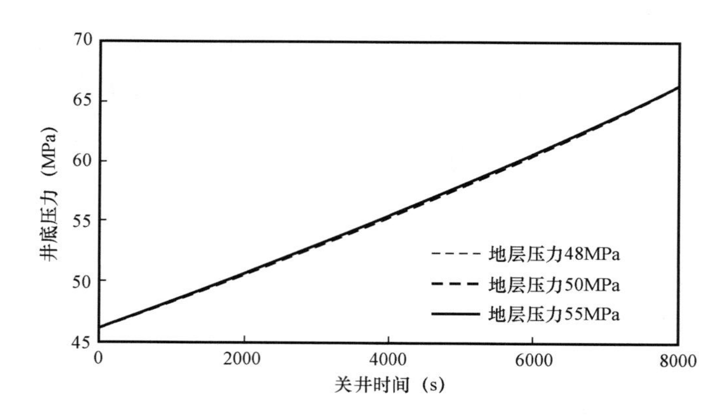

图 5.50　负压差对井底压力的影响（滤饼的渗透率为 10^{-5}mD）

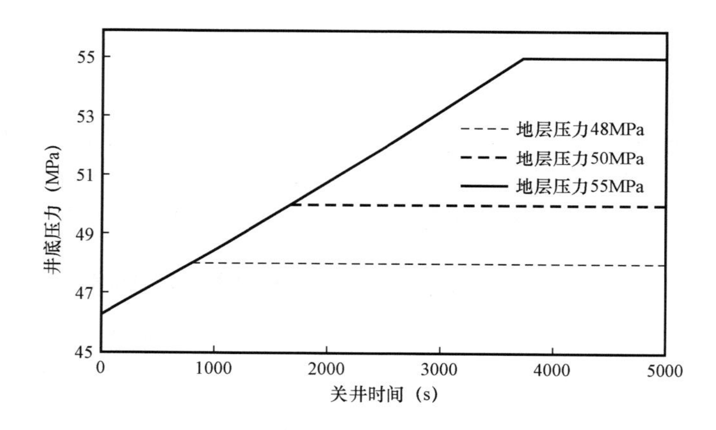

图 5.51　负压差对井底压力的影响（滤饼的渗透率为 10^{-2}mD）

5.6.2.2　溢流体积对井筒压力影响

溢流体积对井筒压力的影响如图 5.52 所示。气侵关井期间，溢流体积不同时，由于气体滑脱上升效应影响，井底压力随关井时间呈直线上升，溢流体积越大，直线的斜率越大，井底压力增加得越快，这主要是因为溢流体积越大，气体滑脱上升速度越快，并且气体体积也越大，气体滑脱上升导致的膨胀体积越大，导致井底压力增加得越快。

5.6.2.3　储层段滤饼渗透率对井筒压力影响

气侵关井期间，滤饼的渗透率不同，由于气体滑脱上升的影响，井底压力呈现不同的增加趋势。在井底压力达到地层压力之前，井底压力增加是相同的，呈直线增加，这主要是因为井底压力还没有达到地层压力，不存在钻井液向地层的滤失，在溢流体积和地层压力等参数相同的情况下，井底压力增加是相同的。当井底压力大于地层压力之后，随滤饼渗透率的增加，井底压力增加变慢，这是因为滤饼的渗透率越大，钻井液滤失到地层的速度越快，减缓了井底压力的增加。滤饼渗透率对井底压力的影响如图5.53所示。

当滤饼的渗透率为0.1mD时，井底压力达到地层压力之后不再增加，之后又继续增加，这是因为井底压力达到地层压力之后，钻井液的滤失速度大于气体滑脱上升导致的体积膨胀速度，气体滑脱不会带来井底压力的增加，随着气体向上运移，其气体的体积和上升速度的都增加，导致气体滑脱带来的体积膨胀速度又大于钻井液的滤失速度，从而井底压力又继续增加。当滤饼的渗透率为1mD时，由于钻井液滤失速度始终大于气体滑脱上升带来的体积膨胀速度，井底压力大于地层压力之后就不再增加，之后也不会出现继续增加的现象。

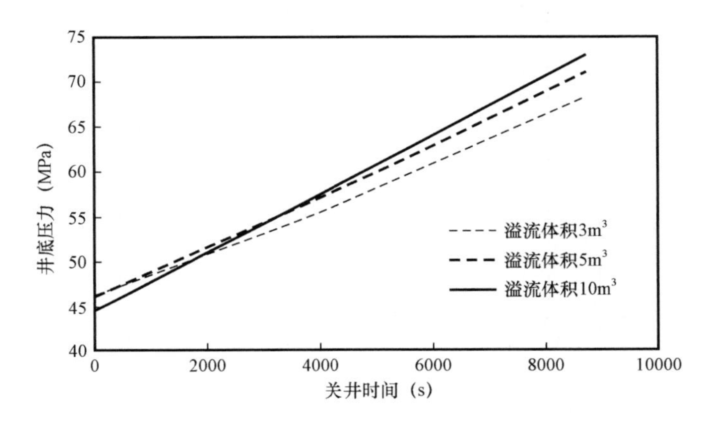

图5.52　溢流体积对井底压力的影响（滤饼渗透率为10^{-5}mD，地层压力48MPa）

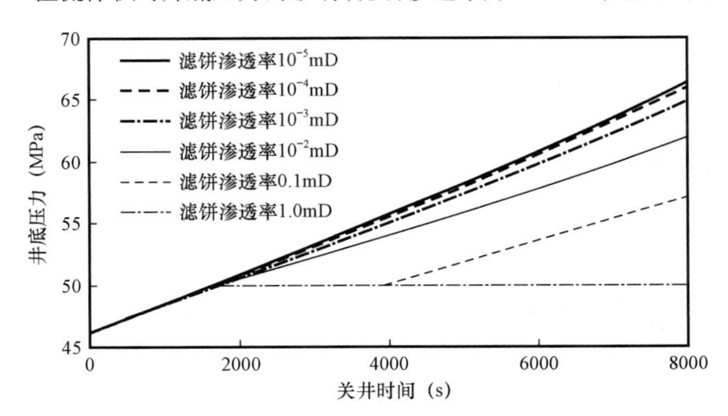

图5.53　滤饼渗透率对井底压力影响

5.7　关井期间井筒压力综合效应

气侵关井之后，井筒压力的变化是井筒续流和气体滑脱上升综合效应的结果。

5.7.1　关井期间井筒压力综合效应模型建立

综合效应的物理过程可描述为：气侵关井之后，井筒是一个半封闭空间，只有井筒钻遇的渗透性储层存在地层流体侵入井筒或者井筒流体渗透到储层，则由质量守恒定律可得，单位时间内地层流体进入井筒与井筒内流体渗入地层的体积差与气体滑脱上升膨胀增加的体积之和等于增加单位压力压缩井筒内流体减小的体积与井筒膨胀的体积之和。关井期间井筒流体特性示意图如图5.54所示。

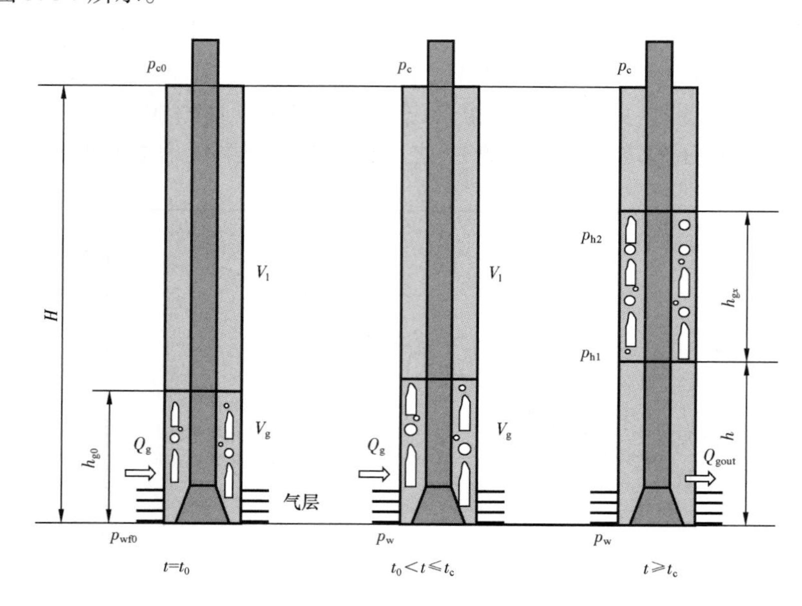

图5.54 关井期间井筒流体特性示意图

$$(Q_g - Q_{gout})B_g + \Delta V_g = 24V_gC_g\frac{dp_w}{dt} + 24V_1C_1\frac{dp_w}{dt} + 24V_wC_w\frac{dp_w}{dt} \tag{5.103}$$

式中 ΔV_g——气体滑脱上升增加的体积速度，m^3/h。

可结合续流效应和气体滑脱效应模型的求解方法对以上模型进行求解。由于步骤是相同的，在此不再累赘。

5.7.2 关井期间综合效应模型建立对井筒压力影响分析

模拟参数参考表5.5和表5.6的基本参数。

5.7.2.1 关井期间不同模型之间的对比

由图5.55可知，关井初期，由于综合效应的影响，井底压力的变化特征和只考虑井筒续流效应的情况比较接近，此时续流效应大于滑脱效应，起主导作用；当接近地层压力(48MPa)时，续流效应导致的井底压力值比综合效应的结果偏低，当大于地层压力后，只考虑续流效应的影响，井底压力保持不变，而综合效应呈直线继续增加，与滑脱效应增加的斜率近似相等，此过程滑脱效应起主导作用。

5.7.2.2 溢流体积对井筒压力的影响

溢流体积对井筒压力的影响如图5.56所示。气侵关井期间，溢流体积不同时，考虑井筒续流和气体滑脱上升的综合效应的影响，井底压力都先呈现指数增加，后直线增加。溢流体积越大，井底压力达到地层压力的时间越长，溢流体积 3m³，井底压力达到地层压力大约需要 100s，而溢流体积 10m³，则需要大于 200s。井底压力达到地层压力之后，溢流体积越大，井底压力呈直线增加的速度越快。这是因为地层压力未达到地层压力之前，井筒续流效应起关键作用，而大于地层压力之后，气体滑脱上升起关键作用，溢流体积越大，气体膨胀得越快，所以井底压力增加越快。

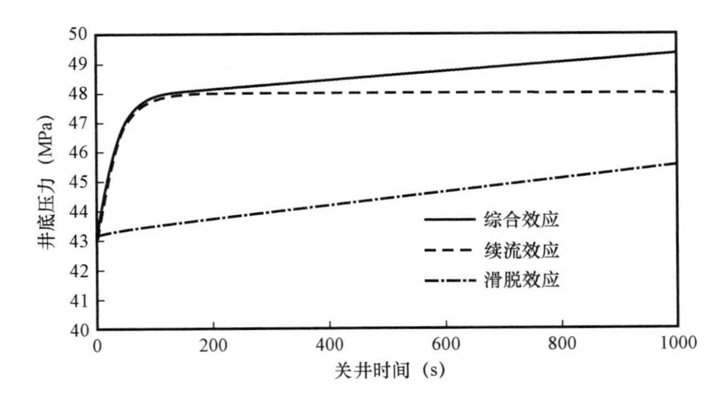

图 5.55 关井期间不同模型下的井底压力变化曲线

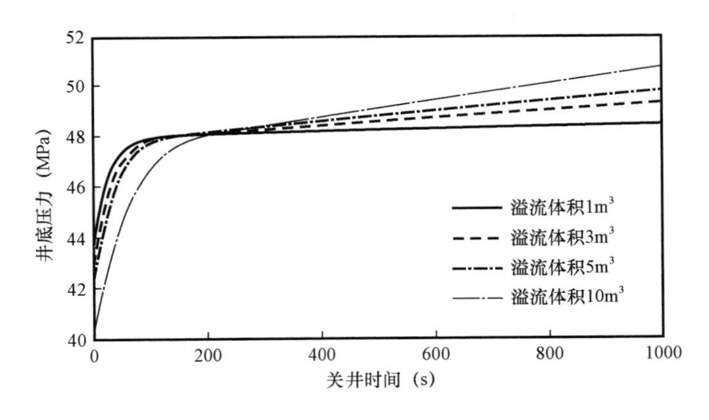

图 5.56 溢流体积对井底压力的影响

5.7.2.3 地层渗透率对井筒压力的影响

地层渗透率对井筒压力的影响如图 5.57 所示。气侵关井期间，地层渗透率不同时，考虑井筒续流和气体滑脱上升的综合效应的影响，井底压力也都先呈现指数增加，后直线增加。地层渗透率越大，井底压力达到地层压力的时间越短，渗透率为 100mD，井底压力达到地层压力大约需要 15s，而渗透率为 30mD，则需要大约 180s。井底压力达到地层压力之后，地层渗透率越小，井底压力呈直线增加的速度越快。这是因为井筒压力未达到地层压力之前，井筒续流效应起关键作用，而大于地层压力之后，气体滑脱上升起关键作用，地层渗透率越小，井底压力达到地层压力时间越长，气体沿井筒向上运移的距离越大，气体滑脱的效应就越明显，井底压力增加就越快。

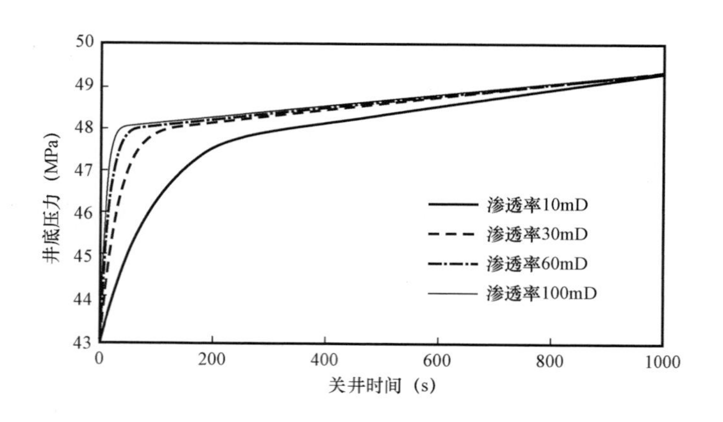

图 5. 57　渗透率对井底压力的影响

5. 7. 2. 4　气体滑脱速度对井筒压力的影响

气体滑脱速度对井筒压力的影响如图 5. 58 所示。气侵关井期间，气体滑脱速度不同时，考虑井筒续流和气体滑脱上升的综合效应的影响，井底压力也都先呈现指数增加，后直线增加。在井底压力未达到地层压力之前，滑脱速度对井底压力变化特征影响不大，当达到地层压力之后，气体的滑脱速度越大，井底压力增加得越快，这是因为气体滑脱速度越大，气体单位时间内膨胀的体积就越大，导致井底压力增加越多。

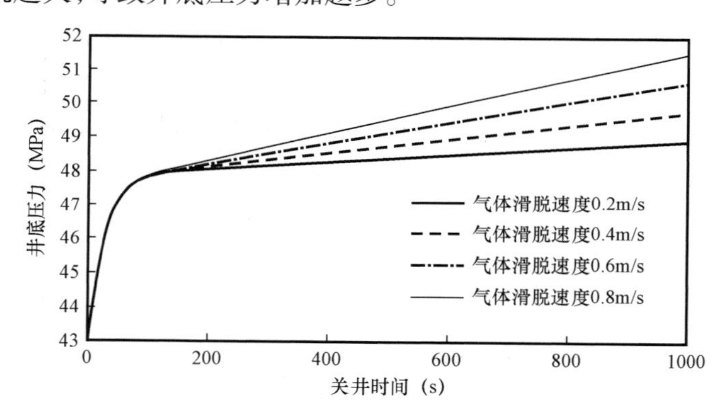

图 5. 58　气体滑脱速度对井底压力的影响

5. 8　关井立压与关井套压确定技术

通过分析关井立管压力的变化规律，寻找地层压力未知的情况下关井立管压力的读取时机，从而确定压井液密度等压井参数。

5. 8. 1　关井期间立管压力变化规律

5. 8. 1. 1　溢流体积不同关井立管压力变化规律

从图 5. 59 和表 5. 7 可知，不同溢流体积下，关井立管压力随关井时间先呈指数形式增加，然后呈直线增加。溢流体积越大,关井立管压力从零开始增加的时间越靠后,这主要是因为溢流体积越大,发现溢流时井底压力降低得越多,井底压力达到钻柱内静液柱压力的时间越长。溢流体积越大,井底压力等于地层压力的时间也越长,之后立管压力增加也越快。

表 5.7 关井压力读取时间

溢流体积 (m^3)	井底压力等于地层压力时间 (s)	关井立管压力 (MPa)
1	129	3.869
3	130	3.869
5	135	3.870
10	183	3.875

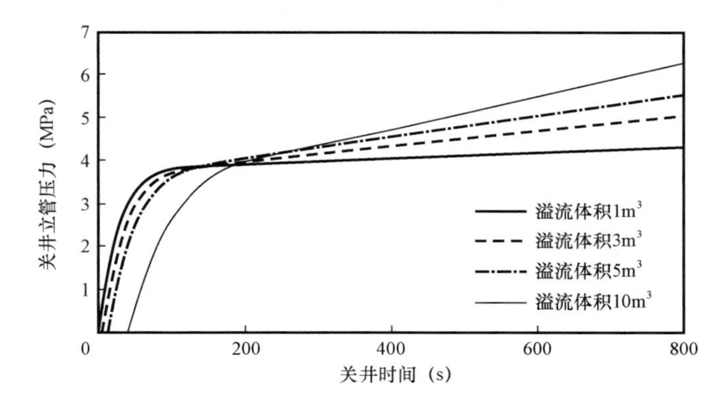

图 5.59 溢流体积对关井立管压力影响

5.8.1.2 地层渗透率不同时关井立管压力变化规律

从图 5.60 和表 5.8 可知,不同地层渗透率下,关井立管压力随关井时间先呈指数形式增加,然后呈直线增加。地层渗透率越大,关井立管压力变化越快,这主要是因为地层渗透率越大,井筒续流效应越明显。由表 5.8 可知,地层渗透率越大,井底压力等于地层压力的时间越短,且关井立管压力基本相等。

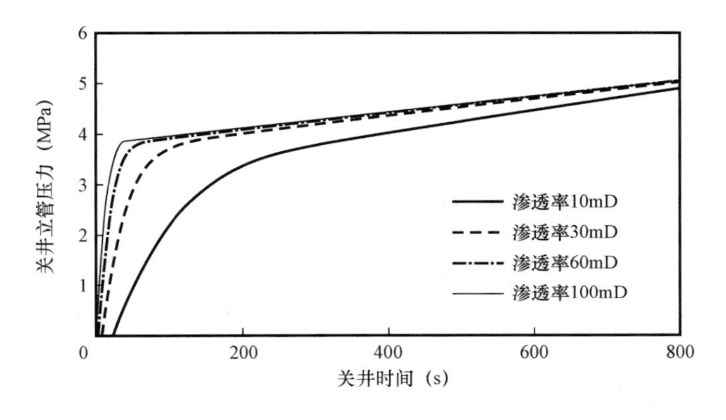

图 5.60 地层渗透率对关井立管压力影响

表 5.8 关井压力读取时间

渗透率 (mD)	井底压力等于地层压力时间 (s)	关井立管压力 (MPa)
10	345	3.868
30	126	3.866
60	66	3.865
100	42	3.865

5.8.1.3 地层压力不同时关井立管压力变化规律

从图 5.61 和表 5.9 可知,不同地层压力下,关井立管压力随关井时间先呈指数形式增加,然后呈直线增加。地层压力越大,关井立管压力变化越快,且关井立管压力值也较大。由表 5.9可知,地层压力越大,井底压力等于地层压力的时间越长,但是差别不是很大,这主要是因为地层压力越大,井底压力恢复越慢,但是井筒续流效应也越明显。

表 5.9 关井压力读取时间

地层压力 (MPa)	井底压力等于地层压力时间 (s)	关井立管压力 (MPa)
48	126	3.866
50	135	5.865
55	141	10.864

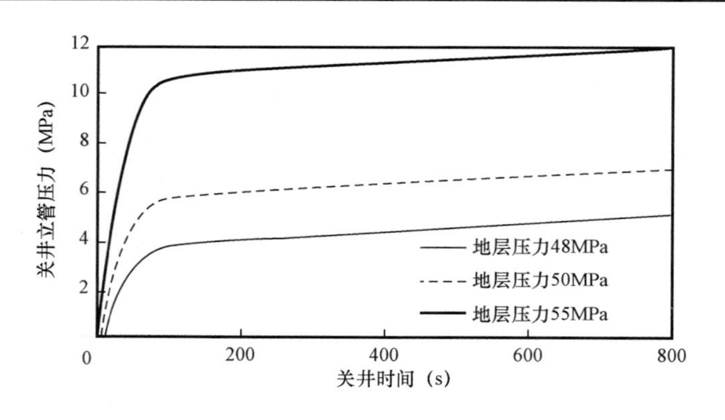

图 5.61 地层压力对关井立管压力影响

5.8.2 关井立管压力读取时间确定

结合图 5.59 至图 5.61 和表 5.7 至表 5.9 可知,当井底压力等于地层压力时,都刚好为指数段和直线的交叉点,因此,可通过如下方法确定关井立管压力:在钻井井控现场,气侵关井之后,记录关井立管压力随时间变化曲线,当出现直线段时,将直线段延伸与指数段交叉,交叉点即为读取关井立管压力时间(图 5.62)。

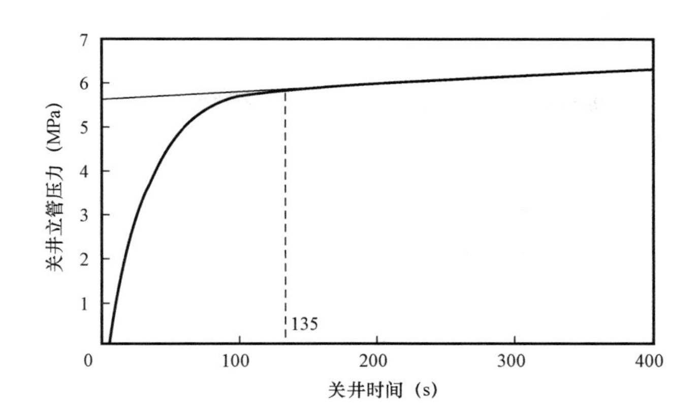

图 5.62 关井立管压力读取时机示意图

5.9 天然气井钻井井控难易程度分析

5.9.1 天然气探井钻井过程中目前存在的问题

重庆开县井喷后,以安全为前提的过平衡更加普遍,对于高渗透高产地层可以说是必要的,并且较高的钻井液附加密度对后期的开发影响较小,但是对于低渗透低产气藏来说,较高的钻井液附加密度必然造成径向上较大的地层伤害,而这种伤害对于天然能量低、储层条件差的低渗透气藏来说则是致命的,对于气藏的认识及后期开发的影响非常大。

对于天然气气藏,钻井过程中如何兼顾储层伤害及井控安全是目前存在的最大的问题。

5.9.2 井控难易程度的确定

井控难易判断方法为关井压力恢复法,即利用图 5.63 关井套压恢复曲线,可以粗略判断井底压力与地层压力间的负压差大小及地层渗透率大小,从而判断井控难易。

关井压力恢复的快慢直接反映的是地层渗透率的大小,关井压力恢复拐点前段的斜率表征了压力恢复的快慢。

此图版应包括几条压力级别水平线和几条地层系数级别斜线。关井压力恢复图版中的低中压界限和中高压界限为两条水平线(压力值分别为 4MPa 和 10MPa),用以界定关井压力恢复评价点的幅值,低中地层系数界限和中高地层系数界限为两条斜线(斜率分别为 25°和 50°),用以界定关井压力恢复的斜率,即关井压力恢复的快慢。图中各区所反映出的欠平衡程度、地层系数大小和井控难度如下描述:

A 区:低压差、低地层系数,井涌控制安全;

B 区:低压差、中地层系数,井涌控制安全;

C 区:低压差、高地层系数,井涌控制有一定风险;

D 区:中压差、低地层系数,井涌控制安全;

E 区:中压差、中地层系数,井涌控制有一定风险;

F 区：中压差、高地层系数，井涌控制风险较大，难度较大；

G 区：高压差、低地层系数，井涌控制有一定难度；

H 区：高压差、中地层系数，井涌控制风险很大，难度较大；

I 区：高压差、高地层系数，井涌控制风险和难度都非常大。

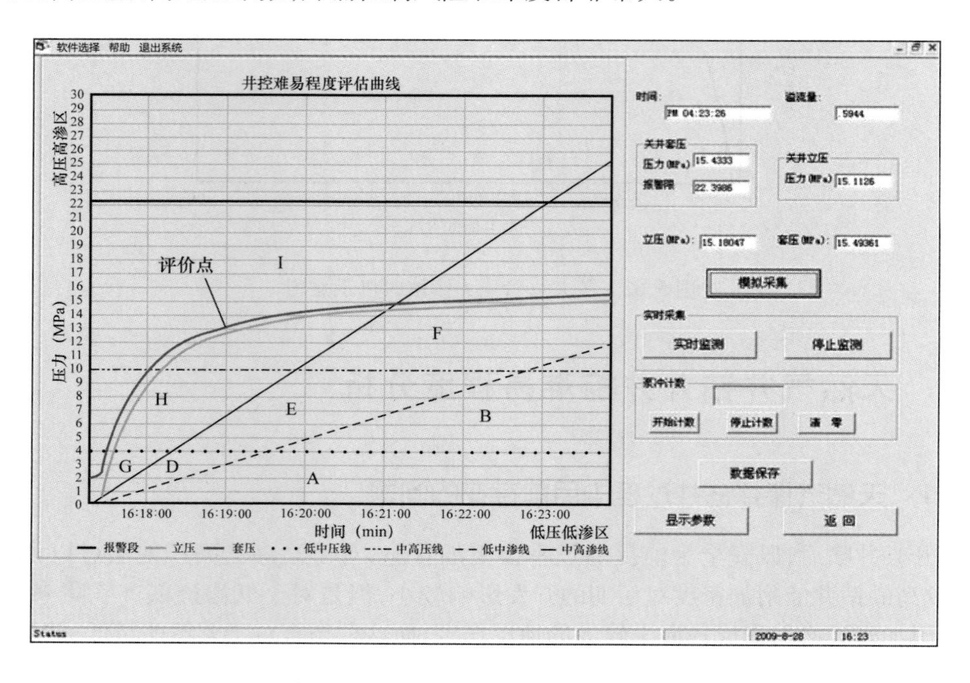

图 5.63　井控难易程度分析图

通过关井压力恢复曲线的评价点的位置来判定压井难易程度，评价点的压力值反映了欠平衡压力程度，即地层压力梯度与钻井液压力梯度的差值与井深的乘积的大小。评价点处的斜率即最大关井井口压力与恢复时间的比值反映了关井压力恢复的快慢，即渗透率与有效钻遇厚度的乘积的大小。由评价点 A、B、C 在图版中的位置判断，情况 1、2、3 条件下钻井井控难度分别是大、中、小。

判断流程为：

(1)判断负压差(地层压力)大小。关井后立压、套压大小直接反映的是井底压力与地层压力间的负压差大小，间接反映地层压力大小。

(2)判断地层渗透率大小。① 关井后十几分钟，立压、套压恢复曲线能够出现平稳段，可认为高渗透地层；② 关井后 40min 以内，立压、套压恢复曲线能够出现平稳段，可认为中渗透地层；③ 关井后 80min，立压、套压恢复曲线尚未出现平稳段，可认为低渗透地层。

注 1：对于同样渗透率的气层。(1)关井越早，环空内含气越少；(2)由于井储影响，环空内含气越少，立压、套压恢复曲线平稳段出现得越早；(3)关井晚，井越深，环空含气越多；(4)对于高压高渗透气侵，应注意检查圈闭压力。

注 2：对于盐水层。(1)由于钻井液的压缩性小，压力传递快，立压、套压恢复曲线平稳段出现时间与井深关系小；(2)无圈闭压力出现。

由此可见,对于不同地层,井控难易程度是存在很大区别的。

储层伤害情况则刚好与上述情况相反,地层渗透率越低储层越容易受到外来液体的伤害,如产生液锁等。而这些伤害一旦产生较难解除,严重影响后续开发的效果。

参考文献

[1] 史富全. 井喷关井水击压力计算及关井可靠性研究[D]. 北京: 中国石油大学, 2013.

[2] 李相方,庄湘琦. 关井压力恢复和读取时机分析[J]. 石油学报,2002, 23(5):110 - 112.

[3] 任美鹏,李相方,刘书杰,等. 钻井井喷关井期间井筒压力变化特征[J]. 中国石油大学学报(自然科学版),2015,39(3):113 - 119.

[4] 袁恩熙. 工程流体力学. 北京:石油工业出版社, 1986.

[5] 王树人. 水击理论与水击计算. 北京: 清华大学出版社, 1981.

[6] Tijsseling A S. Water hammer with fluid - structure interaction in thick - walled pipes Computer and Structure, 2007, 85: 844 - 851.

[7] Angus Ross Simpson. Large water hammer pressures due to column separation in sloping pipes: (Doctoral dissertation). Ann Arbor: The University of Michigan, 1986.

[8] 怀利,斯特里特. 瞬变流[M]. 北京: 水利电力出版社, 1983.

[9] Streeter V L. Water Hammer Analysis[J]. Journal of the Hydraulics Division, 1969,95(10):1959 - 1972.

[10] 郑铭. 两相流流动瞬态的计算方法及实验研究[J]. 江苏理工大学学报, 1999, 20(1): 35 - 40.

[11] 苏尔皇. 管道动态分析及液流数值计算方法[M]. 哈尔滨: 哈尔滨工业大学出版社. 1985.

[12] 王学芳, 叶宏开, 汤荣铭, 等. 工业管道中的水锤[M]. 北京: 科学出版社, 1995.

[13] S. I. Jardine. Sedco Forex/Schlumberger. A. B. Johnson. Schlumberger Cambridge Research. Hard or Soft Shut - in: Which Is the Best Approch. SPE 25712, 1993: 359 - 370.

[14] 骆发前, 何世明, 黄桢, 等. 溢流关井水击压力数学模型研究[J]. 天然气工业, 2006, 27(5): 69 - 71.

[15] 韩文亮, 柴宏恩. 固水两相流不稳定流方程及水击压力的计算[J]. 泥沙研究, 1998, 9(3): 68 - 73.

[16] 韩文亮, 董曾南, 柴宏恩. 含高浓度固体粒状物料管流中水击规律[J]. 中国科学(E辑), 1998, 28(2): 184 - 192.

[17] 韩文亮. 王光谦. 韩军. 两相流水击模型对输送防护措施效果的计算分析[J]. 水利学报, 2000, 3(3): 37 - 41.

[18] 周云龙, 洪文鹏, 孙斌. 复合管道气液固三相流浆体水击压强和水击波速计算[J]. 工程热物理学报, 2006, 27(1): 209 - 212.

[19] 周云龙, 洪文鹏, 孙斌. 考虑含气量变化的浆体水击基本方程[J]. 水动力学研究与进展. 2005, 20(5): 654 - 659.

[20] 刘修善. 钻井液脉冲沿井筒传输的多相流模拟技术[J]. 石油学报, 2006, 27(4):115 - 118.

[21] 刘修善, 苏义脑. 钻井液脉冲信号的传输速度研究[J]. 石油钻探技术, 2000, 28(5): 24 - 26.

[22] 刘修善, 苏义脑. 钻井液脉冲信号的传输特性分析[J]. 石油钻采工艺, 2000. 22(4): 8 - 10.

[23] 张迎进, 朱忠喜, 蔡敏, 等. 钻井泵开启和关闭瞬时水击压力计算[J]. 石油钻探技术, 2008, 36(2): 48 - 50.

[24] 张绍槐. 喷射钻井理论与计算[M]. 北京:石油工业出版社, 1984.

[25] 李根生, 黄中伟, 田守嶒. 水力喷射压裂理论与应用[M]. 北京:科学出版社, 2011.

[26] 董志勇. 射流力学[M]. 北京:科学出版社, 2005.

[27] 莫乃榕. 工程流体力学[M]. 武汉:华中科技大学出版社, 2009.

[28] 孙晓峰, 李相方, 齐明明. 溢流期间气体沿井眼膨胀规律研究[J]. 工程热物理学报, 2009, 30(12): 2039 - 2042.

[29] 李相方，刚涛，隋秀香，等．欠平衡钻井期间地层流体流入规律研究[J]．石油学报，2002，23(2)：48 – 52.

[30] 李相方，庄湘琦，隋秀香，等．气侵期间环空气液两相流动研究[J]．工程热物理学报，2004，25(1)：73 – 76.

[31] 鲁钟琪．两相流与沸腾传热[M]．北京：清华大学出版社，2002.

[32] 陈家琅，石在虹，许剑锋．垂直环空中气液两相向上流动的流型分布[J]．大庆石油学院学报，1994，18(4)：23 – 26.

[33] Sadatomi M Satoy, Saruvatarl S. Two – phase flow in vertical noncircular channels[J]. Int. J. Multiphase Flow, 1982, 8(6):641 – 655.

[34] 陈庭根，管志川．钻井工程理论与技术[M]．东营：中国石油大学出版社，2000.

[35] Yula Tand, Liang – Biao Ouyang. A dynamic simulation study of water hammer for offshore injection wells to provide operation guidelines [C]. SPE131594, 2010.

[36] 于继飞，李丽，何保生．海上自喷油井关井井口压力预测方法[J]．石油钻探技术，2012，40(1)：83 – 87.

[37] 张国忠．管道瞬变流动分析[M]．东营：石油大学出版社，1994.

[38] 钱木金．直接水击的计算公式[J]．水电能源科学，1996，14(2)：140 – 144.

[39] Masella J M. Transient simulation of two – phase flows in pipes[J]. International Journal of Multiphase Flow, 1998, 24: 739 – 755.

[40] 黄飞，张西民，郭烈锦．气液两相流中压力波传播的实验研究[J]．自然科学进展，2005，15(4)：459 – 446.

[41] 刘磊，王跃社，周芳德．气液两相流压力波传播速度研究[J]．应用力学学报，1999，16(3)：22 – 27.

[42] 陈二锋，厉彦忠，应媛媛．泵间管气液两相流压力波传播速度数值研究[J]．航空动力学报．2010，25(4)：754 – 760.

[43] 张琪．采油工程原理与设计[M]．北京：中国石油大学出版社，2006.

[44] 李士伦．天然气工程[M]．北京：石油工业出版社，2008.

6　常规压井方法

通过控制井口回压和泵入较高密度钻井液，使得井底静压略大于地层压力，保持井底循环压力始终不变将井内侵入的地层流体排出地面，重新建立井眼与地层压力平衡关系的方法称为常规压井方法，或者叫常井底压力压井方法。值得注意的是还要防止井口与井底压力过高，避免损坏装备及压漏地层。

常规压井的基本原理是基于U形管理论。在应用该方法中，需要能够关井，并且根据关井压力计算地层压力，据此设计压井参数。但是在实际实施过程，由于地层油气水侵入井筒能力及其规律复杂，加之进入井筒的油气水将面对：井筒长度不同；井眼倾角不同；沿井筒流体温度、压力、组分、流型随位置及时间发生变化等情况。这些复杂的井筒流体参数分布特征为高效压井参数原始数据获取、压井参数设计与实施带来了很大困难，从而导致在实际压井过程，往往与理论计算数据产生一定的误差，甚至有时出现较大的误差，需要考虑模型假设与实际的差异性。

常规的压井方法属于二级井控。常规压井方法包括司钻法（二次循环法）、工程师法（等待加重法、一次循环法）与边循环边加重方法。利用该方法成功井控可以杜绝恶性井喷事故，因此该方法实施非常重要与关键。如果该方法不能够有效控制溢流，则需要非常规压井方法。

6.1　压井排量确定方法

6.1.1　采用低泵速压井

压井循环过程中，一般采用低泵速压井，通常：

$$Q_r = \left(\frac{1}{3} \sim \frac{1}{2}\right)Q \tag{6.1}$$

式中　Q_r——压井排量，L/s；

Q——钻进时钻井液泵正常排量，L/s 。

采用低泵速压井，其主要有以下原因：

(1)井队人员配置加重钻井液需一定的时间，采用低泵速压井可以适当留出一些时间配浆；

(2)如果气侵量大，大排量循环时，气体到地面膨胀后流量过大，超过地面设备的处理能力；

(3)通过调节套压稳定立压过程，较小循环排量可以使压力波动较小；

(4)如果节流阀被堵塞，则产生的压力波动大。

基于上述原因，对于气侵量不大，或者油水侵入，特别是具有破坏井眼稳定的盐水侵入也可采用较大排量压井。

6.1.2 适合较高泵速压井情况

采用低泵速压井具有许多优点,但是并不是适用所有情况。以下情况也可以考虑采用较高泵速压井。

(1)高压盐水层。在我国西部油田,如新疆油田常钻遇高压盐水层。该地层渗透率非常低,但压力又异常高。侵入井筒的盐水往往容易改变钻井液的流变性,进而导致卡钻。由于该地层产水量不大,对于深井或超深井采用低泵速压井,压井时间长会加剧钻井液流变性改变,从而诱发井眼不稳定。采用较高泵速压井不会产生副作用。

(2)低渗透油气层。低渗透油气层侵入井筒速率较低,在压井过程中对循环速度影响不是太大,如果其他条件满足,也可以采用较高泵速压井。

(3)溢流发现早。目前综合录井技术应用非常普遍,加之溢流监测技术发展也很快,溢流发现的越来越早,当溢流能够早期发现,如果条件允许,也可以采用较高泵速压井。

(4)油藏含气少。如果地层为油藏,且油藏含气较少,这种情况下进入井筒的地层流体主要为液相,在井筒流体膨胀程度较低,对应地面流体处理装置的负担影响不大,同时压力控制方面也影响不大,如果条件允许,也可以采用较高泵速压井。

(5)油气层较浅。对于浅油层,由于表层套管下入深度浅,不能采用较高密度的压井液。如果采用较高的泵速压井,可以适当增加循环摩阻,有利于该类地层溢流控制。如果条件允许,此类地层也可以采用较高泵速压井。

采用较高泵速压井优点是:循环摩阻可以借鉴平时钻进参数,数据相对较可靠;压井周期缩短,可以提高钻井有效时率。

需要强调的是:通常情况必须执行低泵速压井;对于上述地层,如果条件允许,则可以考虑采用较高泵速压井。

6.1.3 适时获取压井排量的循环摩阻

事实上采用的压井泵速并不一定严格的为某一数值,而是可以在一个范围内确定。为此,在钻遇目的层前可以测量几个泵速下的循环摩阻,以备实际应用选择。

首先,要测定与记录平时钻进时循环摩阻。在适当时间再根据本地层情况确定 1~2 个泵速循环摩阻。

6.2 司钻法压井

6.2.1 基本概念

司钻法是指溢流关井求压后,立即配置压井液,同时通过调节井口回压保持井底常压,采用原钻井液将环空流体安全排到地面,然后再将新配的压井液循环顶替井筒原钻井液,从而建立新的井眼与地层压力平衡的压井方法。属于二次循环法。

6.2.2 压井步骤

第一循环周。

(1)正常钻进过程中,记录不同泵速下的立压,作出立压与泵速的关系曲线,如图 6.1 所示。一旦发生气侵,记录压井前的立压和套压,并计算出压井泵速下的泵压,如式(6.2)。

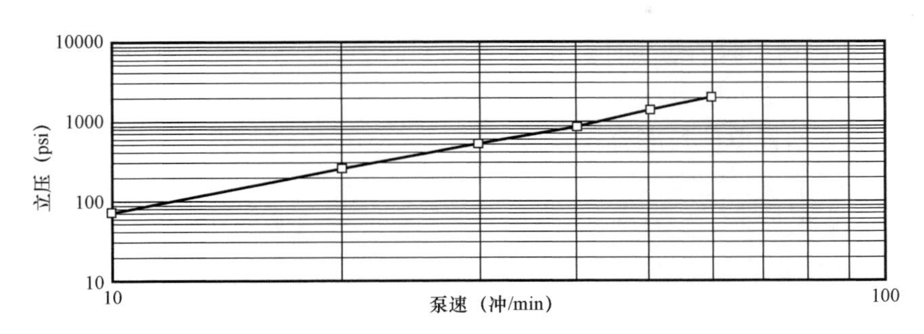

图 6.1 泵压与泵速关系曲线

$$p_c = p_{ks} + p_{dp} \tag{6.2}$$

式中 p_c——循环过程中的循环压力;

p_{ks}——压井泵速下的泵压;

p_{dp}——关井立压。

(2)溢流发生后,可以利用关井立压求取初始循环压力。缓慢调节泵速至压井泵速,保持套压等于关井套压,但保持时间小于 5min,因为 5min 内初始气体的膨胀是可以忽略不计的。一旦泵速达到压井泵速,此时的立压值即为初始循环压力。

(3)一旦侵入气体开始被替出,记录套压,并与初始关井立压进行比较。值得注意的是,如果侵入气体被完全替出,套压应该等于初始关井立压。对比图 6.2 中的含有侵入气体与侵入气体被完全替出的 U 形管模型,如果侵入气体被完全替出,图 6.2(b)中环空侧的工况与图 6.2(a)中钻杆侧的工况完全相同。如果环空中的循环摩阻可忽略,一旦侵入气体被替出,环空压力应等于初始关井立压。

(4)如果套压等于初始关井立压,关井,保持套压不变并降低泵速。记录关井立压和套压,并进行比较。如果侵入气体被完全替出,关井立压应等于关井套压。如图 6.2(b)所示,如果侵入气体被完全替出,U 形管两侧的条件是完全相同的。因此,井口处的立压和套压是相等的。

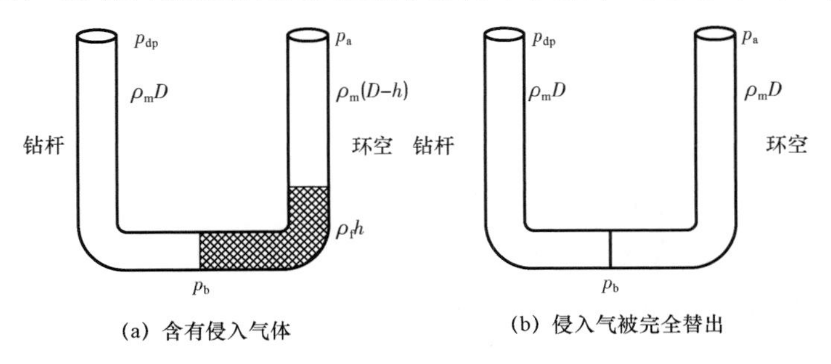

图 6.2 U 形管模型

第二循环周。

(5)按照式(6.3)来计算压井液到达钻头所需泵冲数 STB,即通过钻柱的容积除以泵排量得到 STB:

$$STB = \frac{C_{dp}l_{dp} + C_{hw}l_{hw} + C_{dc}l_{dc}}{C_p} \tag{6.3}$$

式中 STB——到达钻头时的总泵冲数;

C_{dp}——钻杆单位长度容积;

C_{hw}——加重钻杆单位长度容积;

C_{dc}——钻铤单位长度容积;

C_p——泵排量。

(6)调节泵速至压井泵速,期间调节节流阀保持套压等于初始关井立压。一旦达到泵速,不需要再调节节流阀。用压井液替换原钻井液至钻头期间,套压应保持在初始关井立压。

如图 6.2b 所示,当压井液从钻杆到达钻头时,环空中的动力学工况没有发生任何变化。因此,一旦达到压井泵速,套压不会变化,不需要调节节流阀去调整立压。

(7)当泵冲数达到压井液到达井底所需冲数时,即压井液达到钻头处,记录此时的立压。循环压井液至井口期间保持立压不变。

如图 6.2b 所示,一旦压井液到达钻头,环空中的原钻井液开始被替换,钻杆中的工况保持不变。因此,需要保持立压不变,将压井液循环至井口。这个过程中存在套压变化,需要进行节流阀调节。如果循环过程中操作正确,在保持立压不变的过程中节流阀尺寸是持续增加的,当压井液到达井口时,套压降至 0。

(8)压井液返出井口,关井,保持套压不变,降低泵速。记录关井立压、关井套压。两者应都等于 0。开井,检查流动情况。如果仍有溢流,重复上述步骤。如果没有溢流发生,加重钻井液密度至安全压力范围内并循环,直到达到所需钻井液密度。

6.2.3 基于连续气柱的压井参数计算方法

连续气柱理论已在 4.2.1 节中有所叙述。基于此理论,计算出压井过程中最大套压和套管鞋处所承受的最大压力值,以避免井口压力超过最大允许套压值和压漏地层。若溢流为天然气,则最大套压出现在溢流顶部到达井口时:

$$p_{amax} = \frac{p_p - HG_m - p_w \pm \sqrt{(p_p - HG_m - p_w)^2 + 4\frac{p_p T_s Z_s}{T_b Z_b}h_w G_m}}{2} \tag{6.4}$$

式中 p_{amax}——最大套压,MPa;

G_m——原钻井液柱静液压力梯度,MPa/m;

h_w——井底天然气溢流高度,m;

p_w——气柱重量所产生的的压力,MPa。

气体重量在井底造成的压力梯度 G_w 可取值为:

$$G_{w} = \frac{Sp_{p}}{29.3T_{b}Z_{b}} \tag{6.5}$$

式中 S——天然气重量与同体积空气重量之比，与天然气组分有关，一般取0.6左右。

套管鞋处地层所受最大压力发生在天然气溢流顶部到达套管鞋处时：

$$p_{hmax} = \frac{p_{p} - (H-h)G_{m} - p_{w} \pm \sqrt{(p_{p} - (H-h)G_{m} - p_{w})^{2} + 4\frac{p_{p}T_{s}Z_{s}}{T_{b}Z_{b}}h_{w}G_{m}}}{2} \tag{6.6}$$

6.2.4 基于气液两相流理论的压井参数计算方法

(1)第一循环周。发现溢流后关井，在关井期间，井底压力已平衡地层压力，所以压井期间不会再有气体侵入井筒，式(4.40)至式(4.43)中 $q_{gp}=0$ 时就是压井期间环空中的两相流动方程，在此不再重复。不同之处在于初始、边界条件。压井开始前，通过测定关井后稳定的立压和套压以及钻井液池增量确定地层压力和压井液密度。

① 初始条件。环空每一截面各相含率可通过两相流动方程模拟溢流动态过程得到具体的多相流分布规律。根据分布规律可以得到该分布状态下环空各点的压力、各相的密度，根据 $v_{sl}=0$ 及滑脱速度等确定每点的各相速度。这些参数确定后作为第一循环周定解的初始条件。钻井液为原钻井液。

② 边界条件。井底压力=地层压力+压井附加压力。

(2)第二循环周。该过程压井参数计算方法与6.2.3中第二循环周的计算方法一致。

① 初始条件。第一循环周结束，井筒中为原钻井液，无侵入气，纯钻井液相，第二循环周开始时，为压井液。

② 边界条件。井底压力=地层压力+压井附加压力。

6.3 工程师法压井

6.3.1 基本概念

工程师法是指溢流关井求压后，首先配置压井液，然后开井通过调节井口回压保持井底常压，将配置的压井液循环顶替钻柱内原钻井液与环空流体，从而建立新的井眼与地层压力平衡的压井方法。属于一次循环法。

6.3.2 压井步骤

早期的压井作业中，地面系统增加压井液密度所用的时间非常重要，在这段时间内钻杆经常被卡。但是，现在的钻井液混合系统可以非常快地将钻井液密度调至压井所需的密度。

(1)记录不同泵速下的立管压力，作出立压与泵速关系曲线。一旦发生气侵，记录压井前的立压和套压，利用式(6.2)计算出压井泵速下的泵压 p_{c}。

(2)利用式(6.3)计算压井液到达钻头所需泵冲数STB。

(3)利用式(6.7)计算用压井液在压井泵速下的终了循环压力 p_{cn}。

$$p_{cn} = p_{dp} - 0.052(\rho_1 - \rho)D + \left(\frac{\rho_1}{\rho}\right)p_{ks} \tag{6.7}$$

式中 ρ_1——压井液密度,ppg;

ρ——原钻井液密度,lb/gal;

p_{ks}——压井泵速下的原循环压力,psi;

p_{dp}——关井立压,psi。

(4)对于复杂钻柱结构,计算和画出泵速变化来降低第 1 步计算的初始循环压力 p_c 到第 3 步计算的终了循环压力 p_{cn}。利用式(6.8)、式(6.9)来计算表 6.1,并画出相应曲线。需要注意的是,钻柱的一部分是指直径没有发生变化。新的一段是指井眼尺寸或钻杆直径发生变化。计算从井口开始。

例如,井眼尺寸没有发生变化,钻柱包括两种钻杆、加重钻杆、钻铤,那么需要进行四种计算。

$$\mathrm{STKS1} = \frac{C_{ds1}l_{ds1}}{C_p} \tag{6.8a}$$

$$\mathrm{STKS2} = \frac{C_{ds1}l_{ds1} + C_{ds2}l_{ds2}}{C_p} \tag{6.8b}$$

$$\mathrm{STKS3} = \frac{C_{ds1}l_{ds1} + C_{ds2}l_{ds2} + C_{ds3}l_{ds3}}{C_p} \tag{6.8c}$$

$$\mathrm{STB} = \frac{C_{ds1}l_{ds1} + C_{ds2}l_{ds2} + C_{ds3}l_{ds3} + \cdots + C_{dc}l_{dc}}{C_p} \tag{6.8d}$$

$$p_1 = p_c - 0.052(\rho_1 - \rho)l_{ds1} + \left(\frac{\rho_1 p_{ks}}{\rho} - p_{ks}\right)\left(\frac{\mathrm{STKS1}}{\mathrm{STB}}\right) \tag{6.9a}$$

$$p_2 = p_c - 0.052(\rho_1 - \rho)(l_{ds1} + l_{ds2}) + \left(\frac{\rho_1 p_{ks}}{\rho} - p_{ks}\right)\left(\frac{\mathrm{STKS2}}{\mathrm{STB}}\right) \tag{6.9b}$$

$$p_3 = p_c - 0.052(\rho_1 - \rho)(l_{ds1} + l_{ds2} + l_{ds3}) + \left(\frac{\rho_1 p_{ks}}{\rho} - p_{ks}\right)\left(\frac{\mathrm{STKS3}}{\mathrm{STB}}\right) \tag{6.9c}$$

$$p_{cn} = p_{dp} - 0.052(\rho_1 - \rho)(l_{ds1} + l_{ds2} + l_{ds3} + \cdots + l_{dc}) + \left(\frac{\rho_1 p_{ks}}{\rho} - p_{ks}\right) \tag{6.9d}$$

式中 STKS1——到达钻柱第 1 部分时的泵冲数;

STKS2——到达钻柱第 2 部分时的泵冲数;

STKS3——到达钻柱第 3 部分时的泵冲数。

对于由一种钻杆、一种加重钻杆或钻铤组成的钻柱,可以用式(6.10)来计算。

$$\frac{\mathrm{STKS}}{25\mathrm{psi}} = \frac{25(\mathrm{STB})}{p_c - p_{cn}} \tag{6.10}$$

表 6.1　泵冲数与立压对应表

冲数	压力
0	700
STKS 1	p_1
STKS 2	p_2
STKS 3	p_3
…	…
STB	p_{cn}

一般情况下，当压井液注入过程中，液柱压力增加，循环钻杆压力逐渐降低，最终保持井底压力不变。由于压力波传播的原因，需要等待4～5s的时间，钻杆压力才会降低。

(5)调节泵速至压井泵速，期间调节节流阀保持套压等于初始关井套压(5min内完成)。一旦泵速达到压井泵速，记录立压，调节泵速，并与初始关井立压进行对比验证。按照表6.1将压井液泵入，并根据实际情况进行适当修正。也就是在压井液从地面到达钻头的时间内，立压从初始循环压力 p_c 降至终了循环压力 p_{cn}。

(6)将压井液循环至井口，期间保持立压等于终了循环压力 p_{cn} 不变。压井液返出井口后，保持套压不变，关井，如果立压和套压为0，压井成功。如果井口压力不为0，继续保持立压不变进行循环。一旦压井成功，增加钻井液密度至安全密度窗口内。

6.3.3 基于连续气柱的压井参数计算方法

一次循环法排除天然气溢流，当压井液到达钻头和溢流顶部到达井口时，各产生一个套压峰值，其中较大者为最大套压。

压井液到达钻头时，套压峰值可按照式(6.11)计算。

$$p_{ab} = p_b - HG_m p_w + \frac{p_b T_x Z_x h_w G_m}{(p_b - YG_m - p_w) T_b Z_b} \tag{6.11}$$

式中　p_{ab}——压井液到达钻头时套压峰值，MPa；

p_b——井底压力，MPa；

Y——钻柱内原钻井液在环空所占高度，m。

溢流顶部到达井口时的套压峰值可用式(6.12)计算。

$$p_{as} = p_b - HG_m - Y(G_{m1} - G_m) - p_w + \frac{p_b T_s Z_s h_w G_m}{(p_b - Y_m G_{m1} - YG_m - p_w) T_b Z_b} \tag{6.12}$$

式中　Y_m——压井液环空返高，m；

G_{m1}——压井液静液柱压力梯度，MPa/m；

T_s, Z_s——溢流顶面到达井口时的温度和压缩系数。

Y_m 由式(6.13)计算。

$$Y_{\mathrm{m}} = \frac{b \pm \sqrt{b^2 - 4G_{\mathrm{ml}}\left[(H - Y)(p_{\mathrm{b}} - YG_{\mathrm{m}} - p_{\mathrm{w}}) - \dfrac{p_{\mathrm{p}}Z_{\mathrm{s}}T_{\mathrm{s}}h_{\mathrm{w}}}{Z_{\mathrm{b}}T_{\mathrm{b}}}\right]}}{2G_{\mathrm{ml}}} \tag{6.13}$$

$$b = p_{\mathrm{b}} + HG_{\mathrm{ml}} - Y(G_{\mathrm{ml}} + G_{\mathrm{m}}) - p_{\mathrm{w}}$$

一次循环法压井过程中套管鞋处地层所受压力最大,因环空液柱组成与二次循环法不同,其计算方法也不同。当溢流顶部到达套管鞋,溢流高度 h_{h} 与钻柱内原钻井液在环空所占高度 Y 之和与套管鞋以下裸眼井段长 $H-h$ 比较。

(1)若 $h_{\mathrm{h}}+Y \geqslant H-h$,即压井液还未进入环空,套管鞋处地层所受压力达到最大,其计算方法与二次循环法相同。

(2)若 $h_{\mathrm{h}}+Y<H-h$,即压井液已进入环空,套管鞋处地层所受最大压力按式(6.14)计算。

压井液刚到钻头时,套管鞋上地层所受压力 p_{hb} 等于此时套压峰值 p_{ab} 与套管鞋上钻井液液柱压力之和,即 $p_{\mathrm{hb}}=p_{\mathrm{ab}}+hG_{\mathrm{m}}$,压井液进入环空后,溢流顶到达套管鞋上地层所受压力 p_{hm}:

$$p_{\mathrm{hm}} = \frac{b \pm \sqrt{b^2 + 4\dfrac{p_{\mathrm{b}}h_{\mathrm{w}}G_{\mathrm{ml}}T_{\mathrm{h}}Z_{\mathrm{h}}}{T_{\mathrm{b}}Z_{\mathrm{b}}}}}{2} \tag{6.14}$$

其中

$$b = p_{\mathrm{b}} - (H - h - Y)G_{\mathrm{ml}} - YG_{\mathrm{m}} - p_{\mathrm{w}}$$

计算套管鞋处地层所受最大压力 p_{hmax} 时,因溢流顶部到套管鞋处,其高度 h_{h} 与 p_{hmax} 有关,所以 $h_{\mathrm{h}}+Y$ 是否大于 $H-h$ 难以判断。计算时可先按 $h_{\mathrm{h}}+Y \geqslant H-h$ 的情况,试算 p_{hmax} 和 h_{h},再算出溢流以下井眼长度 Y_1。若 $Y_1<Y$,则试算的 p_{hmax} 即为所求;若 $Y_1>Y$,则按 $h_{\mathrm{h}}+Y<H-h$ 的情况计算 p_{hmax}。

6.3.4 基于气液两相流理论的压井参数计算方法

发现溢流后关井,在关井期间,井底压力已平衡地层压力,所以压井期间不会再有气体侵入井筒,式(4.40)至式(4.43)中 $q_{\mathrm{gp}}=0$ 时就是压井期间环空中的两相流动方程,在此不再重复。不同之处在于初始、边界条件。压井开始前,通过测定关井后稳定的立压和套压以及钻井液池增量确定地层压力和压井液密度。

(1)初始条件。环空每一截面各相含率可通过两相流动方程模拟溢流动态过程得到具体的多相流分布规律。根据分布规律可以得到该分布状态下环空各点的压力、各相的密度,根据 $v_{\mathrm{sl}}=0$ 及滑脱速度等确定每点的各相速度。这些参数确定后作为第一循环周定解的初始条件。钻井液为压井液。

(2)边界条件。井底压力 = 地层压力 + 压井附加压力。

6.4 常规压井方法分析及优选

6.4.1 常规压井方法分析

三种常规压井方法的压井原理不同,适用条件也不一样,也各有其优缺点。

(1)司钻法。优点:计算量少,压井的程序简单,压井前准备时间短,在气侵钻井液未循环出井眼前不进行加重。缺点:地面压力高,套管鞋处当量钻井液密度最大,需要二次循环。适用条件:井位离基地较远及加重剂供应不及时。

(2)工程师法。优点:只需要一次循环,压井时间短,地面压力低,对地层施加的压力小。缺点:在加重钻井液时需要关井,立压控制呈线性控制。适用条件:现场加重材料充足,具有快速加重的能力。

(3)循环加重法。优点:发现溢流后关井等候时间短。缺点:压井时间较长,现场施工难度大。

在面临常规压井作业需选择压井方法时,不仅按几种方法的优缺点进行选择,还要根据本井的具体条件,如溢流类型、加重钻井液和加重剂的储备情况,设备的加重能力,地层是否易卡易垮,井口装置的额定工作压力,井队的技术水平等来选择。

6.4.2 常规压井方法优选

对于常规压井方法,包括司钻法和工程师法,通常用于可建立正常循环,溢流量不大,可正常关井时的情形,对两种方法进行分析。

(1)压井过程井口承受的压力。对于工程师法压井,当钻柱内原钻井液完全进入环空后,加重钻井液就开始进入环空,而司钻法压井第一循环周为原钻井液循环,环空和节流管线内无加重钻井液,工程师法压井环空内有效液柱压力相对较高,而相同条件下两种压井方法下的井底压力相同,所以工程师法压井过程的节流阀压力、立管压力较司钻法压井小,节流阀等井口装置承受的压力较小,井口设备安全性相对较高。

(2)套管鞋处裸眼地层安全性。压井过程中套管鞋处裸眼地层承受的压力可以认为是井底压力减去套管鞋到井底之间的液柱压力和沿程摩阻。相同条件下两种压井方法井底压力相等,而工程师法压井液进入环空的时间比司钻法压井早,套管鞋与井底之间的液柱压力较高,所以工程师法压井过程中套管鞋处裸眼地层承受的压力较小,不易引发次生事故,套管鞋处地层安全性较高。

(3)压井施工时间。工程师法压井直接泵入加重钻井液在一个循环周内排出溢流,而司钻法压井分为原钻井液循环和加重钻井液循环两个循环周,工程师法压井施工总时间较短,井口设备不需要长时间处于高压状态,有利于节流阀等井口设备的安全性。

(4)压井施工复杂程度。司钻法和工程师法压井都是通过控制井口节流阀的开度以控制节流阀压力来平衡地层压力,而司钻法压井过程中节流阀压力变化比工程师法压井更为复杂,即节流阀的控制较为复杂,即工程师法压井操作较为简单。

(5)井涌余量、临界钻井液池增量。通过司钻法压井和工程师法压井的井涌余量和临界钻井液增量的对比可知,在相同压井参数条件下,套管鞋深度较小时,工程师法压井井涌余量和临界钻井液增量较司钻法大，套管鞋深度较大时，两种压井方法趋于相等，即工程师法压井相对于司钻法压井安全性更高，处理溢流能力更强。

与司钻法相比，工程师法压井周期短，套压及井底压力低，适宜于井口装置承压低及套管鞋处与地层破裂压力低的情况。

通过上述分析可以得到工程师法压井和司钻法压井的适用情况：司钻法压井适用于井口设备承压能力较高以及对压井时间要求不高的情况；工程师法压井适用于对压井时间要求较高（时间相对较短）以及井口设备承压能力较低的情况，该方法较司钻法压井更能够适用于窄安全密度窗口的情况，而且处理溢流能力相对更强，所以海洋钻井水深较大时，如果具备快速配装能力，推荐工程师法压井处理溢流。

6.4.3 常规压井方法案例分析

已知井深5150m；244.5mm套管下至井深4200m；139.7mm或者127mm钻杆下至井深5150m（设无钻铤），钻杆外径139.7mm，内径118.6mm；原钻井液密度为1.55g/cm^3；地层压力为85MPa；井底天然气溢流体积为1～3m^3；地面温度为20℃，地温梯度为3℃/100m。压井过程中，压井泵速为600L/min。基于此，分别对司钻法压井和工程师法压井过程进行模拟分析。

6.4.3.1 连续气柱理论与两相流理论分析

连续气柱理论和两相流理论主要区别在于第一循环周的排气过程，由于连续气柱理论假设全部气体连续占满整个环空，因此，基于连续气柱理论计算的气体峰值来得相对较晚，并且峰值较高，如图6.3所示。

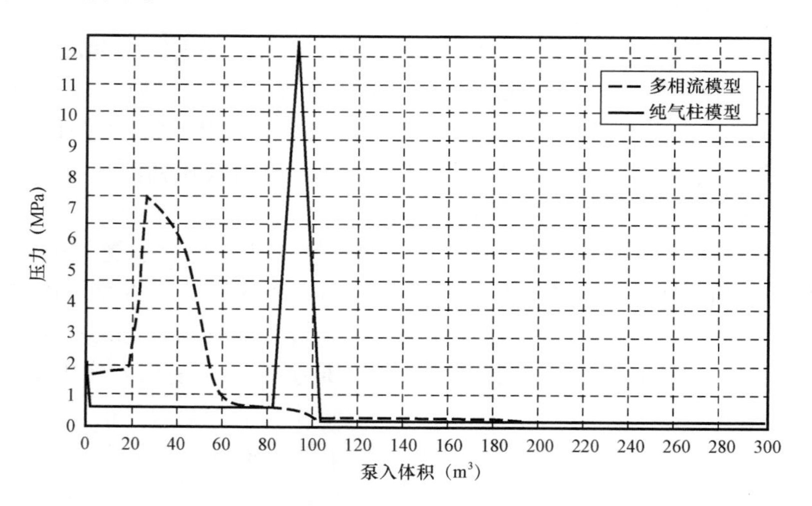

图6.3　连续气柱和多相流理论排气过程

6.4.3.2 基于两相流理论的司钻法案例分析

司钻法压井过程中，第一循环周，立压保持不变，此过程中随着井筒内气体的上升以及钻井液进入环空，套压先上升后下降；第二循环周，随着加重钻井液的泵入，立压先下降，加重钻井液进入环空后，立压基本保持不变，套压逐渐下降为0，井底到达动态平衡。最终，加重钻井液充满井筒，环空内静液柱压力可以平衡地层压力。

（1）钻井液池增量随时间的变化。司钻法压井过程中，钻井液池增量不断增加，这是因为气体向上运移不断膨胀，排除的体积越来越多，当气体到达井口时，溢流体积达到峰值，并且关井时溢流体积越大，峰值的钻井液池增量也越大，如图6.4所示。司钻法压井过程中，气体在井筒中的运移与气侵强度和溢流体积等因素有很大的关系，溢流体积越大，在井筒中两相流占据的长度越大，并且上升的也越快。溢流强度越大，也就是负压差越大，截面含气率也越大，如图6.5所示。

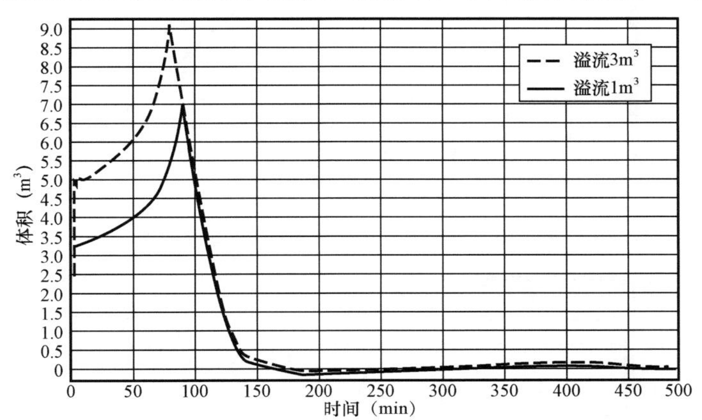

图6.4 司钻法压井过程中钻井液池增量变化曲线

（2）套压随时间的变化。司钻法压井过程中，第一循环周的套管压力不断上升，在气体达到井口时，压力达到峰值，本案例中溢流 $3m^3$ 的套管压力峰值为13MPa，并且溢流体积越大，套管压力的峰值也越高，给井控设备和井控都带来越大的风险，第二循环周的套管压力在压井液到达钻头之前保持恒定，之后不断减小，直至为零，如图6.6所示。

（3）立压随时间的变化。司钻法压井过程中，第一循环周的立管压力等于初始循环压力，与溢流体积无关，本案例的初始循环压力为约13.8MPa。由于地层压力相同，溢流体积不同时关井压力也不同。但是对初始循环压力没影响，有稍微差别是因为关井的时间不同。在第二循环周开始后首先保持套管压力不变，立管压力不断减低，在压井液到达钻头进入环空后，达到终了循环压力。后期立管压力有所上升，这是因为计算的压井液密度稍微大于地层压力，在恒井底压力压井过程中，压井液快到达井口时，井底压力大于地层压力了，不能满足井底压力恒定了，井底在增加，从而立管压力也在增加，如图6.7所示。

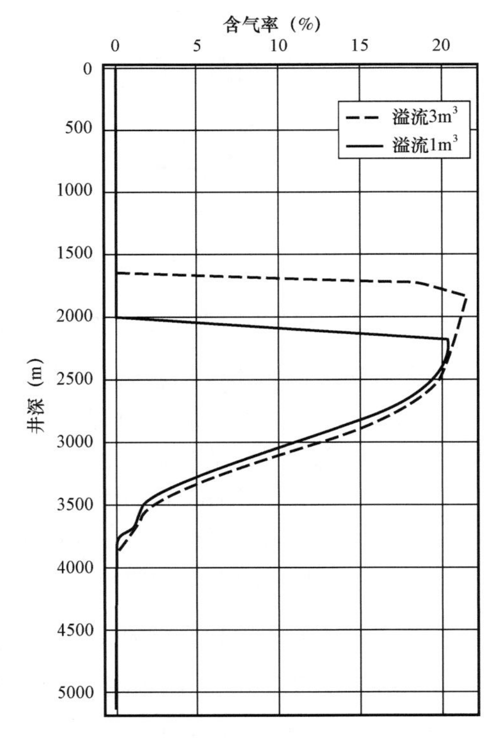

图6.5 司钻法压井过程中自由气分布情况

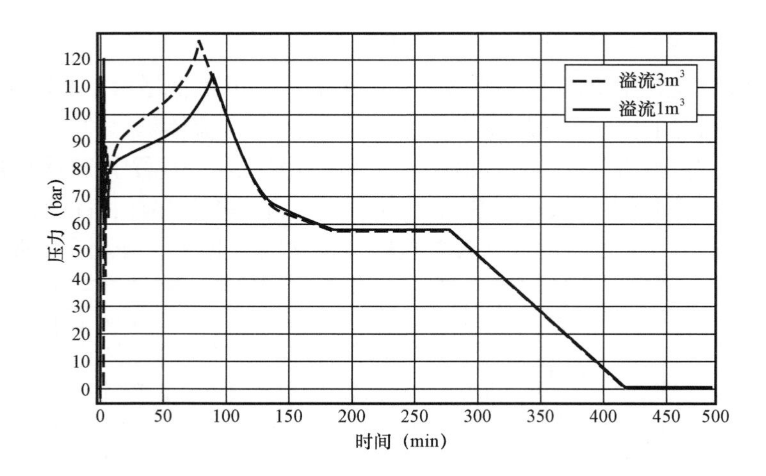

图 6.6　溢流及压井过程中套压变化曲线

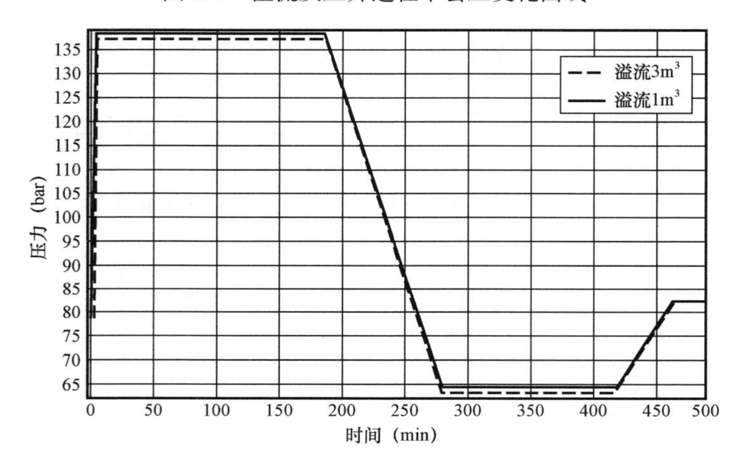

图 6.7　溢流及司钻法压井过程中立压变化曲线

6.4.3.3　基于两相流理论的工程师法案例分析

工程师法压井过程中，随着加重钻井液的泵入，立压先下降，随着井筒内气体的上升膨胀，套压升高；加重钻井液进入环空后，立压基本保持不变，套压受气体膨胀和加重钻井液进入环空的双重影响，先升高后逐渐下降为0；随后，加重钻井液充满井筒，环空静液柱压力可以平衡地层压力。

（1）钻井液池增量随时间的变化如图 6.8 所示。

（2）套压随时间的变化如图 6.9 所示。

（3）立压随时间的变化如图 6.10 所示。

6.4.3.4　司钻法和工程师法对比

由司钻法和工程师法压井模拟可知，两种方法的最大套压相同（图 6.11），主要是因为在工程师压井期间，加重钻井液未到达井底之前，气体已经到达井口。如果环空容积大于钻杆容积，在气体前沿到达井口时，加重钻井液已经到达钻头，则工程师法压井的最大套压将小于司钻法，环空容积比钻杆容积越大，最大套压越小于司钻法（图 6.12）。司钻法压井大约需要

450min，工程师法大约需要270min。对于深井工程师法可显著减低压降时间。压井过程中立管压力（泵压）的初始循环立压和终了循环立压相同（图6.13）。

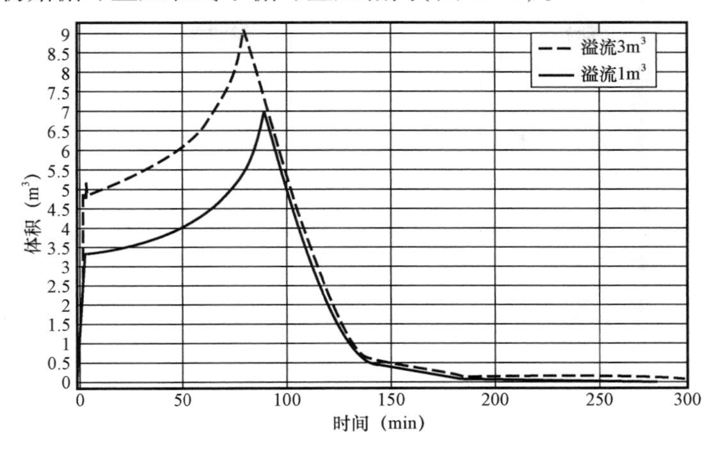

图6.8 溢流及工程师法压井过程中钻井液池增量变化曲线

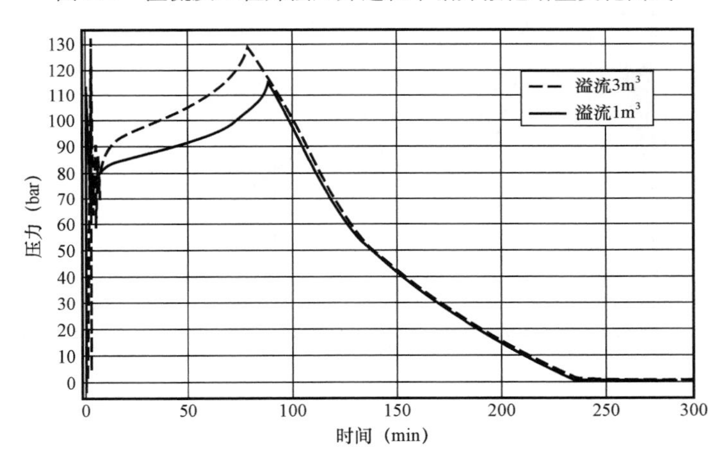

图6.9 溢流及工程师法压井过程中套压变化曲线

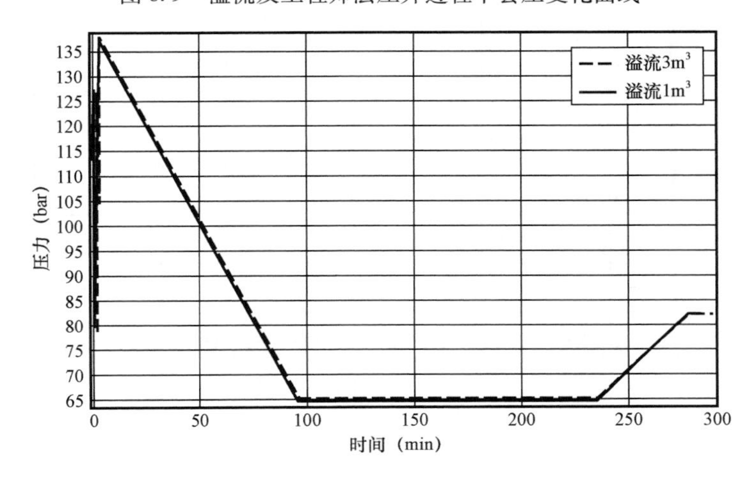

图6.10 溢流及工程师法压井过程中立压变化曲线

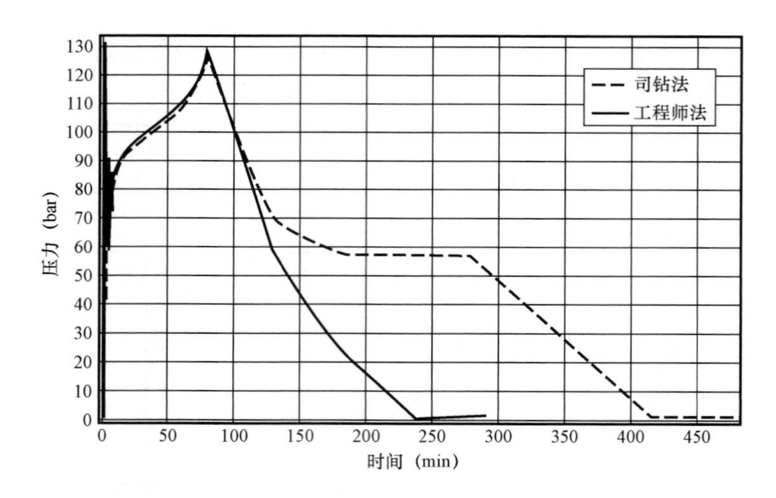

图 6.11　压井过程中套压变化曲线

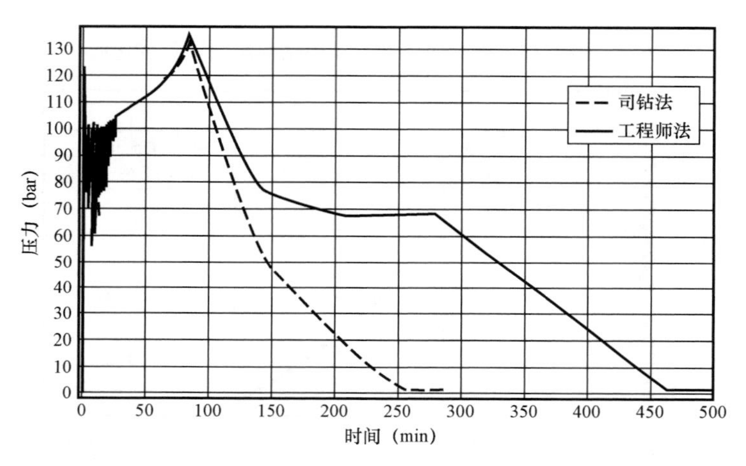

图 6.12　压井过程中套压变化曲线

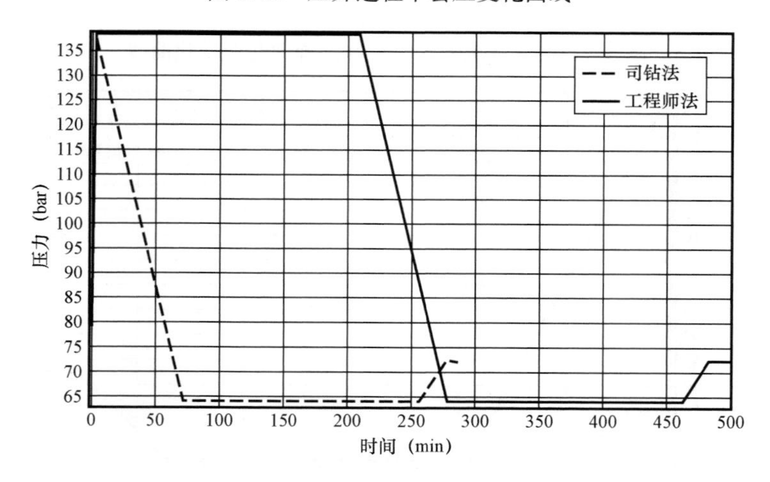

图 6.13　压井过程中立压变化曲线

6.5 水平井压井计算

6.5.1 水平井井控应考虑的因素

(1)温度与压力耦合效应。温度与压力的耦合效应主要表现为对钻井液密度的影响,正常情况下钻井液密度随着温度的增加会呈现减小的趋势,而随着压力的增大钻井液密度增大。因此对于高温高压井,必须研究钻井液密度随井筒剖面的变化,确保安全钻进。

(2)钻井液体系。目前为了降低成本,很多高温高压井中采用水基钻井液,并取得了不错的应用效果。但是在高难度的高温高压井中,由于油基钻井液润滑性好、稳定性更高,所以首选油基钻井液。由于气体在油基钻井液中的溶解作用,在压井过程中会呈现不同的特征。

(3)渗透率。一般来讲,渗透率越高气井产量越大,尤其对于高温高压井来讲,渗透率比较高,一旦发生溢流对井控会产生比较大的影响。

(4)水平段长度。水平段长度越大储层的暴露面积越大,一旦发生气侵,容易短时间溢出大量气体,是影响高温高压水平井井控的主要因素。

6.5.2 水平井压井曲线特征

水平井关井一般宜采用软关井,以减少对地层的冲击效应。压井方法主要有司钻法和等候加重法,方法选择取决于井眼条件。一般浅或中深井且斜井段长的水平井最好用司钻法;而造斜点深、斜井段较短的水平井一般采用等候加重法。

6.5.2.1 水平井/斜井与直井压井作业区别

(1)关井数据。水平井段影响关井压力。抽汲引起的溢流,关井立管压力为零,如果抽汲流体仅在水平井段,关井套管压力同样为零。使用计量罐可测出是否发生了抽汲。关井立管压力与关井套管压力的差别取决于溢流密度和溢流在井内的垂直高度。

(2)套管压力与钻井液池液面。直井发生气侵时,侵入气体循环上移会逐步膨胀,因钻井液被替出,导致钻井液池液面上升,液柱压力下降,套管压力上升,这种现象持续到侵入气体上升到井口。油基钻井液的这种影响可能延迟到侵入气体接近井口时才会明显。当水平井/斜井发生气侵,侵入气体没有循环出水平井段时,不会影响钻井液静液柱压力;当侵入气体循环离开水平井段时,钻井液静液柱压力减小,套管压力上升;侵入气体从水平井段到直井段距离短时,很少甚至没有膨胀,套管压力及钻井液池液面上升很少甚至没有。

(3)循环出溢流。因抽汲导致溢流时,钻头已离开井底,在水平井段或水平井段以上,可采取的压井方法与直井一样,推荐用司钻法循环出溢流,然后检查井内情况;如果无异常,可开井继续循环;循环时,要慢慢转动钻具,防止卡钻。

(4)终了循环压力。用等候加重法压井时,需预先绘制出立管压力与泵入钻井液量关系图。直井中压井液泵入到钻头时的立管压力为终了循环压力,而在水平井中压井液泵到水平井段时的压力为终了循环压力,此时,离钻头还有一段距离,如把水平井像直井一样处理,会产生过高的压力,引起井漏。当压井液刚到水平井段时,达到最大的“过平衡”压力值,水平井段越长,“过平衡”压力值越大。

6.5.2.2 水平井压井曲线

水平井压井施工中,静压力与垂深有关,循环压力则与测深有关,用压井液压井施工中,反映在立管和阻流管汇上的压力与直井不同。因此,应给出特殊的压井施工单和不同井段的压力曲线(如:造斜段、增斜/降斜/稳斜段),如图6.14所示。应注意,当压井液从地面至钻头的过程中,压力降曲线不是呈直线,而是和不同的井段密切相关。应针对不同井段计算和绘制出不同的压力降曲线。不按曲线施工会存在如下风险。

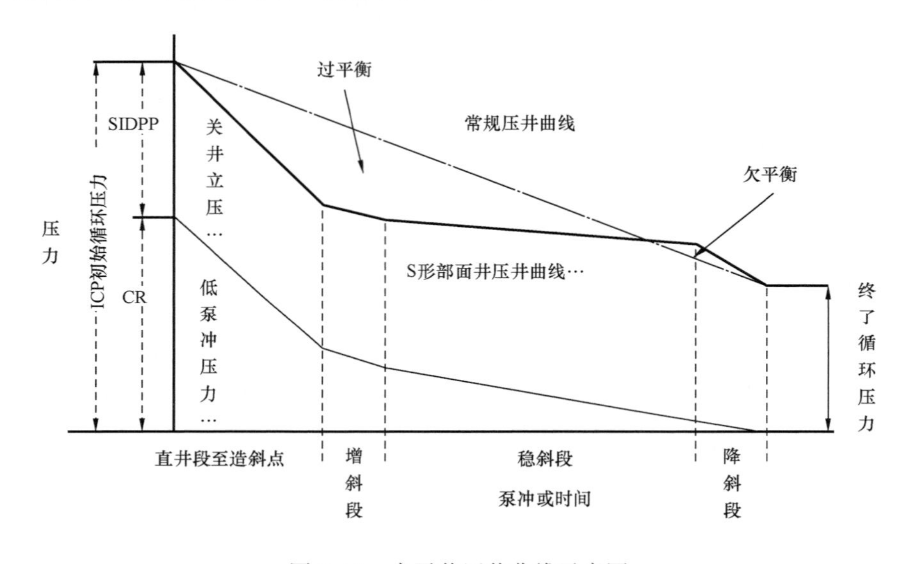

图6.14 水平井压井曲线示意图

(1)井身剖面简单的水平井/斜井中(只有直井段、增斜段和稳斜段)会有持续的过平衡阶段,过平衡量过大会导致井漏。

(2)在降斜段,会出现压力低于所需压力情况,从而导致井内欠平衡状态,使地层流体再次进入井内。这种情况对管柱内径逐渐变小(锥形管柱结构)情况影响特别大。

压井施工前,要针对不同井段计算出不同点的压力值并绘出压力降低曲线图,与常规的直线压井图进行比较,便于确定过平衡是否会导致漏失,或若显示地层可能欠平衡,压井计划中就要在该井段增加压井液密度。

6.5.3 模拟分析

为了分析不同井型的井控特征,设计了3口高温高压井,3口井地层特性相同,具体参数见表6.2。

表 6.2 基础数据

	直井	定向井	水平井
裸眼尺寸(mm)	212.7	212.7	212.7
储层垂深(m)	2864.3	2864.3	2864.3
测深(m)	2864.3	3812.3	3856.2
套管鞋测深(m)	2780.3	3014	2942
套管鞋垂深(m)	2780.3	2780.3	2780.3
水平段长度(m)	0	0	600

(1)长期关井条件下井控特征分析。假设 3 口井井底压差相同为 0.69MPa,对 3 口井溢流长期关井后的情况进行分析,如图 6.15 所示。

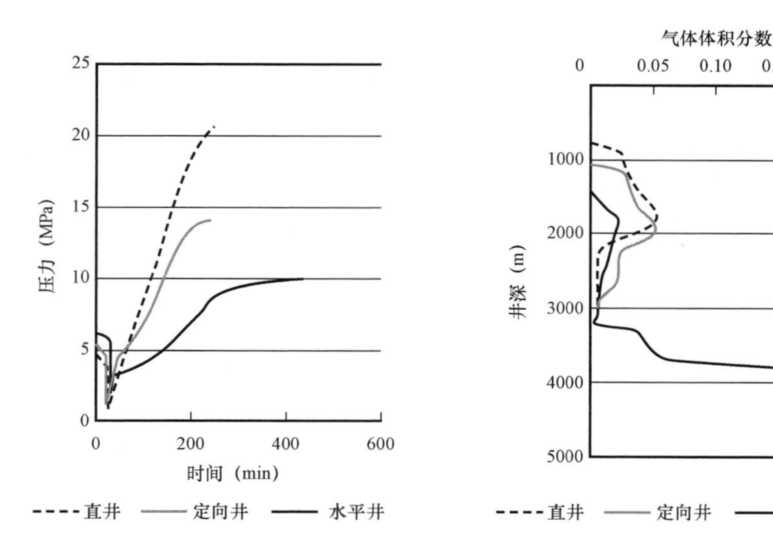

图 6.15 井底压力及自由气分布

从图 6.15 中可以得到以下结论:① 从自由气的分布来看,直井的气体滑脱上升速度最快,其次为定向井,对于水平井来讲,一小部分气体滑脱上升,大部分气体停留在水平段;② 由于气体滑脱上升的影响,直井、定向井井底压力上升较快,很快压破薄弱地层,而水平井井底压力开始上升较快,后期趋于稳定,说明井涌时水平井有更大的井涌允量及关井时间。

(2)压井过程特征分析。采用司钻法压井,关井 10min 开泵,排除溢流,模拟结果如图 6.16、图 6.17 所示。

通过模拟结果可知:① 直井、定向井溢流量大致相等,但是水平井溢流量比较大,这主要是因为直井、定向井中气柱上升速度快,较快达到了井底压力平衡,后期溢流量减小;而水平井发生气侵后,气体大部分集中在水平段,建立井底平衡时间较长,导致溢流进一步加大;② 压井过程中,水平井的套压及钻井液池增量峰值最低,但是整体钻井液池增量大,这是因为溢流气体缓慢从水平段循环到直井段,因此对液柱压力的减小较直井、定向井小,造成所需井口回压低,但是由于水平井溢流量大,因此总体钻井液池增量大。

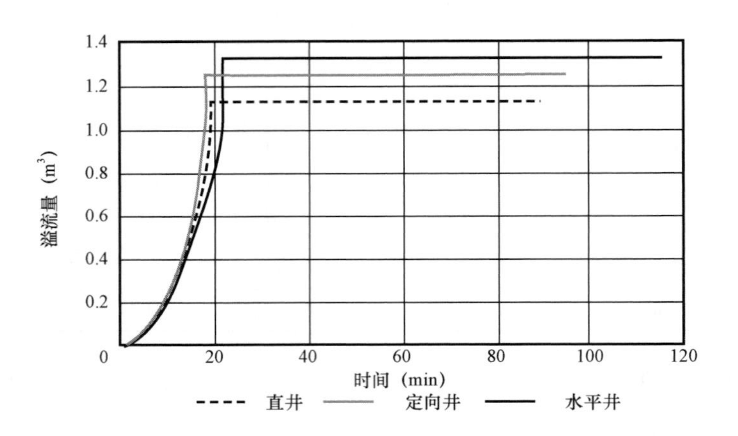

图 6.16　溢流量示意图

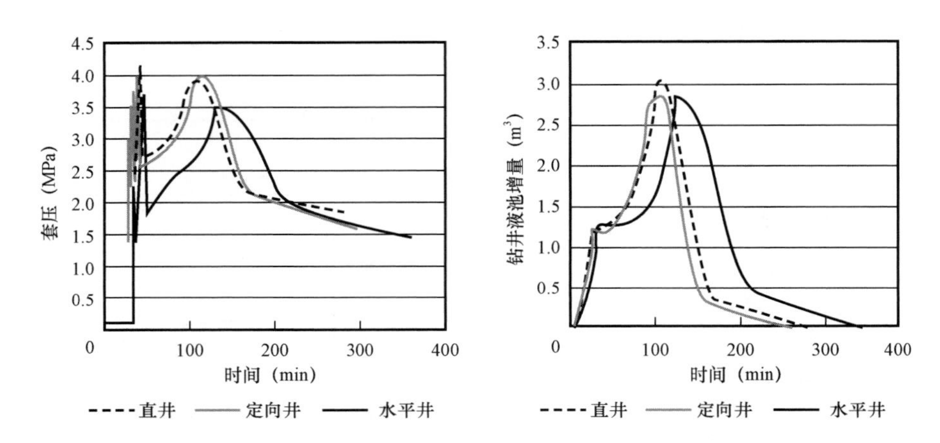

图 6.17　钻井液池增量及套压曲线

(3)水平井压井影响因素分析。

① 钻井液体系。对不同钻井液体系压井过程进行模拟,模拟结果如图 6.18 所示。

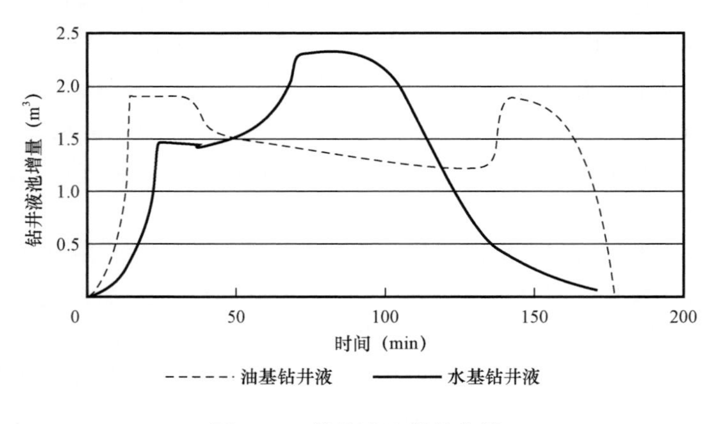

图 6.18　钻井液池增量曲线

由于气体在油基钻井液的溶解作用,压井开始阶段钻井液池的增量略微下降,随着气体运移到井口,压力逐渐降低,气体溶解度下降,压井过程后期钻井液池增量突然增大。

② 地层渗透率。根据水平气井产能方程,对渗透率对气侵速度的影响进行了分析,假设控制半径 R_e 分别为 30m、50m、100m、150m、300m、400m,负压差为 10MPa,渗透率分别为 0.1mD、3mD、10mD、100mD、150mD,渗透率对气侵速度的影响如图 6.19 所示。低渗透率下气侵速度差别不大,随着渗透率的增大,气侵速度增大较为明显。

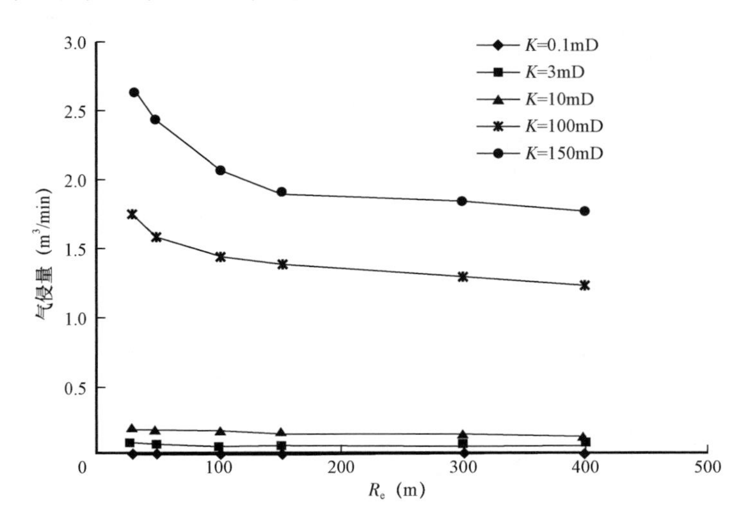

图 6.19 渗透率对气侵速度的影响

对渗透率对高温高压水平井压井特征的影响进行了分析,如图 6.20 所示,关键数据见表 6.3。根据分析可知,渗透率越大,监测到 $1m^3$ 溢流的时间越短,这主要是因为渗透率越大气体的溢出速度越快;渗透率越大,井口的套压值、钻井液池增量也越大。这主要是因为渗透率越大,关井期间溢出气体量越大,所以在压井期间需要更大的套压来平衡地层压力。

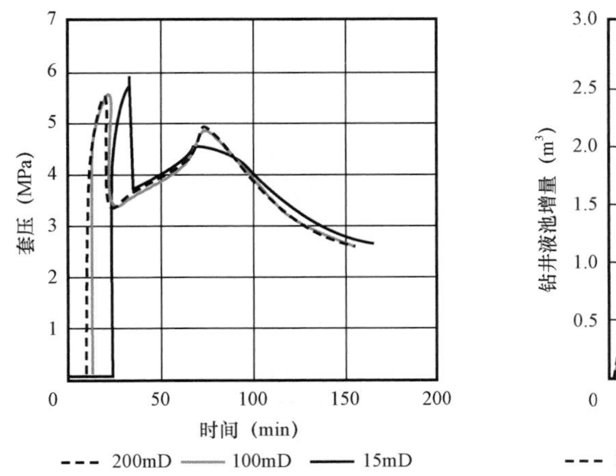

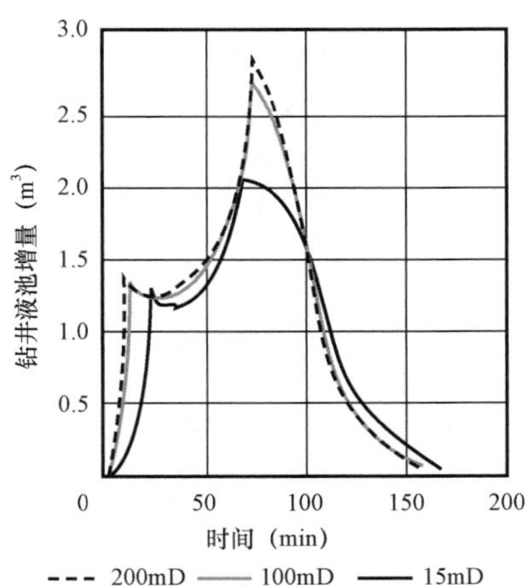

图 6.20 不同渗透率下压井对比图

表 6.3 关键数据对比

渗透率(mD)	发现时间(min)	最大套压(MPa)	最大钻井液池增量(m^3)
15	20	8.1	1.85
100	11	8.4	2.75
200	9	8.58	3.1

③ 水平段长度。根据气井产能方程对水平段长度对气侵速度的影响进行了分析。裸眼段长度分别为:5m、20m、100m、300m、600m、1000m,井底压差分别为:1MPa、3MPa、5MPa、10MPa、15MPa、30MPa,计算气侵速度,变化规律如图 6.21 所示,压井过程如图 6.22 所示。在低负压差情况下,气侵速度较小,随着水平段长度增加,气侵速度增大,当水平段长度达到一定程度后,其对气侵速度的影响不再明显。这也就造成了水平段长度越长,钻井液池增量越大,压井过程中套压越高。

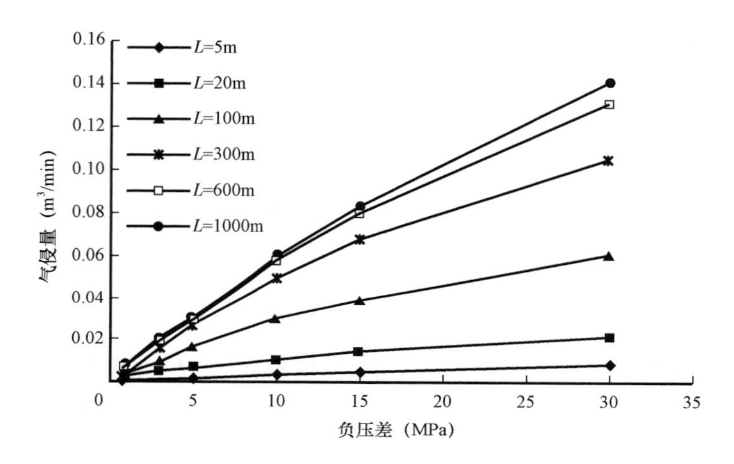

图 6.21 水平段长度对气侵速度的影响

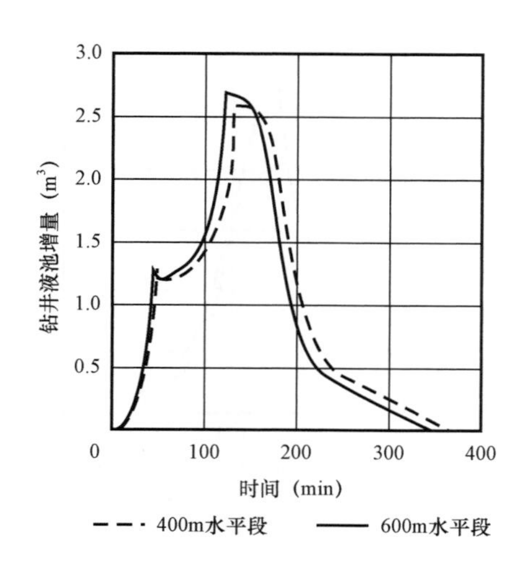

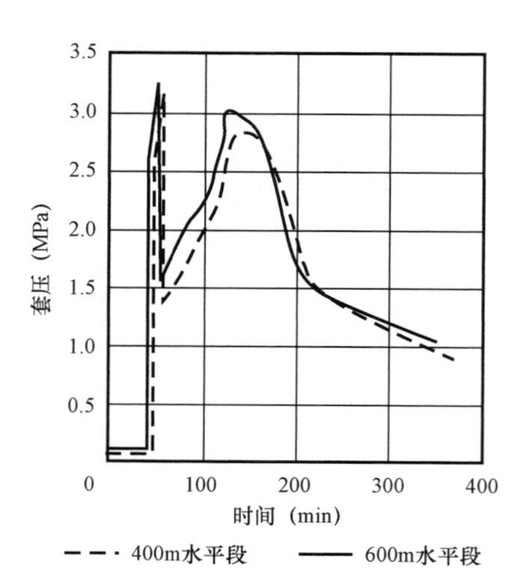

图 6.22 钻井液池增量及套压曲线

参考文献

[1] 哈利伯顿公司 IMCO 培训中心．井控技术[M]．孙振纯,鲍有光,译．北京：石油工业出版社，1986.

[2] 孙振纯．井控技术[M]．北京：石油工业出版社，1997.

[3] Grace，Robert D. Blowout and well control handbook [M]．Houston：Gulf Publishing Company，2017.

[4] 李玉军,任美鹏,李相方,等．新疆油田钻井井喷风险分级及井控管理[J]．中国安全生产科学技术，2012,8(07):113－117.

[5] 张兴全,李相方,任美鹏,等．硬顶法井控技术研究[J]．石油钻探技术,2012,40(3):62－66.

[6] 隋秀香,尹邦堂,张兴全,等．含硫油气井井控技术及管理方法[J]．中国安全生产科学技术,2011,7(10):80－83.

[7] 许寒冰,李相方,刘广天．气藏钻井井控难易程度确定方法与装置研究[J]．石油机械,2009,37(5):87－89.

[8] 许寒冰,李相方．压井前井控难易程度的确定方法[J]．天然气工业,2009,29(5):89－91,142－143.

[9] 李相方．提高深探井勘探效果与减少事故的井控方式[J]．石油钻探技术,2003, 31(4):1－3.

[10] 庄湘琦,李相方,刚涛,等．欠平衡钻井井口回压控制理论与方法[J]．石油钻探技术,2002, 30(6):12－14.

[11] 张艳,翟晓鹏．深水钻井司钻法压井过程中立管压力和地层受力变化规律[J]．石油钻采工艺,2015,37(5):14－16,21.

[12] 潘登,魏强,肖润德,等．欠平衡钻井溢流风险分析方法[J]．天然气工业,2011,31(5):73－76,121.

[13] 高永海,孙宝江,王志远．深水井涌压井方法及其适应性分析[J]．石油钻探技术,2011,39(2):45－49.

[14] 张智,肖太平,付建红,等．海洋深水工程师法压井计算模型[J]．钻采工艺,2011,34(6):20－22,0,5.

[15] 罗远儒,陈勉,金衍,等．伊朗 Arvand－1 井异常高压地层溢流压井技术[J]．石油钻探技术,2011,39(6):112－115.

[16] 袁波,汪绪刚,李荣,等．高压气井压井方法的优选[J]．断块油气田,2008, 15(1):108－110.

[17] 王志远,孙宝江．深水司钻压井法安全压力余量及循环流量计算[J]．中国石油大学学报(自然科学版),2008, 32(3):71－74,83.

[18] 王志远,孙宝江,高永海,等．深水司钻法压井模拟计算[J]．石油学报,2008, 29(5):786－790.

[19] 李轶明,夏威,罗方伟,等．司钻法自动化压井系统试验研究[J]．中国安全生产科学技术,2019,15(3):30－36.

[20] 刘瑞文,张曙辉,于铁军．深水井控司钻法压井模拟[J]．钻采工艺,2007(3):23－26,148.

[21] 胡亮,罗长生,胡丰金．司钻法压井问题分析[J]．钻采工艺,2012,35(5):28－31,8.

[22] 李文轩,沈桂莲．分次注入压井法[J]．石油钻探技术,1994, 22(2):11－12.

[23] 陈勋,初宝明．葵 9 井气侵处理与海上井控认识[J]．石油钻探技术,1995, 23(2):26－27,69.

[24] 郝俊芳,唐林,伍贤柱．反循环压井方法[J]．西南石油学院学报,1995, 17(2):65－71.

[25] 杜春常．工程师法压井立管总压力和地面套压控制原理[J]．天然气工业,1987, 7(4):44－49,7.

[26] 郝俊芳,张昌元,刘凯．超重泥浆压井方法[J]．石油钻采工艺,1987, 6:1－9.

[27] 张建群．司钻法压井的数学模型,计算机程序及工作卡片[J]．大庆石油学院学报,1983, 1:50－71.

[28] 郝俊芳,林康．司钻法压井过程中套压及地层受力变化规律与计算方法[J]．石油钻采工艺,1983, 2:9－16.

[29] 施太和．井控计算机模拟[J]．西南石油学院学报,1983, 1:14－22.

[30] 陈玉平．套管压力在油气井压力控制中的应用[J]．西部探矿工程, 2004, 103(12) :91 - 92,104.

[31] 张杰,邹俊武．环空间歇气侵时压井套压变化规律的研究[J]．科学技术与工程,2016,16(3):22 - 27.

[32] 金业权,李成,吴谦．深水钻井密度井涌余量计算及应用[J]．钻采工艺,2016,39(2):23 - 26,2.

[33] 金业权,李成,吴谦．深水钻井井涌余量计算方法及压井方法选择[J]．天然气工业,2016,36(7):68 - 73.

[34] 陈永明,王树江．定向井水平井常规压井简易计算方法[J]．钻采工艺,2001, 24(1):97 - 98,100.

7　非常规压井方法

常规压井方法应用的条件是井口可控，有一定承压能力，可建立井口至井底的循环，压井期间保持井底压力恒定。但是井喷的条件是复杂、不确定的，有些情况下，并不能满足以上三个条件，例如，钻头不在井底、井内无钻具、钻具堵塞、井口设备损坏或者没有井口，深水钻井节流管线较长导致循环摩租较大，这些情况都不能利用常规压井方法来压井，只能采用非常规压井方法，目前应用比较多的非常规压井方法有：置换法、压回法、顶部压井法、反循环压井法、动力压井法、低节流压力法、附加流速法等，还有针对特殊工况的一些压井方法，如钻头不在井底的压井、地下井喷压井、调整井压井和救援井压井等。

7.1　静态置换法

7.1.1　静态置换法压井理论

如果钻柱不在井眼，井内充满气体，往往需要采用置换法压井。

所谓静态置换法是指为气侵溢流可以正常关井，并且利用置换法压井期间，井筒内压力不会超过井口承压能力上限和套管抗内压强度的80%，也不会压裂地层，可以顺利进行分次注入压井液和分次排出井内气体，最终将气体排出井筒的压井方法，如图7.1所示。

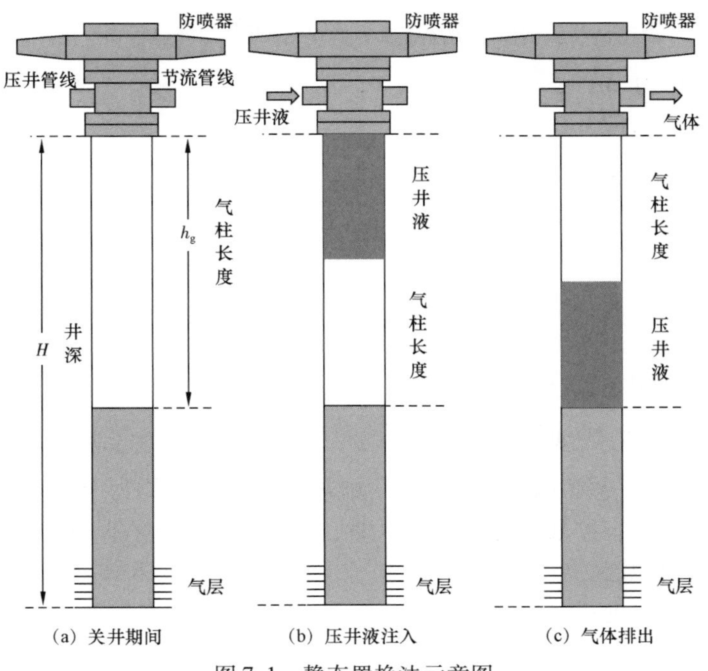

图7.1　静态置换法示意图

7.1.2 静态置换法压井参数计算模型

目前建立的置换法压井参数计算方法,压井时间主要靠现场经验估计压井液沉降到井底的时间,并且没有详细分析各个参数的敏感性。研究考虑以上因素结合现有模型建立了静态置换法压井参数计算模型。本模型主要针对气体已经运移到井口并且关井压力已经稳定情况。

7.1.2.1 气柱内气体密度计算

关井压力稳定之后,关井套管压力和井口温度可以测量。根据气体状态方程可求取气体密度:

$$\rho_g = \frac{3.4844 p_s \gamma_g}{Z_s T_s} \tag{7.1}$$

式中 ρ_g——气体的密度,kg/m³;
p_s——关井井口压力,MPa;
γ_g——气体对比密度;
T_s——关井井口温度,K;
Z_s——关井井口压力温度下压缩因子。

7.1.2.2 气柱高度

关井压力稳定之后,井底压力等于地层压力,可根据地层压力求取气柱高度,根据流体力学知识得:

$$p_b = \rho_g g h + \rho_m g(H - h) + p_s \tag{7.2}$$

式中 p_b——地层压力,MPa;
h——气柱高度,m。

7.1.2.3 气柱体积

关井压力稳定之后,井筒内气柱体积大小决定着压井液所需体积:

$$V_s = C_a h \tag{7.3}$$

式中 V_s——气柱体积,m³;
C_a——井筒容积系数,m²/m。

7.1.2.4 井筒压力增加的限度

置换法压井过程中,井筒内压力的变化不能超过井口承压能力上限和套管抗内压强度的80%,也不会压裂地层,有控制地将地层流体排出井筒。通常情况下,地层是最薄弱环节,不能压裂套管鞋处的薄弱地层。

套管鞋处破裂压力为:

$$p_{frac} = \rho_f g h_{shoe} \tag{7.4}$$

式中 p_{frac}——地层破裂压力,MPa;

h_{shoe}——套管鞋深度,m。

关井稳定后,套管鞋处所受压力为:

$$p_{shoe} = \rho_g gh + \rho_m g(h_{shoe} - h) + p_s \tag{7.5}$$

允许的最大套管压力上升值为:

$$\Delta p = p_{frac} - p_{shoe} \tag{7.6}$$

7.1.2.5 注入压井液体积

压井液的注入压缩井筒流体,导致套管鞋处的压力不断增加,但是不能超过地层的破裂压力,因此压井液的最大注入量是一定的。

$$V_1 = X_1 - \left(X_1^2 - \frac{\Delta p C_a V_s}{\rho_k}\right)^{\frac{1}{2}} \tag{7.7}$$

$$X_1 = \frac{\rho_k V_s + C_a(p_s + \Delta p)}{2\rho_k} \tag{7.8}$$

$$h_1 = \frac{V_1}{C_a} \tag{7.9}$$

式中 V_1——注入压井液体积,m^3;

ρ_k——压井液密度,kg/m^3。

7.1.2.6 注入压井液之后套管压力值

压井液的注入压缩井筒的流体,套管压力增加。

$$p_{s1} = \frac{Z_1 p_s V_s}{Z_s(V_s - V_1)} \tag{7.10}$$

7.1.2.7 注入压井液产生的静液柱压力

$$\Delta p_{yd} = \rho_k g \frac{V_1}{C_a} \tag{7.11}$$

7.1.2.8 套管压力降低值

由于压井液的注入,需要排出气体,气体的排出量通过套管压力值确定,套管压力的降低值应等于压井液静液柱产生的压力。

$$p_{snew} = p_s - \Delta p_{yd} \tag{7.12}$$

7.1.2.9 压井液沉降时间

静态置换法压井液在井筒中下落过程类似于连续液柱在连续气柱中降落,其降落过程主要以严重段塞流形式存在(图7.2),其液柱下降速度可根据段塞流模型建立,压井液下降到井底可看成是两部分组成，一部分是压井液和气柱以严重段塞流下降到钻井液界面处，一部分是气柱从压井液底部上升到顶部。两者的时间总和即为压井液的沉降时间。

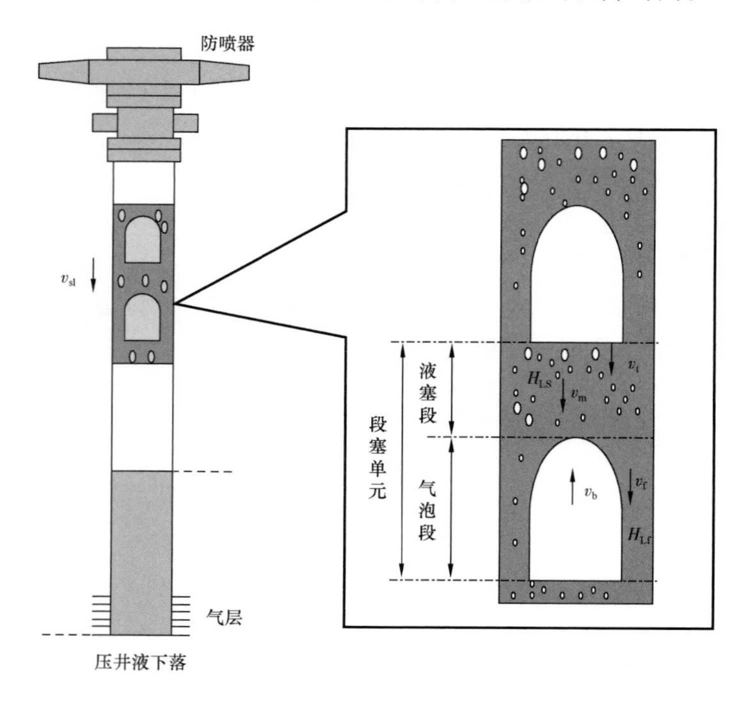

图 7.2 液塞下降流动段塞流模型

(1)液塞下落的段塞流模型。段塞单元的平移速度 v_t 为：

$$v_t = C_0 v_m - v_{\infty T} \tag{7.13}$$

气体流速为零，即 $v_{sg}=0$，可得到下式：

$$v_m = v_{sg} + v_{sl} = v_{sl} \tag{7.14}$$

$$v_t = C_0 v_{sl} - v_{\infty T} \tag{7.15}$$

式中 C_0——流速分布系数(中心线速度与平均速度的比值)，取 1.2；

$v_{\infty T}$——Taylor 气泡在静止液体中的上升速度。

Aziz 建立了 Taylor 泡在静止液体中上升速度为：

$$v_{\infty T} = 0.35\sqrt{\frac{gD(\rho_l - \rho_g)}{\rho_l}} \tag{7.16}$$

对于段塞单元中液体建立连续性方程：

$$H_{Lf}(v_t - v_f) = H_{Ls}(v_t - v_m) \tag{7.17}$$

对于段塞单元中气体建立连续性方程：

$$(1 - H_{Lf})(v_t + v_b) = (1 - H_{Ls})(v_t - v_m) \tag{7.18}$$

利用 Gregory 等建立的经验公式计算段塞流液塞段的持液率：

$$H_{Ls} = \frac{1}{1 + (v_m/8.66)^{1.39}} \tag{7.19}$$

在液膜区，假设液膜厚度一定，建立动量守恒方程：

$$\tau_f \pi D - AH_{Lf}\rho_l g\cos\theta = 0 \tag{7.20}$$

其中，摩擦应力为：

$$\tau_f = f_f \rho_l \frac{v_f |v_f|}{2} \tag{7.21}$$

(2)液塞下落的液滴模型。液塞下落的液滴模型是根据 turner 液滴模型得到：

$$v_{cr} = \left[\frac{40g\sigma(\rho_l - \rho_g)}{K_d \rho_g^2}\right]^{\frac{1}{4}} = 4.45\left[\frac{\sigma(\rho_l - \rho_g)}{K_d \rho_g^2}\right]^{\frac{1}{4}} \tag{7.22}$$

比较液塞下落的段塞流模型和液滴模型，取两者之间的小者为液塞下落速度。

$$v_{g1} = \min\{v_{cr}, v_{sl}\} \tag{7.23}$$

气柱在液柱内的流动速度根据段塞流气体滑脱速度得到：

$$v_{g2} = 0.35\left[\frac{gd(\rho_l - \rho_g)}{\rho_l}\right]^{\frac{1}{2}} \tag{7.24}$$

$$t_1 = t_{11} + t_{12} = \frac{h}{v_{g2}} + \frac{h_1}{v_{g1}} \tag{7.25}$$

7.1.2.10 压井液注入速度

考虑钻井液与气柱的置换，压井液注入速度越慢，置换越充分。但是压井时间越长，压井泵速采用常规压井泵速，即为正常钻井排量的 1/3～1/2。

7.1.3 静态置换法压井参数变化特征分析

关井套管压力、地层破裂压力、地层压力以及压井液密度、压井液注入速度等参数对置换法的压井过程产生不同的影响。为分析不同参数对压井过程的影响采用表 7.1 模拟数据。

表 7.1 模拟计算基本参数

参数名称	参数值	参数名称	参数值
井深(m)	3000	井眼内径(m)	0.2445
钻井液密度(g/cm^3)	1.5	井口温度(℃)	40
地层压力(MPa)	48	井底温度(℃)	85
地层破裂压力(g/cm^3)	2,2.4,3	压井液密度(g/cm^3)	1.8,2,2.4
关井压力(MPa)	10,20,30	压井液排量(L/s)	10

7.1.3.1 关井套管压力对置换法压井过程的影响

由表7.2,图7.3和图7.4可知,压井液密度为$2g/cm^3$,初始的关井套管压力越大,说明井筒内气体越多,所需的压井液体积越大,但是可能出现压井液体积小于气体体积情况。初始关井套管压力为10MPa,压井液密度为$2g/cm^3$,压井施工完成之后,压井套压为1.4MPa,压井不成功,这是因为压井液密度低,有效的压井液柱短造成的。关井套管压力越大,压井时间越长,这是因为关井套管压力越大,井筒的气体体积越多,压井液置换的时间越长,但是每次允许注入压井液体积越多。

表7.2 压井液所需体积

关井套压(MPa)	压井液总体积(m^3)	气体段体积(m^3)
10	14.19	14.25
20	32.10	39.68
30	44.55	66.84

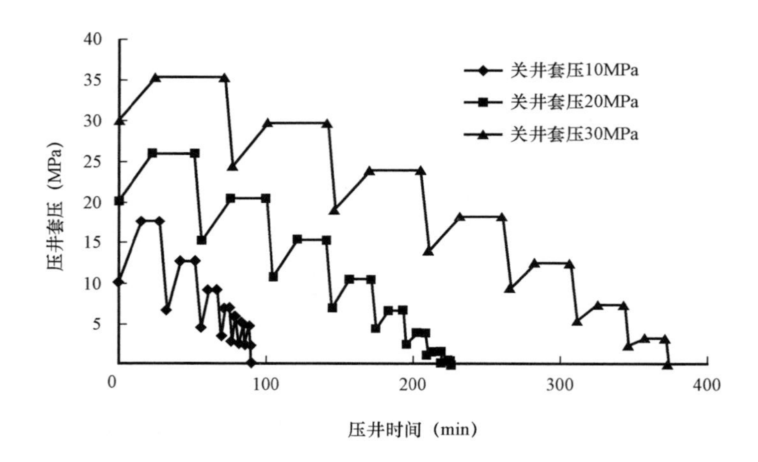

图7.3 压井期间套管压力变化规律

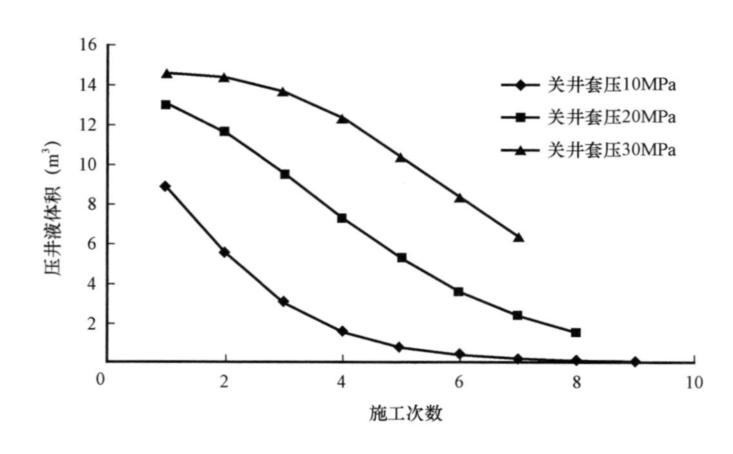

图7.4 不同施工阶段所需的压井液体积

7.1.3.2 地层破裂压力对置换法压井过程的影响

由图7.5和图7.6可知,压井液密度一定,地层破裂压力越大,首次注入压井液的体积越大,并且施工次数也越少。破裂压力当量钻井液密度为3g/cm^{3}时,压井需要施工5次,而破裂压力当量钻井液密度为2g/cm^{3}时,压井需要施工9次;但是压井时间越长。这是因为地层破裂压力越大,地层的承压能力越强,允许首次注入的压井液体积越大,在最终需要的压井液体积一定的条件下,施工次数就相应减少,注入的压井液体积越大,置换之间就越长,从而压井时间有所增加。

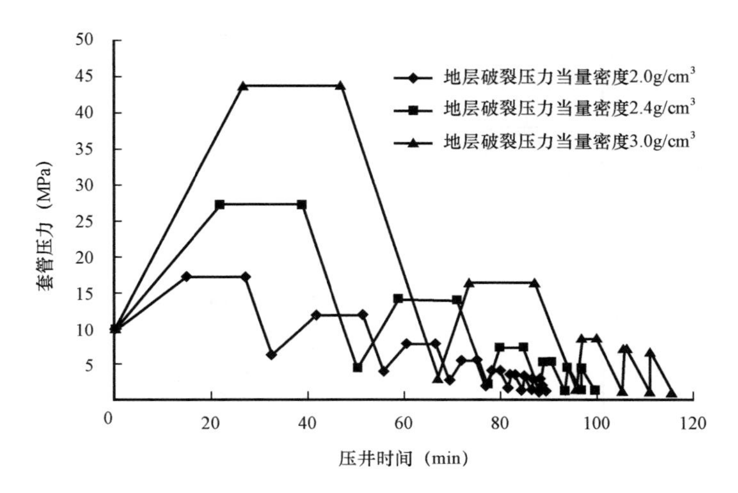

图7.5 压井期间套管压力变化规律

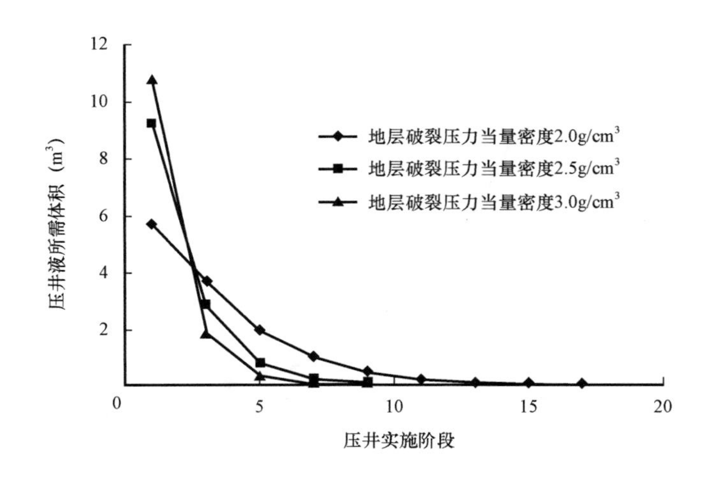

图7.6 不同施工阶段所需的压井液体积

7.1.3.3 压井液密度对置换法压井过程的影响

由表7.3和图7.7、图7.8得出,地层压力和破裂压力一定的条件下,压井液密度越大,所需要的压井液体积越小,并且压井次数越少,压井时间越短。当压井液密度为1.8g/cm^{3}时,最终套管压力为2MPa,压井失败。压井液密度为2.1g/cm³刚好充满井筒,压井套压也为零;而压井液密度2.4g/cm³还没有到达井筒,压井套压已经为零。这是因为压井液密度越大,相同体积的压井液产生的液柱压力越大,需要的压井液体积就越少。

表7.3 压井液所需体积

	压井液总体积(m³)	气体段体积(m³)
压井液密度1.8g/cm³	14.25	14.25
压井液密度2.1g/cm³	14.25	14.25
压井液密度2.4g/cm³	13.60	14.25

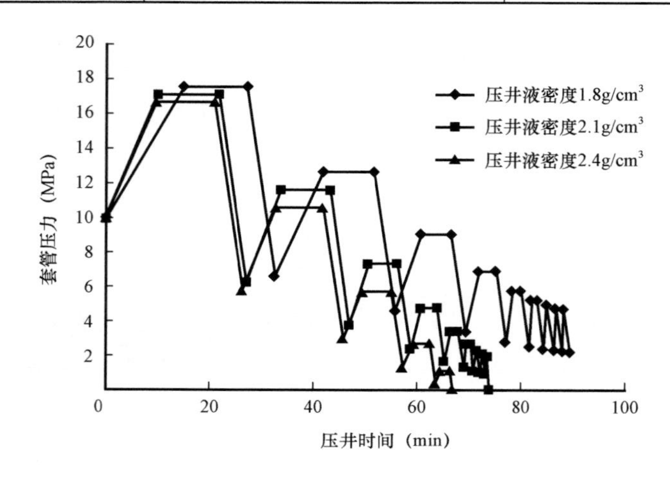

图7.7 压井期间套管压力变化规律

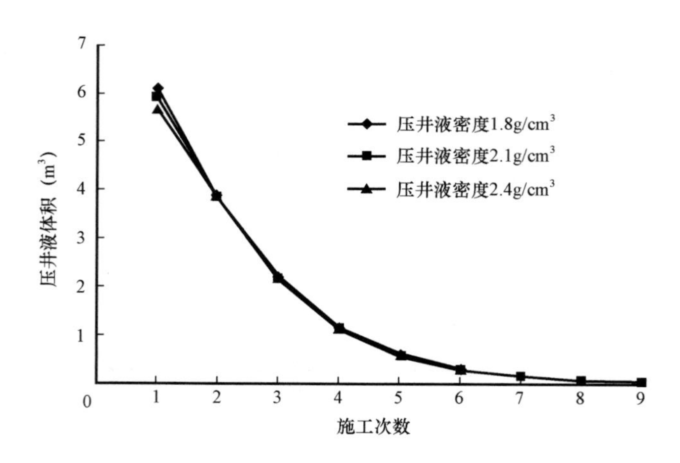

图7.8 不同施工阶段所需的压井液体积

7.1.4 静态置换法压井施工工序

由图7.9和图7.10得,置换法压井过程中,套管压力在每次注入压井液之后,先增加,在开节流阀排放气体过程中,套管压力降低,如此反复,直到套管压力为零,压井成功。每次注入的压井液体积也随着压井次数增加不断减小，直到所需的压井液体积为零，压井成功。因此在压井施工前，根据研究建立的置换法压井参数计算模型，计算压井所需的次数和压井参数，填写到表7.4中，直到每次的压井施工成功。

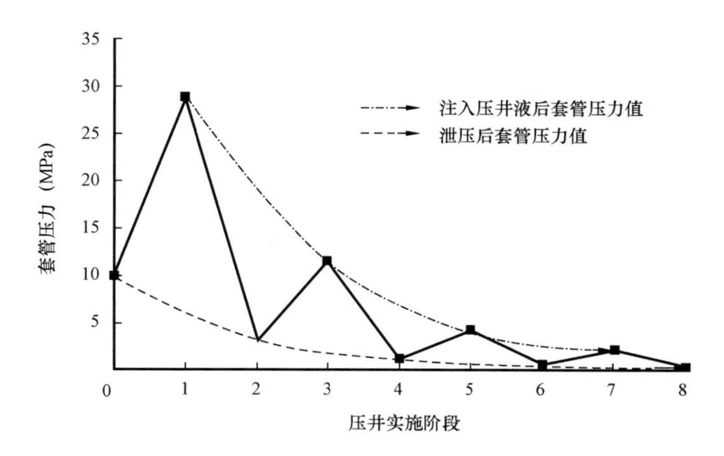

图7.9　置换法压井施工套管压力变化值

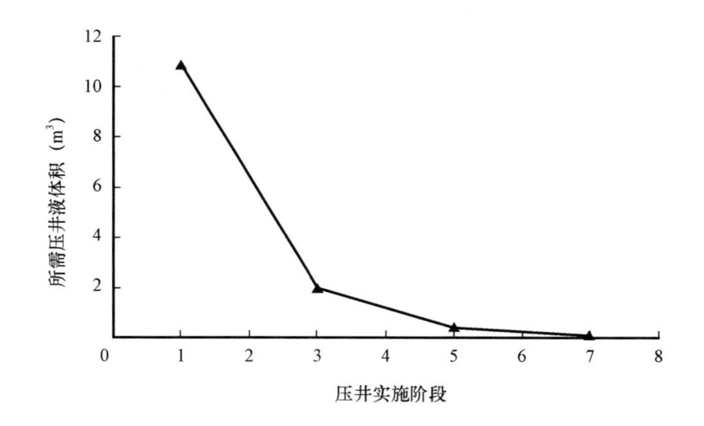

图7.10　置换法压井施工压井液注入体积

表7.4　置换法压井施工记录表

<table>
<tr><td colspan="2">井号</td><td colspan="3">井深(m)</td><td colspan="2">井径(m)</td><td colspan="4">井内容积(m^3)</td></tr>
<tr><td colspan="2">钻井液密度(g/cm^3)</td><td colspan="3">压井液密度(g/cm^3)</td><td colspan="2">井眼内气体体积(m^3)</td><td colspan="4">压井液所需体积(m^3)</td></tr>
<tr><td rowspan="2">压井次数</td><td rowspan="2">理论注入量(m^3)</td><td colspan="3">时间(min)</td><td rowspan="2">累计时间(min)</td><td rowspan="2">实际注入量(m^3)</td><td rowspan="2">累计注入量(m^3)</td><td rowspan="2">最高压力(MPa)</td><td rowspan="2">最低压力(MPa)</td><td rowspan="2">形成液柱高度(m)</td></tr>
<tr><td>注入</td><td>沉降</td><td>放气</td></tr>
<tr><td>1</td><td></td><td></td><td></td><td></td><td></td><td></td><td></td><td></td><td></td><td></td></tr>
<tr><td>2</td><td></td><td></td><td></td><td></td><td></td><td></td><td></td><td></td><td></td><td></td></tr>
<tr><td>…</td><td></td><td></td><td></td><td></td><td></td><td></td><td></td><td></td><td></td><td></td></tr>
</table>

7.2 动态置换法

7.2.1 动态置换法概念及压井理论

动态置换法与静态置换法的原理是相同的。动态置换法的压井液注入和气体排出同时进行,没有等待压井液下落时间。动态置换法是一种准恒定井底压力压井方法,压井液下落增加的静液柱压力等于排出气体降低的套管压力,保持井底压力恒定。此方法可应用到钻柱堵塞或钻柱不在井底或井内无钻具等不能建立井口到井底的循环的气井井喷。

动态置换法是以一定的泵速从压井管线注入压井液,从节流管线排出气体,其排出管线与气体分离器或者钻井液补给罐或者钻井液池相连,防止压井泵速过快钻井液排出,对进入井筒的压井液量进行校正,如图 7.11 所示。

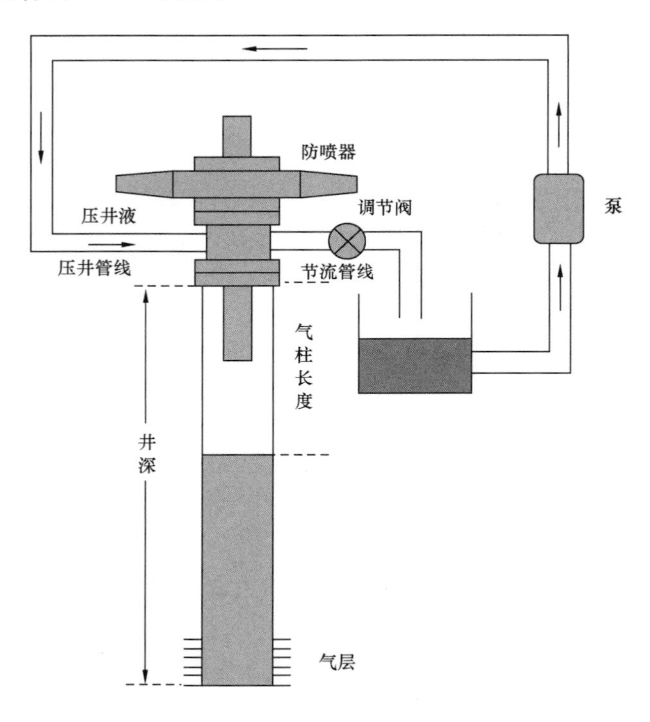

图 7.11　动态置换法示意图

7.2.2 动态置换法压井参数计算模型

动态置换法为准恒定井底压力压井方法,压井液下落增加的静液柱压力值应该等于排出气体降低的套管压力值,保持井底压力恒定。其中压井液下落导致的静液柱压力增加速度由压井液泵入速度决定,套管压力的降低速度与排出气体的速度有关。因此,压井液泵入速度和气体排出速度是动态置换法设计的重要压井参数。

7.2.2.1 压井液注入过程中保持井底压力恒定

为保持井底压力恒定,注入的压井液产生的静液柱压力应该等于套管压力的降低值。

$$\rho_k g h_k = p'_{case} - p_{case} \tag{7.26}$$

$$h_k = \frac{Q_k t}{C_a} \tag{7.27}$$

式中 p_{case}——注入压井液之后的套管压力,MPa;

p'_{case}——关井初始套管压力,MPa;

ρ_k——压井液密度,g/cm³;

g——重力加速度,0.00981m/s²;

h_k——压井液柱高度,m;

Q_k——压井液排量,m³/s;

C_a——容积系数,m²;

t——压井时间,s。

将式(7.27)代入式(7.26)后得:

$$\rho_k g \frac{Q_k t}{C_a} = p'_{case} - p_{case} \tag{7.28}$$

式(7.28)两边对时间求导得:

$$\rho_k g \frac{Q_k}{C_a} = -\frac{\partial p_{case}}{\partial t} \tag{7.29}$$

7.2.2.2 气体排出过程满足物质守恒

由物质平衡得出,单位时间内压井液注入压缩气体减小的体积,与气体排出体积导致气体膨胀的体积之和,应等于单位时间内由于压力变化导致气体体积的变化。即:

$$Q_k - Q_g = C_g V_g \frac{\partial p_{case}}{\partial t} \tag{7.30}$$

7.2.2.3 压井液注入速度和气体排出速度制约条件

压井液注入过程中保持井底压力恒定和气体排出过程满足物质守恒等两个条件的成立是建立在注入的压井液能够全部下落到井筒中,而压井液是否可以全部下落到井筒可根据泛流现象予以解释。

泛流现象(flooding)指液体在重力作用下向下流动受到向上运动的气流的影响,在特定的气体速度下,液体以一定流速流动,刚好能够产生逆流,如果液体速度增加将会产生液体向上运动,或者气体速度的增加也会导致液体向上流动。

泛流过程中是在气体向上流动同时液体在重力作用下向下流动产生的。当气体速度为零时，液体沿井筒壁面呈光滑的液膜向下流动（图 7.12a）；随着气体速度的增加，液膜变为波浪形，并有液滴出现（图 7.12b）；如果气体继续增加，部分液体将被气体携带出去，但是还有部分液体向下逆流（图 7.12b、图 7.12c）；当气体速度达到某一数值，液体将被气流全部携带出去（图 7.12e）。在图 7.12b 所示情况下，液体速度增加，部分液体也将被气流携带出去。

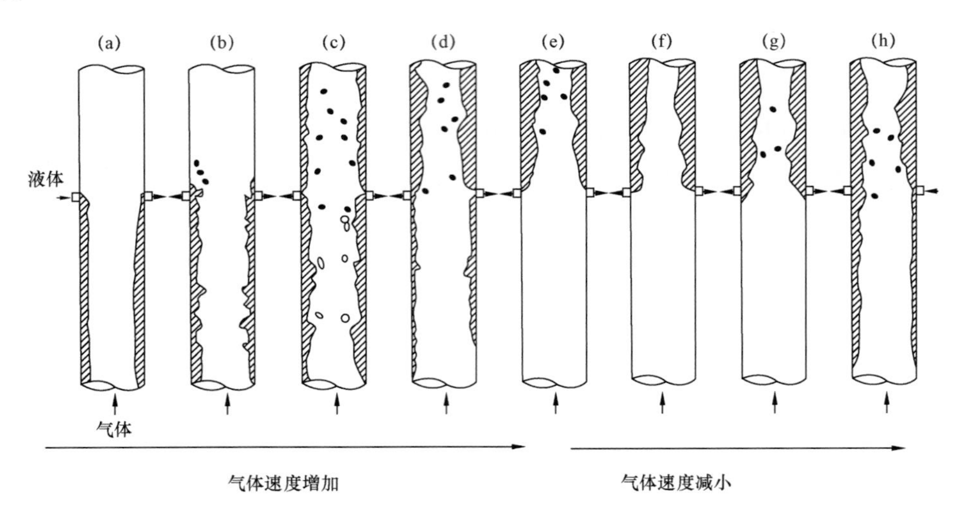

图 7.12　泛流示意图

许多学者对泛流进行了研究，目前普遍被认可的表示泛流的表达式主要有两种，一种是 Wallis（1969）利用波概念和无量纲气液速度表示的泛流公式；另一种是 Pushkina 和 Sorokin（1969）利用 Ku 数表示的泛流公式。后来很多学者在两类公式的基础上进行了研究，针对不同的实验条件，对公式进行了修正。Ramtahal（2003）在考虑液体入口条件和管径尺寸情况下，在室内及全尺寸实验基础上，得出 Wallis 方法与实验结果比较接近，

$$J_g^{\frac{1}{2}} + mJ_l^{\frac{1}{2}} = C \tag{7.31}$$

其中，J_g，J_l 分别表示无量纲气液速度。

$$J_l = \frac{\rho_k^{\frac{1}{2}} v_{sk}}{[gD(\rho_k - \rho_g)]^{\frac{1}{2}}} \tag{7.32}$$

$$J_g = \frac{\rho_g^{\frac{1}{2}} v_{sg}}{[gD(\rho_k - \rho_g)]^{\frac{1}{2}}} \tag{7.33}$$

式中　D——管道直径，m；

ρ_g——气体密度，g/cm^3；

v_{sg}——气体表观速度或气体排出速度，m/s；

v_{sk}——压井液表观速度或压井液注入速度，m/s；

m，C——实验得出的常数。

室内实验数据得出 $m=0.82$，$C=0.35$；而全尺寸实验数据得出 $m=0.82$，$C=0.45$。由于

全尺寸实验与钻井现场条件比较接近，故本文也选用全尺寸数据的拟合结果。

通过以上分析，要保证压井液全部下落到井筒中，气液速度应满足以下条件：

$$J_g^{\frac{1}{2}} + 0.82 J_l^{\frac{1}{2}} \leqslant 0.45 \tag{7.34}$$

联立得

$$\begin{cases} \rho_k g \dfrac{Q_k}{C_a} = \dfrac{\partial p_{case}}{\partial t} \\ Q_k - Q_g = -C_g V_g \dfrac{\partial p_{case}}{\partial t} \\ J_g^{\frac{1}{2}} + 0.82 J_l^{\frac{1}{2}} \leqslant 0.45 \end{cases} \tag{7.35}$$

方程组(7.35)为动态置换法的压井参数计算模型。

其中，压井液密度

$$\rho_k = \frac{p'_{case} C_a g}{V_g} \tag{7.36}$$

套管压力随压井时间的变化得

$$p = p'_{case} - \rho_k g \frac{Q_k}{C_p} t \tag{7.37}$$

7.2.3 动态置换法压井参数变化特征分析

7.2.3.1 动态置换法压井模型求解

对动态置换法模型方程组(7.35)的前两式联立得到，气液速度之间的关系

$$\frac{Q_g}{Q_k} = 1 + \frac{\rho_k g C_g V_g}{C_a} \tag{7.38}$$

式(7.38)左边的分子分母同除环空容积得

$$\frac{v_{sg}}{v_{sk}} = 1 + \frac{\rho_k g C_g V_g}{C_a} \tag{7.39}$$

将式(7.39)代入不等式(7.34)化简得

$$\left\{ \left[\frac{\rho_g^{\frac{1}{2}} \left(1 + \dfrac{\rho_k g C_g V_g}{C_a} \right)}{\sqrt{gD(\rho_k - \rho_g)}} \right]^{\frac{1}{2}} + 0.82 \left[\frac{\rho_k^{\frac{1}{2}}}{\sqrt{gD(\rho_k - \rho_g)}} \right]^{\frac{1}{2}} \right\} (v_{sk})^{\frac{1}{2}} \leqslant 0.45 \tag{7.40}$$

由式(7.40)可以得到压井液注入表观速度范围，从而依次得到气体排放速度和套管压力随时间的变化关系。

7.2.3.2 动态置换法压井参数变化特性分析

(1)动态置换法模型与现有模型对比。

Ramtahal(2003)通过实际气体状态方程推导了压井液注入速度和气体排出速度之间的关系,利用实验数据对其进行了验证,其结果有一定的指导意义,并最终确定气液速度比为2∶1作为动态置换法的注入条件,并通过实验得出了最大液体注入速度。Ramtahal模型的许多条件需要假设得出,本文建立的模型与之对比,见表7.5和表7.6。

表7.5 气液速度比值

测试编号	井口压力(MPa)	井口温度(K)	气柱体积(m^3)	压井液密度(g/cm^3)	Ramtahal模型气液速度比	本文模型气液速度比
1	4.83	297	6.3	1.0	1.65	1.58
2	3.1	297	6.3	1.0	2.0	1.9

表7.6 最大液体注入速度

测试编号	井口压力(MPa)	井口温度(K)	气柱体积(m^3)	压井液密度(g/cm^3)	井径尺寸(m)	Ramtahal实验最大液体注入速度(L/s)	本文模型最大液体注入速度(L/s)
1	0.103	297	0.83	1.0	0.152	1.5	1.9
2	0.103	297	0.83	1.0	0.152×0.051	2.1	2.3
3	0.103	297	0.83	1.0	0.152×0.102	2.6	2.9

从表7.5可知,对于气液速度之比,本文建立的模型与Ramtahal模型相差不大,但是Ramtahal模型的许多条件需要假设,当现场条件比较复杂时,其实用性不强,而本文模型通过理论分析得出,对现场条件参数的依赖性减少,适用条件更加广泛。从表7.6可知,对于最大液体注入速度,本文模型比Ramtahal实验结果稍大,这是因为本文选用了Ramtahal的全尺寸实现结果$C=0.45$,而Ramtahal实验选用了室内实验结果$C=0.35$,因此计算的液体注入速度稍大。通过Ramtahal实验结果和模型对比,本文模型可以应用到动态的置换法压井参数设计中。

(2)动态置换法压井参数变化特征。

为分析动态置换法压井参数变化特征,采用表7.7压井参数分析。

表7.7 动态模拟基本参数

基本参数	数值
关井井口压力(MPa)	3,5,8,10,15,30
井口温度(K)	300
井筒内气柱体积(m^3)	3,7,10,20,30
井眼直径(m)	0.203
压井液密度(g/cm^3)	1,1.2,1.6,2

① 压井液最大注入速度随其他压井参数的变化规律。

从图7.13至图7.15分析可知,压井液最大注入速度随井口压力的增加不断降低,这主要是因为井口压力的增加,相应的气体密度增加,对压井液的浮力增加,使得压井液能够下落的速度减小,要使压井液全部下落到井筒,压井液的最大注入速度也相应减小。压井液最大注入速度随压井液密度的增加不断增加,这主要是因为压井液密度增加,其重力增加,使得压井液下落的力增加。并且压井液最大注入速度随井筒内气体体积的增加而减小。

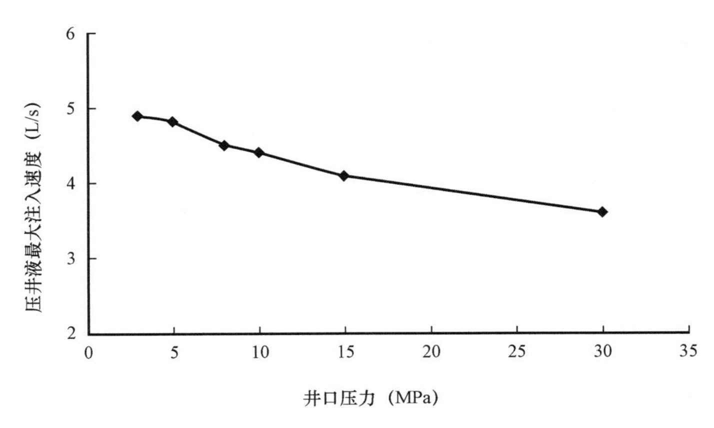

图 7.13　压井液最大注入速度随井口压力变化规律

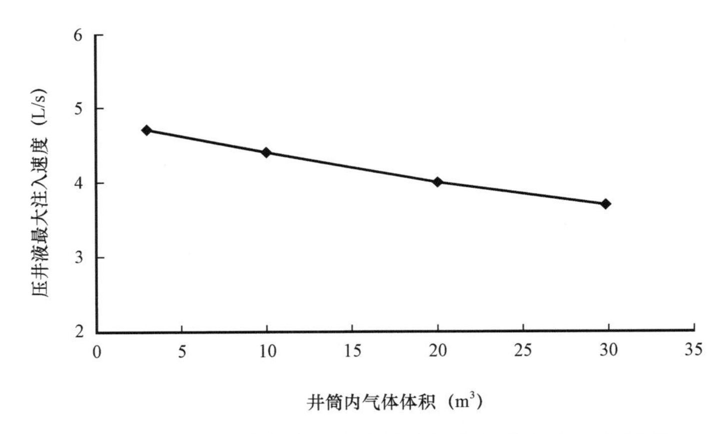

图 7.14　压井液最大注入速度随井筒内气体体积变化规律

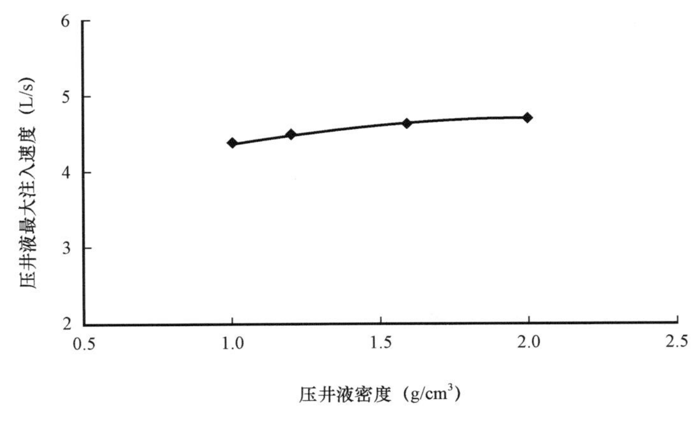

图 7.15　压井液排量随压井液密度变化规律

② 压井参数随时间的变化规律。

从图 7.16 可知,在初始关井套管压力和初始井筒内气体体积一定的情况,压井液最大注入速度随着压井时间不断增大,这主要是因为随压井施工的进行,套管压力不断减小,井筒内气体体积不断减小,由于压井液最大注入速度随压力减小而增大,随体积减小而增加,因此,压井液最大注入速度随压井时间不断增大。

从图 7.17 可知,在初始关井套管压力和初始井筒内气体体积一定的情况,套管压力随着压井时间不断减小,最终变为零,压井成功。初始阶段套管压力近似直线下降,之后下降速度加快,下降曲线变为下凹形,这主要是因为后期的液体注入速度增加导致的压力下降增快。

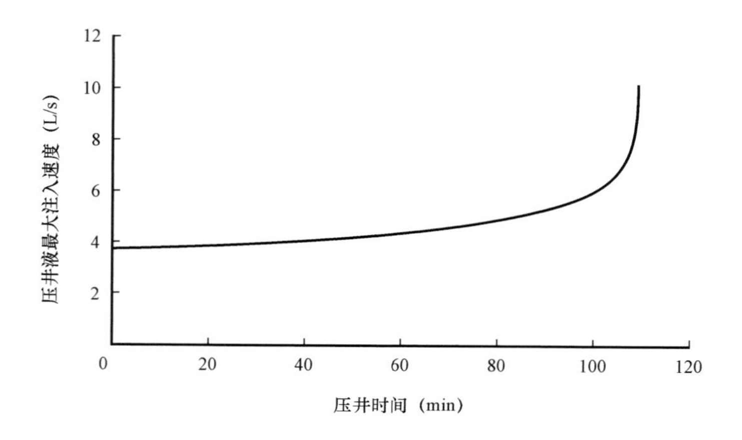

图 7.16　压井液最大注入速度随压井时间变化规律

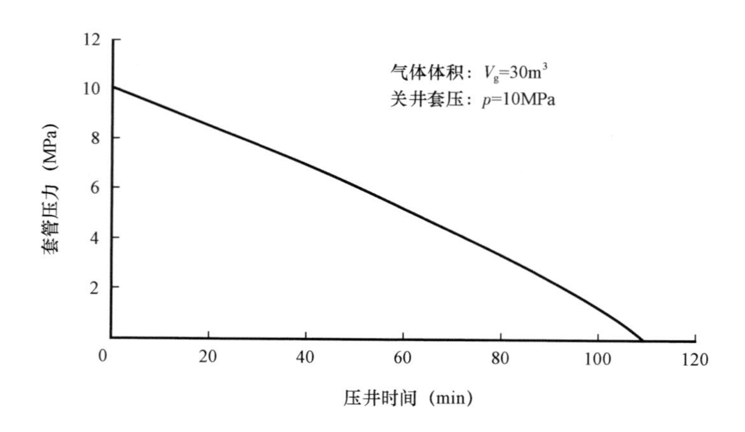

图 7.17　套管压力随压井时间变化规律

7.2.4　动态置换法压井施工工序

利用本文建立的动态置换法压井模型,结合 Ramtahal 动态置换法压井施工方案,建立如下施工工序。

(1)压井泵与压井管线连接,节流管线接到气液分离器和小型钻井液罐上。

(2)根据井筒内气体的体积计算压井液密度。

(3)为保证井底压力略大于地层压力,减小压井过程中人为操作误差,在初始关井套管压力基础上增加 1MPa(但是不能超过地层的破裂压力),利用本文模型计算压井液排量随压井时间的变化规律,由于现场条件的限制,不可能实时改变压井液排量,如果压井时间较短,可直接利用初始压井液排量直到压井结束,如果压井时间较长,可以选用 2 ~3 个压井排量。压井液排量选择方法如图 7. 18 所示。

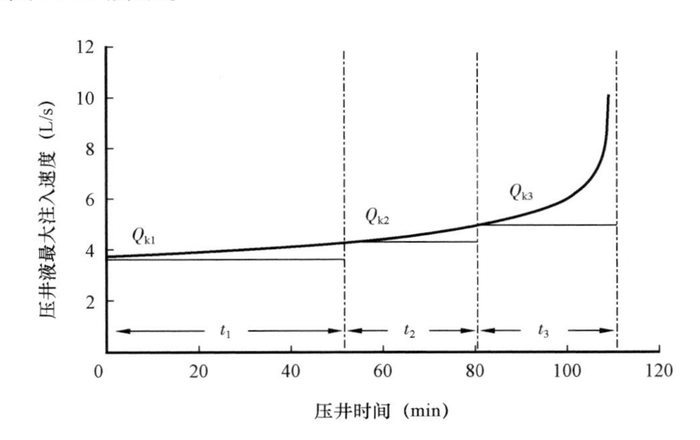

图 7. 18 压井液排量选择示意图

① t_1阶段,选择初始压井液排量 Q_{k1}作为压井液排量;

② t_2阶段,首先计算 t_1阶段结束后的套管压力和井筒内气体体积,然后重新计算压井液排量随时间变化规律,选择此阶段初始压井液排量 Q_{k2}作为压井液排量;

③ t_3阶段,与 t_2阶段选择步骤相同。

(4)利用选择好的压井液排量,计算气体排放速度和套管压力随时间的变化规律,实时监视气体排放速度或者套管压力按照设计的变化趋势变化。

(5)压井液注入量等于设计的压井液需求量时,停泵,打开节流阀,观察是否气体排出,如果有气体排出,继续注入压井液然后再观察,直到没有气体排出,压井成功。

7. 3 压回法

7. 3. 1 压回法压井基本概念

通过环空或钻柱泵入钻井液将侵入到井筒的地层流体全部或部分压回到地层称为压回法压井,也常称为硬顶法、平推法。当地层油气水侵入井筒后,环空将存在复杂的多相流体与多相流动。配置合理密度与黏度的压井液,当注入速度达到一定数值时可以推动井筒流体进入地层,实现安全井控。压回的地层流体可以进入产层,也可以进入套管鞋处地层或者裸眼其他薄弱层段。需要强调的是对于长裸眼井段,压回的流体进入套管鞋处地层或者裸眼其他薄弱层段的概率也是较高的。

地层流体侵入井筒后,通常采用地面放喷的办法将地层流体有控制地释放到地面。而将侵入的地层流体压回地层,采用地下放喷的方法从而建立新的井眼与地层压力平衡也是一种有效的井控方法。采用地面放喷的方法是通过设计的流程与工艺技术安全地将侵入井筒的地层流体处理掉,从而保证井筒与地层的安全及完整性,但是一旦出现问题也会带来不同程度的损失,甚至重大的损失,如井架烧毁、污染环境,甚至造成人员伤亡。如果采用地下放喷,则可以规避地面安全风险,但是如果处理不当,也可以造成地层污染、储层伤害,甚至诱发憋裂地层产生泄漏事故。因此,这两类方法均具有适应性与局限性,恰到好处的选择是井控工作者的职责与使命。然而,有些溢流井喷情况只能选择地面放喷,而有些区块则只能选择地下放喷。美国罗伯特·D·格雷斯在所著《井喷与井控手册》一书中指出,对于套管下深超过3600ft的井筒,可以选择地下井喷,也就是说可以将其全部压回地层。

7.3.2 压回法适用工况

(1)侵入井筒流体为酸性气体。如果储层含有 H_2S 与 CO_2 酸性气体,排出地面会对人员造成伤害,以及对井筒管柱及地面装备造成腐蚀,根据论证情况,可以选择压回法压井防止酸性气体溢出。

(2)“上吐下泻”地层。如果钻遇地层压力上高下低且差异较大的地层,应用较高当量循环密度的钻井液可以保证高压层段不发生溢流,但钻进至低压层系则会因地层破裂压力低从而容易发生漏失;如果此时降低循环压力将导致溢流、井喷甚至“上吐下泻”等复杂情况,使用常规基于压井液循环的压井方法会因井漏而无法建立有效的液柱。针对此种特点的溢流,可考虑相对简捷易行的压回法压井技术。

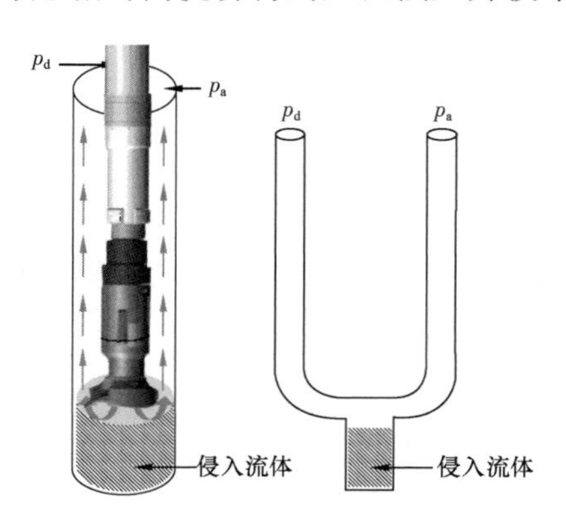

图 7.19 钻具不在井底关井压井Y形管模型示意图

(3)钻具不在井底。当起下钻过程(或检修装备、遇卡等)发生溢流,此时钻具不在井底甚至距离井底较远,常规压井中的U形管原理不再满足。如图7.19所示,由图可以看出此时为Y形管压力分布特征。因而常规的井底压力压井方法就不能直接应用。在这种情况下,可根据溢流井特点,综合考虑地层渗透率、套管鞋深度等因素后应用压回法压井。

(4)修井作业。压回法可用于修井作业过程中的压井。若目标井内没有油管,而是应用套管进行生产的气井,由于没有循环通道,修井作业过程中如发生溢流,可直接应用压回法将气体压回产层。修井作业过程中的溢流井其地层物性参数和动态生产数据全面,容易评估地层物性是否适合应用压回法。

(5)中途测试(DST)。在中途测试(DST)过程中,如果井筒环空与测试管柱有封隔器,钻杆和环空之间没有可供流体循环的通道,若发生溢流可应用压回法直接将流体顶回地层,如图7.20所示。

(6)水眼及旁通阀堵塞。溢流压井时由于压井液混有重晶石等加重固相,钻头水眼和旁通阀易发生堵塞,可能导致使用循环方法压井时压井液的排量达不到要求,虽然在堵塞段进行射孔可以提供一个有效通道循环压井,但如果射孔不可行,那么就无法通过循环的方式压井，此情况类似钻具不在井底，可行的方法之一就是通过环空实施压回法，将溢流气体压回地层。

(7)节流管汇冲蚀严重。溢流后应用常规方法压井，加重的钻井液可能含有重晶石、铁矿粉等，在节流循环的过程中就可能出现节流阀控制套压能力差，出现管汇冲蚀，环空液柱无法保证井底压力恒定而不再溢流，无法实现压力控制。此种情况下，使用循环压井不能有效地进行井口节流，可考虑应用压回法。

(8)地面放喷压井失效后的抢险。高压气藏探井，如因钻遇地层压力不清楚发生溢流或井涌，压井参数设计困难导致应用常规压井方法无法重新建立压力平衡，出现一次或多次压井失效后，井下压力体系更加混乱复杂，甚至威胁井口安全，这样的井在压井失败井喷后可考虑应用压回法。

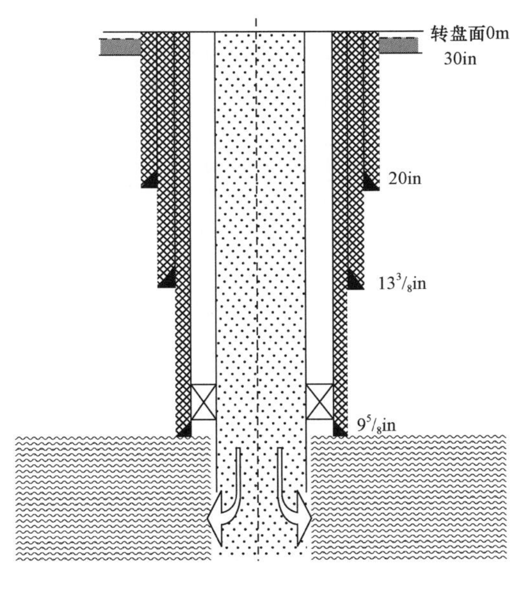

图 7.20　环空有封隔器

7.3.3　压回法压井过程井筒气液两相流动与参数变化特征

在压井过程中，如果对于气相较少的情况就选用压回法压井，依然是液相占据大部分井筒，此时使用压回法压井压入到地层中为气液两相混合物。对于气井喷空的情况，理想液相推进气相的物理模型为上部是压井液，下部为气柱，并且液柱段与气柱段界面分明，不存在气体向上滑脱现象。但是，实际上，如果气井喷空，注入的压井液在压力与重力作用下很可能会从井筒一侧流向井筒下部，气体也可能没有向上滑脱，但是气液界面已经变得复杂，此时井筒下部不再为单一气柱。同时气体也许会在压井液中滑脱上升。因此，对于不同情况下的井筒气液状态分布需要分别建立物理模型进行讨论，根据不同的物理模型确定井筒气体运移状态、气泡滑脱速度、压回阻力和压井排量是压回法压井能否成功的关键。

7.3.3.1　压回前与压回过程所对应的井筒流体分布形态

影响井筒内流体分布形式的主要因素之一就是气侵量的大小，气侵量不同对应的溢流或井喷期间的两相流型不同，而不同的流型在压回过程中对井筒各参数的影响也不同。

(1)“四种”典型的井身结构及其地层岩性特征。

① 情况 1：中长裸眼井段不同地层破裂压力梯度相近。如图 7.21 所示，对于裸眼井段较长，同时裸眼段不同岩性的破裂压力梯度相近，对于非油气层显然套管鞋处是最薄弱的地方，压回过程究竟是压破套管鞋处地层还是压回到油气层或压破油气层需要进行有依据的判断，其中，需要计算与评价压回过程套管鞋处流体压力是否大于套管鞋处地层的破裂压力。由于压回过程井口环空加较大的回压，因此通常情况下，压回流体首先进入套管鞋处最薄弱地层，也可能一部分渗流进入储层。如果压回压力过高，也会进入其他层位。

② 情况 2:中长裸眼井段不同地层破裂压力梯度差异大。如图 7.22 所示,对于裸眼井段较长,且中间某层位岩性的破裂压力最低,显然压回过程压回的井筒流体将首先进入该层,也可能一部分渗流进入储层。

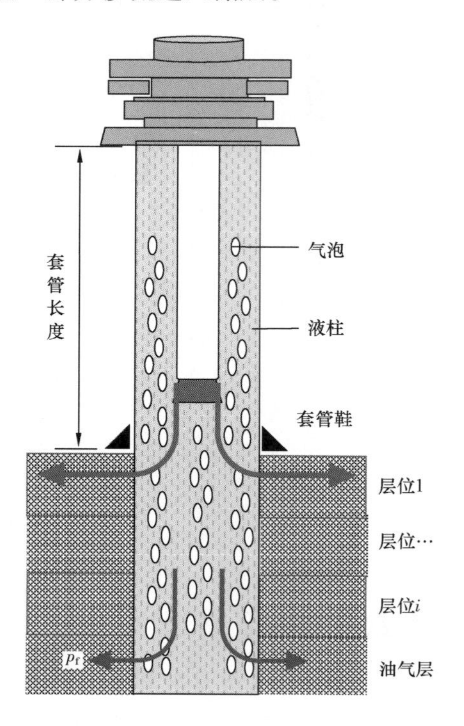

图 7.21 中长裸眼井段不同层位破裂压力梯度相近压回示意图

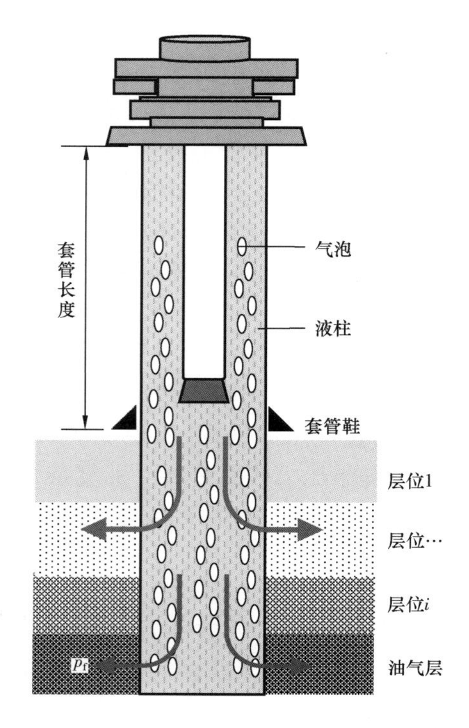

图 7.22 中长裸眼井段不同地层破裂压力梯度差异大压回示意图

③ 情况 3:短裸眼井段各岩层破裂压力梯度相近。如图 7.23 所示,对于裸眼井段较短,非油气层与油气层破裂压力梯度相近情况,压回过程压回的井筒流体很可能进入油气层。原因是对于不同岩性地层其破裂压力梯度相近,原则上依然是套管鞋处地层容易破裂,但是由于油气层相对其他岩性具有可以渗流的孔隙与空间,在较短裸眼段压回过程井筒流体则可能进入油气层。

④ 情况 4:油层套管下入油气层上部盖层。如图 7.24 所示,油层套管下入油气层上部盖层,压回过程通常井筒流体进入油气层。一般来讲盖层的破裂压裂梯度显著大于油气层,因此在这种情况下,都可以认为压回的流体进入油气层。

下面以情况 1(中长裸眼井段不同地层破裂压力梯度相近)为例,表述气侵发现时间不同与气侵速率高低不同条件下,采用从环空注入不同排量的压井液与从钻柱注入压井液对井筒流体分布及压回效果影响。借此也可以对情况 2、情况 3 与情况 4 进行评价。

(2)情况 1 气侵速率较低与发现较早情况。

① 压回前井筒流体分布。如图 7.25 所示,气侵速率较低与发现较早情况下侵入井筒的地层流体主要分布在中下部,其含气率总体较低。

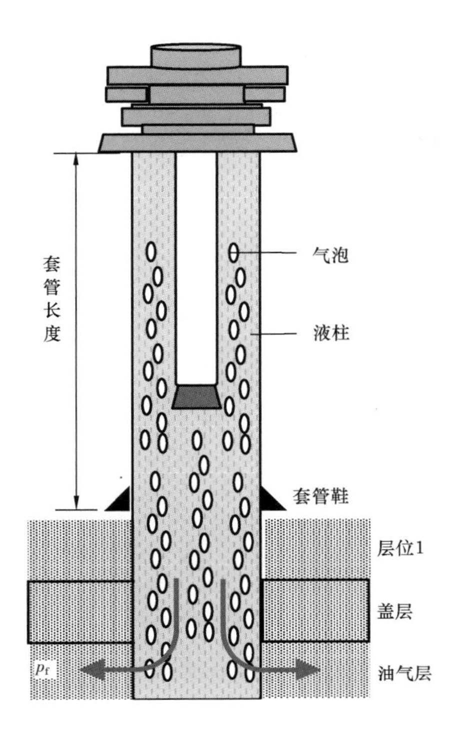

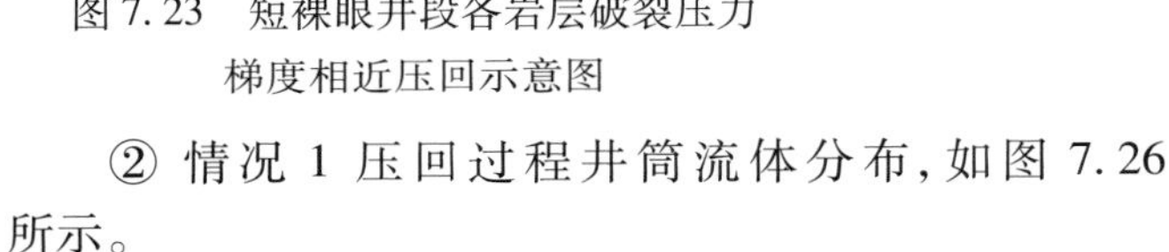

图 7.23 短裸眼井段各岩层破裂压力梯度相近压回示意图

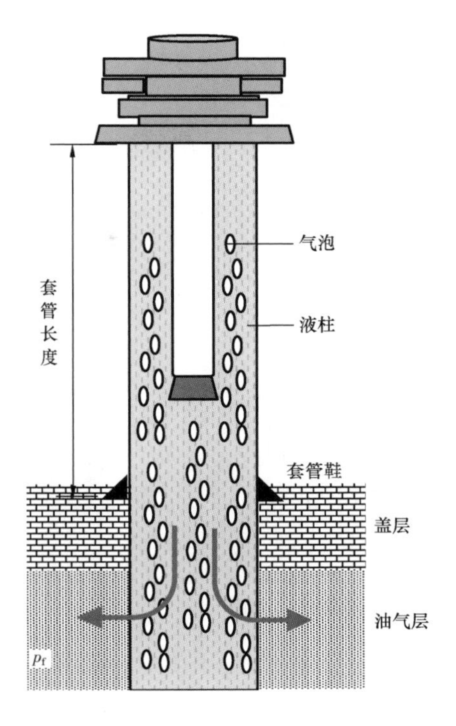

图 7.24 油层套管下入油气层上部盖层时压回示意图

② 情况 1 压回过程井筒流体分布，如图 7.26 所示。

a. 较小排量从环空压回情况。如果从环空注入压井液，当压回排量较小时，环空气体不能有效压回，因此气体还会在环空滑脱上升。但是由于环空进气量较少，气体滑脱速度较慢，同样的注入排量其注入压力影响不太明显。但是如果停止注入，则环空气体会从环空溢出。不过，尽管环空气体没有压回，注入的钻井液还能进入地层与储层。如果储层孔渗条件好，如比较发育的缝洞型油气藏，则环空钻井液主要进入储层。

这种情况会出现两种结果：第一，压回一部分环空地层流体进入地层，增加了井底压力，可以达到井底压力大于地层压力，使得地层流体不再侵入井筒。环空一部分气体继续滑脱上升，当钻井液正循环时可以将其排出。如果气体不是酸性气体，也算实现了压回法的目的，如果是酸性气体，则需要考虑地面防护问题；第二，压回一部分环空地层流体进入地层，增加了井底压力，同时也漏失一些钻井液到地层。如果地层孔渗好，则地层气体继续进入井筒，发生置换，这种情况会诱发复杂情况。

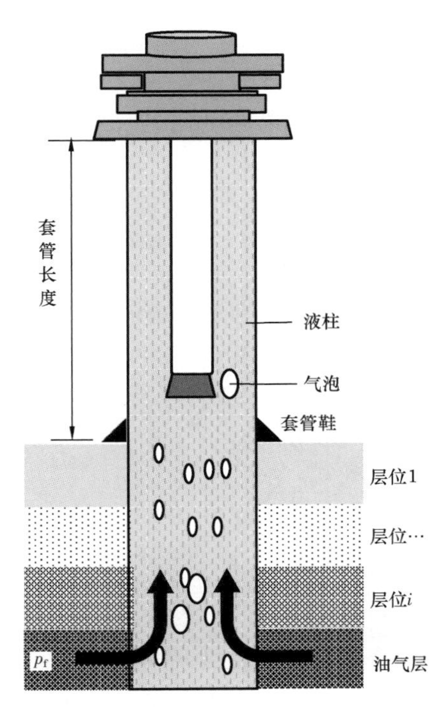

图 7.25 不同地层岩性特征下的流体运移及分布情况

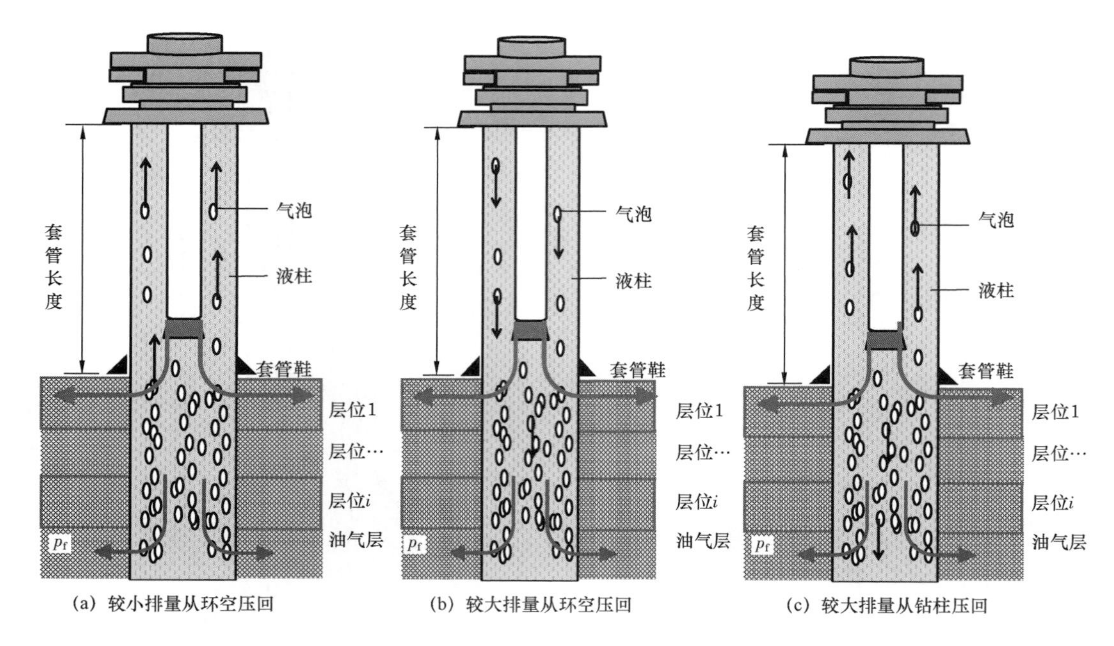

图 7.26 中长裸眼井段不同地层破裂压力梯度相近压回参数分布示意图

b. 较大排量从环空压回情况。如果从环空注入压井液，当压回排量较大时，环空气体由压前的上升变为下降，当注入足够的压井液时则环空气体将到达井底，并在适当压差作用下进入地层，进而完成压回任务。

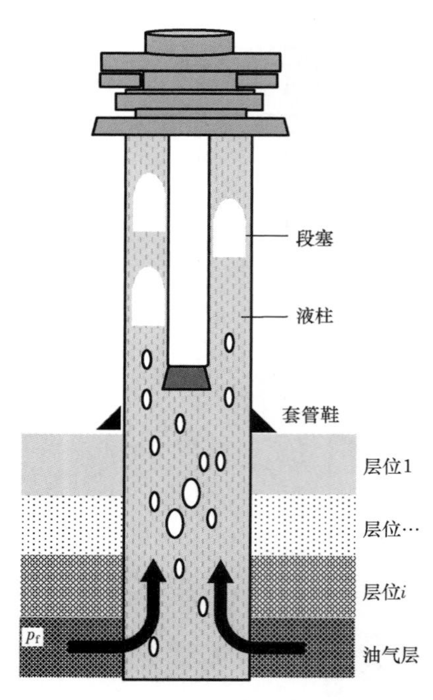

图 7.27 不同地层岩性特征下的流体运移及分布情况

c. 较大排量从钻柱压回情况。如果从钻柱注入压井液，当压回排量较大时，钻头以下环空气体由压前的上升变为下降，当注入足够的压井液时则环空气体将到达井底，并在适当压差作用下进入地层，进而完成压回任务。但是钻头以上环空气体则继续滑脱上升，直至聚集井口。

(3)情况 1 气侵速率较低与发现较晚情况。

① 压回前井筒流体分布。如图 7.27 所示，由储层进入井筒的流体运移情况与气侵速率较低与发现较早情况相同。与其不同的是，本情况发现气侵较晚，井筒上部存在段塞流型。

② 情况 1 压回过程井筒流体分布。

a. 较小排量从环空压回情况。类似 7.3.3.1 小节(1)中 a 情况，由于在井眼中上部环空气体已较多存在，且部分气体为短的气柱(Taylor 泡)，气体向上滑脱速度快，导致相对上种情况压回过程同样的注入排量注入压力要高，且气体聚集在井口的含量也会显著增高。

b. 较大排量从环空压回情况。类似 7.3.3.1 小节(2)中 b 情况，由于在井眼中上部环空气体存在较多的短的气柱(Taylor 泡)，气体向上滑脱速度快，因此要压回气体的排量也要相应增大。

c. 较大排量从钻柱压回情况。类似7.3.3.1小节(2)中c情况,由于在井眼中上部环空气体存在较多的短的气柱(Taylor泡),气体向上滑脱速度快,气体聚集在井口的含量也会显著增高。同时由于钻头下部环空气体含量相对也高,因此压回的排量也需要增高。如图7.28所示。

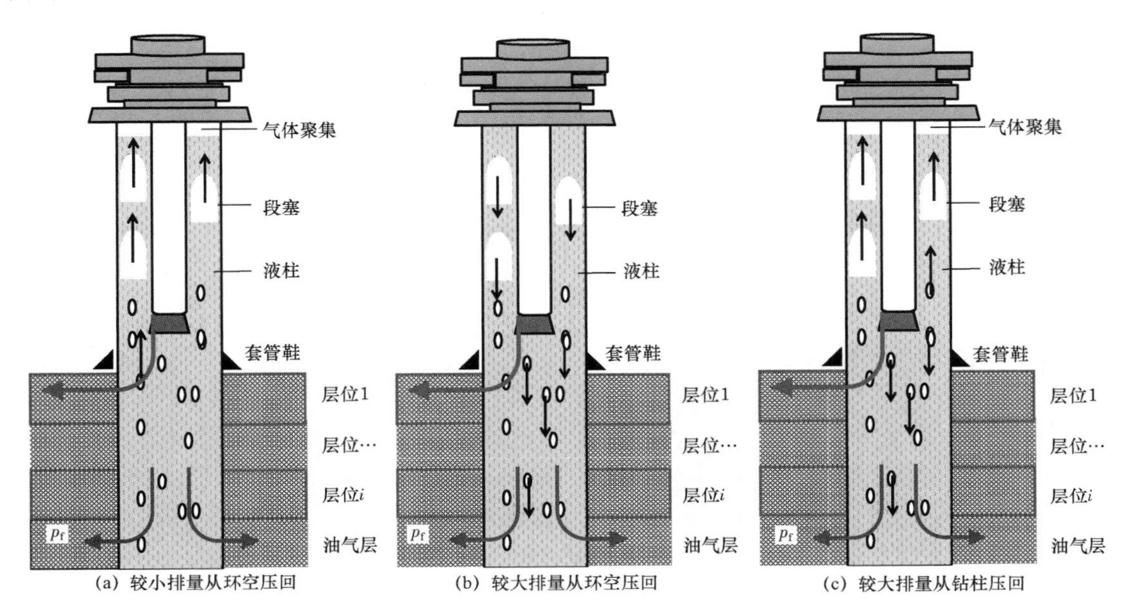

图7.28　中长裸眼井段不同地层破裂压力梯度相近压回参数分布示意图

(4)情况1气侵速率较高与发现较早情况。

① 压回前井筒流体分布。如图7.29所示,气侵速率较高、发现较早情况下由储层进入井筒的流体运移情况与气侵速率较低与发现较晚情况类似。与其不同的是,本情况发现气侵量较大,井筒大部分都存在段塞流型。

② 情况1压回过程井筒流体分布。

a. 较小排量从环空压回情况。类似7.3.3.1小节(2)中a.情况,尽管环空气体分布在井眼中下部,但是存在较多的短的气柱(Taylor泡),气体向上滑脱速度快,压回过程同样的注入排量注入压力要高,且气体聚集在井口的含量也会显著增高。此外由于气侵速率高,表明地层孔渗条件好,存在地层流体与环空流体置换问题,压回周期要长,且未必能够建立新的压力平衡。

b. 较大排量从环空压回情况。类似7.3.3.1小节(2)中b.情况,由于在井眼中下部环空气体存在较多的短的气柱(Taylor泡),气体向上滑脱速度快,因此要压回气体的排量也要相应增大。

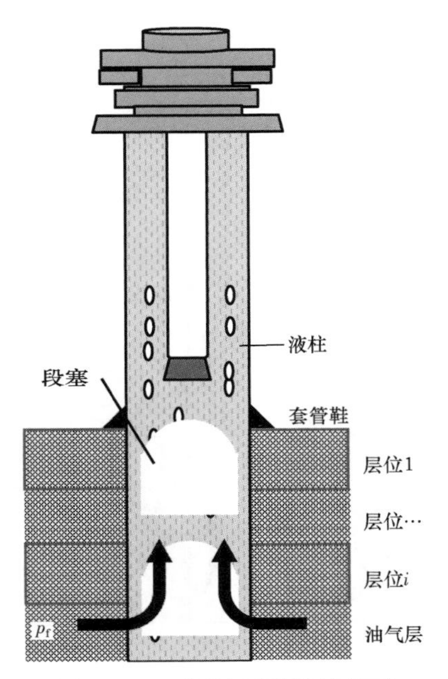

图7.29　不同地层岩性特征下的流体运移及分布情况

c. 较大排量从钻柱压回情况。类似 7.3.3.1 小节(2)中 c. 情况，由于在井眼中下部环空气体存在较多的短的气柱（Taylor 泡），气体向上滑脱速度快，因此压回的排量也需要增高。如图 7.30 所示。

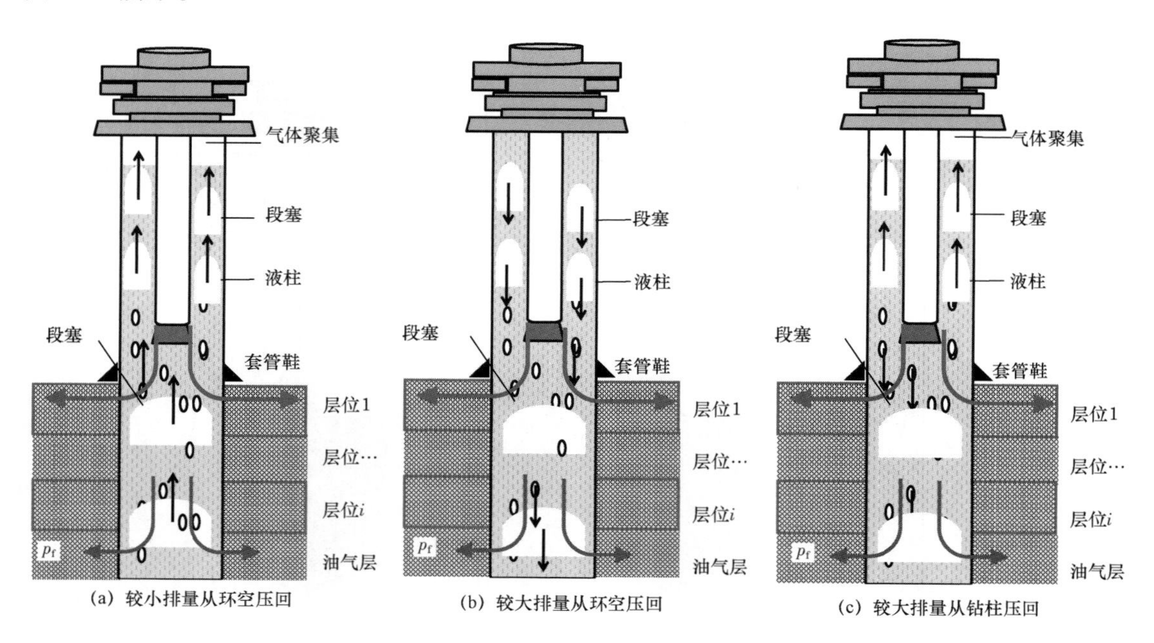

图 7.30 中长裸眼井段不同地层破裂压力梯度相近压回参数分布示意图

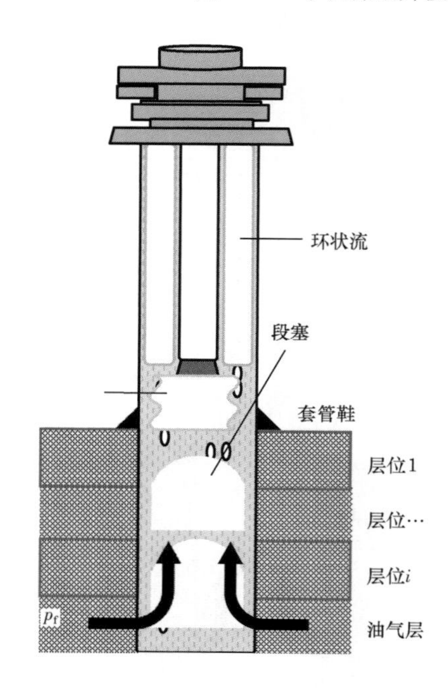

图 7.31 不同地层岩性特征下的流体运移及分布情况

(5) 情况 1 气侵速率较高与发现较晚情况。

① 压回前井筒流体分布。气侵速率较高、发现较晚情况下由储层进入井筒的流体运移情况如图 7.31 所示。此时井筒大部分都被气体占据，存在环状流至雾状流。

② 情况 1 压回过程井筒流体分布。

a. 较小排量从环空压回情况。类似 7.3.3.1 小节(3)中 a 情况，由于井眼中上部环空气体已较多存在，井口已经聚集一段连续气柱，其下部存在系列的短的气柱（Taylor 泡），气体向上滑脱速度快，导致相对上种情况压回过程同样的注入排量注入压力要高，且气体聚集在井口的含量也会显著增高。由于钻头下部环空气体含量高，气体上升速度快，因此压回的排量也需要增高。由于气侵速率高，地层孔渗条件好，井眼下部存在地层流体与环空流体置换，压回成功率低。

b. 较大排量从环空压回情况。类似 7.3.3.1 小节(3)中 b 情况，由于井眼上部环空存在连续气柱，要想将其压回地层需要非常高的压回流速。加之整个环空存在大量短的气柱(Taylor 泡),气体向上滑脱速度快,因此压回气体的排量需要很高。

c. 较大排量从钻柱压回情况。类似 7.3.3.1 小节(3)中 b 情况,由于井眼上部环空存在连续气柱,加之环空存在在大量较多的短的气柱(Taylor 泡),势必在井口会聚集较多的气体。由于钻头下部依然存在大量的短的气柱(Taylor 泡),气体向上滑脱速度快,因此压回的排量也需要增高。如图 7.32 所示。

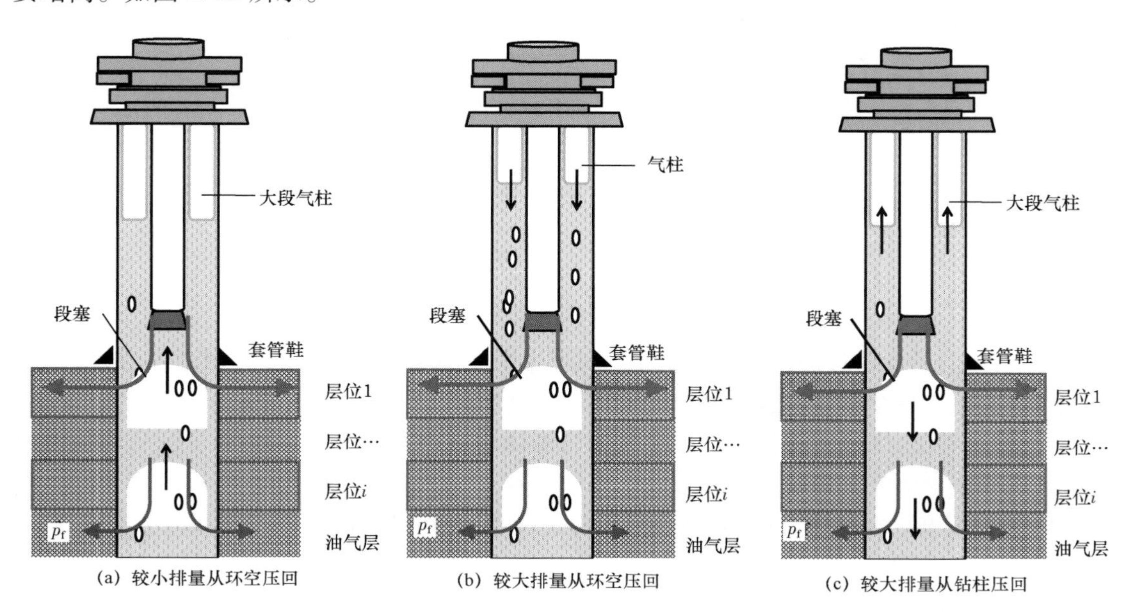

图 7.32 中长裸眼井段不同地层破裂压力梯度差异相近压回参数分布示意图

7.3.3.2 压回过程环空气体下行计算模型

在使用压回法压井过程中,井筒流体流动参数的准确计算对于是否成功压井具有决定性意义。而对于井筒内流体流动规律取决于如何对井筒气液两相流体的分布情况进行模型建立。在压回法压井中,气液两相流是呈向下运动的状态,通常来说,在压回期间需要向井筒中首先注入一段高黏度压井液,或者使用大排量进行压井,来防止气体在压井液中大量滑脱至井口。因此,在压回期间,井筒中气液混合的区域通常为泡状流型,在某些时候也呈段塞流形态。由于压回过程井筒内流体由井筒向地层运动,因此,气液两相流型为下降流。

国外学者 P. M. roumazeilles, T. J. Crawford, C. B. Weinberger 等人在气液两相垂直管和倾斜管下降流动研究方面比较突出。气液两相在垂直管中一起向下流动时的流型分布如图 7.33 所示,这些流型均基于空气—水混合物试验得出,在压回过程可以选用下降流流型中的泡状流型以及段塞流型。

垂直下降管流中,泡状流型由很多直径远远小于管径且分不开的气泡组构成,随着液体向下流动,气泡直径小形状呈椭圆形或球形时向下运动速度快(图 7.33a),而呈现小伞状的气泡向下流动速度较慢(图 7.33b)。向下运动快的小气泡倾向于向管柱中心运动而集中于管柱中心地带,向下运动速度较慢的伞状气泡倾向于贴近井壁。而段塞流型由几乎充满整个管柱的 Taylor 泡相对于液体向上运动,但由于液体黏滞力的左右,其运动方向仍然向下,这种流型通

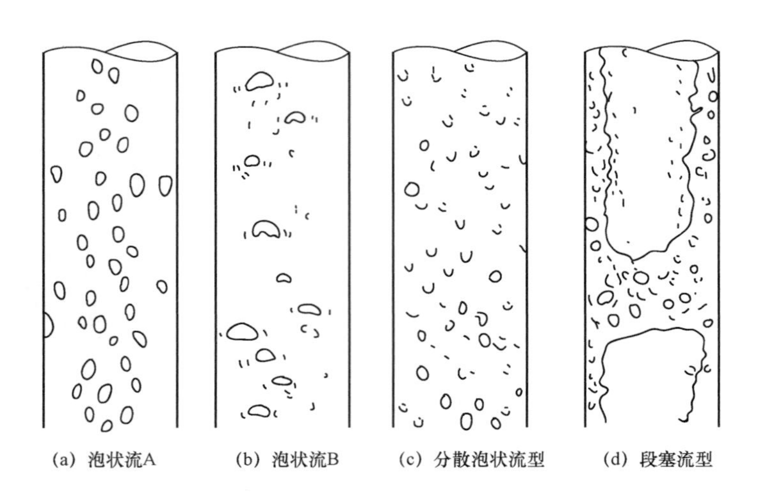

图 7.33　压回过程井筒垂直管下降流流型图

常仅在泡状流向段塞流过渡阶段才出现。Taylor 泡向下运动出这一过渡区域后，气泡不再充满整个管柱，也不见伞状头部，出现搅拌流型和块状流型。

在压回过程中，气体在液体中滑脱的方向与液体的运动方向相反，这里只介绍气体速度的求取，其他相关求解方程与常规压井方法的求解一致。

(1)泡状流型。在高速液体向下流动时，强的液相湍流将会冲散气泡。垂直上升管和倾斜管的气相实际速度表示为混相速度 C_0v_m 和气泡在静水中上升速度 v_∞ 的和，但由于下降流动时，v_∞ 与流动方向相反，所以气相实际速度 v_g 表达为：

$$v_g = C_0v_m - v_\infty \tag{7.41}$$

$$v_g = v_{sg}/\alpha_g \tag{7.42}$$

方程式(7.42)可以表达为如下形式：

$$\alpha_g = \frac{v_{sg}}{C_0v_m - v_\infty} \tag{7.43}$$

气泡在静止液体中的滑脱速度可以由以下公式给出：

$$v_\infty = 1.53\left[g\sigma(\rho_l - \rho_g)/\rho_l^2\right]^{\frac{1}{4}} \tag{7.44}$$

这里两相流动系数 C_0 反映了管道中心区域的混合流动速度由于气相存在而提高的程度。对于湍流流动，在中心区域的最大流动速度和管道内气液两相平均流速的比可达 1.2。尽管并不是所有的气泡都集中在中心区域，也有很少的气泡紧贴井壁附近，但其速度基本也符合流动系数取 1.2 的比值，v_∞ 可以近似取 0.24m/s。Hasan 和 Kabir 通过实验认为发现 C_0 取值 1.2 和他们的实验数据符合得很好，可以用于所有角度的上升管流。

(2)段塞流型。当气相空泡率不断增大，小气泡就会有更多机会相互碰撞而合并成大气泡，向段塞流转换，文献表明在混相速度较低时，泡状流向段塞流转换的条件是空泡率 α_g 大于等于 0.25。高速且较强的液相湍动会冲散气泡防止其碰撞合并，当空泡率 α_g 大于 0.25 也不会发生泡状流向段塞流型转换，而是出现分散泡状流。Taitel 研究认为发生流型转换的下界限是0.52，即使高流速强湍动情况下也会发生泡状流向段塞流转换。这样在低流速下给出垂直下降流的转换过渡流数学模型。

将 $v_m = v_{sg} + v_{sl}$ 代入得：

$$v_{sg} = \frac{C_0 v_{sl} - v_{\infty}}{\left(\frac{1}{0.25}\right) - C_0} = 0.43v_{sl} - 0.36v_{\infty} \tag{7.45}$$

段塞流型的特点是大的气泡外形如运行的子弹（也称弹状流），几乎充满整个管道，大气泡下方的液塞段还有很多小气泡，大气泡通常称为 Taylor 泡。可以假设液相段塞中的气泡漂移速度和 Taylor 泡相同，这样可以应用与泡状流相似的空泡率表达式，$v_{\infty T}$表示 Taylor 泡在下降流中的上升速度。其中 C_1 为流动系数，取值1.2。

$$\alpha_g = \frac{v_{sg}}{C_1 v_m - v_{\infty T}} \tag{7.46}$$

在此过程中，假设整个气相与 Taylor 泡漂移速度相同。Hasan 和 Kabir 通过大量试验研究认为液塞中的气相空泡率数值很小，并且小气泡的漂移速度与 Taylor 泡的运动速度非常接近。

7.3.4 影响井筒流体渗入储层的因素

7.3.4.1 地层渗透率

将井筒中的油气压回地层需要的井底压力与储层的渗透性有关。储层渗透率越大，侵入井筒内的油气越容易压回地层；井筒内油气进入地层需要的压力就越小，压回过程中需要的井口套压越小。储层渗透率越大，压回过程中井底和储层的压差越小，压井液的排量越大，压回过程中井底和储层的压差越大。

需要注意的并不是所有类型的高渗透率地层井涌井喷都可以用压回法，应用该方法的前提是溢流的地层渗透率高的同时满足强度的要求，这是因为气体压回过程中大排量的压井液将不可避免地进入渗透性地层，可能导致压漏地层造成永久裂缝，所以地层强度也是应该考虑的主要因素。另外地表高压大排量泵入的压井液将会在渗透性地层形成滤饼大大降低渗透率，因此可能产生的问题就是溢流气体不是被压回至溢流层位，而是被压回至最薄弱且易压漏的层位，即使气体被压回至渗透性地层，而大排量的压井液也将可能压漏薄弱地层。这样溢流压井的同时容易出现的漏失问题，压回作业结束如裂缝不能重新闭合，需要进行堵漏处理后继续钻进。

7.3.4.2 滤饼渗透率

在压回过程中，压井液与气体侵入到渗透性地层的同时，压井液中的固相颗粒逐渐沉积在井底储层裸眼壁上形成一层渗透性很差的滤饼，滤饼参数也是影响钻井液侵入的主要因素之一。

滤饼的渗透率与地层渗透率有着很大的关系，如果地层渗透率越大，井筒中的气体与压井液压回地层越快，滤饼形成也越快；而如果地层渗透率越小，则井筒中的压井液与气体压回地层越慢，滤饼形成越慢。有文献分析表明：当地层渗透率大于1mD 时，滤饼在几分钟甚至几秒钟内就可形成,井筒压井液与气体侵入储层将完全由滤饼性质决定,而不是地层渗透率决定;而当地层渗透率小于 1mD 时,滤饼形成时间需要数小时,比在高渗透率地层中的形成速度慢得多。

7.3.4.3 井筒环空压力与地层压力差

(1)小压差作用下。在充满水的小孔隙单相流动,无界面压降;属于单相液,界面压降小,流动过程只需克服黏滞力。在大孔隙中沿水膜爬行,增厚水膜厚度,对补充地层能力有积极作用,大孔隙中孔隙壁面为水湿,吸附水膜,气则以连续相分布在孔隙中部。因此,在充满水的小孔隙单相流动,无界面压降;在大孔隙中沿水膜爬行,增厚水膜厚度,对补充地层能力有积极作用,如图 7.34 所示。

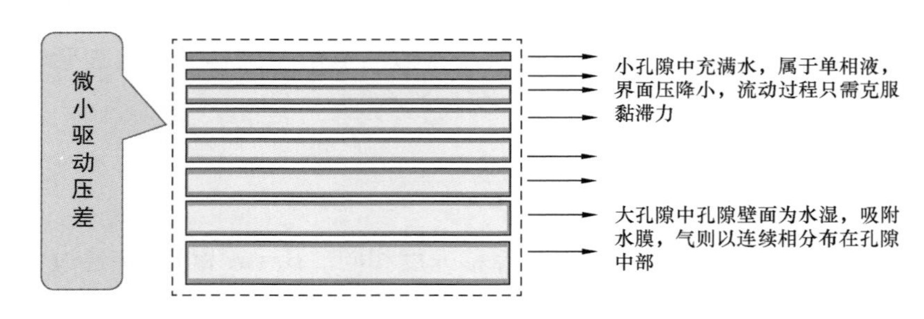

图 7.34 微小压差下的压井液沿毛细管孔隙驱替示意图

(2)中等压差作用下。在充满水的小孔隙单相流动;在中孔隙中沿水膜爬行,增厚水膜厚度,补充能量,推动气芯产出;注入压井液推动大孔隙气体流动,如图 7.35 所示。

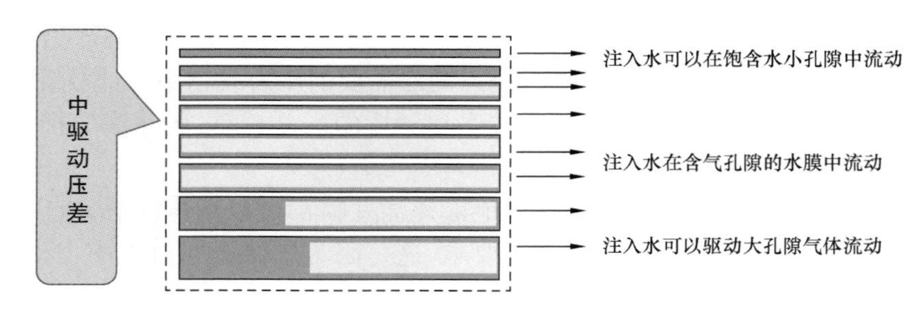

图 7.35 中等驱替压差下的压井液沿毛细管孔隙驱替示意图

(3)大压差作用下。小孔隙中单相水流;中孔隙中沿水膜爬行,增厚水膜厚度,补充能量,推动气芯产出;驱动更大范围内孔隙中气体流动,如图 7.36 所示。

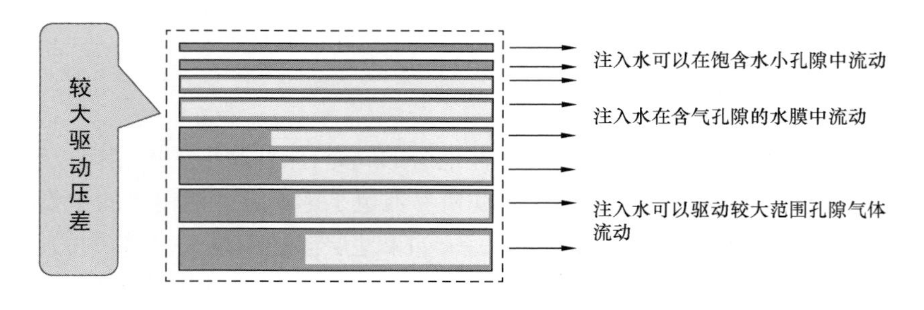

图 7.36 大驱替压差下的压井液沿毛细管孔隙驱替示意图

综上，在原始条件下，储层中的气水分布特征为：小孔隙“充填水”，大孔隙“气芯水膜”。随压裂液驱替压差逐渐增大，不同的毛细管依次被驱替，含气饱和度依次减小，含水饱和度依次增加。

7.3.5 影响压回法效果的因素

7.3.5.1 储层厚度对压回过程的影响

利用表 7.8 与表 7.9 参数，使用恒定压回量对压井过程进行模拟，可得井底压力随压井时间变化关系曲线，如图 7.37 所示。

表 7.8 不同储层厚度模型参数选择

储层厚度 h_1（m）	5
储层厚度 h_2（m）	10
储层厚度 h_3（m）	15
地层原始渗透率 K_1（mD）	20
近井钻井液污染区域渗透率 K_2（mD）	10
井壁滤饼区域渗透率 K_3（mD）	6
孔隙度	0.08
地层压力（MPa）	20
地层破裂压力（MPa）	22
油藏深度（m）	2000
含气饱和度	0.7
平面网格步长	5
纵向网格步长	1
恒定压井排量（L/min）	500

表 7.9 相渗曲线数据表

S_w（%）	气相相对渗透率 K_{rg}	液相相对渗透率 K_{rw}	p_c（kPa）
50	0.92	0.00	2.23
68	0.52	0.32	1.41
72	0.44	0.39	0.93
79	0.33	0.50	0.74
80	0.29	0.52	0.56
83	0.25	0.57	0.41
84	0.24	0.60	0.35
86	0.20	0.64	0.30
91	0.13	0.75	0.19
94	0.09	0.83	0.06
96	0.05	0.88	0.00
100	0.00	1.00	0.00

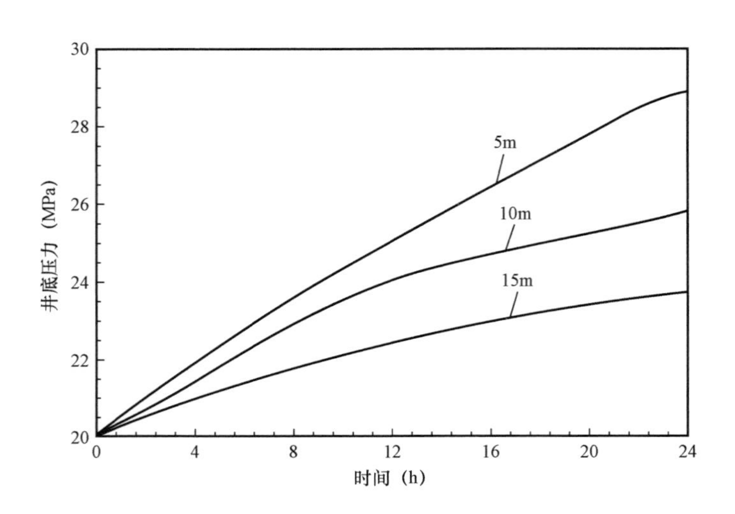

图 7.37　不同储层厚度条件下井底压力随压井时间变化曲线

由图 7.37 可知，在当前条件下，恒定压回量压井时，对于不同厚度储层，在压井前期井底压力迅速升高，且储层厚度越小井底压力升高速度越快。

压井 12h 时，5m 厚储层条件下井底压力从初始的 20MPa 升高至 25.2MPa，升高 5.2MPa；10m 厚储层条件下，压井 12h，井底压力由 20MPa 升高至 23.8MPa，升高 3.8MPa；15m 厚储层条件下，压井 12h，井底压力由 20MPa 升高至 22.5MPa，升高 2.5MPa。压井 12h，储层厚度为 10m、15m 时，井底压力升高的幅度分别为储层厚度为 5m 时的 73% 与 48%，具体数据见表 7.10。

表 7.10　不同储层厚度下压井 12h 井底流压变化

储层厚度(m)	初始压力(MPa)	压井 12h 后井底流压(MPa)	压力变化值(MPa)
5	20	25.2	+5.2
10	20	23.8	+3.8
15	20	22.5	+2.5

由于采用恒定压回量的压井方法，在压回过程中需要建立井底与储层之间的压差，井筒内流体才能被压回地层内，压井初期井筒内压力等于甚至小于地层压力，因此，在压井初期井筒压力迅速上升。在压井初期，平面径向流条件下，井底与地层之间的压差与流量之间的关系呈现为：

$$\frac{\mathrm{d}p}{\mathrm{d}r} = \frac{\mu}{K}\frac{q}{2\pi r} = \frac{\mu}{K}\frac{Q}{2\pi hr} \tag{7.47}$$

式中　$\frac{\mathrm{d}p}{\mathrm{d}r}$——压力梯度，MPa；

q——单位厚度地层流量，m^3/min；

Q——地层厚度为 h 时的地层流量，m^3/min；

h——地层厚度，m；

r——地层中某一点距井筒中心的距离，m。

由式(7.47)可知，在恒定注入量的条件下，井底与地层之间的压力梯度与地层厚度呈反比关系。地层厚度越小，所需要的压力梯度越大，反之，所需要的压力梯度越小。因而在压井过程中，地层厚度越小，井底流压越大。

因此，对于不同储层打开厚度的情况，打开厚度越大，井筒流体相对来说压回越容易。对于某些高危井场工况（例如海洋平台等），如果打开储层厚度较大，为了平台的安全，可以选择压回法压井将井筒流体压回储层从而优先保证平台的安全。

7.3.5.2 孔隙度对压回过程的影响

当打开储层厚度为10m时，分别改变孔隙度值为0.05、0.08、0.1，观察井底流压随时间变化特征，得到井底压力随压井时间变化关系曲线，如图7.38所示。

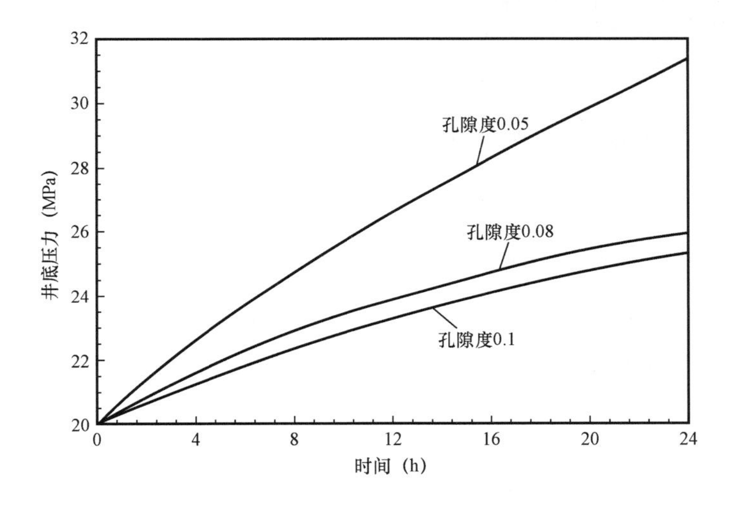

图7.38 不同孔隙度下井底压力随压井时间变化曲线

恒定压回量压井时，井底流压随时间增大而增加，且孔隙度越小，压力升高增加越快。

压井12h时，储层孔隙度为0.1时，井底压力从初始的20MPa升高至25.3MPa，升高5.3MPa；储层孔隙度为0.08时，压井12h，井底压力由20MPa升高至25.9MPa，升高5.9MPa；储层孔隙度为0.05时，压井12h，井底压力由20MPa升高至31.3MPa，升高11.3MPa。压井12h，储层孔隙度为0.08、0.05时，井底压力升高的幅度分别为储层孔隙度为0.1时的111%与213%。压井12h后，井底流压随孔隙度变化数据见表7.11。

表7.11 不同孔隙度条件下压井12h井底流压变化

孔隙度	初始压力(MPa)	压井12h后井底流压(MPa)	压力变化值(MPa)
0.05	20	31.3	+11.3
0.08	20	25.9	+5.9
0.1	20	25.3	+5.3

在钻井过程中，由于此时没有套管将井筒内流体与地层隔开，钻井液循环以及井底流压可能高于地层压力导致钻井液在钻进过程中进入地层，如图 7.39 所示。

发生井涌时，地层内的气体进入井筒中，但近井周围仍具有较高的液相饱和度。将近井地带的孔隙简化为单管束模型，如图 7.40 所示。

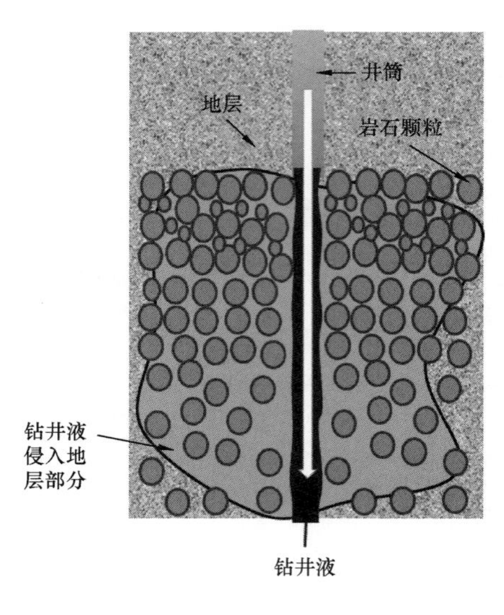

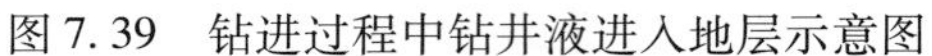

图 7.39　钻进过程中钻井液进入地层示意图

图 7.40　近井地带流体分布示意图

在图 7.40 中，蓝色为液相，黄色为气相。由于钻井液在钻井过程中侵入地层，近井地带具有较高的液相含水饱和度。同时，储层的孔隙度越大，钻井液中的液相越易进入储层中。

在压井过程中，井筒内的气相与液相经由近井地带被压回地层，其过程如图 7.41 所示。

图 7.41　压井过程中井筒内流体进入地层示意图

在层流状态下，一根均匀圆管(孔隙)的流量可以表示为：

$$q = \frac{\pi r^4 \Delta p}{8\mu \Delta L} \tag{7.48}$$

式中　q——孔隙流量，m^3/s；

r——孔隙半径，μm；

Δp——孔隙两端的压差，即流动压差，MPa；

μ——流体黏度，mPa·s；

ΔL——孔隙长度，m。

由式(7.48)可知，在流量一定的情况下孔隙半径越大，驱动压差则越小，反之，驱动压差则越大。对于实际储层来说，储层孔隙度越大，相对应的储层的孔隙的半径越大，流体在孔隙中流动越易被压差驱动。

因此在恒定压回量压井的过程中，孔隙度越小，井底压力上升越快，孔隙度越大，井底压力上升越慢。

7.3.5.3 滤饼渗透率对井底压力的影响

由于在实际钻井过程中滤饼渗透率与钻井液成分密切相关，实际情况下改变幅度可能较小，为研究滤饼渗透率对井底压力的影响，本模型设定较大的滤饼渗透率间隔，分别设定滤饼渗透率为5mD、10mD和15mD，为了观察到滤饼渗透率对井底压力变化的影响，此时设定地层渗透率为100mD。设定储层打开层厚为10m，得到不同滤饼渗透率下井底压力随时间变化曲线，如图7.42所示。

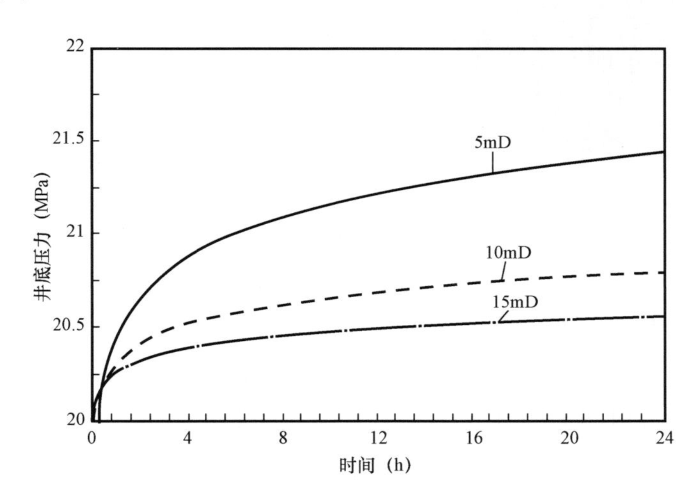

图7.42 不同滤饼渗透率下井底压力随时间变化曲线

由图7.42可知，恒定压回量压井时，压井过程中井底压力持续升高，由于此时地层渗透率较高(100mD)，地层渗流能力增强，因此井底压力在前期迅速升高后期缓慢抬升。井壁上的滤饼渗透率的改变对恒定压回量压井过程存在影响。滤饼渗透率越低，井底压力在压井前期上升速度相对越快，反之，井底压力在压井前期上升速度相对越慢。

压井12h时，滤饼渗透率为5mD条件下井底压力从初始的20MPa升高至21.3MPa，升高1.3MPa；滤饼渗透率为10mD条件下，压井12h，井底压力由20MPa升高至20.7MPa，升高0.7MPa；滤饼渗透率为15mD条件下，压井12h，井底压力由20MPa升高至20.5MPa，升高0.5MPa。压井12h，滤饼渗透率为10mD和15mD时，井底压力升高的幅度分别滤饼渗透率5mD时的53%与38%，具体数据见表7.12。

表 7.12　不同滤饼渗透率条件下压井 12h 井底流压变化

滤饼渗透率(mD)	初始压力(MPa)	压井 12h 后井底流压(MPa)	压力变化值(MPa)
5	20	21.3	+1.3
10	20	20.7	+0.7
15	20	20.5	+0.5

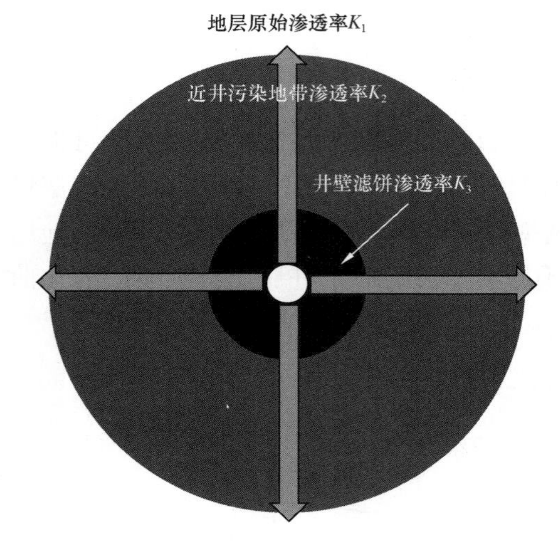

图 7.43　压回过程中井筒内流体进入地层示意图

在压回过程中,井周分为井壁滤饼渗透带、近井污染渗透带以及地层原始渗透带,如图 7.43 所示。

为研究井壁滤饼渗透带渗透率的变化对压回法压井过程的影响,本章节模型在放大了井壁滤饼渗透带的宽度同时放大了井壁滤饼渗透率的变化幅度,但数值模拟结果表明,井壁滤饼渗透率的变化对压回法压井过程井底流压随时间的变化存在一定影响,井壁滤饼渗透率越小,压回法压井过程中井底流压随时间上升速度越快,反之,井底流压随时间上升速度越慢,但总体上影响较小。

在现场实践中,井壁滤饼的厚度要小于本模型中设定的滤饼厚度,滤饼的渗透率变化值也小于本模型中设定的渗透率变化值,因而在实际压回法压井过程中,滤饼的渗透率值变化对总体压井过程井底流压随时间变化的影响较小。

7.3.5.4　储层含气饱和度对井底压力的影响

当打开储层厚度为 10m 时,分别改变储层含气饱和度值为 0.4、0.6、0.8,观察不同储层含气饱和度下井底流压随时间变化的特征,得到井底压力随压井时间变化关系曲线(图 7.44)。

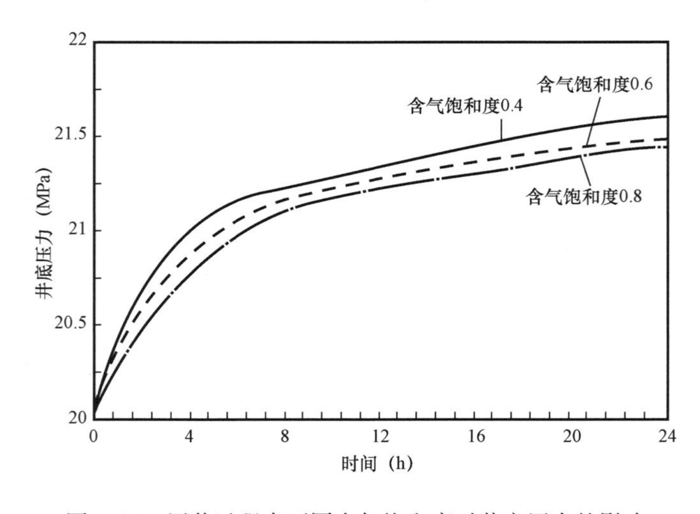

图 7.44　压井过程中不同含气饱和度对井底压力的影响

恒定压回量压井时,井底流压随时间增大而增加,且含气饱和度越低,压力升高增加越快。含气饱和度为0.4时,压井12h,井底压力从初始的20MPa升高至21.34MPa,升高1.34MPa;含气饱和度为0.6时,压井12h,井底压力由20MPa升高至21.29MPa,升高1.29MPa;含气饱和度为0.8时,压井12h,井底压力由20MPa升高至21.22MPa,升高1.22MPa。压井12h,含气饱和度为0.4时,井底压力升高的幅度分别为含气饱和度为0.6时和含气饱和度为0.8时的103.9%和109.8%。压井12h后,井底流压随含气饱和度变化数据见表7.13。

表7.13 不同含气饱和度条件下压井12h井底流压变化

含气饱和度	初始压力(MPa)	压井12h后井底流压(MPa)	压力变化值(MPa)
0.4	20	21.34	+1.34
0.6	20	21.29	+1.29
0.8	20	21.22	+1.22

在压井初期,平面径向流条件下,井底与地层之间的压差与流量之间的关系呈现式(7.48)的规律。

由式(7.48)可知,在恒定注入量的条件下,井底与地层之间的压力梯度与地层流体黏度呈正比关系。地层流体黏度越大,所需要的压力梯度越大,反之,所需要的压力梯度越小。在地层中原始含有气液两相流体,气相流体的黏度远远小于液相,因此在两相状态下,气相组分占比越高,表现为地层流体的总体黏度越低,驱动时所需要的压差越小。因而在压井过程中,含气饱和度越低,井底流压越大。

7.3.5.5 压井排量对井底压力的影响

设定地层厚度为10m,孔隙度为0.08,渗透率为100mD,储层打开层厚为10m,分别设定压井排量为300L/min、500L/min和700L/min,得到不同排量下井底压力随时间变化曲线,如图7.45所示。

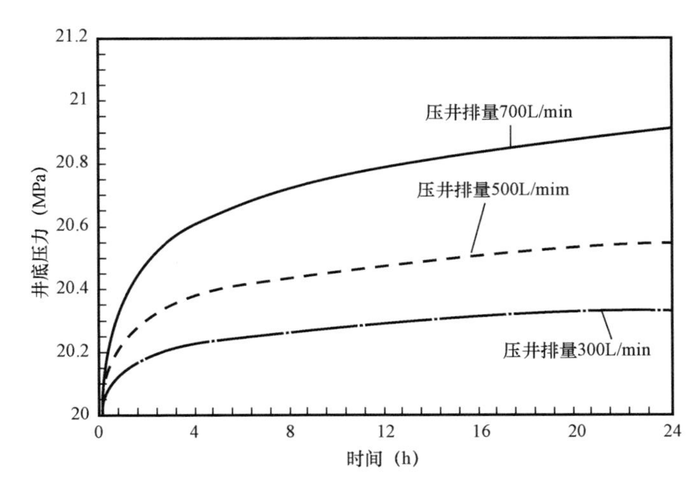

图7.45 不同排量下井底压力随时间变化曲线

由图7.45可知,恒定压回量压井时,压井过程中井底压力持续升高,压井排量越大,井底压力上升速度相对越快,压井排量越小,井底压力上升速度相对越慢。

压井12h时,压井排量为300L/min条件下井底压力从初始的20MPa升高至20.3MPa,升高0.3MPa;压井排量为500L/min条件下,压井12h,井底压力由20MPa升高至20.5MPa,升高0.5MPa;压井排量为700L/min条件下,压井12h,井底压力由20MPa升高至20.7MPa,升高0.7MPa。压井12h,压井排量为500L/min和压井排量为700L/min时,井底压力升高的幅度分别是压井排量为300L/min时的167%与233%,具体数据见表7.14。

表7.14 不同排量条件下压井12h井底流压变化

压井排量(L/min)	初始压力(MPa)	压井12h后井底流压(MPa)	压力变化值(MPa)
300	20	20.3	+0.3
500	20	20.5	+0.5
700	20	20.7	+0.7

在压井过程中地层中的渗流情况可以等效为一口大排量注入井注入地层,此时注入量和注入井井底压力可以描述为:

$$Q=\frac{2\pi Kh(p_{\rm win}-p_{\rm e})}{\mu\ln\frac{r_{\rm e}}{r_{\rm w}}} \tag{7.49}$$

式中 Q——注入量,cm^3/s;

$p_{\rm win}$——井底流压,10^{-1}MPa;

μ——流体黏度,mPa·s;

h——地层厚度,m;

$p_{\rm e}$——边界压力,MPa;

$r_{\rm e}$——供给半径,cm;

$r_{\rm w}$——井筒半径,cm。

由式(7.49)可知,在地层厚度为h,流体黏度为μ等参数不变条件下,井底流压随压井排量的增大而增大,理想条件下,二者呈正比关系。因而恒定压回量压井时,压井过程中井底压力持续升高,压井排量越大,井底压力上升速度相对越快,压井排量越小,井底压力上升速度相对越慢。

7.3.5.6 泵压设计影响

压回法压井作业前,必须确定地面泵压的限额,以最小承压装备的承压能力作为施工压力,把气体压回地层同时要防止压漏地层。

(1)若泵从环空压回钻井液,此时泵压可表示为:

$$p_{\rm ti}=p_{\rm g}+p_{\rm la}+p_{\rm pc}+p_{\rm p}-p_{\rm ma} \tag{7.50}$$

式中　p_{ti}——初始井口压力,MPa;

p_g——地面管汇压耗,通常为压裂车和井下四通连接管段的压耗,MPa;

p_{la}——环空压耗,MPa;

p_p——地层压力,MPa;

p_{ma}——环空静液柱压力,MPa。

允许最大泵压为以下限定压力的最小值:

① 套管抗内压强度的 80%;

② 井口设备额定工作压力;

③ 防喷器额定工作压力;

④ 地层破裂压力。

通常地层破裂压力是以上限制压力的最低值,作业时需充分考虑地层的破裂压力和井漏的问题,地区经验也要充分考虑。

(2)若从钻杆内应用压回法压井,此时泵压可表示为:

$$p_{ti} = p_g + p_{ld} + p_{pc} + p_p - p_{md} \tag{7.51}$$

式中　p_{ld}——钻柱内压耗,MPa;

p_{pc}——地层内摩阻,MPa;

p_{md}——钻柱内液柱压力,MPa。

7.3.5.7　井筒内气体体积对井口套压的影响

压回法压井前,溢流进入井筒中的气体含量对压回过程的最大井口压力有很大影响。井筒内气体体积越大,井筒内液体的静压柱压力越小,压回过程需要的井口压力越大。图 7.46 为压回法压井前井筒内气体体积与井口最大套压的关系曲线。

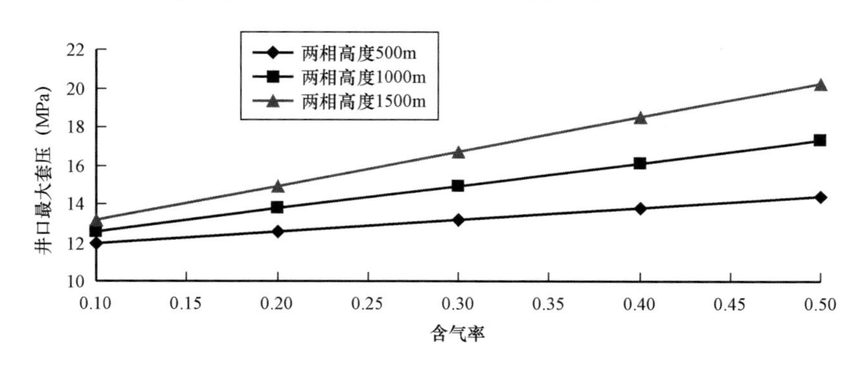

图 7.46　气体体积对井口最大套压的影响曲线

7.3.6　压回法压井过程规律

恒压回量压井过程初期,压井前井筒内初始液柱长度将对压井过程产生影响。本节着重分析在井筒存在钻井液以及置换一部分压井液后井筒参数变化规律。

模拟参数见表 7.15,不同井筒内井底压力与时间关系如图 7.47 所示。

表 7.15　模拟参数

储层厚度 h(m)	10
地层原始渗透率 K_1(mD)	10
近井钻井液污染区域渗透率 K_2(mD)	8
井壁滤饼区域渗透率 K_3(mD)	5
孔隙度	0.1
地层压力(MPa)	20
油藏深度(m)	2000
含气饱和度	0.6
平面网格步长(m)	5
纵向网格步长(m)	1
恒定压井排量(L/min)	300
压井液密度(kg/m³)	1000
井筒内径(in)	9.95

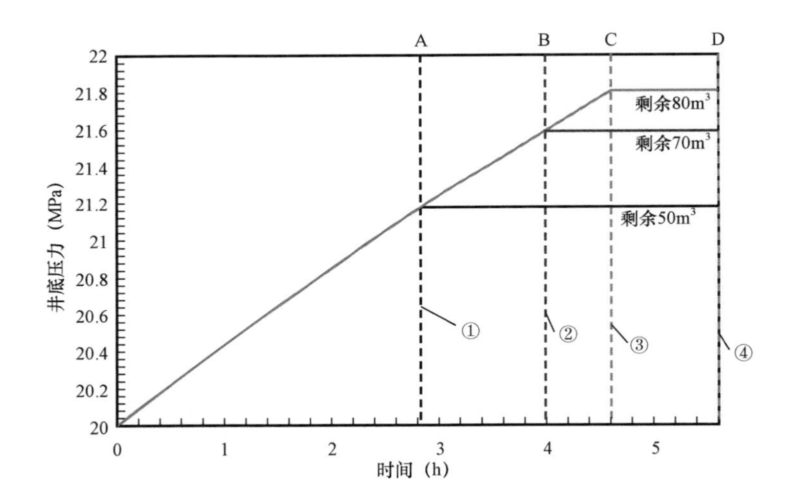

图 7.47　井筒内不同液柱长度条件下井底压力随压井时间变化曲线

图 7.47 中，曲线①为井筒内原始井底短液柱(50m³)时恒定压回排量法压回过程中井底压力随压井时间变化曲线，曲线②为井筒内原始井底中等液柱时(70m³)恒定压回量法压回过程中井底压力随压井时间变化曲线，曲线③为井筒内原始井底长液柱时(80m³)恒定压回量法压回过程中井底压力随压井时间变化曲线。A—D、B—D、C—D 分别为井筒内原始存在不同长度液柱时压回过程中将井筒内纯气相压回地层的过程。

由图 7.47 可见，在使用给定的排量压井 5.6h 时，井筒内的剩余钻井液与气体全部被压回地层，井筒初始短液柱长度 50m³ 时，井底压力从 20MPa 升高至 21.2MPa；井筒内剩余 70m³ 初始液柱长度时，压井 5.6h，井底压力由 20MPa 升高至 21.6MPa；井筒内剩余 80m³ 初始液柱长度时，压井 5.6h，井底压力由 20MPa 升高至 21.8MPa。具体数据见表 7.16。

表 7.16 井筒内不同初始液柱量下压井 5.6h 井底流压变化

井筒内初始液柱余量(m^3)	初始压力(MPa)	压井 5.6h 后井底流压(MPa)	压力变化值(MPa)
50	20	21.2	+1.2
70	20	21.6	+1.6
80	20	21.8	+1.8

由表7.16可知,井筒内初始液柱长度越长,压井5.6h后井底压力升高幅度越大。图7.47中,A—D、B—D、C—D三个阶段均为纯气相压回阶段,此时气相的渗流阻力小,因而井底压力升高速率相比含有液相压回时更低,曲线斜率降低。因此,井筒内初始液柱长度越长,在相同的压井时间条件下,井底流压升高幅度越大,越不易压回。

如图7.48所示,泵压随着压井液的进入井筒而逐渐降低,其中,A—D是井筒剩余$50m^3$钻井液时开始使用压回法压井,B—D是剩余$70m^3$开始压井,C—D是剩余$80m^3$开始压井。由图可知,在气相压回过程中泵压下降更快,斜率更大,如果井筒剩余原钻井液越少,泵压下降得越多。

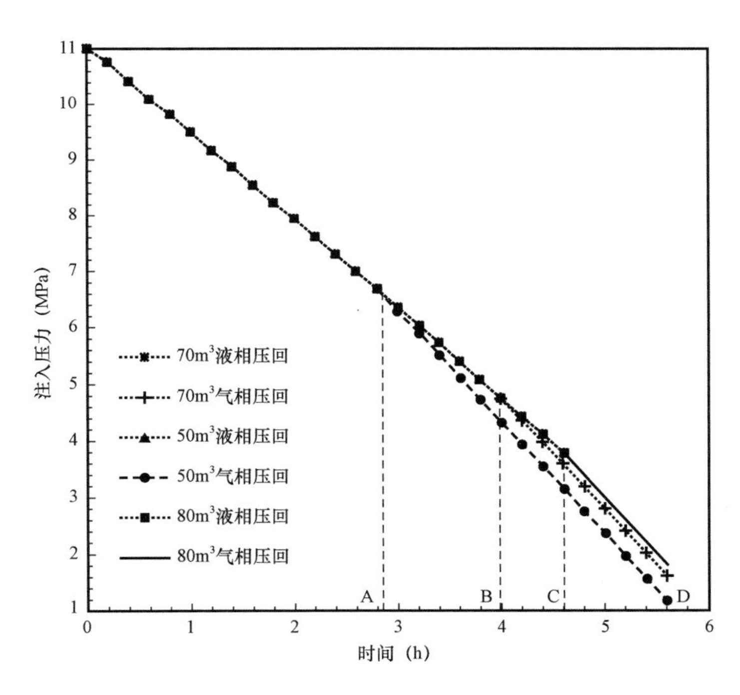

图7.48 井筒内不同液柱长度条件下泵压随压井时间变化曲线

对于低渗透储层来说,在不存在井筒剩余的钻井液时,地层也有被压裂的风险,因此,井筒钻井液液柱剩余较长时,对于低渗透储层,井底压力升高得更快,使用压回法压井可能会引起更进一步的事故发生。

7.3.7 地层流体部分释放与压回协同压井方法

研究表明,对于较深的井,如2000m以深,地层破裂压力较高,如果发生溢流,可以选择地面放喷与地下放喷。后者就是压回法。为了保护储层及地层,通常采用地面放喷。但是在有些情况下,是否可以采用将侵入井筒的地层流体部分压回地层,部分排出地面。这也是值得探讨的问题。

像海洋钻井,为了保障海洋钻井平台与环境安全,适量选择压回法压井具有一定的合理性。对于陆地一些环境及井眼条件下压回法也是值得首推的。然而采用部分释放与部分压回则显然是值得研究的。

7.3.7.1 正循环侵入井筒地层流体部分释放与部分压回压井方法

(1)正循环压回原理。

① 钻头在井底情况。如果井筒内有钻柱,并且钻柱较完好,通常来说会选择建立压井液循环来进行压井。对于钻柱在井底的情况,在使用压井液将环空中的气体循环出来后,可以继续进行循环并保持稍高的井口节流压力,从而保持井底压力高于储层压力,将一部分压井液压回到储层中,减小储层向井筒侵入流体的能力。也就是说,力求使用部分压井液进入储层,由于钻井液的进入而减小了储层近井地带的油气渗流能力,从而减缓了地层继续侵入的强度,有利于增加地面的安全。这种从钻柱内注入压井液的压回法压井可以看作为正循环方式的压回压井方法。实施过程如下所述。

初始气侵时刻如图 7.49 所示。t_0 时刻井筒刚刚开始进气,t_1 时刻气体滑脱上升一段距离,井口发现溢流并开始压井。

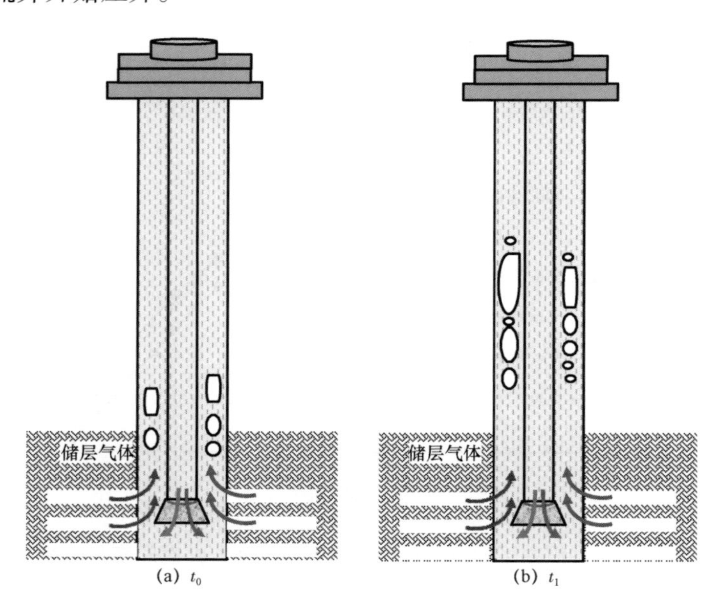

图 7.49 初始气侵时刻

图 7.50 为使用正循环压回法压井的原理。在正循环压井中,t_2 时刻从钻柱向井筒注入压井液,套管环空井口处保持高压节流状态。在 t_3 时刻压井液到井底开始进入环空向上流动。在 t_4 时刻井筒中的气体全部被循环出来,套压为 0,通常情况下,在 t_4 时刻就认为压井完成。但是,对于未知地层参数的井来说,在压井之后的继续钻进等操作中,地层流体可能会继续侵

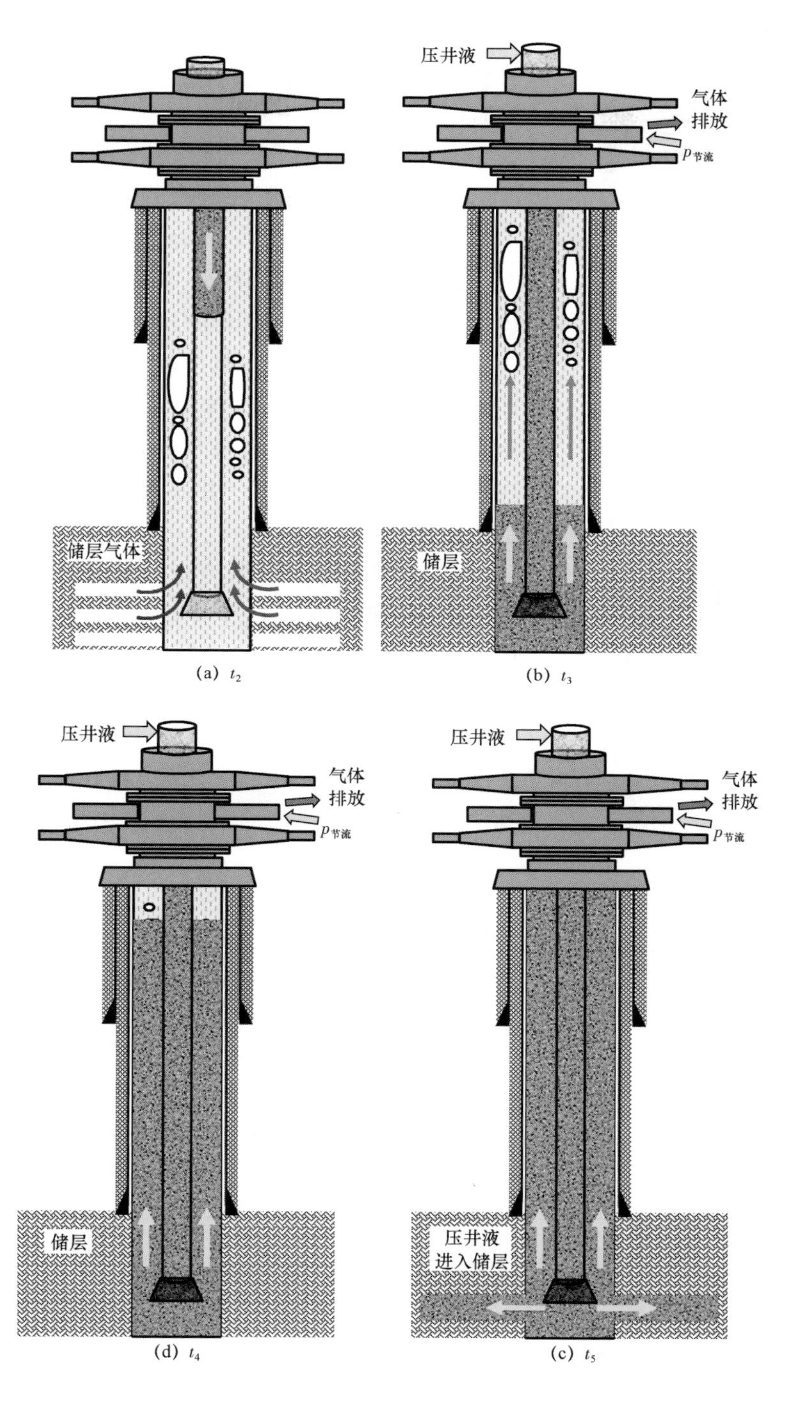

(a) t_2 (b) t_3 (d) t_4 (c) t_5

图 7.50 钻头在井底正循环压回法压井过程

入井筒，造成二次事故的发生。因此，在 t_4 时刻之后，需要继续向井口施加节流压力并继续循环，保持井底压力稍高于勘探期间所预测的地层压力，使一部分压井液渗透进入储层。在 t_5 时刻，井底压力达到等于储层压力的临界点，压井液开始向地层中渗流。当压井液在储层中运

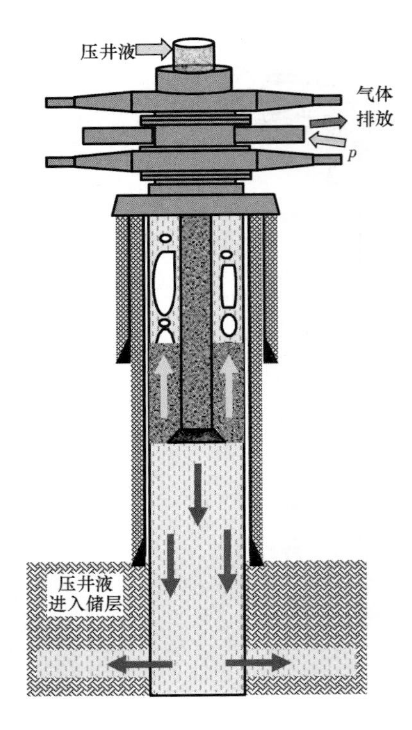

图 7.51　钻头不在井底正循环压回法压井过程

移了一段距离后，近井地带的储层渗透率有所降低，因而储层的气侵能力也相应降低，从而进一步保证井筒安全，此时压井完成。

因此，使用正循环压回法压井的目的是将一部分压井液压入储层中，利用压井液来封堵储层，从而防止气体进一步涌入井筒。

② 钻头不在井底情况。当钻头不在井底的正循环过程，适当调节节流阀使得部分流体释放，也使得钻头以下流体可以流向地层。在此过程钻头以下气体较多的压回地层，而钻头以上环空气体则循环排出地面。可以避免仅用压回法带来的井口聚集气体过多而带来的问题。需要注意的是，如果钻头不在井底，那么钻头下方的液体仍然是原钻井液（图 7.51）。

（2）正循环压回参数变化特征分析。

由于正循环压回法压井是首先将气体循环出井筒，之后再进行将压井液压入储层的作业。因此，正循环压回过程的井底压力变化与动力压井相似。本节综合考虑动力压井过程的井底压力变化规律，以及将压井液压回储层过程的井底压力变化特征，使用假设的参数进行了计算，得到了正循环压回法压井的压井参数变化规律。在本节计算中，以压井液经过钻柱运移至井底为初始时刻。模拟参数见表 7.17。

表 7.17　压井模拟计算参数表

系统参数	单位	数值	系统参数	单位	数值
井深（直井）	m	3000	气体相对密度		0.6
地层压力	MPa	45	供给边界	m	200
井眼直径	m	0.2168	地层气体黏度	mPa · s	0.027
钻柱外径	m	0.127	表皮系数		1.5
地面温度	℃	20	压井液黏度	mPa · s	50
井口压力	MPa	0.1	压井液密度	kg/m^3	1200
地温梯度	℃/100m	3	压井排量	L/s	90
储层渗透率	mD	10			

图 7.52 为在表 7.17 中给定的参数下的压井液循环过程井底压力变化曲线。如图 7.52 所示，在压井刚开始时，类似于动力压井曲线，井底压力随时间线性升高，在压井液循环至井口

后,曲线斜率降低,井底压力增加幅度缓慢。在井底压力大于等于地层压力后需要继续压井一段时间,将井筒残留气体继续循环出来。

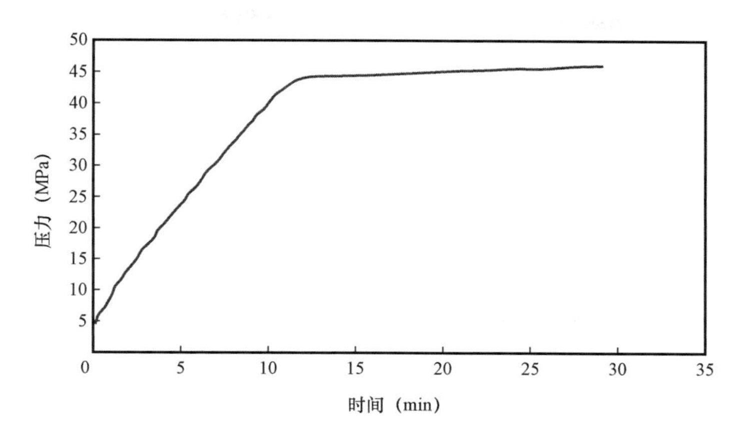

图 7.52 井底压力随时间变化曲线

在气体完全循环出井筒后,开始进行节流操作,使压井液进入储层。假设增加节流压力5MPa,正循环压回压井的全过程井底压力如图 7.53 所示。

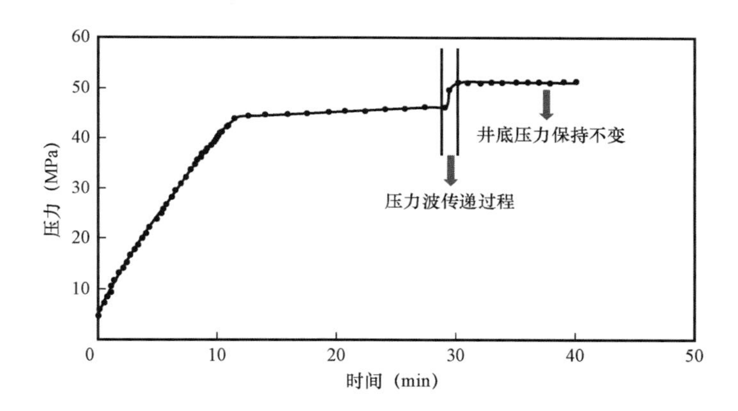

图 7.53 全过程井底压力随时间变化曲线

图 7.53 为包含将压井液压回储层过程的井底压力变化曲线。如图 7.53 所示,在 30min 左右环空气体循环完毕,开始额外增加节流压力 5MPa,井底压力由于开始节流时的压力波传递效应有一个线性上升的趋势,当压力波传递至井底,井筒压井液开始进入地层,之后井底压力基本保持在 51MPa 左右。

(3)正循环压回适用性分析。

对于正循环来说,不将环空中的侵入流体压回井筒,而直接将压井液压入储层来控制储层流体的继续侵入对于井眼较大及设备能力有限的情况来说具有很好的效果。出现以下情况可以选用正循环压回压井方法。

① 缺乏高黏度钻井液。在井控关井后,侵入到井筒内的流体沿着套管向地面运移,如果

井场没有配备充足的物料，不能配置高黏度压井液来防止侵入流体在压井液中滑脱上升，动力压井中的摩阻起到的作用较小。因此，需要首先进行较高节流压力的压井液循环，先将侵入流体循环出套管外，然后适当调整节流压力，使一部分压井液进入储层。

② 环空截面积大。对于某些环空截面积较大的井眼，如果使用正常的压回法压井从环空向井筒内注入压井液，由于钻柱的影响，压井液通常会沿着环空的一侧向下注入，而侵入井筒的流体会从另一侧向上运移聚集在井口。这种情况下，井口压力的上升速度非常快，对于压井设备的要求非常高，而对于某些探井来说，在钻井前进行设计的过程中，如果估算储层压力较低，通常可能在钻井期间使用的压井设备承压能力有限。因此，在环空截面积大的情况下，首先要尽早将环空流体排出井口。

③ 低渗透储层。深水钻井对钻井提出了很大的挑战，其中之一就是低渗透储层。低渗透储层需要较大的压力才能将侵入井筒的流体压回储层中，特别是在压回操作中为了防止侵入井筒的流体绕过压井液而需要高压回速率。为了防止超出海底设备的工作压力限制，需要精确计算裸眼井的地层破裂压力和套管/衬管的极限承压。对于海洋条件的低渗透储层，将侵入井筒的流体压回储层的条件较高，由于正循环不存在将井筒气体压回储层流程。因此，在低渗透储层条件下，可以选择正循环压井方法，将侵入井筒的流体排放出来。同时，在使用正循环将侵入井筒流体完全排出后，由于井筒内只存在加重压井液，产生的静液柱压力高于受污染的钻井液，套管所受压力将会减小，因此，可以继续施加泵压，使井底压力进一步升高，将一部分加重钻井液压入储层，使用加重钻井液来封堵储层，进一步防止储层流体重新进入井筒。

7.3.7.2 反循环井筒地层流体部分释放与部分压回压井方法

(1)反循环压回原理。

① 钻头在井底情况。从环空内注入压井液的压回法压井可以看作为反循环方式的压回方法。对于反循环压回法压井，t_0 时刻(图 7.54)从钻柱外环空向井筒注入高密度压井液，钻柱内保持高压节流状态，钻柱内节流压力与钻柱内静液柱压力之和最好大于储层压力。在 $t_1 \sim t_2$ 时刻，如果侵入井筒的流体量较多，已经淹没钻头，侵入井筒的流体在高压下会一部分被压回储层，另一部分会进入到钻柱中从而循环出来。当侵入井筒的流体完全被压回储层以及排放出来，继续施加较高节流压力循环一段时间，将一部分压井液压入储层(t_3 时刻)，降低近井地带的渗透率，进一步保证压井安全。因此，如果应用反循环压回法压井，一部分气体会被压回储层，而另一部分气体则会通过钻柱排出井筒。

② 钻头不在井底情况。同正循环压回类似，在反循环压回过程中，钻头以下气体较多的压回地层，而钻头以上环空气体则循环排出地面。也可以避免仅用压回法带来的井口聚集气体过多而带来的问题，如图 7.55 所示。

(2)反循环压回参数变化特征分析。

反循环压回法井底压力变化与反循环压井相似。本节综合考虑反循环压井过程的井底压力变化规律以及将压井液压回储层过程的井底压力变化特征，使用假设的参数进行了计算，得到了反循环压回法压井的压井参数变化规律，模拟参数见表 7.18。

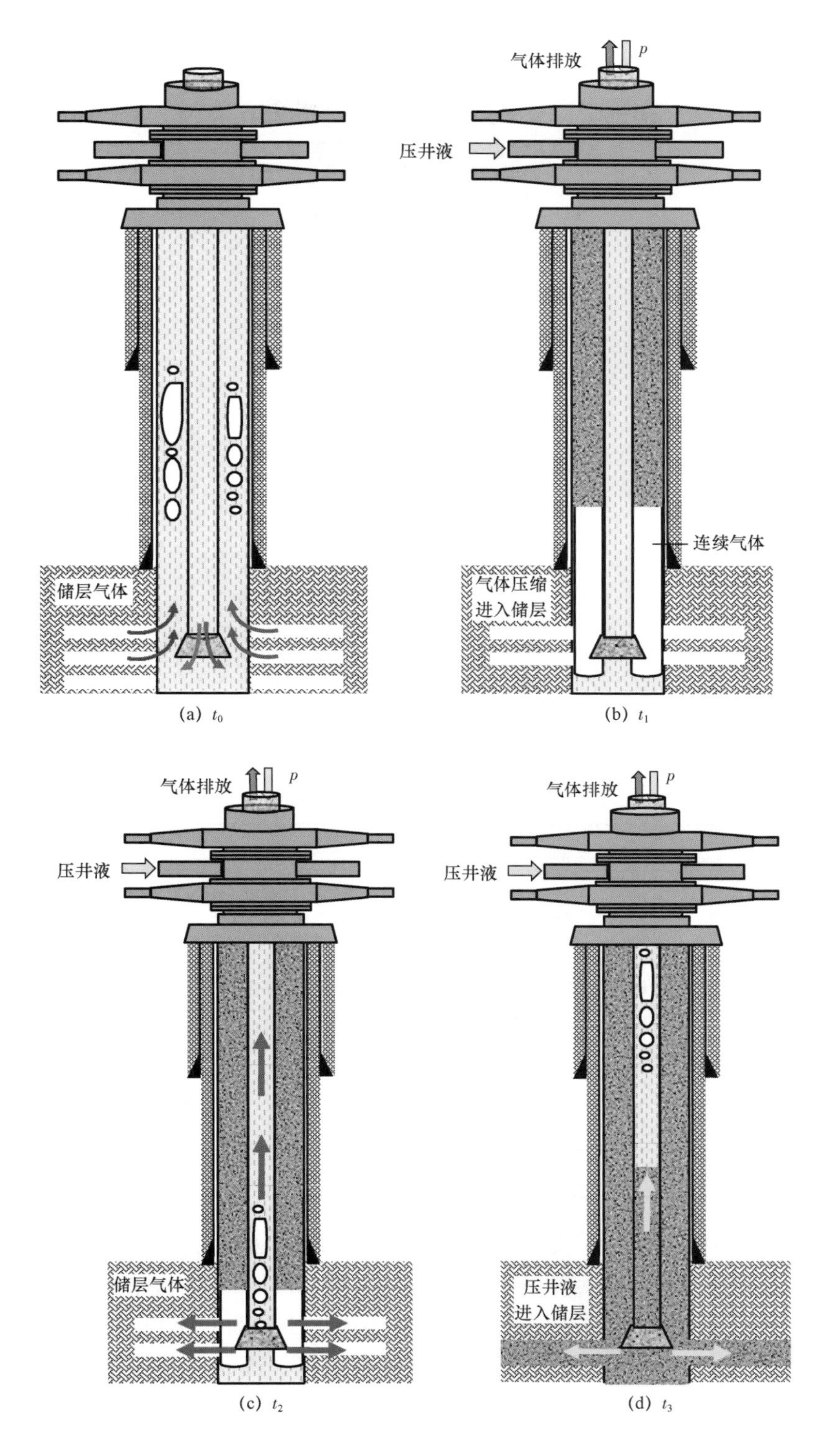

图 7.54 钻头在井底反循环压回法压井过程

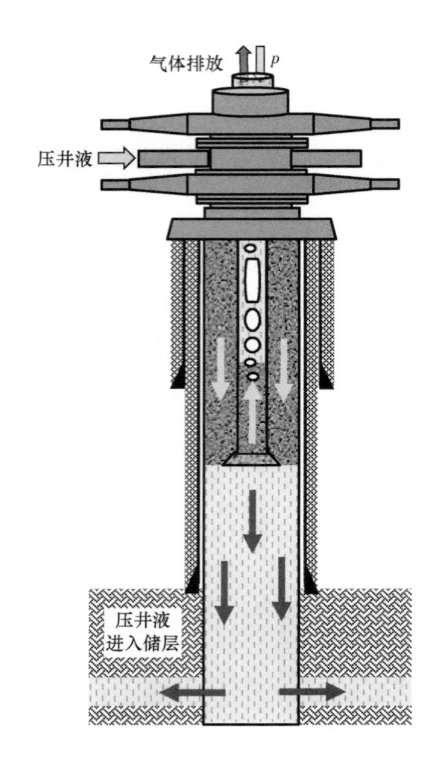

图 7.55　钻头不在井底反循环压回法压井过程

表 7.18　压井模拟计算参数表

系统参数	单位	数值	系统参数	单位	数值
井深(直井)	m	5095	气体相对密度		0.7
地层压力	MPa	112	溢流量	m^3	3
井眼直径	m	0.240	地层气体黏度	mPa·s	0.027
钻柱外径	m	0.127	压井液黏度	mPa·s	70
钻柱内径	m	0.105	压井液密度	kg/m^3	2040
地面温度	℃	20	压井排量	L/s	14
地温梯度	℃/100m	1.6			

图 7.56 为在给定的参数下(表 7.18)使用现有反循环压井方法的套管压力变化过程曲线。图 7.57 为在使用反循环压回法压井过程外加立管节流压力 2MPa 的套管压力变化对比。

如图 7.57 所示,反循环压回法压井相较于反循环法压井时间更短。同时,如果使用额外的 2MPa 节流压力进行反循环压回法压井,套管压力相对于普通反循环压力高 2MPa,并且在压井 300min 后压力保持在 2MPa 不变,但是 300min 后的套管压力是可以随时卸载,卸载后对井控没有影响,不会发生进一步的事故。而且,2MPa 的井底压差可以使压井液进入一部分储层中进行封堵,降低储层近井地带的渗透率,减小二次事故的发生概率。

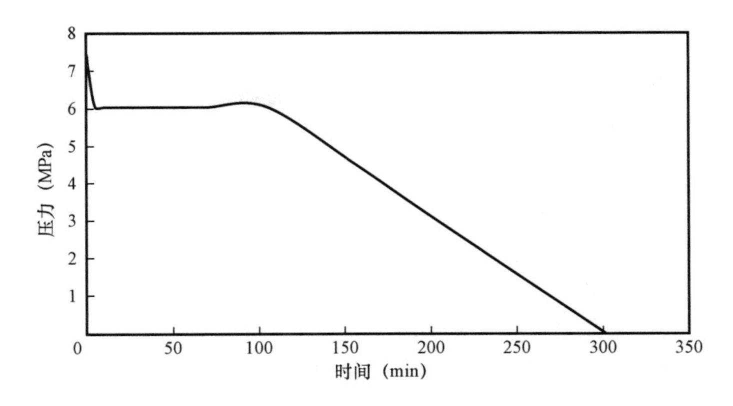

图 7.56　套管压力随时间变化

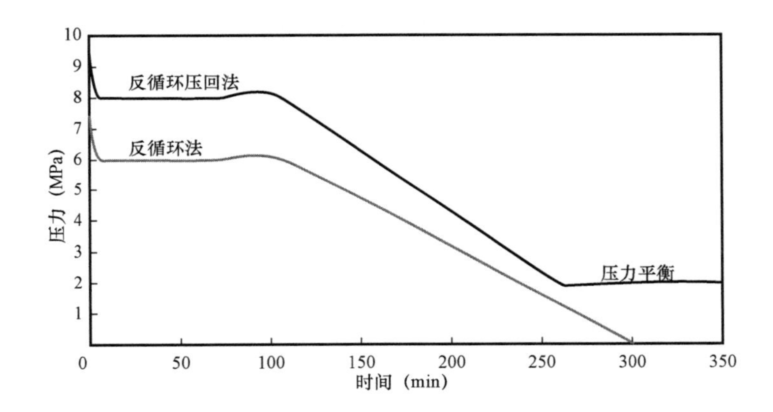

图 7.57　反循环压井方法与反循环压回法套管压力随时间变化

(3)反循环压回适用性分析。

对比于正循环压井，在小井眼及钻头不在井底的情况下，反循环压井能高效地控制住地层流体的侵入。需要注意的是，反循环压井需要钻柱内没有止回阀。

① 井眼较小。对于井眼较小，打入压井液所需要的排量较小，并且物料充足，可以配置高黏度压井液的井来说，侵入井筒的流体不至于快速滑脱到井口，在环空中可以较为轻松地实现将侵入流体压回地层。

② 钻头不在井底。对于钻头深度小于储层深度的情况，钻头下方空间较大，此时如果选用正循环压井，一部分压井液会在钻头下方堆积，不会参与缓慢循环。在进行井筒高压缓慢循环的过程中，长时间静止的钻头下部的压井液物性将会改变，正循环高压下的这部分压井液在渗透到储层中的能力越来越弱，压井的效率越来越低。如果侵入井筒的流体为气体，气体在储层中的渗透率小于压井液在储层中的渗透率，对比于反循环压井，此时的正循环压井效率远远低于反循环压井效率。

③ 套管极限承压不足。反循环压回压井同反循环压井相似，对于套管破损承压不足的情况，反循环压回可以有效降低套管压力；同时，一部分气体被压回储层也可以有效地减少压井时间，防止地面设备在长时间压井过程中被冲蚀。

7.3.7.3 压回过程压井液对储层封堵能力分析

使用基于压井液循环的压回压井方法的一个重要目的就是封堵储层，降低储层近井地带的渗透率，从而减小储层的进气能力。通常来说，压井液降低储层渗透率主要是由两个因素引起的：压井液含有固体颗粒以及压井液滤液进入储层与储层黏土发生反应引起黏土膨胀。由于固相颗粒在储层中运移较缓慢，降低储层近井地带的渗透率所需的时间相对于压井时间很长，因此，本文只针对黏土膨胀引起的渗透率变化进行研究。

在地层孔隙介质中，当压井液进入后黏土颗粒发生膨胀会对储层造成堵塞。当黏土颗粒在地层中膨胀后，对于毛细管半径较小的孔隙，当黏土膨胀的量大于其可容纳的量时，可认为此情况下的毛细管发生堵塞；而对于毛细管半径较大的孔隙来说，黏土膨胀后也同样会使毛细管的半径减小，并且使渗流阻力增大以及流动特性尺度减小，产生尺度效应，进而降低储层整体的渗透率。

黏土膨胀的变化与渗透率变化的关系如式(7.52)所示：

$$K = \frac{\phi^3}{8\tau(1-\phi)^2 S^2} \tag{7.52}$$

式中 K——渗透率，mD；

ϕ——孔隙度，%；

S——比表面，m^2/g；

τ——迂曲度。

式(7.52)表示如果岩石外表体积一定，比表面积随着黏土的不断膨胀而增大，从而岩心的渗透率随之下降。

因此，可建立简化模型来研究在不同储层孔径分布、不同储层孔隙度条件下黏土膨胀对其伤害程度。简化后的黏土颗粒膨胀模型如图7.58所示，假设黏土颗粒的初始半径为r，如图7.58(a)所示，黏土颗粒为球形黏附在岩石骨架颗粒的表面，如图7.58(b)所示，在吸水膨胀后，黏土颗粒为均匀膨胀，以及膨胀后的黏土颗粒的半径为R。

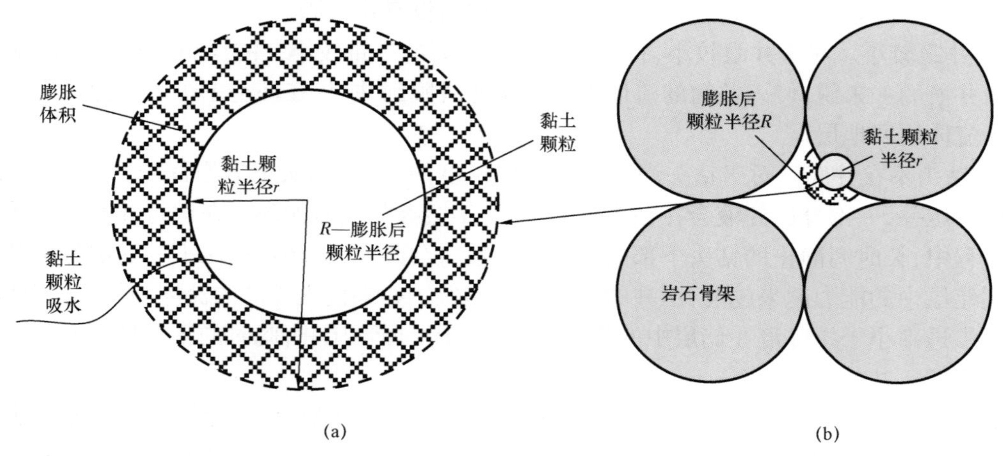

图7.58 黏土颗粒膨胀变化

当压井过程储层黏土吸水膨胀后，储层中孔喉的变化如图 7.59 所示。其中 r_d 为喉道半径。假设孔隙各处孔径相同，黏土颗粒在岩石骨架表面均匀吸附，此时的孔隙半径为 r_0，当黏土吸水膨胀后，黏土颗粒的粒径增加，膨胀后的孔径为 r_d。

孔隙分布基本满足“对数正态分布”函数：

$$f(x) = \frac{1}{\sqrt{2\pi}\sigma} e^{-\frac{(x-u)^2}{2\sigma^2}} \tag{7.53}$$

式中 σ——函数标准差；

u——孔隙均值半径。

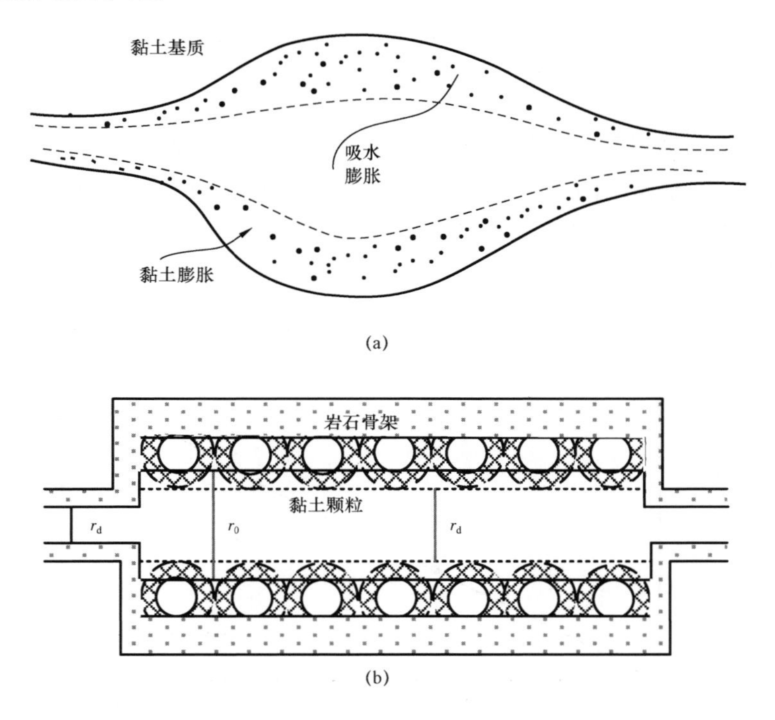

图 7.59　孔喉模型膨胀示意图

在式(7.53)中，黏土颗粒直径为 0.1μm，在不同渗透率地层中，黏土的膨胀均引起孔径的缩小，导致地层孔隙度降低，进而降低地层渗透率。

本文以中渗透储层为例，储层原始孔隙度设为 0.2，对应的孔隙半径峰值 u 依次取 30nm、60nm、、100nm、200nm、500nm，可得到在不同条件下的孔径分布变化规律。同时，在改变黏土的膨胀率时其孔径分布也随之变化，如图 7.60 所示。

通过对不同尺寸孔径的积分，可得到黏土膨胀后地层的孔隙度变化及孔径均值。由式(7.54)可得出黏土膨胀对地层渗透率的伤害程度。

$$K_i = \frac{r^2\phi}{8\tau} \tag{7.54}$$

其中，K_i 为渗透率下降率。

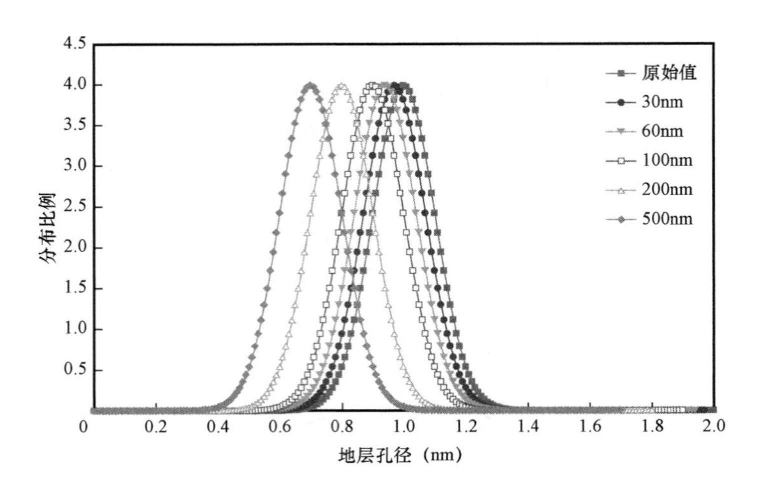

图 7.60　在中渗透储层中黏土膨胀后孔径变化规律

在图 7.61 中，渗透率的下降率与黏土颗粒的膨胀率呈正比关系，也即随着黏土颗粒膨胀率的增加，储层渗透率降低。渗透率下降主要是由于黏土膨胀后孔隙失效以及孔隙体积减小所造成的渗流阻力增加。

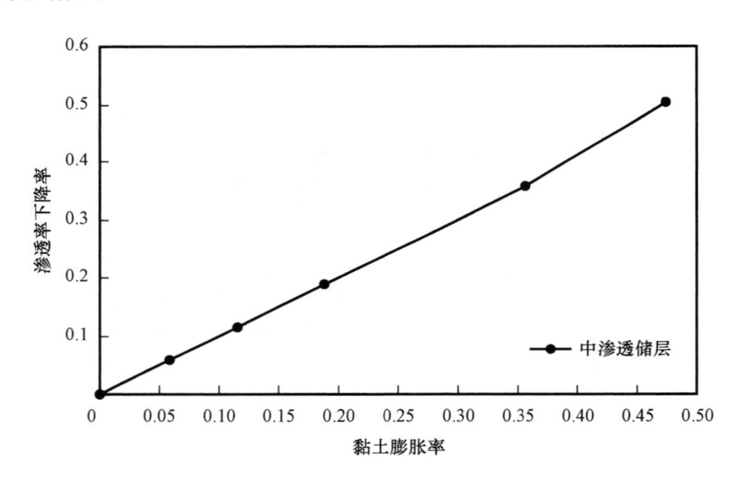

图 7.61　渗透率下降率与黏土颗粒膨胀率的关系

根据图 7.61 给出的渗透率下降率与黏土颗粒膨胀率的关系，做如表 7.19 的模拟参数。

表 7.19　压井模拟计算参数表

参数	单位	值
储层平面网格步长	m	2
储层纵向网格步长	m	1
平面网格数 $I \times J$		101 ×101
纵向网格数		10

续表

参数	单位	值
孔隙度		0.08
渗透率	mD	100
含气饱和度		0.6
井深	m	2000
储层压力	MPa	20
定压差	MPa	2
井筒半径	m	0.05m
黏土膨胀率		0.45

根据表7.19中的参数，对使用循环压回压井方法的液体封堵储层的能力进行模拟评价。

图7.62展示了在使用循环压回法压井过程中，进入储层的压井液前缘所运移的距离与时间的关系。需要注意的是，本文判别的压井液前缘变化规律是由储层中含气饱和度的变化而得到的，即当过了某一段时间，储层近井地带的含气饱和度若发生变化，就认为压井液流体前缘运移至此位置。

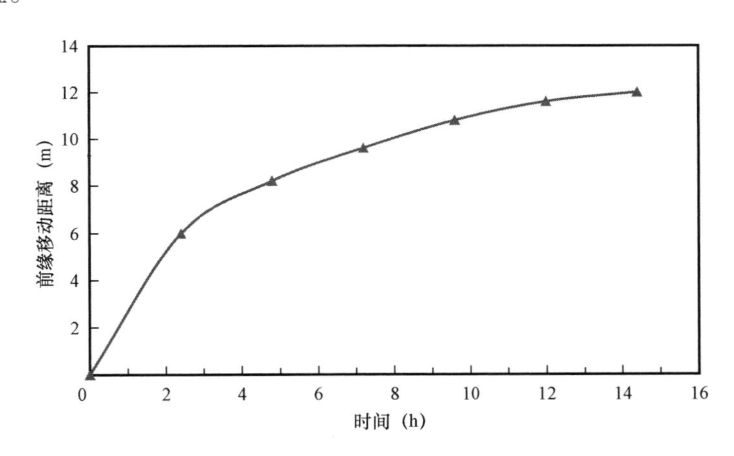

图7.62　压井液前缘在储层中运移随时间变化曲线

从图7.62中可以看出，在前3h内，压井液在储层中运移的速度最快，3h后压井液在储层中运移的速度随着距离的增加而减缓。

结合图7.62与图7.63所示的规律，可以得到在压井液进入储层后，压井液对储层封堵的能力评价结果(图7.63)。

图7.63描述了在压井液进入储层后，储层的产能发生变化。由于压井液进入储层，储层近井地带的渗透率下降，导致储层的整体产能发生变化。从图7.63中可以看出，在压井液进入地层24h后，累计产气量相较于原始地层条件下降了$2\times10^4m^3$。因此，将压井液压入储层可以进一步地减弱储层气体进入井筒，保障地面及平台的安全。

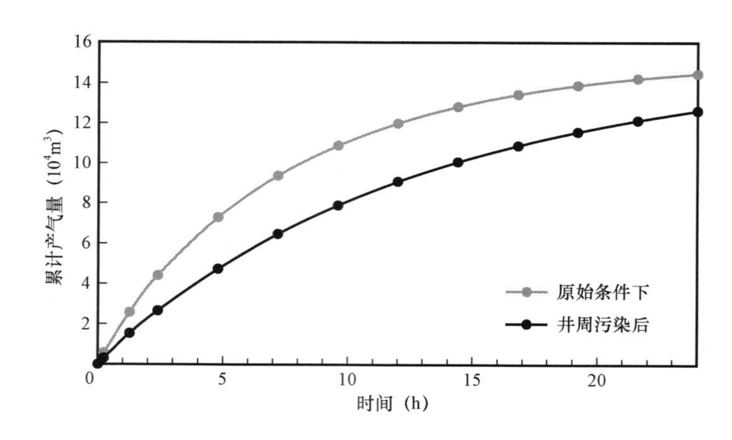

图 7.63　压井液进入储层后累计产气量的变化

7.4　钻头不在井底压井方法

当钻井井喷发生时，部分钻杆已经移出井筒，或者钻杆受到严重破坏，无法建立钻井液从井口到井底的循环，这种情况的井控叫钻头不在井底的井控程序。油田统计资料表明，25% 的井喷是由于起钻速度过高产生抽吸压力引起，而很多情况下，无法实施强行下钻到井底操作，导致钻头不在井底。根据 Abel 等的统计，在钻井或修井井喷失控和井喷着火事故中，大约 80% 的事故发生时钻头不在井底。在这种情况下，常规井控的概念、技术和术语已经失去意义，司钻法和等待加重法等常规压井方法无法实施，简而言之，当钻头不在井底，地层侵入物还在井眼的情况下，不能使用常规井控程序进行循环，因为典型的 U 形管原理不能描述此时井眼情况。文章上一节主要针对关井期间提出了 Y 形管压井理论，本节对压井过程的 Y 形管理论进行详细介绍，并基于此理论研究了钻头不在井底的动力压井法。

7.4.1　钻头以上井段井涌压井计算模型

钻头以上井段流体流动分为环空的气液两相流动和钻杆内压井液单相流动，本节将其概括为气液两相混合区域模型和单相区域模型，并分别建立了计算模型。计算模型可参考第 4 章。

7.4.2　钻头以下井段井涌压井计算模型

目前，动力压井技术应用到钻头不在井底的情况的假设是不考虑钻头以下井段压井液的回流效应，当根据这个保守的假设计算的压井液排量可以实现压井操作时，井控工作者可以顺利地实施压井操作。但是如果在这种假设的情况下，无法实施动力压井操作时，考虑压井液的回流影响，动力压井有可能可以实施，并且为此种情况提供一种压井技术，制止井喷，由此对钻头以下井段的气液两相流动特性的分析显得尤为重要。

钻头以下井段是否产生压井液的回流可以根据井喷临界速度确定，钻头以下井段的气液两相流动特性可根据零液量气液两相流动概念分析。

7.4.2.1 压井液回流判别模型

压井液在钻头处是否回流可以通过井喷临界速度概念予以描述。钻井井喷发生后，井筒中的钻井液全部被气体携带出井时的气体流速称之为井喷临界速度。井喷临界速度是钻井井喷中很重要的概念，既可以通过井喷临界速度预测钻井井喷是否可以喷空，也可以对压井液性质进行设计，改变压井液性质增加井喷临界速度，进行压井。

井喷临界速度可以借助1969年Turner建立的液滴模型预测气井积液来推导，Turner比较了垂直管道举升液体的两种模型，即管壁液膜移动模型和高速气流携带液滴模型，认为液滴模型可以较准确地预测积液的形成。Turner假设被高速气流携带的液滴是圆球形的前提下，导出了气井携液临界流量公式。

$$v_{cr} = \sqrt{\frac{4gd(\rho_l - \rho_g)}{3\rho_g K_d}} \tag{7.55}$$

式中 v_{cr}——井喷临界速度，m/s；

g——重力加速度，m/s^2；

d——液滴直径，m；

K_d——液滴的拽拉系数；

ρ_l——液体的密度，kg/m^3；

ρ_g——气体的密度，kg/m^3。

液滴的直径决定临界速度大小。Ueda（1979），Gibbons（1985），Fore 和 Dukler（1995）对液体的黏度对液体直径大小的影响进行了研究，得出液体的黏度对液体直径的影响很小，因此本文忽略液体黏度对液体直径影响。液滴直径的大小由气流的惯性力和液体表面张力所控制。气流的惯性力试图使液滴破碎，而表面张力试图使液滴聚集，韦伯数 N_{we}综合考虑了这些力的影响。当韦伯数超过20～30的临界值时，液滴将会破碎，不存在稳定液滴。则最大液滴的韦伯数应取为30。

$$N_{we} = \frac{\rho_g {v_{cr}}^2 d_{max}}{\sigma} = 30 \tag{7.56}$$

式中 N_{we}——韦伯数；

σ——表面张力，mN/m；

d_{max}——液滴的最大直径，m。

将式（7.56）代入式（7.55）得：

$$v_{cr} = \left[\frac{40g\sigma(\rho_l - \rho_g)}{K_d \rho_g^2}\right]^{\frac{1}{4}} = 4.45\left[\frac{\sigma(\rho_l - \rho_g)}{K_d \rho_g^2}\right]^{\frac{1}{4}} \tag{7.57}$$

对于拽拉系数 K_d，Newton 通过圆球降落实验得到了标准阻力曲线，成为曳力系数研究中普遍使用的图版（图7.64）。为了满足石油化工设计的需要，人们采用经验关联式的方法对标准阻力曲线进行拟合，具有代表性的是 Brauer 和 Clift&Gauvin 的全域拟合关联式，效果最好，但与大家公认的实验数据相比，这两个关联式的误差还是很大的。邵明望采用非线性拟合的方法,在计算机上处理实验数据,整理出一个新的拟合关联式,其精度比 Brauer 和 Clift&Gauvin 的全域拟合关联式有较大提高。

$$K_d = \frac{24}{Re} + 3.409Re^{-0.3083} + \frac{3.68 \times 10^{-5} Re}{1 + 4.5 \times 10^{-5} Re^{1.054}} \tag{7.58}$$

$$Re = \frac{d\rho_g v_g}{\mu_g} \tag{7.59}$$

式中 Re——雷诺数;

μ_g——气体黏度,Pa·s;

v_g——气体速度,m/s。

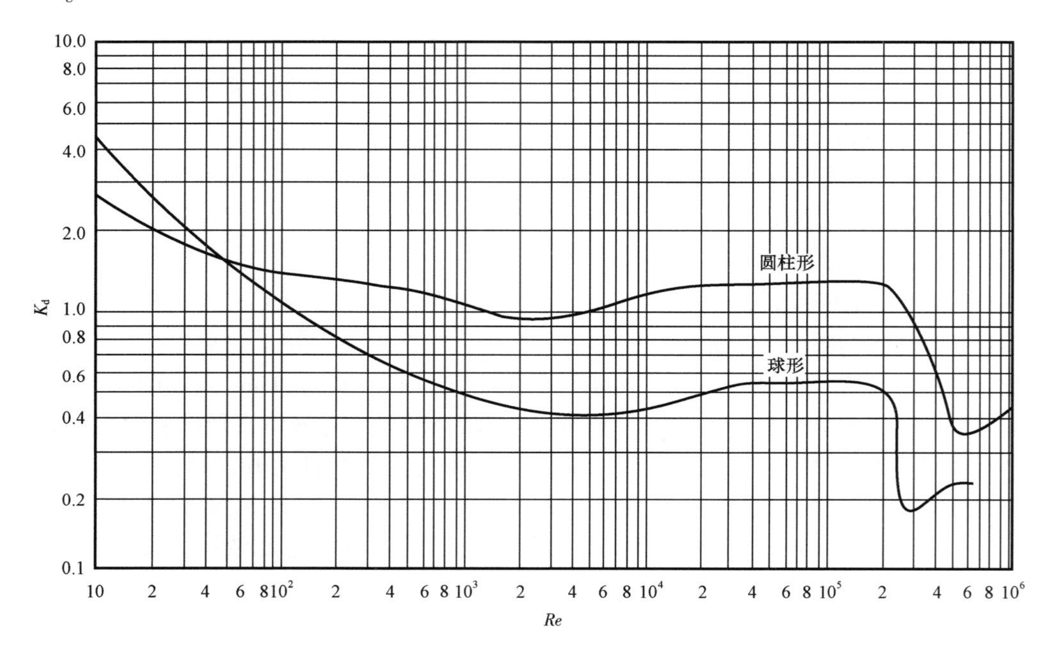

图 7.64 拽拉系数与雷诺数关系

在气液相对速度不是很大时,液滴近似保持球形,应用以上球形拽拉系数关联式计算液体的拽拉系数误差较大。当气液相对速度较大时,液滴变为椭圆形,迎风面积发生了变化,拽拉系数也相应发生了变化。根据标准阻力曲线,Turner 等认为在高速气流下,$K_d = 0.44$;李闽等认为在高速气流下液滴为椭球形,增加了液滴的迎风面积,从而增加了拽拉系数,认为 $K_d = 1$。对于非球形刚性颗粒拽拉系数的计算,Haider 和 Levensiel 建议使用四参数拽拉系数计算公式。

$$K_d = \frac{24}{Re}(1 + b_1 Re^{b_2}) + \frac{b_3 Re}{b_4 + Re} \tag{7.60}$$

其中

$$b_1 = \exp(2.3288 - 6.4582\phi + 2.4486\phi^2) \tag{7.61}$$

$$b_2 = 0.0964 + 0.5565\phi \tag{7.62}$$

$$b_3 = \exp(4.905 - 13.8944\phi + 18.4222\phi^2 - 10.2599\phi^3) \tag{7.63}$$

$$b_4 = \exp(1.4681 + 12.2584\phi - 20.7322\phi^2 + 15.8855\phi^3) \tag{7.64}$$

$$\phi = \frac{2\varphi^2}{1 + \varphi^3} \tag{7.65}$$

$$\varphi = \frac{d_s}{d} \tag{7.66}$$

式中 d_s——水滴的等效直径(与变形水滴等体积的球形水滴的直径)。在井喷条件高速气流下,$\varphi=0.7\sim0.9$,本文取 $\varphi=0.8$。

与固体颗粒不同,液滴在运动中受周围气流作用会产生内部流动,会对液滴阻力产生一定影响,减小了液滴的阻力。Helenbrook 建议用如下方程来修正这种影响。

$$\frac{K_{\text{ddroplet}}}{K_{\text{dsolid}}} = \left(\frac{2 + 3\mu_l/\mu_g}{3 + 3\mu_l/\mu_g}\right)\left[1 - 0.03\left(\frac{\mu_g}{\mu_l}\right)Re^{0.65}\right] \tag{7.67}$$

式中 K_{dsolid}——圆球形固体颗粒的拽拉系数;

K_{ddroplet}——圆球形液滴颗粒的拽拉系数;

μ_l——液体的黏度,Pa·s。

7.4.2.2 钻头以下井段气液两相流动模型

当地层气体速度小于压井液被携带出井的井喷临界速度时,压井液循环到钻头处后部分压井液能够降落到钻头以下井眼段中,并逐渐建立起液柱增加井底压力。钻头以下井段的压井液流动特性可根据零液量气液两相流动进行描述,零液量流动是指只有气体流动,液体被气体携带向上往复运动,但是不被携带出井的现象,基于此理论建立钻头以下井段的压降及持液率计算模型。

零液量流动条件下沿钻井井筒气液两相流型是不同的,建立此种条件下的两相流模型需要考虑流型的影响。根据刘磊等、刘安琪等,S. Amaravadi 等和 H. An 等研究表明,零液量流动情况下,低气相流速时表现为弹状流,高气相流速时为段塞流。

(1)流型转化模型。

对于井筒零液量流动现象,其主要流型为段塞流和搅动流。根据文献调研和理论推导得到其流型划分标准与气液两相流动的流型转化存在一定差异,本文采用如下流型转化模型。

① 泡状流和段塞流转变模型。泡状流向段塞流转变采用 An 等建立的模型。

$$0.4829\left[\frac{g(\rho_l - \rho_g)\sigma}{\rho_l^2}\right]^{\frac{1}{4}} \leqslant v_{sg} \tag{7.68}$$

② 段塞流和搅拌流转变模型。

$$3.1\left[\frac{g(\rho_l - \rho_g)\sigma}{\rho_g^2}\right]^{\frac{1}{4}} \leqslant v_{sg} \tag{7.69}$$

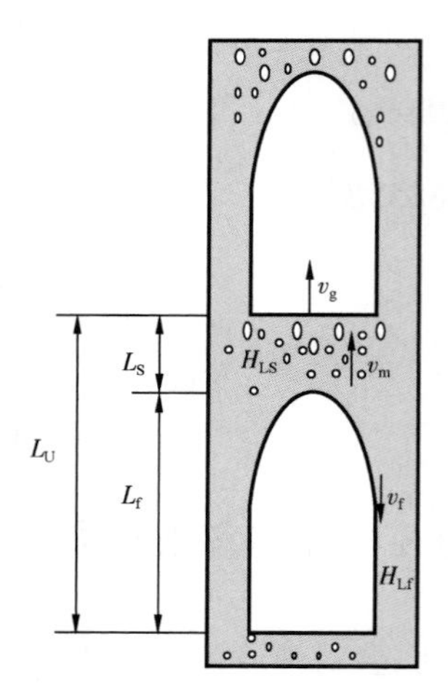

图 7.65　零液量流动段塞流模型

(2)零液量流动计算模型。

目前,零液量流动计算模型主要基于滑脱模型,这个模型可以使用于泡状流段塞流,也可推广到搅拌流。利用段塞流建立钻头不在井底零液量流动模型可以满足工程需要。

对图 7.65 零液量流动段塞流模型分析得,气液混合物表观流速 v_m 为:

$$v_m = v_{sg} + v_{sl} = \frac{Q_g + Q_l}{A} \tag{7.70}$$

气体真实上升速度为 Taylor 气泡上升速度:

$$v_g = C_0 v_m + v_{\infty T} \tag{7.71}$$

零液量流动时液体流速为零,即 $v_{sl}=0$,可得到下式:

$$v_g = C_0 v_{sg} + v_{\infty T} \tag{7.72}$$

式中　C_0——流速分布系数(中心线速度与平均速度的比值);

$v_{\infty T}$——Taylor 气泡在静止液体中的上升速度。

An 考虑液体黏度,液体的密度和压力的影响给出了 C_0的计算式:

$$C_0 = A_1 v_{sg} + A_2 \ln\left(\frac{\rho_l}{\rho_g}\right) + A_3\mu' + A_4 + \exp\left[A_5 v_{sg} + A_6 \ln\left(\frac{\rho_l}{\rho_g}\right) + A_7\mu' + A_8\right] \tag{7.73}$$

式中,$\mu' = \frac{\text{液体黏度}}{\text{水黏度}}$,$A_1 = -0.0246$,$A_2 = 0.1654$,$A_3 = 0.001$,$A_4 = 0.399$,$A_5 = -0.6757$,$A_6 = 1.6407$,$A_7 = 0.0036$,$A_8 = -9.4357$。

Aziz 建立了 Taylor 泡在静止液体中上升速度为:

$$v_{\infty T} = C\sqrt{\frac{gD(\rho_l - \rho_g)}{\rho_l}} \tag{7.74}$$

系数 C 可以通过 Wallis 研究结果给出:

$$C = Fr^{0.5} = 0.345\left[1 - e^{-0.029N_V}\right]\left[1 - e^{\frac{3.37-N_E}{m}}\right] \tag{7.75}$$

$$N_E = \frac{gD^2(\rho_l - \rho_g)}{\sigma},\quad N_v = \frac{\sqrt{D^3 g\rho_l(\rho_l - \rho_g)}}{\mu_l} \tag{7.76}$$

其中,m 可从表 7.20 中给出。

表 7.20　参数值

N_v	m
≥250	10
$250 \geq N_v > 18$	$69N_v^{-0.35}$
≤18	25

在管轴方向建立段塞流液塞和液膜区质量守恒方程，即：

$$H_{\mathrm{Lf}}(v_{\mathrm{g}} - v_{\mathrm{f}}) = H_{\mathrm{Ls}}(v_{\mathrm{g}} - v_{\mathrm{sg}}) \tag{7.77}$$

利用 Gregory 等建立的经验公式计算段塞流液塞段的持液率：

$$H_{\mathrm{Ls}} = \frac{1}{1 + (v_{\mathrm{m}}/8.66)^{1.39}} \tag{7.78}$$

在液膜区，假设液膜厚度一定，建立动量守恒方程：

$$-\tau_{\mathrm{f}}\pi D - AH_{\mathrm{Lf}}\rho_{\mathrm{l}}g\cos\theta = 0 \tag{7.79}$$

式中，摩擦应力为：

$$\tau_{\mathrm{f}} = f_{\mathrm{f}}\rho_{\mathrm{l}}\frac{v_{\mathrm{f}}|v_{\mathrm{f}}|}{2} \tag{7.80}$$

利用以上三式同时求得 H_{Lf}和 v_{f}。段塞流单元的液相质量流速为：

$$w_{\mathrm{L}} = v_{\mathrm{m}}AH_{\mathrm{Ls}}\rho_{\mathrm{l}}\frac{L_{\mathrm{s}}}{L_{\mathrm{u}}} + v_{\mathrm{f}}AH_{\mathrm{Lf}}\rho_{\mathrm{l}}\frac{L_{\mathrm{f}}}{L_{\mathrm{u}}} \tag{7.81}$$

对于零液量条件，段塞向上运动，同时液膜向下运动。液体的质量流量为零，没有液体从管中排出，因此，式(7.81)右边为零，得：

$$v_{\mathrm{m}}H_{\mathrm{Ls}}\frac{L_{\mathrm{s}}}{L_{\mathrm{u}}} + v_{\mathrm{f}}H_{\mathrm{Lf}}\frac{L_{\mathrm{u}} - L_{\mathrm{s}}}{L_{\mathrm{u}}} = 0 \tag{7.82}$$

段塞的长度随表观气体速度是变化的，在低气速下，段塞大约为管子直径的 20 倍，随着气体表观速度的增加，段塞长度减小，达到井喷速度(气井喷空的速度)时段塞消失。因此，本文段塞长度为：

$$L_{\mathrm{s}} = D + \frac{v_{\mathrm{cr}} - v_{\mathrm{sg}}}{v_{\mathrm{cr}} - 1}19D \tag{7.83}$$

以上模型可以求得段塞的特性，从而可以计算平均持液率和总压降。平均持液率为：

$$\overline{H} = \frac{H_{\mathrm{Ls}}L_{\mathrm{s}} + H_{\mathrm{Lf}}L_{\mathrm{f}}}{L_{\mathrm{u}}} \tag{7.84}$$

基于 Taitel 和 Barnea 模型可以求得段塞的总的压力降：

$$\Delta p_{\mathrm{u}} = \rho_{\mathrm{s}}g\sin\theta L_{\mathrm{s}} + \frac{\tau_{\mathrm{s}}\pi dL_{\mathrm{s}}}{A} + \rho_{\mathrm{l}}g\sin\theta L_{\mathrm{f}} + \frac{\tau_{\mathrm{f}}S_{\mathrm{f}}L_{\mathrm{f}}}{A} + \frac{\tau_{\mathrm{wg}}S_{\mathrm{g}}L_{\mathrm{f}}}{A} \tag{7.85}$$

式中，液塞段的密度可以根据 H_{Ls}求得。

7.4.2.3 钻头以下井段井涌压井计算模型求解

(1)首先根据钻头以上井段的井涌压井计算模型，计算钻头处的压力和温度，以及压井液的物性参数等。

(2)计算钻头处的井喷临界速度判断压井液是否回流;

① 首先假设井喷临界速度 v'_{cr};

② 计算液滴的最大直径;

③ 计算雷诺数;

④ 计算非球形固体拽拉系数,然后修正非球形液滴的拽拉系数;

⑤ 计算井喷临界速度 v_{cr};

⑥ 如果 $|v'_{cr}-v_{cr}|>\beta$,则令 $v'_{cr}=(v'_{cr}+v_{cr})/2$,返回①重新计算,直到 $|v'_{cr}-v_{cr}|<\beta$。β 为计算精度。

(3)对比气体表观速度 v_{sg} 与井喷临界速度 v_{cr} 的大小,如果 $v_{sg}>v_{cr}$,则压井液不能回流,利用 Cullender - Sminth 方法计算钻头至井底的纯气柱流动产生的压降。

(4)如果 $v_{sg}<v_{cr}$,则压井液会产生回流,利用本文建立的零液量流动计算模型,计算钻头处至井底的气液两相流产生的压降。

7.4.3 钻头不在井底动力压井参数变化特征

7.4.3.1 钻头不在井底动力压井理论

钻头不在井底,采用动力压井时,首先根据气体产能公式计算气井产量和井底压力的关系,即动态流入曲线(IPR 曲线)。然后利用气液两相流理论模型,计算不同压井液排量下,井底压力与气体产量的关系(考虑气液两相的动态流出曲线)。如果计算的动态流出曲线始终位于动态流入曲线的上方,则压井会成功,否则失败。如图 7.66 所示,压井液排量为 Q_{l1} 时可以采用动力压井法,因为,此时计算的动态流出曲线位于 IPR 曲线之上,而压井液排量为 Q_{l2} 和 Q_{l3} 时,都不可以采用动力压井法。

钻头不在井底动力压井法,如果考虑钻头以下井段的压井液回流,当气体速度减低到井喷临界速度时,压井液将回流到井底增加井底压力,回流到钻头以下井段的压井液对井底产生一定的压力。如图 7.67 所示,考虑压井液回流则压井液排量为 Q_{l2} 就可以采用动力压井法压井。

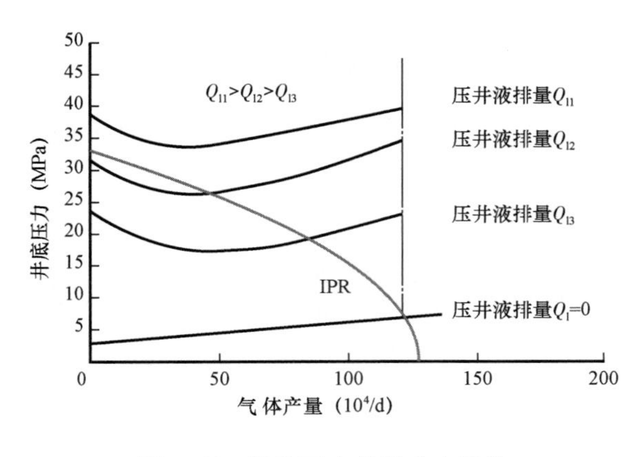

图 7.66 钻头不在井底动力压井

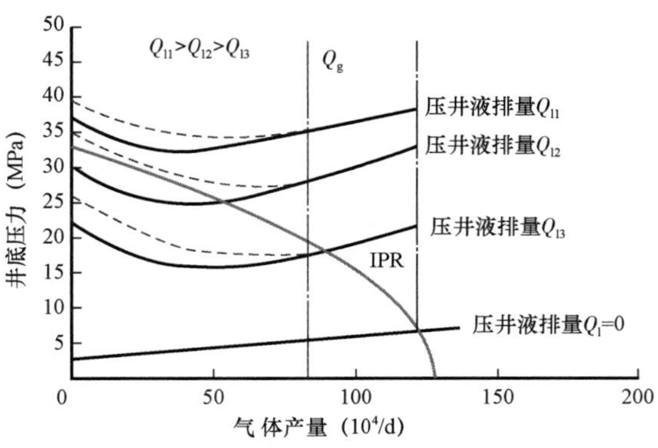

图 7.67 考虑回流钻头不在井底动力压井

利用本文建立钻头不在井底Y形管计算模型,提出了新的钻头不在井底的压井理论及压井程序。为分析不同参数对动力压井过程的影响,采用表7.21模拟参数。

表7.21 计算基本参数

参数名称	参数值	参数名称	参数值
井深(m)	3000	供给边界(m)	150
气层厚度(m)	2	井口温度(℃)	40
气层渗透率(mD)	10,20,30,60	井底温度(℃)	100
钻井液密度(g/cm^3)	1.3	溢流体积(m^3)	1,3,5,10
地层压力(MPa)	38	钻井液排量(L/s)	20
气体黏度(mPa·s)	0.027	钻头距井口位置(m)	3000,2500,2000,1500,500
钻杆内径(m)	0.112	压井液排量(L/s)	30,50,100
钻杆外径(m)	0.127	地层破裂压力(MPa)	50
套管内径(m)	0.210,0.219,0.2245		

7.4.3.2 钻头处井喷临界速度及压井液性质分析

井喷临界速度的预测对钻头不在井底动力压井非常重要,井喷临界速度决定着压井液是否可以下落到钻头以下井段,并且分析不同的因素对其的影响,需找可控因素,人为改变相关参数,增加井喷临界速度,保证钻头不在井底的动力压井顺利进行。

从图7.68可知,压力小于10MPa时,井喷临界速度随压力增加迅速减小,压力超过10MPa之后,压力对井喷临界速度的影响明显减小,但是还是随压力增加不断减小。从图7.69可知,井喷临界速度随温度的增加不断增加,低压力情况下,温度对井喷临界速度的影响较大,而高压力情况下,温度对井喷临界速度的影响较小。这主要是因为温度的增加,在其他条件一定的情况下,气体的密度减小,而井喷临界速度与气体密度呈反比。高压环境下,温度对气体密度的影响减小。从图7.70可知,井喷临界速度随压井液密度的增加不断增加,低压环境下,井喷临界速度随压井液密度增加变化趋势较大,而在高压环境下,变化趋势较小。这主要是因为井喷临界速度与压井液密度呈正比,而高压环境下,气体密度较大,减缓了压井液

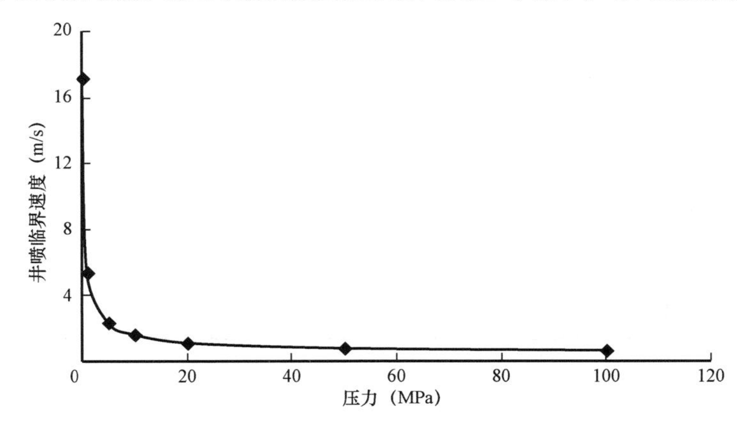

图7.68 井喷临界速度与压力关系

密度的变化率,从而高压环境下,井喷临界速度随压井液密度变化不大。从图 7.71 可知,井喷临界速度随表面张力的增加不断增加。

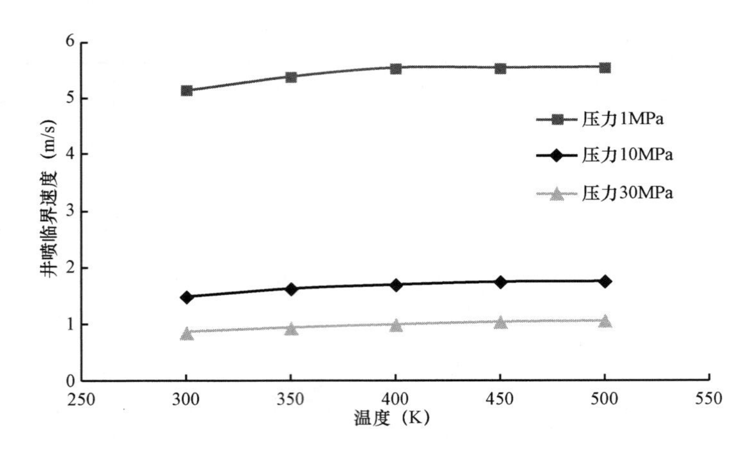

图 7.69 井喷临界速度与温度关系

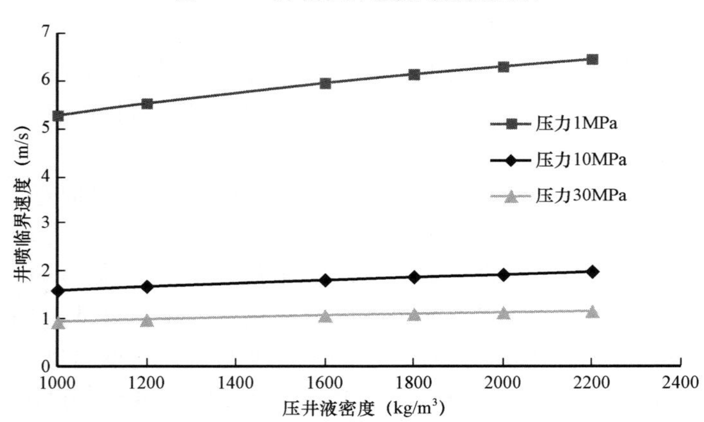

图 7.70 井喷临界速度与压井液密度关系

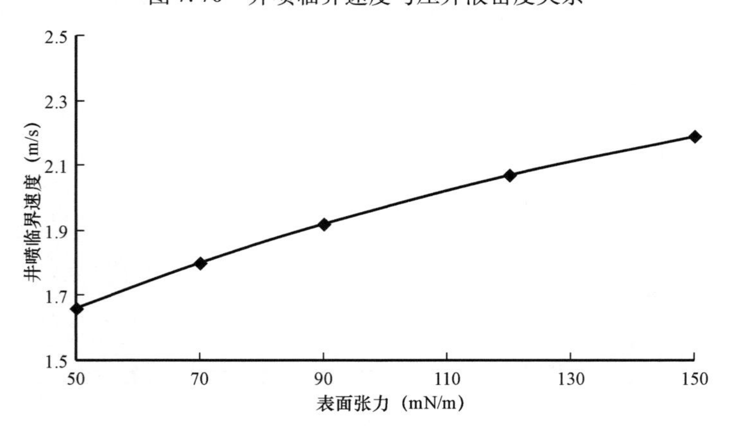

图 7.71 井喷临界速度与表面张力关系

综合以上分析可得,为增加井喷临界速度,可以减小压力,增加温度,增加压井液密度和增加表面张力。但是压井过程中,压力越大越利于井控,井筒内的温度是无法控制的。因此,要想增加井喷临界速度,需要添加加重剂增加压井液密度或者添加表面活性剂增加表面张力。

7.4.3.3 井喷工况不同动力压井参数变化特征

(1)钻头在井底动力压井参数变化特征分析。

① 压井液排量不同动力压井参数变化特征分析。

压井液密度为 1.3g/cm^3,黏度为 20mPa·s,套管直径为 0.2445m,钻杆外径为 0.127m,压井液排量越大,井底压力越大。对于图 7.72 所示的四种地层,压井液排量为 0.03m^3/s,0.05m^3/s 时,都不能将井喷压住;而对于压井液排量为 0.07m^3/s,可以将渗透率为 10mD 的地层井喷压住;而对于压井液排量为 0.1m^3/s,对于储层特征非常熟悉的情况下,可以将四种地层的井喷压住;如果地层的储层特征无法得知,可以采用压井液排量为 0.1m^3/s,在所有的气体流量下,计算的井底压力都大于地层压力,并且小于地层破裂压力。

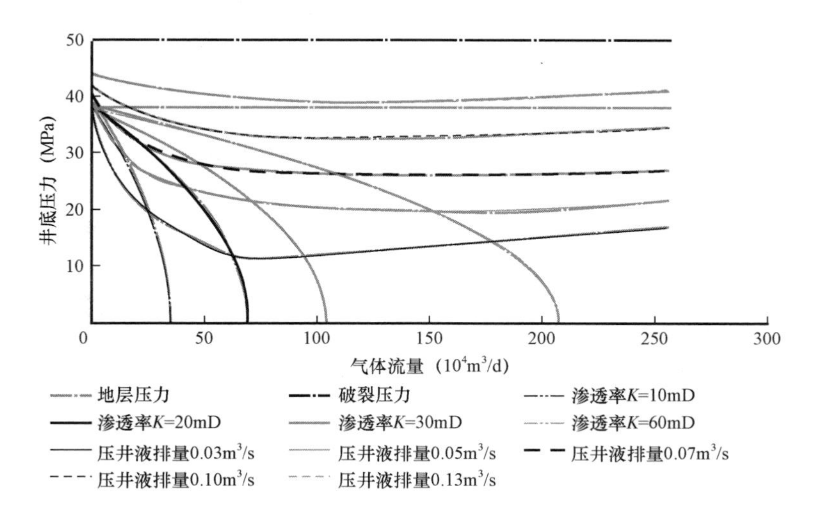

图 7.72 压井液排量不同井底压力随气体流量的变化规律

② 压井液黏度不同动力压井参数变化特征分析。

压井液密度为 1.3g/cm^3,排量为 0.07m^3/s,套管直径为 0.2445m,钻杆外径为 0.127m,压井液黏度越大,同样的气体流量下,产生的井底压力越大(图 7.73)。压井液黏度为 20mPa·s,此压井参数下只可以将地层渗透率为 10mD 的地层的井喷压住,如果黏度增加到 120mPa·s,可以将渗透率低于 30mD 的地层的井喷压住,当黏度达到 1000mPa·s 时,在此压井参数下,不论气体流量多大,产生的井底压力都大于地层压力。

③ 压井液密度不同动力压井参数变化特征分析。

压井液黏度为 20mPa·s,排量为 0.07m^3/s,套管直径为 0.2445m,钻杆外径为 0.127m,压井液密度越大,同样的气体流量下,产生的井底压力越大。压井液密度为 1.25g/cm^3 时,此压井参数下只可以将渗透率为 10mD 的地层的井喷压住,而压井液密度达到 1.6g/cm^3 时,才可以将四类地层的井喷压住,从图 7.74 可知,压井液密度的增加对气体流量较小时的井底压力影

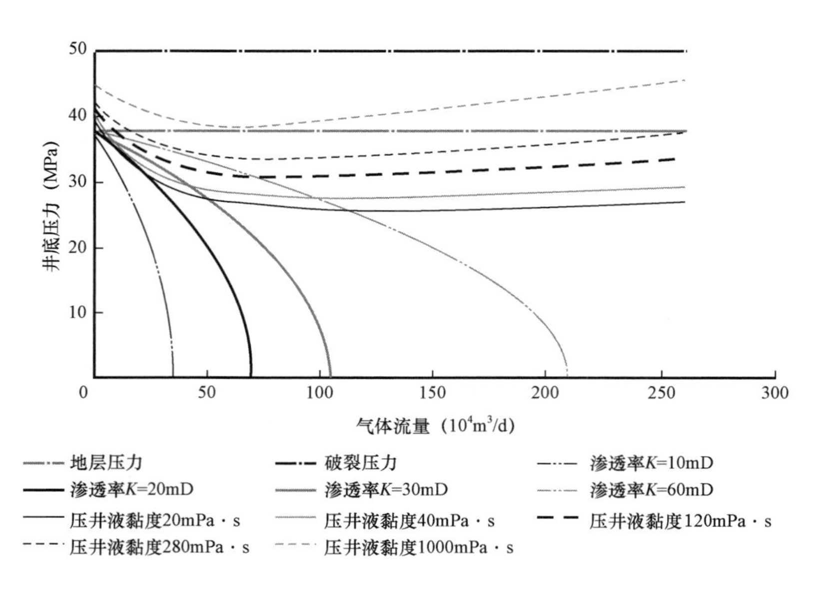

图 7.73　压井液黏度不同井底压力随气体流量的变化规律

响较大，1.6g/cm³ 密度纯压井液所产生的井底压力已经接近地层破裂压力，而对气体流量较大时的井底压力影响较小，1.6g/cm³ 密度压井液在气体流量大于 $40\times10^4m^3/d$ 情况下，产生的井底压力都小于地层压力。

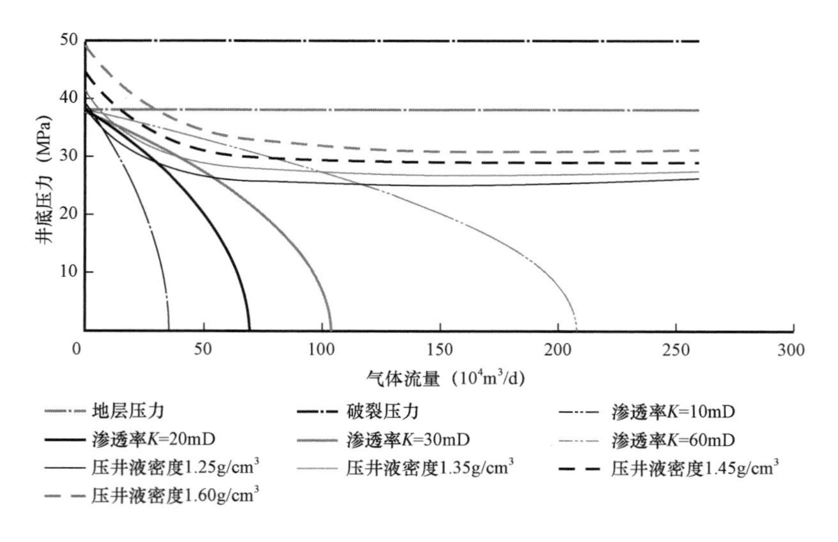

图 7.74　压井液密度不同井底压力随气体流量的变化规律

④ 井眼尺寸不同动力压井参数变化特征分析。

压井液黏度为 20mPa·s，排量为 $0.07m^3/s$，密度为 1.3g/cm³，钻杆外径为 0.127m，套管直径越小，井底压力越大（图 7.75），在此压井参数下，套管直径为 0.219m 时，可将四类地层的井喷压住，当套管直径减小到 0.210m 时，此压井参数下产生的井底压力都大于地层压力。

通过以上分析，钻头在井底的动力压井，井底压力随压井液排量、黏度和密度的增加而增加，随井眼尺寸的减小而增加。这主要是因为压井液排量和黏度的增加和井眼尺寸的减小，增

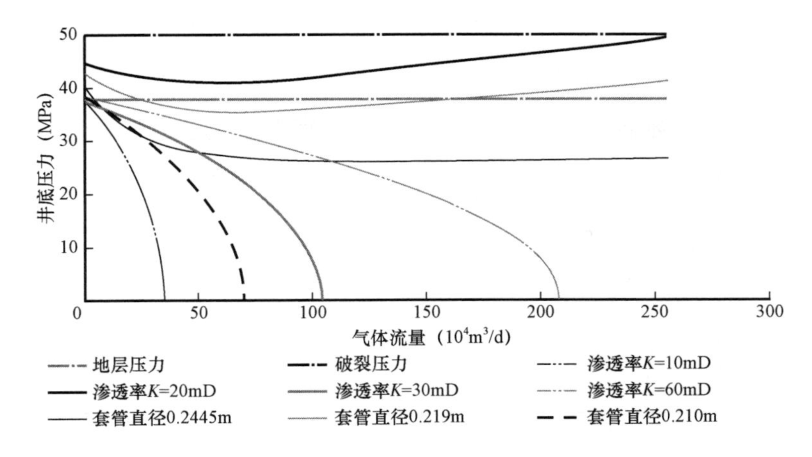

图 7.75　套管直径不同井底压力随气体流量的变化规律

加了循环摩阻,从而增加了井底压力,而压井液密度的增加,产生的静液柱增加,从而增加了井底压力。但是压井液排量和黏度对井底压力的影响较大,并且产生的井底压力整体上升,而密度的增加,对低气量情况下井底压力增加较大,并且还有压裂地层的风险,因此在动力压井设计时,通过动态模拟,优选压井参数时,首选调节压井液排量和黏度。

(2)钻头不在井底动力压井参数变化特征分析。

为更科学合理地设计钻头不在井底的动力压井参数,对不同压井参数及钻头位置进行了压井期间井底压力变化特征分析。首先分析了相同压井参数下不同钻头位置的井底压力变化特征,并考虑压井液在钻头处的回流;然后着重对钻头距井底较近和钻头距井口较近两种极端情况进行了分析,为此类情况的动力压井参数设计提供一套分析方法。

① 钻头位置不同井底压力变化特征。

压井液密度为 $1.35g/cm^3$,黏度为 20mPa · s,排量为 $0.07m^3/s$,套管内径为 0.219m,钻杆外径为 0.127m,钻头位置距井口距离越近,井底压力越小,是否考虑压井液在钻头处的回流,对井底压力影响较大(图 7.76、图 7.77)。钻头距井口 2000m 时,不考虑压井液回流,此压井

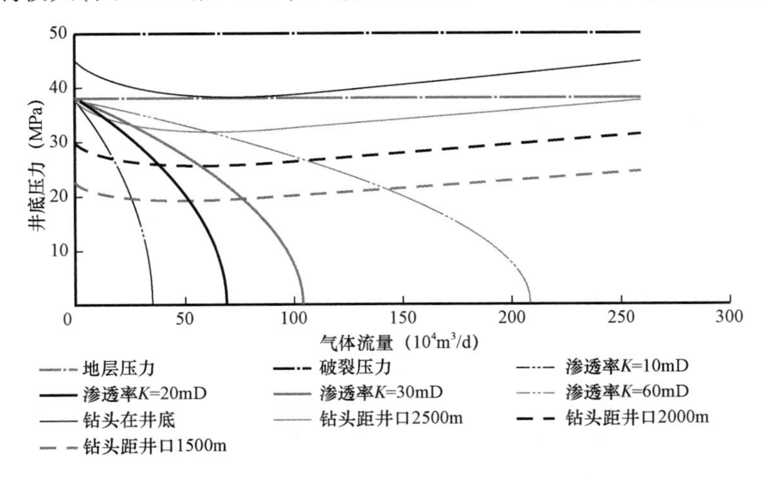

图 7.76　不考虑回流井底压力变化特征

参数都不能压住四类地层的井喷，但是考虑压井液回流、钻头距井口 2000m 时，此压井参数可以控制住渗透率小于 30mD 的地层井喷。

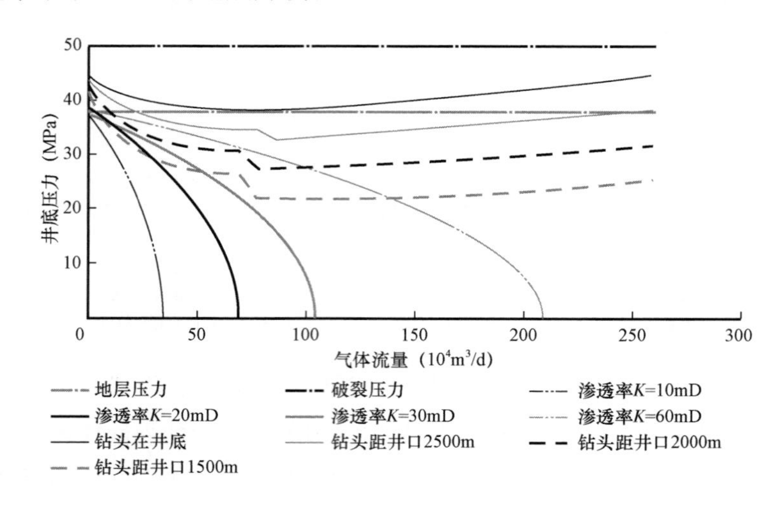

图 7.77 考虑回流井底压力变化特征

② 钻头距井底较近压井参数对井底压力的影响。

当起下钻期间，起出小部分钻具或者下钻快到井底时，发现溢流压井情况类似于此类情况。从图 7.78 可知，钻头距井底 500m，压井液密度为 $1.35g/cm^3$，黏度为 20mPa·s，套管内径为 0.219m，钻杆外径为 0.127m，井底压力随压井液排量增加不断增加，当压井液排量增加到 $0.07m^3/s$ 时，可以将四类地层的井喷压住，当压井液排量增加到 $0.1m^3/s$ 时，井底压力在压井期间一直大于地层压力，并且小于破裂压力。

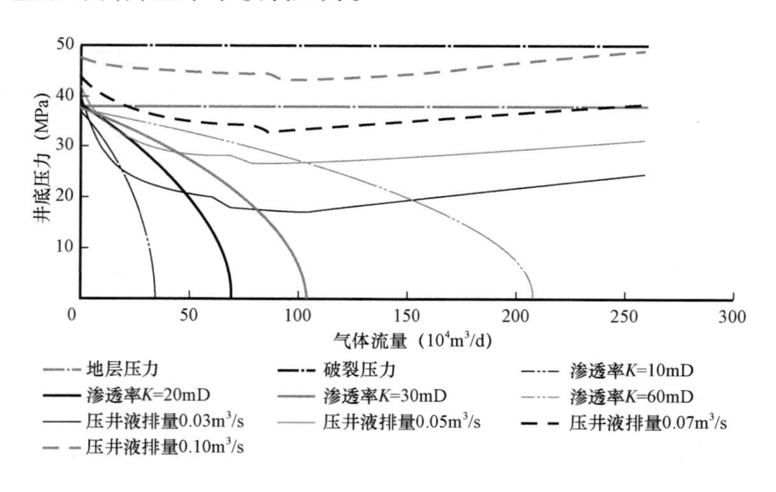

图 7.78 井底压力随压井液排量变化规律

(3) 钻头距井口较近压井参数对井底压力的影响。

当钻头在井口较近时发生井喷，动力压井参数设计相对较困难，有必要对此类情况的压井参数对井底压力的影响进行分析。

从图 7.79 可知,在钻头距井口 500m,压井液密度为 1.35g/cm³,黏度为 20mPa·s,套管内径为 0.219m,钻杆外径为 0.127m 情况下,通过改变压井液排量增加井底压力压井,当排量增加到 0.3m³/s 时,只能将渗透率低于 30mD 的地层的井喷压住。但是现场的井控设备能力有限,不可能无限制地增加压井液排量,因此,需要通过其他手段增加井底压力,下面分别通过增加压井液黏度和密度,以及增加井口回压方式增加井底压力。其他参数不变,压井液排量选用 0.1m³/s。

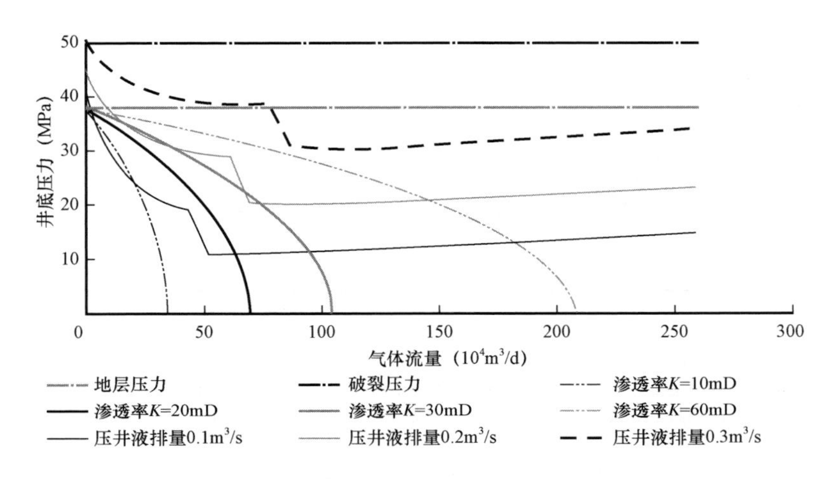

图 7.79 井底压力随压井液排量变化规律

① 增加压井液黏度法。

其他压井参数一定,对于钻头离井口较近工况下,压井液黏度越大,井底压力越大,如图 7.80所示,当压井液黏度从 30mPa·s 增加到 300mPa·s 时,此压井参数只可以将渗透率为 10mD 的地层的井喷压住。这主要是因为压井液黏度增加,其循环摩阻增加,产生的井底压力增加。

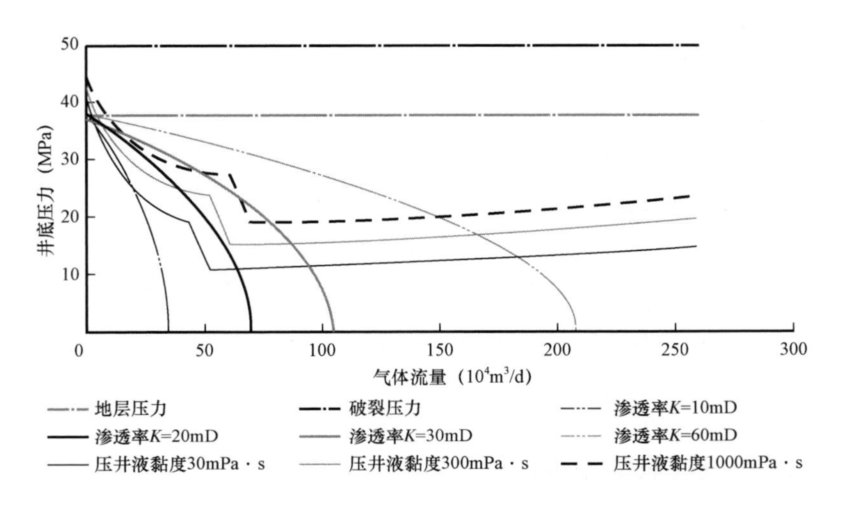

图 7.80 井底压力随压井液黏度变化规律

② 增加压井液密度法。

其他压井参数一定,对于钻头离井口较近工况下,从图 7.81 可知,压井液密度越大,井底压力越大,但是变化幅度特别小,压井液密度从 1.35g/cm^{3}增加到 1.60g/cm^{3}时,还不能将渗透率为 10mD 的地层井喷压住。这主要是因为压井液密度增加,静液柱压力增加,但是产生静液柱的长度比较短,因此变化不大。

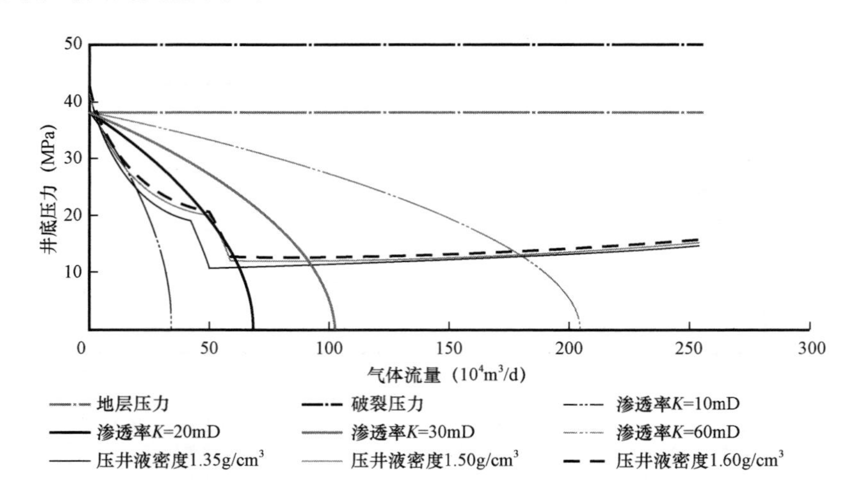

图 7.81　井底压力随压井液密度变化规律

③ 增加井口回压法。

其他压井参数一定,对于钻头离井口较近工况下,从图 7.82 可知,井口回压越大,井底压力越大,相比较其他参数,井口回压对井底压力的影响最大。但是也增加了压漏地层的风险。

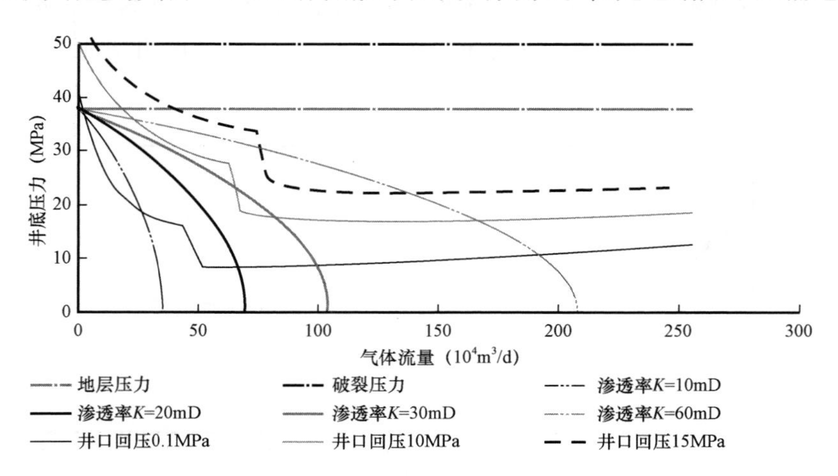

图 7.82　井底压力随井口回压变化规律

7.4.4　钻头不在井底动力压井程序

钻头不在井底动力压井程序是在 Flores - avila 等建立的压井程序基础上,根据本文建立的井涌压井气液两相流模型和钻头以下井段气液两相流动模型,提出的更加严谨的钻头不在井底动力压井程序。

(1)首先根据地层流体侵入量模型绘制井喷井的动态流入曲线(IPR 曲线)(井底压力和气体流速的关系)。

(2)考虑井喷状况和井眼结构,考虑单相气体流动,利用 Cullender - Sminth 方法计算不同气体流速下的井底压力,在 IPR 曲线上绘制动态流出曲线。

(3)找到动态流入曲线和动态流出曲线的交点。此点定义为初始井喷流速 Q_{gi} 和井底压力 p_{wfi}。

(4)以 p_{wfi} 和 Q_{gi} 为起点,考虑单相气体,计算钻杆底部也就是注入点的压力和气体表观速度。

(5)利用井喷临界速度公式计算注入点临界速度:

如果 $v_{sg} \geqslant v_{cr}$,则没有回流的影响;

如果 $v_{sg} < v_{cr}$,则存在压井液的回流。

① 钻井液留在井筒中;

② 在干气井中,随压井时间增加,回流继续增加,井底流压也增加。

(6)考虑不同的压井液注入速度,利用建立的井涌压井气液两相流动计算模型,在 IPR 曲线上绘制动态流出曲线,步骤如下:

① 假设一个初始压井液注入速度 Q_{li};

② 从第三步计算的初始井喷速度 Q_{gi} 开始,利用井涌压井气液两相流动计算模型,计算注入点的压力和气体表观速度;

③ 比较气体表观速度 v_{sg} 和液滴下落的临界气体速度 v_{cr}:

如果 $v_{sg} \geqslant v_{cr}$,考虑单相气体流动,利用 Cullender - smith 方法计算井底压力;

如果 $v_{sg} < v_{cr}$,存在压井液回流。利用零液量流动模型计算钻头以下井段的持液率及压井;

④ 压井液注入速度不变,减小气体速度,重复第六步的②和③画出动态流出曲线,判断是否跟动态流入曲线相交,如果相交进入下一步,如果不相交则停止计算;

⑤ 增加压井液注入速度为 Q_{l2},重复②~④步,判断是否跟动态流入曲线相交,如果不相交则停止计算。如果相交,继续增加注入的压井速度,直到两者不相交,此时压井液速度定义为井喷压井所需压井速度。

7.5 顶部压井法

7.5.1 顶部压井原理

顶部压井法是一种非常规的压井方法,原理类似于压回法,但又不同于压回法。这种方法是通过压井管线将重钻井液强行泵入井筒,具有足够大的动量,以克服油气两相的携带作用,使重钻井液与油气两相在井筒中逐渐建立动态平衡,油气不再喷出,压井成功。随后,再从钻杆中泵入重钻井液,平衡地层压力,彻底将井压死。

7.5.2 顶部压井过程

压井时,以不超过套管抗内压强度的80%和井口设备的额定工作压力作为工作压力向井内挤入钻井液,挤入量和挤入速度视情况而定。钻井液可以通过钻杆泵入,也可以通过环空泵入,或者同时从钻杆和环空泵入。以钻杆在深水井底、从套管环空注入钻井液的情况为例。

深水井井喷发生后,由于地层压力高,井筒中油气两相喷出井筒,如图7.83(a)所示。通过节流、压井管线将重钻井液直接泵入井筒,如图7.83(b)所示。若泵入的重钻井液的动量足够大,则可以在井筒中与油气两相形成动态平衡,如图7.83(c)所示,这时顶部压井法成功。

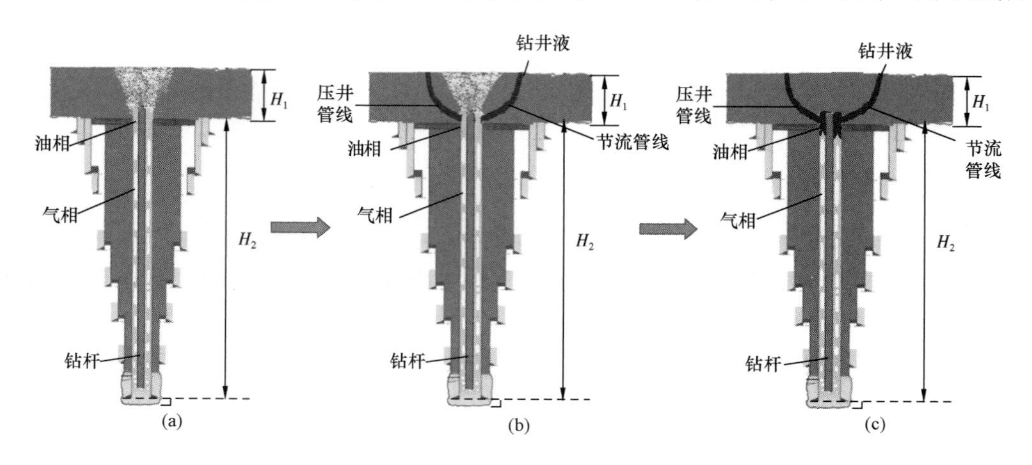

图7.83　深水顶部压井过程

7.5.3 顶部压井法适用性

结合顶部压井的原理及操作过程,顶部压井法主要适用于以下几种情况:

(1)含硫化氢的井涌;

(2)钻柱堵塞,压井液不能到达井底;

(3)大的井涌预兆,地面无法承受该压力;

(4)钻具在井内,溢流出现在环空,某些情况下不能通过钻具进行循环;

(5)钻具在井内,溢流出现在钻具内,某些情况下不能通过环空进行循环;

(6)进行中途(DST)测试,已经坐好封隔器,钻柱和环空之间没有通道,溢流发生在钻具内;

(7)井内没有油管,溢流进入套管,顶部压井法是最简单、最快、最安全的压井方法(修井作业);

(8)空井或油管不在井底也可用这种方法。

7.5.4 顶部压井过程中的相关参数特征

7.5.4.1 改进的最小携液理论

Turner 等人建立的液滴模型并没有考虑液滴本身具有初速度的影响。本文在井口顶部进行重钻井液压井时,钻井液滴具有初速度。因此,对压井液滴进行受力分析时,需要考虑其速度的影响。

钻井液滴在井口受到本身重力、冲力及油气两相对液滴的曳力影响,如图 7.84 所示。

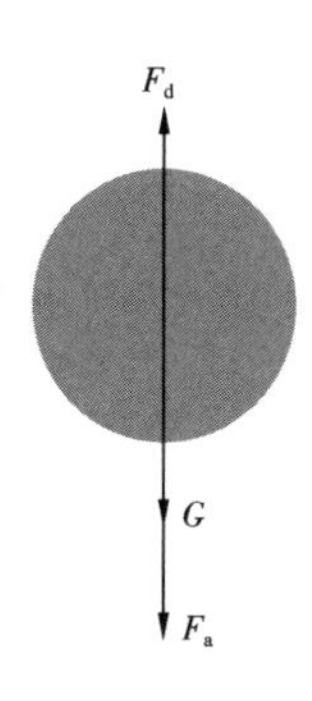

图 7.84 钻井液滴受力分析

(1)油气两相流中,钻井液滴所受的沉降力 F_t 为:

$$F_t = G + F_a = m_m\left(\frac{\rho_m - \rho_{gm}}{\rho_m}g + \frac{v}{t}\right)$$

$$= m_m\left(\frac{\rho_m - \rho_{gm}}{\rho_m}g + \frac{Q}{At}\right) \tag{7.86}$$

$$F_a = mv/t$$

$$v = Q/A$$

式中 F_t——液滴所受沉降力,N;

G——液滴所受重力,N;

F_a——液滴所受冲力,N;

V——液滴初始速度,m/s;

Q——泵的排量,m^3/s;

t——压井时间,s;

A——泵入管截面积,m^2。

(2)油气两相对钻井液滴的曳力:

$$F_d = m_m\frac{3C_d v_t^2 \rho_{gm}}{4d\rho_m} \tag{7.87}$$

式中 v_t——钻井液滴自由沉降的最终速度,m/s;

d——钻井液滴直径,m;

C_d——曳力系数,其值取决于液滴雷诺数,① 斯托克斯区域($Re<1$),$C_d=24/Re$;② 过渡区($1<Re<500$),$C_d=18.5/Re^{0.6}$;③ 牛顿区域($500<Re<2\times10^5$),$C_d\approx0.44$。

当油气两相流中钻井液滴的沉降力等于油气两相对钻井液颗粒的曳力时,钻井液滴沉降速度达到最终速度 v_t,$F_t=F_d$。

$$v_t = 2\left[\frac{(\rho_m - \rho_{gm})gd + \dfrac{\rho_m dQ}{At}}{3C_d\rho_{gm}}\right]^{0.5} \tag{7.88}$$

(3)钻井液滴最大直径。

被气液携带向上运动的液滴受到两种互相对抗的力的作用。一种是惯性力,另一种是表面压力。这两种力的比值,称为韦伯数。

$$N_{we} = \frac{v_g^2\rho_g}{\sigma/d} = \frac{v_g^2\rho_g d}{\sigma} \tag{7.89}$$

韦伯数取 30 为存在稳定液滴的极值,这时液滴的最大直径:

$$d_{\max} = \frac{30\sigma}{\rho_{gm} v_{gm}^2} \tag{7.90}$$

将上式代入后,得

$$v_{gm} = 2.515 \left[\frac{(\rho_m - \rho_{gm})g + \frac{\rho_m Q}{At}}{C_d \rho_{gm}} \cdot \frac{\sigma}{\rho_{fm}} \right]^{0.25} \tag{7.91}$$

具体计算过程如图 7.85 所示。

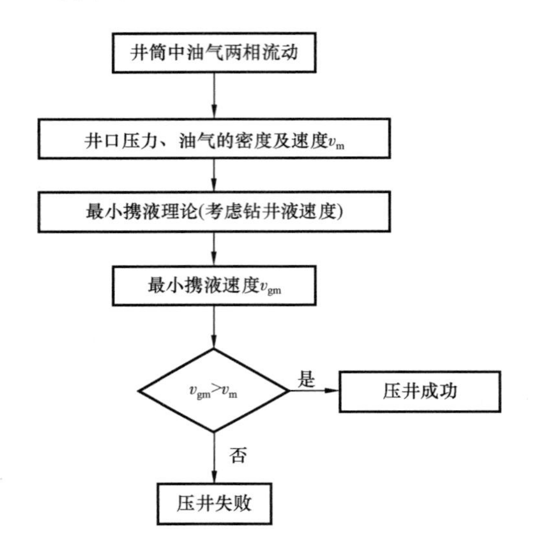

图 7.85　顶部压井法分析图

7.5.4.2　压井成功最小排量计算

发生溢流井喷后,地层中的气体进入井筒。在顶部压井过程中,井筒中为油气两相流动,可利用气液两相流模型进行井筒压力参数计算。具体计算方法为,采用两相流方程,从井底向井口折算,得出井口处的压力 p_{wh}、油气混合物的密度 ρ_{gm}及混合物的速度 v_m。

(1)若压井成功,所需的最小携带液滴速度大于油气两相在井口的速度,钻井液不会被携带出井筒,在井筒中保持平衡,$v_{gm} > v_m$,如图 7.86 所示。

即:

$$v_{gm} = 2.515 \left[\frac{(\rho_m - \rho_{gm})g + \frac{\rho_m dQ}{At}}{C_d \rho_{gm}} \cdot \frac{\sigma}{\rho_{gm}} \right]^{0.25} > v_m \tag{7.92}$$

$$Q > Q_{\min} = \frac{[C_d \rho_{gm}^2 v_m^4 - 40\sigma(\rho_m - \rho_{gm})g]At}{40\rho_m \sigma} \tag{7.93}$$

(2)若压井失败,则最小携带液滴速度小于油气两相在井口的速度,钻井液被油气携带出井筒,压井失败,$v_{gm} \leqslant v_m$,即 $Q \leqslant Q_{\min}$(图 7.87)。

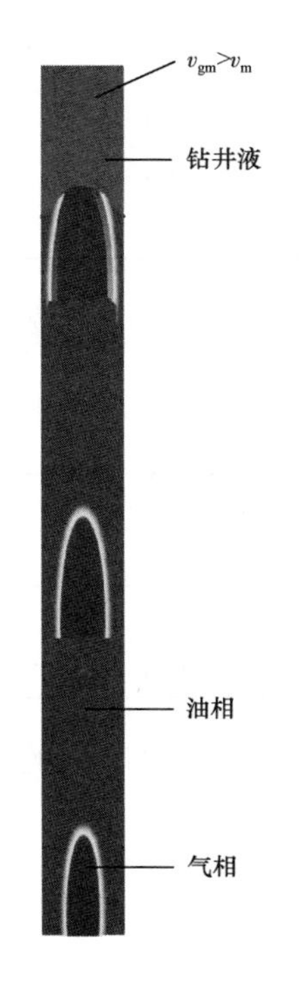

图7.86 压井成功示意图

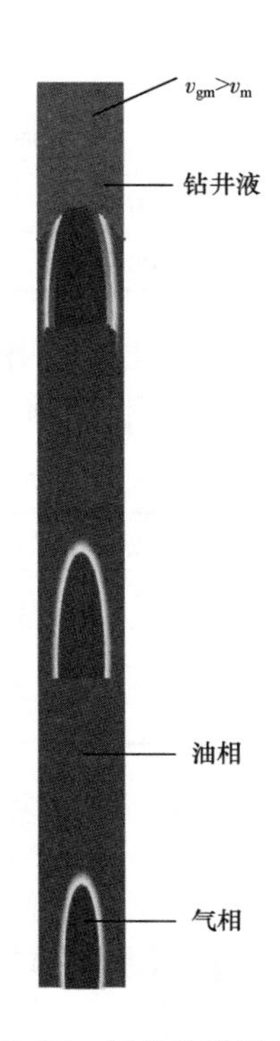

图7.87 压井失败示意图

7.5.4.3 参数特征

由式(7.93)可以看出,压井成功时所需的最小泵排量主要受到油气喷出量、钻杆下入深度及压井液密度等的影响。现在假设井的深度为3000m,海水温度梯度为2.0℃/100m,钻杆直径为0.1397m,套管直径为0.25m,日喷油为500m^3,日喷气8×10^4m^3,钻杆全部下入井底。

(1)油气喷出量不同。其他参数不变,将油气产量分三种情况时,计算结果见表7.22。

表7.22 不同油气喷出量下所需最小泵排量

日喷油(m^3)	日喷气(m^3)	Q_{min}(m^3/s)
500	80000	0.062
2000	400000	1.23
8000	800000	80.75

由表7.22可以看出,第一种油气喷出情况时,现场可以提供这么大的排量,顶部压井法适用;而对于第二、三种情况,现场无法提供那么大的泵排量,顶部压井法不适用。油气喷出量较小情况下,动量小,最小携带液滴速度小,所需的泵排量就小。

(2)钻杆下入深度不同。其他参数不变,将钻杆下入深度分三种情况时,计算结果见表7.23。

表 7.23　不同钻杆下入深度下所需最小泵排量

钻杆下深(m)	Q_{min}(m^3/s)
0	0.015
1500	0.048
3000	0.062

由表 7.23 可以看出,当钻杆不在井内时,顶部压井法所需的最小泵排量最少。

(3)重钻井液密度不同,所需最小泵排量见表 7.24。

表 7.24　不同重钻井液密度下所需最小泵排量

重钻井液密度(g/cm^3)	Q_{min}(m^3/s)
1.5	0.098
2	0.062
3	0.026

由表 7.24 可以看出,当泵入的重钻井液密度较大时,顶部压井法所需的最小泵的排量最少。

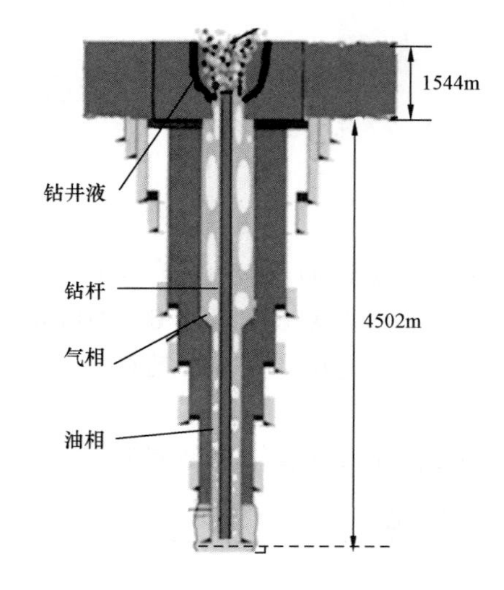

图 7.88　MC252 井基本参数

7.5.5　应用举例

(1)墨西哥湾 MC252 井。

基本参数:日喷油:4000m^3(25000bbl);日产气:80×$10^4$$m^3$;压井、节流管线尺寸:0.0762m;水深:1544m;海水密度:1.02g/cm^3;生产套管直径:0.25m;钻杆直径:0.1397m;井深长度:4502m;地层压力:91MPa(图 7.88)。

(2)计算结果。

由式(7.93)得出最小泵入排量为:$Q_{min}=8.21m^3/s$。由计算出的压井所需的最小排量可以看出,若要压井成功,必须提供排量大于 8.21m^3/s 的泵排量,但目前并不能提供这么大的排量,所以压井失败,顶部压井法根本不适合用于 MC252 井。

7.6　反循环压井法

当地层油气侵入井眼后,将压井液从环空注入与钻杆返出的压井方法称作反循环压井。该方法分为反循环司钻法(图 7.89);反循环 + 正循环司钻法(反循环第一周,再用正循环完成第二周);反循环工程师法。

反循环压井比常规正循环压井套压低,压井周期也相对较短。但是反循环压井钻具不能

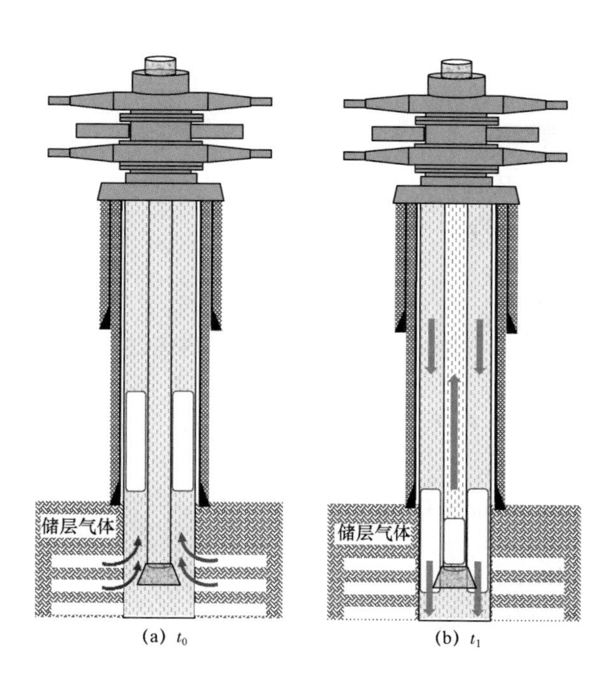

图 7.89 反循环司钻法压井过程示意图

安装单向阀,且存在岩屑堵塞钻头水眼风险。这种方法在修井中早已广泛使用。因为修井时井内往往是没有固相的原油或盐水,且管柱下端多是开口的,不易被堵塞。修井或采油井口装置也容易转换成反循环方式。

在钻井或完井作业中,当井内钻井液含有岩屑进行反循环压井,钻头水眼有被堵塞可能时,可只用反循环把溢流经钻杆内替出,以后再转用正循环压井。由于钻杆内总容积小,用反循环的时间短,可以减少堵塞钻头水眼的危险。国外文献中把这种循环排除溢流,再用正循环的方法也称为反循环压井法。

基于井筒气液两相流理论的反循环压井方法过程与基于井筒连续气柱理论的反循环压井方法相同,不同之处在于气液两相流与连续气柱理论在计算过程中的井口压力不同,详细区别以及相关计算公式在第 4 章已有论证,在本章不再阐述,本章只体现不同压井过程中的压力关系。

7.6.1 基于井筒连续气柱理论的反循环压井方法

7.6.1.1 基于井筒连续气柱理论的反循环司钻法压井过程

(1)基本假设及过程。

① 井内溢流为天然气,以单一连续相出现,且压井开始时溢流仍在环空底部;

② 溢流在循环出井过程中,体积膨胀符合真实气体状态方程;

③ 天然气在钻井液中滑脱速度为零;

④ 裸眼井段井径规则,且和上层套管内径相同。

反循环过程压力关系式为:

$$p_d + p_{md} + p_{cd} = p_b = p_a + p_{ma} - p_{ca} \tag{7.94}$$

式中 p_{md}——钻柱内静液柱压力，MPa；

p_d——关井立管压力，MPa；

p_a——关井套管压力，MPa；

p_{ma}——环空液柱压力，MPa；

p_{cd}——管柱内摩阻，MPa；

p_{ca}——环空内摩阻，MPa。

（2）从环空注入原钻井液将井眼下部地层流体压入钻柱过程压力关系为：

$$p_A = p_B - (g\rho_m - p_{f0})(H - H_g) - \frac{V_g}{V_w}p_w \tag{7.95}$$

$$p_D = p_B - (g\rho_m + p_{fi})(H - H_x) - \frac{60QN}{N_p C_w}p_w \tag{7.96}$$

式中 p_A——套管压力，MPa；

p_D——立管压力，MPa/m；

p_B——井底压力，MPa；

ρ_m——井内原钻井液密度，kg/m^3；

p_{f0}——环空钻井液流动阻力梯度，MPa/m；

p_w——溢流流体重力产生的压力，MPa；

H_x——溢流气柱长度，m；

H——井深，m；

p_{fi}——钻柱钻井液流动阻力梯度，MPa/m；

V_g——气体体积，m^3；

V_w——液体体积，m^3；

Q——压井排量，m^3；

N——泵冲数，无量纲；

N_p——泵速度，1/min；

C_w——初始溢流体积，m^3。

（3）钻柱内地层流体排出过程压力关系为：

$$p_A = p_B - g\rho_m H + p_{f0}H \tag{7.97}$$

$$p_D = p_B - (g\rho_m + p_{fi})(H - H_x) - p_w \tag{7.98}$$

（4）从环空注入压井液到达钻柱过程压力关系为：

$$p_A = p_B - (g\rho_{m1} - p_{f01})H - (g\rho_m - p_{f0})H \tag{7.99}$$

式中 ρ_{m1}——环空压井液密度，kg/m^3；

p_{f01}——环空压井液流动阻力梯度，kPa/m。

（5）压井液自井底将钻柱原钻井液顶替过程压力关系为：

$$p_D = p_B - (g\rho_{m1} + p_{f01})H - (g\rho_m + p_{f0})H \tag{7.100}$$

7.6.1.2 基于井筒连续气柱理论的反循环司钻法＋正循环压井过程

反循环司钻法＋正循环压井过程基本假设同7.6.1.1，如图7.90所示，压井过程为：首先使用反循环方法将溢流流体从钻柱排出，再使用正循环压井液方法顶替井筒内原钻井液，达到压井目的。

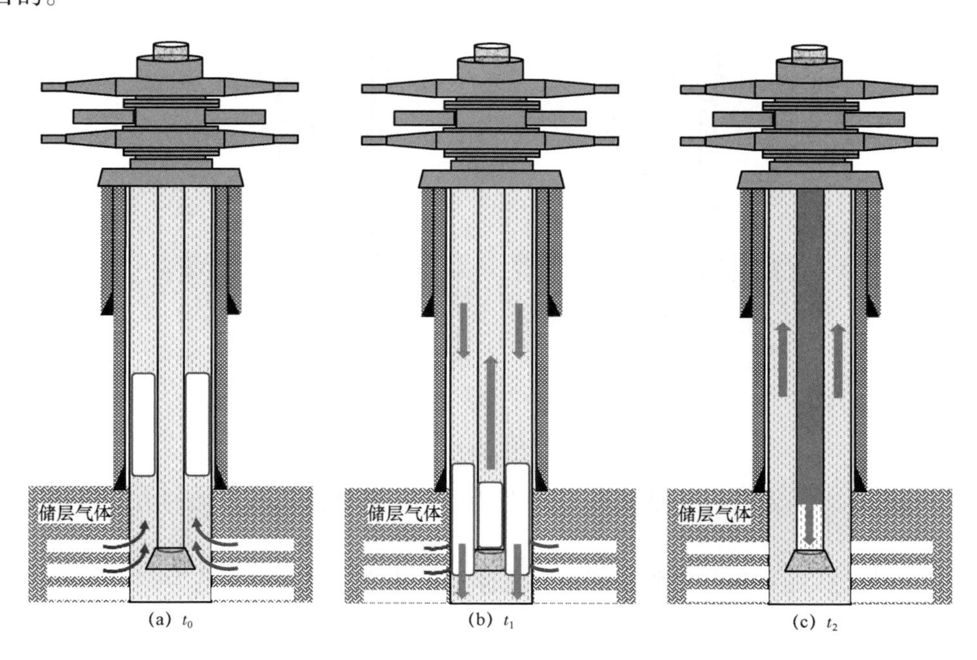

图7.90 反循环＋正循环井过程示意图

如图7.90所示，t_0时刻为初始气侵状态，t_1时刻为使用反循环方法将溢流从钻柱排出。t_2时刻为在溢流排出后，使用正循环压井将压井液压入井筒。

压井过程中从环空注入原钻井液将井眼下部地层流体压入钻柱参数计算公式和钻柱内地层流体排出参数计算公式与7.6.1.1节相同。

（1）从环空注入压井液到达钻柱过程压力关系为：

$$p_A = p_B - (g\rho_{m1} - p_{f01})H - (g\rho_m - p_{f0})H$$

（2）压井液自井底将钻柱原钻井液顶替过程压力关系为：

$$p_D = p_B - (g\rho_{m1} + p_{f01})H - (g\rho_m + p_{f0})H$$

7.6.1.3 基于井筒连续气柱理论的反循环工程师法压井过程

基于井筒连续气柱理论的反循环工程师法压井过程如图7.91所示：直接使用反循环加重钻井液方法顶替井筒内原钻井液，并排出溢流流体，从而达到压井目的。基于井筒连续气柱理论的反循环司钻法＋正循环井过程计算基本假设与7.6.1.1节相同。

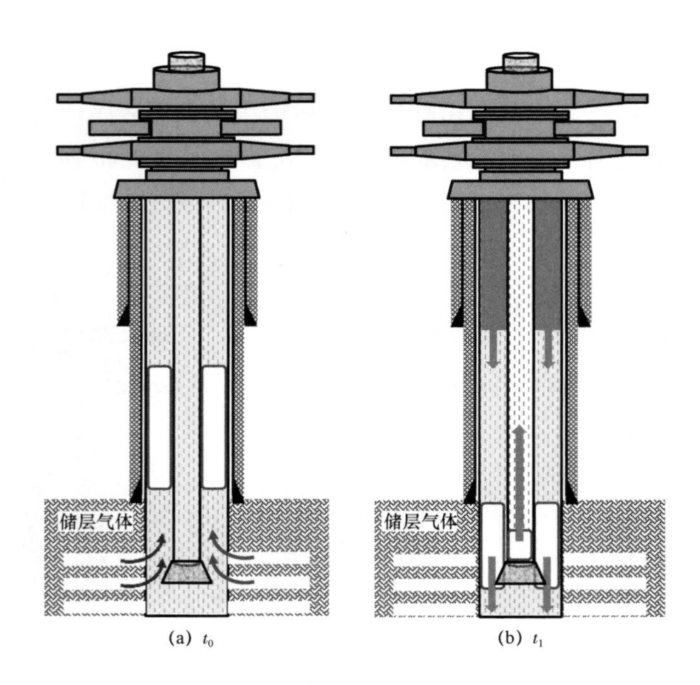

图 7.91 反循环工程师法压井过程示意图

如图所示,t_0 时刻为初始气侵状态,t_1 时刻为使用反循环加重压井液的方法将溢流从钻柱排出。

(1)从环空注入压井液将井眼下部地层流体压入钻柱过程压力关系为:

$$p_A = p_B - g\rho_m H_1 - (g\rho_{m1} - p_{f0})(H - H_g - H_1) - \frac{v_g}{v_w} p_w \tag{7.101}$$

$$p_D = p_B - g\rho_m H_1 + (g\rho_{m1} + p_{f0})(H - H_x - H_1) - \frac{60QN}{N_p C_w} p_w \tag{7.102}$$

(2)钻柱内地层流体排出过程压力关系为:

$$p_A = p_B - (g\rho_{m1} - p_{f01})H - (g\rho_m - p_{f0})(H - H_1) \tag{7.103}$$

$$p_D = p_B - g\rho_m H_1 - (g\rho_m + p_{fi})(H - H_x) - p_w \tag{7.104}$$

式中 H_1——钻井液长度,m。

7.6.2 基于井筒气液两相流理论的反循环压井方法

7.6.2.1 基于井筒气液两相流理论的反循环司钻法压井过程

反循环司钻法压井过程如图 7.92 所示:首先以原钻井液密度进行反循环压井(t_0 时刻),将溢流从钻柱排出(t_1 时刻),再进行加重压井液密度压井(t_2 时刻)。

(1)基本假设。

① 井内溢流为天然气;井筒存在气液两相流,流型与侵入量及循环速度相关;

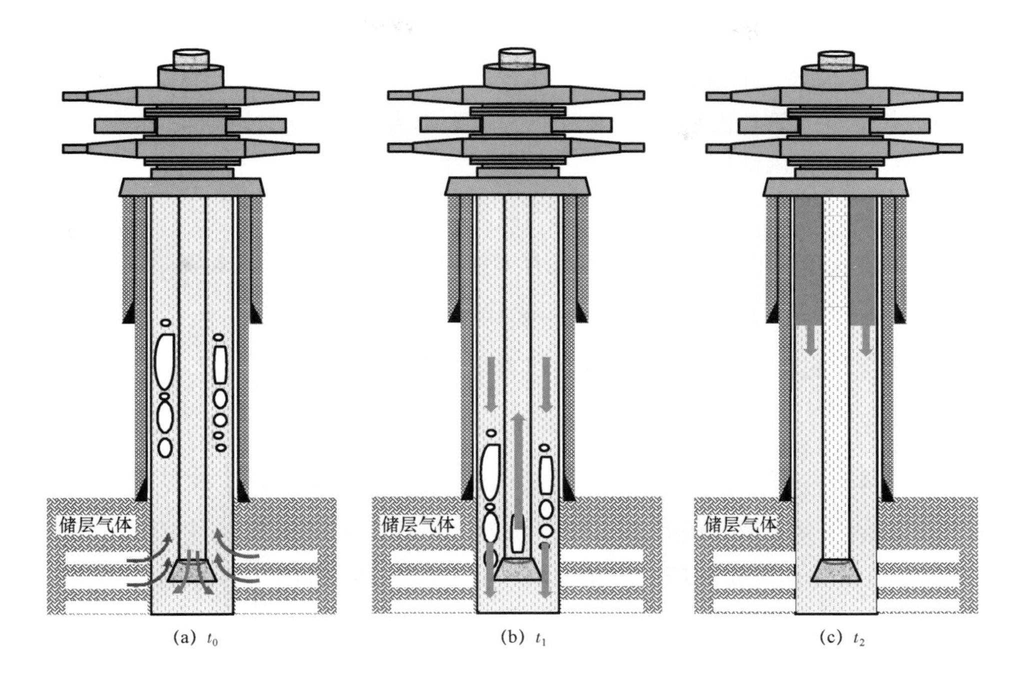

图 7.92 反循环司钻法示意图

② 溢流在循环出井过程中,体积膨胀符合真实气体状态方程;

③ 天然气在钻井液中滑脱速度为零;

④ 同心环空;

⑤ 相密度均匀。

(2)从环空注入原钻井液将井眼下部地层流体压入钻柱过程压力关系(压井开始之后保证没有更多的溢流气体侵入):

$$p_{cm} = p_a + \Delta p \tag{7.105}$$

式中 p_{cm}——初始循环压力,MPa;

p_a——关井套压,MPa;

Δp——溢流流体产生的额外压力,MPa。

混合流体运动速度以及相关公式与前文中相同,在此不做阐述。

(3)钻柱内地层流体排出过程压力关系。

溢流从环空进入管柱后:压井开始之后,原作业流体从环空替代了气侵流体,套压迅速降低,立管压力立即升高:

$$p_{d1} = p_p - p_w - \rho_m g\left(h - \frac{V_m}{A_d}\right) - p_{df} \tag{7.106}$$

式中 p_p——地层压力,MPa;

p_w——溢流流体液柱压力,MPa;

V_m——溢流流体体积,m^3;

A_d——井眼横截面积，m^2；

p_{df}——立管循环压耗，MPa/m。

随着溢流气体进入管柱内部，有效液柱压力越来越大，循环压力逐渐降低，当环空充满液体即溢流反循环至管柱内部后，此时循环压力应该为：

$$p_{cm} = p_d + \Delta p \tag{7.107}$$

（4）从环空注入压井液到达钻柱过程压力关系为：

$$p_A = p_B - (g\rho_{m1} - p_{f01})H - (g\rho_m - p_{f0})H \tag{7.108}$$

（5）压井液自井底将钻柱原钻井液顶替过程压力关系为：

$$p_D = p_B - (g\rho_{m1} + p_{f01})H - (g\rho_m + p_{f0})H \tag{7.109}$$

7.6.2.2 基于井筒气液两相流理论的反循环司钻法 + 正循环压井过程

反循环司钻法压 + 正循环压井基本假设同 7.6.2.1 节，压井过程如图 7.93 所示：t_0 时刻为初始气侵状态，首先使用反循环方法将溢流从钻柱排出（t_1 时刻），再使用正循环压井将压井液压入井筒（t_2 时刻）。

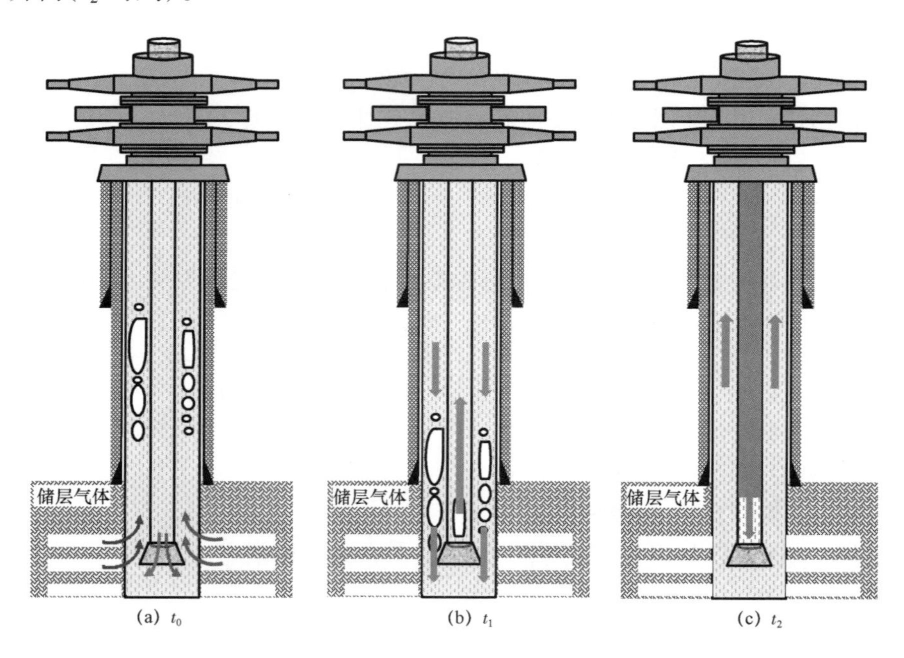

图 7.93 反循环司钻法压 + 正循环压井过程示意图

压井过程中从环空注入原钻井液将井眼下部地层流体压入钻柱参数计算公式与钻柱内地层流体排出参数计算公式与 7.6.2.1 节相同。

（1）从环空注入压井液将井眼下部地层流体压入钻柱过程压力关系为：

$$p_D = p_B - g\rho_m H_1 + (g\rho_{m1} + p_{f0})(H - H_x - H_1) - \frac{60QN}{N_p C_w} p_w$$

(2)钻柱内地层流体排出过程压力关系为:

$$p_{A} = p_{B} - (g\rho_{m1} - p_{f01})H - (g\rho_{m} - p_{f0})(H - H_{1})$$

7.6.2.3 基于井筒气液两相流理论的反循环工程师法压井过程

基于井筒气液两相流理论的反循环工程师法压井过程如图 7.94 所示:直接使用反循环加重钻井液方法顶替井筒内原钻井液,并排出溢流流体,从而达到压井目的。基于井筒气液两相流理论的反循环司钻法 + 正循环井过程计算基本假设与 7.6.2.1 节相同。

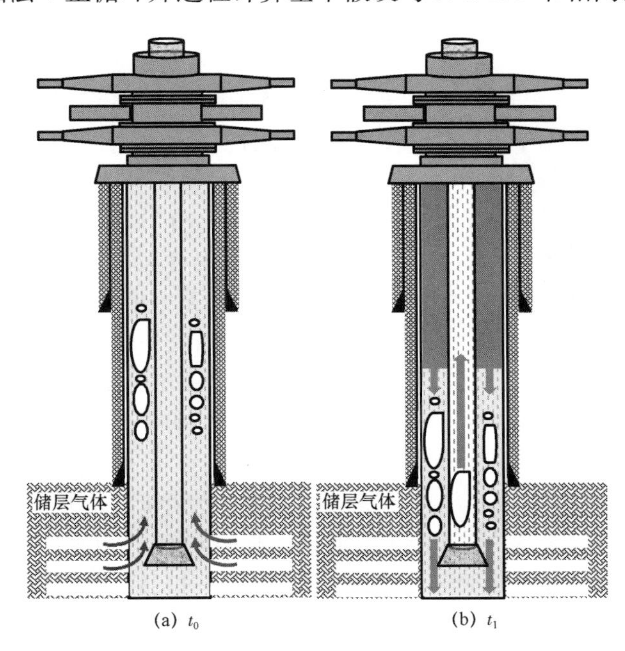

图 7.94 反循环工程师法压井过程示意图

(1)从环空注入原钻井液将井眼下部地层流体压入钻柱过程压力关系。

压井开始之后保证没有更多的溢流气体侵入。确定初始循环压力:

$$p_{cm} = p_{a} + \Delta p$$

(2)钻柱内地层流体排出过程压力关系。

溢流从环空进入管柱后:压井开始之后,原作业流体从环空替代了气侵流体,套压迅速降低,立管压力立即升高:

$$p_{d1} = p_{p} - p_{w} - \rho_{m}g\left(h - \frac{V_{m}}{A_{d}}\right) - p_{df} - p_{压井液循环摩阻} \tag{7.110}$$

随着溢流气体进入管柱内部,有效液柱压力越来越大,循环压力降低,此时循环压力应该为:

$$p_{cm} = p_{d} + \Delta p + p_{钻柱内压井液循环摩阻} \tag{7.111}$$

7.7 动力压井法

7.7.1 动力压井法概述

动力压井法是非常规压井方法中的一种，它不同于借助井口装置产生回压来平衡地层压力的常规压井方法，它借助于流体循环时克服环空流动阻力所需的井底压力来平衡地层压力。该方法最初是针对利用救援井来制服井喷而提出的，并多次成功地通过救援井制服强烈的井喷，如图7.95所示。

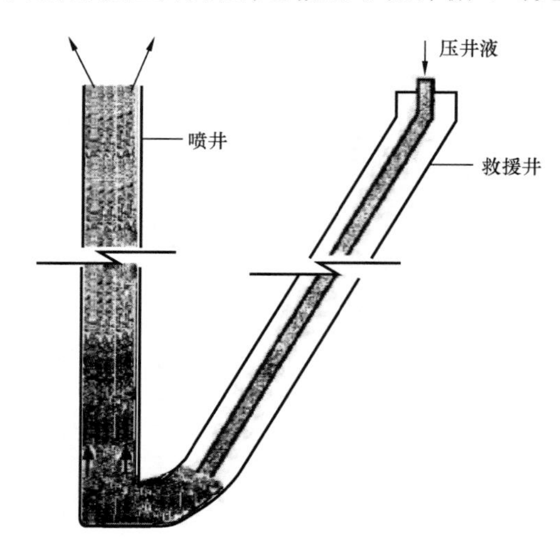

图7.95 有钻柱情况压井过程

该方法作为一种非常规压井方法，其基本原理是将压井施工分为两个阶段，第一阶段将初始压井液以一定的流量泵入，初始压井液可以是原钻井液、清水或海水。在该流量下使井底的流动压力等于或大于地层压力，从而阻止地层流体进一步进入井内，达到“动压稳”状态。第二阶段逐步替入加重压井液，使得在静止时能平衡地层压力，达到“静压稳”状态，以实现完全压井的目的。

当井喷发生后，如果井内有钻具，且能建立钻井液循环，则可以直接实施动力压井，如图7.96所示。如出现井内无钻具等不能循环的情况，则需要钻一口救援井，从救援井注入压井液进行压井。

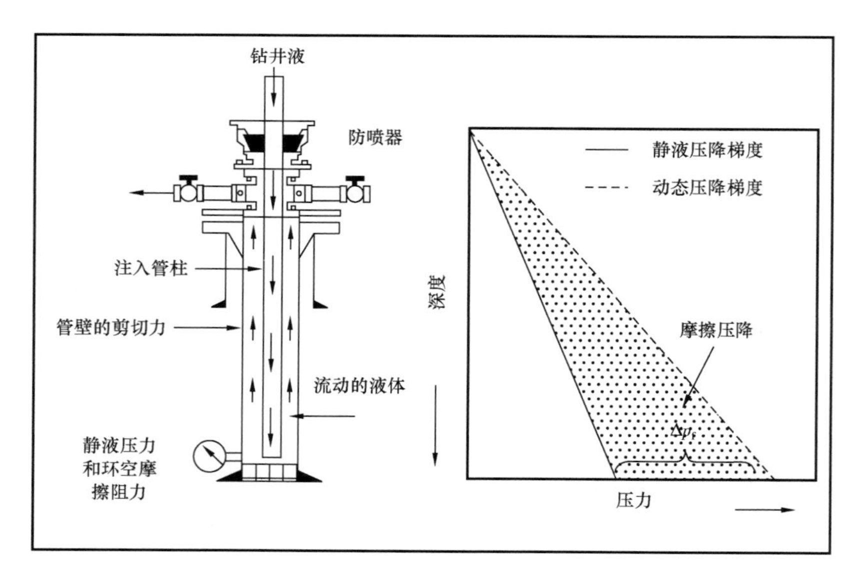

图7.96 救援井动力压井过程

当无法使用常规压井重新建立井内压力平衡时，正确应用动力压井法往往能取得良好效果，下面几个例子是文献记载的正确使用动力压井法的成功经历。

1978 年，Mobil 在印度尼西亚的 C－Ⅱ－2 井在钻井过程中井喷并起火，钻井设备很快被损毁，油井以 $11.33\times10^6 m^3/d$ 的速度燃烧了 89d，由于井的高产能，预计压井作业是极端困难的，而在采用动力压井法之后，只采用了一口救援井，巨大的井喷在压井泵入作业 90min 后被完全控制，取得了巨大的成功。

20 世纪 80 年代，在哥伦比亚羊山单元(Sheep Mountain Unit)开发过程中，CO_2 井 4－15－H 发生了井喷。在随后的 5d 之内，采用了 4 次常规压井方法，最后都失败了，在常规压井施工中，虽然能向井内打入压井液，但是由于液压限制了压井液泵入的速度以及 CO_2 井储层特有的复杂性，其产气量高达 $2.5\times10^6 m^3/d$，导致气体能将注入环空的压井液举升，无法建立环空静液柱，导致压井失败。在考虑到采用 $2.1g/cm^3$ 的压井液不可行之后，决定采取动力压井法。在压井之前，考虑井下钻具组合(BHA)和加重钻杆的内径很小，摩阻损失会很大，因此在进行压井之前除去了 BHA，并在压井液中加入了一定减阻剂。

首次动力压井操作采用水作为初始压井液，计划以 $720m^3/h$ 的流速泵入压井液，但是由于泵屡次发生损坏，不能正常工作，无法提供足够的排量，导致压井失败，但是在压井过程中，已经能在空井中重新建立连续的液柱，并能直观发现进气的减少，但是由于压力的不足，气体之后又不断进入井筒，最后井筒又充满了溢流气体。随后采取的第二次压井作业也因为泵动力的原因而失败。考虑到泵马力的不足，第三次动力压井法采用 $CaCl_2$ 作为初始压井液，在以 $570m^3/h$ 的流量下，只花了 15min 便将井内溢流排出，在加入堵漏剂后，降低了泵入的排量，以 $240m^3/h$ 的排量继续循环，并堵住漏失层，之后注入加重后的压井液，并将排量降至 $48m^3/h$，循环直至井内压力稳定，完成压井。

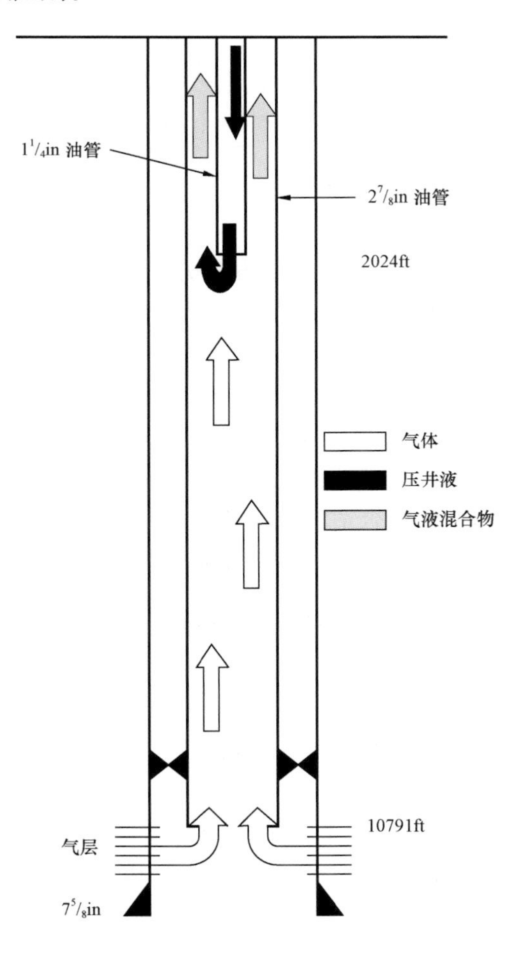

图 7.97　溢流井喷过程

Arco 石油公司于 1990 年提出了离井底动力压井法(off bottom dynamic kill method)，如图 7.97所示。这种方法是在压井液注入管柱下端不在井底的条件下进行动力压井作业，一般有以下几种情况：(1)起下钻时发生溢流或井喷，强行下钻不能到达井底；(2)压井或修井时注入管柱中间发生孔洞裂缝或折断；(3)修井清除高压气层以上的砂桥或堵塞物之后的压井作业等。注入的压井液从压井管柱的下端(Point of Injection，POI)喷出与井底地层气流在环空上返，

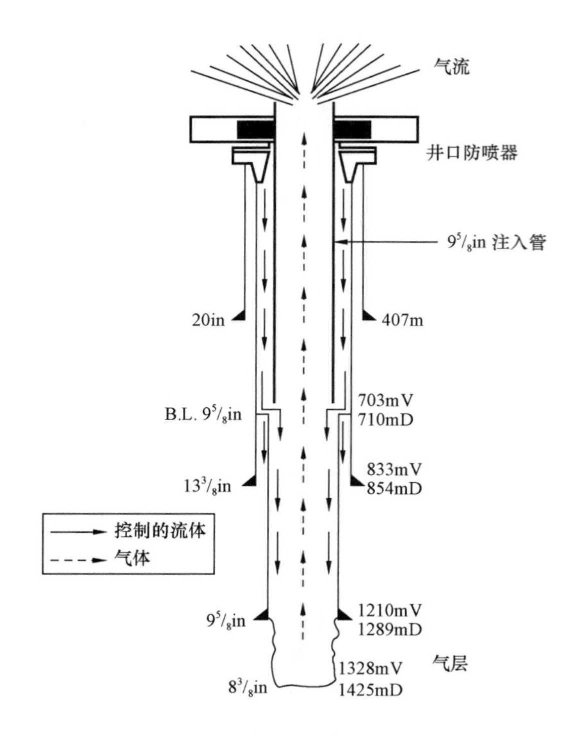

图 7.98　压井过程

于是井底压力为井口回压及 POI 以上和以下两段流动压降和静液压力之和。

Cantarell69 - 1 井处于南墨西哥湾的 Cabtarell 油田，在钻井过程中钻遇气顶区时发生了溢流，随后导致了井喷，并引发了大火，钻井设备受到严重损坏。之后采用了反循环动力压井法，有效地控制了井喷情况，并得出在达到可控的泵入速度时，压井液是不会落入注入点以下气体中的结论，同时认为采用均相流型计算得出的最小泵入量是偏大的，如图 7.98 所示。

在南得克萨斯州的欠平衡套管钻井中，也配合采用了动力压井法。此技术减少了起下钻，一旦到达垂深，就钻井结束，此时需要平衡地层，以便之后直接进行固井，这时需要采用动力压井法，可以不用关井、不用节流阀，节约了时间和成本。

Erha - 7 井是一口在尼日利亚海域钻探的勘探井，水深大于 1074m。在考虑到可能存在浅层气的情况下，作业方充分结合了浅层气和动力压井模拟，来提高其成功率。通过模拟计算，得出了施工需要的最优化后的各种压井参数。

在海洋钻井中，还发展出一种动力压井的技术 DKD 技术（Dynamic Kill Drilling，DKD），主要用于深水钻井处理表层钻井的问题（浅层气、没安装井口），将海水和加重的钻井液混合，以一定比例配置不同密度的压井液，以高速泵入井眼。它的操作原则是根据实际的操作需要，提前加重的钻井液将会与原钻井液或者海水混合，新的压井液能被装备在控制下自动混合。接着压井液以合适的密度被泵入井中。一旦发现溢流，不需要等待和循环，在人工操作下，自动混合装置会将压井液高速泵入井内。

7.7.2　动力压井法适应性分析

7.7.2.1　动力压井法压井考虑的因素

（1）压井液选择。在动力压井过程中，一般采用两种不同的压井液，即初始压井液和加重压井液。对溢流情况比较轻微的井，可以直接采用原钻井液作为初始压井液，这样可以节约时间，快速及时地进行压井；若事先储备有足够量的压井液，直接使用压井液进行压井，由于增加了压井液静液柱压力，更有利于快速压井。对于喷井来说，由于井内液体喷出，需要更多量的压井液来填充井筒，所以多采用清水作为初始压井液，在海洋钻井的情况下，直接采用海水是很好的选择。

由于动力压井通过提高压井排量，增加井筒内混合流体循环时的环空压降，同时结合井筒流体的静液柱压力，从而平衡地层压力，因此井筒流体的静液柱压力是不可忽视的，不同的压井液的黏度和密度对压井具有较大的影响，在压井之前，应该灵活考虑这两种因素对压井的影响。在地层压力较大的情况下，采取低密度压井液，降低了井筒内静液柱压力，则需要更高的排量来提高循环摩阻，此外，若采用纯水作压井液，由于其黏度较小，也减小了循环摩阻，则对压井排量要求更高。

因此无论是采用何种压井液，压井过程中对压井液的量的需求很大，因此需要提前储备好足够的压井液，否则无法进行成功的动力压井。

(2)现场压井泵配置。实际所能达到的压井的排量的大小往往决定动力压井是否能够成功，而压井泵决定了压井过程中可能达到的最高排量，因此动力压井对压井泵具有较高的要求。在实际进行压井施工之前，必须根据已获取的地层资料，对压井排量进行理论计算，以检查泵的排量和压力是否符合需求，尤其是在选择低密度、低黏度的压井液时，对泵排量的要求更高，若泵无法提供足够排量，则无法在井内建立液柱，会直接导致压井施工的失败。

目前国产的 F22200HL 的额定功率能达到 1617kW(2200hp)，最大排量可以达到 76.5L/s，美国的 LEW2CO 公司生产的 W23000 型钻井泵的最大输入功率可以达到 2205kW(3000hp)，最大排量可以达到 65.8L/s，这些优质钻井泵均足以满足压井需求。

(3)地层情况。由于动力压井法主要是通过增加排量来增加井筒内流体在环空的循环摩阻，从而增加井底压力以平衡地层压力，当地层压力很高时，若采用的压井液密度较低，则对压井排量的需求更高，可能导致压井时需要的压井排量过大，导致现场情况下无法满足，动力压井无法成功。

在地层破裂压力较低时，采用低密度的压井液进行动力压井，在井筒静液柱压力较低的情况下，将流动压降分布在整个井筒上，这样可以避免地层被压破。

井喷失控的情况下，可以采用打救援井的方法来进行动力压井。

动力压井也适用于渗透性地层，但若考虑漏失，则需额外增加一定排量以保证压井成功。

总之，在整个压井过程中，始终要保证 $G_f H_f > p_h + p_j \geqslant G_p H$。

7.7.2.2 动力压井适用的工况

(1)浅气层。在快速沉积的很多地区，都存在浅气层的情况，其特点为埋藏浅、体积小、压力大且变化快、没有规律性，难以预测。因此，钻遇浅气层，非常容易导致井喷事故的发生。在钻井过程中，若发生起下钻抽吸、钻速过快、起钻时未及时补灌钻井液或选用的钻井液密度较低时，都有可能导致浅气层井喷的发生，对钻井施工的危害性很大。

由于气层埋藏很浅，往往在实际钻井过程中钻遇浅气层时，还未下如表层套管，因此井口尚未安装防喷器系统，这是非常危险的，而此时常规的借助井口装置产生回压的井控方法是无法适用的。即使已经下入了表层套管，安装了井口防喷器，若通过关闭防喷器的方法控制浅气层的压力，由于地层破裂压力较低，表层套管下入较浅，可能导致表层套管鞋处憋漏或上部地层破裂，严重时甚至延伸至地表。

在使用常规的井控方法时，主要是通过打入一定量高密度的压井液来控制井筒，之后根据不同情况下入套管或者封隔器进行封隔，若不成功，继续增加压井液密度进行控制，此时要求储备有足够量的压井液，其密度要求比钻井时采用的钻井液高 0.20～0.30g/cm^3，并且压井液的密度不能大于上部地层的地层破裂压力梯度，这是很难掌握的，尤其是在地层信息获取不足的情况下，因此采用常规压井方法，很难处理浅气层的情况。

在处理浅气层时，动力压井法则可以处理其高压且破裂压力低的情况。起步方法是选择直径较大的钻杆，以减小环空间隙，从而提高循环摩阻；放弃高密度的压井液，以避免压裂地层，选择水或其他低密度压井液，由压井泵泵入井筒，在井底混合井内溢流气体，并通过泵入高排量的压井液，增加环空摩阻，由于压井液密度低，井口无回压，压井过程中不会憋漏地层，当井底压力增加到较大值时，气体停止涌入，再改用加重的压井液，以小排量泵入井筒内，最终压井成功。

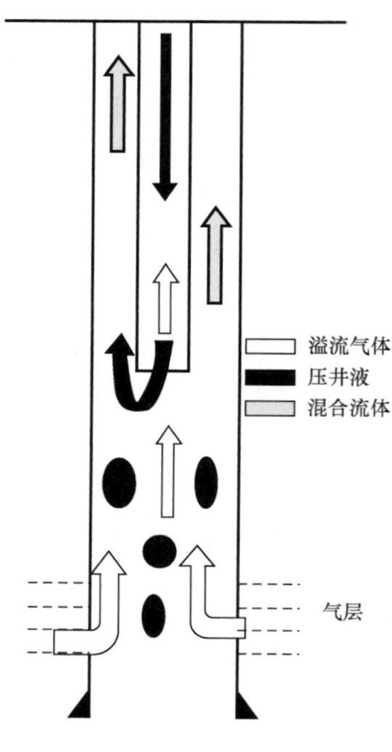

图 7.99　钻具不在井底示意图

(2)钻具不在井底。若在起钻过程中(检修装备、遇卡等)突然有溢流发生，钻具已经离开井底，有时即使采用强行下钻的方法也无法使钻具到达井底，因此，此时可以认为这种情况下，井筒从 U 形管模型转变为了 Y 形管模型，如图 7.99所示。常规压井法的基本理论是基于 U 形管模型提出的，若选择常规压井方法，压井液是无法循环至井底的，因此，在此情况下，常规压井是失效的。

此时可选择动力压井处理钻具不在井底的特殊情况，但是与常规的动力压井不同的是井口有回压。其原理是根据已经获取的地层参数，结合空气动力学和气液两相流理论，通过井喷临界速度判断钻头以下井段压井液是否产生回流，若溢流气体的速度小于压井液被携带出井的井喷临界速度时，压井液到达钻头时，有一部分压井液能够以一定直径的小液滴的形式，下落到下部井段，并逐渐建立压井液液柱，从而增加井底压力；另一部分压井液与井底上升的溢流气体混合后沿环空上返，最后通过控制井口回压及压井液注入点上下两端的流动压降和静液柱之和，使其大于地层压力，最终压井成功。

(3)修井作业。由于修井作业过程中，已经获取了较详细全面的地层物性参数，因此更容易在施工前对是否可以使用动力压井法进行合理评估。井内管柱的下端无钻头，可以减少钻头压降，初始压井液也可以直接采用纯水，方便快捷。与其他压井方法相比，动力压井工艺简单，且压井准备的时间较短。

(4)井喷失控。井喷是严重的钻井工程事故，在钻进、起下钻、完井或修井过程中都可能发生井喷。井喷可以分为地面可控井喷及地面不可控井喷两大类型。前者指抢修或紧急处理能够进行压井作业的井喷，后者指井口严重损坏难以修复或喷势、火势过猛甚至井口附近出现塌陷坑等危险复杂情况，这时就需要采用钻救援井的动力压井法来进行处理。此外，在海洋钻井中，遇到井喷失控的危险情况，往往只能采用救援井的方法进行井控操作。

救援井就是在事故井的附近某一安全的区域内，打一口定向井，设计地层某处为靶点，该定向井的井眼轨迹能与事故井在此靶点处汇合，进行酸化压裂，使两井连通，考虑救援井井口装置、套管和地面的承受能力，以合适的排量进行动力压井，最终制服井喷，例如 BP 公司的墨西哥湾的井喷漏油事故,就是采用救援井的方式解决的。

地下井喷是地层中某一层位的流体流入另一层位。地下井喷发生后使压井工作不能正常进行,并极易发展为失控井喷。地下井喷时因为有漏失层,不能用常规压井控制,此时可以使用打救援井的方法,压井后灌注水泥进行封井。

7.7.3 压井方案设计

在海上使用动力压井时中通常取海水作初始压井液,一方面是为了节约开支,另一方面也是因为取材方便。在动态压井方案设计中,泵入排量的设计需要考虑到多种因素的影响,包括漏失量、地层破裂压力和储层参数等。很多情况下,由于这些参数的不确定性而需要进行分析估算。然而关键的问题就是在压井开始阶段,如何弥补由于气体涌入井筒造成流体密度下降而引起的流体静液压力产生的差值。地下井喷产生的活性物质会产生很大的摩擦力,可以将该摩擦力引起的压力损失用于弥补静液压差。

用于分析预测压井过程中排量要求的方法,主要有以下四种:纯摩阻计算法、稳态两相流动模型、瞬态两相流动模型和瞬态多相多组分流动模型。

(1)纯摩阻计算法。该方法的假定条件是,在压井过程中井内油气不会混入所用压井液,因此,采用单一流体管内和环空摩阻压降进行计算即可得出可供实际使用的结果。纯摩阻计算模型虽然计算简单但它有以下不足之处:① 产生足够大的环空流动压降所需压井泵组的流量和功率往往很大;② 难以满足复杂条件下的需要,如管柱下端不在井底的离井底压井等;③ 未考虑的因素相当多,如混气溢流、气体滑脱以及气液两相流动等。

(2)稳态两相流动模型。稳态两相流动模型是使用迭代法分析稳态条件下的两相流动情况。该模型考虑到在温度、压力变化条件下两相流体的压缩性和其他相态性能。根据喷井的几何几寸、产层参数(压力、温度、PVT 数据)和表示井底流压与产量关系(IPR)曲线,用两相流动公式计算出地层气体喷量和压井液流量下井内两相流动压降和静液压力,据此可以得出整个井眼内的有效流体压力(流动压降与静液压力之和)曲线。将得出的结果与 IPR 曲线相比较:如有效流体压力曲线的井底压力等于或稍大于产层压力,则可确定出动力压井所需的压井流量;如果两者不相等,则要适当增大压井液流量,重复上述计算步骤,将得出新的井内有效流体压力曲线与 IPR 比较,如此多次迭代直至两种压力平衡。

(3)瞬态两相流动模型。该模型能计算泵送压井液过程中相邻时段的井底压力变化。与稳态两相流动模型不同的是,瞬态两相流动模型考虑由于时间变化引起的摩擦阻力和储层参数的改变。静液压力与流动摩阻压降均随压井液注入量增多而加大,从而也增大了两相流体在井底的流动压力。于是可根据 IPR 计算该时段内由地层内进入井内的地层流体量。利用该模型可以计算得出气体进入量、出口流量等参数随压井液注入量的变化曲线。这样利用该曲线就可以通过注入量监测压井作业过程。因压井液注入量是实时被记录和显示的,因此,比利用其他计算值(如时间)来监测压井过程更为容易。

(4)瞬态多相多组分流动模型(计算模型可参考第 4 章)。为了提高动力压井参数计算的准确性,应该考虑注入钻井液,油层产出油、气、水等组分的流动。在考虑了以上影响因素的基础上,同时还考虑了油层产出的油、气、水与井筒内流动的连续耦合,建立了适合动力压井的三相多组分理论模型,提高了计算精度。

压井过程中使用的输送导管可以是事故发生后留在井筒内的钻杆,或者是事故发生后强行下入井筒内的钻杆,还可以是通过救援井来实施压井操作。如果是通过救援井进行压井操作的话,那么就需要考虑井身结构对泵入压井液压井过程的影响,以及对泵的规格的要求。因此,救援井的设计是由下而上的过程(例如,与事故井连通的井眼的最小尺寸,决定了救援井的井身结构,因此需要优先考虑)。以往,在设计救援井的时候会加入一段辅助的套管柱,用来增加井身设计的安全系数。然而这种方法并不"安全",它很大程度上降低了工作效率,甚至还会增大钻井的危险性。因此,救援井井身结构的设计必须首先要考虑动力压井的各种需要,例如,压井液的流变性,泵入速率,及注入压井液总量等因素。

海上动力压井方案的设计,遵循大多数工程技术设计的逻辑格式,其设计流程图如图7.100所示。

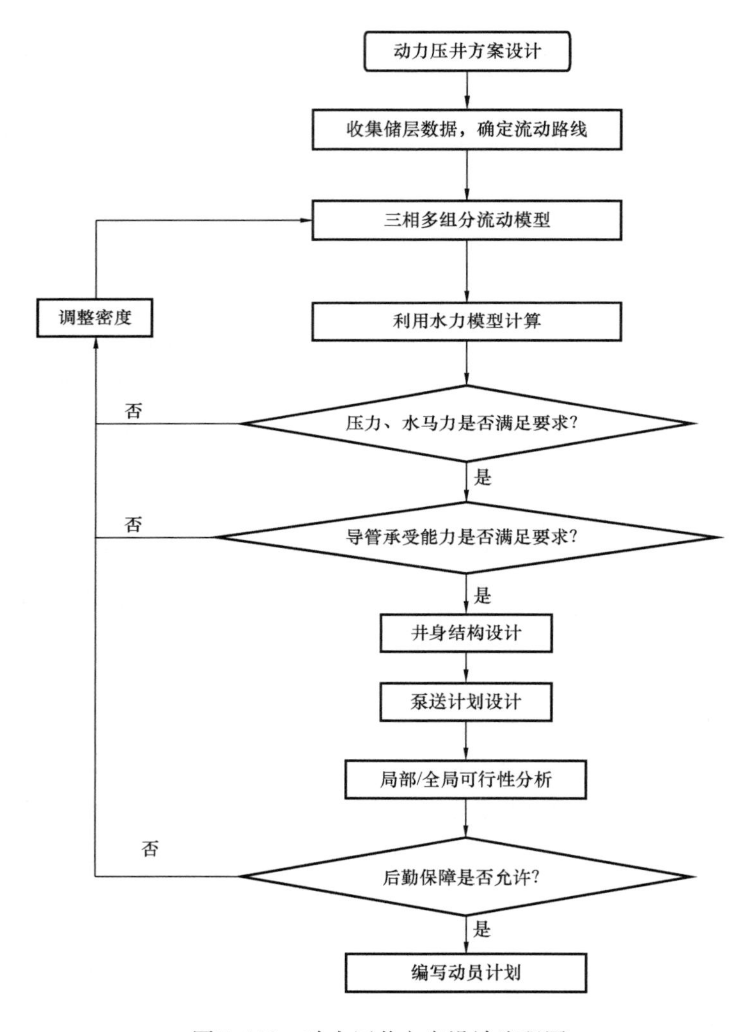

图7.100　动力压井方案设计流程图

7.7.4　动力压井基本操作步骤

在实施动力压井操作时，可遵循如下基本步骤。

（1）通过钻杆将初始压井液（海水）以动力压井排量或以井底压力不致超过地层破裂压力的排量泵入。

（2）当动力压井制服井喷，地层流体不再流出时，就可以泵入次重钻井液，在次重钻井液到达喷井井底之前，要一直用原排量替入。

（3）当次重钻井液在喷井中上升时，可根据情况逐渐减小排量，减小排量的原则，是使喷井井底压力大于地层压力而小于地层破裂压力。

（4）当喷井充满了次重钻井液时，就可以泵入加重钻井液了。在加重钻井液到达喷井井底之前，要一直保持泵入次重钻井液时所用的排量，然后仍按保持井底压力大于地层压力、小于地层破裂压力的原则减少排量。

（5）当井内充满加重钻井液后，还应继续以适当的低排量泵入一段时间的钻井液，同时注意观察。

（6）若井内无天然气等继续向井内流入的迹象，即可停泵。有时会由于热膨胀，出现井内钻井液缓慢外溢的情况。

（7）喷井完全压住后，开始换装喷井井口。

如果出现着火，首要的问题是人员的安全，要有秩序地安全撤离。然后组织灭火并通过打救援井处理事故。救援井钻成之后，可用酸化和压裂法使两井沟通。沟通后就可按上述步骤实施压井。

7.8　低节流压力压井法

7.8.1　低节流压力压井法的基本概念

低节流压力压井法又称为低套压压井法，是指关井套压大于最大许用套压时可以在最大许用套压下实施压井的方法。本压井方法允许地层流体侵入井眼，同时也存在第二次地层流体侵入问题。采用该方法原则上要求第二次地层流体侵入强度低于第一次，特殊情况下也可以先期采用本方法，等待新的措施。该方法要点是：

（1）钻遇的地层具有较高的压力；

（2）关井套压很高；

（3）钻井液安全密度窗口窄；

（4）井口装置承压不足，或最近一层套管抗内压强度不足，或裸眼地层破裂压力梯度较小。

需要注意的是，在任何情况下关井，其最大允许关井套压不得超过井口装置额定工作压力、套管抗内压强度的80%和薄弱地层破裂压力所允许关井套压三者中的最小值。在允许关井套压内严禁放喷。

7.8.2 低节流压力压井法在高压低渗透地层应用

(1)高压低渗透地层气侵特征。

钻遇高压低渗透地层,当钻井液密度较低时,地层流体将侵入井眼。由于地层压力高,如果钻井液密度很低则关井压力则较高。由于地层为低渗透,则侵入井眼的地层流体侵入速率较低。当关井压力超过最大许用套压时可以估算地层压力,采用节流循环压井。由于地层渗透率低,在许用套压下循环压井,此时通常井底压力也较高,副压差不会太高,因此地层侵入井眼的速率较低,据此较安全地将地层流体循环出来。

相反,如果是高压高渗透储层,地层侵入的流体仍然在井眼中下部,如果低套压节流循环压井,从井口流出的是不含气钻井液,而从地层进入井眼的是地层油气,则会加剧溢流井喷程度。当然,如果不节流循环,井眼力学完整性表现不安全,或者井口装备失效,或者套管憋裂,或者地层压漏,结果引起更加复杂的井况,也许低节流压力压井是有意义的。

(2)采用原钻井液低节流压力压井。

① 地层侵入的气体在井筒中下部情况。

这种情况下,如果低节流压力压井用原钻井液循环,从井口释放的是单相钻井液,而同时地层侵入井眼的是油气水,将会导致井筒地层流体含量更高,在恒井口压力下由于井筒油气水含量增加导致井底压力降低,从而导致井底与地层负压差增大,将加速地层流体侵入。因此仅是为了循环压井,不能采用原钻井液低节流压力压井的方式。

② 地层侵入的气体在井筒中上部情况。

如果出现侵入的气体在井筒的中上部,而井筒中下部主要为单相钻井液,这时采用合理的节流压力,在低节流压力循环,如果井口释放当量的气体体积远大于地层侵入的体积,则通过循环钻井液可以不断增加环空钻井液含量,减少井筒气体含量,从而将逐步增加井底压力,达到重新建立井筒与地层的压力平衡。

(3)采用加重钻井液低节流压力压井。

如果采用加重钻井液,即使地层侵入的气体在井筒中下部,在加重钻井液密度合理、循环速率合理情况下,则可以经过一段时间循环,不断增加环空高密度钻井液含量,逐步增加井底压力,达到重新建立井筒与地层的压力平衡。但是,依然还是对高压低渗透油气藏较适宜。

7.8.3 井况急剧恶化下的低节流压力压井法应用

对于实际套压大于最大许用套压的有些情况,如果不采用低节流压力压井方法及时释放压力,则可能诱发井口装备失效,或者套管憋裂,或者地层压漏,而且每一种复杂情况出现都可能造成井控条件更加恶劣,在这种情况采用低节流压力压井是必要的,目前是缓解急剧恶化的井况,等待相对更好的压井方案与压井时机。此外还可以保护井队人员的安全,保护钻机和地面设备。

7.8.4 基于动力压井原理的低节流压力压井法的应用

7.8.4.1 基本原理与基本方法

在低节流压力压井过程中,如果能借鉴动力压井方法中通过调整压井循环排量从而平衡井底压力的办法，也可以拓宽低节流压力压井方法的应用范围。也即适当增加压井排量进而增加循环摩阻，如果能够达到井底压力大于等于地层压力，也可以实现常规压井方法的效果。

此外，还可以增加压井液密度，适当调整压井液黏度等，加之增加压井循环排量，综合达到抑制地层流体侵入，调整井筒多相流型分布，有利于优化井口压力、井底压力与地层压力三种协调关系，从而建立井底与地层的压力平衡。

7.8.4.2 应用举例

为了说明上述原理，以国内某A井实际压井过程及部分数据为例，通过商业软件模拟阐述考虑循环摩阻的低节流压力压井方法的应用。

A井储层顶部深度为2808m，储层厚度38m，储层压力33MPa，储层温度86℃，渗透率为3md，孔隙度0.38，1956m处套管鞋破裂压力为30.3MPa。可以看出，A井的地层安全密度窗口较窄。A井相关钻具组合见表7.25。

A井井身结构如图7.101所示。

表7.25 A井钻具组合

钻具名称	长度(m)	内径(cm)	外径(cm)	距离井底深度(m)
Auto Trak 9½in G3	2.9	7.62	24.13	2.9
Flex sub 9½in	3.6	7.62	24.13	6.6
CoPilot	2.1	6.67	24.13	8.7
OnTrack MWD	7.0	7.62	24.13	15.7
BCPM	4.7	7.62	24.13	20.4
NM Sub	7.9	7.62	20.96	28.3
MWD/LWD	10.7	7.62	20.96	39.0
NM String Stab	2.3	6.99	20.32	41.3
6⅝in DP	9.5	8.89	20.64	50.8
6⅝in DP	7.9	7.62	20.64	58.8
Expendable reamer	8.8	7.62	20.32	67.6
6⅝in DP	8.3	6.99	20.32	75.9
NM String Stab	2.3	7.14	20.32	78.1
6⅝in DP	9.3	7.15	21.27	87.5
6⅝in DP	7.8	7.15	20.79	95.3
Jar	8.8	7.62	21.43	104.2
6⅝in DP	9.3	6.99	21.27	113.5
5⅞in HWDP	112.5	10.16	14.92	226.1
5⅞in DP	2608.6	13.09	14.92	2834.6

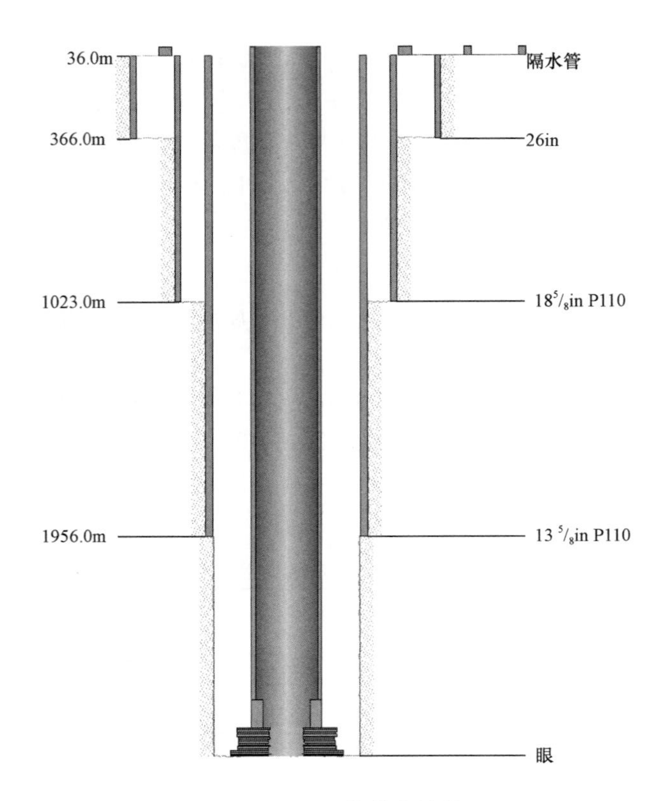

图 7.101 A 井井身结构

A 井套管使用情况见表 7.26。

表 7.26 A 井套管使用情况

套管名称(in)	套管挂深度(m)	下入深度(m)	套管内径(cm)	套管外径(cm)
26in	36	366	63.5	66.04
18⅝in P110	36	1023	44.83862	47.31004
13⅝in P110	36	1956	31.43	34.61

基于上述井的基本数据利用 Drillbench 软件进行了低节流压力法压井过程数值模拟计算,为了更加直观地体现低节流压力压井方法适用于窄密度窗口地层条件,压井过程模拟之前首先采用较低的钻井液密度及钻井排量进行井喷过程模拟,使井筒大部分充满气的状态,再进行压井操作。

如果对于探井来说,精确的储层压力不容易获得,则需要根据估测的地层压力作为压井参数选择的参考条件,因此,在 A 井压井过程中,分别在不同的节流套压 7MPa、10MPa、13MPa 下进行压井循环,压井钻井液密度分别为 1.2g/cm^3。拟针对这几种节流套压压井过程,对不同压井循环排量下井控参数特征进行展示与评价。

(1)节流套压 7MPa、排量 3000L/min 情况。

对于较窄密度窗口的地层条件,为了防止较高的井口回压使得薄弱地层被压裂,因此首先选择较小的井口节流压力以及较小的排量进行压井操作。

① 气体侵入速率。

图 7.102 展示了气体侵入速率曲线。

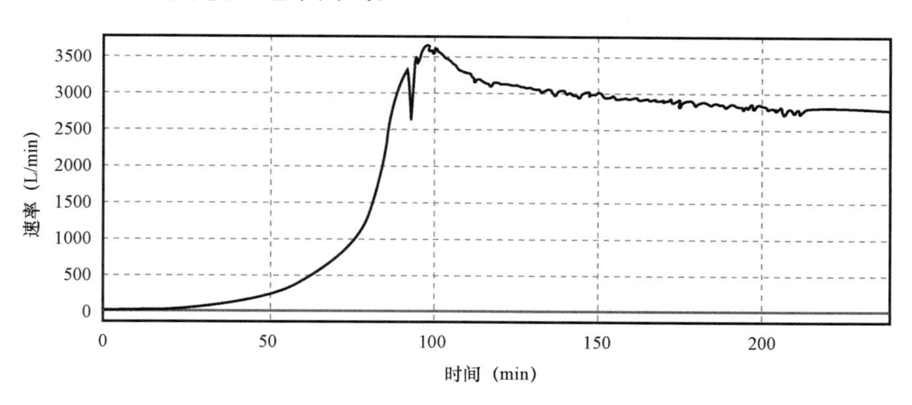

图 7.102　节流套压 7MPa、压井排量 3000L/min 进气率曲线

② 套管鞋压力。

图 7.103 为套管鞋压力曲线。

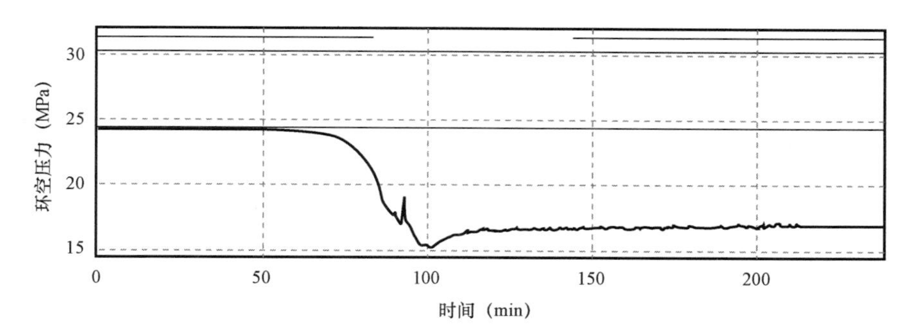

图 7.103　节流套压 7MPa、压井排量 3000L/min 套管鞋压力曲线

③ 泵压变化。

图 7.104 为泵压变化曲线。

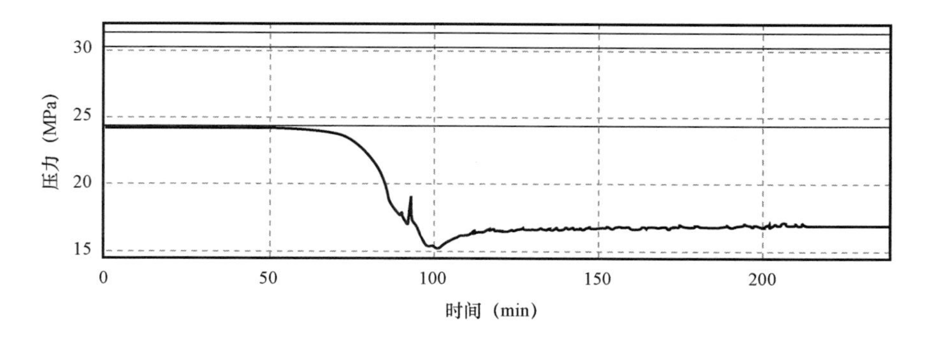

图 7.104　节流套压 7MPa、压井排量 3000L/min 泵压曲线

④ 井底压力变化。

图 7. 105 为井底压力变化曲线。

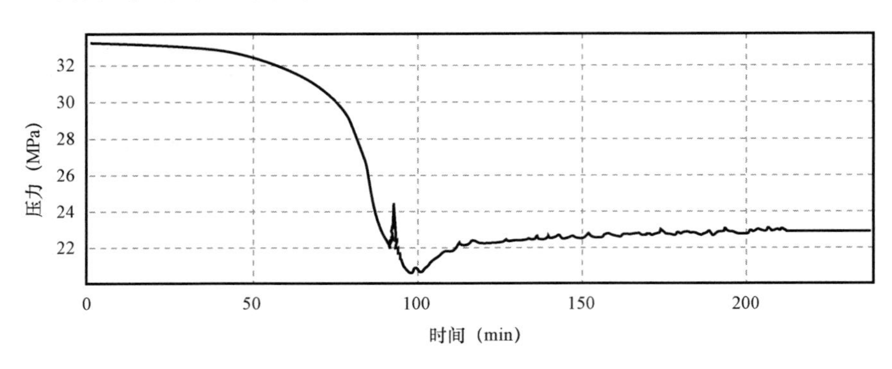

图 7. 105　节流套压 7MPa、压井排量 3000L/min 井底压力曲线

⑤ 井筒环空压力剖面。

图 7. 106 为井筒压力剖面曲线。图中黑色线为地层破裂压力剖面，套管鞋压力远低于破裂压力。

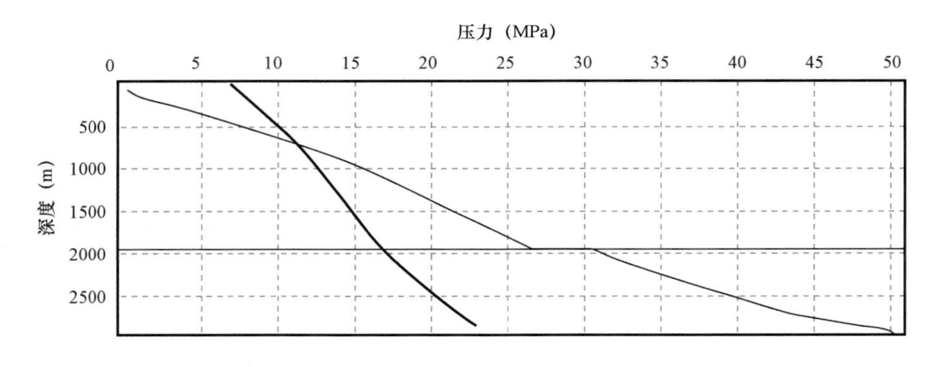

图 7. 106　节流套压 7MPa、压井排量 3000L/min 压力剖面曲线

从以上图中可以看出，气侵后 100min 左右开始压井，在加节流套压 7MPa、压井排量 3000L/min 情况下，当模拟压井 150min 后，储层进气达到一个平衡状态，随着压井时间的增加，进气量不变，井底压力处于较低水平，虽然此时泵压以及套管鞋处压力都处于较低的状态，不会发生地层破裂或超出额定泵压的情况，但是不会成功进行压井。

（2）节流套压 7MPa、排量 7000L/min 情况。

对于节流套压 7MPa、排量 3000L/min 条件下，井底进气不会停止，不能进行成功压井。如果此时贸然提升压井液密度，对于窄密度地层窗口的探井来说，很容易压裂套管鞋处地层，造成喷漏同存，引起更大的事故。因此，选择提升排量来精确控制井筒压力，模拟井筒参数情况，讨论是否可以成功压井。

① 气体侵入速率。

图 7. 107 展示了气体侵入速率曲线。

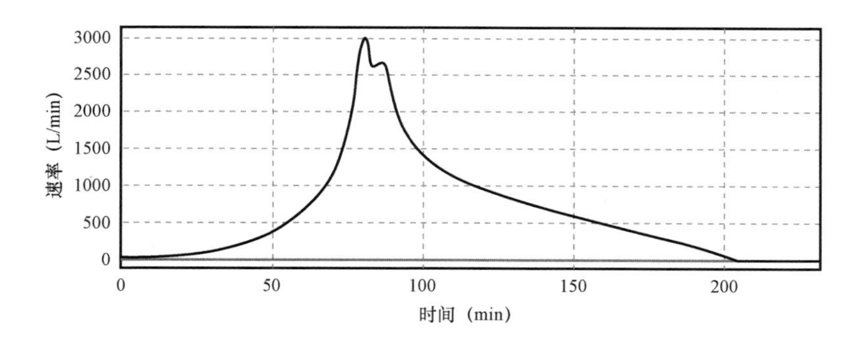

图 7.107 节流套压 7MPa、压井排量 7000L/min 进气率曲线

② 套管鞋压力。

图 7.108 为套管鞋压力曲线。

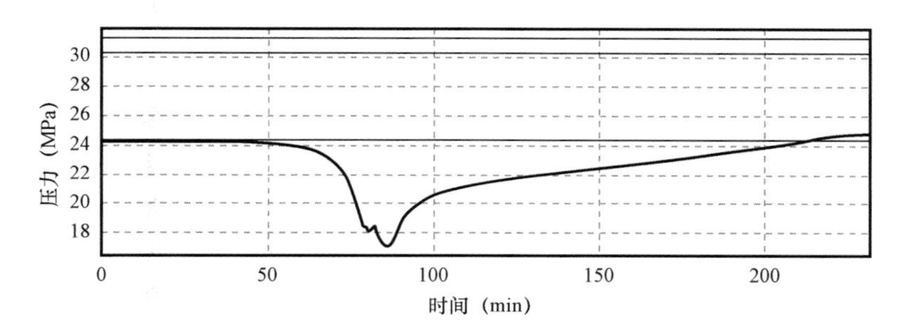

图 7.108 节流套压 7MPa、压井排量 7000L/min 套管鞋压力曲线

③ 泵压变化。

图 7.109 为泵压变化曲线。

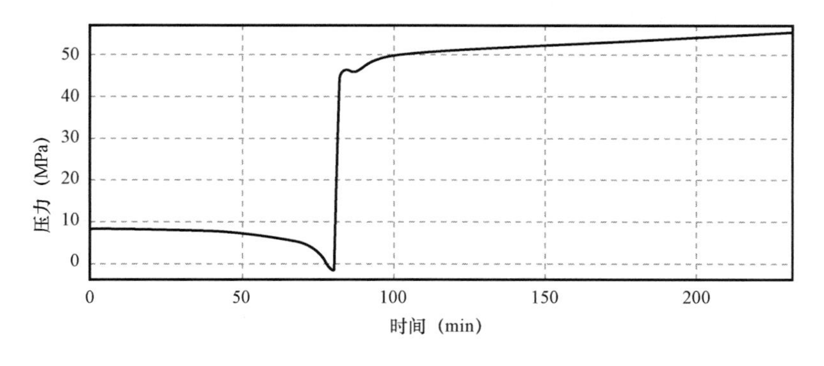

图 7.109 节流套压 7MPa、压井排量 7000L/min 泵压曲线

④ 井底压力变化。

图 7.110 为井底压力变化曲线。

⑤ 井筒环空压力剖面。

图 7.111 为井筒压力剖面曲线。图中黑色线为地层破裂压力剖面，套管鞋压力远低于破裂压力。

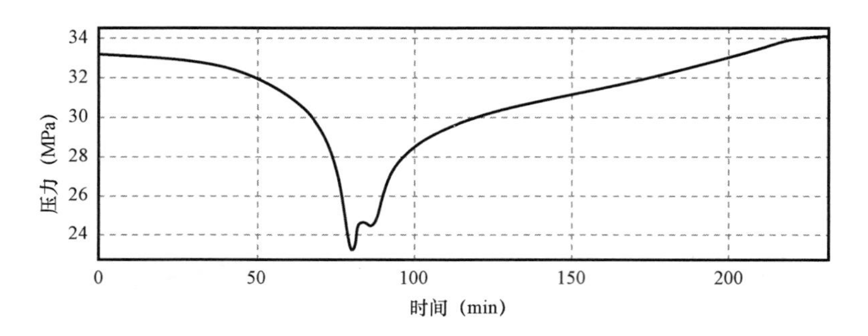

图 7.110　节流套压 7MPa、压井排量 7000L/min 井底压力曲线

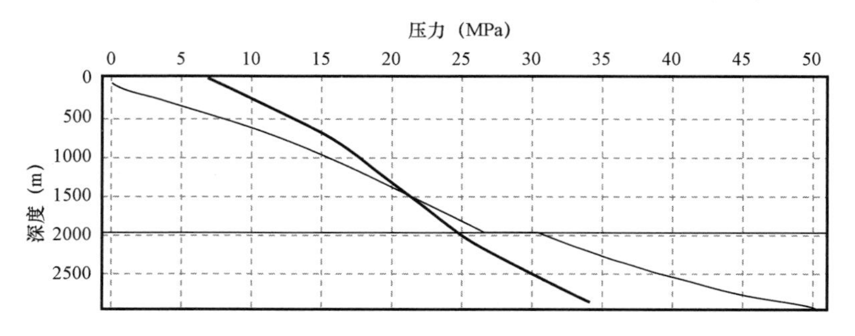

图 7.111　节流套压 7MPa、压井排量 7000L/min 压力剖面曲线

从以上图中可以看出，气侵后 80min 左右开始压井，在加节流套压 7MPa、压井排量 7000L/min 情况下，在压井过程中，随着压井时间的增加，井筒环空中的气体会随着压井液循环排出井筒，环空压井液含量在持续增加，相应井底压力持续增加，当模拟压井 130min 后，储层进气停止。由于提升了压井排量，井筒摩阻增大，因此泵压以及套管鞋处压力都相对升高，但依然处于破裂压力之内以及额定泵压之内，不会发生地层破裂或超出额定泵压的情况，因此在加节流套压 7MPa、压井排量 7000L/min 情况下可以成功进行压井。

(3)节流套压 7MPa、排量 9000L/min 情况。

为了讨论在低节流压力压井过程中井筒参数变化情况，继续增加排量至 9000L/min。

① 气体侵入速率。

图 7.112 展示了气体侵入速率曲线。

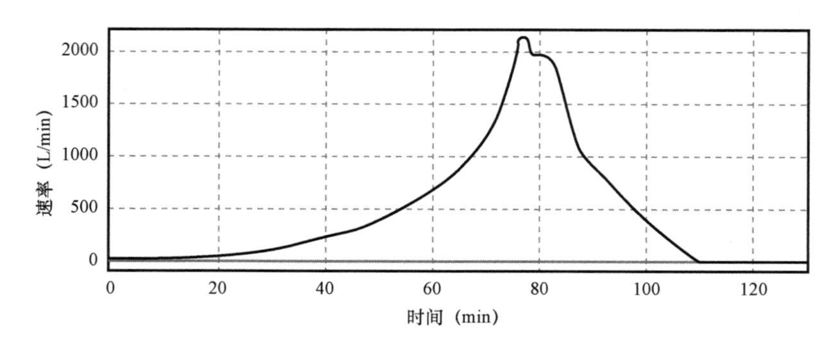

图 7.112　节流套压 7MPa、压井排量 9000L/min 进气率曲线

② 套管鞋压力。

图 7.113 为套管鞋压力曲线。

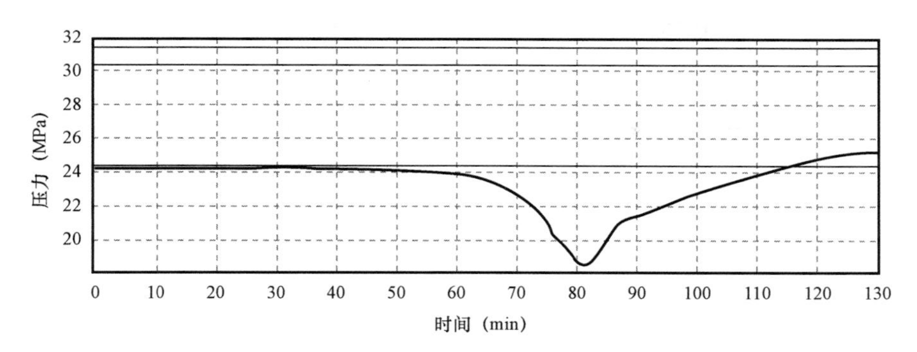

图 7.113　节流套压 7MPa、压井排量 9000L/min 套管鞋压力曲线

③ 泵压变化。

图 7.114 为泵压变化曲线。

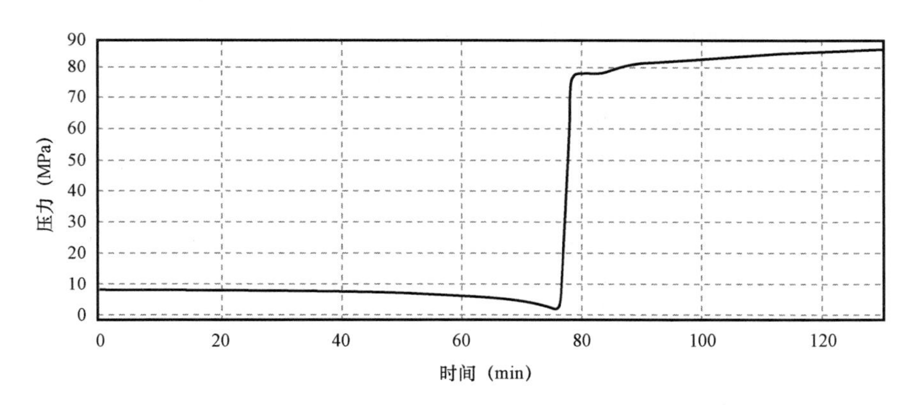

图 7.114　节流套压 7MPa、压井排量 9000L/min 泵压曲线

④ 井底压力变化

图 7.115 为井底压力变化曲线。

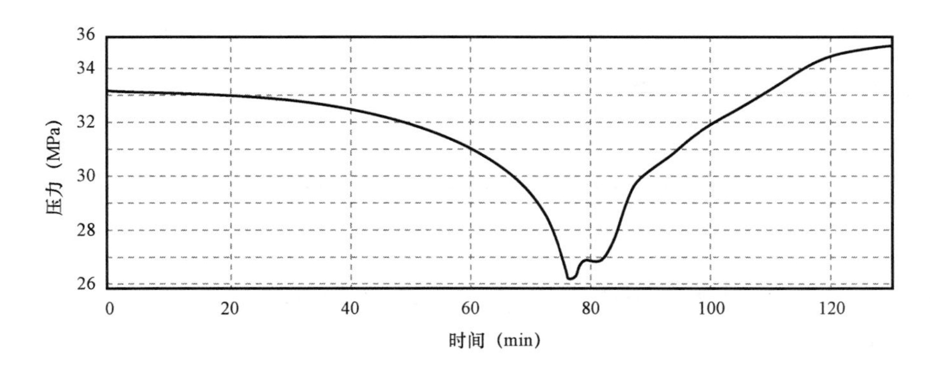

图 7.115　节流套压 7MPa、压井排量 9000L/min 井底压力曲线

⑤ 井筒环空压力剖面。

图 7.116 为井筒压力剖面曲线。图中黑色线为地层破裂压力剖面,套管鞋压力远低于破裂压力。

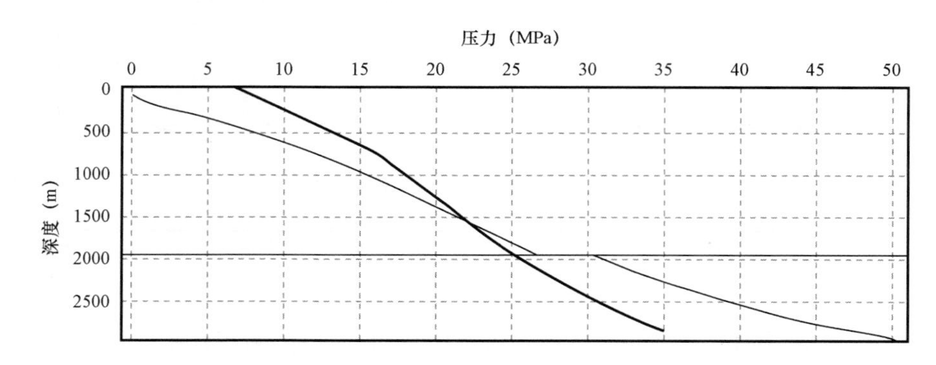

图 7.116　节流套压 7MPa、压井排量 9000L/min 压力剖面曲线

从以上图中可以看出,气侵后 80min 左右开始压井,在加节流套压 7MPa、压井排量 9000L/min 情况下,压井 50min 左右井底进气停止,相对于 7000L/min 排量情况压井时间大幅度减少。但虽然储层进气停止,套管鞋处压力也在破裂压力范围内,但是泵压却急剧升高,超出了额定泵压,因此在压井排量 9000L/min 情况下不可以成功压井。

(4)节流套压 10MPa、排量 3000L/min 情况。

由于在节流套压 7MPa、排量 7000L/min 条件下,可以成功压井,并且泵压及套管鞋处压力都在可承受范围内,但是泵压也接近额定范围,为了更保险地进行压井操作,可以提升节流压力至 10MPa,目的是将压力作用在套管中,以此来减小泵的承受压力,增加各个井控设备的冗余度。

① 气体侵入速率。

图 7.117 展示了气体侵入速率曲线。

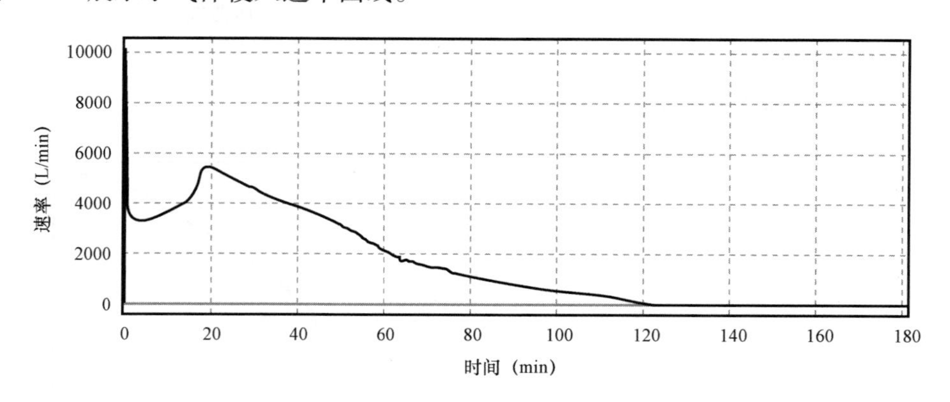

图 7.117　节流套压 10MPa、压井排量 3000L/min 进气率曲线

② 套管鞋压力。

图 7.118 为套管鞋压力曲线。

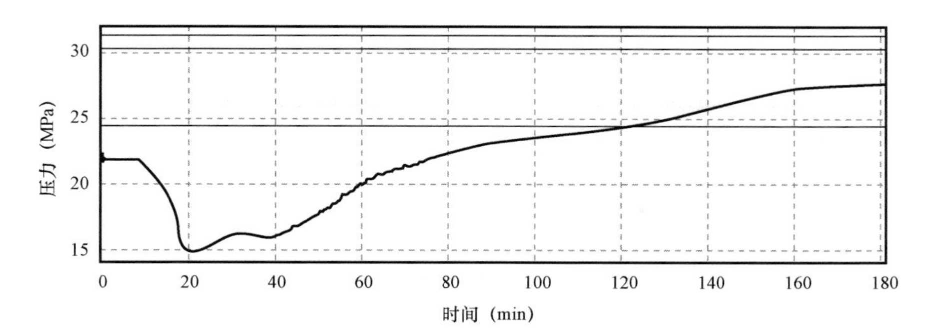

图 7.118 节流套压 10MPa、压井排量 3000L/min 套管鞋压力曲线

③ 泵压变化。

图 7.119 为泵压变化曲线。

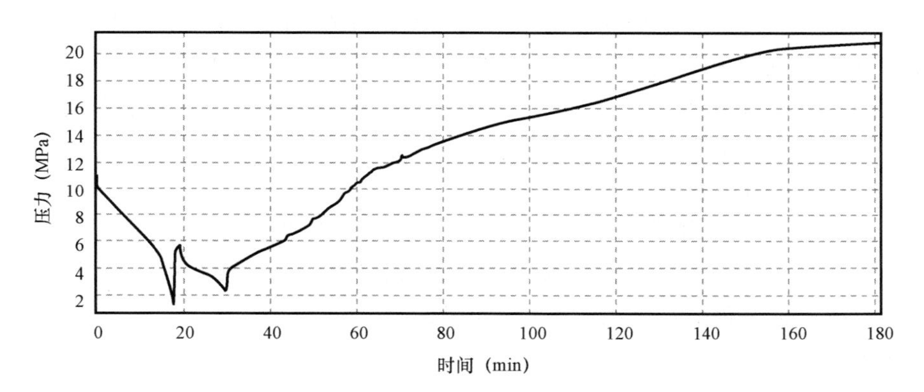

图 7.119 节流套压 10MPa、压井排量 3000L/min 泵压曲线

④ 井底压力变化。

图 7.120 为井底压力变化曲线。

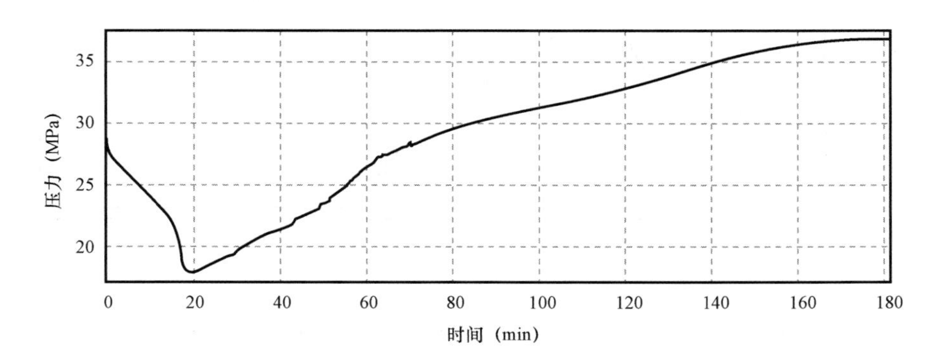

图 7.120 节流套压 10MPa、压井排量 3000L/min 井底压力曲线

⑤ 井筒环空压力剖面。

图 7.121 为井筒压力剖面曲线。图中黑色线为地层破裂压力剖面，套管鞋压力低于破裂压力。

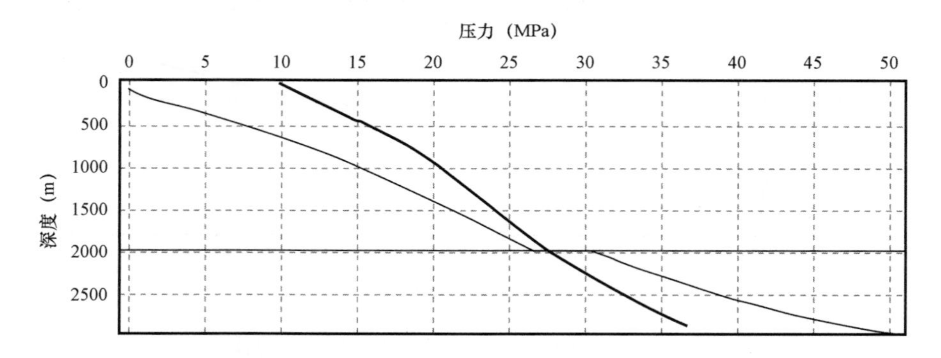

图 7.121　节流套压 10MPa、压井排量 3000L/min 压力剖面曲线

从以上图中可以看出，气侵后 20min 左右开始压井，在加节流套压 10MPa、压井排量 3000L/min 情况下，模拟压井 100min 后，储层进气停止，160min 左右井筒气体完全排出。当提升了节流压力后，压力作用在套管，因此泵压处于一个较低的水平，但是套管鞋处压力相对升高，但依然处于可承受的破裂压力之内，不会发生地层破裂的情况，因此在加节流套压 10MPa、压井排量 3000L/min 情况下可以成功进行压井。

（5）节流套压 13MPa、排量 3000L/min 情况。

加节流套压 10MPa、压井排量 3000L/min 情况下是可以成功压井，同时压井时间不长，泵压及套管鞋处压力处于可承受范围内，那么为了尽快控制住地层流体，进一步增加节流套压至 13MPa，讨论在更高的节流套压下的压井过程情况。

① 气体侵入速率

图 7.122 展示了气体侵入速率曲线。

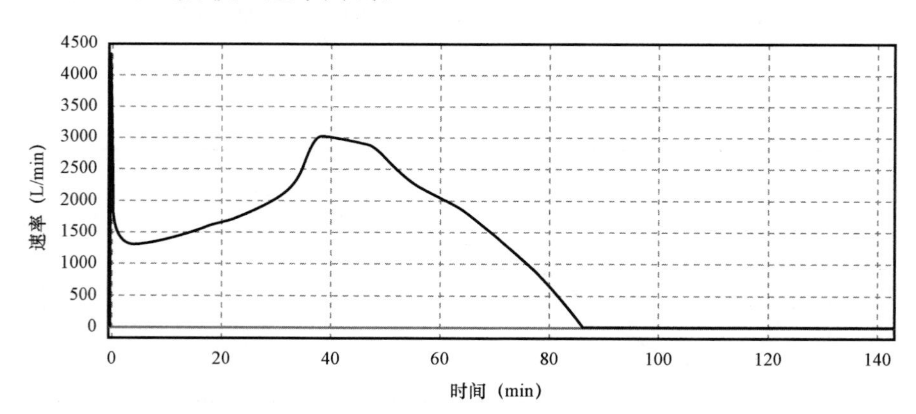

图 7.122　节流套压 13MPa、压井排量 3000L/min 进气率曲线

② 套管鞋压力。

图 7.123 为套管鞋压力曲线。

③ 泵压变化。

图 7.124 为泵压变化曲线。

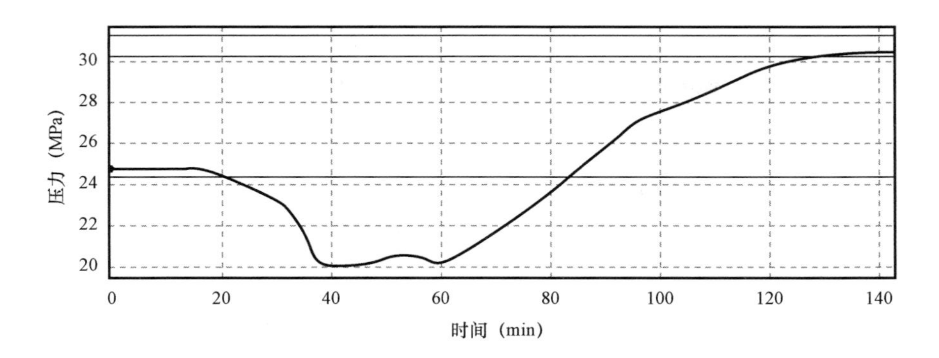

图 7.123　节流套压 13MPa、压井排量 3000L/min 套管鞋压力曲线

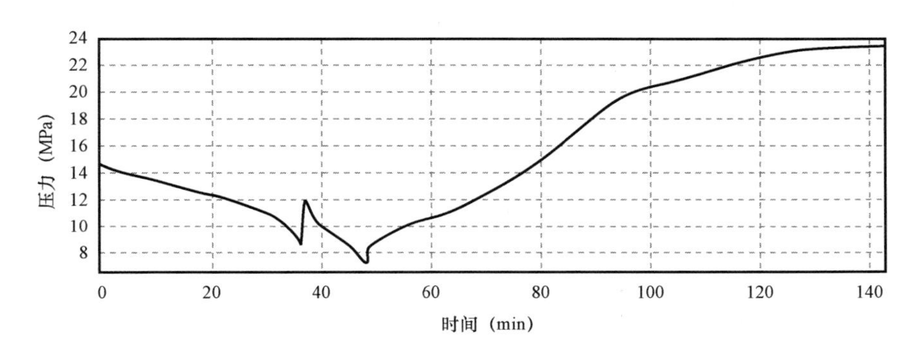

图 7.124　节流套压 13MPa、压井排量 3000L/min 泵压曲线

④ 井底压力变化。

图 7.125 为井底压力变化曲线。

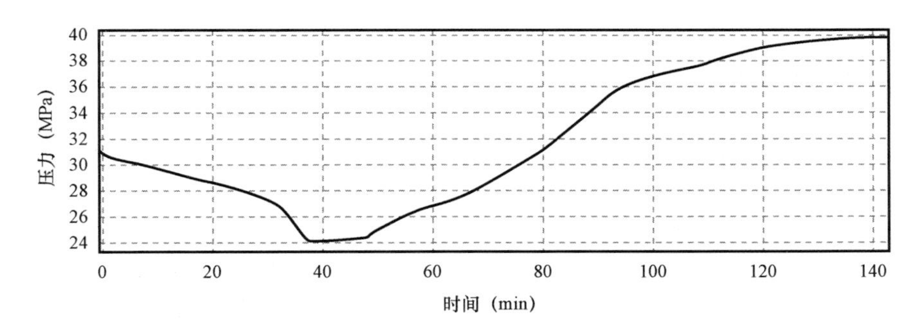

图 7.125　节流套压 13MPa、压井排量 3000L/min 井底压力曲线

⑤ 井筒环空压力剖面。

图 7.126 为井筒压力剖面曲线。图中黑色线为地层破裂压力剖面,套管鞋压力逼近于破裂压力。

从以上图中可以看出,气侵后 40min 左右开始压井,在加节流套压 13MPa、压井排量 3000L/min 情况下,模拟压井 65min 后,储层进气停止,100min 后井筒气体完全循环排出,压井成功。由于进一步提升了节流压力,虽然压井时间大幅度减少,可以尽快控制住险情,但是由

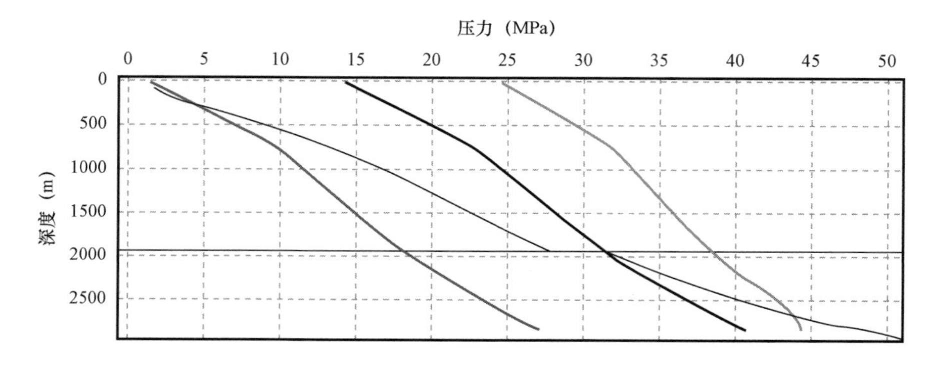

图 7.126　节流套压 13MPa、压井排量 3000L/min 压力剖面曲线

于节流压力的提升直接作用至套管鞋处，使得套管鞋处压力处于破裂压力的边缘，如压力稍有波动，则会压漏地层，引起更严重的事故。因此，在窄密度窗口的地层条件下，尽量选用较低节流压力，从而精确控制泵排量进行压井，防止在窄密度窗口的地层条件下压漏地层。

当使用低节流压井控制住储层气体后，则进行后续加重钻井液密度，同时进行慢慢降低泵排量以及井口回压等操作，完成压井程序。

7.8.5　低节流压力压井法的操作程序

采用低节流压力压井法，一般应按以下程序操作：

(1)保持套压不超过所设定的最大允许套压；

(2)启动泵，使泵速达到钻井泵速，并使套压接近所设定的最大允许压力；

(3)循环时，以尽可能快的速度向井内加入重晶石；

(4)继续循环，直到循环立管压力开始下降，表明进入环空的气体量开始减小；

(5)压力开始下降前，一直进行循环，直到采用其他的井控方法。

7.9　附加流速法

2001 年，Thierry Botrel，Patrick Isambourg 等人首次提出了一种新的深水压井方法——附加流速法(Additional Flow Rate)，它是一种专为深水环境而设计的压井方法。在压井过程中，通过使用压井管线在海底防喷器处注入轻质、流动性好的附加流体(AFR 流体)，使混合钻井液的密度、流变性及胶凝性得到大大的改善，进而减小节流管线中的静水压头和摩擦压降。这样，不但井底压力的控制变得容易，还可以使井涌流体能以较高的流速从管线中排出，从而缩短井控作业时间，降低钻井成本。使用附加流速法时，通过设定合理的压井泵速 SCR(Slow Circulating Rate)可以减小节流管线中的摩阻损失，甚至可使防喷器处的压力小于原钻井液在静止时产生的静液压力。

7.9.1　附加流速法简介

7.9.1.1　原理

该方法包括两个循环周：第一循环周，用原钻井液循环出井侵流体；第二循环周，用压井液替换原钻井液。压井循环开始后，同时向井内泵入两种流体：一是通过钻杆以压井泵速 Q_{SCR} 泵入钻井液/压井液；二是利用注入泵（如注水泥泵）通过压井管线或化学注入管线，在海底防喷器组位置以附加流速 Q_{AFR} 泵入低密度流体，即附加流体。这两种流体在防喷器位置混合后由节流管线返出，返出流速为 $Q_{SCR}+Q_{AFR}$，如图 7.127 所示。

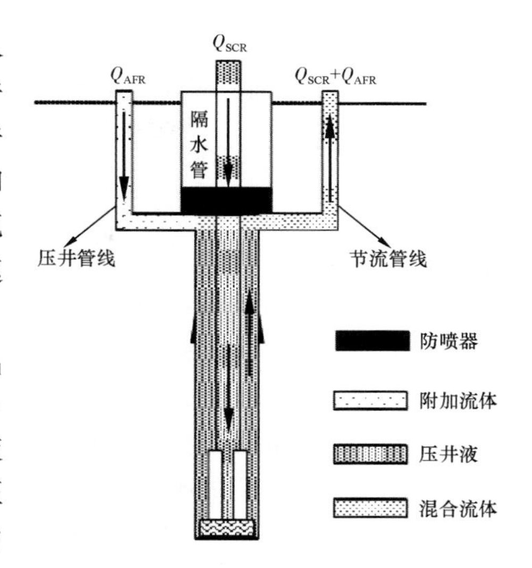

图 7.127 附加流速法压井示意图

司钻法压井时，节流管线内的压降为 $\Delta p_{DM}=\rho_d gl+p_{f\_d}$，附加流速法时对应的压降为 $\Delta p_{AFR}=\rho_{mix}gl+p_{f\_mix}$，式中下标 d 表示钻井液，下标 mix 表示钻井液与附加流体的混合液。附加流速法就是在较高的压井排量下，使得 $\Delta p_{AFR}<\Delta p_{DM}$，进而达到在井底压力处于安全压力窗口内时安全快速地完成压井作业的目的。

7.9.1.2 压井过程中的关键因素

与常规压井方法相比，使用附加流速法时需要考虑以下几个关键因素。

(1) 附加流体的选择。它可以为基础油（油基钻井液时）或水（水基钻井液时），但必须要满足下面的要求：与原钻井液相比，注入的附加流体必须具有密度尽可能低、黏度低、低流变性及能与原钻井液混溶等特性，以确保混合流体与原钻井液相比密度和黏性都能有所降低，从而减小节流管线中的总压降。

(2) 压井排量及相应的附加排量的确定。设定这两个参数时应从流体性质、设备及地层方面综合考虑，合理的取值可以最大限度地发挥附加流速方法的优点。

7.9.1.3 优点

除了能安全、快速地完成压井作业外，附加流速法还有以下优点。

(1) 降低了节流阀堵塞的危险。同样的密度窗口条件下该方法可以使用更大的压井排量，节流阀的开启尺度范围增大，减少了钻屑或水合物堵塞阀门的危险。

(2) 由于采用大的压井排量，可避免钻屑沉积、井眼封堵的情况发生。

(3) 易于获得防喷器处的压力。压井过程中，压井管线内流动的始终是均质的附加流体，若在压井前测出附加排量下压井管线内的流动摩擦压降，则防喷器处的压力可表示为井口处压井管线的压力减去摩擦压降。在防喷器未装压力计或压力计损坏的情况下，这种方法非常有用。

(4) 预防水合物在防喷器处的形成。较高的压井排量加上不停地注入清洁的附加流体可有效地防止这一情况的发生。若是需要注入水合物抑制剂时可将抑制剂直接加入附加流体中。

(5) 减缓了节流阀的调节速度。常规压井过程中，当气体进入节流管线时由于管线截面面积的减小加上气体的膨胀导致气柱高度快速增加，静液压力快速下降，需迅速下调节流阀以增大节流压力,维持井底常压。在附加流速法压井过程中,附加流体可部分补偿气体膨胀产生的空间,降低回压增加的幅度与速度,从而放慢了节流阀的调节速度。

7.9.2 附加流体的选择

根据钻井液中流体介质和体系的组成特点,钻井液可大致分为水基钻井液、油基钻井液、合成基钻井液和气体型钻井流体四种类型。

水基钻井液是由膨润土、水(或盐水)、各种处理剂、加重材料以及钻屑所组成的多相分散体系。其中膨润土和岩屑的平均密度均为 2.6g/cm^3,通常称它们为低密度固相;而加重材料常被称为高密度固相。最常用的加重材料为 API 重晶石,其密度为 4.2g/cm^3。由于在水基钻井液中膨润土是最常用的配浆材料,在其中主要起提黏切、降滤失和造壁等作用,因而又将它和重晶石等加重材料称作有用固相,而将钻屑成为无用固相。常用的水基钻井液有:海水聚合物钻井液,海水阳离子聚合物钻井液,海水 PF－PLUS 聚合物钻井液,PEM 钻井液,海水小阳离子聚合物钻井液等,具体的配方及性能参数可从相关技术手册中查到。油基钻井液主要有两大类:一种是油相钻井液,是氧化沥青、有机酸、碱、稳定剂及高闪点柴油的混合物,通常只混有 3%～5% 的水;另一种是油包水乳化钻井液(反相钻井液),有各种添加剂被用来使水乳化和稳定,这种体系最高含水可达 50%。

附加流速法压井过程中,轻质附加流体与原钻井液/压井液在防喷器处混合并通过节流管线上返至井口。钻井液/压井液均是在陆上配置好的具有某些特性的稳定液体体系,当体系中的某些组分发生改变或比例产生变化时,其性质就会发生改变,严重时可破坏液体体系,需重新配置新的钻井液。因此,附加流体的选择应遵循以下原则。

(1)与原钻井液的匹配性能良好。不能与原钻井液发生物理反应或化学反应,以免破坏钻井液体系或产生其他不良后果。

(2)低密度,低黏度。这是实现附加流速法目的的基础。

(3)混合液处理方便。混合液经过节流管线上返至钻台,经过简单处理后应能继续作为钻井液/压井液使用,满足经济、环保的要求。

(4)价格适中,易于获取。对于油基钻井液,低水/油比的油/水乳状液是附加流体的最优选择,它不会破坏钻井液体系且应用广泛,容易得到。和乳状液相比,基础油的优点为:混合液的密度更低,流变性更好;同时能降低水/油比,这一比值在深水钻井中很容易增大。对于水基钻井液,附加流体可选择未加重钻井液,或是海水、海水/醇等其他更为轻质的液体。

为了减少材料的费用和设备占用的空间,附加流体与钻井液的混合液自节流管线返出后需进行处理,以重新分离为附加流体和钻井液而加以循环利用。从简化混合液处理工艺这方面考虑,建议将原钻井液的基液作为附加流体,这样只需常规的离心机或旋流器设备即可完成液液分离操作。

7.9.3 附加流速法压井工艺流程

7.9.3.1 双循环周附加流速法压井步骤

当前的附加流速法采用的是双循环周压井工艺,称之为双循环周附加流速法(DCAFR,

double circulation additional flow rate，在本文中若不特别说明，则所说的附加流速法均是指 DCAFR）。

海底防喷器组由一系列的环形闸板防喷器、剪切闸板防喷器、环形防喷器等组成，通过多个阀门与压井/节流管线相连，钻井液的流向由这些阀门控制。由于流动路径有多种选择，两根垂直细长的管线既可以充当压井管线，也可以是节流管线，视具体工况而定，如图 7.128 所示。

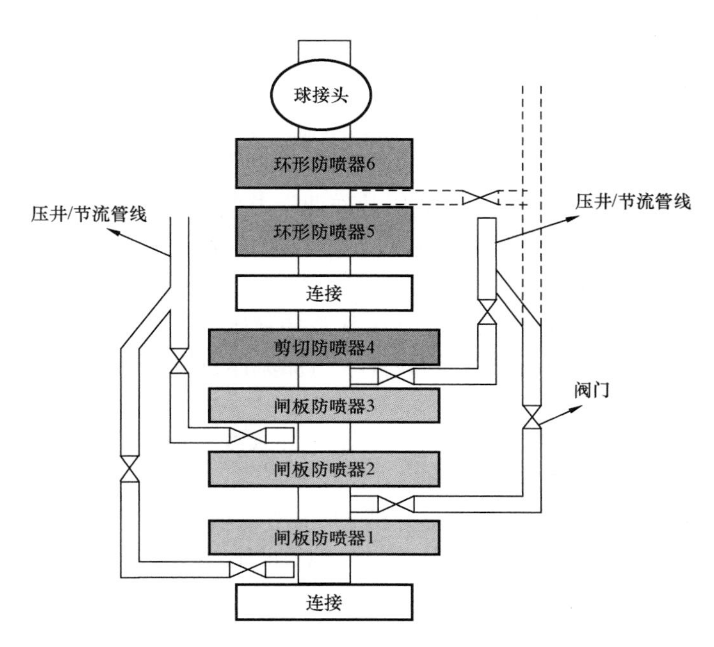

图 7.128　海底防喷器组

采用附加流速法进行压井时，可按以下步骤来进行。

（1）关闭下部闸板防喷器 1，记录关井立压 p_{sdn} 和关井套压 p_{sa}。（注：本文所指套压为节流管线上节流阀处的节流回压。）

（2）关闭上部闸板防喷器 3，从压井管线注入附加流体，替换压井管线、节流管线及节流管汇中的原钻井液，关闭节流阀。

（3）打开防喷器 1，记录初始压井管线入口压力 p_{ikl}，此时节流管线的回压（即初始套压）为：

$$p_{icl} = p_{ikl} = p_{sa} + (\rho_d - \rho_{AFR})gL$$

式中　ρ_d，ρ_{AFR}——钻井液密度和附加流体密度；

L——节流管线长度。

（4）关闭防喷器 1。

（5）在压井管线与节流管线组成的 U 形管内建立附加流体循环。这就避免了在压井循环开始时由于管线内流体胶凝而导致回压过大的现象发生。

（6）打开防喷器 1，将钻井泵的排量定为压井排量 Q_{SCR}，调节节流阀使立压恒定以保证井底常压,直至气侵气体排出。

(7)泵入压井液,调节节流阀以使压井液抵达钻头前的套压恒定(加重钻井液抵达钻头时立压降至理论值)。

(8)压井液沿环空上返时调节节流阀以保持立压不变。

(9)压井液抵达防喷器后,关闭防喷器1,用压井液替换压井管线和节流管线中的液体。

(10)打开防喷器1,检测压井效果。

(11)利用压井液替换隔水管中的液体。压井完毕。

7.9.3.2 单循环周附加流速法压井步骤

DCAFR耗时较长,且套压峰值大,本节在其基础上提出了单循环周附加流速法(SCAFR, single circulation additional flow rate)。

SCAFR只需循环一周钻井液即可完成压井作业。井涌关井后,根据关井立压与关井套压计算出压井液密度,然后按计算结果配置钻井液。待配置完压井液后,开泵循环,将配制的压井液直接泵入井内,在一个循环周内将溢流排除并压住井。下面是SCAFR的详细步骤。

(1)关闭下部闸板防喷器1,记录关井立压和关井套压。

(2)关闭上部闸板防喷器3,从压井管线注入附加流体,替换压井管线、节流管线及节流管汇中的原钻井液,关闭节流阀。

(3)打开防喷器1(或下部节流阀),记录初始压井管线压力p_{ikl}。

(4)关闭防喷器1,建立附加流体循环。

(5)打开防喷器1,以压井排量泵入压井液,调节节流阀使立管总压力在压井液从地面到达钻头的时间内,从初始循环总压力降到终了循环总压力。

(6)压井液到达钻头后,调整节流阀保持立压恒定。

(7)压井液到达防喷器时,关闭防喷器1,用压井液替换压井管线和节流管线中的液体。

(8)打开防喷器1,检测压井效果。

(9)利用压井液替换隔水管中的液体。

(10)打开防喷器3,开始钻进。

SCAFR压井耗时较短,套压峰值低,但由于需要配置压井液,导致关井时间延长,增大了压差卡钻的危险。该方法适用于能迅速配置出压井液的平台。

7.10 地下井喷

地面井喷是在地层压力大于井筒压力时,地层流体大量流入井筒,在井口发生溢流,严重情况下将井筒流体喷出地表,进而危及生命和财产的安全事故,如图7.129所示。而相对于地面井喷,地下井喷很少为人注意。地下井喷是指当地下存在不同压力层系时,地层流体从高压层通过井筒或者井筒外环空,流入低压层系的过程。有时存在喷漏同层的情况,也属于地下井喷的一种。

7.10.1 地下井喷的原因

(1)不同压力层系。发生地下井喷的根本原因在于存在不同的压力层系,各个层系之间的地层压力不同,导致同时存在井漏和井喷现象,就会发生地下井喷。有时候漏失层和高压层位于同一层系,在钻遇此类地层的时候就会发生喷漏同层的现象,也属于地下井喷的一种。

(2)管柱损坏。一般来说地下井喷多发生在裸眼段,因为已经下入套管的井段承压能力良好,不会发生井漏。但是如果套管由于某些原因损坏,导致裂缝或者孔洞,地层流体有可能通过裂缝从环空到达地层,然后进入低压力层系中,形成地下井喷。

钻柱的损坏也可能导致地下井喷的发生。20 世纪 90 年代初,在印度尼西亚,某井钻遇浅层气,井深 411.78m 井涌恶化成地面井喷,钻柱和井底钻具组合断裂,造成落鱼。在套管鞋以下进行桥堵后,地面井喷停止。井队在桥塞以上注水泥,固井后永久报废该井。

(3)固井不合格。在固井作业中,由于固井方式不合适或者水泥质量不合格,有可能导致固井失效,使高压流体透过固井水泥环的孔缝进入低压层,形成地下井喷。

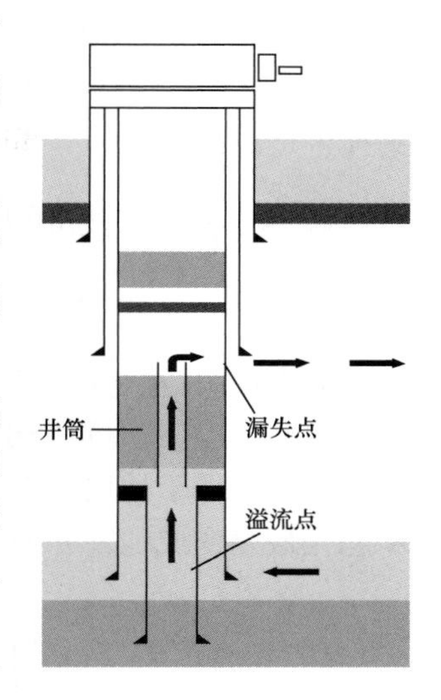

图 7.129 地下井喷

(4)井下意外事故。在丛式井钻井过程中,尤其是海上平台钻井过程中,由于井和井之间的距离很小,直井段有可能仅相差 2 ~3m。一旦钻井过程中井眼轨迹控制不合理或出现其他未知问题,就会导致地下井眼相碰,使不同压力井段的井眼连通,形成强烈的地下井喷。

7.10.2 地下井喷的危险

所有的地下井喷都是有着巨大危险的未知情况。在套管下入较浅的情况下,地下井喷有可能转变成地面井喷。这是由于溢流流体沿着套管外的环空上窜到地面造成的。如果漏失层位较浅,可能会造成井场或者平台的塌陷,威胁生命财产安全。

地下井喷有可能对钻井设备和临近井造成严重威胁,因为普通的压力检测系统和设备不适用于这一情况。在地下井喷中,井下的钻井工具会受到严重的损坏。

地下井喷对临近井有较大的威胁,可能造成临近井的井喷、塌陷等意外情况发生,甚至可能造成整个油藏的损毁或者报废。

7.10.3 地下井喷的识别原则

(1)观察套压。一般发生地下井喷时,钻柱有放空现象,环空压力和钻杆或油管压力会在很短的时间内下降。因此如果确定发生井喷状况而套压很低,则很可能是地下井喷。同时,也可能发生低立压的情况。一旦钻井液流出钻柱而又没有其他流体进入到井筒,低于所需压力甚至零压力的情况就有可能出现。这往往标志着钻柱内也已经喷空。

(2)环空液面下降。同上,一旦钻柱放空,环空中液面会下降,甚至可能没有钻井液循环出井。如果在套压不稳的情况下伴随环空液面下降,也是地下井喷的表现。

(3)压力不稳,钻柱震动。波动不稳的压力一般也代表了地下井喷的发生。压力波动的原因一般有:某一或某些地层流出的不稳定的流体;破裂层位置漏失造成的压力不稳定。

(4)通过温度测量、密度测量和伽马测量等方法监测地下井喷。

值得注意的是，在大多数地下井喷案例中，钻柱和环空的对流往往较少甚至没有。立压、套压的变化多数会互不相干。如果二者的变化出现一致，一般是由于井筒或者钻柱的完整性受到损害造成的。

7.10.4 地下井喷的形式

7.10.4.1 上喷下漏

一般来说，在钻遇高压层之后，如果下部地层中存在溶洞、裂缝或者地层压力较低的层系等潜在的漏失点，就有可能由于发生井漏导致环空静液柱压力下降；当同处于裸眼段的高压层段处环空压力低于地层压力时，溢流就会发生，如果不及时发现溢流侵入并继续井漏，情况进一步恶化最终变成地下井喷，如图7.130所示。

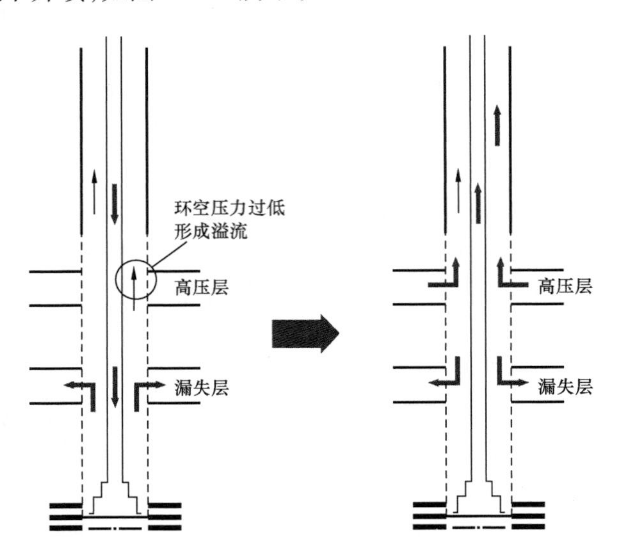

图7.130 上喷下漏

上喷下漏的情况一般是钻井液先漏失，造成环空压力下降之后形成溢流。在这种情况下，由于底部漏失一直存在，因此在井筒中无法建立有效的环空静液柱压力。为了进一步恢复对井眼的控制，此时应先考虑处理井漏，制止钻井液的漏失，然后建立液柱控制井喷。

井下同时存在井喷和井漏时，情况复杂。井喷导致钻井液返流流速加大，井漏则相反，二者共同作用下井口返流情况将变得复杂，甚至可能没有变化。如果井喷溢流流体为气体，有可能出现井口返流增量不大，但是由于漏失的存在，井筒环空中的空泡率快速上升，但是气体上升速度受到漏速影响而减小的情况。在这种情况下，气侵监测的难度增加，若不能及时得到控制，当气侵上升时气体的含量、上升速度都比一般的气侵更加严重。

如果高压溢流流体为气体则不适合关井操作。高压溢流气体进入井筒之后，井口返排加大，环空空泡率上升，导致井底流压降低，在一定程度上减轻了漏失；如果执行关井操作，那么溢流气体上升过程中的体积膨胀受到抑制，造成带压上升，井底流压随气侵的不断增多而加大，受压差影响漏失量上升，导致液柱压力下降速度加快，恶化井下状况。

为了达到先处理井漏的目的，可以使用堵漏压井法控制上喷下漏地下井喷。一般的堵漏压井法是泵入桥接堵漏剂封堵漏层，然后提高钻井液密度进行井底常压法压井。在我国，常用此方法控制地下井喷。

使用堵漏压井法需要注意：喷嘴不能过小，钻井液循环应通畅，避免因泵入堵漏剂造成钻井液循环障碍；堵漏剂的选择必须适合漏层的需要，在措施之后保证漏层的完全封堵，为下一步压井提高井筒内压力做准备；堵漏措施中，堵漏剂进入地层的时候，井口要保持一定的回压，而在关井状态下，井筒内的侵入气体将使井底压力升高，因此处理地下井喷与通常的地层堵漏相比，回压升高更快，堵漏剂进入地层的时间较短。

7.10.4.2 下喷上漏

下喷上漏是最常见的地下井喷情况，有多种原因可能导致其发生，如图7.131所示。

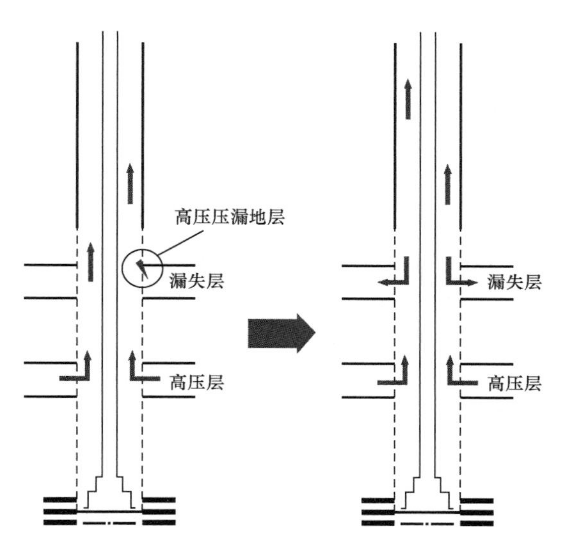

图7.131 下喷上漏

下喷上漏地下井喷发生的原因有以下两点。

(1)当钻遇底部高压油气水层的时候，为了保证钻井安全施工，一般会采用较高的钻井液密度以平衡过高的地层压力。如果同一裸眼段中存在低压力层系，或者溶洞、裂缝等易漏失点，在较高的压力梯度下会导致井漏的发生。同理于上喷下漏的地下井喷情况，井漏发生之后由于环空内钻井液静液柱压力的下降，井底压力不能平衡地层压力，从而诱发溢流和井涌。

(2)在钻进过程中，钻遇高压层系造成溢流井喷，按照操作规定关井之后，由于溢流气体带压上升等原因造成井筒内憋压，当压力达到地层破裂压力时将造成井漏。同理于上喷下漏的地下井喷情况，由于静液柱压力下降，将进一步加剧溢流和井筒憋压，造成恶性循环。

在此情况下，如果先堵漏，堵漏剂先到达高压层，由于上部存在漏失层，易形成负压导致堵漏剂被喷出；如果先压井，又因为漏失层的存在导致静液柱压力无法建立。此外，由于井下情况复杂，强行采取措施可能导致更严重的井下事故的发生，如卡钻、井塌等。

处理下喷上漏的情况时，应充分考虑现场情况，分析地层压力分布规律，结合流体计算理论，制定合适的堵漏压井方法。

在不关井的条件下处理下喷上漏地下井喷可以使用动力压井法，如图7.132所示。动力

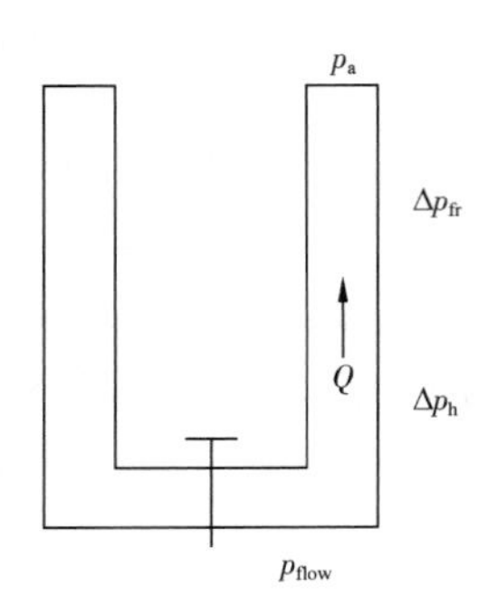

图 7.132　动力压井法示意图

压井法是指在钻井液密度达不到单纯利用静液柱压力平衡地层的时候，利用大排量造成的环空摩阻来加大井底流压，制止井喷。

假设井底流压为 p_{flow}，有：

$$p_{flow} = p_a + \Delta p_{fr} + \Delta p_h \tag{7.112}$$

式中　p_a——井口压力，MPa；

Δp_{fr}——摩擦压降，MPa；

Δp_h——静液柱压力，MPa。

使用动力压井法控制下喷上漏的地下井喷，有其必要条件：钻头在井底，能够对井进行控制；发生溢流的层位应该尽量在井底，即由于钻达高压层造成井喷，此情况下可以最大限度地获得较高的环空摩阻；由于漏失和气侵的存在，因此环空返排的排量受到影响，在漏失层位以下，流速加大，漏失层位以上流速减小，在计算摩阻的时候与通常的动力压井法不同。

7.10.4.3　喷漏同层

如图 7.133、图 7.134 所示，喷漏同层情况下，井筒内的钻井液与地层内的流体发生交换型漏失，即地层中的流体进入井筒，钻井液同时通过漏失点进入地层。喷漏同层兼有上喷下漏、下喷上漏两种情况的特点，放喷容易加剧溢流，关井憋压则加剧漏失。由于交换型漏失的原因并非是压力差导致流体运移，使用井底常压法控制喷漏同层时，很难确定合适的压力控制喷漏层。此外，由于喷漏同层一般发生在井底刚刚打开的层位，因此在溢流和漏失同时存在的情况下难以建立循环和静液柱压力。

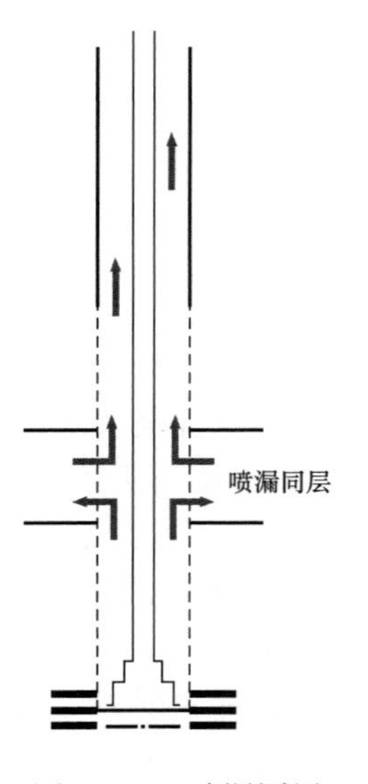

图 7.133　喷漏同层

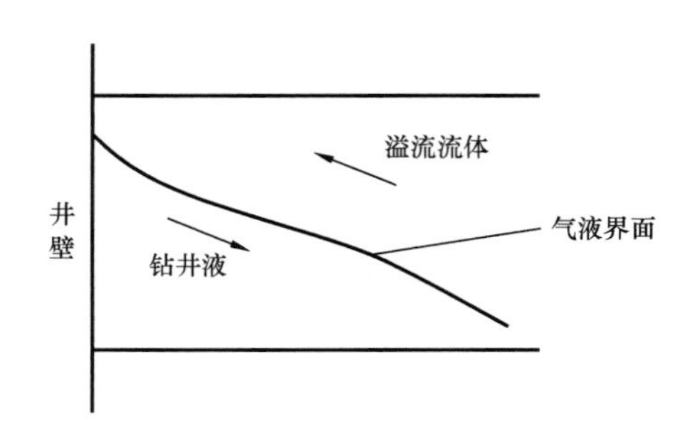

图 7.134　交换型漏失

综合考虑喷漏同层的溢流特性，在一定条件下可以选用压回堵漏法进行压井。方法为：发现喷漏同层之后迅速关井，配置合适的压井液和堵漏剂，通过压井管线依次注入堵漏剂、隔离液和压井液,同时正循环注入压井液;按照压回法压井的步骤,将井筒内的钻井液和溢流的混合流体压入地层,当堵漏剂到达井底的时候,停泵憋压,进行堵漏操作;堵漏完成之后,井下环空和钻柱内充满压井液,循环继续钻进。

一般的压回法需要计算套管鞋处的破裂压力。如果套管鞋处的破裂压力梯度小于平衡地层压力需要的压力梯度,使用压回法将是不合适的。一旦造成地层破裂,将导致井下情况的复杂化,增加井控难度。

由于滑脱的存在,压井液向下运移的过程中,气体将穿过液柱到达井口,因带压上升造成井口压力升高,一方面加快堵漏的速度,另一方面在井口形成气顶。当完成压回,堵漏剂进入地层、井底压力平衡地层压力之后,一旦泄压,将重新发生溢流。因此要在环空压回的同时,正循环方向泵入压井液,当堵漏剂完全进入地层之后,保持回压进行循环将含气压井液循环出井,重新控制井筒。

7.10.5 堵漏压井法

7.10.5.1 堵漏压井法工艺

堵漏压井法分为四个阶段。

(1)压井液到达井底。发现溢流之后立即关井,配堵漏剂和加重压井液进行压井;关井之后,打开节流管汇,在有回压的状态下开泵循环。初始立管压力为压井泵压,使用井底常压法进行压井。堵漏剂在前,压井液在后,正循环泵入井内。

在第一阶段内,由于泵入加重钻井液,钻柱内的静液柱压力上升,立管压力持续下降;进入井筒的气体在保持回压的状态下在环空中上升。

(2)关井堵漏。堵漏剂在压井液之前到达漏失层,此时关井憋压,将堵漏剂挤入地层进行堵漏。第二阶段内,由于堵漏剂进入漏失层,漏失停止,但是溢流气侵仍然存在,且由于关井憋压,井筒内的气体带压上升,导致套压升高。

(3)压井液到达井喷层。堵漏完成之后,继续泵入压井液。压井液到达井喷层之前,由于环空压力较低,溢流气侵继续进入井筒,在保持有回压的状态下上升。第三阶段的回压比第一阶段的回压要高,因为第二阶段内气体带压上升运移了一段时间,若在第三阶段采用与第一阶段同样的回压值,井筒的气体会突然膨胀,增加井喷的危险。

(4)建立过平衡压力,控制井喷。压井液到达井喷层之后,继续循环,直至到达井口,完成第一循环周。在这一过程中,由于压井液柱的建立,套压逐渐下降。进入环空的气侵流量逐渐减少,最终为零,井喷得到控制。

7.10.5.2 堵漏压井法适用条件

(1)漏速小于排量,保证井筒环空内液柱完整。在钻井现场,排量一般为 30L/s 左右,大约 110m^3/h。如果漏速超过循环排量,那么即使开泵循环钻井液,井口也没有返出流量;在漏速较小的情况下,才能使用井底常压法压井。如果漏速较大,需要采用吊灌的方法反注钻井液保持井筒内静液柱的完整。

堵漏压井法实施过程中需要憋压堵漏,且在憋压过程中随着气侵上升,加速了井底压力的升高。因此需要计算套管鞋处的地层破裂压力,避免二次井漏的发生。

(2)上喷下漏。正循环时堵漏剂先到达漏失层。常规井底常压法压井一般采用正循环,在此基础上研究的堵漏压井法适用于正循环操作,同时由于堵漏剂先行,要保证堵漏剂先到达漏失层而非溢流层,因此堵漏压井法适用于上喷下漏的地下井喷情况。

7.11 调整井压井

7.11.1 调整井钻井溢流井喷特殊问题

通过分析老区调整井钻井情况,存在以下四个问题。

(1)注水井停注泄压过程中,地层压力处于不断变化的状态,难以确定压井时钻井液密度。

(2)溢流后密度降低,井壁失稳、坍塌;加重后流变性、润滑性变差,极易造成压差卡钻。

(3)溢流若处理不及时,易引起井涌或井喷;若盲目提高密度,则易引起井漏,甚至形成喷漏共存的复杂局面。

(4)压井后液柱压力高于地层压力,滤液、固相颗粒更易进入储层,对储层造成一定的伤害。

针对调整井钻井溢流井喷特殊问题,精确预测地层压力能有效避免问题出现,故建立适合调整井地层压力预测的新方法是解决问题的关键。

7.11.2 常用地层压力预测方法

地层压力预测技术的发展主要体现在对压实规律的认识和检测手段的提高。测井、地震勘探手段和计算机技术的进步以及流体包裹体分析技术的产生,不仅丰富了地层压力计算方法,还将简单的地层压力预测拓展到对盆地地层压力分布和演化规律的研究,从而为油气运移和成藏动力学系统的分析,甚至圈闭中的油气充注历史的研究提供重要依据。

在众多的地层压力数据获取方法中,根据与钻井的关系可以分为随钻监测、钻后检测、钻前预测和模拟4种。

(1)随钻监测。随钻监测主要通过随时监测钻井液和岩屑达到及时预报钻达地层的压力的目的。前者称为等效钻井液法,是根据钻井液与地层孔隙流体之间的压力平衡关系,通过钻井液密度换算地层压力。该方法具有信息量大、方便快捷的优点,是常用的地层压力估算方法之一。后者是在认识沉积物的压实与地层压力之间的相关关系后,通过随钻检测岩屑密度以便及时发现异常压力段的方法。该方法曾经在钻井队推广使用,但由于精度较低和随着钻前地层压力预测水平的提高,其使用越来越少。标准化钻速法也能预测可能出现的异常高压层,达到随钻监测的目的,但该方法对钻井施工要求比较高,一般只在新区或高危险区采用。

钻进中采用微观地层压力检测(*dc* 指数法、西格玛法、测井法、钻井液录进法)的方法进行地层压力的预测评价。根据实际钻井情况,修正完善 *dc* 指数、声波时差等求取地层孔隙压力的方法。

(2)钻后检测。钻后检测主要通过钻井直接测试现今地层压力或通过岩样测试间接获取古地层压力。该方法一方面可以准确获取地层压力数据,另一方面为钻前压力预测和模拟提供参数。

直接测试方法包括试井和地层重复测试器。前者是通过射开目的层直接测量流入井内的流体压力，是最直接和可靠的获取地层压力数据的方法，其精度主要取决于地层渗透率和关井时间，由于成本高，一般只在目的层采用。后者是近一二十年发展起来的一种地层压力测井方法，应用地层重复测试器可以多点直接测得井壁附近的地层压力，具有准确、经济、快速和信息量大的特点，近年来逐步被广泛使用。密闭取心也能获取压力数据，但一般以获取油气高压物性为目的，实际应用比较少。间接检测主要通过能反映压力环境的成岩矿物来研究古压力。现在用得最多是流体包裹体分析，通过研究捕获压力分析地层所经历的古压力及其演化。无论是测试方法本身还是应用领域，流体包裹体捕获压力分析都是近年来发展最快的方法之一，并正向定时的方向发展。该方法具有经济、快速、信息量大和在油气地质领域应用前景广阔的特点。

(3)钻前预测。除还没有钻探的盆地只根据地震数据预测地层压力外，一般所说的地层压力预测都是在钻井获取数据的基础上研究盆地的压力分布，达到预测未钻井地区地层压力的目的。根据计算原理，钻前预测可以分为统计预测法、压实平衡法和综合分析法。

统计预测法是最早的地层压力预测方法之一，主要通过统计已钻井区的压力分布规律来预测未知区的压力。尽管统计时考虑的因素越来越多，从单纯的深度到层位甚至岩性组合，但该方法预测的精度比较低，因此，随着异常压力形成机理的研究越来越深入，其实际应用却越来越少。

压实平衡法是从简单的统计向机理分析的一大进步，其基本原理是以压实机制和特察模型为依据，认为异常高压与欠压实有关，其计算方法又称平衡深度法，是目前应用最多的方法之一。只要能反映岩石密度垂向变化的参数都可以用于该方法计算地层压力，常用的参数有地震速度、密度测井、电阻率测井、声波测井、岩石孔隙度等。由于非渗透性泥岩往往能较好地反映压实趋势，故一般选择泥岩段的数据用于计算。在泥岩与渗透性岩层压力不一致的情况下，要通过统计规律进行校正。该方法具有一定的理论基础，其优点是计算参数获取容易，计算简便，获取的信息量大，但不适合于具有明显卸载或异常低压的盆地。

综合分析法是在综合了统计预测法和压实平衡法优点的基础上提出来的，计算的基本原理和常用的参数与平衡深度法相似，但考虑到泥岩与渗透性岩层压力可能不一致，故常用具有统计规律的地层因子代替简单的平衡深度进行计算，有的还直接用计算上覆压力和有效应力的办法求取地层压力。这样既提高了压实平衡法的计算精度，又在一定程度上缓解了岩性变化、卸载等不确定因素造成的误差。

(4)模拟。模拟是在其他地层压力预测或实测的基础上，根据压实原理，利用计算机技术正演或反演地层压力的演化过程，通过少数已知的今、古地层压力点的拟合，达到预测和了解未知区地层压力演化历史的目的。由于造成地层压力变化的不确定因素太多，该方法还处于探索阶段。

7.11.3 基于油藏数值模拟的调整井地层压力预测方法

一个油藏的构造通常是极其复杂的，这点充分体现在这个油藏的物性参数(孔隙度、渗透率以及油气水三相的饱和度)在空间上表现出很大的差异，也就是常说的油藏非均质性。在油藏开发一段时间以后，由于长期对地层的注采，油藏的压力系统在这一过程中已经发生了很大的变化。为了改善开发效果，就需要打调整井。如果使用传统的地层压力预测方法（使用测井资料和储层岩石的孔隙度等其他的物性参数）来预测地层压力，那么在调整井的施工过程中，变得复杂的地层压力系统将使调整井钻井施工变得非常复杂，常常在施工过程中会出现井下事故（井漏、井涌及井喷）。出现这些复杂的井下事故的根本原因就是对地层压力计算不准确。这样钻井工程的风险和成本都将会大大增加，在油藏开发过程中储层的伤害问题将会变得严重，油藏的开发效果也达不到最佳。

传统的压力预测与检测技术是建立在原始地层压实规律基础上，而调整井钻井面对的地层已经经过注水与采油，由于地层的非均质性与构造复杂性，其表现的压力特征已经不能用传统方法所反映。只有通过动态数据以及监测资料的运用，才能反映油藏压力的分布和变化规律。而准确的压力预测以及细致而系统的油气层压力分布规律的研究，不仅可以帮助认识和发现新的油气层，而且对于了解地下油气层能量，控制油气层压力变化，并合理地利用油气层能量以最大限度地采出地下油气具有十分重要的意义。因此，通过动态资料来研究地层压力有着十分重要的意义。

通过对整个油田开发动态的把握，总结不同开发阶段的特征，并结合油田开发效果影响因素的分析，运用油藏数值模拟对断块开发动态及开发过程中各项开发指标进行了历史拟合。通过数值模拟的动态拟合分析，认清了断块区的油水流动关系，以及注水驱替情况和地层剩余油分布。

在历史拟合的基础上，开展了开发指标界限研究，注采结构调整研究，对各种开发调整方案进行了对比分析和综合评价，借助数值模拟技术，评价了断块目前开发状况，开发指标的变化规律，并提出了剩余油挖潜方向，为改善油田开发效果起到了积极的作用。

7.11.4 应用案例

下面以某一油田为例，进行调整井钻井压力数值模拟预测。

7.11.4.1 井区模型建立与历史拟合

（1）数值模型的建立。在建立模型时，一方面要根据生产需要所要求解决的问题；另一方面又要考虑现有的软硬件条件的限制，从而建立相应的模拟模型。

（2）基本信息的读入。将“储层精细描述研究项目”提供的五等图（构造图、渗透层等厚图、渗透率等值图、孔隙度等值图和有效厚度等值图）进行数值化、插值，获得建模基本数据体。

（3）网格的划分。根据构造井位图，利用 Grid 和 Flogrid 模块进行网格划分与模型建立。在 x 方向划分了 48 个网格，在 y 方向上划分了 10 个网格，纵向上分为 14 个网格，总节点数为 $48 \times 10 \times 14 = 6720$ 个网格节点。

（4）数模静态数据体的建立。静态参数是指流体物性参数（PVT）、油气水相对渗透率数据、毛细管压力数据、油气水界面位置以及油层厚度、深度、孔隙度、渗透率、初始饱和度等数据。孔隙度、渗透率、油层厚度、顶部深度、初始饱和度从井组数据插值而来。

（5）流体物性参数（PVT），见表 7.27、表 7.28。

表 7.27 井区的高压物性参数表

可动油 PVT 数据表			
R_s(m³/m³)	p_{bub}(bar)	FVF(m³/m³)	黏度(mPa·s)
6	20.68	1.136	1.025
15	34.47	1.149	0.88
36.8	68.95	1.195	0.71
56.6	103.42	1.231	0.61
80.4	137.89	1.32	0.525
94	144.856	1.3288	0.506
95	155.45	1.3552	0.449
103	180	1.364	0.43
122	190.33	1.39	0.42
144	201.2	1.421	0.41
	246.09	1.325	0.43
	281.25	1.289	0.447
气体 PVT 数据表			
干气压力(bar)	FVF(m³/m³)	黏度(mPa·s)	
36.86	0.0329	0.0142	
66.83	0.0176	0.0145	
105.76	0.0108	0.0154	
138.83	0.00811	0.0165	
176.04	0.00629	0.018	
181.45	0.00626	0.0185	
187.27	0.00607	0.0188	
193.06	0.00589	0.01945	
198.85	0.00573	0.01965	
204.63	0.0056	0.01985	

表 7.28 井区流体的其他物性参数表

原油 API 重度	地下水密度(kg/m³)	气体密度(kg/m³)	水压缩系数(bar⁻¹)	岩石压缩系数(bar⁻¹)	水的体积系数
38.37	1003	0.745	4.6×10^{-5}	5.66×10^{-5}	1.03

(6)油气水相对渗透率以及毛细管力数据,见表 7.29 和表 7.30。

表 7.29 油水相对渗透率及毛细管压力数据表

S_w	K_{rw}	K_{ro}	p_c(bar)
0.325	0	1	0
0.358	0.016	0.717	0
0.427	0.078	0.316	0
0.501	0.256	0.062	0
0.548	0.416	0.033	0
0.624	0.592	0.024	0
0.66	0.694	0.023	0
0.682	0.74	0.021	0
0.714	0.803	0.016	0
0.749	0.884	0.008	0
0.95	1	0	0

表 7.30 油气相对渗透率及毛细管压力数据表

S_l	K_{rg}	K_{ro}	p_c(bar)
0	0.396	0	0
0.313	0.14	0.016	0
0.435	0.099	0.049	0
0.472	0.091	0.058	0
0.504	0.088	0.07	0
0.55	0.087	0.091	0
0.6	0.087	0.107	0
0.65	0.08	0.128	0
0.7	0.07	0.144	0
0.754	0.058	0.16	0
0.8	0.049	0.181	0
0.9	0.04	0.245	0
0.944	0.033	0.286	0
0.98	0.029	0.334	0
1	0	1	0

(7)地质体 3D 显示,如图 7.135 所示。

(8)局部网格加密。

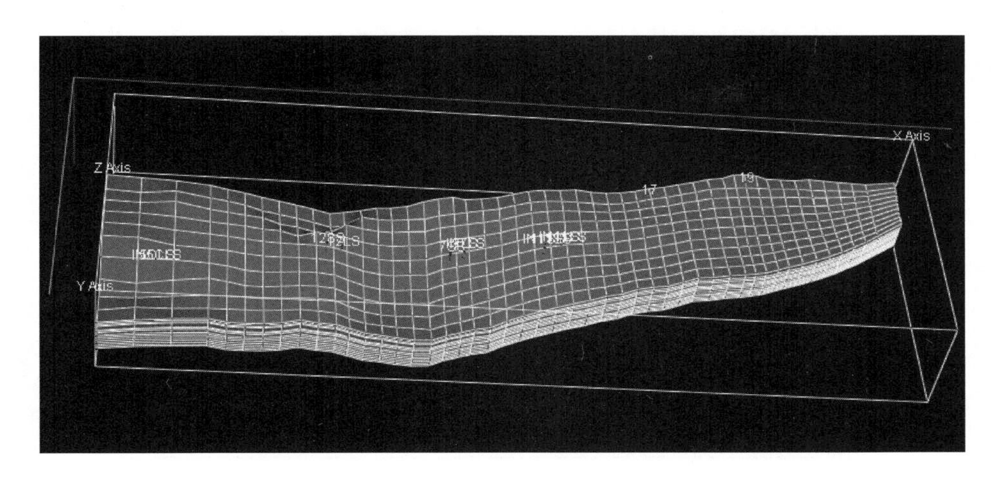

图 7.135 地质体 3D 显示图

(9)数模动态数据体的建立。动态参数是指与时间相关的油田开发数据，如分层的射孔层位、产量等。它是根据井组数据和油水井的动态资料整理得到。

(10)井区数值模拟历史拟合。在建立油藏精细地质模型阶段，虽然已做了大量的工作，但是由于某些参数的不准确性和不确定性（如储层的渗透率），使得模拟产生的动态数据与实际动态之间可能有较大的出入。历史拟合的目的就是应用已有的实际动态数据，对油藏模型加以修改与调整，使之模拟产生的动态数据与实际动态一致。这样应用模拟模型预测的地下流体的分布和未来动态才是比较可靠的。

油藏历史拟合主要是对压力、含水和气油比等参数随时间变化关系的拟合，对于注水开发的油藏历史拟合最主要的是压力和含水变化历史的拟合，拟合程度的好坏直接影响到压力的预测和地下剩余油分布的可信度。

压力拟合包括全油田压力和单井地层压力拟合。全油田压力主要与压缩系数和产油、注水量有关，而地层水的压缩系数和岩石压缩系数可调范围不大，在储量拟合的基础上，拟合全区、单井的采注量，最后全区压力也得到较好拟合。

在全区压力拟合的基础上，进行单井压力拟合，单井压力主要受渗透率的影响，对局部地区的渗透率进行修改时，要照顾到对含水的影响，保证单井压力在监测压力附近。

含水的拟合也就是地下含水饱和度分布的拟合，主要受相对渗透率和局部地区渗透率的影响。含水的拟合往往影响到压力的拟合，在拟合含水和压力时一定要两者兼顾，不能顾此失彼，这样才能得到满意的拟合结果。

(11)全区模拟。

① 全区平均地层压力变化曲线如图 7.136 所示。

② 三维地层压力分布状况(1986.8)如图 7.137 所示。

③ 三维地层压力分布状况如图 7.138 所示。

(12)调整井 A1、A2 钻遇的目的层压力模拟。

① 钻遇 A1 井地层压力模拟，如图 7.139 所示。

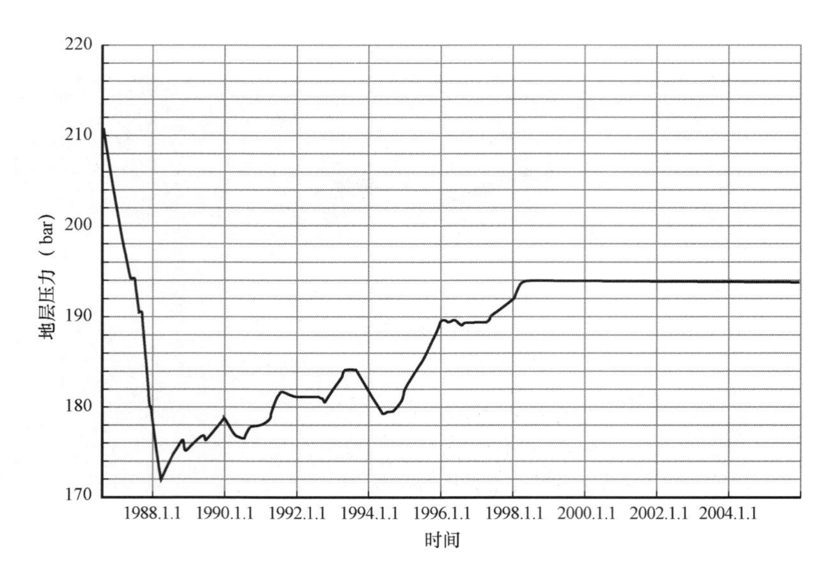

图 7.136　全区平均地层压力变化曲线图

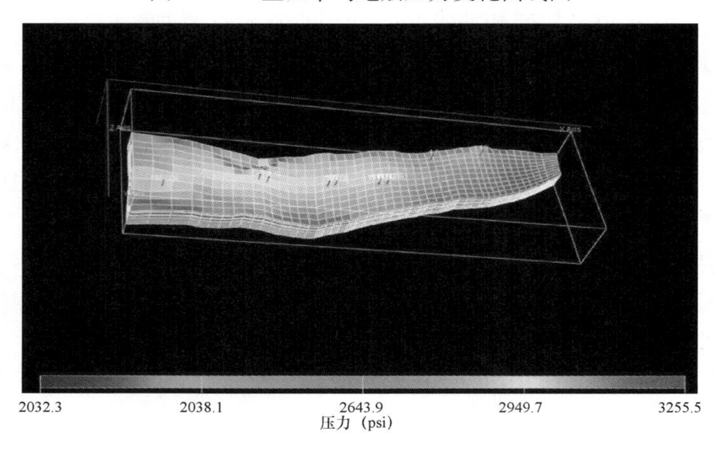

图 7.137　三维地层压力分布图

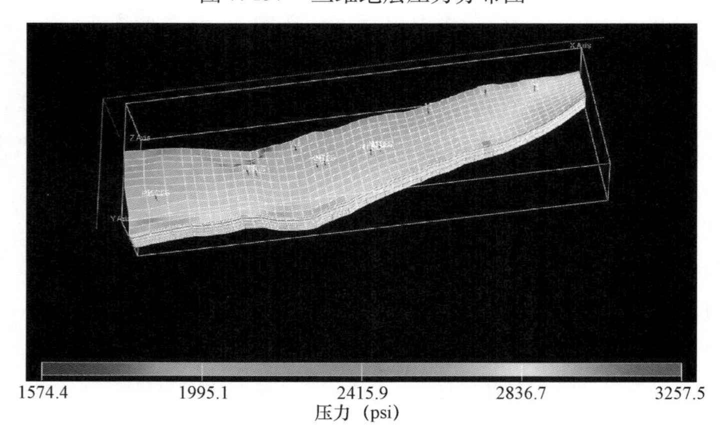

图 7.138　三维地层压力分布图

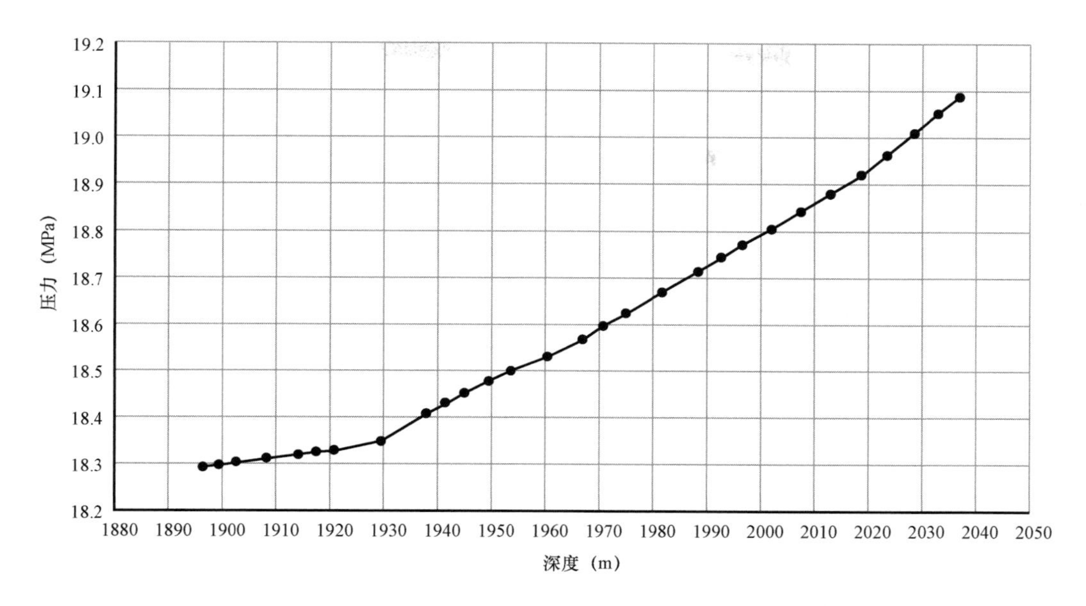

图 7. 139　数值模拟方法预测 A1 井钻遇地层压力随深度变化曲线

② 钻遇 A2 井地层压力模拟，如图 7. 140 所示。

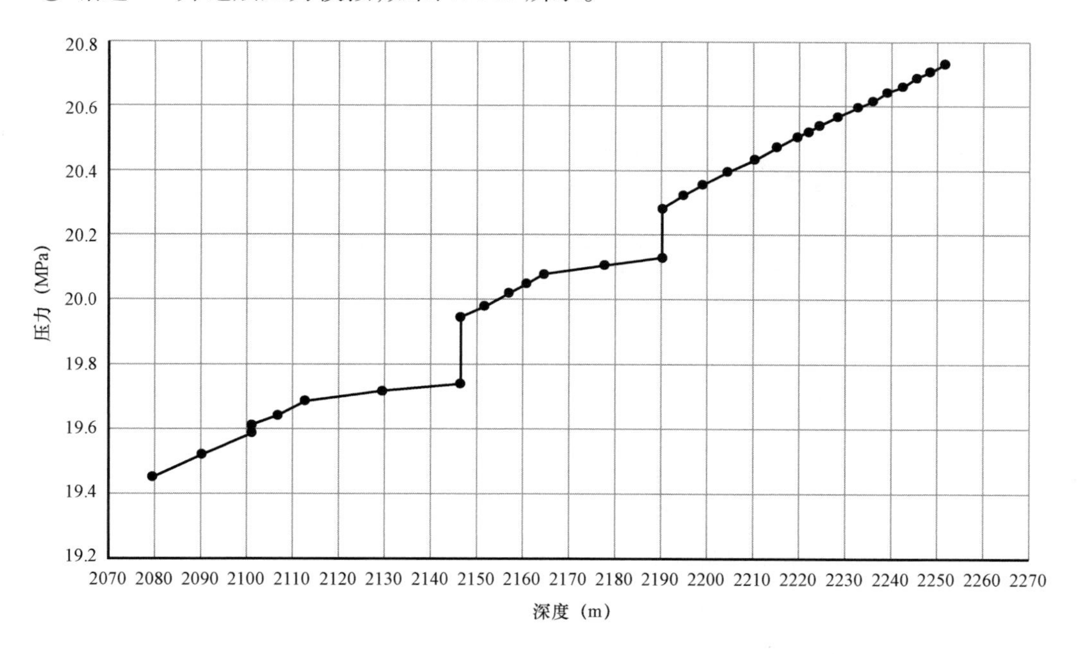

图 7. 140　数值模拟方法预测 A2 井钻遇地层压力随深度变化曲线

7. 11. 4. 2　调整井钻井储层地层压力预测最终结果

综合油藏工程方法与数值模拟方法，给出三口调整井 A1、A2、A3 钻遇储层时地层压力大小，如图 7. 141 至图 7. 143 所示。

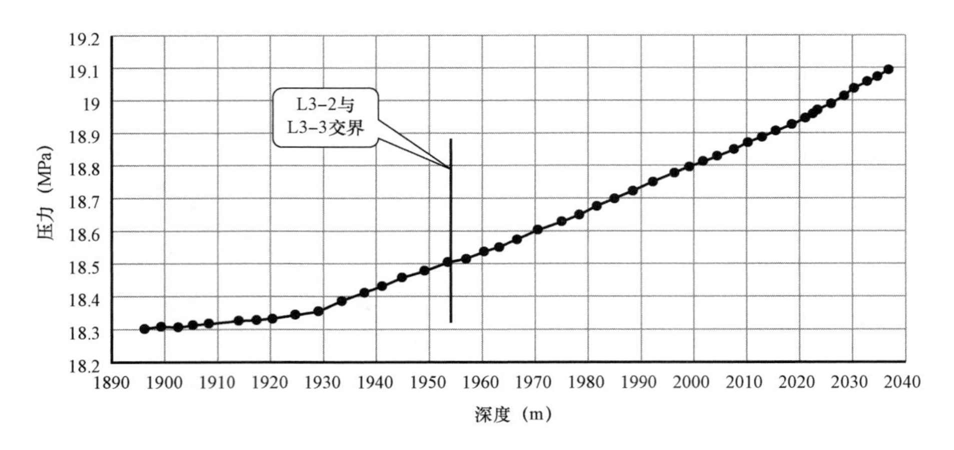

图 7.141　A1 井地层压力随深度变化曲线

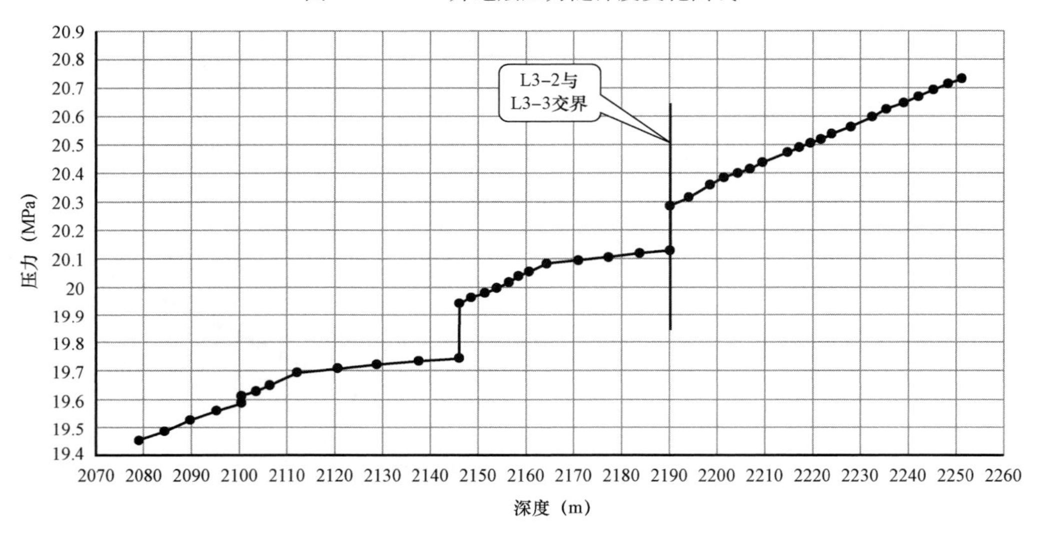

图 7.142　A2 井地层压力随深度变化曲线

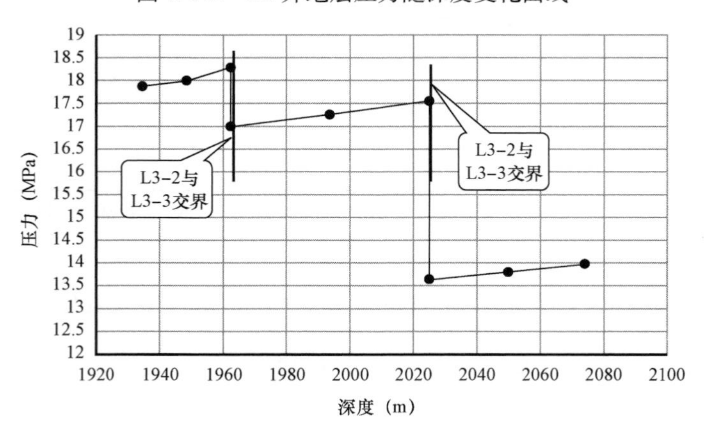

图 7.143　A3 井地层压力随深度变化曲线

7.12　救援井压井

目前,深水区域已经成为全球能源的重要接替区,深水勘探开发已成为热点,同时也面临着巨大的挑战。深水钻井具有高技术、高投入、高风险等特点,深水一旦发生井喷事故将造成巨大的环境污染及经济损失。2010 年 4 月 20 日,墨西哥湾“深水地平线”钻井平台井喷爆炸着火,大量原油流入墨西哥湾,造成美国历史上最严重的生态灾难,为石油行业敲响了警钟。深水钻井作业一旦发生井喷失控,常规应急手段无法成功处置时,就需要采用救援井。

救援井即为控制事故井井喷,在离事故井一段距离设计、施工与事故井进行连通的井。由于救援井的特殊性,救援井关键技术与常规钻井技术存在较大的区别,结合我国南海深水钻井的需要,从救援井井口位置选择、井眼轨迹设计、探测定位、连通方式、动态压井方法、弃井设计等方面进行研究,为我国南海深水救援井设计提供技术参考。

7.12.1　井口位置选择

救援井井口位置的选择是一项整体工程管理内容,在井眼轨迹可行及满足探测定位要求的情况下,救援井井口距离事故井井口越近井深越小,因此可以在最短的时间内以最小的成本连通事故井,成功压井。但是井口位置选择还需综合考虑作业区块的海洋气象条件(季风、流、浪及海冰)、海底地质风险、热辐射、商业保险要求等。

7.12.1.1　海底地质风险

救援井井口位置选择的首要考虑因素是井场地质条件可以满足安全高效钻井作业的要求,需对救援井井位浅层土质情况、有无断裂及滑移迹象、有无海底障碍物、泥火山、湖泊等问题进行井场调查,确保救援井井位不会发生浅层地质灾害。

7.12.1.2　热辐射

考虑到事故井可能发生井喷着火,必须考虑热辐射的影响,确保实施救援井的钻井船在热辐射波及范围之外。图 7.144 是南海某井如果发生井喷爆炸着火热辐射影响范围模拟结果,热辐射波及范围在 200m 以内。

7.12.1.3　风向因素

救援井井位的确定需考虑作业海域季风特征及盛行风向,根据救援井作业实施季节进行选择,救援井井位宜在事故井的上风位置或者垂直于风向的侧位,可以在实施钻井作业时规避井喷流体随风漂移的威胁。

7.12.1.4　商业保险要求

救援井及事故井井口间距的确定除了受救援井轨迹设计要求及探测定位工具的影响外,还受保险公司商业保险的限制,保险公司会对救援井钻井风险进行综合评估,确定可以接受的最小井口间距,如果投保方井口间距小于保险公司规定的最小井口间距,则需要交纳高额的额外保险费用。

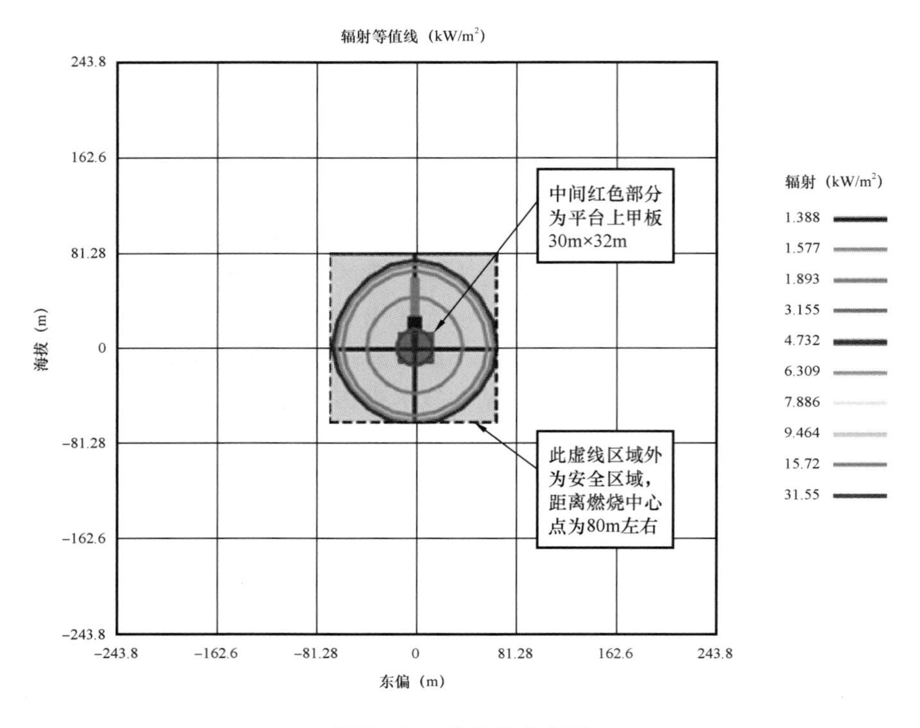

图 7.144　热辐射分布图

7.12.2　方案设计

7.12.2.1　井眼轨迹设计

救援井井眼轨迹的设计，在保证可实施的前提下，需要优先考虑满足探测定位工具的要求，提高连通成功率，而后考虑轨迹难度、造斜点选择、造斜率大小等因素。

救援井轨迹设计要结合探测工具的能力，留足探测距离，满足探测次数及切入角要求。常见的救援井轨迹有三种：直接连通、逐步逼近、Bypass 方法。在救援井轨迹可以满足要求的前提下，优先推荐 Bypass 方法，通过 Bypass 消除误差椭圆，提高连通成功率；如果连通点浅，Bypass 方法造成救援井轨迹狗腿度较大，推荐采用逐步逼近法，救援井轨迹逐步逼近事故井井眼，通过多次探测提高连通成功率。直接连通方法一般适用于连通点非常浅，如果采用 Bypass 方法或者逐步逼近法，狗腿度会非常大，无法实施，直接连通方法一般会采用被动探测工具大角度连通，三种方法中直接连通方法连通成功率最低，如图 7.145 所示。

7.12.2.2　探测定位

根据救援井测距工具的原理不同，可将其分为主动测距系统和被动测距系统，主动测距系统主要是通过自身来改变或产生某些信号量获得测量结果，被动测距系统则是通过感知目标对某个物理量的影响来获得测量结果，两者的区别在于测量者是否对测量对象施加影响。其中，被动测距系统主要是通过检测事故井中套管、钻杆等对地磁的影响，从而获得事故井和救

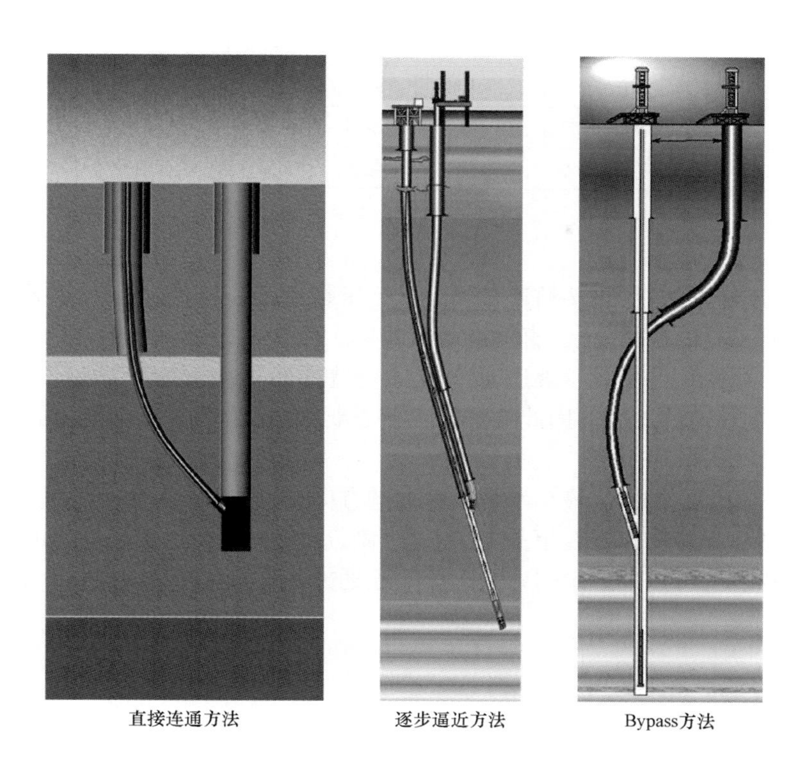

图 7.145 井眼轨迹设计方法

援井之间的相对距离关系；主动测距系统则是通过对事故井中套管、钻杆施加一定的激励量，产生磁场、电流等物理量的改变，从而获得两者之间的相对距离关系。目前，常用的测距工具见表 7.31。

表 7.31 各公司测距工具类型

公司	工具	类型
美国 SDI 公司	MagTrac MWD Ranging System	被动测距
美国 Vector Magnetics 公司	PMR	被动测距
	Wellspot	主动测距
	RGR	主动测距
	WSAB	主动测距

主动电磁测距系统（国外一般使用 Wellspot 导向工具）探测距离一般大于 50m，并且具有较高的精度，但是在切入角大于 45°时几乎无法实现测距作业，同样由于主动电磁测距系统需要在裸眼或者钻柱内下入测量工具，因此一般无法实现随钻测量并且可能需要较为频繁的起下钻作业以提供测距工具的下入通道（表 7.32）。主动电磁测距工具作业时间一般较长且只能以一定的距离间隔进行测距，无法实时为钻井作业提供防碰的信息。总的说来，两种测距作业系统互有优缺点，两种系统相对技术均较为成熟，在全球的救援井测距作业中都有较为成功的应用案例。

表 7.32　主动、被动测距系统性能对比

类型	距离	精度	切入角影响	MWD	防碰风险	测距时间	油基钻井液	测量点
主动系统	>50m	高	<45°	无	无提示	长	有影响	少
被动系统	<25m	较低	无影响	自带	随钻提示	无需频繁的起下钻作业	无	多

7.12.2.3　连通方式

目前主要的连通方法有：直接钻通、射孔连通、压裂连通、定向射孔 + 压裂连通。随着救援井测距系统、测斜工具的快速发展，直接连通成功率大大提高。因射孔、压裂均除需要测距系统外还需要额外的装备，特别是压裂连通，还需要考虑平台的空间能否满足设备摆放的要求，对于海上作业存在一定的难度。因此除特殊工艺需要，建议采用直接钻通方式作为首选连通方式。

压裂连通方式要考虑最大、最小水平主应力的方向，救援井及事故井布井方位均与最小水平主应力方向一致，救援井布置在事故井左（右）侧，压裂连通成功率最高，如图 7.146 所示。如果压裂连通不成功，可以考虑定向射孔 + 压裂连通方法。

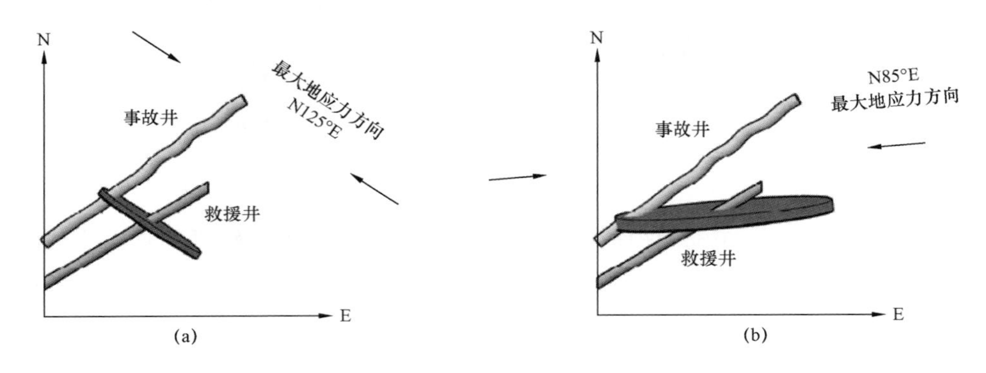

图 7.146　压裂连通方法

7.12.2.4　动力压井方法

目前，国际上使用比较多的救援井动力压井模拟软件是 Schlumberger 公司的 OLGA 软件，该软件基于多相流理论，可以模拟不同压井液密度、不同排量下救援井压井方案。一般来说救援井动力压井方案的设计应结合进行救援井作业的钻井船作业能力（钻井液泵能力、钻井液池容量等），模拟多种井况下多种压井方案，优选泵排量小、所需压井液量小、压井时间短、套管鞋处压力小的方案作为推荐方案。

7.12.2.5　弃井设计

若事故井压井后具备重入的条件，则重新安装事故井井口，从事故井进行弃井作业，根据事故井的井筒完整性情况，还应建立井筒与地层的有效封隔。若事故井压井后不具备重入的条件，根据情况可考虑通过救援井注入水基钻井液进行弃井。救援井的弃井宜采取临时弃井措施，直至被救援井完成弃井后再对救援井按照《海洋石油弃井规范》（Q/HS 2025—2010）的要求进行永久弃井。

7.12.3 现场应用

目前我国海上还没有救援井实施案例，但是深水油气田的开发要求必须进行相应的救援井设计，因此，随着近年来中海油深水油气田的快速开发，积累了丰富的救援井设计经验。以我国南海某深水救援井设计为例进行案例分析，根据南海气候、井位附近地质条件、热辐射波及范围（通过计算波及范围在200m以内）等，确定了救援井井位为事故井北偏东135°方位，距事故井300m；综合考虑事故井连通点位置，探测工具测距要求及井眼轨迹实施难度进行了轨迹设计，推荐采用逐步逼近法；建议探测工具采用Wellspot工具中的RGRII和WSAB两套系统配合使用，RGRII负责前期远距离探测寻找事故井套管，WSAB工具负责近距引导靠近；针对事故井井口状况、实际作业钻井船能力进行了不同压井排量、不同压井液密度动态压井方案设计；并针对事故井情况进行了弃井方案设计（图7.147、表7.33）。

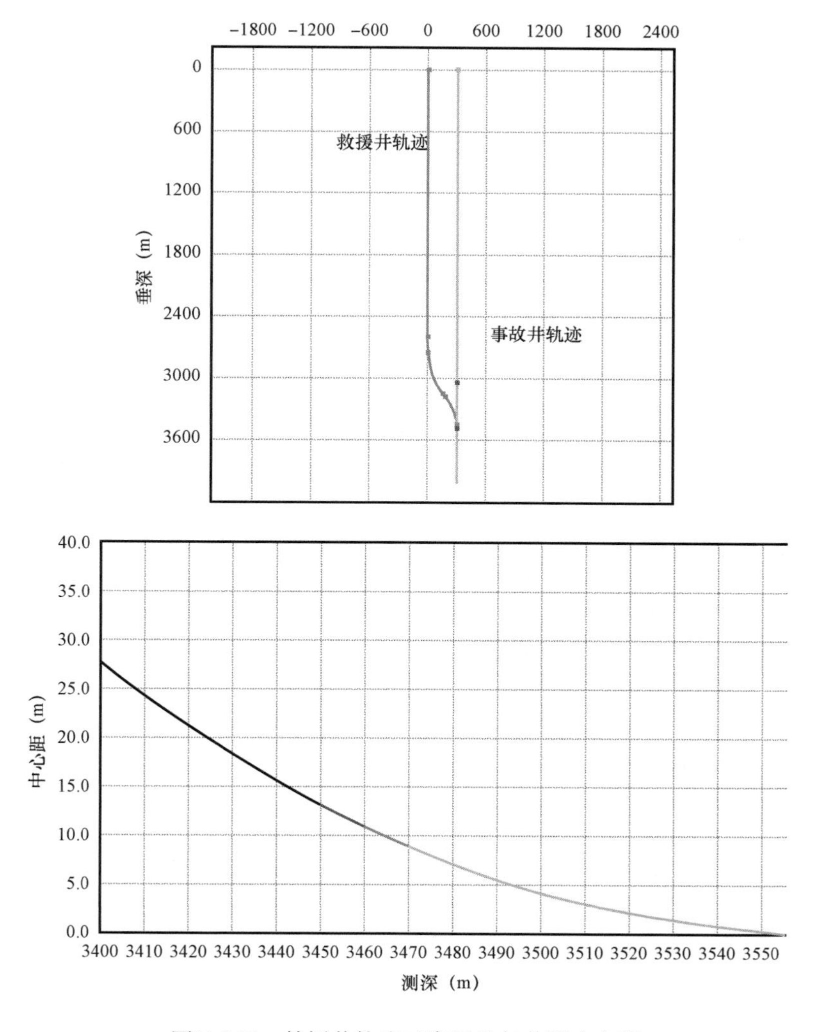

图7.147　救援井轨迹示意图及与井眼中心距

表 7.33 动态压井方案设计

方案	压井排量 (m^3/min)	压井液密度 (lb/gal)	压井液体积 (m^3)	压井时间 (min)	套管鞋处最大压力 (MPa)	最大泵压 (MPa)	备注
井口全开	钻杆 2 环空 2	10.0	4000	1000	41.5	32	推荐
井口全开	钻杆 3 环空 3	10.0	3700	620	42.0	60	压裂套管鞋
井口 50% 开	钻杆 2 环空 2	9.7	—	—	—	—	压井失败
井口 50% 开	钻杆 3 环空 3	9.7	2462	410	41.0	50	推荐
井口 3% 开	钻杆 2 环空 2	9.7	1440	360	40.8	30.8	推荐

参考文献

[1] 刘书杰. 深水钻井井筒流动安全风险评价及控制技术研究[D]. 北京:中国石油大学(北京),2015.

[2] 任美鹏. 非恒定井底压力压井参数计算方法研究[D]. 北京:中国石油大学(北京),2013.

[3] 周云健. 井筒中溢流流体压回与控制性的释放压井方法研究[D]. 北京:中国石油大学(北京),2019.

[4] 孙晓峰. 压回法井控技术研究[D]. 北京:中国石油大学(北京),2010.

[5] 张兴全. 压回法井控技术研究[D]. 北京:中国石油大学(北京),2012.

[6] 徐大融. 地下井喷及控制方法研究[D]. 北京:中国石油大学(北京),2012.

[7] 朱连望. 救援井动力压井参数设计方法研究[D]. 北京:中国石油大学(北京),2015.

[8] 马龙. 动力压井井控技术研究[D]. 北京:中国石油大学(北京),2013.

[9] 钻井手册(甲方)编写组. 钻井手册(甲方):上册[M]. 北京:石油工业出版社,1990:876 - 879.

[10] 刘希圣. 钻井工艺原理:下册[M]. 北京:石油工业出版社,1981:97 - 98.

[11] 中国石油天然气总公司劳资局. 井控技术[M]. 北京:石油工业出版社,1996:81 - 82.

[12] 李相方,庄湘琦. 关井压力恢复和读取时机分析[J]. 石油学报,2002,23(5):110 - 112.

[13] 姜汉桥,姚军,姜瑞忠. 油藏工程原理与方法[M]. 东营:中国石油大学出版社,2006:118 - 121.

[14] 张建国,雷光伦,张艳玉. 油气层渗流力学[M]. 东营:中国石油大学出版社,2006

[15] 刘能强. 现代试井解释方法[M]. 北京:石油工业出版社,2003.

[16] Robert D. Grace. Blowout and well control handbook[M].

[17] Flores - Avila F S. Experimental evaluation of control fluid fallback during off - bottom well control in vertical and deviated Wells. PhD dissertation, LouisianaState University. 2002.

[18] Vallejo - Arrieta V. G. . Analytical model to control off - bottom blowouts utilizing the concept of simultaneous dynamic seal and bullheading. PhD dissertation, LouisianaState University. 2002.

[19] Grace R. D. , Burton M. R, Cudd. Mud lubrication - a viable alternative in well control. SPE 35122, 1996, 639 - 648.

[20] Ramtahal R. An experimental study of the applicability of flooding phenomena to the dynamic lubrication method

of Well control. Master dissertation, LouisianaState University, 2003.

[21] 李运辉,黄船,崔进,等. 置换法压井技术在川东北河坝1井的成功应用[J]. 油气井测试,2008,17(4):45-46.

[22] 范洪涛,李喜成,喻著成. 置换法压井技术在北部扎奇油田的运用及其注意事项[J]. 西部探矿工程,2008,11:88-89.

[23] 张桂林. 置换法压井操作方法[J]. 石油钻探技术,2010,38(2):1-4.

[24] 李勇政,袁骐骥,方军,等. 灌注法压井液替换溢流气体过程理论计算[J]. 天然气技术,2010,4(2):50-52.

[25] 金业权,李自俊. 动力压井法理论及适用条件的分析[J]. 石油学报,1997,18(4):106-110.

[26] 金业权,徐泓,刘振宇. 动力压井法的参数设计和实施方法[J]. 断块油气田,1999,7(2):50-53.

[27] Ing. Rudi Rubiandini R. S. Dynamic killing parameters design in underground blowout well. SPE: 115287, 2008.

[28] 徐鹏. 深水钻井中的动力压井方法研究[D]. 青岛:中国石油大学(华东),2008.

[29] 任美鹏,李相方,李莹莹. 动态置换法压井参数计算[J]. 石油学报,2014,35(2):365-370.

[30] 任美鹏,李相方,刘书杰,等. 钻井井喷关井期间井筒压力变化特征[J]. 中国石油大学学报(自然科学版),2015,39(3):113-119.

[31] 杜钢,于洋飞,熊朝东,等. 钻井井喷失控因素分析及预防对策[J]. 中国安全生产科学技术,2014,10(2):120-125.

[32] 李元生,李相方,藤赛男,等. 气井携液临界流量计算方法研究[J]. 工程热物理学报,2014,35(2):291-294.

[33] 任美鹏,李相方,刘书杰,等. 新型深水钻井井喷失控海底抢险装置概念设计及方案研究[J]. 中国海上油气,2014,26(2):66-71,81.

[34] 任美鹏,李相方,马庆涛,等. 起下钻过程中井喷压井液密度设计新方法[J]. 石油钻探技术,2013,41(1):25-30.

[35] 任美鹏,李相方,徐大融,等. 一种提高钻井液返出流量测量灵敏度的方法[J]. 西南石油大学学报(自然科学版),2013,35(1):160-167.

[36] 张兴全,李相方,任美鹏,等. 恒进气量欠平衡钻井方式气侵特征及井口压力控制研究[J]. 石油钻采工艺,2013,35(3):19-21.

[37] 任美鹏,李相方,尹邦堂,等. 基于模糊数学钻井井喷概率计算模型研究[J]. 中国安全生产科学技术,2012,8(1):81-86.

[38] 张兴全,李相方,李玉军,等. 钻井井喷爆炸事故分析及对策[J]. 中国安全生产科学技术,2012,8(6):129-133.

[39] 李玉军,任美鹏,李相方,等. 新疆油田钻井井喷风险分级及井控管理[J]. 中国安全生产科学技术,2012,8(7):113-117.

[40] 任美鹏,李相方,王岩,等. 基于立压套压的气侵速度及气侵高度判断方法[J]. 石油钻采工艺,2012,34(4):16-19.

[41] 张兴全,李相方,任美鹏,等. 硬顶法井控技术研究[J]. 石油钻探技术,2012,40(3):62-66.

[42] 任美鹏,李相方,徐大融,等. 钻井气液两相流体溢流与分布特征研究[J]. 工程热物理学报,2012,33(12):2120-2125.

[43] 尹邦堂,李相方,任美鹏,等. 深水井喷顶部压井成功最小泵排量计算方法[J]. 中国安全生产科学技术,2011,7(11):14-19.

[44] 任美鹏,刘书杰,耿亚楠,等. 置换法压井关井期间压井液下落速度计算方法[J]. 中国安全生产科学技

术,2018,14(6):128-133.

[45] 刘书杰,耿亚楠,任美鹏,等. 基于船体三自由度井喷液柱高度测量方法[J]. 中国安全生产科学技术,2018,14(11):76-81.

[46] 刘书杰,任美鹏,李相方,等. 海上油田压回法压井参数变化规律及设计方法[J]. 中国海上油气,2016,28(5):71-77.

[47] 骆奎栋,李军,任美鹏,等. 深水钻井隔水管增压管线对井筒温度的影响[J]. 石油机械,2019,47(2):49-54.

[48] 王江帅,李军,任美鹏,等. 控压钻井环空多相流控压响应时间研究[J]. 石油机械,2019,47(5):61-65.

[49] 孙晓峰,姚笛,刘书杰,等. 海上钻井平台井喷液柱高度的图像识别测量方法[J]. 天然气工业,2019,39(9):96-101.

[50] 何英明,刘书杰,耿亚楠,等. 莺歌海盆地高温高压水平气井井控影响因素[J]. 石油钻采工艺,2016,38(6):771-775.

[51] 卞琦,孙宝江,王志远,等. 顶部压井法最小泵排量实验及其计算方法[J]. 海洋工程装备与技术,2019,6(增刊1):305-309.

8 计算机程序优化控制压井技术

油气井溢流井喷压井控制涉及复杂的参数计算、参数优化与压井控制等环节。完成这些任务需要先进的计算模型、快速的计算方法以及相应的计算软件,因此建立一套与钻机配套的计算机程序优化控制的压井技术是非常必要的。鉴于溢流井喷压井控制参数设定的复杂性及其不确定性,完全的闭环控制还不成熟,因此该技术可以包含开环控制系统与闭环控制系统,根据实际情况选择控制系统。

8.1 计算机程序优化控制参数与曲线

在压井过程,根据关井压力求取地层压力,计算压井液密度与排量,做出压井施工单,然后调节节流阀等开始压井控制。通常人工调节节流阀根据立压调节回压,往往由于调节的节流阀开度与调节的间隔出现误差,常引起控制参数波动明显,有时影响压井效果。同时,如果一次压井循环不能够完成压井,还需要进行二次循环压井,往往需要再计算压井参数,由于需要较多的数据才能进一步计算压井参数,采用人工压井也存在不足。因此,如果采用计算机程序控制压井,则可以利用计算机程序库与建立的井控数据库,快速地计算与建立新的压井施工单。

以下以常规压井方法为例建立了计算机程序优化控制的监测曲线图版。常规压井方法目标是压井过程控制节流阀使得井口压力不高于井口装备的合理承压、环空压力不高于套管鞋处地层破裂压力与裸眼薄弱地层破裂压力。

(1)计算机程序优化控制的监测曲线主屏幕。如图 8.1 所示,主屏幕包括井底压力计算值曲线、套管鞋处流体压力计算值 2 条计算曲线;地层破裂压力估算值、套管鞋处地层破裂压力估算值、地层压力估算值 3 条估算曲线;井口装备承压值、立压低限、立压低低限 3 条设定值曲线;套压曲线、立压曲线为压井过程中实际监测曲线,该屏幕能直观地显示出溢流压井过程中装备限制、井下压力等参数的变换幅度,保证实测曲线轨迹在允许变化范围内,实现控压、安全、科学压井。

(2)溢流压井防地层破裂监测屏幕。如图 8.2 所示,溢流压井防地层破裂监测屏幕可以实时监测井底流压、地层压力、地层破裂压力,由计算机专家系统通过综合分析地质参数、井身结构参数等给出,监测屏幕可以保持实时监测的井底流压数值运行于地层压力和地层破裂压力之间,防止地层流体侵入,同时又不压裂地层。

(3)溢流压井防套管鞋处压裂监测屏幕。如图 8.3 所示,溢流压井防套管鞋处压裂监测屏幕通过监测模拟计算套管鞋处流体压力值,保证该处流体压力小于套管鞋破裂压力而不压漏薄弱地层。

(4)溢流压井防节流相关装备损坏屏幕。如图 8.4 所示,溢流压井防节流相关装备损坏屏幕,通过实时监测套压值保证套压小于井口设备承压限而不损坏井口设备,防止节流设备冲蚀严重。

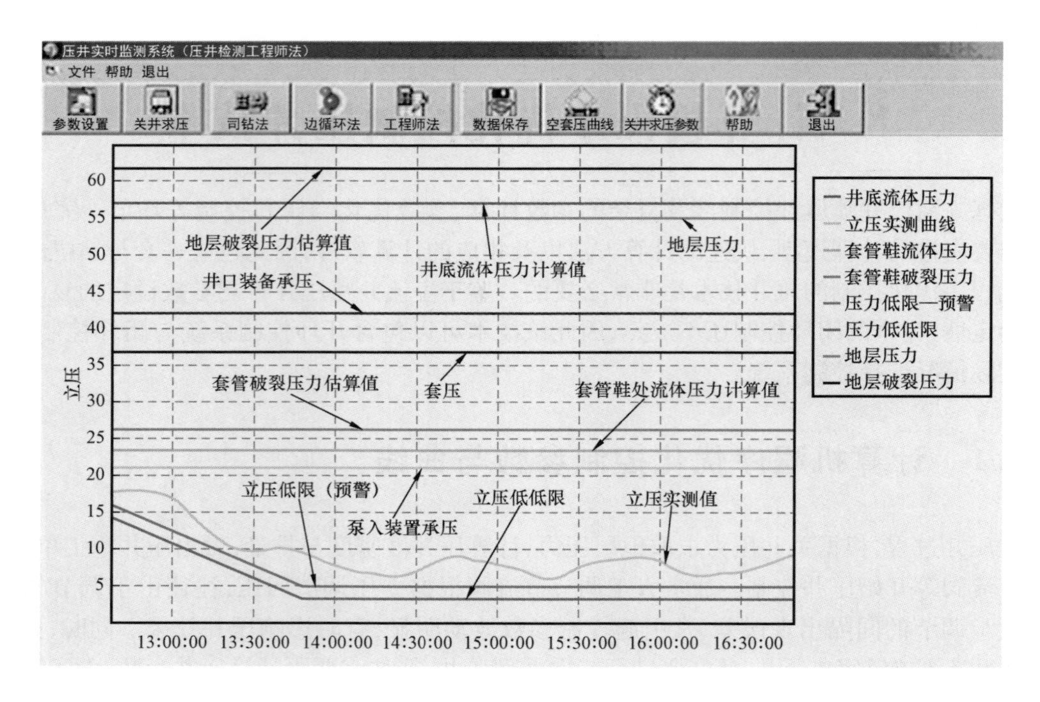

图 8.1 计算机程序优化控制的监测曲线主屏幕

（压井实时监测系统，工程师法模块）

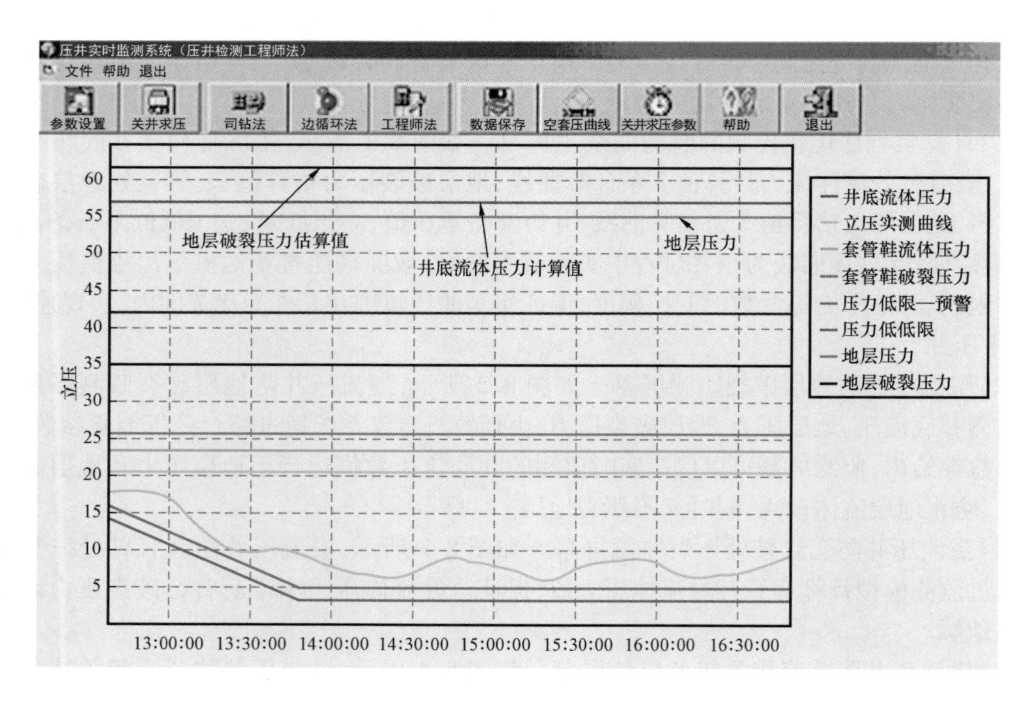

图 8.2 溢流压井防地层破裂监测屏幕

（地层压力 < 井底流体压力计算值 < 地层破裂压力估算值）

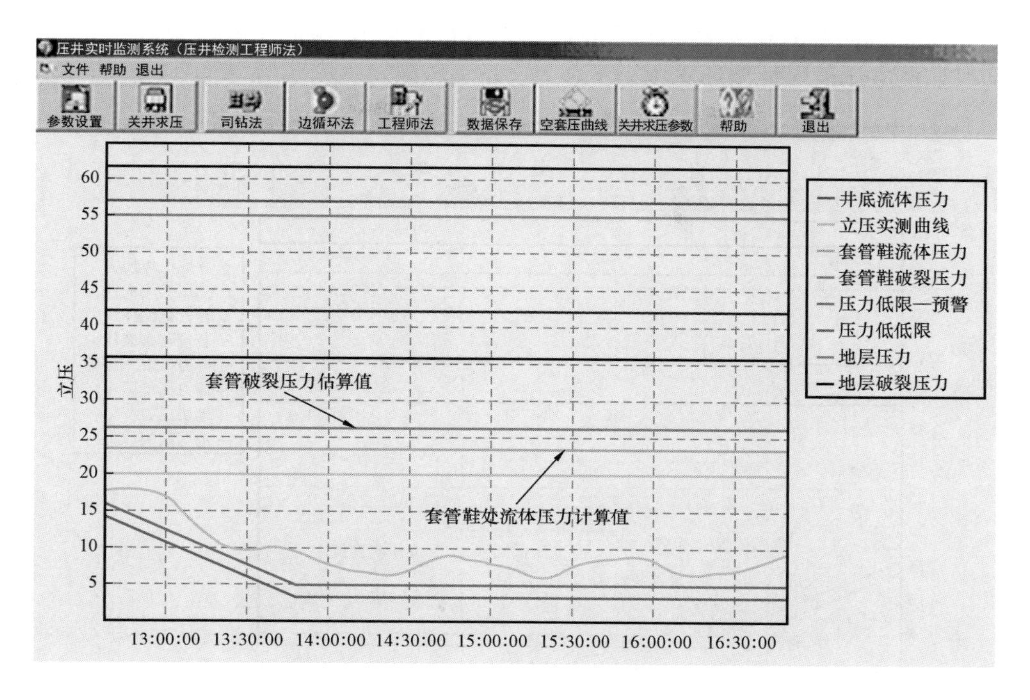

图 8.3　溢流压井防套管鞋处压裂监测屏幕

（套管鞋处流体压力计算值 < 套管鞋破裂压力估算值）

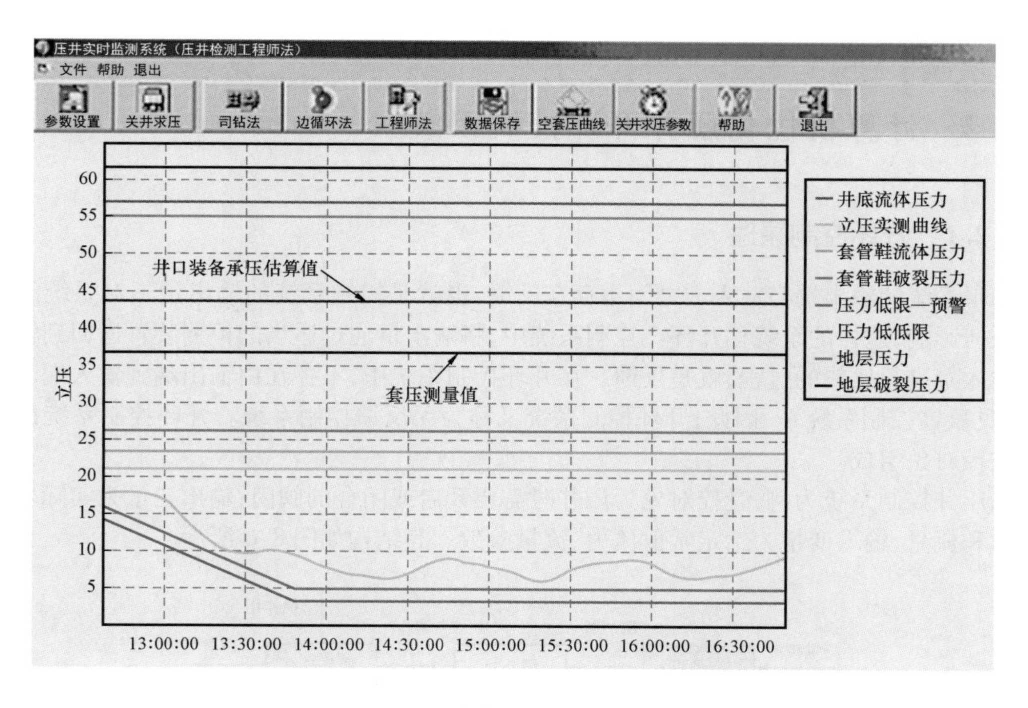

图 8.4　溢流压井防节流相关装备损坏屏幕

（套压 < 井口装备承压限）

(5)溢流压井防泵入相关装备损坏屏幕。如图 8.5 所示,溢流压井防泵入相关装备损坏屏幕,实时监测立压值保证循环立压小于泵入设备承压限。

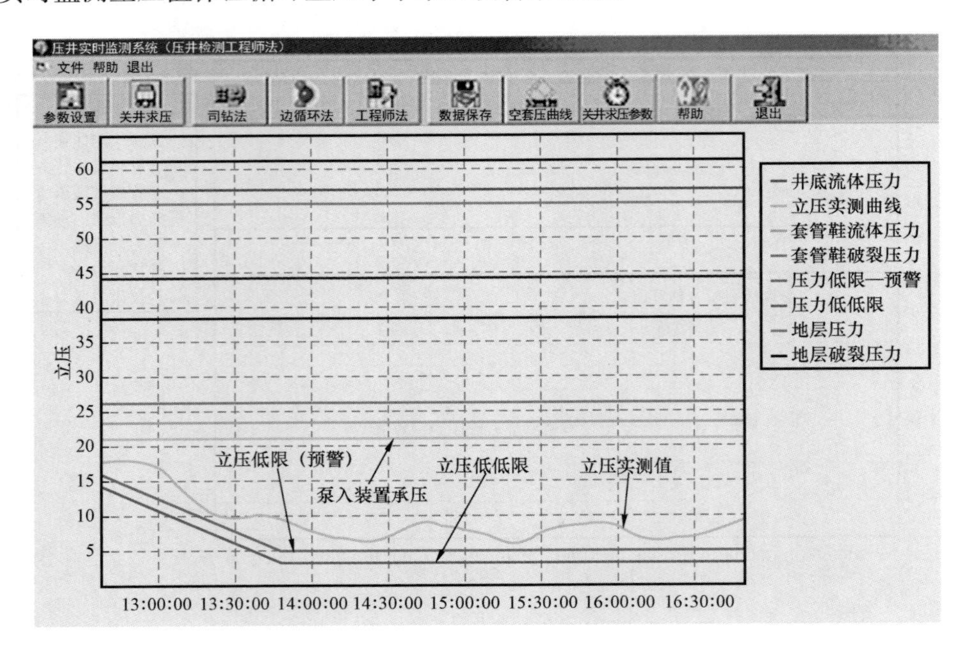

图 8.5　溢流压井防泵入相关装备损坏屏幕
(立压 < 泵入装置承压限)

8.2　计算机优化压井开环控制系统

8.2.1　开环控制原理

如果系统的输出端与输入端之间不存在反馈,也就是控制系统的输出量不对系统的控制产生任何影响,这样的系统称开环。控制系统中,将输出量通过适当的检测装置返回到输入端并与输入量进行比较的过程,就是反馈。在开环控制系统中,不存在由输出端到输入端的反馈通路(见反馈控制系统)。因此,开环控制系统又称为无反馈控制系统。开环控制系统由控制器与被控对象组成。

以压井控制系统为例,受控对象为压井时需要开启或闭合的阀门;输出变量为实际生产参数压力和流量,输入变量为给定常值压力、流量参数。其结构如图 8.6 所示。

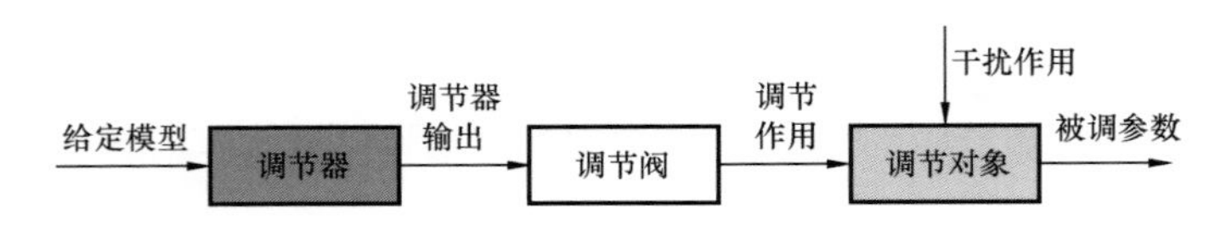

图 8.6　开环控制系统原理图

为了实现计算机优化压井开环控制系统，在生产过程中，首先分析必须进行检测的关键参数，这些参数包括立压信号、套压信号和出口流量信号，通过对这些参数的监测、分析和处理，确定目前井下是否存在异动及其严重程度，为计算机开环压井实施提供科学依据，为此就需要设计相应的硬件系统，对数据进行采集和处理，为计算机优化程序控制节流阀提供科学控制依据，同时进一步用数学方法建立模型，编制分析和处理数据等软件，对大量数据进行有效的分析，根据分析结果，如果发现井下异常，专家或智能专家系统会提供一个辅助调节系统，为现场计算机手动压井提供科学的依据，同时通过计算机发出相应的命令，对调节阀进行有效的开、关和相应的阀开度调节，使得压井操作能在最短时间内完成，避免重大事故的发生。其控制压井流程程序设计如图 8.7 所示。

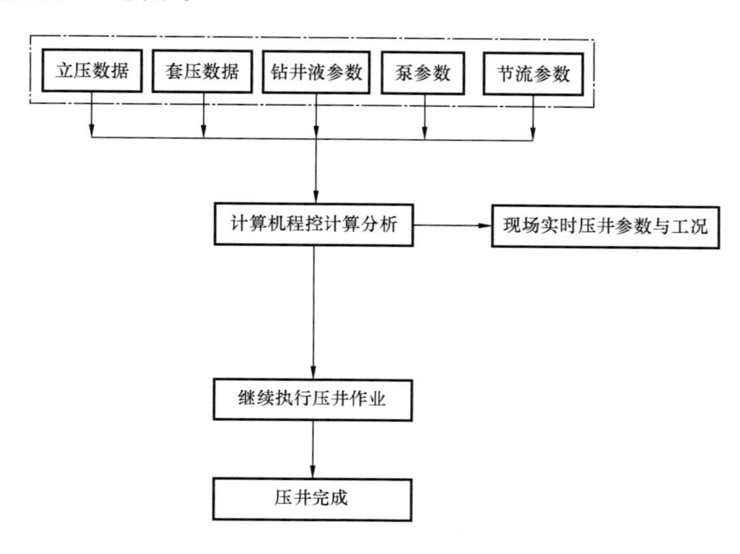

图 8.7　优化压井开环控制流程图

整个系统的数据流程框图如图 8.8 所示。

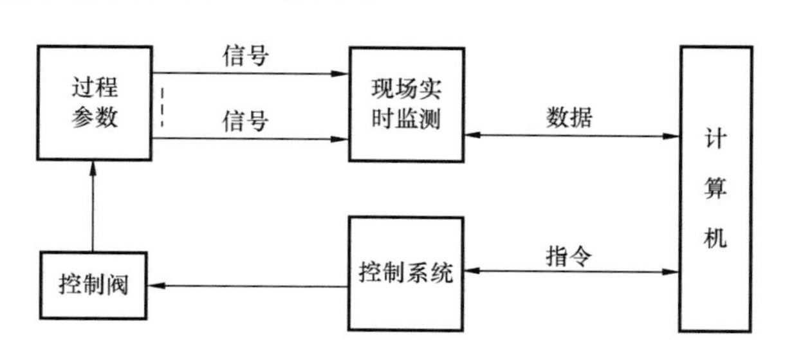

图 8.8　开环压井控制系统的数据流程框图

8.2.2　开环控制系统

开环控制系统主要包括信息采集与处理功能、专家辅助决策功能和压井辅助控制功能。信息采集与处理功能是针对现场参数进行的实时测量，是非常关键的环节，只有在分析了这些过程参数后，计算机智能专家中心才能根据这些参数携带的信息，推断出现场生产中井下可能存在的问题及其严重程度,计算出科学合理压井方法,提供对关键阀门控制建议,将手动压井从根据现场经验判断转换到现场经验压井与计算机实时计算辅助压井相结合,能够对现场安全生产提供极大的帮助。

在实施计算机优化开环控制压井过程当中,当现场工作人员发现井下异常时,需要现场工作人员能够始终在现场关注现场的工作情况,同时关注计算机优化控制系统给出的实时计算机压井优化方案,通过现场工作人员的工作经验与计算机优化控制系统两方面的结合,减少两方面的失误,科学压井。要想实现计算机优化控制,必须依据控制箱的控制原理进行研究,做到所研制系统即要实现计算机优化压井闭环控制,又必须充分尊重并在原来控制基础上进行,即不破坏原有控制系统,又能较好地实现计算机优化压井控制。

8.2.2.1　系统工作原理及组成

(1)系统工作原理。

计算机根据井口装置和地层的安全压力范围,通过垂直管柱多相流模型计算出套压的安全极限,作为开环控制的依据。在连续监测套压、立压等测量数据的过程中,当套压接近安全极限时,监控软件通过套压—流量转换模型、流量—开度转换模型和开度—时长转换模型等,计算出电磁阀的控制参数,为现场工作人员通过计算机手动控制提供依据,通过节流控制箱调节节流阀的开度,将套压恢复到安全范围内,通过现场的防爆显示器对套压实时监视,实现对套压的最近手动控制。

计算机优化压井控制系统具备可靠的手动功能,当套压出现偏离倾向时,操作人员也可以一边观察计算机绘制的指示曲线,同时根据自己的现场工作经验,一边手动操作节流控制箱上的电磁阀控制按钮,调节液动节流阀的开度,实现对套压的手动优化控制。

(2)系统组成。

计算机开环压井监测和控制系统主要由计算机、电磁阀控制单元、节流控制箱、液动节流阀、阀位变送器、套压变送器、立压变送器等组成,其简化流程如图8.9所示,图8.10为计算机开环压井控制系统装配图。

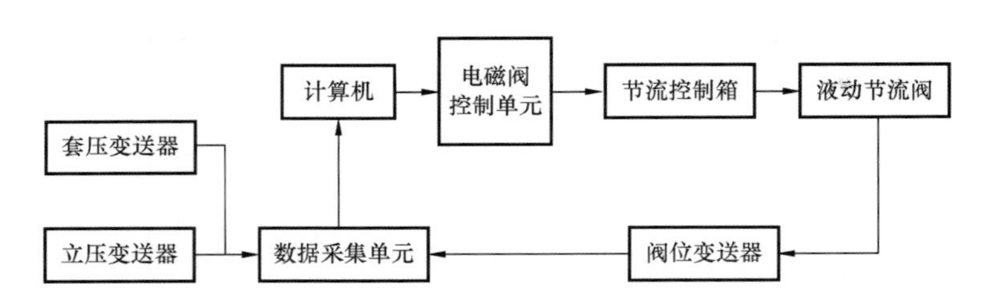

图8.9　计算机开环压井监测和控制系统流程图

电磁阀控制单元:接收计算机的控制命令,并转换成电磁阀的控制信号,控制节流控制箱内电磁阀的动作时间。

节流控制箱:提供液动节流阀动力液压源,现场显示立压、套压、阀位开度等参数。另外,具有人工手动控制液动节流阀的开启和关闭的功能。

液动节流阀:根据节流控制箱提供的动力液压油的方向,改变液动节流阀阀芯的开度,实现对套压的控制。

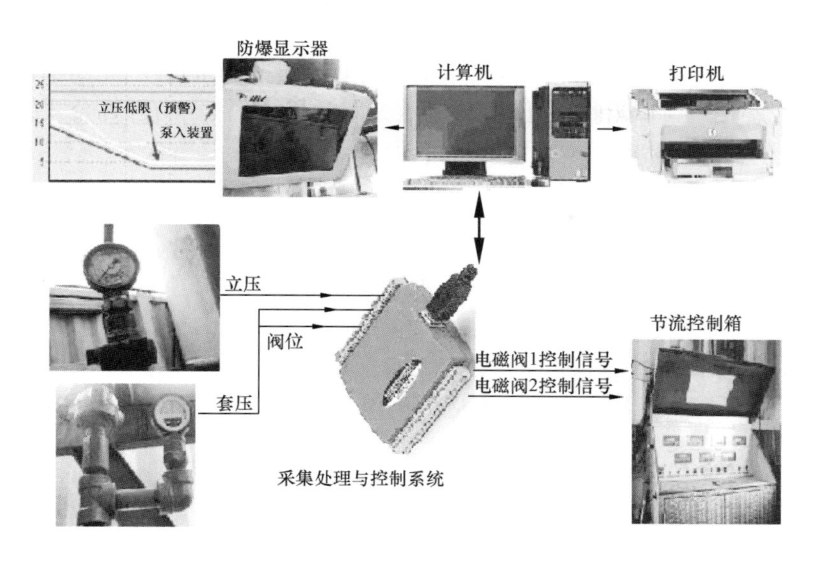

图 8.10 计算机开环压井控制系统装配图

数据采集单元:将来自立压、套压和阀位变送器的模拟信号转换成计算机可以识别的高精度数字信号,传输到计算机程序指定的输入端口。

阀位变送器:将阀芯的实际开度转化为电信号,反馈到数据采集单元。

套压变送器:将套管压力转化为电信号,反馈到数据采集单元。

立压变送器:将立管压力转化为电信号,反馈到数据采集单元。

8.2.2.2 系统节流阀工作原理及组成

(1)节流控制阀组成及控制原理。

液动节流控制阀由液压油缸、活塞、连杆、阀芯、阀体、阀位传感器和液压管线等组成,如图 8.11所示。

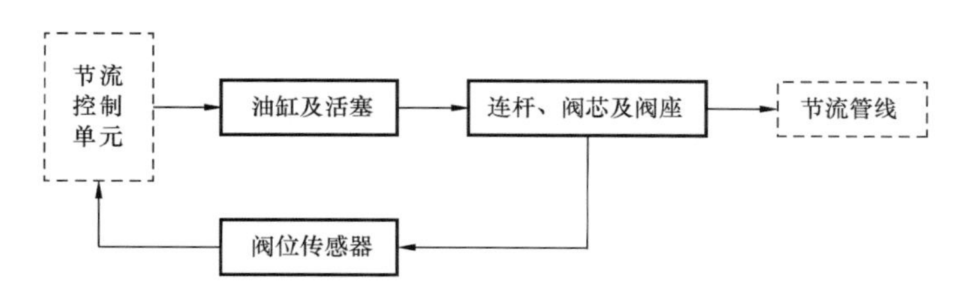

图 8.11 液动节流控制阀组成框图

当油缸中活塞的两侧同时与节流控制箱中的高压蓄能器连通时,阀芯静止,处于“保持”状态;当两侧分别与高压蓄能器或低压油箱连通时,由于压差的作用使阀芯产生向左(或向右)的运动,改变节流管线中流量的大小。

(2)节流开度调节规律的研究。

节流阀开度的变化直接改变井底压力。动态环空压力控制系统中,节流阀开度调节是核心技术。如何精确、循环地改变节流阀开度控制井底压力是动态环空压力控制系统必须解决的问题。本小节将详细讨论动态环空压力控制系统中节流阀开度的调节规律,特别是接单根过程中。

通常节流阀通过调节过流面积以改变节流压力的大小。在流量一定的情况下，节流阀开度越大，节流压力越小，当节流阀全开时，节流压力应为0。节流压力计算公式如式(8.1)。

$$p = \frac{1}{2}\rho\left(\frac{v}{\eta}\right)^2 \tag{8.1}$$

式中 p——节流压力，MPa；

ρ——钻井液密度，kg/m^3；

v——钻井液速度，m/s；

η——流量系数。

若将式(8.1)转换成关于钻井液流量 Q 的函数关系，则可表示为：

$$p = \frac{1}{2}\rho\left(\frac{Q}{\eta A}\right)^2 \tag{8.2}$$

式(8.2)表明，在节流回压 p 不变的情况下，钻井液流量 Q 与节流阀开度 A 成反比关系，即流量增加，则需减小节流阀开度；反之，流量降低，则需增加节流阀开度以保持恒定的节流回压 p。

然而，由于流量系数 η 是一个随节流开度变化而变化的量，这就使得节流压力与流量和开度间的函数关系变得极其复杂，这给精确调节回压带来一定困难。为揭示动态环空压力控制系统中自动节流阀的调节原理，现通过合理假设的方法得到节流阀开度与流量系数的函数关系。

定义节流阀开度 O_A 函数为：

$$O_A = \frac{A}{A_0} \times 100\% \tag{8.3}$$

其中，A_0表示节流阀初始开度，即节流阀全开时的过流面积，A 表示不同时刻的节流阀过流面积。节流阀全开时，$A = A_0$，节流阀开度 $O_A = 1$；当节流阀全闭时，过流面积 $A = 0$，节流阀开度 $O_A = 0$。

图8.12为节流阀开度与流量系数间的关系，通常情况下节流阀流量系数 η 通过实验获得，且不同阀的流量系数不同。从图中可看出，随着节流阀开度的增加，流量系数也随之增加。节流阀全闭时，流量系数 $\eta = 0$；节流阀全开时，流量系数 $\eta = 0.98$。为了将节流阀开度与流量系数建立函数关系，本书采用了数据回归的处理方法。图8.12中蓝线为试验数据，红线为回归数据。从图中可看出，回归拟合函数与实验数据非常接近，相关系数达到了0.9978。

图8.12中数据回归得到的函数如下：

$$\eta = 0.9938 \times \exp\{-\exp[-0.0587 \times (O_A - 27.3)]\} \tag{8.4}$$

将式(8.2)和式(8.3)联立即可得到一个关于节流压力、流量和节流阀开度的函数，其表达式为：

$$p = \frac{1}{2} \times \rho \times \left(\frac{Q}{A_0 \times (O_A/100) \times 0.9938 \times \exp\{-\exp[-0.0587 \times (O_A - 27.3)]\}}\right)^2 \tag{8.5}$$

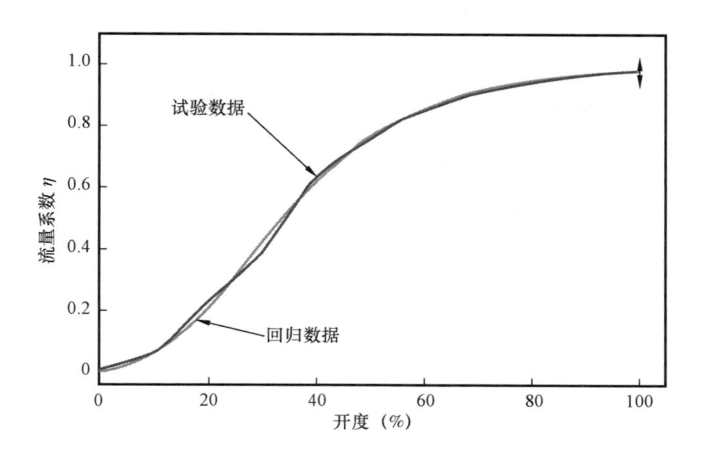

图 8.12 节流阀开度与流量系数间的关系

通过式(8.5)可看出,节流回压随流量增大而增加,随节流开度增加而减小。在回压一定的情况下,流量增加就必须增加节流阀开度。

图 8.13 是不同开度下流量与节流回压间的关系。从图 8.13 中可看出,在相同的流量下,节流阀开度越大节流回压越小。在流量为 25L/s 时,节流阀开度为 26%,节流回压达到了 11MPa;而当节流阀开度为 43% 时,节流回压仅为 2.8MPa。在节流阀开度保持不变的情况下流量越大节流回压亦越高。节流阀开度为 36%,流量为 10L/s 时,节流回压约为 1MPa;随着流量增大至 20L/s 时,节流回压达到了 3.5MPa;流量进一步增大至 30L/s 时,节流回压则达到了 7.5MPa。

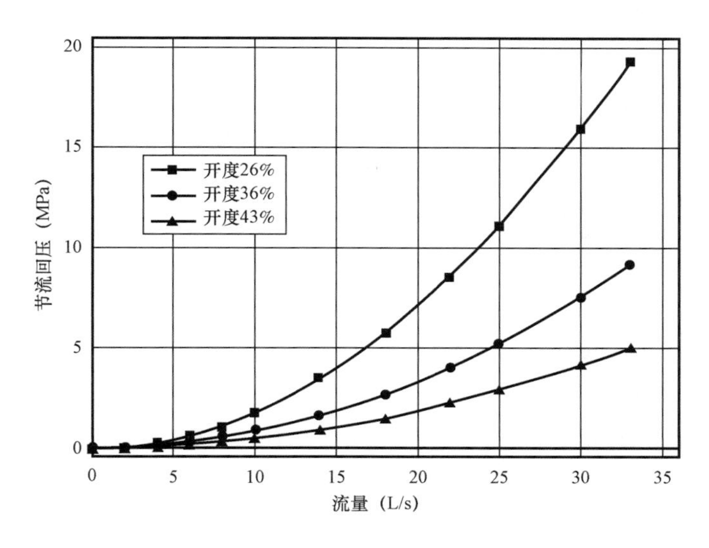

图 8.13 不同开度下节流回压与流量的关系

图 8.14 是节流回压不变的情况下流量与节流阀开度间的关系。从图 8.14 中可看出,随着流量的增加,节流阀开度也随之增加,但这一过程中,节流回压始终保持不变为 4.5MPa。开始阶段,流量为 5L/s 时,对应的节流阀开度约为 23%;当流量增加至 15L/s 时,要想保持节流

回压不变,节流阀开度达到 32%,当流量达到 20L/s 时,节流阀开度达到 37%。从图 8.14 中可看出流量的增加与阀开度间并非线性相关,但两者为正相关关系。图 8.14 也反映了动态环空压力控制技术中节流开度的调节原则。

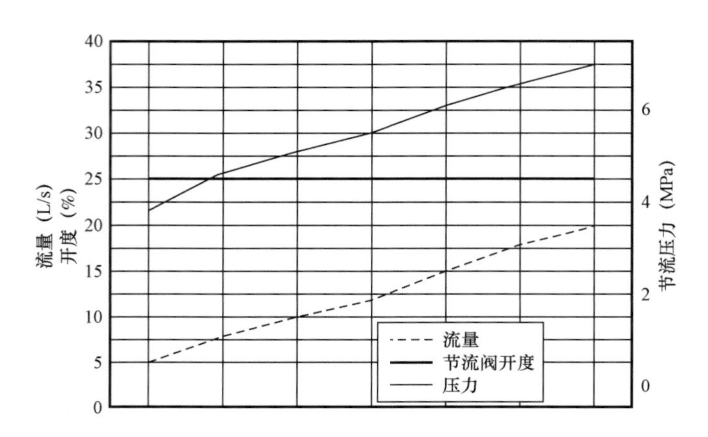

图 8.14 节流回压不变时节流阀开度与流量的关系

8.2.2.3 节流控制箱组成及工作原理

电动节流管汇控制箱主要由箱体、油箱、蓄能器组、电动泵、手动泵、溢流阀、换向阀等液压元件和电器控制元件、数字显示控制仪表构成,其简化流程如图 8.15 所示。

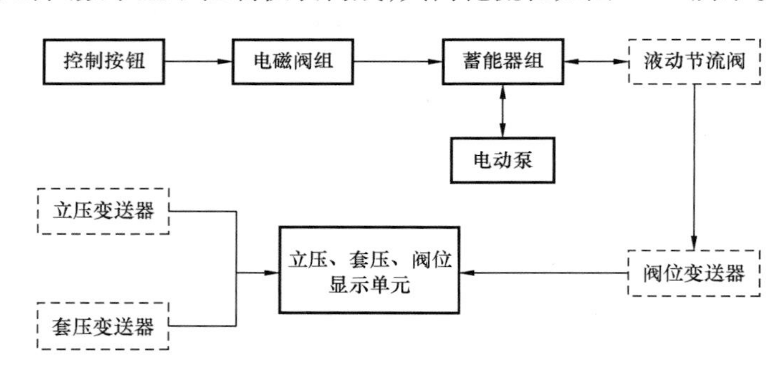

图 8.15 节流控制箱流程图

工作时电动泵向蓄能器充入高压油液,充压至设定最大值时,电动泵自动停止。操作电磁换向阀开关,使压力油输送至节流阀液缸,从而达到控制液动节流阀开或关或保持阀位位置。当蓄能器油压下降至设定最小值时,电动泵自动启动补压,使贮存的压力达到设定最大值。

8.2.2.4 计算机优化控制箱组成及工作原理

(1)计算机优化控制箱组成。

控制信号调节单元由信号输入/输出单元、光电隔离端子板、固态继电器组和防爆电源组成。图 8.16 为控制信号调节单元组成框图。

控制信号单元将计算机的控制指令传输到固态继电器,改变固态继电器的状态,连通或切断防爆电源与电磁阀组控制线圈的连接,驱动电磁阀组打开或关闭。

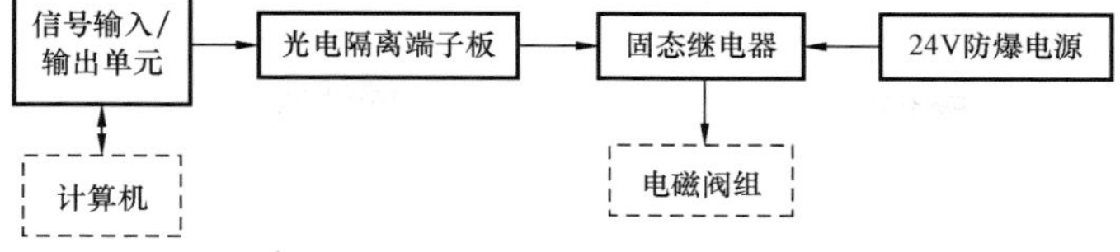

图 8.16 控制信号调节单元组成框图

信号采集单元由光电隔离端子板、信号采集板等组成。图 8.17 为信号采集单元框图。

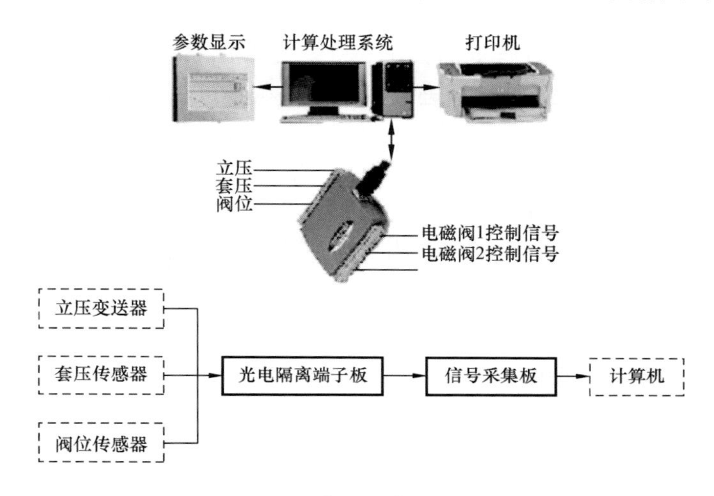

图 8.17 信号采集单元框图

光电隔离端子板通过光电耦合作用将立压、套压和阀位信号安全地传输到信号采集板，采集板对信号进行滤波、放大和 A/D 转换，将模拟信号转换成数字信号传输给计算机。

计算机采集与控制单元由计算机、实时监控软件、防爆显示单元、打印输出单元等组成。实时监控软件包括套压安全极限计算模块、套压/流量转换计算模块、流量/阀位转换计算模块、阀位/时间转换计算模块、数据自动存储模块、输出显示模块。图 8.18 为计算机采集与控制组成框图。

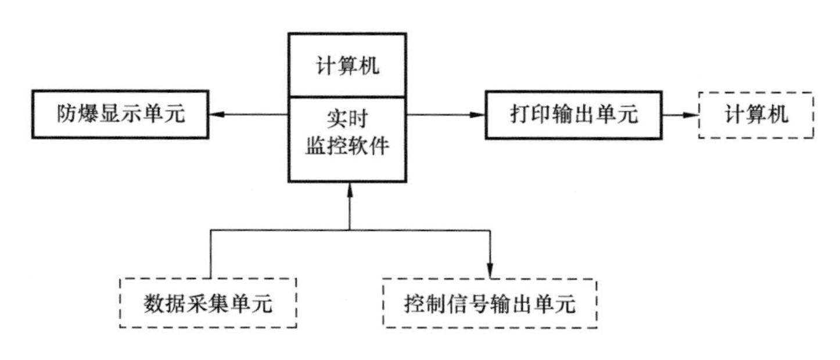

图 8.18 计算机采集与控制组成框图

计算机接收数据采集单元送来的立压、套压等测量信号，通过实时监控软件对数据进行分析计算，将获得的井底流压曲线、套压实测曲线、套压预警限等输出到防爆显示单元；将获得的电磁阀的控制参数转化成控制指令,输出到控制信号输出单元。

(2)系统详细功能。

① 数据采集功能。在采样周期内,计算机对各参数进行巡回检测,完成数据采集,通过A/D 转换器把变送器信号转换为数字信号送往计算机。

② 数据显示。代替大量的常规显示和记录仪表,进行参数显示,对压井过程进行集中监视。

③ 数据分析处理。利用计算机强大的运算、逻辑判断能力,对采集的数据进行集中、加工和处理,用于指导生产压井过程。

④ 信息存储。可预先存入计算好的套压、立压、套管鞋处地层破裂压力、地层压力等参数的极限值,处理过程中可进行越限报警,进行自动压井调整,以确保生产过程的安全。

⑤ 关井压力获取。关井压力获取模块采用拐点处取压的原则,常规关井后开始采集立压、套压随着时间的变化规律并记录曲线,立套压均不断增大,直到出现拐点,在此处人工取点,同时也能将套压及报警限读取出来。

⑥ 压井难易程度评估。此功能是根据井控初始化数据作出井控难易程度评估图版,并用关井压力曲线来评估该种情况下的井控难易。

⑦ 压井方法推荐。本模块针对不同类型的溢流、井涌能够实现常规压井方法的选择,有司钻法、工程师法、边循环边加重法。

⑧ 压井施工单计算。输入软件中要求的工程参数和地质参数后,软件系统可以迅速做出压井施工单,并同时给出立压和套压报警限及高高限,施工单制作完成后可进行模拟压井过程,通过软件模拟出理想的立套压变化曲线。

⑨ 压井过程实时检测。本功能可实现不同压井方法压井过程的实时监控、数据处理及回放,能够保证压井过程中立压始终低于泵入装置承压限,保证套压低于井口设备承压限并小于套管抗内压强度,全程压井监测保证井底压力大于地层压力而小于地层破裂压力,套管鞋处流体压力小于套管鞋处破裂压力。

8.3 计算机优化压井闭环控制系统

8.3.1 闭环控制原理

由信号正向通路和反馈通路构成闭合回路的自动控制系统叫闭环控制系统。它是基于反馈原理建立的自动控制系统。所谓反馈原理,就是根据系统输出变化的信息来进行控制,即通过比较系统行为(输出)与期望行为之间的偏差,获得预期的系统性能。在闭环控制系统中,既存在由输入到输出的信号前向通路,也包含从输出端到输入端的信号反馈通路,两者组成一个闭合的回路。闭环控制系统是自动控制的主要形式。

反馈控制系统由控制器、受控对象和反馈通路组成。这一环节在具体系统中与控制器一起统称为调节器。

以压井控制系统为例,受控对象为压井时需要开启或闭合的阀门,输出变量为实际生产参数压力和流量,输入变量为给定常值压力、流量参数。代表实际生产的参数大小与给定常值比较，两者的差值经过计算机优化程序处理后驱动执行机构对阀门进行控制。

计算机优化压井闭环控制系统原理如图 8.19 所示。

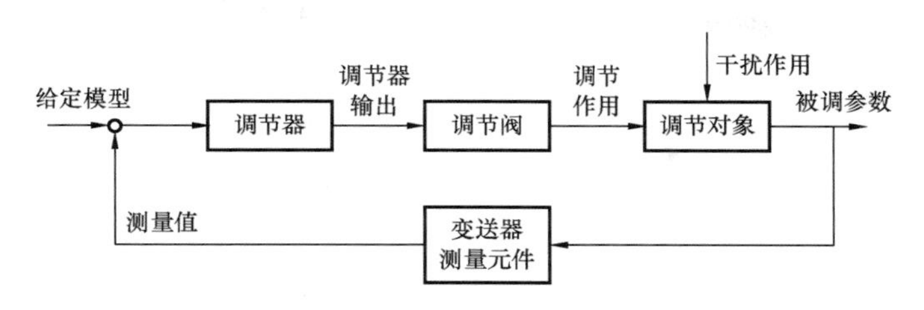

图 8.19　压井闭环控制系统原理图

8.3.2　闭环控制系统

计算机闭环控制系统原理与开环控制系统是大致相同的，不同的是节流阀的开度调节由计算机辅助决策系统发出指令。

整个系统的数据流程框图如图 8.20 所示。

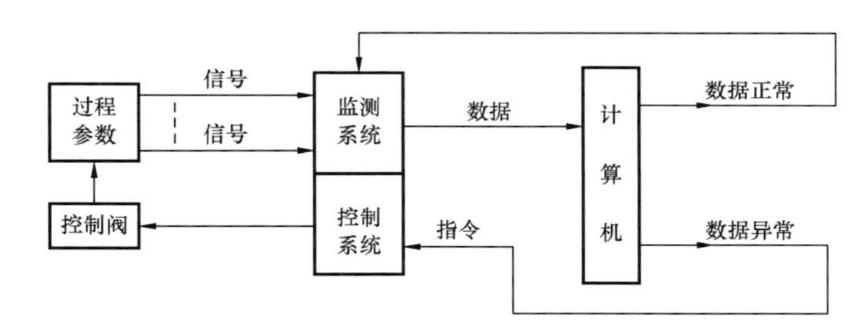

图 8.20　自动压井控制系统的数据流程框图

在上面基础上，设计压井控制系统。系统主要包括信息采集与处理功能、专家决策功能和压井控制功能。信息采集与处理功能是针对现场参数进行的实时测量，是非常关键的环节，只有在分析了这些过程参数后，计算机智能专家中心才能根据这些参数携带的信息，推断出现场生产中井下可能存在的问题及其严重程度，从而根据需要准确发出实施进一步压井措施的指令。压井控制系统在收到命令后，会根据要求对关键阀门进行控制，这种快速处理的能力对现场安全生产提供了极大的帮助，是实施井控的有力手段，及时、果断、判断力强都是功能块的主要特征。

其控制压井流程程序图如图 8.21 所示。

在压井过程中，电动节流管汇控制箱扮演了非常重要的角色，它直接实施了对节流管汇的控制，是成功的控制油气井压力所必需的设备。

电动节流管汇控制箱可以远程控制液动节流阀的开启和关闭，并在控制箱盘面上可以显示系统压力、立管压力、套管压力、压井管汇压力、节流后压力、节流阀阀位位置、仪表箱内温度，并配有一个泵冲计数器。

电动节流管汇控制箱主要由箱体、油箱、蓄能器组、电动泵、手动泵、溢流阀、换向阀等液压元件和电器控制元件、数字显示控制仪表构成。

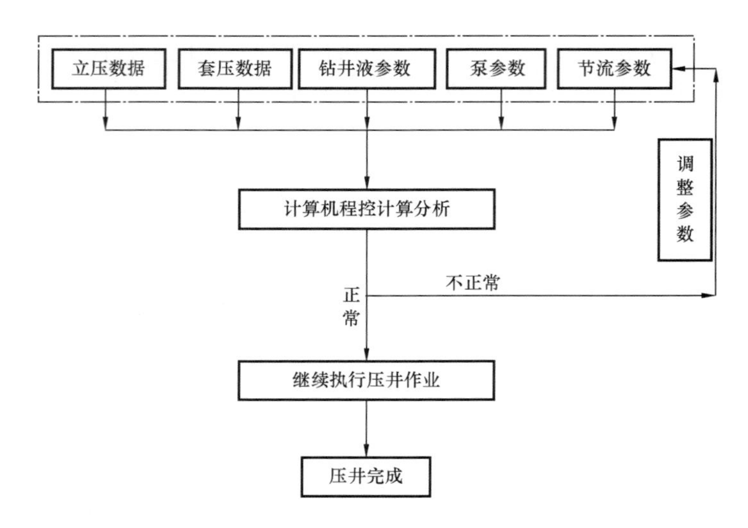

图 8.21　压井流程程序流程图

电动泵向蓄能器充入高压油液，充压至设定最大值时，电动泵自动停止。操作电磁换向阀开关，使压力油输送至节流阀液缸，从而达到控制液动节流阀开或关或保持阀位位置。当蓄能器油压下降至设定最小值时，电动泵自动启动补压，使贮存的压力达到设定最大值。

图 8.22 是实现计算机优化压井闭环控制示意图。

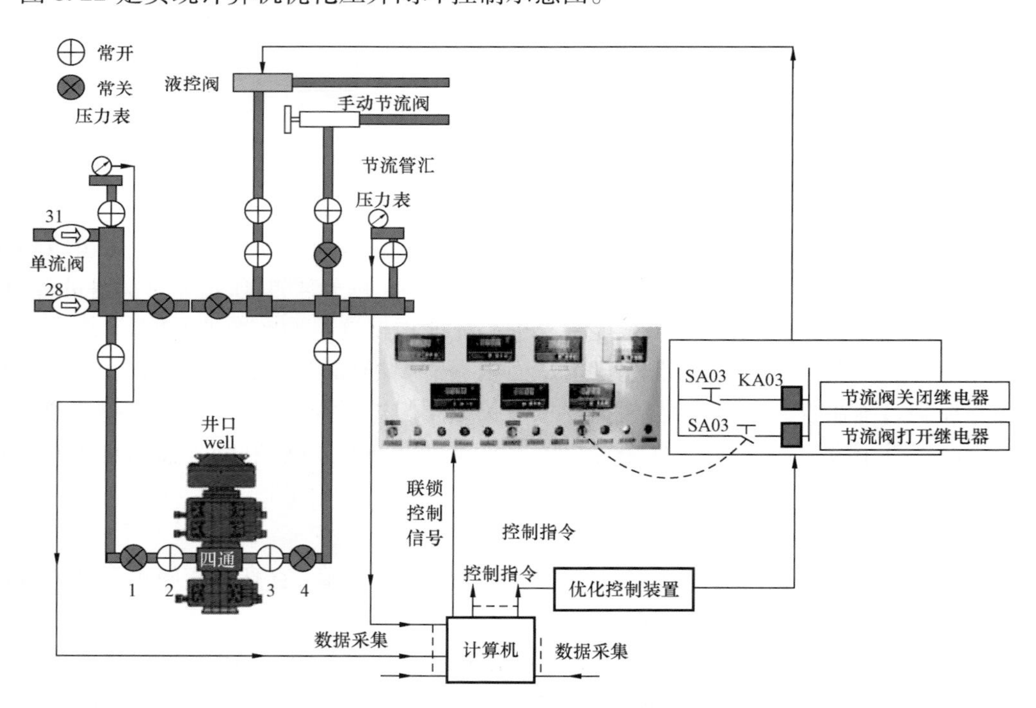

图 8.22　计算机优化压井闭环控制示意图

在这个过程中，核心是现场工作人员在发现井下异常时，操作电磁换向阀开关，使压力油输送至节流阀液缸，从而达到控制液动节流阀开或关，从而保持阀位处于正常位置。那么要想实现计算机优化控制,必须依据控制箱的控制原理进行研究,做到所研制系统既要实现计算机优化压井闭环控制,又必须充分尊重并在原来控制基础上进行,即不破坏原有控制系统,又能较好地实现计算机优化压井控制。图 8.23 为控制流程图。

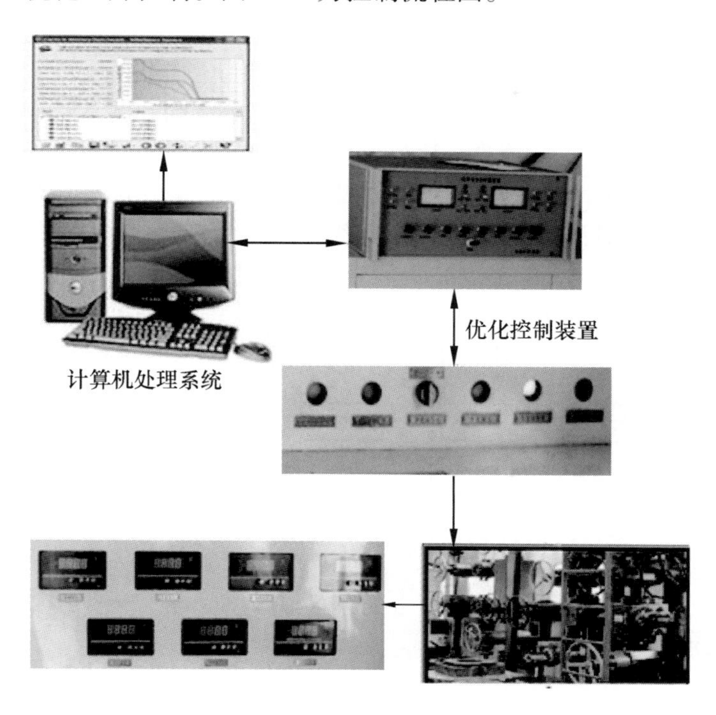

图 8.23 控制流程图

计算机闭环压井监测和控制系统主要功能是通过对立压、套压、阀位等信号进行实时数据采集和处理,并应用建立起来的控制模型自动实现对节流阀的调节。

数据采集和处理主要是对压井过程的参数进行巡回检测、数据记录、数据计算、数据统计和整理、数据越限报警以及实时分析。在这个过程中,计算机不直接参与生产过程的控制,但其作用非常明显。可以代替大量的常规显示和记录仪表,对压井过程进行集中监视。同时其强大的运算、逻辑判断能力,可以对采集的数据进行集中、加工和处理,用于指导生产压井过程。计算机有存储信息的能力,可预先存入各种工艺参数的极限值,处理过程中可进行越限报警,以确保生产过程的安全。软件系统对数据分析处理后,按照控制模型进行运算,然后发出控制信号,通过输出通道控制节流调节阀,实现对压井过程的闭环控制,这个过程是实时的,计算机是在工艺所允许的时间内去响应被控对象的变化。

计算机根据井口装置和地层的安全压力范围,通过垂直管柱多相流模型计算出套压的安全极限,作为闭环控制的依据。在连续监测套压、立压等测量数据的过程中,当套压接近安全极限时,监控软件通过套压—流量转换模型、流量—开度转换模型和开度—时长转换模型等,计算出电磁阀的控制参数,输出控制指令到电磁阀控制单元,再通过节流控制箱完成对液动节流阀的开度调节,将套压恢复到安全范围内,实现对套压的自动优化控制。

计算机优化压井控制系统同时具备可靠的“手—自动”控制切换功能:当套压出现偏离倾

向时，操作人员也可以一边观察计算机绘制的指示曲线，一边手动操作节流控制箱上的电磁阀控制按钮，调节液动节流阀的开度，实现对套压的手动优化控制。

计算机优化压井控制系统的具体工作步骤如下。

（1）计算机根据井口装置和地层的安全压力范围计算出环空压力值 p_2 的安全范围，并通过环空压力变化模型计算的 $p_1(Q)$ 关系，得出流量 Q 的值；

（2）通过 Q 的值由节流管汇特征模型 $Q(\Delta S_1)$，推出节流阀开度 ΔS_1；

（3）通过节流阀开度 ΔS_1，由节流阀特征模型 $\Delta S_1(\Delta S_2)$，得出活塞行程 ΔS_2；

（4）通过活塞行程 ΔS_2，由电磁阀组特征模型 $\Delta S_2(t)$，推算出电磁阀组开关时间 t；

（5）计算机通过控制算法模型 M，对电磁阀组发出指令，从而完成第一步操作；

（6）如果调节后，环空压力值的范围 p_2 依然不能满足要求，则继续执行 1～6 步，直至环空压力值达到要求，压井才算完成。

具体的执行流程简化如图 8.24 所示。

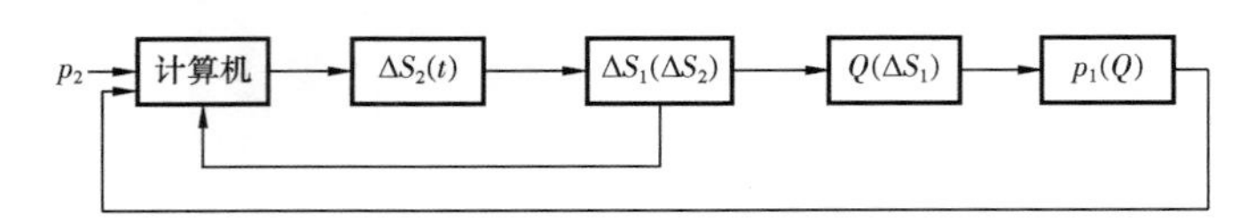

图 8.24　计算机压井闭环控制系统装配图

8.4　现场实验

8.4.1　计算机压井控制系统试验目的

（1）检验计算机压井控制系统硬件设计功能。

（2）检验计算机压井控制系统软件系统基本功能。

8.4.2　计算机压井控制系统试验地点

海洋某钻井平台。

8.4.3　试验过程

（1）现场查看。到达海洋钻井平台后，首先实地查看现场的基本情况，经过观察，现场实际情况与所设想基本相同，能够进行试验，但也发现有一些情况与所设想不一致。

① 节流控制箱没有预留开孔，不能通过预留开孔进线，经过考虑与沟通，认为此次试验属于临时试验性质，可以通过临时外接插头解决。图 8.25 为节流控制箱临时外接插头。

② 防爆显示器原计划安装在节流控制箱上，但是实际现场安装比较困难，而试验又属于临时性质，因此将防爆显示器安置在固定支架上。图 8.26 为防爆显示器。

③ 计算机优化控制系统原计划安装在司钻房内，考虑到司钻房内狭窄，不便于试验的进行，因此将优化控制系统放置在休息室内进行，图 8.27 为司钻室。

④ 将原来提供给节流控制箱的立压、套压信号改为提供给计算机优化控制系统。

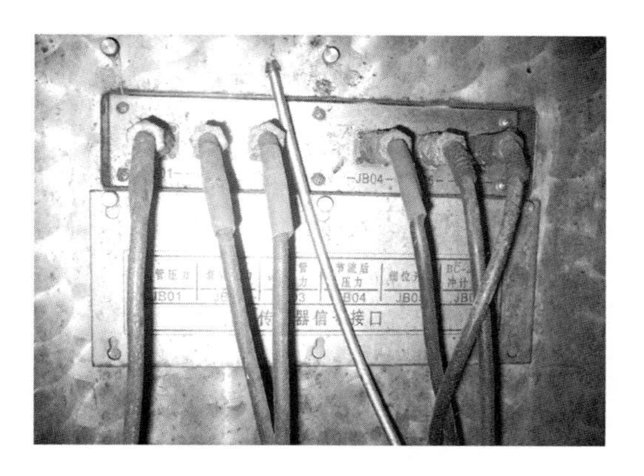

图 8.25　节流控制箱临时外接插头

图 8.26　防爆显示器

图 8.27　司钻室

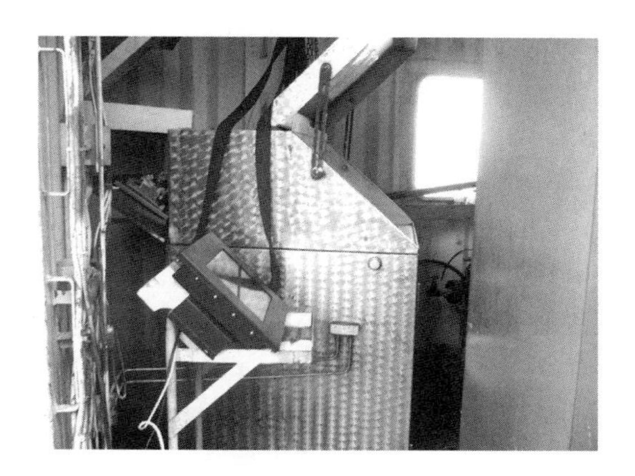

图 8.28　侧面图

(2)现场硬件设备安装。节流控制箱改造,由鑫榆林按照我方提供的图纸进行改造,具体改动如图 8.29 红色所示,并引出外部连接接头。

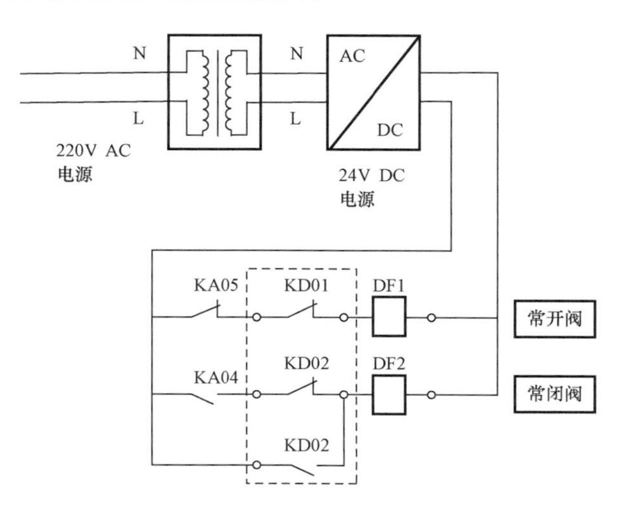

图 8.29　节流控制箱改造示意图

① 连接手/自动开关,手/自动开关按照图 8.30 进行连接。

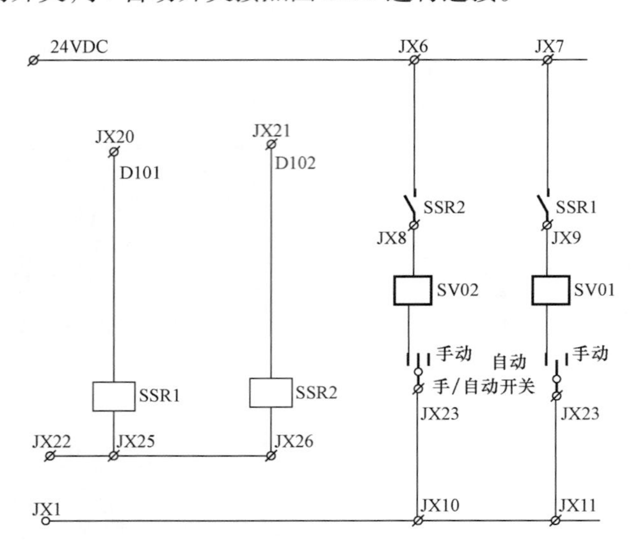

图 8.30　开关改动示意图

② 优化控制系统连接如图 8.31 所示。

图 8.31　控制系统连接示意图

③ 整个系统连接图如图 8.32 所示。

(3)软件安装。整个系统的软件安装已经在实验室已经完成。

8.4.4　优化控制系统使用试验

(1)测试系统改造后对于节流控制箱是否有影响。通过对节流控制箱的手动调节,节流控制阀阀位能够正常增大、减小、保持不变,发现节流控制箱能够正常使用,因此,确认节流控制箱改造后对系统的使用没有任何影响。

(2)节流控制箱节流阀电脑调节,通过运用计算机优化控制系统的程序对节流控制阀实行控制,节流控制阀能够增大、减小、保持不变,发现节流控制箱能够正常使用,因此确认节流

图 8.32 现场系统连接图

控制箱改造后能够正常控制节流阀。

(3)手/自动切换开关的使用。将手/自动切换开关切换到手动后,发现节流控制阀不能够增大、减小、保持不变,发现节流控制箱不能够正常使用,因此确认节流控制箱改造后,切换开关能够将电脑使用正常切换。

(4)测试阀位信号的采集,在测试节流控制阀的控制时,同时采集阀位信号。采集的信号在试验结果中。

(5)测试套压、立压信号的采集。将套压、立压信号连接到优化控制系统后,确认可以采集信号,但是由于此次试验时海洋钻井平台并没有实施钻井,因此此次立压、套压信号的采集只是能够证明优化控制系统能够采集立压、套压信号。

(6)测试系统开环控制。按照此次项目的实施计划,需要实行开环控制,在没有套压、立压信号采集的情况下，对计算机压井优化控制系统实施了模拟开环控制，通过电脑手动调节流控制阀，通过现场观察，调节阀能够正常动作，曲线能够实时显示，防爆显示器能够在现场工况条件下远距离显示使用。

8.4.5 计算机压井控制系统试验成果

(1)确认硬件系统设计符合现场技术要求，达到设计要求；

(2)软件系统能够正常工作，能够采集数据，控制节流阀；

(3)防爆显示器能够实时、同步显示数据。

参考文献

[1] 刘书杰，李相方，周悦，等．基于贝叶斯—LOPA方法的深水钻井安全屏障可靠性分析[J]．中国安全生产科学技术，2014，10(9)：187－191.

[2] 李相方，隋秀香，刘大宝，等．深层高压气藏测试水合物生成趋势监测与控制技术[J]．石油钻探技术，2002，30(6)：4－5.

[3] 庄湘琦，李相方，刚涛，等．欠平衡钻井井口回压控制理论与方法[J]．石油钻探技术，2002，30(6)：12－14.

[4] 隋秀香，李相方，孙晓峰，等．高含硫气井计算机优化压井闭环控制系统[J]．石油钻探技术，2010，38(1)：26－28.

[5] 孙晓峰，李相方．直井气侵后气液两相参数分布数值模拟[J]．科学技术与工程，2010，10(18)：4391－4394，4405.

[6] 张兴全，李相方，任美鹏，等．恒进气量欠平衡钻井方式气侵特征及井口压力控制研究[J]．石油钻采工艺，2013，35(3)：19－21.

[7] 尹邦堂，李相方，隋秀香，等．计算机优化压井开环控制软件系统研究及应用[J]．石油钻探技术，2011，39(1)：110－114.

[8] 隋秀香，李相方，尹邦堂，等．井场硫化氢检测系统的研制[J]．天然气工业，2011，31(9)：82－84，92，140.

[9] 隋秀香，尹邦堂，张兴全，等．含硫油气井井控技术及管理方法[J]．中国安全生产科学技术，2011，7(10)：80－83.

[10] 史玉升，张嗣伟，樊启蕴，等．钻机盘式刹车自动送钻微机控制方法的研究[J]．石油矿场机械，1999，28(1)：41－44，4.

[11] 史玉升，张嗣伟，樊启蕴，等．盘式刹车钻压优化自动送钻微机控制系统的设计与研制[J]．石油矿场机械，1999，28(2)：8－12，2.

[12] 李相方，庄湘琦，隋秀香，等．气侵期间环空气液两相流动研究[J]．工程热物理学报，2004，25(1)：73－76.

[13] 隋秀香，周明高，侯洪为，等．早期气侵监测声波发生技术[J]．天然气工业，2003，23(2)：62－63，6.

[14] 李相方．提高深探井勘探效果与减少事故的井控方式[J]．石油钻探技术，2003，31(4)：1－3.

[15] 隋秀香，李相方，朱磊，等．一种钻井液漏失位置测量新方法[J]．石油钻采工艺，2007，29(3)：114－116，128.

[16] 许寒冰，李相方，刘广天．气藏钻井井控难易程度确定方法与装置研究[J]．石油机械，2009，37(5)：87－89.

[17] 许寒冰，李相方．压井前井控难易程度的确定方法[J]．天然气工业，2009，29(5)：89－91，142－143.

[18] 张兴全,李相方,任美鹏,等. 硬顶法井控技术研究[J]. 石油钻探技术,2012,40(3):62-66.
[19] 晏凌,吴会胜,晏琰. 精细控压钻井技术在喷漏同存复杂井中的应用[J]. 天然气工业,2015,35(2):59-63.
[20] 杨雄文,周英操,方世良,等. 控压欠平衡钻井工艺实现方法与现场试验[J]. 天然气工业,2012,32(1):75-80,125.
[21] 蒋宏伟,周英操,赵庆,等. 控压钻井关键技术研究[J]. 石油矿场机械,2012,41(1):1-5.
[22] 姜智博,周英操,刘伟,等. 精细控压钻井井底压力自动控制技术初探[J]. 天然气工业,2012,32(7):48-51,104-105.
[23] 石林,杨雄文,周英操,等. 国产精细控压钻井装备在塔里木盆地的应用[J]. 天然气工业,2012,32(8):6-10,125-126.
[24] 周英操,杨雄文,方世良,等. PCDS-Ⅰ精细控压钻井系统研制与现场试验[J]. 石油钻探技术,2011,39(4):7-12.
[25] 杨雄文,周英操,方世良,等. 控压钻井分级智能控制系统设计与室内试验[J]. 石油钻探技术,2011,39(4):13-18.
[26] 宋荣荣,孙宝江,王志远,等. 控压钻井气侵后井口回压的影响因素分析[J]. 石油钻探技术,2011,39(4):19-24.
[27] 刘伟,蒋宏伟,周英操,等. 控压钻井装备及技术研究进展[J]. 石油机械,2011,39(9):8-12,5.
[28] 唐守宝,卢倩,宋一磊,等. 控压钻井技术在页岩气钻探中的应用前景[J]. 石油钻采工艺,2014,36(1):14-17.
[29] 张涛,李军,柳贡慧,等. 控压钻井自动节流管汇压力调节特性研究[J]. 石油钻探技术,2014,42(2):18-22.
[30] 孔祥伟,林元华,邱伊婕. 微流量控压钻井中节流阀动作对环空压力的影响[J]. 石油钻探技术,2014,42(3):22-26.
[31] 刘伟,周英操,段永贤,等. 国产精细控压钻井技术与装备的研发及应用效果评价[J]. 石油钻采工艺,2014,36(4):34-37.
[32] 王果,刘建华,丁超,等. 控压钻井条件下井身结构优化设计[J]. 石油学报,2013,34(3):545-549.
[33] 周英操,崔猛,查永进. 控压钻井技术探讨与展望[J]. 石油钻探技术,2008,36(4):1-4.
[34] 周英操,刘伟. PCDS 精细控压钻井技术新进展[J]. 石油钻探技术,2019,47(3):68-74.
[35] 张兴全,丁丹红,周英操,等. 精细控压钻井技术在近平衡钻井中的应用[J]. 特种油气藏,2016,23(5):141-143+158.
[36] 黄兵,石晓兵,李枝林,等. 控压钻井技术研究与应用新进展[J]. 钻采工艺,2010,33(5):1-4,136.